“十二五”普通高等教育本科国家级规划教材

矿山压力与岩层控制

钱鸣高 许家林 王家臣 伍永平 等编著

第三版

中国矿业大学出版社
·徐州·

内 容 简 介

本书是“十二五”普通高等教育本科国家级规划教材和煤炭高等教育“十三五”规划教材，系统地介绍了地下煤层开采引起的矿山压力与岩层控制的理论与基础知识，较为全面地反映了我国在矿山压力与岩层控制方面所取得的科研成果和生产实践经验。

本书可作采矿工程专业的教材使用，也可供采矿工程及相关专业的研究人员、生产技术人员和设计人员参考。

图书在版编目(CIP)数据

矿山压力与岩层控制/钱鸣高等编著. —3版. —徐州：中国矿业大学出版社，2021.1(2025.1重印)

ISBN 978-7-5646-4835-0

Ⅰ. ①矿… Ⅱ. ①钱… Ⅲ. ①矿山压力②矿山—岩层移动—岩层控制 Ⅳ. ①TD3

中国版本图书馆CIP数据核字(2020)第243487号

书　　名　矿山压力与岩层控制

编　　著　钱鸣高　许家林　王家臣　伍永平　等

责任编辑　吴学兵　姜　华

出版发行　中国矿业大学出版社有限责任公司

（江苏省徐州市解放南路　邮编221008）

营销热线　(0516)83885370　83884103

出版服务　(0516)83995789　83884920

网　　址　http://www.cumtp.com　**E-mail**:cumtpvip@cumtp.com

印　　刷　江苏淮阴新华印务有限公司

开　　本　787 mm×1092 mm　1/16　**印张** 25.5　**字数** 635千字

版次印次　2021年1月第3版　2025年1月第3次印刷

定　　价　48.00元

前　言

矿山压力与岩层控制是研究煤层采掘后岩层运动规律及其控制方法的科学。地下煤层开挖引起的岩层破断运动是一系列安全和环境问题的根源，研究采动岩层运动规律及控制技术是煤矿安全、高效、绿色开采的重要基础。

《矿山压力及其控制》(钱鸣高、刘听成主编，1984 年初版，1991 年修订版)是我国煤炭行业的经典教材，曾在全国煤炭高校采矿工程专业教学中广泛使用。在继承了原教材的特色和精华内容的基础上，于 2003 年重新编写出版了《矿山压力与岩层控制》第一版(普通高等教育“十五”国家级规划教材)，于 2010 年修订出版了《矿山压力与岩层控制》第二版(普通高等教育“十一五”国家级规划教材)。本次出版的《矿山压力与岩层控制》第三版(“十二五”普通高等教育本科国家级规划教材和煤炭高等教育“十三五”规划教材)在前版的基础上，广泛收集了读者和各高校使用本书的意见和建议，结合近年来矿山压力与岩层控制的科学研究成果及生产技术的进步，进行了全面修订。

本书按照一贯遵循的少而精、理论联系实际和突出“三基”的原则，力求做到系统性与深入浅出。本书内容全面反映了我国在矿山压力与岩层控制方面的基本理论与基础知识，以及所取得的最新科研成果和生产实践经验。

本书由中国矿业大学、西安科技大学、中国矿业大学(北京)、安徽理工大学、河南理工大学、河北工程大学、湖南科技大学联合编著。各章编写分工及人员名单如下：

绪　论　钱鸣高

第一章　李树刚，林海飞

第二章　王家臣，华心祝，杨　科

第三章　钱鸣高，许家林

第四章　钱鸣高，许家林

第五章　钱鸣高，许家林，刘长友，王家臣，伍永平，黄庆享，朱卫兵

第六章　张　农，勾攀峰，王卫军，阚甲广，孙利辉

第七章　窦林名，牟宗龙

第八章　许家林，轩大洋

第九章　伍永平

由于编写人员水平及时间所限，书中错漏在所难免，恳请读者批评指正，以便今后再版时加以完善。

编著者

2020 年 6 月

目 录

绪 论

一、矿山压力与岩层控制的概念及课程内容

煤炭是自然赋予的对人类有用的资源，它可以作为能源和化工原料。在工业化时代，煤炭就是工业的“粮食”。我国煤炭资源储量丰富，至今煤炭仍是我国电力工业的主要原料。由于煤炭是从自然地层中获取，必然对地层产生扰动。因此，一方面要研究从地层中有效获取煤炭的技术，另一方面还必须研究煤炭开采对自然环境的影响。矿山压力与岩层控制就是研究开采过程中岩层运动与岩体应力场和裂隙场的变化规律及其控制方法的科学。

矿山压力、矿山压力显现和岩层控制是三个既相互联系又相互区别的基本概念。

地下煤岩体在被开挖以前，原岩应力处于平衡状态。当开掘巷道或进行回采工作时，原始的应力平衡状态遭到破坏，引起煤岩体内部的应力重新分布，直至煤岩体内形成新的应力平衡状态。在此过程中巷硐煤岩体或人工支护物会受到各种力的作用，将这种由于受矿山采掘活动的影响，在巷道和采场周围煤岩体及其支护物上所引起的力定义为矿山压力（简称“矿压”，有些文献中也称为“地压”）。随着开采规模扩大，矿山压力事实上包括开采前后煤岩体所发生的应力场和能量场的变化。

在矿山压力作用下，巷道或采场周围岩层产生运动和破坏，会出现诸如煤层顶板下沉和底板鼓起、巷道变形后断面缩小、煤壁片帮或煤岩体突然抛出、岩体破碎甚至大面积冒落、支护物变形与破坏、采空区充填体受压缩以及上覆岩层移动和地表塌陷、卸压瓦斯和地下水涌出等现象。这些由于矿山压力作用，使巷道或采场周围煤岩体（包括整体的岩层移动）和支护物产生的种种力学现象，统称为矿山压力显现（简称“矿压显现”）。

矿山压力是无形的，而矿山压力显现是有形的。大多数情况下，矿压显现会直接影响开采工作环境，同时会引起岩体内部状态的变化，甚至对地面环境造成不同程度的危害。而无形的矿山压力所积聚的能量也是导致矿山动力现象的根源。因此，为使矿压显现不至于影响采矿工作正常有序进行，保障生产安全与降低环境损害，必须采取各种技术措施对开采引起的矿山压力及其显现加以控制。由于煤炭开采是在层状岩体中进行的，因此矿山压力及其显现都是岩层在开采前后的力学表现形式，是岩层的变形、破断和移动。显然，为了保证开采的安全和科学，必须对岩层破断前后的力学现象进行控制，就此形成了一系列岩层控制理论和技术。另外，开采对地层的扰动导致岩层内部裂隙场发生变化，使地下水的流场发生变化，从而影响了生态环境，为此必须在开采的同时考虑环境保护，例如实行保护水资源的开采技术。所有人为地调节、改变和利用矿山压力作用的措施，均包括在岩层控制范围内。

上述涉及矿山压力与岩层控制的内容必然借鉴弹性力学、结构力学、散体力学和地下流体渗流规律等研究成果，而后考虑矿山开采工程空间和采矿工艺的特点形成完整的体

系。它与其他力学的差别在于采矿工程必然导致岩层的破断，很多力学表现是在岩层破断前后，而且还要研究破断后岩体的稳定性。显然，矿山压力与岩层控制是采矿工程学科的基础科学。在设计煤炭开采系统和开采技术时必须考虑矿山压力和岩层控制的特点。

上述矿山压力、矿压显现和岩层控制三个基本概念既反映了矿山压力与岩层控制的学科体系，也涵盖了矿山压力与岩层控制的学科内容。具体来说，矿山压力与岩层控制的主要研究任务和课程的主要内容包括：

(1) 矿山岩体采动应力分布规律(第二章和第四章部分内容)

(2) 采动岩层破断运动规律与覆岩结构(第三章和第八章部分内容)

(3) 采场矿山压力显现规律与控制(第四章和第五章)

(4) 巷道矿山压力显现规律与控制(第六章)

(5) 冲击矿压现象及其控制(第七章)

(6) 开采沉陷规律及其控制(第八章部分内容)

(7) 岩层采动裂隙演化规律与应用(第八章部分内容)

为了保持教材体系的完整性，将矿山岩石力学基础(第一章)和矿山压力与岩层控制的研究方法(第九章)摘其概要编入本教材。由于我国煤矿多以井工开采为主，开采方法多为长壁开采，因此本教材内容主要围绕井工长壁开采条件下的矿山压力与岩层控制展开。

本教材全部内容的教学课时大约需要 64～72 学时。如果先修课程已经教授矿山岩石力学基础相关内容，且不讲授上述(6)(7)内容(部分高校将在后续课程“煤矿绿色开采技术”中学习相关内容)，则教学课时大约需要 40～48 学时。

二、学习“矿山压力与岩层控制”课程的意义

目前，我国是世界上第一煤炭生产大国，煤炭生产量占世界总量的近 50%。煤炭在我国能源消费中处于主体地位，在可再生能源没有形成大规模利用以前，煤炭仍然是我国主体能源。据预测，到 2050 年煤炭在我国能源消费中的比重仍将保持在 40%左右。研究矿山压力与岩层控制的基本目的，就是要保证我国煤炭安全高效绿色开采，利用矿山压力与岩层控制理论改善矿井设计、施工和生产工作，以保证在安全、经济、环保的原则下最大限度地采出地下煤炭资源。鉴于此，学习“矿山压力与岩层控制”课程对煤矿开采的意义表现在以下几个方面。

1. 保证安全和正常生产

统计表明，在机械化程度低的煤矿中，顶板(采场和巷道)事故造成的人员伤亡人数几乎占井下所有事故伤亡人数的 40%。这类事故小至个别岩块掉落，大至工作面大面积压架冒顶与冲击矿压，无不与矿压显现规律的掌握程度以及岩层控制手段是否科学有关。由于顶板事故频繁或巷道维护状况极差，影响井下正常运输、通风和行人，会给生产带来极大危害，甚至难以进行正常生产，这些都迫使人们必须重视对矿压显现规律及其控制问题的研究。

2. 减少采煤对生态环境的损害

煤炭开采直接影响到地下水分布、引发地表沉陷、带来煤矸石和瓦斯排放等与生态环境保护密切相关的问题，采场上覆岩层的移动是产生上述现象的根本原因。矿山压力与岩层控制理论为实现保水采煤、完善和发展条带开采和充填开采等减沉技术、进行井下矸石

处理和有效抽采瓦斯等奠定基础。

3. 减少煤炭资源损失

在开采过程中，为了保护巷道或进行回采工作面顶板管理以及保护地面建筑物，常常留设各种煤柱（护巷煤柱、采区隔离煤柱、条带煤柱、“刀柱”等），这些煤柱资源量约占矿井可采储量的20%～40%，是造成煤炭开采资源损失的主要根源。通过对开采引起的围岩应力重新分布规律的研究，掌握矿山压力显现规律，推广无煤柱护巷和跨越巷道开采以及充填开采等技术措施，不仅能显著减少甚至避免煤柱损失，还有利于消除因留设煤柱而引起的灾害和对采矿工作造成的不利影响。

4. 改善地下开采技术

地下开采技术的进步有赖于对矿压显现规律的深入认识和岩层控制手段的变革。例如，对采场、巷道“支架-围岩”相互作用关系的深入认识和围岩支护手段的进步促进了开采技术的发展，自移式液压支架的应用促成了采煤综合机械化的实现，巷道可缩性金属支架和锚杆支护的应用改变了刚性、被动支护巷道的局面。地下开采技术的变化和开采难题的解决往往要求以岩层控制问题的解决为必要前提。例如，高强度开采将导致岩层运动范围和矿压显现剧烈程度显著加大，开采深度增加使矿压显现更为剧烈，由此引发一系列新的岩层控制问题，只有不断解决这些问题才能使诸如此类复杂条件下的开采工作得以顺利进行。这些都说明随着开采条件日益困难和新开采工艺技术的发展，要求更深入地研究矿压显现规律及其新的控制方法。

5. 提高采煤经济效益

为了进行巷道维护和顶板管理，煤矿每年需要消耗大量人力、物力。例如，机械化程度低的矿井巷道维修，维修人员约占井下生产工人的10%～20%，还可能消耗大量的坑木、金属支护材料、水泥和其他材料，由此使吨煤成本上升。如果由于岩层控制不善而发生各种顶板事故，则可能造成人员伤亡、设备损坏和生产中断，给矿井带来更大的经济损失。利用矿山压力与岩层控制理论有助于提升巷道维护和顶板管理等相关技术水平，减少矿井生产成本以及因各类事故带来的经济损失，提高采矿工业的社会效益和经济效益。

综上所述，掌握煤炭开采引起的矿压显现规律，研究岩层控制的有效办法，对煤矿安全高效绿色生产具有十分重要的意义。因此，“矿山压力与岩层控制”这门课程在地下采煤学术领域中占有非常重要的地位。

三、矿山压力与岩层控制的学科特色

煤系地层属于典型的层状沉积岩层，受地质构造影响，岩体本身不仅是非均质、各向异性体，而且是“缺陷体”，因此岩块的力学特性在很多情况下代表不了岩体，在一定条件下特别要注意小构造的力学行为，加之采矿工程本身的特点，使地下开采过程处在一个环境恶劣、条件多变、技术措施复杂的状况。因而，矿山压力与岩层控制的研究具有其独特的难点和学科特色，主要表现在以下几个方面。

1. 采矿工程岩体结构的本质

采矿导致岩体由稳定到破断，因此采矿工程与地面工程不同，必须研究坚硬岩层的破断以及破断前后的力学效应，研究破断前应力场的集中状态、破断后岩块的形态（由二维平面到三维立体）和再次形成结构的可能性以及结构的特征。因此，采矿工程中的软岩层是一种载荷，而坚硬岩层破断后能形成承载体结构。通常情况下，作用在支架上的载荷远远小于上覆岩层的重力，说明采掘空间是处于上覆岩层的某种结构保护之下。采场上覆岩层形成结构的形态及其稳定性直接影响到采场，也影响到开采后上覆岩层运动的形态及地表塌陷形状。因此，采场上覆岩层所受开采的影响，事实上是块体和散体力学相互作用的结果。弄清采场上覆岩层结构是研究矿山压力与岩层控制的基础。

2. 采矿工程的移动特性

其他地下工程中硐室或隧道基本是固定的、永久性的，而采矿工程中采场随着资源的采出而不断移动，是一个依据矿物埋藏规律而不断移动的空间。地下开采活动随着采场移动，安设的人工支护大多是服务年限不长或维护时间较短的临时工程结构物，只要求其在开采期间能保证生产的安全，而且许多工程结构物还可以随采随废。移动的采掘空间导致其周围应力场（矿山压力）不断变化，有时应力的叠加使得采掘空间的稳定条件更加复杂。因此，采矿过程中应注重各开采空间相对位置的变化，注意观察开采过程中应力场动态变化规律。

3. 采矿工程中围岩的大变形和支护体的可缩特征

煤炭开采作业地点常在地下几百米至千米深处，由于采场空间较大，在矿山压力作用下，采场与巷道围岩大部分处于坚硬岩层破断岩块形成结构的变形状态下，即“大变形”状态；同时，采场覆岩结构运动会引起巷道围岩应力场不断变化，而且常常处于不对称状态，由此失去原来的平衡甚至导致事故发生。因此，采矿过程中安设的人工支护必须顺应覆岩结构“大位移”的边界条件和利用围岩的残余强度，促进已破坏的围岩形成自稳结构。为此，要关注“支架-围岩”相互作用关系的研究，要求采矿过程中支架具备良好的支撑性能和变形性能（支架的可缩和锚杆的可拉伸）。由于综采的发展，支架已经成为一种装备必然要适应各种条件，所以必须应用控制论的知识确定支架应选用的参数。

4. 采矿工程中的能量原理和动力现象

冲击矿压和矿震都是采矿移动过程中应力集中导致弹性能释放的动力现象，是矿山压力的一种既特殊（浅部）又普遍（深部）的显现形式。冲击矿压是煤岩体突然破坏的动力现象，其发生机理极为复杂。从能量转化的角度讲，冲击矿压是采动煤岩体积聚的弹性能突然释放导致“支架-围岩”系统失稳破坏。这一问题随开采深度的增加而愈发严重。由此必须通过研究应力场进一步研究弹性能集中，后者显然与岩体的力学性质有关。

5. 矿山压力与岩层控制研究方法的综合性

煤炭地下开采后产生的矿山压力及其显现都是由岩层运动引起的，而岩层运动显然与岩体状态有关，因此，针对不同的岩体状态必然应用不同的力学方法（弹性力学、散体力学以及结构力学等）解决矿压问题。采动岩层运动规律与岩层的岩性、厚度、力学性质及不同组合密切相关。但是煤炭地下开采引起的矿山压力总体上处于一个“黑箱”系统中，岩层赋存还会受到地质构造的影响，这增加了矿山压力与岩层控制研究的难度。因此，在矿山压力与岩层控制研究中要充分重视对覆岩钻孔柱状资料的分析和构造的探测，将现场观测、理论分析和实验室试验等研究方法相互配合、相互验证，促使其尽可能发生“黑箱—灰箱—白箱”的转变，以保证研究结果的科学性和可靠性。

四、矿山压力与岩层控制研究的历史简况

采矿工业是一切工业的先行部门（Everything begins with mining.），一向被誉为“工业

之母”。发展工业需要资源和能源，而获取资源和能源离不开采矿。采矿是对浅部地层的扰动，其过程包含很多科学和技术问题需要人们去研究。在早期的采矿工作中，人们只能从现象上去认识矿压的显现形式。真正开始矿山压力与岩层控制的研究不过百年历史，就世界范围来说大致可分为以下几个发展阶段。

1. 对矿压的早期认识阶段

我国是世界上采矿最早的国家之一。明代末年的《天工开物》一书中已具体地记述了用立井开采及在井下进行支护和充填的情况。这说明我国在采矿业发展的初期，人们就已认识到矿压的危害和需要对其加以控制。

随着采矿规模日益扩大，经常出现矿井内顶板冒落、巷道堵塞或地表塌陷等事故，迫使人们不得不重视和研究矿压问题。例如，欧洲国家对矿压的认识大约开始于15世纪。据文献记载，15世纪时，英国曾发生过由于采矿造成地表破坏而引起诉讼的事件。欧洲一些国家因地下开采破坏庙宇及城市供水系统的事件增多，开始出现防治采矿工作破坏地表的协议（1487年）。到19世纪30年代以后，在比利时、德国、法国等国家，为了防止地面建筑遭到破坏，也曾提出过一些确定保护煤柱的方法。

2. 建立矿压早期假说的阶段

19世纪后期到20世纪20年代是矿压研究的第二阶段。这个阶段的特点是利用某些比较简单的力学原理解释实践中出现的一些矿压现象，并提出一些初步的矿压假说。其中最有代表性的是认为巷道上方能形成自然平衡拱的所谓“压力拱假说”和采场上方悬臂梁假说及有关的分析计算。在这个阶段，对围岩破坏机理和支架所受的岩石压力大小也开始进行初步的理论研究。尽管这时提出的一些理论和假说本身尚存在许多不足之处，而且只能在比较局限的条件下应用，但在矿压研究的发展进程中曾起到重要的历史作用。此外，还提出了以岩石坚固性系数 f（普氏系数）作为定量指标的岩石分类方法，并曾获得广泛应用，至今也未完全失去意义。

在这个阶段，在研究岩层和地表移动理论方面，通过精确的仪器测量，开始认识到地表建筑物的损坏不仅是地表下沉造成的，而且是水平移动影响的结果。此外，为了进一步掌握矿山岩体变形随时间、空间而变化的规律，除在地面观测外，还开始在井下巷道中进行岩层移动动态观测。

3. 以连续介质力学为理论基础的研究阶段

20世纪30年代至50年代是这个阶段的代表时期。由于煤矿开采深度和开采规模加大，采矿科研工作者逐步意识到，仅仅研究巷道周围局部区域岩石状况变化的理论和方法已不能充分反映开掘巷硐所引起的围岩应力变化的真实过程，于是开始把巷道周围直至地表的整个岩体当作连续的、各向同性的弹性体进行研究和建立假说。也就是用弹性理论研究矿山压力问题，并推导出了在自重作用下计算原岩应力的有关公式，研究了由于开掘各种形状的垂直和水平单一巷道而引起的自然应力场的变化。典型的例子之一就是用弹性理论解决了圆形巷道周围的应力分布问题。此后，研究了岩体非均质性和各向异性对理想弹性体的影响，以及把岩层看作具有不同变形特性的弹性介质，进一步研究了岩体层理的影响。此外，还用连续介质力学方法研究了岩层移动与地表沉陷问题。

在进行理论研究的同时，矿压研究的试验手段也获得了发展。其中应用较广的是利用相似材料进行的相似模型研究方法，其次是利用光敏材料进行的光弹性模拟方法。

在这个阶段，矿压控制手段取得了一些新的突破，其中较有代表性的如：井下巷道中开始采用U型钢拱形可缩性金属支架(1932年，德国)和锚杆支护(1940年，美国)，回采工作面中开始采用摩擦式金属支柱支护(20世纪30年代，德国等)，以及第一架自移式液压支架投入使用(20世纪50年代初，英国)等。矿井支护技术的进步，为以后煤矿中岩层控制技术的现代化奠定了基础。

4. *矿压研究的近代发展阶段*

这个阶段主要是指20世纪60年代至今的近60年，这一时期矿压研究在以下几个方面取得了新的进展。

(1) 在理论研究方面，除了继续应用连续介质力学方法研究有关矿压问题外，进一步发展了考虑岩石真实特性的各种理论研究。其中最重要的是把岩体看作受到各种性质弱面切割的多裂隙介质，于是使矿压的基本研究对象——岩体，具有了与一般固体所不同的力学特征。从这个观点出发，引用相关学科中现代研究成果，出现了一系列边缘学科分支和研究方法，如利用断裂力学理论研究裂隙岩体而提出岩石断裂力学，它与采矿工程中的岩石破碎问题和冲击矿压机理等的研究有密切关系；还提出用岩体的损伤模型来描述岩石破坏过程，并对岩体的稳定性做定量分析。又如在把岩体看作碎块集合体的基础上，借助颗粒力学理论，根据对碎块体进行试验研究的结果，提出了岩石块体力学，可以用来研究不规则块体的相互平衡和运动。再如在把工程岩体看作被结构面和工程开挖面(悬露面)共同切割的块体所组成的群体的前提下，提出了岩块稳定理论，利用力学中分析刚体运动的方法，通过对几何可移动块体进行稳定性分析，可以预测开挖面上可能遇到的不稳定岩体，并在开挖过程中对它进行及时加固。

考虑岩石真实特性的理论研究的另一个发展，是把岩体变形研究看作与时间有关的岩石流变特性的研究。将流变理论引入岩石力学的研究，提出岩石流变学，它考虑了围岩应力场随时间的变化、岩体内应力的释放、岩体流变的扩容现象、岩石膨胀的机理，并推算了某些岩体经过长时间以后的强度和变形特性。这些研究工作对于服务年限很长的巷道，尤其是位于深井或软岩中的巷道维护具有重要意义。

另外，在进行大量现场观测进而掌握了不同条件下岩层移动基本规律的基础上，建立了更为完善的采动地表移动和变形值的计算和预测方法，并开展了开采工作引起的煤层上覆岩层运动机理及其有关规律的研究。

在相关理论研究过程中采用了一些在现代计算机技术基础上发展起来的数值分析方法，如有限元法、边界元法、离散元法等，这些方法可以在考虑岩体复杂力学特性的基础上去分析巷硐周围岩体中的应力变化和位移分布以及确定其稳定性等，使矿压理论研究有可能获得更符合实际的数值解答。

(2) 在应用研究方面，配合地下开采技术和支护技术的发展，进行了不同煤层条件下采用不同支护类型的回采工作面矿压显现规律的研究，开展了煤柱护巷和无煤柱护巷的各类巷道中矿压显现规律的研究，以及进行了有冲击矿压、煤与瓦斯突出危险煤层开采的有关研究，从而为改善回采工作面矿压控制、合理布置和维护巷道、保证安全生产等提供了科学依据。

除此之外，在矿压控制方面，进一步改善了巷道支护技术，如发展大断面、大缩量和高支撑力的可缩性金属支架，广泛采用锚喷支护，发展了树脂锚杆、快凝水泥锚杆、可伸长锚杆和其他新型锚杆，开始采用注浆方法加固不稳定煤层和围岩。回采工作面中的自移式液压支架日趋完善，架型增大，适用范围扩大。对过去难以控制的坚硬顶板，通过高压注水、超前爆破等手段，比较有效地避免了采空区顶板突然大面积冒落所造成的危害，井下冲击矿压的预测和控制的效果也大为提高。因此，在这个阶段，煤矿对矿压的控制日趋有效，采煤效率和井下作业的安全程度得到很大提高。

（3）在实验室研究方面，结合各类研究课题的需要，改善了现场观测和实验室研究的各种仪器和设备，广泛发展了包括力学、电学、声学、光学、磁学、放射性测定等各种常规的和新的测试手段与方法，开展了对岩石和岩体各种力学特性的实验室研究和现场研究，包括利用三轴试验机和刚性试验机对岩石三轴强度和残余强度特性进行的研究。这些都为进一步开展理论研究提供了必要的原始数据和资料。

五、我国矿山压力与岩层控制研究与发展概况[1-17]

我国地域广阔，煤矿开采历史悠久，开采地质条件复杂多样，因此在矿山压力与岩层控制的理论和技术方面积累了丰富的成果。全面总结这些成果，形成有价值的具有国际水平的著作和教材势在必行。中华人民共和国成立以来，围绕采煤方法、巷道布置与支护方式的变革，我国学者开展了大量的矿山压力与岩层控制研究工作，取得了许多有价值的成果，其研究与发展概况可以归纳为以下几个方面。

1. 现场实测研究方面

我国煤矿在 20 世纪 50 年代中期开始实行长壁开采，为了研究长壁开采的矿山压力特点，开始进行回采工作面顶底板移近量和支柱受载观测。60 年代初期，为了配合推广摩擦式金属支柱和金属铰接顶梁，以及推广应用无密集柱放顶，大规模地开展了回采工作面矿压现场观测研究。70 年代至 80 年代，随着我国积极进行回采支柱的更新换代，即以液压支架和单体液压支柱代替木支柱或者金属摩擦支柱，又先后在几百个工作面进行了矿压现场观测研究，初步掌握了单体液压支柱及支撑式、掩护式和支撑掩护式液压支架对不同地质条件的适应性，研究了回采工作面液压支架的工作性能和合理参数，并在此基础上进行了我国主要矿区回采工作面顶板分类的研究，提出了我国的“缓倾斜煤层采煤工作面顶板分类”，为合理进行回采工作面岩层控制和支架选型提供了科学依据。80 年代末至 90 年代，随着综采放顶煤技术在我国的推广使用，先后在阳泉、兖州、潞安、大同等多个矿区进行了综放工作面的矿压观测研究，并逐步认识到综放采场支架-围岩关系的特殊性，指导了综放支架的设计与选型。2000 年以来，大采高综采技术得到快速发展，在多个矿区开展了大采高综采面的矿压显现规律观测，例如在神东矿区开展了世界首个 7.0 m 与 8.8 m 支架综采工作面的矿压显现规律观测，为掌握大采高条件下的覆岩结构特征及其运动规律提供了重要依据。近年来，我国在倾斜和急倾斜煤层也进行了大量的矿压现场观测研究，促进了急倾斜煤层采煤工艺、顶底板管理和支护的变革。为了进一步研究开采引起的回采工作面上覆岩层移动和破坏规律，查明采空区上方岩层的破断特征，掌握上覆岩层运动机理和回采工作面周围应力重新分布规律，以及上覆岩层移动与工作面空间顶板下沉和支架受载的关系，部分矿区在井下巷道内或通过地面施工钻孔设置深部测点，进行岩层内部移动规律的观测研究。为了查明巷道附近煤层或岩体内的矿压显现规律，有些矿区曾利用声波仪、钻孔应力传感仪、钻孔液压枕等测压仪器探测巷道周围松动圈的范围和岩体内的应力状态。

有些矿区为了解决坚硬难冒落顶板的管理，铁路下、建筑物下和水体下采煤，以及有冲击矿压、煤与瓦斯突出危险煤层的开采等问题，曾采用地音仪进行采空区矿压显现观测，利用微震仪监测顶板动态与矿震，用钻孔电视设备观测岩层移动、难冒落顶板人工爆破处理效果和开采后顶板的断裂、离层、垮落情况，以及利用其他地球物理探测手段进行有关矿压研究。通过以上一系列矿压现场观测研究，对防治煤矿井下冒顶事故、改善顶板安全状况起到良好的作用。

除了回采工作面的矿压现场观测外，还对不同围岩条件下（尤其是松软岩层）应用锚杆支护的各种巷道进行了井下矿压观测，促进了软岩巷道的支护及锚杆支护的推广应用。从20世纪70年代后期至今，为了配合无煤柱护巷的应用，许多矿井广泛进行了沿空巷道和跨巷开采条件下的巷道矿压观测，查明了采动影响下回采巷道中的矿压显现规律以及开采对底板中岩石巷道的影响。这些成果对于选择合理的巷道位置，改善巷道维护，确定合理的煤柱尺寸，以及推行无煤柱护巷，大范围使用锚杆支护等都起到了良好的作用。

值得提出的是，随着矿压实测研究的进行，现场观测方法和手段有了很大的发展，目前已有上百种国内研制和生产的矿压测试仪器和设备，观测仪器已由过去单一的机械技术扩大到多学科技术的综合应用，观测方式也从人工就地读数向数字化遥控和自动监测过渡，并且利用计算机和互联网实现了观测数据的远程在线传输、分析和处理。

2. 理论研究方面

由于采矿是对矿区地层的扰动，使岩体由稳定到破坏，因此矿山“岩体力学”大部分表现为岩体中坚硬岩层破断前后形成巨型块体互相制约的力学效应（表现为非连续、突变和大变形）。为此，采场上覆岩层形成结构的特点及其形态一直为采矿工作者所重视。多年来，我国学者在采场上覆岩层结构理论研究方面开展了大量工作，取得了一系列有价值的成果，特别是采场覆岩结构的“砌体梁”假说与“关键层”理论受到了国内外学术界同行的重视和广泛认可。“砌体梁”假说的主要研究工作始于20世纪60年代初，一直到70年代末，开始时提出上覆坚硬岩层开采后破断成岩块，并且岩块相互制约，若将块体视为结构件，用结构力学的办法就可以获得在工作面中部上方可能呈“砌体梁”式平衡结构的理论解，实质上“砌体”就是整齐排列的块体，因此也就是块体运动在岩体力学中的应用。这一观点借助于大屯孔庄矿开采后岩层内部移动观测成果得到证实，由此正式提出“砌体梁”结构的力学模型，并研究建立了“砌体梁”结构的滑落与回转变形失稳条件（即“S-R”稳定条件）。该力学模型被列入《中国大百科全书·矿冶卷》“长壁工作面地压”条目，而后发展出视上覆岩层为“板”的破断规律和破断前后的力学效应。上覆岩层结构形态的确定给出了采场具体的上部边界条件，此结构的形态与平衡条件为论证各项采场矿山压力控制参数奠定了基础。基于采场上覆岩层结构的“砌体梁”假说，研究了采场“支架-围岩”相互作用关系，建立了采场整体力学模型，为端面冒顶机理、液压支架合理支护阻力和适应采场“砌体梁”结构“大变形”的支护可缩量确定提供了基础。20世纪90年代中期，随着相关研究的不断深入以及为了解决岩层控制中更为广泛的问题，形成了考虑覆岩运动中关键层起主要控制作用的“关键层”理论来研究岩层运动规律的学术思想，即开采后的岩层运动引起的应力和位移变化（导致岩体内裂隙场的变化）主要取决于上覆岩层中的硬而厚岩层（关键层）的变形和破断后的结构形态，为研究上覆岩层破断后可能形成的三维结构创造了条件。显然，关键层的变形断裂曲线经过上覆松散岩体（表土层）的吸收成为地表移动曲线。为此，该研究的发展将促进矿山压力和岩层移动(采动地表沉陷)两个学科的统一。开采后的上覆岩层运动对地表沉陷产生影响,它的表现形式大致为平缓下沉(厚表土层情况下的高潜水位和低潜水位)、开裂式沉降和断崖式沉降三种,事实上是关键层破断后块体结构的状态和表土层或黄土层耦合的综合反应。平缓下沉可以考虑用原来的概率积分法进行预测,但开裂式沉降和断崖式沉降只能用关键层的岩块结构失稳状态进行判断和预测。同时"关键层"理论也使采动煤岩体中形成的裂隙场得到描述,使岩层移动和水与瓦斯流动研究得到有机统一,为更全面、深入地解释采动岩层活动规律奠定了基础。但是在有些条件下,如浅部坚硬岩层在一定的情况下可能形成厚板的剪切式破断,难以形成"砌体梁"式平衡结构,从而形成特殊的矿山压力现象。这方面的研究还有必要进一步深入。

关于巷道矿压与围岩控制理论研究方面,显然,采区巷道围岩在强大的应力场和位移场作用下属于"大变形"范围。开始在综合分析大量巷道矿压现场观测资料和巷道围岩变形影响因素的基础上,提出了我国"缓倾斜、倾斜煤层回采巷道围岩稳定性分类",研究了巷道顶底板移近量的预计问题,进行了煤柱极限平衡区宽度和应力分析的计算,结合覆岩结构特征提出了沿空留巷的力学模型,并研究了无煤柱条件下巷道支护与围岩的相互作用。此外,针对我国存在大量松软岩层的情况,研究了软岩巷道变形破坏的特征、机理和控制原理。然而应该认识到,虽然在巷道围岩控制的实践方面经验很多,但是理论研究不足,如采动和煤柱的大小对巷道所受的不对称应力及其"大变形"的形成以及使用锚杆支护能否得到控制的研究还不充分。这方面的研究对于深部开采意义更重要。

我国西南地区由于强烈的构造应力和煤矿开采深度逐年增大,冲击矿压现象明显增多。我国学者针对冲击矿压防治开展了大量的理论研究工作,在冲击矿压机理与发生条件等理论研究上取得了新的进展,如提出了"动静载叠加诱发冲击矿压原理"等。但由于采矿岩体应力场随着开采在不断变化,冲击矿压至今无法预测。显然,冲击矿压是与由于开采导致上覆坚硬岩层破断前后的应力场的突然改变有关,由此发生能量场在某一地方局部集中而形成的动力现象。这种动力现象是非线性的且难以预测,需要进一步研究预防措施。

这里值得一提的是,自 1981 年开始每两年组织举办一届"采场矿压理论与实践研讨会",至今已连续举办 18 届,会上对各种矿压理论展开了热烈争论,有力促进了我国矿山压力与岩层控制的理论与实践研究,为形成具有国际水平的著作起到了促进作用。

3. *实验室研究方面*

我国从 20 世纪 50 年代中期就开始了全国主要煤田煤系岩石物理力学性质研究。1980 年制定出煤炭部门统一的《煤和岩石物理力学性质试验规程》,1987 年经过修订后作为行业标准《煤和岩石物理力学性质测定方法》正式发布。到目前为止,我国学者除进行了大量岩石抗压、抗拉、抗剪和变形性质的常规试验外,还进行了岩石流变试验、三轴试验和利用刚性压力机进行的岩石力学性质测试研究。为了开展大型试件的实验室研究,1987 年我国煤炭部门建成了 YA-500 型液压真三轴试验装置,利用该装置曾进行过大型煤样(400 mm×400 mm×400 mm)的三轴和单轴压缩试验,得到了全程"应力-应变"曲线;利用该装置也可以研究试样的尺寸效应和进行其他有关的矿压实验室研究工作。

为了在实验室条件下研究支架的整体性能和有关参数,我国煤炭科研部门在 1975 年就建成了具有先进水平的大型自移式液压支架试验台。20 世纪 80 年代以来,为了配合煤矿巷道支护改革,先后在部分研究单位和煤炭院校中建成了卧式和立式的巷道支架试验台,这些装置为研制新型支架和改善其性能提供了有效的试验手段。近年来,还建成了冲击矿压模拟试验平台,为在实验室研究冲击矿压机理提供了可能。

在模拟试验研究方面,利用相似材料模型进行的矿山压力与岩层控制问题研究有了很大进展。我国学者曾进行过回采工作面上覆岩层运动和矿压显现规律、液压支架与围岩相互作用、巷道支护形式的选择、锚杆作用机理、巷道变形破坏和底鼓机理、巷旁支护的力学特性、急斜煤层矿压显现、近距离煤层开采的相互影响、煤层底板承压水对开采工作的影响等多种类型课题的研究,取得了许多有价值的成果。其后发展了用立体模拟试验装置进行的相似材料模型研究,这对研究覆岩运动规律、回采工作面周围岩层应力场、裂隙场、位移场分布及其与覆岩运动的空间关系方面起到了良好的作用。近年来,在物理模拟试验的测试方法中采用了摄影测量位移、光纤压力传感器、数字液压模拟支架等先进技术,使得物理模拟试验的测试更加便捷和精确。

近年来,数值模拟方法在矿山压力与岩层控制的理论研究中应用愈加广泛,如用ANSYS、ABAQUS、FLAC、UDEC、PFC、FLUENT 等软件计算采掘工作面围岩应力和位移的分布与变化,研究"支架-围岩"相互作用关系、岩层移动与开采沉陷规律、采动岩体裂隙分布与流体渗流等,都取得了较好的效果。

4. *岩层控制实践方面*

我国煤矿的产量、效率和安全是随着采煤方法和支护变革而不断提高和改善的,矿山压力与岩层控制的研究为这一改变进程提供了基础和保障。20 世纪 50—70 年代,我国煤矿回采工作面大量使用木支柱和单体金属摩擦支柱,煤炭产量低、顶板事故多;20 世纪 70—80 年代,我国煤矿回采工作面支护逐步以单体液压支柱和液压支架取代金属摩擦支柱;80 年代末开始在煤矿推广回采工作面支护质量监测,使得工作面顶板事故明显降低,工作面产量显著提高。从 1973 年开始,我国发展自移式液压支架,这是煤矿实现现代化的一个重要标志,也是回采工作面岩层控制和采煤工艺的重大进展。目前所有国有煤矿和大型私营煤矿回采工作面几乎都采用了综采工艺和液压支架,在提高产量的同时减少了顶板事故的发生。液压支架从最初的国外进口到现在的几乎全部国产化,液压支架的额定工作阻力从 4 000 kN 左右发展到 20 000 kN 左右,并开始使用电液控制系统。液压支架适应采高也从一般中厚煤层到厚煤层综放开采和厚煤层综采一次采全高,综放开采一次开采煤层厚度最大已超过 15 m,综采一次采全高煤层厚度最大已大于 8.8 m,工作面年产量最大已达 1 500 万 t。

矿山压力与岩层控制的研究也促进了我国坚硬顶板、急倾斜煤层、浅埋煤层等特殊开采条件下岩层控制和安全高效开采的发展。长期以来,坚硬难冒落顶板的管理是矿压控制中的一个难题。1980 年以来,我国开展了利用高压水对顶板进行预处理的研究,通过压裂和软化岩体,改变坚硬顶板的物理力学性质和开采后的岩层运动规律,取得了明显的效果。1986 年,我国在大同矿务局云冈矿坚硬厚砾岩顶板条件下,用注水软化顶板和人工爆破强制顶板冒落的办法,结合使用装有抗冲击大流量安全阀的支撑掩护式液压支架(工作阻力 7 200 kN),成功完成了综合机械化采煤试验,取得了良好的技术经济效果,使我国对坚硬难冒落顶板的控制技术开始达到世界先进水平。基于对急倾斜煤层开采矿压显现规律的研究,我国已开始在大倾角煤层(55°以上)中应用长壁综采设备,在急倾斜特厚煤层中使用水平分段综放开采设备,并取得了较好的安全和经济效果。随着我国西部浅埋煤层的大量开发，矿山压力与岩层控制问题日益突出。浅埋煤层开采矿压显现并不因其埋深浅、采动支承压力小而缓和，相反常呈现工作面大面积压架等强烈的矿压显现，并伴有地表台阶下沉和地下水位下降等环境问题。基于浅埋煤层开采矿压显现规律和工作面压架机理的研究，指导了浅埋煤层开采的支架选型设计和压架灾害防治，促进了我国西部浅埋煤层安全高效绿色开采。

在巷道矿压与围岩控制方面，研究发展了适用于不同条件的多种巷道可缩性金属支架架型，颁布了煤炭行业标准《巷道金属支架系列》，使得我国巷道金属支架的应用进一步系列化和科学化。近20多年来，我国推行了先进的锚杆、锚索支护，目前已经成为煤矿中应用比例最高的巷道支护形式。但由于巷道围岩条件复杂，边界条件不清，由此造成巷道顶板事故在全部顶板事故中占主要比重。此外，随着无煤柱护巷的推广，开始采用多种类型的巷旁支护，并在有条件的矿井积极发展整体浇筑巷旁充填技术和切顶成巷技术。

在冲击矿压防治方面，提出了微震监测、震动波CT反演预测与采动应力监测相结合的多参量监测预警方法，建立了冲击地压远程在线监测预警平台，形成了控制和弱化诱冲力源及冲击强度、优化开采设计、煤岩体卸压及顶底板预裂等冲击矿压防治技术。

值得提出的是，随着计算机技术的发展，为了充分利用专家经验和先进知识，并在理论化和系统化的基础上便于广大工程技术人员使用，20世纪80年代后期我国开始了采矿应用专家系统的研制，研制了长壁单体支柱工作面顶板控制设计专家系统及巷道支护形式和参数选择专家系统等。这对提高我国煤矿岩层控制的技术水平以及使顶板管理和支护工作进一步科学化、合理化具有重要意义。随着科学技术的发展，必然会利用人工智能技术进行岩层控制以达到安全高效和环境保护的目的，但人工智能控制的基础是将岩层运动和控制的基本原理研究清楚，才能明确需要采集的数据并加以利用。

随着对煤炭开采引起的环境破坏的日益重视，开采中的地下水保护、卸压瓦斯抽采和开采沉陷控制等问题从20世纪末开始逐步成为煤矿岩层控制研究的重要内容和方向。近年来，基于矿山压力与岩层控制理论，我国在保水采煤技术、煤与瓦斯共采技术和充填采煤技术等方面取得了很大进展。以充填采煤技术为例，发明了综合机械化固体充填采煤技术、膏体充填采煤技术、高水/超高水充填采煤技术以及覆岩隔离注浆充填采煤技术等，使煤矿充填采煤技术取得了重要进展。

综上所述，矿山压力与岩层控制的研究为我国煤矿安全高效绿色开采提供了保障，已经成为矿业科学中一门独立的分支学科。矿山压力与岩层控制学科仍需紧密结合煤炭开采中所面临的重大科学技术问题，深入开展矿山压力与岩层移动的一体化研究，不断发展矿山压力定量预测方法与新的岩层控制方法，加强在智能开采、高强度开采、深井开采和生态脆弱矿区开采等条件下的矿山压力与岩层控制的研究，为煤矿安全高效绿色开采作出新贡献。

第一章 矿山岩石和岩体的基本性质

第一节 岩石的基本物理性质

一、岩石的基本概念

岩石是组成地壳的基本物质，它由各种造岩矿物或岩屑在地质作用下按一定规律组合而成。为了与自然状态下的岩体有所区别，在多数岩石力学文献中，岩石是指从岩体中取出的、尺寸不大的块体物质，有时又称岩块。

岩石按不同的标准可分为不同类型，常见的分类有：

① 按岩石成因可分为岩浆岩、沉积岩和变质岩三大类。煤田是地质历史上沉积运动形成的，煤矿遇到的绝大多数是沉积岩。

② 按岩石固体矿物颗粒间的结合特征，可分为固结性、黏结性、散粒状和流动性岩石四大类。煤矿中多遇到固结性岩石，即造岩矿物的固体颗粒间为刚性连接，破碎后仍可保持一定形状的岩石，常见的有砂岩、砂质泥岩、砂质页岩、石灰岩和泥岩等。

③ 按岩石力学强度和坚实性，可分为坚硬岩石和松软岩石。

二、岩石的质量指标

1. 岩石的密度和重力密度

岩石的密度 ρ(kg/m^3)是指单位体积 V(包括空隙体积，m^3)岩石的质量 M(kg)。

岩石的密度与组成岩石的矿物密度、空隙和吸水量有关。根据岩石试样含水状态不同，岩石密度可分为天然密度、饱和密度和干密度三种，前两种称为岩石的湿密度。天然密度是指岩石在天然含水状态下的密度；饱和密度(ρ'_s)是指岩石在吸水饱和状态下的密度；干密度(ρ'_d)是指岩石在 105～110 ℃下干燥 24 h 后的密度。

当岩石中能进水的空隙不多时，岩石的三种密度间差值很小。实验室测试一般只提供干密度指标，且通常所说的岩石密度即指干密度。但对于遇水易膨胀的软岩，其干密度和湿密度的值有很大不同，应严加区分。煤矿中常见岩石的密度等指标见表 1-1。

表 1-1 煤矿中常见岩石的相对密度、密度、孔隙率及孔隙比

指标	岩石种类				
	砂岩	页岩	石灰岩	板岩	煤
相对密度 Δ	2.60～2.75	2.57～2.77	2.48～2.85	—	—
密度 ρ'_d/($\times10^3$ kg/m^3)	2.0～2.6	2.0～2.4	2.2～2.6	—	1.2～1.4
孔隙率 n/%	3.0～30.0	10.0～35.0	5.0～20.0	0.1～1.0	—
孔隙比 e	0.031 0～0.429 0	0.111 0～0.538 0	0.053 0～0.250 0	0.001 0～0.010 1	—

岩石的重力密度 γ(kN/m³)是指单位体积(包括空隙体积,m³)岩石所受的重力(kN)。为便于计算,工程实践中可根据岩石的密度 ρ(kg/m³)换算出岩石的重力密度。

2. *岩石的相对密度*

岩石的相对密度是指岩石固体部分实体积(不包括空隙体积)的重量与相同体积的 4 ℃水的重量之比。其表达式为:

$$\Delta = \frac{G_d}{V_c \cdot \gamma_w} \tag{1-1}$$

式中 Δ——岩石的相对密度;

G_d——绝对干燥时岩石固体部分实体积的重量,kN;

V_c——岩石固体部分实体积,m³;

γ_w——水的重力密度,4 ℃时等于 10 kN/m³。

岩石的相对密度取决于组成岩石的矿物的相对密度,与岩石的空隙和吸水多少无关,且随岩石中重矿物含量的增多而增大。

三、岩石的体积指标

1. *岩石的孔隙性*

岩石的孔隙性是岩石中孔洞和裂隙发育程度的指标,常用孔隙度表示,有时也用孔隙比表示。

岩石的孔隙度是指岩石中各种孔洞和裂隙体积总和与岩石总体积之比,也称孔隙率。其表达式为:

$$n = \frac{V_0}{V} \times 100 \tag{1-2}$$

式中 n——岩石的孔隙率,%;

V_0——岩石中孔隙的总体积,m³;

V——岩石的总体积,m³。

岩石的孔隙比 e 指岩石中各种孔洞和裂隙体积总和 V_0(m³)与岩石固体部分实体积 V_c(m³)之比。

2. *岩石的碎胀性和压实性*

岩石的碎胀性是指岩石破碎后的体积比破碎前的体积增大的性质。通常用岩石的碎胀系数 K_p 来表示,即岩石破碎后处于松散状态下的体积与岩石破碎前处于整体状态下的体积之比。

岩石的压实性是指岩石破碎后在其自重和外加载荷作用下逐渐压实使体积减小的性质。通常用残余碎胀系数 K'_p 表示,即岩石破碎后再次被压实状态下的体积与岩石破碎前处于整体状态下的体积之比。

岩石的碎胀性和压实性对岩层控制,尤其对回采工作面的顶板管理有非常重要的意义。煤矿中常见岩石的碎胀系数和残余碎胀系数见表 1-2。

四、岩石的水理性质

1. *岩石的透水性*

岩石能被水透过的性能称为岩石的透水性,衡量岩石透水性的指标为渗透系数。由于

表 1-2 煤矿中常见岩石的碎胀系数和残余碎胀系数

岩石种类	碎胀系数 K_p	残余碎胀系数 K_p'
砂	1.06～1.15	1.01～1.03
黏　土	<1.20	1.03～1.07
碎　煤	<1.20	1.05
黏土页岩	1.40	1.10
砂质页岩	1.60～1.80	1.10～1.15
硬砂岩	1.50～1.80	—

目前对于水在岩石中的渗流规律还不完全清楚，其研究方法也不够完善，通常近似于服从达西(Darcy)定律。

渗透系数 K(m/s)一般通过在钻孔中进行抽水试验或压水试验测定。不同岩石的透水性有很大差别，即使同一类型岩石，不同条件下其透水性也有很大不同。

2. *岩石的软化性*

岩石的软化性是指岩石浸水后其强度降低的性质，通常用软化系数表示水对岩石强度的影响程度。岩石软化系数 η_0 为水饱和岩石试件的单轴抗压强度与干燥岩石试件单轴抗压强度之比：

$$\eta_0 = \frac{R_{cw}}{R_c} \leqslant 1 \tag{1-3}$$

式中 η_0——岩石的软化系数；

R_{cw}——水饱和岩石试件的单轴抗压强度，MPa；

R_c——干燥岩石试件的单轴抗压强度，MPa；

岩石浸水后的软化程度，与岩石中亲水性矿物和易溶性矿物的含量、孔隙和裂隙的发育程度、水的化学成分以及岩石浸水时间等因素有关。研究岩石的软化系数对用高压注水软化煤岩体方法控制坚硬难冒落顶板(顶煤)有重要意义。一般软化系数越小，岩石受水的影响就越小。

岩石普遍具有软化性，即软化系数一般小于 1，且软化系数的变动幅度很大，尤其是强度较小的岩石，其变动幅度更大。煤矿中常见岩石的软化系数见表 1-3。

表 1-3 煤矿中常见岩石的软化系数

岩石种类	干燥试件抗压强度/MPa	水饱和试件抗压强度/MPa	软化系数 η_0
黏土岩	20.3～57.8	2.35～31.2	0.08～0.87
页　岩	55.8～133.3	13.4～73.6	0.24～0.55
砂　岩	17.1～245.8	5.6～240.6	0.44～0.97
石灰岩	13.1～202.6	7.6～185.4	0.58～0.94

3. *岩石的膨胀性和崩解性*

岩石的膨胀性是指软岩浸水后体积增大的性质，相应地会引起压力的增大。岩石遇水膨胀的特性可用膨胀应力和膨胀率两个指标表示。岩石的膨胀应力是指岩石与水进行物理化学反应后，随时间延长会产生体积增大现象，这时使试件体积保持不变所需施加的压力；而岩石增大后的体积与原体积的比率称为岩石的膨胀率。

岩石的崩解性一般是指岩石浸水后发生解体的性质。

岩石的膨胀性和崩解性主要是松软岩石所表现出来的特征，尤其是含有大量黏土矿物（如蒙脱石、高岭土和水云母等）的软岩，遇水后更易产生膨胀和崩解。由于岩石的膨胀性和崩解性主要取决于其胶结程度及造岩矿物的亲水性，岩石的膨胀和崩解作用往往对矿井开拓施工和巷道稳定性带来不良影响。

4. *岩石的吸水性和抗冻性*

遇水不崩解的岩石在一定试验条件下（规定的试样尺寸和试验压力）吸入水分的性能称为岩石的吸水性。通常以岩石的自然吸水率、饱和吸水率和饱水系数表示。

岩石的自然吸水率 ω（%）是指试件在常温常压下吸入水分的质量 M_w（kg）与试件干质量 M_d（kg）之比。如不专门指明，岩石的吸水率即指自然吸水率。

岩石的饱和吸水率 ω_s（%）是试件在真空或加压（一般为 15 MPa）条件下吸入水分的质量 M_{ws}（kg）与试件的干质量 M_d（kg）之比，简称饱水率。

岩石的饱水系数 J 则是指岩石的自然吸水率 ω 与饱和吸水率 ω_s 之比，一般 $J=0.5\sim0.8$。

有关岩石的吸水率见表 1-4。

表 1-4 几种岩石的吸水率

岩石种类	花岗岩	砂岩	页岩	石灰岩	板岩
吸水率 ω	0.10～0.92	0.20～12.19	1.80～3.00	0.10～4.45	0.10～0.95

岩石的抗冻性是指岩石抵抗冻融破坏的能力，常用的评价指标有岩石的抗冻系数和质量损失率。岩石的抗冻系数 K_p（%）指岩石冻融试验后的抗压强度 R_c（MPa）与试验前抗压强度 R_{cr}（MPa）之比。

五、岩石的热性和电磁性

1. *岩石的容热性和热膨胀性*

岩石的容热性指岩石进行热交换时所吸收热量的能力，用岩石的比热容（c）和定容比热容（c_V）表示。前者指不存在相转变条件下，单位质量的岩石温度变化 1 ℃（或 1 K）时所需热量，单位是 J/(kg·℃）或 J/(kg·K)；后者则是单位体积的岩石温度变化 1 ℃（或 1 K）时所需热量，单位是 J/(m^3·℃）或 J/(m^3·K)。比热容和定容比热容都是表征岩石储热能力的物理量，二者之间的关系为 $c_V=c\cdot\rho$（ρ 为岩石密度）。岩石的比热容取决于岩石中所含矿物的成分及含量，当温度和压力变化范围不大时，岩石的比热容可视为常数。

岩石受热后其长度和体积发生膨胀的性质称为岩石的热膨胀性，常用线膨胀系数（α_l）和体膨胀系数（α_V）表征。岩石的线膨胀系数是指岩石试件在温度每升高 1 ℃（或 1 K）所引起的长度增量与其 0 ℃（或 273.15 K）时长度之比；岩石的体膨胀系数则是岩石试件在温度每升高 1 ℃（或 1 K）所引起的体积增量与其 0 ℃（或 273.15 K）时体积之比。一般岩石的体膨胀系数为线膨胀系数的 3 倍，即 $\alpha_V=3\alpha_l$。岩石的线膨胀系数因岩石中所含矿物成分的不同而不同，如粗粒花岗岩因其组分复杂，α_l 值在 $(0.6\sim6.0)\times10^{-5}$ ℃$^{-1}$（或 K^{-1}）之间变化，

而石英岩 α_l 值则只在(1.0～2.0)×10^{-5}℃$^{-1}$(或 K^{-1})之间变化。

2. *岩石的电磁特性*

任何岩石都具有电磁特性,在工程地质勘探过程及矿山异常动力现象研究中,有时要用到岩石的电磁特性,它的表征指标有岩石的导电性和磁性。

岩石的导电性是指岩石介质传导电流的能力,常用电阻率表示。岩石的电阻率是指沿岩石试件体积电流方向的直流电场强度与该处电流密度的比值。

岩石的磁性包括感应磁性和剩余磁性。前者指岩石被现代地磁场磁化而产生的磁性;后者则指岩石形成过程中被当时地磁场磁化所保留下来的磁性。

第二节　岩石的强度和变形特性

一、岩石变形性质的类别及岩石变形指标

1. *岩石变形性质的类别*

岩石的变形性质是岩石的主要力学性质,是指岩石在不同类型受载下发生形状和体积的变化。按应力应变-时间关系,可将岩石变形划分为弹性变形、塑性变形和黏性变形三种。

岩石的弹性变形是指卸载后岩石变形能完全恢复到其原始状态的性质。随岩石性质的不同,岩石的弹性变形可分为三种不同的弹性特征(见图 1-1):

① 线弹性——应力应变关系呈直线关系;

② 完全弹性(非线性弹性)——应力应变关系不是直线关系,但卸载时应力应变沿原来的曲线返回原点;

③ 滞弹性——应力应变关系为曲线关系,无残余变形,卸载时应力应变沿另一条曲线返回原点。

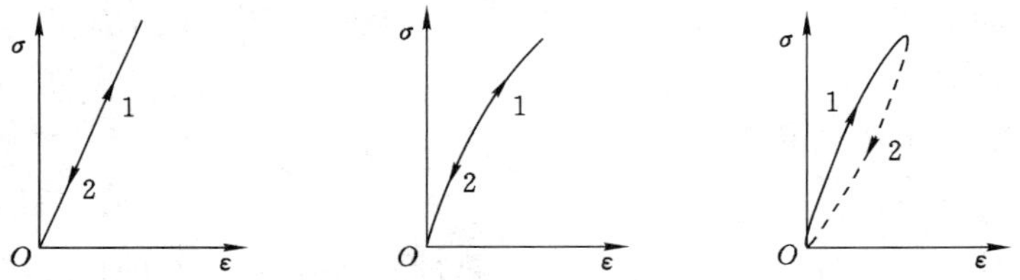

(a) 线弹性　(b) 完全弹性(非线性弹性)　(c) 滞弹性

1—加载过程;2—卸载过程。

图 1-1　岩石的不同弹性特征

岩石的塑性变形是指岩石在外力作用下当超过其屈服极限应力时仍能发生变形,撤去外力后不能完全恢复其原始状态的性质,亦称残余变形。理想的岩石塑性变形应力应变关系曲线如图 1-2(a)所示。当应力低于屈服极限(屈服应力)σ_y 时,岩石的性质为弹性;有的岩石当应力超过其屈服应力后,应力不变而变形不断增长,应力应变曲线为水平线,此时岩石所能承受的最大载荷为其屈服应力。还有一类岩石,当应力超过其屈服应力后,应力和变形都不断增加,应力应变曲线呈上升变化,此即应变硬化现象[如图 1-2(b)所示],也就是说,即使应力超过屈服应力,但随塑性变形的发展,岩石的承载力也会增大。

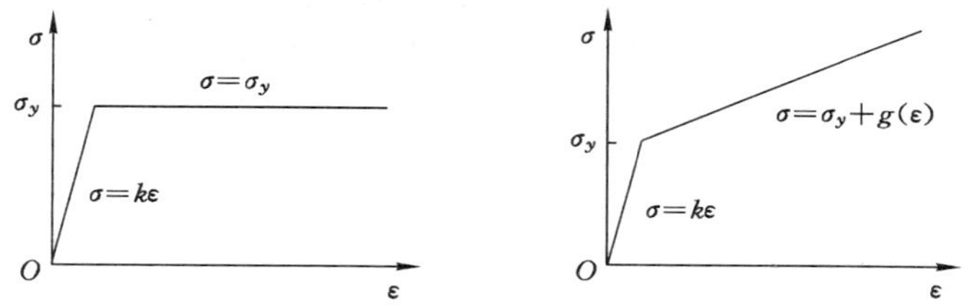

(a) 理想的塑性变形应力应变关系曲线　　(b) 应变硬化现象

图 1-2　岩石的塑性变形应力应变关系曲线

研究表明，岩石的变形特性与其类型、物理性质、加载方式、载荷大小及作用时间等有关，且岩石的弹性和塑性变形往往同时出现。在一般加载条件下，岩石只在较小的应力范围内可看作弹性介质，即其应力应变关系可看作服从胡克(Hook)定律，但多数并不遵从。图 1-3 所示为一般岩石的变形曲线，可以看出，在应力达到屈服应力后，开始卸载，应力应变曲线在卸载初期比较陡，但当卸载接近结束时则较平缓，甚至当完全除去应力后，还有部分变形恢复，此即弹性后效现象。虽然弹性变形在岩石中传递速度很快，但弹性后效的发展却很缓慢，而且其变形量所占的比重较小，通常不超过弹性变形的 10%。因此，岩石的弹性变形可分为瞬时弹性变形(卸载后变形立即恢复)和后效弹性变形(卸载后变形需要经过一定时间才恢复)。

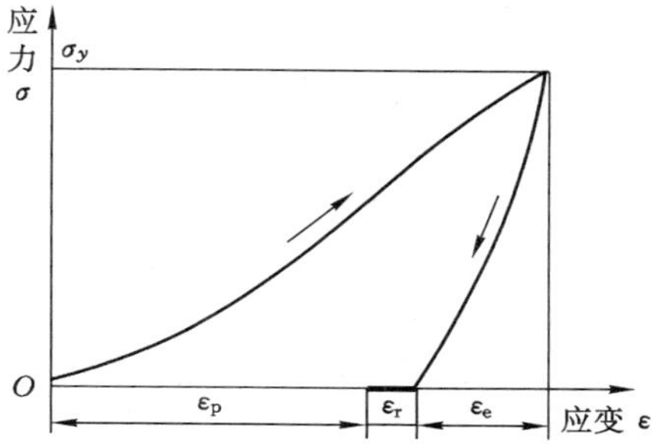

ε_e—瞬时弹性变形；ε_r—后效弹性变形；
ε_p—塑性变形。

图 1-3　一般岩石的变形曲线

岩石的黏性变形是指岩石在外力作用下变形不能在瞬间完成，且应变速率随应力的变化而改变，当外力撤去后，不能恢复其原始状态的性质。理想的黏性岩石材料，其应变速率呈直线变化，并且通过原点。这种应变速率随应力而改变的变形称为流变变形或流动变形。

2. *岩石变形指标*

表征岩石的变形指标一般有泊松比、弹性模量和体积变形模量等。现以岩石试件单轴压缩试验的结果来讨论岩石的这些变形指标，其他条件下类似。

泊松比指岩石在单轴压缩条件下横向应变与轴向应变的比值，也称横向变形系数。其表达式为：

$$\mu = -\frac{\varepsilon_c}{\varepsilon_a} \tag{1-4}$$

式中　μ——岩石的泊松比；

ε_c，ε_a——岩石试件的横向应变、轴向应变。

式(1-4)是由弹性理论引入的，只适用于岩石的弹性范围，而对塑性部分不适用。一般这种泊松比的值是用静力试验方法求得的，故称为静泊松比。而动泊松比是由声波在岩体内传播测试中其纵波和横波速度计算出的，它是岩体动弹性参数之一。

岩石受力后既出现弹性变形也出现塑性变形，故必须用岩石的弹性模量和变形模量来表示岩石的弹性变形和其总变形(包括弹性变形和塑性变形)。

(1) 当岩石在单向受压条件下,其轴向应力应变曲线呈直线时(见图 1-4),其弹性模量为:

$$E = \frac{\sigma_a}{\varepsilon_a} \tag{1-5}$$

式中 E——岩石的弹性模量;

σ_a——轴向应力应变曲线上任一点的轴向应力;

ε_a——对应于 σ_a 的轴向应变。

(2) 当岩石的轴向应力应变曲线为非线性关系时,有三种弹性模量的定义(见图 1-5)。

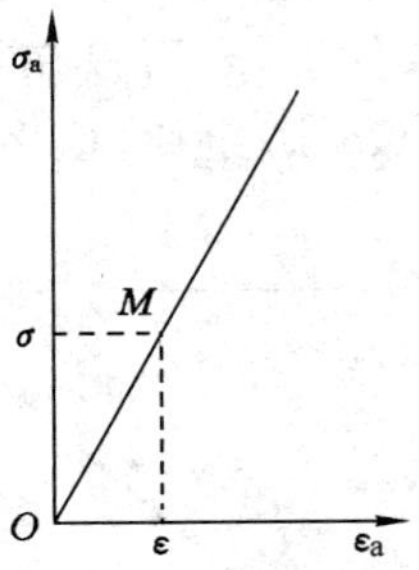

图 1-4 岩石的轴向应力应变曲线

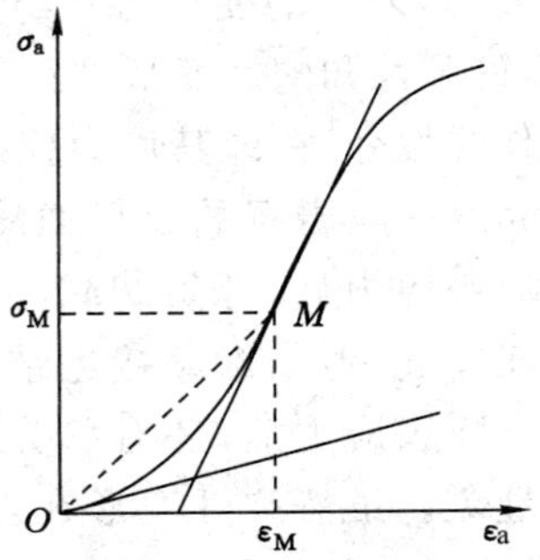

图 1-5 岩石的各种弹性模量的确定

① 初始模量:曲线过原点的切线斜率,即

$$E = \left.\frac{d\sigma}{d\varepsilon}\right|_{\varepsilon=0} \tag{1-6}$$

② 切线模量:曲线上某一点 M 的切线斜率,即

$$E = \left.\frac{d\sigma}{d\varepsilon}\right|_{\varepsilon=\varepsilon_M} \tag{1-7}$$

③ 割线模量:曲线上某一点 M 的纵横坐标之比,即

$$E = \frac{\sigma_M}{\varepsilon_M} \tag{1-8}$$

(3) 当岩石在受力后既有弹性变形又有塑性变形时(见图 1-3),用岩石的变形模量来表征其总变形,即

$$E_\varepsilon = \frac{\sigma}{\varepsilon_e + \varepsilon_r + \varepsilon_p} \tag{1-9}$$

式中 E_ε——岩石的变形模量;

σ——应力;

ε_e,ε_r,ε_p——岩石的瞬时弹性变形、后效弹性变形和塑性变形。

岩石试件在单轴受压试验中,始终伴随着体积变化,其特点是:弹性阶段,体积减小;塑性阶段,体积膨胀,且试件要先恢复到原体积而后超过原体积。岩石在塑性阶段的体积膨胀称为扩容现象,该现象主要是由于裂隙产生、贯穿、张开等造成的。相对于原体积来说,体积由减小到增大约在岩石单轴抗压强度 R_c 的 1/2 处,即在 $\sigma=R_c/2$ 附近,见图 1-6。

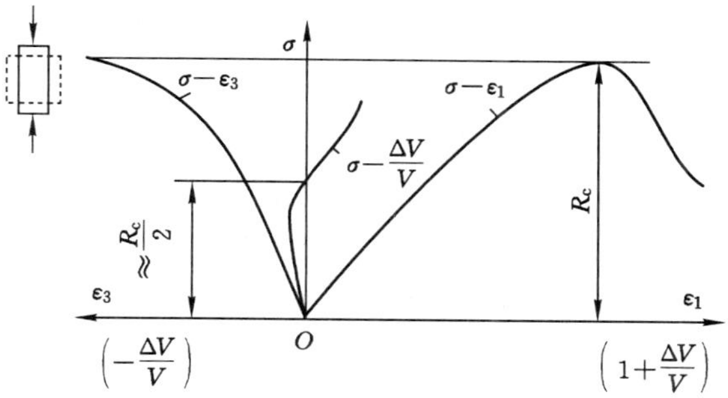

图 1-6　单轴压缩时岩石试件的体积变化

通常用体积应变 ε_V（体积改变量 ΔV 与原体积 V 的比值，又称为体积改变率）来表征体积的变化，即

$$\varepsilon_V=\frac{\Delta V}{V}=\varepsilon_1+\varepsilon_2+\varepsilon_3=\frac{1-2\mu}{E}(\sigma_1+\sigma_2+\sigma_3) \tag{1-10}$$

当岩石为各向同性的弹性材料时，其体积变形特征还可用体积变形模量（E_V）来表示，即岩石处于静水应力状态时单位体积的体积变化所需要的静水压力，也称为容变弹性模量，其表达式为：

$$E_V=\frac{E}{3(1-2\mu)} \tag{1-11}$$

煤矿中常见岩石的变形指标值见表 1-5。

表 1-5　煤矿中常见岩石的变形指标

岩石种类	弹性模量 E/GPa			泊松比 μ	
	压缩		拉伸		
	平行层理	垂直层理	平行层理	平行层理	垂直层理
花岗岩	58.8	58.8	21.6	0.05～0.25	0.05～0.25
石灰岩	26.3	28.4	25.5	0.16～0.27	0.19～0.39
砂岩	36.7	39.0	36.3	0.12	0.14～0.20
砂质页岩	35.6	23.7	12.7	0.25	0.16
泥质页岩	24.5	14.7	10.8	0.15～0.39	0.10～0.48
黏土	0.3	—	—	—	—
煤	9.8～19.6	—	—	0.10～0.50	0.10～0.50

二、岩石的抗剪强度

1. *岩石抗剪强度概念*

岩石的抗剪强度指岩石抵抗剪切破坏的极限强度（剪切面上的切向应力），它是岩石力学性质中最重要的指标之一。根据岩石剪切试验时加载方式的不同，岩石的强度特征包括抗切强度、抗剪强度和摩擦强度三种。

岩石的抗切强度是指在岩石试件剪切面上不加法向载荷，而只在水平方向施加剪切力直到岩石剪断为止[见图 1-7(a)]。此时，抗切强度(纯剪强度)等于剪切破坏面上岩石的黏聚力 C。

岩石试件在法向压应力作用下，同时在水平方向施加一能抵抗剪切滑动的最大剪应力，这就是岩石的抗剪强度[见图 1-7(b)]。抗剪强度是一个变量，它与岩石试件破坏时作用在剪切面上的法向压应力有关，而与岩石的黏聚力关系不大。

岩石的摩擦强度是指岩石试件内已经有断裂面存在时，在某一法向压应力和水平方向施加一剪切力的作用下能够抵抗的最大剪应力[见图 1-7(c)]。此时岩石试件已被剪断(即岩石试件黏聚力 $C=0$)，仅由内摩擦力起抵抗外力的作用，故称为摩擦强度，又称残余抗剪强度。用这种方法也可以确定岩石试件中存在软弱面时的抗剪强度，得出的强度指标称为重剪强度[见图 1-7(d)]。

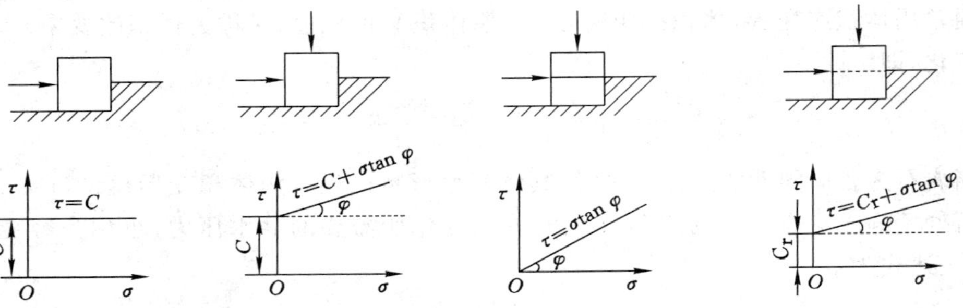

(a) 抗切试验　(b) 抗剪试验　(c) 摩擦试验　(d) 重剪试验

图 1-7　岩石剪切试验不同加载方式及强度特征

2. *岩石抗剪强度测定*

测定岩石抗剪强度的试验一般是在实验室采用直接剪切仪进行的直接剪切试验、采用楔形剪切仪进行的楔形剪切试验或采用三轴压力仪进行的三轴压缩试验。

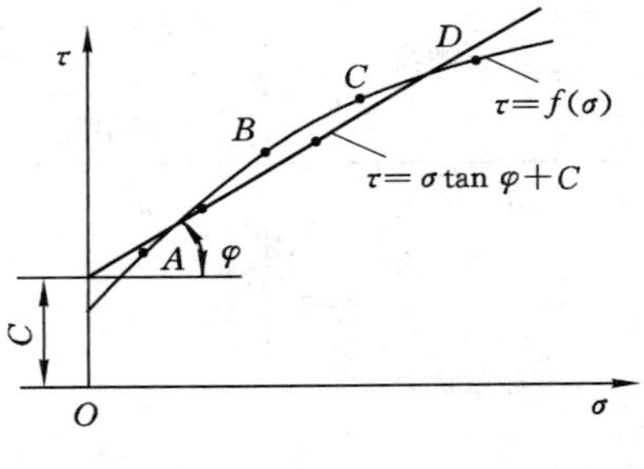

图 1-8　岩石的抗剪应力应变曲线

采用楔形剪切仪测定岩石的抗剪强度的楔形剪切试验，又称为倾斜压模法。通过这种方法可得出岩石的内摩擦角 φ 和黏聚力 C，剪切破坏面上的正应力 σ 和剪应力 τ。可在 σ-τ 坐标系上作出反映岩石发生剪切破坏时的 σ-τ 关系曲线(见图 1-8)。为便于工程应用，一般将其简化为直线，这样岩石的抗剪强度 τ 与压应力 σ 之间就有以下关系：

$$\tau = \sigma\tan\varphi + C \tag{1-12}$$

式中　$\tan\varphi$——岩石抗剪断内摩擦系数；

C——岩石的黏聚力，MPa。

黏聚力 C 和内摩擦角 φ 的值是表达岩石剪断条件的基本参数，岩石力学试验规范所规定的抗剪切强度试验就是测定黏聚力 C 和内摩擦角 φ 这两项指标。煤矿中几种常见岩石的 C 和 φ 值见表 1-6。

表 1-6　煤矿中常见岩石的黏聚力和内摩擦角

岩石种类	黏聚力 C/MPa	内摩擦角 φ/(°)
花岗岩	13.7～49.0	40～60
石灰岩	3.4～39.2	35～50
砂　岩	7.8～39.2	35～50
砂质页岩	6.8	46
页　岩	2.9～29.4	20～35
煤	1.0～9.8	16～40

三、岩石在单轴及三轴应力作用下的强度与变形特性

1. *岩石在单轴应力作用下的强度及变形特性*

(1) 岩石的单轴抗压强度及变形特征

岩石的单轴抗压强度指岩石试件在无侧压且只受轴向载荷作用下，所能承受的最大压应力，是目前地下工程中使用最广泛的岩石力学参数。岩石的抗压强度一般在实验室压力机上按照试验规范测试，岩石试件抗压强度 R_c(kPa)为试件破坏时的载荷 P(kN)与其横断面面积 A(m^2)之比。煤矿中常见岩石单轴抗压强度见表 1-7。

表 1-7　煤矿中常见岩石的强度

岩石种类		单轴抗压强度 R_c/MPa	单轴抗拉强度 R_t/MPa	抗剪强度 τ/MPa
砂岩类	细砂岩	103.9～143.0	5.50～17.60	17.40～53.40
	中砂岩	85.7～133.3	6.00～14.00	13.30～36.50
	粗砂岩	56.8～123.5	5.40～11.60	12.40～30.40
	粉砂岩	36.3～54.9	1.30～2.40	6.86～11.50
砾岩类	砂砾岩	6.9～121.5	2.80～9.70	7.00～28.80
	砾　岩	80.4～94.0	4.00～11.76	6.60～26.40
页岩类	砂质页岩	39.2～90.2	3.90～11.80	20.60～29.90
	页　岩	18.6～39.2	2.70～5.40	15.60～23.30
灰岩类	石灰岩	52.9～157.8	7.70～13.80	9.80～30.40
煤		4.9～49.0	2.00～4.90	1.08～16.20

岩石的单轴抗压强度试验大都是在普通材料力学试验机上进行的，因这种试验机刚性较小，用其对岩石试件加压时，试验机的金属框架受拉，导致大量能量在试验机内积聚，一旦应力达到极限强度，产生一个较大量级的应变，这时普通试验机中储存的能量就突然释放，从而对岩石试件产生强大的冲击使其破坏。但这些并不能反映岩石在静载下的真实破坏现象，而是由于试验机本身的缺陷造成的。只有在刚性试验机出现后，才得出岩石在单轴压力作用下的真实过程，即全程应力应变曲线(见图 1-9)。

岩石单轴受压条件下的全程应力应变曲线可划分为 5 个阶段：

① O-A 段，原始空隙压密阶段，岩石应力应变曲线呈上弯形。此段变形模量较小且不是一个常数。

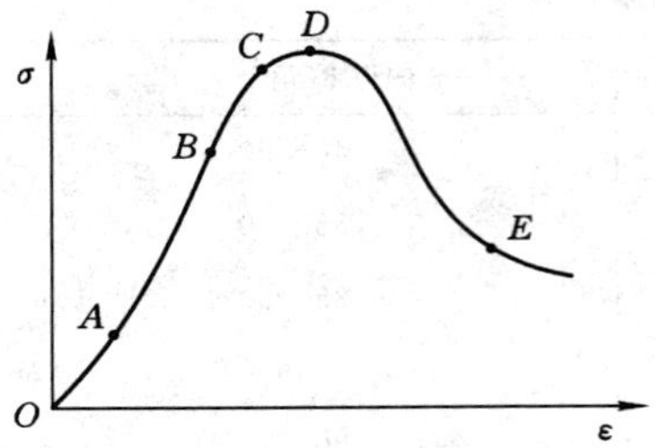

图 1-9　岩石的全程应力应变曲线

② A-B 段，线弹性阶段，岩石应力应变曲线呈直线形，相应的 B 点的应力值称为弹性极限。

③ B-C 段，弹塑性过渡阶段，岩石的应力应变曲线从 B 点开始偏离直线，当应力达到 $0.6\sigma_{max}$ 时，岩石开始有微破裂不断产生，岩石的体积由压缩转向膨胀。对应于曲线上 C 点的应力值称为屈服极限。

④ C-D 段，塑性阶段，当应力超过屈服应力后接近 $0.95\sigma_{max}$ 时，岩石破裂速度加快，岩石应力应变曲线继续向右上方延伸，岩石的体积膨胀加速，变形也随应力增长而迅速增长，直到 D 点破坏。相应的 D 点的应力值称为岩石的强度极限（σ_{max}）或峰值强度。

⑤ D 点以后为破坏阶段，又称后破坏阶段。这段峰后曲线说明，岩石达到强度极限后，破坏的发展要经历一个过程，最终达到完全破坏。后破坏阶段的岩石仍有一定的承载能力，只是保持一较小值，相应的曲线 E 点所对应的应力值称为残余强度。D 点后的峰后区表现出应变软化特性。

(2) 岩石的单轴抗拉强度

岩石试件在单轴拉应力作用下所能承受的最大值称为岩石的单轴抗拉强度（R_t）。在实验室主要用劈裂法（巴西法）又称径向压裂法来检测岩石的抗拉强度。岩石是脆性材料，其抗拉强度大约为抗压强度的 3%～30%（平均 10%），且主要是受其内部结构的影响。煤矿中常见岩石的抗拉强度见表 1-7。

2. 岩石在三轴应力作用下的强度及变形特性

岩体工程领域，尤其是地下工程巷硐周围的煤岩体一般处于三轴应力状态，所以研究岩石在三轴应力作用下的强度及变形特性有很大意义。按应力的组合方式，岩石的三轴应力试验一般分为三轴等应力试验和三轴不等应力试验两种。三轴等应力试验的应力组合方式为 $\sigma_1>\sigma_2=\sigma_3$，主要研究围压（$\sigma_2=\sigma_3$）对岩石的强度、变形以及破坏的影响。三轴不等应力试验的应力组合方式为 $\sigma_1>\sigma_2>\sigma_3$，主要研究 σ_2 对岩石的强度、变形以及破坏的影响。

岩石三轴抗压强度在三轴压力试验机上测定，这种试验机施加轴向压力的设备与普通试验机相同，只是另外增加施加侧压的设备（见图 1-10）。试验时先对试件施加侧向压力，达到预定值后保持不变，然后施加轴向载荷直到试件破坏。

试件在某种围压下三轴抗压强度 R_{3c}（MPa）的表达式为：

$$R_{3c}=\frac{P}{A}\times 10 \tag{1-13}$$

式中　P——试件破坏时轴向载荷，kN；

A——试件的初始横截面面积，cm^2。

煤矿中常见岩石的三轴抗压强度见表 1-8。

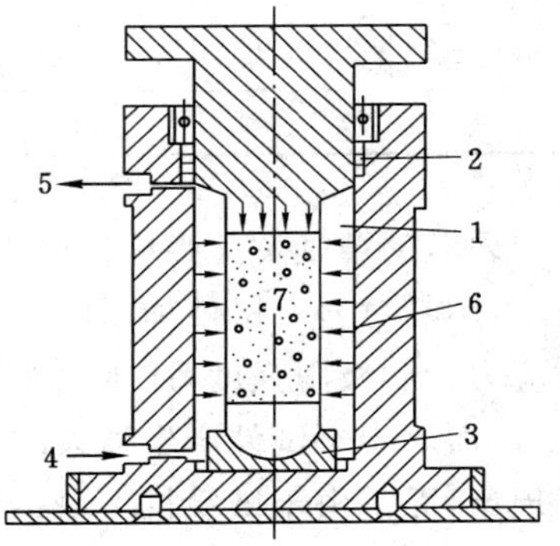

1—压力室；2—密封设备；3—球面底座；4—压力液；5—排气口；6—侧压力；7—试件。

图 1-10　三轴压力试验机

表 1-8　煤矿中常见岩石的三轴抗压强度　　单位：MPa

岩石种类	不同围压作用下的三轴抗压强度											
	0	9.8	19.6	24.5	27.4	29.4	39.2	49.0	53.9	58.8	73.5	78.4
石灰岩	156.8		274.4				372.4					558.6
石英砂岩	158.5	218.9	210.8			251.0	305.3	354.7				
砂　岩	67.6				227.3				307.2			
砂页岩	58.8									377.3		406.7
硬　煤	19.6			49.0				166.6			189.1	

岩石在三轴等压应力作用下，其变形特性将受到围压的影响。图 1-11 为一组大理岩的试验曲线，由图可知：① 岩石的屈服应力随围压（$\sigma_2=\sigma_3$）的增加而提高。② 弹性段的斜率变化不大，即弹性模量和泊松比与单轴压缩下基本相等。③ 在一定临界围压下，出现塑性流动现象；如继续提高围压，不再出现峰值，岩石仍保留一定的承载能力，其应力应变曲线呈现单调增长趋势。

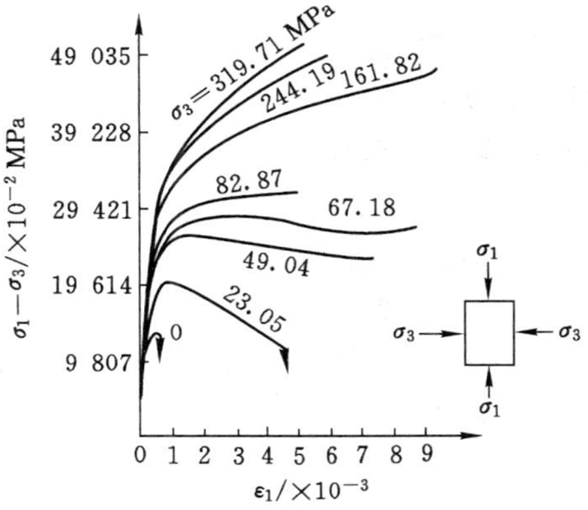

图 1-11　三轴等压下大理岩的试验曲线

近年来的研究表明，中间主应力对岩石的三轴极限强度和变形有影响，但比 σ_3 的影响要小得多。因此，一般研究岩石（尤其是各向同性岩石）的三轴抗压强度可使用不考虑中间主应力影响的莫尔（Mohr）破坏准则。但对各向异性岩石，当岩石的弱面走向垂直于中间主应力时，其对岩石强度的影响很大，有时达 20%，这就需要进行真三轴试验。

四、岩石的流变（蠕变）特性

1. 岩石的流变类型

各种岩土工程的变形特性都与时间因素有关，时间对岩石变形特性的影响称为岩石的变形时间效应，与时间因素有关的应力应变现象统称为流变。广义的岩石时间效应包括加载速率效应和流变现象。

岩石的加载速率应根据速率大小分为三种情况：加载速率快、加载速率慢和加载速率极慢。

① 加载速率快：弹性模量提高，峰值强度增加，韧性降低。此时因快速加载而达到破裂时的应力称为瞬时强度。

② 加载速率慢：弹性模量降低，峰值强度减小，韧性增加。

③ 加载速率极慢：产生流变现象，长期载荷作用下岩石的强度称为岩石的长期强度。

岩石的流变现象分为：蠕变、松弛、弹性后效和黏性流动。

① 蠕变：应力不变条件下，应变随时间延长而增加的现象。它与塑性变形不同，塑性变形通常在应力超过弹性极限之后才出现，而蠕变只要应力的作用时间相当长，它在应力小于弹性极限时也能出现。

② 松弛：应变一定时，应力随时间延长而减小的现象。

③ 弹性后效:加载(或卸载)后经过一段时间应变才增加(或减小)到一定数值的现象。

④ 黏性流动:岩石在蠕变发生一段时间以后卸载,部分变形永久不能恢复的现象。

2. *岩石的蠕变特性*

随着采矿等岩体工程规模日益增大,岩石的流变问题已成为十分重要的问题,但对研究岩石力学问题关系更密切的是蠕变。反映蠕变特征的变形-时间曲线称为蠕变曲线。图 1-12 为岩石的典型蠕变曲线,它可以划分为 4 个阶段。

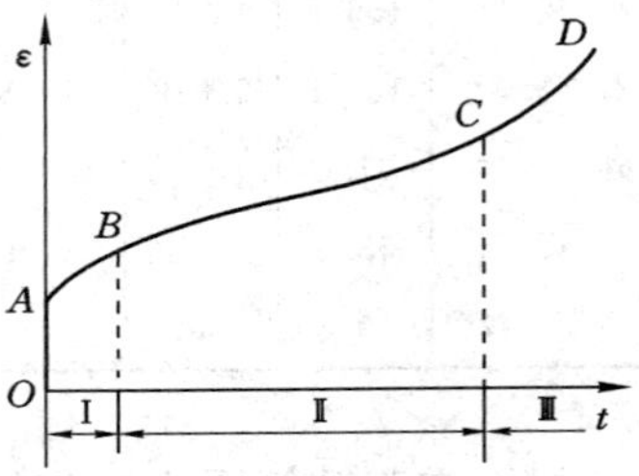

图 1-12　岩石的典型蠕变曲线

① *O-A* 段:瞬时变形阶段。在加载瞬间,试件立即产生一瞬时弹性应变。此段所经时间极短,可以认为与时间无关。

② *A-B* 段:第一阶段蠕变(又称初始蠕变、过渡蠕变或阻尼蠕变)。此段应变不断增加,但增长速率却随时间降低,曲线呈下凹形。

③ *B-C* 段:第二阶段蠕变(又称等速蠕变或定常蠕变)。此段时间延续最长,应变随时间呈近似的等速增长。

④ *C-D* 段:第三阶段蠕变(又称加速蠕变)。当应变到达 *C* 点后加速增长,曲线呈上凹形,当应变达到某个数值 *D* 点时试件破坏。

根据以上分析,蠕变的应变 ε 可以表示为:

$$\left.\begin{aligned}\varepsilon &= \varepsilon_e + \varepsilon_1 + \varepsilon_2 + \varepsilon_3 \\ \varepsilon_2 &= v_2 \cdot t\end{aligned}\right\} \tag{1-14}$$

式中　ε_1,ε_2,ε_3——第一、第二和第三阶段的蠕变;

v_2——第二阶段蠕变的应变速率;

t——第二阶段蠕变的时间。

其实,并非所有的岩石蠕变过程都出现等速蠕变阶段,只有蠕变过程中结构的软化和硬化达到动平衡时,蠕变速率才会保持不变。根据载荷、温度及材料阻止变形性能的不同,蠕变变形可逐渐停止,也可能继续进行直到材料破坏。根据试验,岩石的蠕变变形曲线大致可分为两类:第一类为稳定蠕变,如图 1-13(a)所示,可以看出试件在恒定载荷作用下,开始出现瞬时应变 ε_e,然后随时间的推移,应变很快增加,到一定时候,则增加开始减缓,最后趋于一稳定的极限值 ε_u。通常这个极限值比瞬时应变大 20%～30%,且随施加的载荷不同而不同。第二类为不稳定蠕变,如图 1-13(b)所示,其开始阶段和稳定蠕变一样,不同的是其应变量随着时间的延续而不断增加,直至岩石破坏,并且它没有一个稳定的极限值。

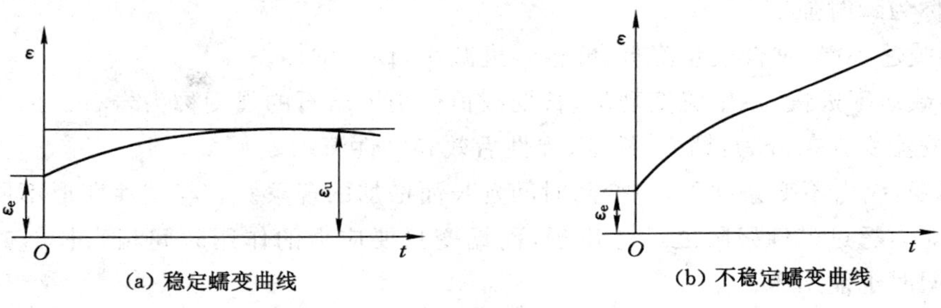

(a) 稳定蠕变曲线　(b) 不稳定蠕变曲线

图 1-13　岩石的蠕变曲线

3. 岩石的流变模型

由于岩石的流变是一个十分复杂的物理力学过程，从微观着手研究其特性一般是很困难甚至不可能的，因此常常采用不同特性的力学模型（即流变模型）来模拟岩石的流变特性，把它直观地表现出来。

由于岩石在外力作用下主要表现为弹性、黏性和塑性，因此最基本的流变模型也就是以下三种（如图 1-14 所示）。

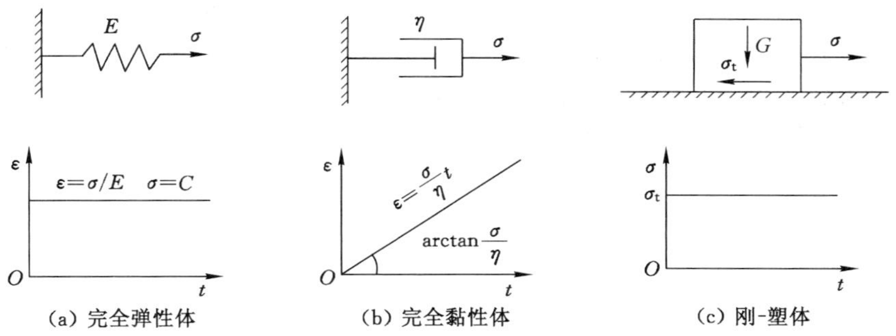

图 1-14　岩石流变的简单力学模型

(1) 完全弹性体

常用普通的弹簧来表示完全弹性体[见图 1-14(a)]，其变形规律服从胡克定律（也称胡克体），在其变形-时间关系图上，变形为一水平直线。表达式为：

$$\sigma = E \cdot \varepsilon \tag{1-15}$$

式中　σ,ε——岩石的应力、应变；

E——岩石的弹性模量。

(2) 完全黏性体

常用充满黏性液体的活塞缸（阻尼器）来表征岩石的黏性[见图 1-14(b)]，当有外力作用在活塞缸上时，活塞不会立即移动，随着时间的推移，活塞便会逐渐地开始移动，其变形规律服从牛顿黏性规律（也称牛顿体），即

$$\sigma = \eta \cdot \frac{d\varepsilon}{dt} \tag{1-16}$$

式中　η——黏性系数；

$\frac{d\varepsilon}{dt}$——正应变率。

如应力不变，则变形为：

$$\varepsilon = \frac{\sigma}{\eta} \cdot t \tag{1-17}$$

故在变形-时间关系图上，变形为一斜直线。

③ 刚-塑体

利用一个干摩擦块（摩擦器）在一平面上的滑动来表征岩石的塑性变形[见图 1-14(c)]，当作用在摩擦块上的外力大于摩擦力（即屈服应力 σ_t）时，物体开始移动（相当于产生塑性变形），而小于摩擦力时物体则不动（即物体处于刚性不变）。其变形规律表达式为：

$$\left.\begin{aligned}&\sigma<\sigma_t,\ \varepsilon=0\\&\sigma=\sigma_t,\ \varepsilon\uparrow\\&\sigma_t=f\cdot G\end{aligned}\right\}\tag{1-18}$$

式中 f——摩擦系数；

G——物体的重力。

自然界或工程中真实岩石的变形性质是很复杂的，在应力较小、变化较快时，岩石基本上是弹性的。但随着围压及温度的增加，岩石就有明显的塑性和黏性变形，不可能用单一的力学模型来描述其变形特性，因此为了用数学方法来描述，就建立了各种复杂的介质力学模型。如弹黏体模型，也称马克斯韦尔(Maxwell)模型，由弹性元件和黏性元件串联而成(见图 1-15)；弹塑体模型，也称圣维南(Saint-Venant)模型，由弹性元件和塑性元件串联而成。

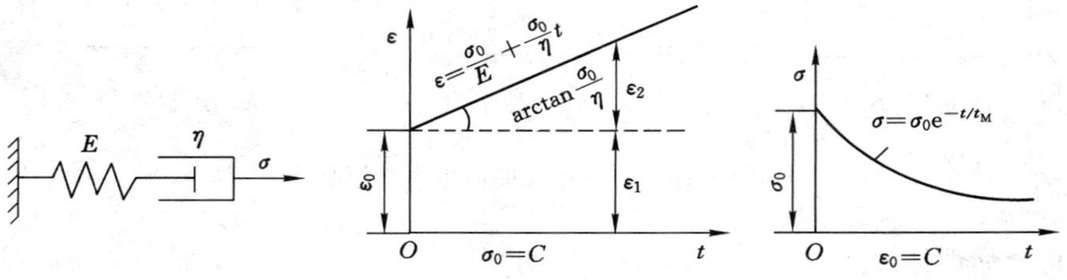

(a) 弹黏体元件串联　(b) 蠕变曲线　(c) 松弛曲线

图 1-15　弹黏体力学模型

岩石的流变问题是一个非常复杂的研究领域，已经发展成为岩石流变学，建立了大量模型，此处不再赘述。

五、影响岩石变形和强度的因素

岩石的变形和强度受很多因素影响，但总体来说有两大类，一是岩石的本身特征，二是岩石试件的试验条件。

1. *岩石的本身特征*

(1) 岩石的性质。由于岩石本身密度、矿物组分、结晶程度、颗粒大小及胶结物的种类不同，各种岩石的强度甚至同一种岩石的强度都不相同。如对于同一种岩石，强度一般随密度的增大而增大。在矿物组成相同的岩石中，结晶岩石比非结晶岩石的强度高，细粒岩石的强度高于粗粒岩石的强度。对沉积岩来说，通常硅质胶结的岩石比石灰质胶结的岩石强度高，而泥质胶结的岩石强度最低。

(2) 岩石的生成条件。埋藏深度是生成条件对强度影响的一个方面，深部岩石比浅部岩石的受压大，孔隙率小，强度也增大。而在有些岩石结构中，若具有非结晶物质，则岩石的强度会大大降低。

(3) 岩石的构造特征。层理构造对沉积岩强度的影响十分明显。由表 1-9 可以看出，除了少数几种岩石以外，一般垂直于岩石和煤的层理的抗压强度大于平行于层理的强度。一般情况下，岩石越软，二者比值越大，岩石越硬，比值越小。

表 1-9　层理对煤岩单轴抗压强度的影响

岩石种类	抗压强度/MPa		两者比值
	垂直层理	平行层理	
石 灰 岩	176.4	148.0	1.19
粗粒砂岩	139.4	116.1	1.20
细粒砂岩	153.6	156.5	0.98
砂质页岩	77.3	50.8	1.52
页　　岩	50.6	36.0	1.41
无 烟 煤	19.2	12.9	1.49
烟　　煤	10.5	7.2	1.46

(4) 风化、水和温度的作用。由于风化作用破坏了岩石的粒间连接和晶粒本身，使岩石的强度降低很多。水的作用对岩石的强度也有明显影响，由于水分子进入岩石，削弱了颗粒间的联系，使强度降低。其降低程度取决于岩石内孔隙和裂隙的状况、组成岩石的矿物成分的亲水性、水的物理化学性质等因素。温度对岩石的强度也能产生影响，随着环境温度增高，岩石的强度会明显降低。

2. *岩石试件的试验条件*

(1) 岩石试件的形状和尺寸。一般棱柱形试件的强度低于圆柱形试件的强度，这种影响称为形态效应。岩石的强度还随试件尺寸增大而降低，但试件尺寸增大到一定程度以后，强度大致保持不变，这种现象就是尺寸效应。试件的高径比对单轴抗压强度也有重要影响，当试件的高径比很小时，其应力分布趋于三轴应力状态，因而试件具有很高的抗压强度。

(2) 加载速率及次数。试验的快速加载具有动力的特性，因此加载速率愈快，岩石的抗压强度愈大。例如某些冲击试验表明，高速加载时所得到的抗压强度会比慢速加载时大好几倍。对于不同的加载次数，岩石的变形和强度会有明显的不同，尤其是弹塑性岩石。

(3) 岩石的受载状态。岩石因受载状态不同，其极限强度相差悬殊。试验表明，岩石在不同应力状态下的强度值一般符合以下规律：三轴等压抗压强度＞三轴不等压抗压强度＞双轴抗压强度＞单轴抗压强度＞抗剪强度＞抗弯强度＞单轴抗拉强度。

第三节　岩石的破坏机理和强度理论

一、岩石的破坏机理

1. *岩石的破坏形式*

根据岩石本身性质的差异和破坏前所产生的变形量大小，其破坏形式表现为脆性和塑性两种。脆性破坏一般在围压较小、温度较低、岩性坚硬的情况下发生，特点是破坏前的变形量很小，当继续加载时岩石突然破坏，岩石碎块强烈弹出。通常把在外力作用下破坏前总应变小于 3% 的岩石称为脆性岩石。塑性破坏又称为延性破坏或韧性破坏，多发生在围压大、温度高和岩性软的情况下，特点是岩石在破坏前的总应变量很大，表现出很明显的塑性变形或流变行为，然后才逐渐破坏。通常把在外力作用下破坏前总应变大于5%的岩石称为塑性岩石。

岩石的脆性破坏和塑性破坏往往是相伴发生的，且随环境（如环境温度、围压和地应力等）和外力作用（如载荷性质、大小及加载方式、过程和速率等）的变化而相互转化。根据岩石破坏之前的变量、微观机理和作用力性质，还可将岩石的破坏形式分为塑流、压碎、张裂、剪破和挠曲五种类型。但在实际情况中，岩石的破坏形式是相当复杂的，可能同时具有多种破坏形式。

2. 岩石的破坏机理

任何材料的破坏可分为散离部分的相互远离或错开，因此岩石的破坏机理归结到底只有拉坏和剪坏两种基本类型。下面从单轴和三轴压缩试验岩石试件的破坏形式来说明岩石的破坏机理。

岩石试件在进行单轴压缩试验时，因试验机加压载荷大小、试件受载面光滑程度的不同，岩石试件可能出现拉坏或剪坏。一般而言，试件受载面和加压板之间的摩擦力越小，试件出现剪切破坏的可能性就越小。图1-16为岩石试件单轴压缩时的破坏形态。

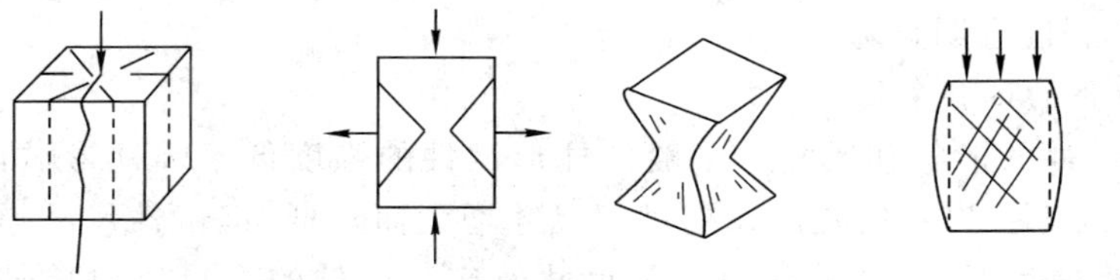

(a) 张裂或压裂破坏　(b) 压剪破坏　(c) 塑性流动破坏

图1-16　单轴压缩下岩石破坏的形态

图1-16(a)为单轴压缩试验引起的立方体试件拉断破坏，称为横向张裂或压裂破坏。其特点是破断后断裂面与加载方向平行。

图1-16(b)是单轴压缩试验过程中长方体试件的剪切破坏，称为压剪破坏。试件受剪切破坏时其内部的剪应力具有对称性，常出现一组成X状的倾斜裂缝，称为“X形剪切裂隙”。

通常，把剪切面与最大压应力垂直方向所成的角度称为剪切破坏角，一般大于45°且与岩石强度有关。一般软岩的剪切破坏角小，而硬岩的剪切破坏角则较大，某些岩石的剪切破坏角见表1-10。

表1-10　岩石剪切破坏角

岩石种类	花岗岩	砂岩	石灰岩	页岩
剪切破坏角	79°	74°	58°	50°

图1-16(c)是某些塑性岩石试件两个受压面上的变形受到摩擦力阻碍时，产生塑性流动从而导致岩石试件的破坏。由于塑性岩石多因剪切而破坏，所以常把剪切又称为塑性破坏形式。

当岩石承受三轴压缩时，如各向等压，则岩石由于能够承受很大的载荷而觉察不到其破坏。如三轴应力不等，随着围压和主应力差的增大，其极限强度和变形量都会相应增大，当围压增大到一定数值时，岩石试件就会沿某一斜面产生压剪破坏，此时岩石试件的变形特性和理想的塑性材料几乎一样。因此，在高围压的三轴压缩条件下，岩石会出现塑性流动破坏（见图 1-17）。

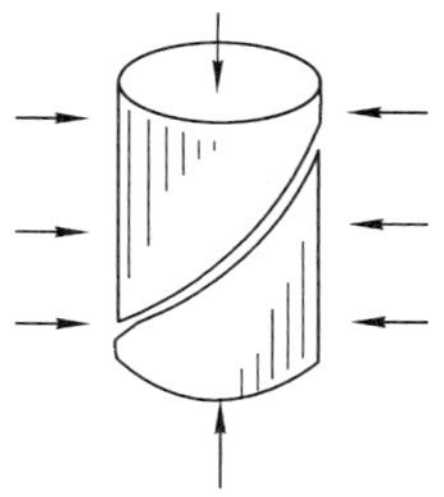

图 1-17　岩石在三轴高围压压缩条件下的塑性流动破坏

二、岩石破坏的主要强度理论

1. 岩石破坏的强度理论概述

岩石强度理论是研究岩石在各种应力状态下的强度准则的理论。强度准则又称破坏判据，它表征岩石在极限应力状态（破坏条件）下的应力状态和岩石强度参数之间的关系，一般可以表示为极限应力状态下主应力间的关系方程，即

$$\sigma_1 = f(\sigma_2, \sigma_3) \tag{1-19}$$

或者表示为处于极限平衡状态截面上的剪应力 τ 和正应力 σ 间的关系方程，即

$$\tau = f(\sigma) \tag{1-20}$$

上述方程中包含岩石的强度参数。

目前，研究岩石在复杂应力状态下的破坏原因、规律及强度条件的理论有很多，每一种强度理论均有其一定的适用范围，因此，任一强度理论皆不能无条件地应用于岩石的各种变形与破坏。在矿山开采实践，尤其是煤矿开采矿山压力与岩层控制研究中，较适用的是莫尔强度理论和格里菲斯强度理论。

2. 莫尔强度理论

莫尔于 1900 年提出了莫尔强度理论，认为材料发生破坏是由于材料的某一面上剪应力达到一定的限度（即极限剪应力），而这个剪应力与材料本身性质和正应力在破坏面上所造成的摩擦阻力有关。也就是说，材料发生破坏除了取决于该点的剪应力，还与该点正应力相关。这是目前岩石（体）力学中应用最为广泛的理论。岩石沿某一面上的剪应力 τ 和该面上的正应力 σ 有 $\tau = f(\sigma)$ 的关系，此函数关系式就是莫尔强度理论强度条件的普遍形式。由此可知，莫尔强度理论可表述为三部分：① 表示材料上一点应力状态的莫尔应力圆；② 强度曲线；③ 将莫尔应力圆和强度曲线联系起来，建立莫尔强度准则。

(1) 莫尔应力圆

如图 1-18(a)所示，在平面应力状态下，有两个主应力（σ_1，σ_3）作用在某一点上，则最大主应力 σ_1 与外法线成 α 角的斜切面上法向应力 σ_α 和剪应力 τ_α 的表达式为：

$$\left(\sigma_\alpha - \frac{\sigma_1 + \sigma_3}{2}\right)^2 + \tau_\alpha^2 = \left(\frac{\sigma_1 - \sigma_3}{2}\right)^2 \tag{1-21}$$

在直角坐标系 $\sigma O\tau$ 中，莫尔应力圆是以 $\left(\frac{\sigma_1 + \sigma_3}{2}, 0\right)$ 为圆心、以 $\frac{\sigma_1 - \sigma_3}{2}$ 为半径的圆（即平面应力状态下的莫尔应力圆），如图 1-18(b)所示。

莫尔应力圆上点的坐标代表最大主应力 σ_1 与外法线成 α 角的斜切面上法向应力 σ_α 和剪应力 τ_α 的大小，即横坐标代表法向应力 σ_α，纵坐标代表剪应力 τ_α。由于 α 的不同，材料中一点各个面上的应力（即一点的应力状态）都可以用莫尔应力圆上的点来表示。

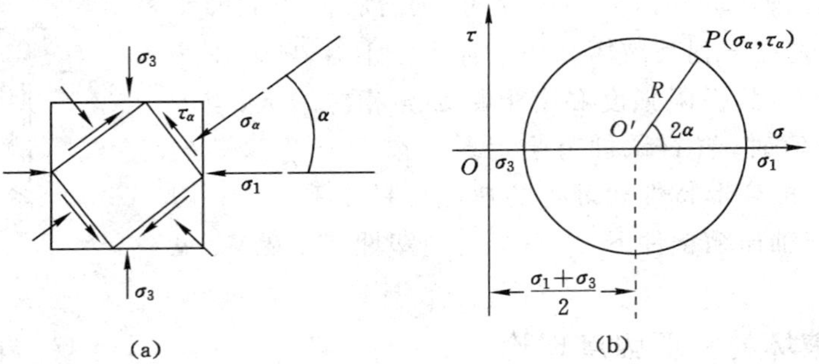

图 1-18 一点平面应力状态

(2) 强度曲线

莫尔强度理论的强度条件是 $\tau=f(\sigma)$，此函数的图形就是强度曲线。从理论上严格地讲，为了通过试验方法求得“σ-τ”关系曲线，要对岩石试件进行充分的试验，得到岩石试件在三轴不等压试验中和受到单轴拉、压时的数据，并在“σ-τ”坐标平面上作一系列代表这些极限状态的应力圆，称为极限应力圆。然后作这些圆的包络线，该包络线就是岩石的强度曲线（见图 1-19），也称莫尔包络线。但是，要得到这样一条曲线的代价太大了，因而各国的学者一直致力于用较为简单的试验得到一条近似的曲线。较广泛应用的求强度曲线的方法有：

① 在岩石抗剪强度试验时，改变楔形剪切仪的剪切角来求岩石的强度曲线（参见图 1-8）。

② 根据单轴拉、压和剪切试验数据，在“σ-τ”坐标系上作岩石单轴抗拉、抗压和抗剪强度的应力圆，然后作这三个应力圆的包络线，即为所求的强度曲线（见图 1-20）。

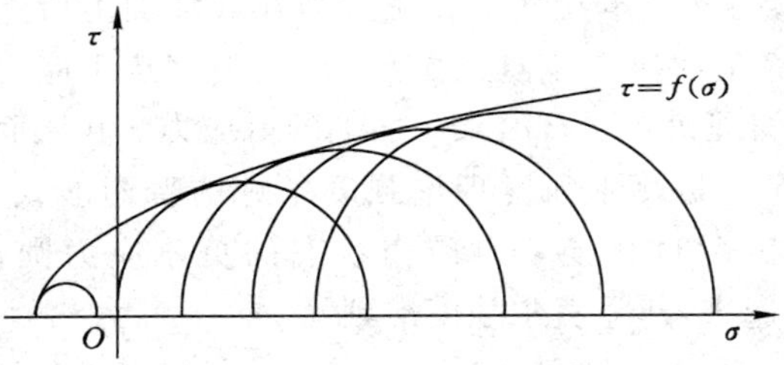

图 1-19 极限应力圆及强度包络线

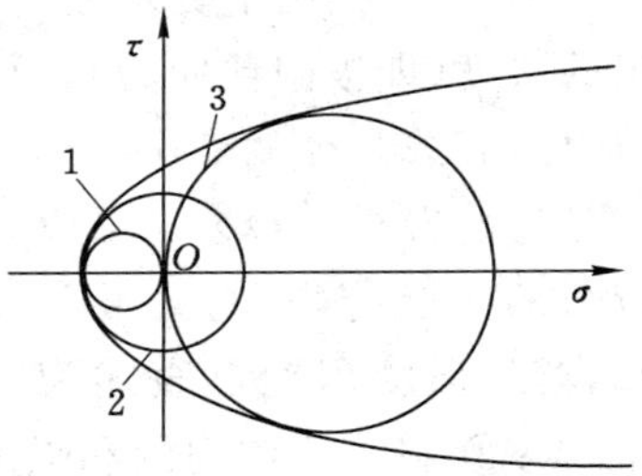

1—单拉；2—纯剪；3—单压。

图 1-20 根据单向拉、压和剪切试验求强度曲线

强度曲线的主要用途有：

① 在强度曲线横轴上，受拉区为由原点向左的区域，受压区为由原点向右的区域。其形状由受压区逐渐向受拉区收缩，反映了岩石抗压强度大于抗拉强度的规律。

② 利用强度曲线可预测破坏面的方向。由图 1-21(a)中的极限应力圆 2 可知，因包络线 4 与极限应力圆 2 相切于 M、M'两点，说明总是成对地出现剪切破坏面，其与最小主应力 σ_3 的夹角为 $\pm\alpha$（十号表示由横轴向逆时针方向转动，一号则为向顺时针方向转动）。因强度曲线的形状是由抗拉象限向抗压象限方向张开且破坏面上应力值大小相等但方向相反，所以

岩石剪切面与最小主应力的夹角 $\alpha=45^\circ+\varphi/2$（$\varphi$ 为岩石内摩擦角），且剪切破坏时经常出现 X 形剪切裂缝，通常一对 X 形剪切破坏面的锐角平分线就是最大主应力方向，见图 1-21(b)。

③ 直接判断岩石是否破坏。判断方法是将应力圆和强度曲线放在同一个"σ-τ"坐标系中，若此应力圆在包络线之内[图 1-21(a)中圆 1]，则岩石不破坏；如应力圆与包络线相切[图 1-21(a)中圆 2]，则岩石处于极限平衡状态；若应力圆在包络线之外[图 1-21(a)中圆 3]，则岩石将发生破坏。

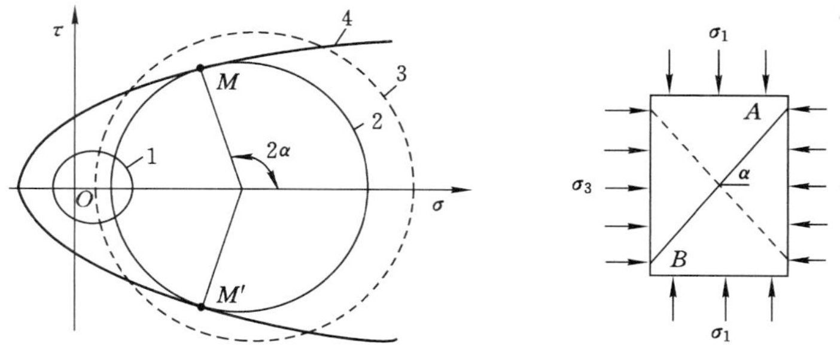

(a) 极限应力圆　　(b) X形剪切破坏

图 1-21　根据岩石强度曲线判断岩石破坏状态示意图

(3) 莫尔强度准则

在岩体工程设计计算中，必须给出岩石强度相应的表达式，但由试验得出的岩石强度曲线并未提供确切的关系式。由强度曲线主要用途③可知，根据应力圆和强度曲线是否相切的条件，可以推导出岩石强度准则的数学表达式，其随强度曲线的形状不同而不同。下面介绍几种常见的莫尔强度准则。

① 莫尔-库仑强度准则

这是目前应用最为广泛的强度准则，先由库仑(Coulomb)在 1773 年提出，后来莫尔用新理论加以解释，故称莫尔-库仑强度准则。该准则认为当压力不大时（一般 $\sigma<10$ MPa），可用斜直线强度曲线（见图 1-22）推导出其强度准则的表达式为式(1-12)。

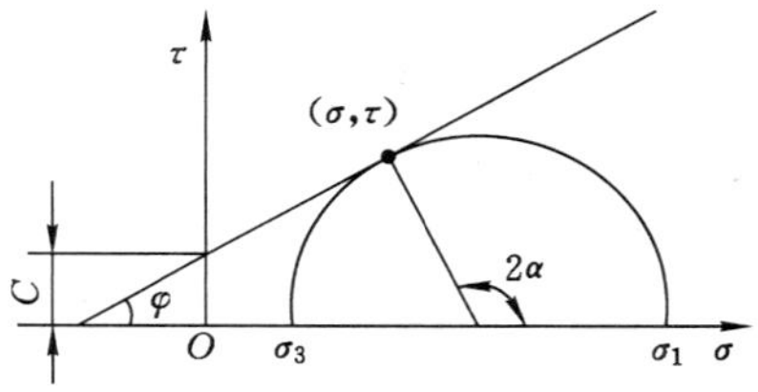

图 1-22　斜直线强度曲线

利用斜直线强度曲线可得出以下结论：

a. 确定单轴抗压与抗拉强度的比为：

$$\frac{R_c}{R_t}=\tan^2\left(45^\circ+\frac{\varphi}{2}\right) \tag{1-22}$$

b. 确定剪切破坏面与最大主应力平面的夹角（即剪切破坏角）$\alpha=45^\circ+\varphi/2$。

c. 确定三轴应力状态下的抗压强度值。由图 1-22 中的直角三角形关系，经过换算可得：

$$\sigma_1=2C\sqrt{\frac{1+\sin\varphi}{1-\sin\varphi}}+\frac{1+\sin\varphi}{1-\sin\varphi}\sigma_3 \tag{1-23}$$

式(1-23)就是以极限主应力 σ_1 和 σ_3 来表示的莫尔-库仑强度准则，也称为极限平衡条件。当此式中 $\sigma_3=0$ 时，岩石的单轴抗压强度 $R_c=\sigma_1=2C\sqrt{\frac{1+\sin\varphi}{1-\sin\varphi}}$。因此，岩石试件处于三轴应力状态时的抗压强度与单轴抗压强度和侧压力之间关系的表达式为：

$$\sigma_1 = R_c + \frac{1+\sin\varphi}{1-\sin\varphi}\sigma_3 \tag{1-24}$$

② 双曲线形强度曲线

由这种强度曲线(见图 1-23)推导出来的莫尔强度准则，适用于砂岩、石灰岩等较坚硬的岩石，其破坏判据表达式为：

$$\left.\begin{aligned} &\tau^2 \geqslant (\sigma+R_t)^2\left(\frac{1}{2}\sqrt{\frac{R_c}{R_t}-3}\right)^2+(\sigma+R_t)R_t \\ &R_c/R_t \geqslant 3 \end{aligned}\right\} \tag{1-25}$$

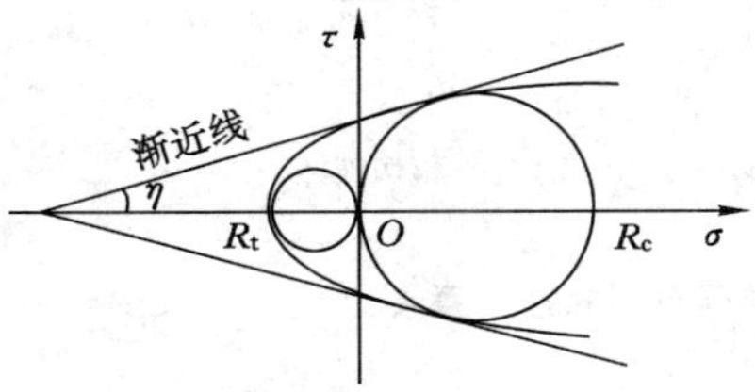

图 1-23 双曲线形强度曲线

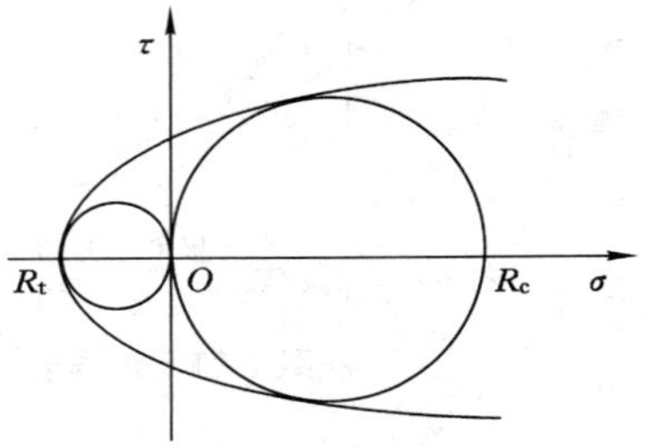

图 1-24 抛物线形强度曲线

③ 抛物线形强度曲线

由这种强度曲线(见图 1-24)推导出来的莫尔强度准则，适用于泥岩、页岩等岩性较弱的岩石，其破坏判据表达式为：

$$\tau^2 \geqslant (\sigma+R_t)R_t \tag{1-26}$$

总之，莫尔强度理论较全面地反映了岩石的强度特性。它适用于塑性岩石以及脆性岩石的剪切破坏；能体现岩石的抗压强度远大于抗拉强度的特性；能解释岩石在三轴等压压缩条件下不破坏(因强度曲线在受压区不闭合)和在三轴等拉条件下会破坏(因强度曲线在受拉区闭合)的现象。莫尔强度理论的最大不足是未考虑中间主应力对强度的影响，而一些试验却证明中间主应力对岩石，尤其是各向异性的岩体强度影响很大；再者，莫尔强度理论得出，岩石破坏时的破坏角 $\alpha=45^\circ+\varphi/2$ 对大多数岩石在压缩时实用，但当岩石拉伸发生剪切破坏时，剪切面趋于被拉开，此时的内摩擦角已无意义，所以莫尔强度理论在拉应力区域的适用程度还有待探讨。

3. 格里菲斯强度理论

格里菲斯(Griffith)于 1921 年提出了关于脆性材料破裂的理论。他认为，在材料内部存在许多均匀、随机分布的窄缝形微裂隙。在力的作用下，处于不利方位的裂隙端部就产生应力集中现象，使该处的应力达到所施加压力的几十倍甚至上百倍，于是裂隙就沿其长度方向开始扩张，直至材料整体破坏。格里菲斯先后从能量和应力的观点，提出了裂纹扩展的能量准则和应力准则。

(1) 裂纹扩展的能量准则

材料在外力作用下，其中的裂纹引起应力集中，由此所聚集的弹性势能达到或大于阻止裂纹扩展所必须做的功时，材料就会沿裂纹开始扩展。由于脆性材料的破坏一般是突然发生的，因此，在断裂过程中没有产生塑性流动，据此所释放的弹性势能大部分是消耗在产生新裂纹上，而消耗在产生位移的动能则可以忽略。如图 1-25 所示，材料原有的裂纹长为 b，在弹性势能 U 作用下释放 ΔU 的能量，产生 Δb 长的新裂纹，则其能量梯度（能量释放率）为：

$$G=\frac{\mathrm{d}U}{\mathrm{d}b}=\frac{\Delta U}{\Delta b} \tag{1-27}$$

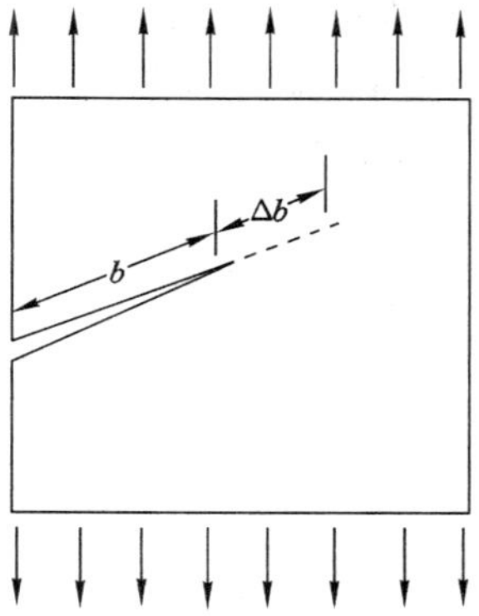

图 1-25　裂隙扩展示意图

新裂纹扩展 Δb 时，所产生的表面能增加率（裂纹扩展阻力）R 为：

$$R=\frac{\mathrm{d}s}{\mathrm{d}b}=\frac{\Delta s}{\Delta b}=2\gamma \tag{1-28}$$

式中　Δs——裂纹扩展 Δb 时增加的表面能，其值为 $2\gamma\Delta b$；

γ——单位面积的表面能。

由此得出，当 $G\geqslant R$ 时，裂纹就会扩展。式(1-28)即裂纹扩展的能量准则。

(2) 裂纹扩展的应力准则

格里菲斯强度理论的应力准则与莫尔-库仑准则在破坏机理上的认识是不同的。后者认为破坏主要是压剪破坏，即使有拉伸破坏，也是发生在有拉应力作用的情况；而前者则认为不论材料处于何种受力状态，本质上破坏都是由于拉应力引起的。如图 1-26(a)所示，如果垂直于裂隙的拉应力为岩石内的主应力，则裂隙端部就会产生一个其值可能是该主应力几倍的拉应力；如图 1-26(b)所示，如果主应力为平行于裂隙的压应力，则裂隙边界上的 A 点也会扩张；如图 1-26(c)所示，如果岩石试件中的微裂隙与压应力成一定角度且处于复杂应力状态，则裂隙端部就会出现应力集中而使原有裂隙扩展。

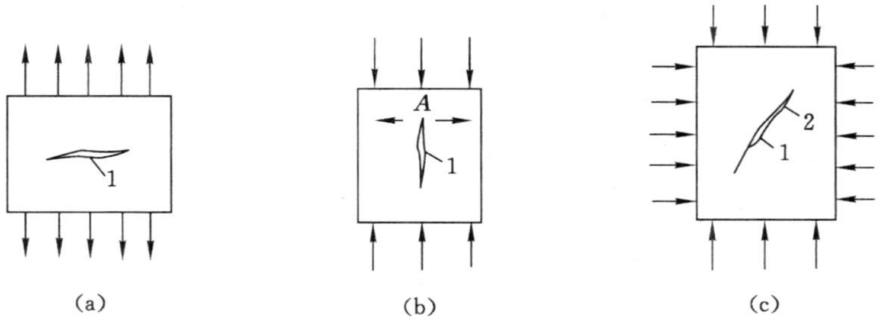

1—隐裂缝；2—裂缝扩展部分。

图 1-26　岩石试件中原有裂缝的扩展

所有这些应力集中，都是靠近裂隙尖端处应力值达到该点材料的抗拉强度时，才会从这个裂隙端部开始扩展直至破裂。因此，脆性破坏不是因剪切而破坏，而是由于拉伸而破坏的。

格里菲斯在研究这个问题时，假定将岩石内部裂隙看作是长度相当、形状相似的扁平椭圆孔(椭圆裂缝),并将它作为半无限弹性介质中单个孔洞的平面应力问题来处理,在忽略中间主应力的影响下,根据对椭圆孔的应力分析,得出如表 1-11 所列的裂纹扩展的应力准则,也称拉应力准则。

表 1-11 格里菲斯强度应力准则

应力条件	$\sigma_1+3\sigma_3\geqslant 0$	$\sigma_1+3\sigma_3<0$
示意图	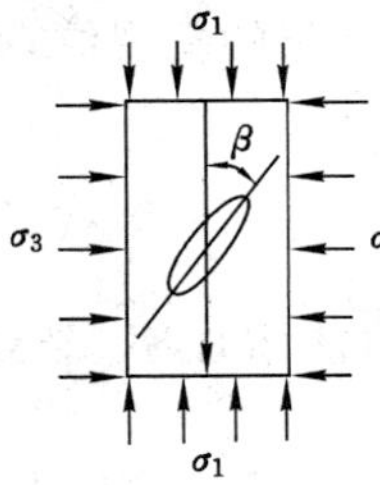	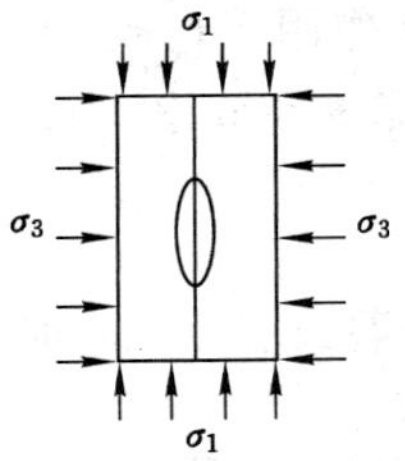
裂隙最易扩展的位置	裂隙尖端附近	裂隙尖端
裂隙最易扩展的方向	扩展方向与裂纹长轴夹角为 2β 且 $\beta=\dfrac{1}{2}\arccos\dfrac{\sigma_1-\sigma_3}{2(\sigma_1+\sigma_3)}$	扩展方向与裂纹长轴平行 即 $\beta=0$
裂隙扩展的强度准则	$\dfrac{(\sigma_1-\sigma_3)^2}{\sigma_1+\sigma_3}\geqslant -8R_t$	$\lvert\sigma_3\rvert\geqslant\lvert R_t\rvert$

根据此强度准则还可以推导出以下关系式:

① 单轴压缩时($\sigma_3=0$),$R_c=\sigma_1=8R_t$,即材料的单轴抗压强度是抗拉强度的 8 倍。

② 经过换算,将格里菲斯破坏准则按 σ-τ 应力系统表示为:

$$\tau_{xy}^2 = 4R_t(R_t+\sigma_y) \tag{1-29}$$

式中 τ_{xy},σ_y——椭圆裂缝周边的剪应力和正应力。

式(1-29)是格里菲斯破坏准则的另一种形式,它是"τ_{xy}-σ"平面内的一个形状由 R_t决定的抛物线。它反映了一个张开的椭圆裂缝周边上开始出现新的破裂时,剪应力 τ_{xy}与正应力 σ 之间的关系。

根据式(1-29)可作出格里菲斯强度曲线(见图 1-27)。图中表示一个与格里菲斯强度曲线相切的极限应力圆。由该图看出,格里菲斯强度曲线在原点右侧(即压应力一侧)区域,斜率从 τ 轴开始降低,这与岩石三轴试验的结果大致相符;另外,其形状与三轴试验所得到的莫尔强度曲线相似,但在负象限内该曲线明显弯曲,表明其抗拉强度比由斜直线形包络线(莫尔-库仑线)推断出来的要低得多,因而它更符合实际情况。

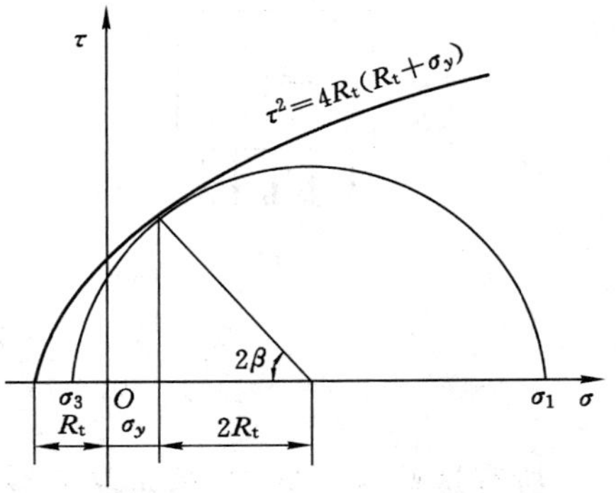

图 1-27 格里菲斯强度曲线

格里菲斯强度理论的出现具有极重要的意义,在此基础上发展起来的断裂力学已成为一门学科,并在不断发展。

第四节 岩体的基本类型及破坏特征

一、岩体的基本概念

1. 岩体的概念

20 世纪 50 年代，国内外学者注意到，岩石与大范围天然岩体的力学性质有很大差别。概括来说，天然岩体与实验室内制作的岩石试件(岩石)有显著不同。

① 岩体赋存于一定地质环境之中，地应力、地温、地下水等因素对其物理力学性质有很大影响；而岩石试件只是为实验室试验而加工的岩块，已完全脱离了原有的地质环境。

② 岩体在自然状态下经历了漫长的地质作用过程，其中存在着各种地质构造和弱面，如不整合、褶皱、断层、节理、裂隙等。

③ 一定数量的岩石组成岩体，且岩体无特定的自然边界，只能根据解决问题的需要来圈定范围。

根据上述特征，将岩体定义为地质体的一部分，并且是由处于一定地质环境中的各种岩性和结构特征岩石所组成的集合体，也可以看成是由结构面所包围的结构面和结构体共同组成的。

2. 岩体结构面与结构体

(1) 岩体结构面

结构面(弱面)是岩体的重要组成部分，在岩体结构力学效应中占有主导地位，是岩体结构研究的重点。结构面是指在地质历史(尤其是地质构造变形)中所形成的具有一定方向、厚度较小和一定延展长度的地质界面。如岩体中存在的节理、断层、层面以及软弱夹层等，统称为结构面或不连续面。

研究矿山岩石力学问题时，比较有代表性的结构面是层理和节理。沉积岩中结构面是层理，它对岩体的变形和破坏起主导作用，如煤矿顶板的离层、分层冒落和底板沿层面滑动等现象。对于沉积岩层而言，层高将不同岩性与厚度岩层分成多组，其中厚硬岩层对采动岩层运动破断起主导作用。而在研究岩土工程问题时，一般以节理作为结构面的典型代表，它是构造断裂的一种，具有三个特点：① 大多是由于地质构造力而形成的有规则破裂；② 岩体中没有位移或有位移极小的裂隙；③ 一般以两组或两组以上的群体形式在岩体中出现，且每组的方向大致平行。因此，节理又常指岩体中有规律地组合的裂隙总体。

结构面按不同的分类方法分成不同的类型，这里只简要介绍其力学分类、绝对和相对分类。

结构面的力学性能在很大程度上决定了岩体的力学性能，将岩体的地质破坏按力学观点分为：由缓慢的地质作用形成的、以大和粗的节理为特点的大面积破坏面；由迅速的地质作用形成的、以细节理和分化节理等为特点的小面积密集破坏带；介于破坏面和破坏带之间的过渡型。缪勒(Muller)按上述地质破坏特点将结构面分为单节理、节理组、节理群、节理带和破坏带(糜棱带)五大类，以及按充填节理中材料的性质和糜棱岩化程度分为 15 个小类(见表 1-12)。

表 1-12 按力学观点的结构面分类

单节理	节理组	节理群	节理带	破坏带(糜棱带)
粗节理 充填分化物的粗节理 有黏土充填的粗节理	粗节理组 充填分化物的粗节理组 充填黏土的粗节理组	巨节理群 带有巨节理的破坏带 带有糜棱岩的巨节理	带有羽毛状节理的粗节理 带有边缘粗节理的破坏带 带有粗节理的糜棱岩带	破裂带 近糜棱岩带 糜棱岩带

结构面按照延展长度一般分为：当延展长度大于 10 m 时，称为巨大结构面；当延展长度在 1～10 m 的范围时，称为中等结构面；而当延展长度小于 1 m 时，则称为细小结构面。绝对分类未考虑工程结构，而一般的结构面大小都与工程有关，为弥补此缺陷，可结合工程结构类型和结构面尺寸将结构面进行相对分类，分为大型、中等和细小的结构面(见表 1-13)。

表 1-13 结构面的相对分类

工程结构	尺寸/m	影响带直径/m	结构面长度/m		
			大型	中等	细小
大型水坝 高 斜 坡	$h=100$ $h=300$	300 300	>60	6～60	<6
洞 穴 小型水坝	$h=40$ $h=40$	>100 >100	>25	2.5～25	<2.5
隧 洞 斜 坡	$d=30$ $h=100$	100 100	>20	2～20	<2
平 洞 小型基础	$d=3$ $b=3$	10 10	>2	0.2～2	<0.2

注：h 为工程结构体高度；d 为孔洞直径；b 为基础宽度。

结构面对岩体的强度和稳定性有很大影响，因此需有能表示岩体中结构面产状、空间分布及其密集程度的方法，常见的有由产状数据直接编制结构面的玫瑰图和赤平极射投影图。

结构面玫瑰图是反映结构面走向、倾向和倾角的一种图示法。图 1-28 是结构面的走向玫瑰图，其绘制方法是将所有的结构面走向换算成 NE 和 NW 方位角，根据结构面实际发育情况按一定间隔(一般以 5°或 10°为间隔角)对方位角分组，然后统计每组中结构面数和平均走向方位角作为原始数据。在任意半径的半圆上，画上刻度网和磁北，再选取适当长度的单位线段作为结构面的比例尺，从圆心沿每组结构面平均走向方位角所对应的半径引一条其长度代表该组内结构面数量的辐射直线，然后用直线将这些辐射直线的端点连接起来，就是结构面玫瑰图。

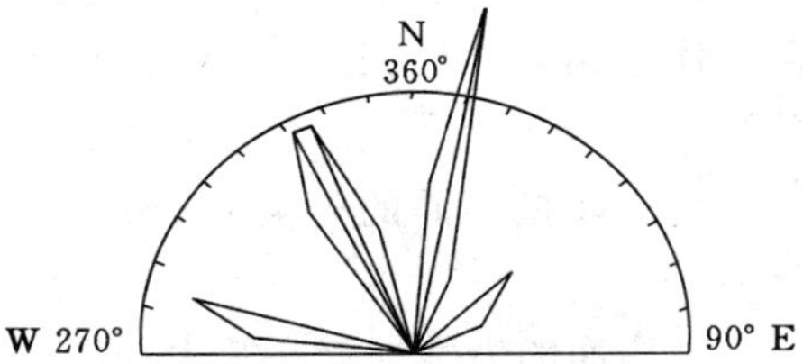

图 1-28 结构面的走向玫瑰图

结构面的倾向玫瑰图和倾角玫瑰图的作法与走向玫瑰图类似，只不过倾向玫瑰图中辐射直线的方位角代表的是结构面平均倾向方位角；而倾角玫瑰图中辐射直线的长度代表的则是各组结构面平均倾角，其方位角是结构面的平均倾向方位角。

(2) 岩体结构体

岩体被结构面切割出的各种分离块体或岩块统称为结构体。结构体的特征可以采用形状、产状及块度等来描述。与结构面一样，结构体也是有等级之分的。结构体与结构面的依存关系主要表现在三个方面：① 结构体形状取决于结构面组数及其组合形式，一般来说，结构面组数越多，结构体形状越复杂；② 结构体块度（尺度或规模）与结构面间距密切相关，结构面间距越大，结构体块度越大；③ 结构体等级划分主要依据结构面类型或等级（当然也得考虑结构体块度）。

对于工程岩体来说，与结构面类型对应的结构体可归纳为Ⅰ级结构体和Ⅱ级结构体两个等级。Ⅰ级结构体是指被断层及层间滑动面等软弱结构面切割出的大型岩块，Ⅱ级结构体是指被各种节理、层理等结构面切割出的小岩块。结构体等级划分是研究结构体的法则，此外还要进行结构体分类，而结构体分类主要依据结构体形状。结构体形状主要与结构面组数相关，而结构面组数又取决于结构面力学性质。通常情况下，在不大的区域内，软性结构面很少超过 3 组，而硬性结构面可以多达 5～6 组，与之对应的结构体形状也有多种类型，有板状、柱状、梯状及楔形等几何形状。

二、岩体的基本类型及特征

1. 岩体的基本类型

岩体按结构特征不同，可划分为以下五种基本类型。

(1) 整体结构。指未受或仅受轻微构造变动的岩浆岩、变质岩、厚层沉积岩等，结构面间距超过 1 m，很少有断层且节理不发育，通常可认为其是均质、连续介质。由于这类岩体本身有很高的力学强度和抗变形能力，其整体强度接近于岩石的强度，因而常具有很好的自稳性能。

(2) 块状结构。指遭受中等构造变动的厚层、中厚层沉积岩、变质岩和火成岩体，结构面间距为 0.5～1 m，岩层多为水平或倾斜状，节理发育，有小断层且偶有层间错动，岩石一般比较坚硬。这类岩体通常由岩性单一或强度相近的岩层组合而成，可视为连续介质或非连续介质，其整体强度较高，岩体的变形、破坏受结构面控制。

(3) 层状结构。其特点是各单层具有较完整的层状组合，并常含有黏聚力很小的层理面、极薄层或薄层状的原生软弱夹层及轻微层间错动面，节理发育程度不等。岩体的完整性取决于岩层变位程度，其变形、破坏受岩层组合和结构面控制。此类结构还可划分为层状结构和薄层状结构。层状结构是指构造变形轻～中等的、单层厚度超过 0.3 m 的层状岩体，结构面间距为 0.3～0.5 m，一般属于不连续介质。薄层状结构和层状结构相同，只是单层厚度小于 0.3 m 且有强烈的褶皱及层间错动，结构面间距小于 0.3 m，也属于不连续介质。

(4) 碎裂结构。其特点是岩层受强烈构造变动后产生严重变形和破裂，褶皱、断层、层间错动、节理十分发育，且断层与节理经常互相切割，岩体比较破碎，整体强度低，结构面控制受力后的岩体变形和破坏。此类结构还可以划分为镶嵌结构、层状碎裂结构和碎裂结构。镶嵌结构是岩体一般发育在脆性岩层中的压碎岩带，结构面间距小于 0.5 m，属似连续介质；层状碎裂结构通常发育在一系列近于平行的软弱破碎带和完整性较好的硬岩带相间的岩石组合中，结构面间距小于 1 m，为不连续介质；而碎裂结构发育在岩性复杂、构造变形强烈的岩体中，有时在风化带中也存在这种结构，其结构面间距小于 0.5 m，属于不连续或似连续介质。这类岩体在巷硐中悬露时经常会发生片帮、冒顶、侧向挤压和底鼓等现象。

(5) 松散结构。其特点是一般发育在十分剧烈的构造变动后由断层泥、岩粉、压碎的岩石碎屑、碎块等组成的岩体以及强风化带中。此外，近代未经胶结的松散沉积物，如砂卵石层等也属松散结构岩体，其整体强度极低，几乎没有自稳能力，属于非连续介质。由于这类岩体受力后的变形、滑移主要取决于散粒体之间的摩擦阻力和泥质物的控制作用，故常呈现明显的塑性或流变性。在掘进巷道时，如不进行超前支护，会立即冒落，甚至在掘进以后，巷道中还会出现鼓帮、鼓底现象，而且来压既快又强烈，持续时间较长，往往产生连续的变形破坏。

在不同情况下，自然状态的岩体表现出的性质和特征不同，很难将岩体看作是单纯的某种力学介质。但从绝大多数情况来看，因岩体中一般含有大量节理和裂隙，因此可把它视为一种多裂隙体，常称之为裂隙介质或准连续介质，其剪切强度随被节理裂隙切割的结构块体相互搭接状况的不同而异。

2. 岩体的基本特征

因岩体在形成和存在的整个地质历史时期，经受着各种复杂而不均衡的地质作用，使其工程性质变得更复杂。除上述特点外，从力学角度看，岩体与岩石有许多区别，其中较为明显的基本特征如下。

(1) 岩体的非均质性。由多种岩石组成的岩体，因其结构面方向、分布、密度以及在自然条件下组成岩石的物质成分和组合状况经常变化，所以认为岩体是非均质的。即岩体的非均质性是岩体物理力学性质随空间位置的不同，其性质也不相同的特性。

(2) 岩体的各向异性。因岩体中结构面的分布往往有一定的方向，随受力岩体的结构面趋向不同，其力学性质也不同。岩体的各向异性指岩体的全部或部分物理力学特征随方向不同而表现出不同性质的特征。岩体的许多物理力学性质，如弹性模量、抗拉和抗压强度等随测试或加载方向不同而有显著差异。

(3) 岩体的非连续性。由于岩体被各种结构面所切割，因此从总体上说岩体属于非连续介质，而岩块则可作为连续介质。岩体的非连续性使其与其他连续介质在物理力学性质上有很大的不同，布洛伊里(Broili)将两者的区别总结为以下四点：① 岩体结构对岩石性质的影响小于对岩体性质的影响；② 岩体变形取决于组成岩体单元的活动性；③ 不同结合程度的多块体的残余强度构成岩体强度；④ 岩体的结构特征决定岩体变形和强度。

为全面了解岩体与岩石的不同特征，表 1-14 简要地对两者特征进行了对比。

表 1-14 岩体与岩石特征对比

特征	岩体	岩石
物质组成	是岩石的集合体，由一种或一种以上的岩石组合而成，即由结构面和结构体共同组成	由结晶矿物、非晶质基质、碎屑颗粒、胶结物质分别组合构成
结构	根据结构面、结构体性质不同，大体分为整体结构、块状结构、层状结构、碎裂结构和散体结构	根据成分及矿物颗粒性质不同可分为结晶结构、碎屑结构及生物化学和胶体化学沉积的致密结构

表 1-14(续)

特　征	岩　　体	岩　　石
完整性	因结构面发育程度不同,结构体形态、大小不一,完整性悬殊	除受构造影响而有一些隐微裂隙外,一般完整性好,不易解体
均质性	因岩石组合不同,结构体和结构面特征不同,呈明显的非均质性	绝大多数岩石致密均质,可看作均匀介质
各向异性	不论岩石组合状况如何,由于结构面方位、发育程度及充填情况不一,岩体有明显的各向异性	岩石内包含层面时具有各向异性特点,同一层面内则显示各向同性。一般块状岩石为各向同性体
连续性	多裂隙岩体由于各种结构面发育,一般属于非连续体	矿物颗粒接触紧密,其间空隙充填胶结较好,可视为连续体
变形特征	与岩石相比,岩体变形及泊松比大,但弹性模量小	与岩体相比,岩石变形及泊松比小,但弹性模量大
强度特征	主要受软弱结构面及岩石组合控制,由于结构面、结构体的特性不同,其整体强度悬殊,有明显的强度不均一性,峰值强度及残余强度比岩石小	由微小结构起控制作用,整体强度较为均一,峰值强度比岩体大
破坏机理	多裂隙岩体为无拉伸材料,受拉极易开裂,受压时常沿软弱结构面产生破坏	岩石在单轴受压时以剪切破坏为主,有时出现拉断破坏,在围压状态下基本上是剪切破坏

三、岩体的变形破坏特征

1. 岩体的破坏形式

在实际工程中,岩体的破坏经常包括多种破坏形式。在一些特殊情况下,岩体破坏过程中,挠曲、剪切、拉伸和压缩四种破坏形式中的每一种均可能起着关键的作用。

(1) 挠曲破坏

挠曲破坏是指由于岩体弯曲而产生拉伸张裂,并且这种张裂逐渐发展扩大,从而导致岩体破坏。这种形式的破坏经常发生在矿井及其他地下硐室顶部层状围岩中,如图 1-29(a)所示。在自重作用下,硐室顶部岩层可能脱离其上面的岩体而形成岩梁,并在自重作用下继续向下挠曲。当岩梁中部开始出现裂缝时,其中性轴随之上升,裂缝逐渐延伸,直至贯穿整个岩梁,致使部分岩体发生松动或塌落等。此外,位于高角度斜坡上的岩体,由于岩层向临空面翻转和坍塌,也可能引起挠曲破坏(崩塌破坏)。

(2) 剪切破坏

剪切破坏是指由于剪应力达到或超过岩体极限抗剪强度而形成剪切破裂面。当破坏后的岩体沿着剪切破裂面发生滑动时,剪应力便随之减小。在性质软弱而类似土的岩体中开挖斜坡或者在压性(压扭性)断层破碎带中进行其他岩体工程施工时,经常发生岩体剪切破坏的现象。此外,在矿井巷道中,软弱的顶底板也可能发生剪切破坏,如图 1-29(b)所示。

(3) 拉伸破坏

拉伸破坏是指由于拉应力超过岩体极限抗拉强度而形成张性破裂面,如图 1-29(c)所示;对于具有横向结构面的斜坡岩体来说,其破坏机理也属于拉伸破坏,如图 1-29(d)所示。由于拉应力作用岩体产生张性破裂面,当各个张性破裂面互相连通时便形成贯穿的滑动面,致使破裂面外侧岩体整体下滑。张性破裂面较为粗糙,并且没有压碎的岩体颗粒或其他碎片;剪切破裂面较为光滑,并且其中往往有许多因岩体受碾压而形成的粉末。

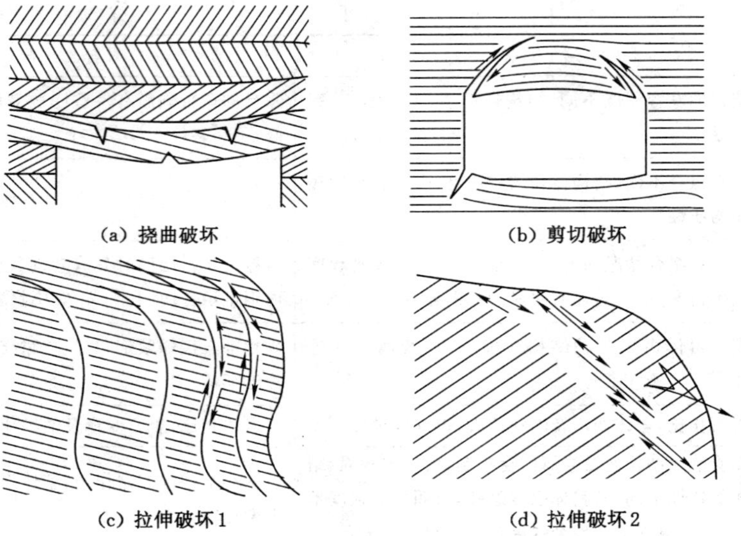

图 1-29 岩体的破坏形式

(4) 压缩破坏

压缩破坏是一种相当复杂的岩体破坏形式，其破坏过程包括拉伸(张性)裂缝的形成、由挠曲和剪切作用引起的裂缝的增长以及它们之间的相互影响等。因此，岩体压缩破坏的实质是剪切破坏与拉伸破坏的组合破坏形式。

2. 岩体的变形特征

岩体在外力作用下，变形将不断发展直至破坏。因岩体并非理想弹性体，而是具有弹性、塑性和黏性的裂隙非连续介质，因此其变形更复杂，其力学性质是天然岩块和结构弱面力学性质的综合反映，即岩体的总变形包括以压缩和形状变形为主的结构体变形及以压密和剪切滑移变形为主的结构面变形。此外，有的结构体在剪切过程中由于摩擦作用而发生转动，当与剪切滑移变形等结合在一起时，岩体会出现扩容现象，从而造成岩体侧向扩张，并用侧胀系数 μ_M(侧向变形与纵向变形的比值)代替岩石横向变形系数。实际工程中，除用侧胀系数来表征岩体的变形特征外，还可用岩体弹性模量(对应载荷下可恢复的弹性变形，$E_M=\sigma/\varepsilon_e$)和岩体变形模量[对应载荷下的总变形，$E_{\varepsilon M}=\sigma/(\varepsilon_e+\varepsilon_p)$]来表征。

根据目前的试验研究，可把岩体受力后产生变形和破坏的过程分为四个阶段，其应力应变曲线见图1-30。

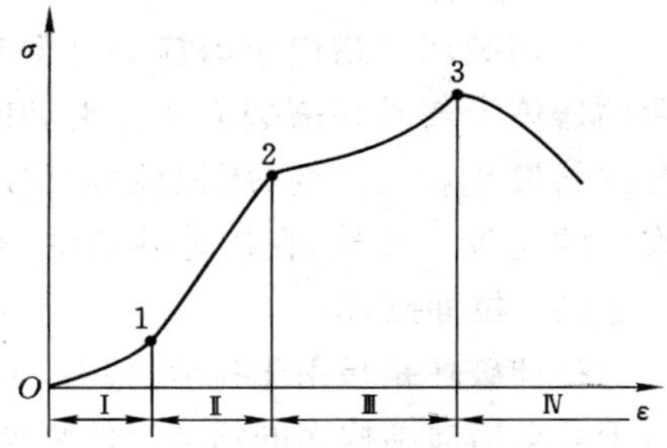

1—转化点；2—屈服点；3—极限强度。

图 1-30 岩体应力应变曲线

(1) 压密阶段。该阶段在受力的复杂多裂隙岩体首先出现，见图1-30中Ⅰ阶段。其变形主要是非线性的压缩变形，表现为应力应变曲线呈凹状缓坡。这时岩体中的结构体尚未起主要作用，变形量的大小主要取决于岩体中结构面的数量、方位和性质及岩体结构类型等。在裂隙发育或处于破碎带的岩体中，由于岩体内裂隙充填物的压密和其内结构面(节理、裂隙、层理面等)的闭合,因而需很大的载荷经过一段时间才能完成这一阶段的变形;而在完整、致密的岩体中,此阶段很短甚至没有。

(2) 弹性阶段。岩体经过压密后,可认为是连续介质。如果继续加载就进入弹性阶段(图 1-30 中Ⅱ阶段)。该阶段的主要特点是,岩体中的结构体开始承载和变形,岩体变形的主要组成部分是弹性变形。

(3) 塑性阶段。如果继续加载,当应力达到屈服点以后,岩体变形就进入塑性阶段(图 1-30 中Ⅲ阶段)。该阶段的主要特点是,以沿结构面滑移变形为主的剪切滑移变形,伴随着结构体的变形,开始出现微破裂并逐渐增加,出现扩容、应变强化等现象。此时结构岩块本身的性质决定着变形阶段的显现过程,即软弱岩石经历很长时间才完成此阶段的变形,且有时出现蠕变、松弛等流变现象;相反,对于坚硬脆性岩石,此阶段却不明显。

(4) 破坏阶段。如果岩体承受的载荷不断增长,其变形增长率也不断增大,当应力达到极限强度时,岩体会沿着某些破损面滑动,于是就从塑性阶段进入破坏阶段(图 1-30 中Ⅳ阶段)。该阶段的特点是,应力应变曲线基本上缓慢下降,标志着岩体处于破裂积累阶段,当积累到一定程度后,岩体才失去稳定而发生完全破坏。此时,岩体内不仅出现因原有裂缝的扩展而发展的新裂缝,而且出现因结构体转动以及结构面滑移所产生的内部空洞,因而,岩体体积较之以前大大膨胀,其纵向变形也由于岩体开始破坏而大为增加。

值得注意的是,此阶段内岩体出现破裂并不代表岩体已完全破坏,它的破坏有特定条件,但当应力达到或超过极限强度时的确表现为破裂,此后,常常出现应力释放(应力下降)现象;而有些岩体由于破裂面上还有一定的摩擦阻力,其破裂后应力并不突然下降,即岩体存在“残余强度”。从此观点看,多裂隙岩体实质上就是作用力达到并超过极限强度而发生了破裂的岩体。

以上介绍的主要是岩体变形的一般规律,实际上,岩体在变形过程中已经产生了破裂,破裂又是变形积累到一定程度时发生突变的反映,因此,在岩体变形全过程中无法严格区分变形和破裂,这也是岩体变形性质与其他材料最主要的区别。

第五节　岩体小构造对其力学性能的影响及分级

一、岩体小构造对其力学性能的影响

1. 对岩体变形的影响

岩体变形与岩性和结构密切相关,也与所承受的应力状态及其变化有关。岩体与一般物质的重要区别在于它的多样性的结构面,这从岩体变形特征上得到反映。图 1-31 为常见的三种典型岩体变形曲线。

图 1-31(a)表明,以整体结构为代表的连续介质岩体变形的重要特征是横向应变与纵向应变之比(横纵变形比)小于 0.5。图 1-31(b)为碎裂结构所代表的碎裂介质岩体的变形曲线,在裂隙压密阶段,横纵变形比常小于 0.1;在结构变形阶段,结构面常产生开裂现象,故横纵变形比有的大于 0.5,甚至大于 1.0,这是由于岩体在变形过程中产生空隙,它不遵守连续变形法则,故其横纵变形比不能用泊松比的概念来描述,而选用侧胀比 μ 来表征。图 1-31(c)为以块状结构所代表的块裂介质岩体的变形曲线,这类岩体变形主要是由于块

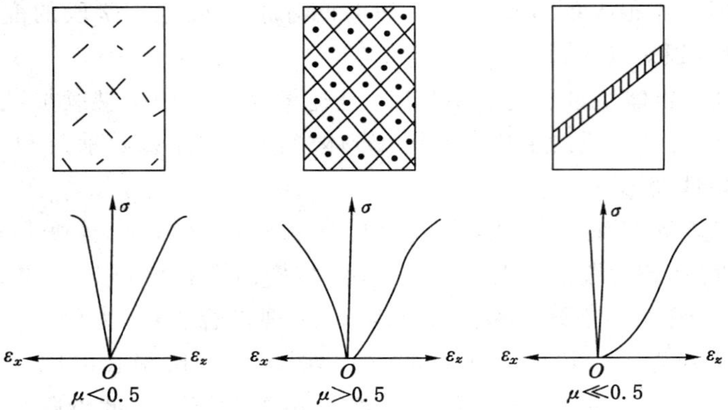

(a) 整体结构　(b) 碎裂结构　(c) 块状结构

图 1-31　三种典型的岩体变形曲线

体沿结构面运动产生的，其横纵变形比也很小，这是因为其变形以结构面变形为主。因这类岩体属于不连续体，故其横纵变形比亦只能用侧胀比 μ 来表征。

造成上述变形差异的主要原因是岩体变形机制不同，即整体结构岩体变形主要是结构体变形，块状结构岩体变形主要是结构面变形，而碎裂结构岩体变形则由结构体和结构面两者控制。这充分表明，岩体与一般材料变形是不同的。一般材料只有两种变形成分，即物体体积压缩变形和在剪应力作用下产生的形状改变。而岩体变形除具有一般材料（结构体）变形成分外，还有结构面压缩（闭合）及结构面滑移两种变形。也就是说，岩体变形一般是由四种成分组成的。

- 岩体变形
  - 结构体变形
    - 压缩变形（结构体体积缩小）
    - 剪切变形（结构体形状变形）
  - 结构面变形
    - 压缩变形（结构面闭合变形）
    - 剪切变形（结构面滑移变形）

结构体变形（压缩变形、剪切变形）：整体结构岩体变形（μ<0.5）

结构体剪切变形、结构面压缩变形：碎裂结构岩体变形（μ>0.5）

结构面变形（压缩变形、剪切变形）：块状结构岩体变形（μ≪0.5）

上述分析汇总见表 1-15。

表 1-15　岩体变形机制

岩体结构		整体结构	碎裂结构	块状结构
变形成分	主要的	岩块压缩变形及形状变形	结构面闭合及滑移变形	结构面滑移及形状变形
	次要的	有的也有结构体变形成分	结构体压缩及形状变形	结构面压缩及形状变形
侧胀比		<0.5	>0.5	微小的
变形过程		结构体压缩及形状改变	压密 {滑移、压缩、剪切} → {微裂、空化、膨胀}	沿结构面滑动
控制岩体变形的主要因素		岩石及岩相特征	开裂的不连续结构面	贯通的结构面，主要为软弱结构面

综上所述,岩体的变形主要取决于岩体结构面发育的情况。结构面发育程度不同,不仅影响着岩体变形量的大小,而且影响变形成分及变形过程,这就是块状结构岩体的变形主要由贯通性结构面滑移形成的原因;碎裂结构岩体的变形则是由结构面闭合、滑移及部分岩块变形构成;只有整体结构岩体的变形受组成岩体的岩石变形特征的控制。

2. 对岩体强度的影响

岩体是由结构面和结构体共同组成的复杂地质体,而结构弱面之间的黏聚力十分微弱甚至没有,所以岩体的抗拉强度比岩石的抗拉强度更小,因此可认为岩体是一种不能承受拉力的工程材料。当按照理想材料建立力学模型时,岩体常被看作是一种不抗拉材料(有些情况下是单向或双向不抗拉材料)。为安全起见,在实践中进行理论计算和工程设计时,常常采用无拉力准则,即只要某个区域出现拉应力,不管拉应力的大小是否已达到抗拉强度,岩体都认为是处于危险状态。

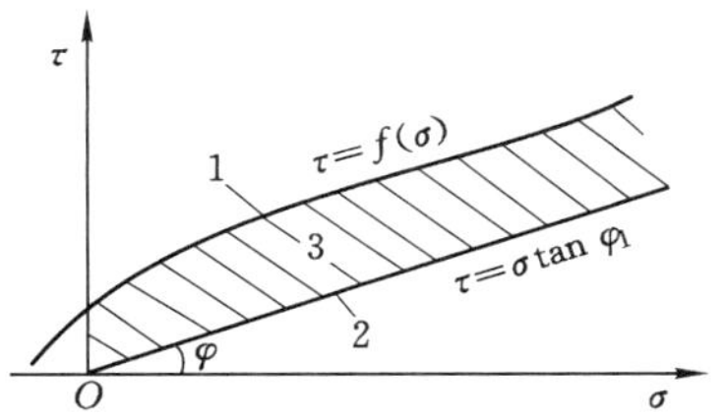

1—结构体强度曲线;2—结构弱面强度曲线;3—岩体强度曲线的可能范围。

图 1-32　岩体强度曲线范围

试验证实,软弱结构面具有一定的抗剪强度,并且大部分岩体在强度曲线的受压区仍符合莫尔-库仑准则,所以根据理论分析显然可以认为,含有结构弱面的岩体总强度既不高于结构体的强度,也不低于结构弱面的强度,如图 1-32 所示。

影响岩体强度的因素如下。

(1) 结构面产状

它是指结构面与作用力之间的方位关系对岩体强度所产生的影响。如前所述,存在结构面是岩体区别于岩石的最重要特征之一,且因结构面的存在,而使岩体的强度显著低于岩块强度,因此岩体更易于变形和失稳。事实表明,岩体的运动和破坏,小至冒顶、片帮,大至地震和大型滑坡,都是沿结构面运动的结果,所以在考虑岩体的力学特性时,结构面的影响是十分重要的。通常,结构面对岩体强度的影响主要表现为造成岩体强度的各向异性和岩体强度的降低。

① 单向压缩下结构面产状。试验表明,层状岩体在单向压缩下,加载方向与层理面呈不同角度,极限强度会随夹角不同而有规律地变化,并且平行于层理加载的抗压强度和抗剪强度小于垂直于层理方向加载时的相应强度,抗拉强度则大于垂直于层理的抗拉强度。

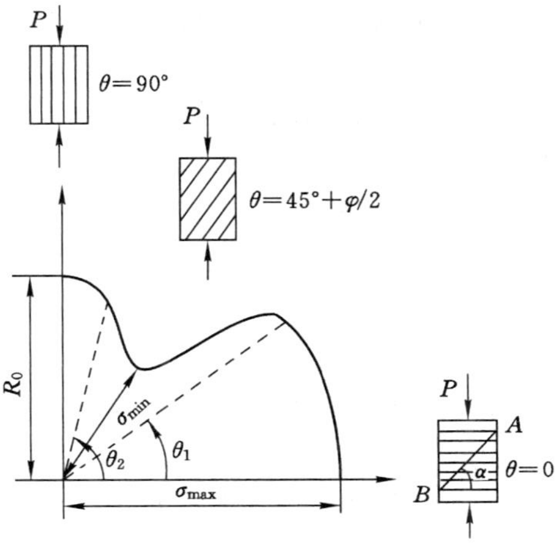

图 1-33　岩体强度随加载方向与结构面夹角的变化曲线

在图 1-33 所示的极坐标系中,半径 R_0 表示单轴抗压强度,θ 表示结构面与水平面的夹角,粗黑曲线表示岩体强度受结构面影响时随 θ 角变化的情况。由该图可看出,当加载方向与结构面垂直时($\theta=0$),岩体强度就是岩块强度(垂直层理加载时的单轴抗压强度),相当于强度变化曲线中的最大值 $\sigma_{\max}$。在 $\theta=0\sim\theta_1$ 的范围内,岩体将沿 AB 破坏面产生剪切破坏。在 $\theta=\theta_1\sim\theta_2$ 范围内,θ 越接

近 $45°+\varphi/2$，岩体强度受结构面影响的程度越大，当 $\theta=45°+\varphi/2$ 时，剪切面正好与结构面重合，此时，岩体沿结构面产生剪切破坏，其强度就是结构面强度，即曲线中的最小值 σ_{min}。在 $\theta=\theta_2\sim90°$ 范围内，由于结构面抗拉强度很小，且加载方向与结构面所成角度很小甚至与结构面平行，这时岩体常会沿结构面横向张裂破坏，但不产生新的破坏面。当 $\theta=90°$ 时，破坏强度介于 σ_{min} 和 σ_{max} 之间，即为平行于结构面受载时的强度。

② 三轴压力下结构面产状。岩体在三轴压力下，结构面产状对岩体强度的影响比单向压缩下复杂。因此，为确定岩体强度，应根据试验作出的岩石强度曲线，针对不同侧应力 σ_3，作出结构面不同倾角的岩体强度变化曲线，常称为岩体强度图。如果已知侧向应力 σ_3 和结构面与 σ_3 方向的夹角，从岩体强度图上查得"岩体-岩石"强度换算系数 f，再乘以同侧压下的岩石极限强度 R_c，就可得到岩体抗压强度 R_{cm}，表达式为：

$$R_{cm}=f\cdot R_c \tag{1-30}$$

总之，当岩体中存在一组结构面时，其强度随结构面与主应力之间夹角的不同而不同，即造成岩体强度明显的各向异性。如果岩体中存在多组倾角不同的结构面，由于各组结构面影响范围的交叉重叠，反而会使岩体强度各向异性的程度减弱。

(2) 结构面密度

结构面密度是指单位岩体内发育的结构面数量。通常，结构面密度对岩体强度的影响主要有两方面：相同条件下，岩体内结构面数量越多，密度越大，变形也越大，但强度也越低；岩体强度不会因结构面密度的增大而无限降低，而是存在一个临界值，大于此值时，结构面密度对岩体变形和强度的影响就很小。

(3) 试件尺寸

各种岩体变形试验表明，岩体强度随试件尺寸的增大而减小，但不同岩体的强度因试件尺寸增大而减小的规律却不同，其影响因素较多。通常，试件尺寸对岩体强度影响的大小主要取决于岩体结构特征或破坏程度，并与结构面产状、密度以及结构面蚀化程度和结构体特征有很大关系。

(4) 环境围压

岩体工程实践和试验表明，环境围压对岩体(尤其是节理化岩体)变形和强度都产生很大的影响，即：① 围压的大小影响岩体的破坏方式，高围压时形成穿切岩石材料的共轭剪切面破坏，低围压时沿结构面滑动或松胀解体形成轴向劈裂破坏。② 岩体抗剪强度随围压的增大而增大，但不呈直线关系，低围压时增大得快，高围压时增大得慢。③ 围压增大，岩体的变形模量也明显提高。④ 岩体中结构面的力学效应随围压的增大而减小，当围压达到某一临界值时，岩体中结构面效应完全消失，此时岩体从脆性破坏变为延性破坏。

(5) 孔隙水压

地下水对岩体强度的影响是多方面的，有的是因为水与岩体中的矿物发生物理化学反应，致使岩体强度降低或消失；在冰寒地带，主要是由于反复冻胀作用而使岩体结构破坏。但总体来说，孔隙水压(即存在于岩体孔隙及裂隙中的水压力)与岩体的强度有密切关系。这是因为由于孔隙水压的存在，使岩体中固体颗粒或骨架所承受的压力随之减小，岩体强度也就相应地降低。

二、岩体质量评价及分级

1. 工程岩体分类的目的与原则

工程岩体分类的目的是从工程实际需求出发，根据围岩岩体的不同特征将其划分为不同的区段，并进行相应的试验，得出计算指标参数，以便在设计和施工中分类指导。

工程岩体分类的原则为：① 确定分类的使用对象是为适用于某一类工程、某种工业部门或生产领域等专门目的编制的，还是为各学科或国民经济各部门等通用目的编制的。② 分类应该是定量的并且其级数应合适。③ 在对岩体进行工程分类时，由于目的对象不同，考虑的因素也不同。一般必须考虑的有岩性、岩体结构及构造特征、风化程度、水文条件以及初始地应力状态等具有明确的物理意义和独立影响的因素。④ 工程岩体分类方法与步骤应简单明了，便于工程应用。

由于岩体的特征十分复杂，在国际上工程岩体分类趋向于利用多种测试方法和手段去获取岩体的多项定量指标，并对各参数给以不同的评分，最后根据综合特征值并与工程地质勘察和岩体(石)测试工作相结合，划分和确定岩体工程质量的好坏，以便根据分类要求判定类别，采取相应工程措施。事实上，本书第五章对煤层直接顶、基本顶和底板的分级分类就是一种根据采场矿山压力控制需要进行的工程岩体分类。

2. 工程岩体比尼奥斯基分类法

这是比尼奥斯基(Bieniawski)利用岩体的“综合特征值”对其进行的质量等级划分，受到各国工程界的普遍重视。它考虑了完整岩石强度、RQD 值、节理间距和产状以及地下水等因素的影响对岩体质量进行评定，简称 RMR(Rock Mass Rating)。其中岩石质量指标 RQD(Rock Quality Designation)是迪尔(Derre)于 1964 年提出的，它是钻孔中直接获取的岩芯总长度 L，扣除破碎岩芯和软弱夹泥的长度 l，与钻孔总进尺 H 之比，即 $\mathrm{RQD}=[(L-l)/H]\times 100\%$。据此可将岩石划分为 5 个质量等级，如表 1-16 所列。同时规定在计算岩芯长度时，只计算大于 10 cm 的坚硬完整的岩芯。工程实践证明，岩石质量指标是一种比岩芯采取率更灵敏、更合适的反映岩石质量的指标。

表 1-16 岩石的质量等级

岩石等级	岩石质量	RQD/%
Ⅰ	极好	>90～100
Ⅱ	好	>75～90
Ⅲ	不足	>50～75
Ⅳ	劣	>25～50
Ⅴ	极劣	0～25

当采用 RMR 值对岩体进行工程分类时，先按表 1-17 中所列的 5 个因素逐一进行单项评分，而各项因素的评分依据是其对岩体工程质量的影响程度，得分越高，表示其在 RMR 值中所占份额越大并且越受重视。由 5 个单项因素评分累计得到的总分越大，则表示岩体的质量越好。然后按表 1-18 中的规定，根据节理产状与巷道掘进施工时的相互关系，对初评所得总分进行修正，即从总分中减去节理产状对施工不利影响的扣分，即为修正后的 RMR 值。然后根据修正后的 RMR 值，将工程岩体划分为五类，并且给出了岩体稳定性(隧洞岩体自稳时间)及对应岩体的黏聚力和内摩擦角，如表 1-19 所列。

表 1-17 岩体工程分类参数及评分标准

<table>
<tr><td rowspan="3">1</td><td rowspan="2">完整岩石强度/MPa</td><td>点载荷强度</td><td>>10</td><td>>4～10</td><td>>2～4</td><td>>1～2</td><td colspan="3">≤1</td></tr>
<tr><td>单轴抗压强度</td><td>>250</td><td>>100～250</td><td>>50～100</td><td>>25～50</td><td>>5～25</td><td>>1～5</td><td>≤1</td></tr>
<tr><td colspan="2">评分</td><td>15</td><td>12</td><td>7</td><td>4</td><td>2</td><td>1</td><td>0</td></tr>
<tr><td rowspan="2">2</td><td colspan="2">RQD/%</td><td>>90～100</td><td>>75～90</td><td>>50～75</td><td>>25～50</td><td colspan="3">≤25</td></tr>
<tr><td colspan="2">评分</td><td>20</td><td>17</td><td>13</td><td>8</td><td colspan="3">3</td></tr>
<tr><td rowspan="2">3</td><td colspan="2">节理间距/cm</td><td>>200</td><td>>60～200</td><td>>20～60</td><td>>6～20</td><td colspan="3">≤6</td></tr>
<tr><td colspan="2">评分</td><td>20</td><td>15</td><td>10</td><td>8</td><td colspan="3">5</td></tr>
<tr><td rowspan="2">4</td><td colspan="2">节理状态</td><td>节理面很粗糙，不连通，闭合，两壁岩石新鲜</td><td>节理面稍粗糙，张开宽度<1 mm，两壁岩石轻度风化</td><td>节理面稍粗糙，张开宽度为 1 mm，两壁岩石高度风化</td><td>节理连通，夹泥厚度<5 mm，或张开宽度为 1～5 mm</td><td colspan="3">节理连通，夹泥厚度>5 mm，或张开宽度>5 mm</td></tr>
<tr><td colspan="2">评分</td><td>30</td><td>25</td><td>20</td><td>10</td><td colspan="3">0</td></tr>
<tr><td rowspan="3">5</td><td rowspan="2">围岩含水性</td><td>硐室每 10 m 长段涌水量/(L/min)</td><td>0</td><td>>0～0.1</td><td>>0.1～0.2</td><td>>0.2～0.5</td><td colspan="3">>0.5</td></tr>
<tr><td>硐室干燥程度</td><td>干燥</td><td>稍潮湿</td><td>潮湿</td><td>滴水</td><td colspan="3">涌水</td></tr>
<tr><td colspan="2">评分</td><td>15</td><td>10</td><td>7</td><td>4</td><td colspan="3">0</td></tr>
</table>

表 1-18 按节理产状修正的 RMR 评分值

<table>
<tr><td rowspan="2">节理产状与巷道工程的关系</td><td colspan="4">节理走向与巷道轴线垂直</td><td colspan="2" rowspan="2">节理走向与巷道轴线平行</td><td rowspan="2">不考虑走向与巷道轴线的关系</td></tr>
<tr><td colspan="2">顺倾向掘进</td><td colspan="2">逆倾向掘进</td></tr>
<tr><td>节理倾角</td><td>45°～90°</td><td>20°～45°</td><td>45°～90°</td><td>20°～45°</td><td>45°～90°</td><td>20°～45°</td><td>0°～20°</td></tr>
<tr><td>影响程度</td><td>最有利</td><td>有利</td><td>尚可</td><td>不利</td><td>最不利</td><td>尚可</td><td>不利</td></tr>
<tr><td>RMR 评分修正值</td><td>0</td><td>−2</td><td>−5</td><td>−10</td><td>−12</td><td>−5</td><td>−10</td></tr>
</table>

表 1-19 岩体工程分级表

岩体等级	岩体质量描述	岩体评分值 RMR	平均自稳时间	黏聚力/kPa	内摩擦角/(°)
Ⅰ	最好	81～100	5 m 跨，10 a	>300	>45
Ⅱ	好	61～80	4 m 跨，6 个月	200～300	40～45
Ⅲ	较好	41～60	3 m 跨，7 d	150～200	35～40
Ⅳ	差	21～40	1.5 m 跨，5 h	100～150	30～35
Ⅴ	最差	<20	0.5 m 跨，10 min	<100	<30

习 题

1. 按照岩石的构成特征，如何区别岩石的结构和岩石的构造这两个概念？并举例加以说明。

2. 岩石的孔隙性、孔隙度和孔隙比有什么不同？研究它们有何意义？

3. 岩石受载时会产生哪些类型的变形？岩石的塑性和流变性有什么不同？

4. 岩石三轴压缩时的变形特征与单轴压缩相比有何特点？岩石在三轴压缩条件下是否会发生破坏？

5. 什么叫岩石的应力应变全程曲线？为什么说它真实地反映了岩石的破坏过程？认识这个规律对研究岩石性质有何意义？

6. 试推导弹黏体流变模型的蠕变方程和松弛方程。通过该方程分析这种模型的力学特性。

7. 将某矿的页岩岩样做成 5 cm×5 cm×5 cm 的 3 块立方体试件，分别做剪切角度为 45°、55°和 65°的抗剪强度试验，施加的最大载荷相应地为 22.4 kN、15.3 kN 和 12.3 kN，求该页岩的黏聚力 C 和内摩擦角 φ，并绘出该页岩的抗剪强度曲线。

8. 对某矿石灰岩进行抗剪强度试验的结果，当 $\sigma_{n1}=4.8$ MPa 时，$\tau_1=15.8$ MPa，当 $\sigma_{n1}=8.2$ MPa 时，$\tau_1=18$ MPa。如果已知该岩石的单轴抗压强度 $R_c=82.6$ MPa，求侧压力 $\sigma_3=5$ MPa 时的三轴抗压强度。

9. 莫尔强度理论和格里菲斯强度理论在本质上有何区别？为什么莫尔强度理论较广泛地用作岩石的强度条件？它可用来解释哪些问题？

10. 试作出单向拉伸、单向压缩、双向拉伸、双向压缩、双向不等拉、双向不等压、纯剪、三向等拉、三向等压和三向不等压的应力圆（设压应力为正，σ_1、σ_2、σ_3 分别为最大、中间和最小主应力）。

11. 岩石强度的压拉比（R_c/R_t）有何意义？如何根据莫尔应力圆和斜直线强度包络线求得岩石试件在单向受力条件下的压拉比？

12. 如果某种岩石的强度条件为 $\tau=\sigma\tan 30°+10$(MPa)，试求：

(1) 这种岩石的单轴抗压强度；

(2) 设 $\sigma_1>\sigma_2>\sigma_3$（压应力为正，单位为 MPa），则下列应力状态的各点是否会产生破坏：(40,30,20)，(53.7,30,6.3)，(53.7,30,1)，(1 000,1 000,1 000)？

13. 在均质岩体中开一巷道，已知岩石的内摩擦角 $\varphi=30°$，黏聚力 $C=40$ MPa，由实测知道巷道围岩所受平均铅直应力 $\sigma_1=200$ MPa，在这种情况下至少应对巷道边帮提供多大的侧向应力（σ_3）才能维持巷道边帮的平衡？

14. 某种岩石在单轴压缩过程中，压应力达 28 MPa 时即发生破坏，破坏面与最大主平面夹角为 60°。假定抗剪强度随正应力呈线性变化，计算：

(1) 这种岩石的内摩擦角；

(2) 在正应力为零的平面上的抗剪强度；

(3) 上述试验中与最大主平面成 30°夹角的平面上的抗剪强度；

(4) 破坏面上的正应力和剪应力。

15. 解释岩体强度变化曲线图的含义。试考虑是否有其他方式能更好地反映岩体的强度特征。

16. 某矿按双千斤顶法对主井井口表土层下基岩中制取的 4 个试件进行了原地剪切试验，每次先施加法向力 N 到一定值且稳定不变后再施加倾斜 15°的推力 P，直到试件沿底板岩面发生剪切破坏。试验结果如下表所列：

试件编号	剪切面积/cm^2	最终法向力 N/kN	剪切时的倾斜推力 P/kN
1	50×50	720	1 240
2	52×50	1 650	1 637
3	49×52	2 160	1 701
4	50×51	3 100	2 127

试作出该基岩的强度包络线，如 σ 与 τ 属线性关系，求该基岩的黏聚力 C 和内摩擦角 φ。

17. 根据某矿的实际测定，弹性波在岩体中的传播速度 v=1 750 m/s，由该岩体的岩石试件在实验室内测定的结果得到：弹性波传播速度 v=2 120 m/s，单轴抗压强度 R_c=220 MPa，单轴抗拉强度 R_t=20 MPa。试求该岩体的准岩体强度 R_{cm}及 R_{tm}。

第二章　矿山岩体的原岩应力及其重新分布

第一节　岩体中的原岩应力

地壳中没有受到人类工程活动(如矿井中开掘巷道等)影响的岩体称为原岩体,简称原岩。存在于地层中未受工程扰动的天然应力称为原岩应力,也称为岩体初始应力、绝对应力或地应力。天然存在于原岩内而与人为因素无关的应力场称为原岩应力场。原岩应力的形成主要与地球的各种动力运动过程有关,包括:板块边界受压、地幔热对流、地球内应力、地心引力、地球旋转、岩浆侵入和地壳非均匀扩容等。此外,原岩体内温度不均匀、水压梯度变化、地表被剥蚀或其他物理化学作用也能影响岩体内应力的大小与分布状态。

由地心引力引起的应力场称为自重应力场,地壳中任一点的自重应力等于单位面积的上覆岩层的重量。由于地质构造运动而引起的应力场称为构造应力场,构造应力与岩体的特性(岩体中裂隙发育密度与方向,岩体的弹性、塑性、黏性等)以及正在发生过程中的地质构造运动和历次构造运动所形成的地质构造现象(断层、褶皱等)有密切关系。自重应力场和构造应力场是原岩应力场的主要组成部分。由于原岩应力场是分析开采空间周围应力重新分布的基础,研究岩体的初始应力状态,为分析开挖岩体过程中岩体内部应力变化、合理设计巷硐支护提供依据。下面对自重应力与构造应力作重点分析。

一、自重应力

假定岩体为均匀连续介质,应用连续介质力学原理计算岩体自重应力。设岩体为半无限体,地面为水平面,在距地表深度为 H 处,任意取一单元体(见图 2-1),其上作用的应力为 σ_z、σ_y、σ_x,形成岩体单元的自重应力状态。

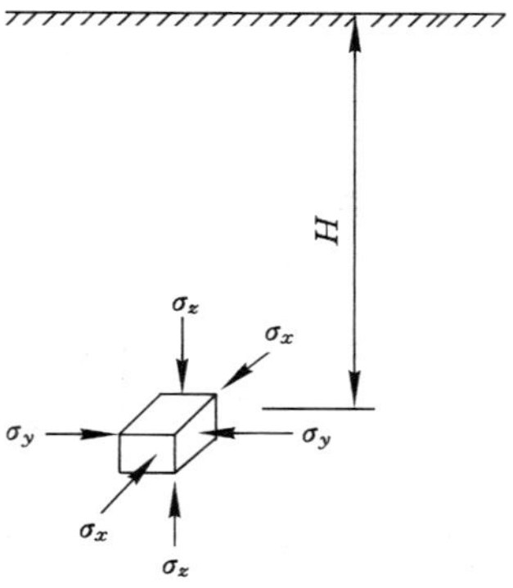

图 2-1　岩体单元体所在位置及其应力状态

单元体上所受的铅直应力 σ_z 等于单元体上覆岩层的重量,即

$$\sigma_z = \gamma H \tag{2-1}$$

式中　γ——上覆岩层的平均重力密度,kN/m^3;

H——单元体距离地表的深度,m。

在均匀岩体内,岩体的自重应力状态为:

$$\left.\begin{aligned}&\sigma_z = \gamma H\\&\sigma_x = \sigma_y = \lambda\sigma_z\\&\tau_{xy} = 0\end{aligned}\right\} \tag{2-2}$$

式中,λ 为常数,称为侧压系数。在岩体自重应力场内,铅直应力 σ_z 和水平应力 σ_x、σ_y 都是主应力。

假设岩体为各向同性的弹性体，由于单元体在水平方向受到相邻岩体的位移约束，不可能产生横向变形。根据广义胡克定律，单元体各方向的应变为：

$$\left.\begin{aligned}\varepsilon_z&=\frac{1}{E}[\sigma_z-\mu(\sigma_x+\sigma_y)]\\\varepsilon_x&=\frac{1}{E}[\sigma_x-\mu(\sigma_y+\sigma_z)]\\\varepsilon_y&=\frac{1}{E}[\sigma_y-\mu(\sigma_x+\sigma_z)]\end{aligned}\right\}\tag{2-3}$$

由于 $\varepsilon_x=0,\varepsilon_y=0,\sigma_x=\sigma_y,\sigma_z$ 与 σ_x、σ_y 之间的关系为：

$$\sigma_x=\sigma_y=\frac{\mu}{1-\mu}\sigma_z=\frac{\mu}{1-\mu}\gamma H\tag{2-4}$$

为此

$$\lambda=\frac{\mu}{1-\mu}\tag{2-5}$$

岩石的泊松比 μ 一般为 0.2～0.3，侧压系数 λ 等于 0.25～0.43，即岩体自重应力场内水平应力约等于铅直应力的 25%～40%。

如果岩体由多层不同重力密度的岩层组成，各层岩层的厚度和重力密度分别依次为 $h_1,h_2,\cdots,h_i,\cdots,h_n;\gamma_1,\gamma_2,\cdots,\gamma_i,\cdots,\gamma_n$，则岩体的自重初始应力为：

$$\left.\begin{aligned}\sigma_z&=\sum_{i=1}^{n}\gamma_i h_i\\\sigma_x&=\sigma_y=\lambda\sigma_z\end{aligned}\right\}\tag{2-6}$$

由式(2-6)可知，岩体的自重应力随深度呈线性增长。在一定的深度范围内，岩体基本上处于弹性状态。当埋深超过一定深度时，自重应力大于岩体的弹性强度，岩体将转化为处于潜塑性状态或塑性状态。如果应用最大剪应力理论，塑性条件为：

$$\tau_{\max}=\tau_0\tag{2-7}$$

或

$$\frac{1}{2}(\sigma_z-\sigma_x)=\tau_0\tag{2-8}$$

由式(2-4)、式(2-6)、式(2-8)可算出岩体由弹性状态过渡到塑性状态的临界深度 H_0。

静水压力理论把岩石视为流变介质并经历漫长的地质历史阶段。如果把岩体看作任何一种弹黏性体，把地质历史看作应力作用时间无限长，则深部的岩体自重应力场都将达到静水应力状态。

岩体初始应力状态的静水压力理论认为，在埋藏较深条件下，铅直压应力相当大，岩石呈现明显的塑性。泊松比 μ 近似等于 0.5，侧压系数 λ 为 1.0，此时

$$\sigma_z=\sigma_x=\sigma_y=\gamma H\tag{2-9}$$

假定岩体是理想松散介质，由松散介质极限平衡条件建立铅直应力与侧向应力关系：

$$\lambda=\frac{\sigma_x}{\sigma_z}=\frac{1-\sin\varphi}{1+\sin\varphi}\tag{2-10}$$

式中，φ 为松散岩体的内摩擦角，一般在 30°左右；在松散岩体中，侧压系数 λ 约等于 0.33。

破碎岩体实际上是具有一定黏聚力的松散介质，其铅直应力与侧向应力关系为：

$$\sigma_x=\sigma_z\frac{1-\sin\varphi}{1+\sin\varphi}-\frac{2C\cos\varphi}{1+\sin\varphi}=\gamma H\frac{1-\sin\varphi}{1+\sin\varphi}-\frac{2C\cos\varphi}{1+\sin\varphi}\tag{2-11}$$

式中 C——松散岩体的黏聚力，MPa。

侧向应力 σ_x 为压应力，如果 σ_x 是负值，则侧向应力不存在。令 $\sigma_x=0$，由式(2-11)得：

$$H_1=\frac{2C\cos\varphi}{\gamma(1-\sin\varphi)} \tag{2-12}$$

具有黏聚力 C 的松散岩体，在埋深大于 H_1 的条件下，才出现随埋深呈线性增长的侧向应力 σ_x（见图 2-2）。

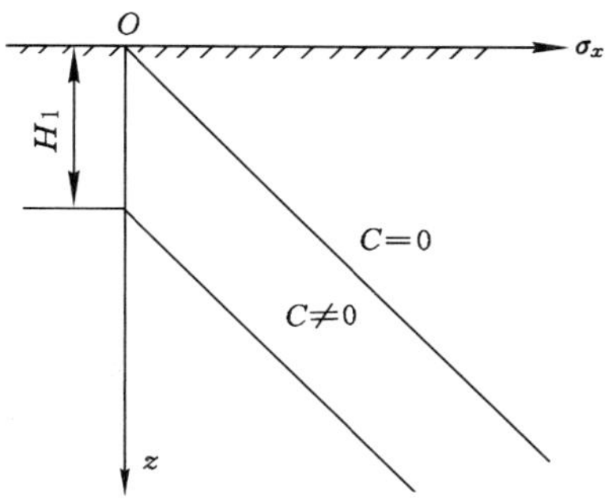

图 2-2　松散岩体内的侧向应力

二、构造应力

构造应力是由于地壳构造运动在岩体中引起的应力，岩体构造应力可以分为现代构造应力和地质构造残余应力。前者是指正在经受地质构造运动的作用，在地质构造运动发生过程中，岩体内产生的应力。后者是指已经结束的地质构造运动残留于岩体内部的应力。由于地壳处于不断运动之中，仅仅是存在相对活跃期和静止期，在岩体中严格区分现代构造应力和地质构造残余应力是比较困难的。

地质构造运动过程中岩体经受相当大的外力作用，水平构造应力使岩层产生很大的弹性变形和塑性变形，形成了各种地质构造，例如向斜、背斜和褶皱，以及产生断裂而形成各种节理及断层。岩体弹性变形储存弹性能，弹性变形越大，岩体内储存的能量越多。随着能量的增加，应力达到岩体的强度极限时，岩体产生破坏，除岩体中保存一部分残余变形外，其储存的能量将部分或全部释放，构造应力随之部分或全部消失。

构造应力以水平力为主，具有明显的区域性和方向性，其基本特点如下：

① 一般情况下，地壳运动以水平运动为主，构造应力主要是水平应力；而且地壳总的运动趋势是相互挤压，所以水平应力以压应力占绝对优势。

② 构造应力分布不均匀，在地质构造变化比较剧烈的地区，最大主应力的大小和方向往往有很大变化。

③ 岩体中的构造应力具有明显的方向性，最大水平主应力和最小水平主应力之值一般相差较大。

④ 构造应力在坚硬岩层中出现一般比较普遍，在软岩中储存很少。

几十亿年来，地球经历了无数次大大小小的构造运动，各次构造运动的应力场也经过多次叠加、牵引和改造。此外，构造应力场还受到其他多种因素的影响，造成构造应力的复杂性和多变性。目前，岩体的构造应力尚无法用数学、力学的方法进行分析计算，构造应力的大小不可能通过数学计算或模型分析的方法获得，只能采用现场应力量测方法测定。但是，构造应力场的方向可以根据地质力学的方法加以判断。各种形态不同的地质构造是各地质历史时期的构造运动的产物，地质构造的遗迹，例如断层、褶曲等保留在岩体中，它的走向与形成它的应力有一定关系，可以根据地质构造线确定构造应力场的主轴方向。依据地质构造和岩石强度理论，一般认为自重应力是主应力之一，另一主应力与断裂构造体系正交。对于正断层，自重应力 σ_z 是最大主应力，即 $\sigma_1=\gamma H$，最小主应力 σ_3 与断层带正交。对于逆断层，自重应力 σ_z 是最小主应力，即 $\sigma_3=\gamma H$，最大主应力 σ_1 与断层带正交。对于平移断层，自重应力 σ_z 是中间主应力，即 $\sigma_2=\gamma H$，最大主应力 σ_1 与断层带成 30°～45°角，而且 σ_1 与 σ_3 均为水平力。另外，根据岩脉和褶皱也可推断构造应力的方向（见图 2-3）。

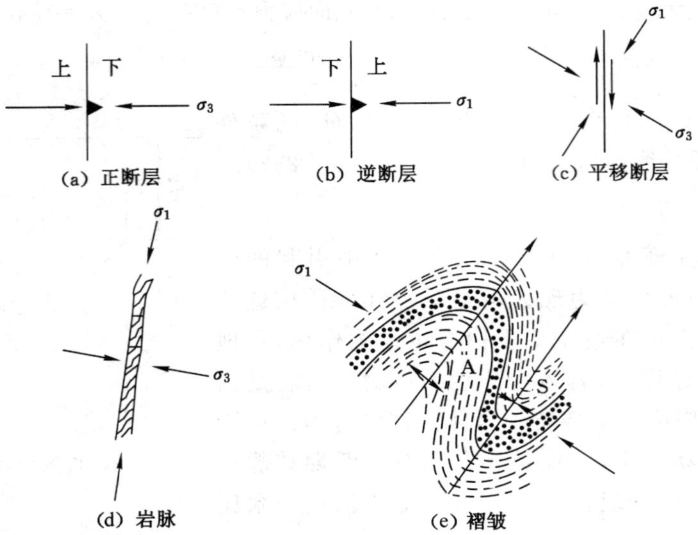

图 2-3 由地质特征推断构造应力方向的平面图

三、原岩应力分布的基本规律

通过理论研究、地质调查和大量的地应力测量资料，原岩应力分布的主要规律归纳如下。

(1) 实测铅直应力基本上等于上覆岩层重量

对全世界有关实测铅直应力的统计资料表明，在深度为 25～2 700 m 范围内，铅直应力 σ_z 呈线性增长，大致相当于按平均重力密度 $\gamma=27\ \mathrm{kN/m^3}$ 计算出来的重力 γH，如图 2-4 所

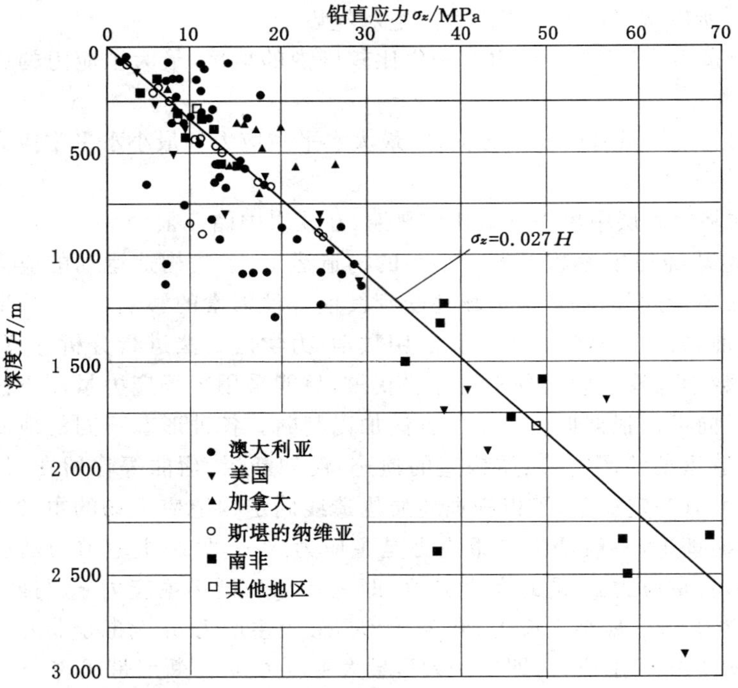

图 2-4 世界部分国家和地区铅直应力 σ_z 与深度 H 变化规律图

示。但是，在世界多数地区并不存在真正的铅直应力，即没有一个主应力的方向完全与地表垂直。在绝大多数测点都发现确有一个主应力接近铅直方向，其偏差不大于 20°。

（2）水平应力普遍大于铅直应力

根据国内外实测资料统计，水平应力 σ_h 多数大于铅直应力 σ_z，最大水平应力 $\sigma_{h,max}$ 与铅直应力 σ_z 的比值一般为 0.5～5.5，很多情况下比值大于 2，最大可达到 30。最大水平主应力和最小水平主应力的平均值 $\sigma_{h,av}$ 与 σ_z 的比值，一般仍为 0.5～5.5，大部分在 0.8～1.5 之间。这说明在浅层地壳中平均水平应力也普遍大于铅直应力，铅直应力在多数情况下为最小主应力，在少数情况下为中间主应力，只有个别情况下为最大主应力。

（3）平均水平应力与铅直应力的比值随深度增加而减小

平均水平应力 $\sigma_{h,av}$ 与铅直应力 σ_z 的比值 λ 是表征地区原岩应力场特征的指标，该值随深度增加而减小。但在不同地区，λ 值变化的速度不相同。图 2-5 为世界部分国家和地区取得的实测结果。该图表明，在浅部 λ 值比较分散，随着深度增加，λ 值的离散程度变小并向 1 附近集中。这说明地壳深部可能出现静水压力状态。

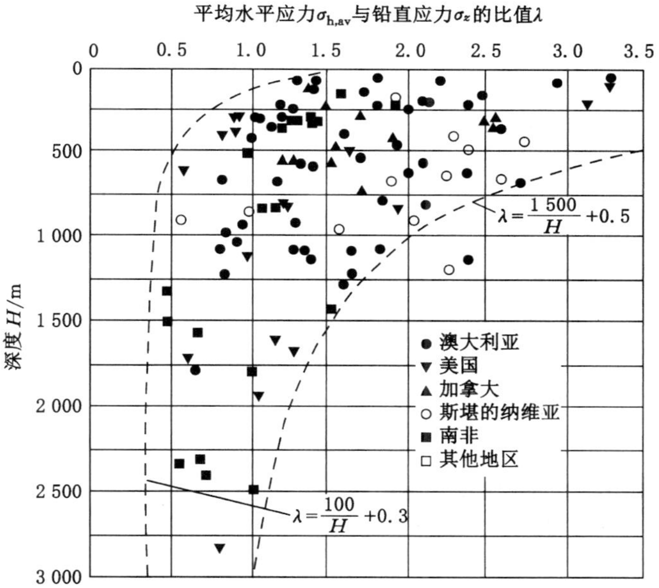

图 2-5　世界部分国家和地区平均水平应力与铅直应力的比值随深度的变化规律图

霍克和布朗用回归方法得出下列公式，表示比值 λ 的变化范围：

$$\frac{100}{H}+0.3\leqslant\frac{\sigma_{h,av}}{\sigma_z}\leqslant\frac{1\ 500}{H}+0.5 \tag{2-13}$$

式中　H——深度，m。

当 $H=500$ m 时，$\lambda=0.5\sim3.5$；当 $H=2\ 000$ m 时，$\lambda=0.35\sim1.25$。

（4）最大水平主应力和最小水平主应力一般相差较大

最大水平主应力和最小水平主应力一般相差较大，显示出很强的方向性。$\sigma_{h,min}$ 与 $\sigma_{h,max}$ 的比值一般为 0.2～0.8，多数情况下为 0.4～0.8。

我国部分矿井原岩应力的实测值见表 2-1。

表 2-1 我国部分矿井原岩应力实测结果

矿名	深度/m	主应力	应力值/MPa	方位角/(°)	倾角/(°)	τ_{max}/MPa
鹤壁六矿	447.66	σ_1	32.50	258.07	12.35	14.22
		σ_2	22.16	101.54	75.56	
		σ_3	4.07	349.21	5.19	
焦作九里山矿	318.70	σ_1	8.85	357.59	74.80	3.90
		σ_2	5.70	192.08	14.53	
		σ_3	1.06	101.12	8.90	
涟邵牛马司矿	556.57	σ_1	21.78	87.99	18.56	9.96
		σ_2	17.43	282.23	70.89	
		σ_3	1.86	170.46	4.38	
北票冠山矿	989.05	σ_1	52.96	34.79	11.25	19.86
		σ_2	30.85	148.24	63.45	
		σ_3	13.23	299.77	23.71	
新汶孙村矿	870.00	σ_1	38.13	100.10	24.20	18.26
		σ_2	28.35	79.20	61.50	
		σ_3	1.61	14.80	14.10	

第二节 “孔”周围的应力分布

由于地下巷道和采煤空间具有复杂的几何形状，而且巷道和采煤空间周围岩体属于非均质、非连续、非线性及加载条件、边界条件复杂的一种特殊介质。到目前为止，对于岩石及岩体的力学性质以及原岩应力场的特征，尚未完全掌握，所以还无法用数学、力学的方法精确地求解出巷道周围岩体内各处的应力分布状态。但是，根据采矿工程的特点，对复杂的矿山地下工程条件做一些简化，近似地求解出巷道周围的应力状态，对了解巷道变形的机理是十分有益和非常必要的。

首先，将巷道及开采空间简化为各种理想的单一形状的孔，如圆形、椭圆形及矩形等，这样各巷道之间的影响就可视为孔与孔之间的影响。其次，巷道周围的岩体性质也须简化，一般先将其看作完全均质的连续弹性体。此外，还需对孔周围的原岩应力场及其应力状态做一些假设，把均质连续无限或半无限弹性体中孔周边应力分布问题作为平面应变问题进行分析。

随着侧压系数 λ 不同，可能有几种典型的应力状态，列于表 2-2。当 $\lambda>1$ 时，实际上是表 2-2 中双向不等压状态的坐标系旋转了 90°的情况。

表 2-2　应力场的各种形式

应力场性质		非均匀应力场			均匀应力场
对比项目	典型示意图	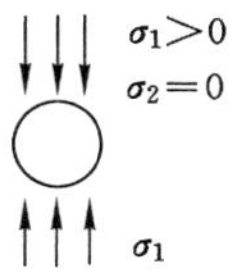	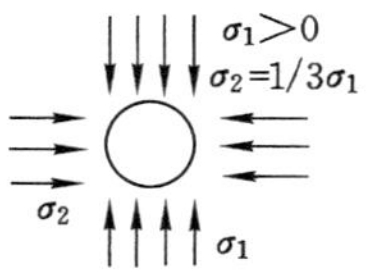	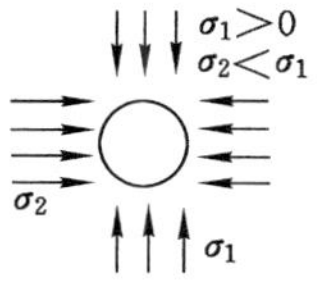	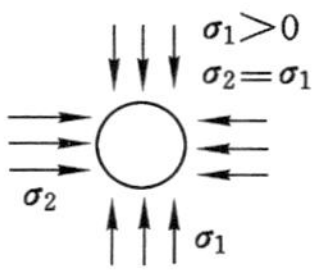
	侧应力变化倾向	小→大			
	侧压系数	$\lambda=0$	$\lambda=\frac{1}{3}$	$\frac{1}{3}<\lambda<1$	$\lambda=1$
	水平应力(σ_2)与铅直应力(σ_1)的比值	$\sigma_2=0$	$\sigma_2=\frac{1}{3}\sigma_1$	$\sigma_2=(1\sim3)\frac{\sigma_1}{3}$	$\sigma_2=\sigma_1$
	应力状态	单向受压	双向不等压	双向不等压	双向等压

下面分别叙述在各种应力场内不同形状的孔周围应力分布情况。

一、双向等压应力场内的圆形孔

1. 基本假设

围岩为均质，各向同性，线弹性；原岩应力为各向等压（静水压力）状态；巷道断面为圆形，在无限长的巷道长度里，围岩的性质一致。于是可以采用研究平面应变问题的方法，取巷道的任一截面作为其代表，且埋深 H 大于或等于 20 倍的巷道半径 R_0（或其宽、高），即

$$H\geqslant 20R_0 \tag{2-14}$$

研究表明，当埋深 $H\geqslant 20R_0$ 时，忽略巷道影响范围（3～5 倍的 R_0）内的岩石自重（见图 2-6），与原问题的误差不超过 10%。水平原岩应力可以简化为均布的，原问题就构成载荷与结构都是轴对称的平面应变圆孔问题（见图 2-7）。

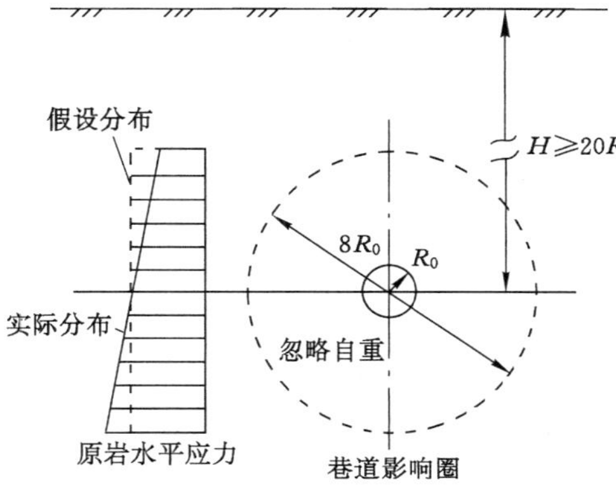

图 2-6　深埋巷道的力学特点

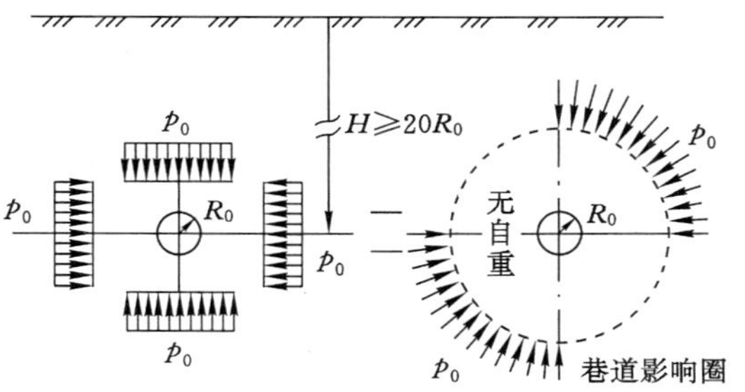

图 2-7　轴对称圆巷的条件

2. 基本方程

根据图 2-8 的分析，可列出以下各关系式。

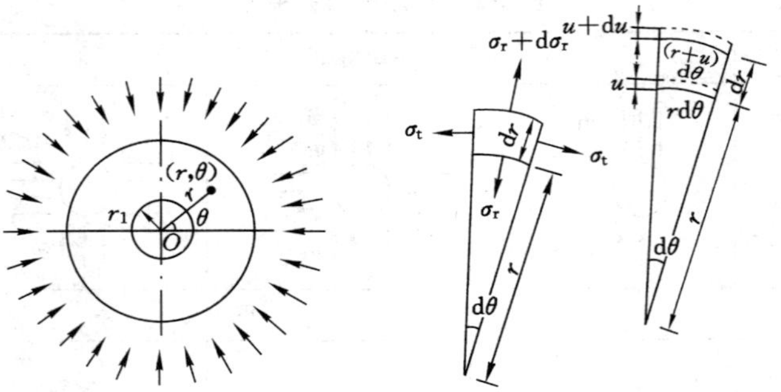

图 2-8 双向等压圆孔周围单元体应力分布

平衡方程：

$$(\sigma_r+d\sigma_r)(r+dr)d\theta-\sigma_r r d\theta-2\sigma_t dr\sin\frac{d\theta}{2}=0 \tag{2-15}$$

式中 σ_t,σ_r——切向应力和径向应力；

r,θ——微单元的半径和坐标角。

忽略其中的高次微分项，且由于$\frac{d\theta}{2}$很小，故 $\sin\frac{d\theta}{2}=\frac{d\theta}{2}$。由此可得：

$$\sigma_r-\sigma_t+r\frac{d\sigma_r}{dr}=0 \tag{2-16}$$

几何方程：径向变形由 $u\to u+du$，因此径向应变 ε_r 为：

$$\varepsilon_r=\frac{(u+du)-u}{dr}=\frac{du}{dr}$$

切向变形由 $rd\theta\to(r+u)d\theta$，因此切向应变 ε_t 为：

$$\varepsilon_t=\frac{(r+u)d\theta-rd\theta}{rd\theta}=\frac{u}{r}$$

$$\frac{d\varepsilon_t}{dr}=\frac{1}{r}\frac{du}{dr}-\frac{u}{r^2}=\frac{1}{r}\left(\frac{du}{dr}-\frac{u}{r}\right)=\frac{1}{r}(\varepsilon_r-\varepsilon_t)$$

根据广义胡克定律，有

$$\varepsilon_t=\frac{1}{E}[\sigma_t-\mu(\sigma_r+\sigma_z)]$$

$$\varepsilon_r=\frac{1}{E}[\sigma_r-\mu(\sigma_t+\sigma_z)]$$

式中 σ_z——圆孔轴向应力。

$$\frac{1}{r}(\varepsilon_r-\varepsilon_t)=\frac{1}{r}\frac{1}{E}[\sigma_r-\mu(\sigma_t+\sigma_z)-\sigma_t+\mu(\sigma_r+\sigma_z)]=\frac{1+\mu}{rE}(\sigma_r-\sigma_t)$$

而

$$\frac{d\varepsilon_t}{dr}=\frac{1}{E}\left[\frac{d\sigma_t}{dr}-\mu\frac{d\sigma_r}{dr}\right]$$

因此可得：

$$\frac{d\sigma_t}{dr}-\mu\frac{d\sigma_r}{dr}=\frac{1+\mu}{r}(\sigma_r-\sigma_t) \tag{2-17}$$

3. 计算结果

将式(2-16)和式(2-17)两式联立，并假设 σ_1 由自重应力引起，即 $\sigma_1=\gamma H$，由此求解得半径为 r 的任一点 σ_r 和 σ_t 为：

$$\sigma_r=\gamma H\left(1-\frac{r_1^2}{r^2}\right) \tag{2-18}$$

$$\sigma_t=\gamma H\left(1+\frac{r_1^2}{r^2}\right) \tag{2-19}$$

式中　r_1——孔的半径。

4. 讨论

由式(2-18)和式(2-19)两式可以绘出如图 2-9 所示的圆孔周围的应力场图。由上述关系式可得以下几个主要结论：

① 在双向等压应力场中，圆孔周边全处于压缩应力状态。

② 应力大小与弹性常数 E、μ 无关。

③ σ_t、σ_r 的分布和角度无关，皆为主应力，即切向和径向平面均为主平面。

④ 双向等压应力场中孔周边的切向应力为最大应力，其最大应力集中系数 $K=2$，且与孔径的大小无关。当 $\sigma_t=2\gamma H$ 超过孔周边围岩的弹性极限时，围岩将进入塑性状态。

⑤ 其他各点的应力大小与孔径有关。若定义以 σ_t 高于 $1.05\sigma_1$ 或 σ_r 低于 $0.95\sigma_1$ 为巷道影响圈的边界，则 σ_t 的影响半径 $R_t=\sqrt{20}\,r_1\approx 5r_1$。有限元计算常取 $5r_1$ 的范围作为计算域。

⑥ 由式(2-18)和式(2-19)可知，在双向等压应力场中，圆孔周围任意点的切向应力 σ_t 与径向应力 σ_r 之和为常数，且等于 $2\sigma_1$。

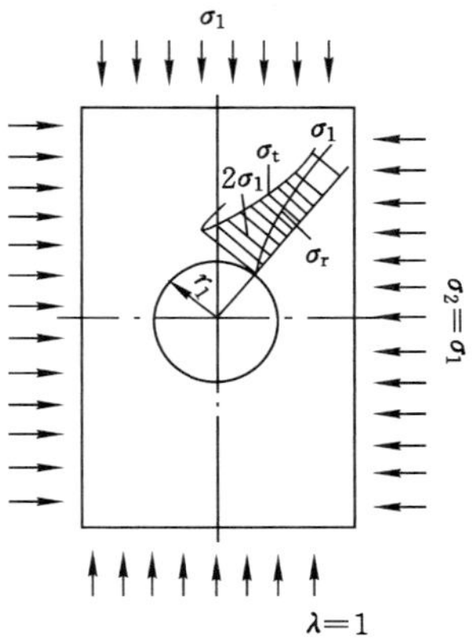

图 2-9　圆孔在双向等压应力场中周围应力分布

二、双向不等压应力场内的圆形孔

1. 双向不等压应力场内的圆形孔应力解

根据弹性理论，双向应力无限板内圆形孔(见图 2-10)的应力解为：

$$\sigma_r=\frac{\gamma H}{2}(1+\lambda)\left(1-\frac{r_1^2}{r^2}\right)-\frac{\gamma H}{2}(1-\lambda)\left(1-4\frac{r_1^2}{r^2}+3\frac{r_1^4}{r^4}\right)\cos 2\theta \tag{2-20}$$

$$\sigma_t=\frac{\gamma H}{2}(1+\lambda)\left(1+\frac{r_1^2}{r^2}\right)+\frac{\gamma H}{2}(1-\lambda)\left(1+3\frac{r_1^4}{r^4}\right)\cos 2\theta \tag{2-21}$$

2. 讨论

(1) 若取极限情况 $\lambda=0$，则有

$$\sigma_r=\frac{\gamma H}{2}\left(1-\frac{r_1^2}{r^2}\right)-\frac{\gamma H}{2}\left(1-4\frac{r_1^2}{r^2}+3\frac{r_1^4}{r^4}\right)\cos 2\theta \tag{2-22}$$

$$\sigma_t=\frac{\gamma H}{2}\left(1+\frac{r_1^2}{r^2}\right)+\frac{\gamma H}{2}\left(1+3\frac{r_1^4}{r^4}\right)\cos 2\theta \tag{2-23}$$

由此得 $\theta=0°,90°,180°,270°$ 轴线上的径向应力与切向应力分布图，见图 2-11。可知，当 $\lambda=0$ 时，圆孔的顶、底部出现了拉应力区；在圆孔两侧的最大应力集中系数 $\frac{\sigma_{t,\max}}{\sigma_1}$ 值达到 3。

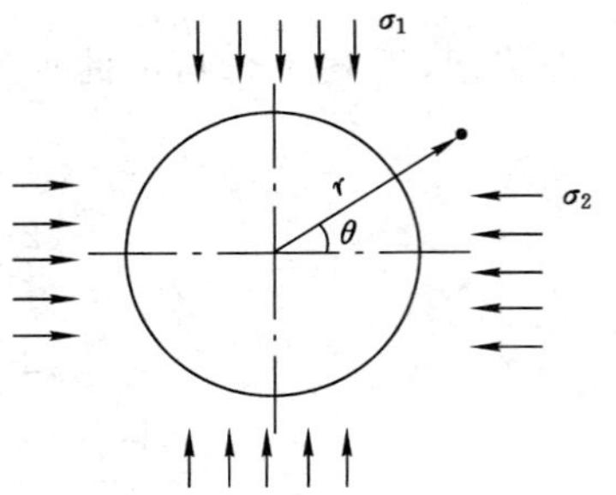

图 2-10　双向不等压应力场中的圆形孔

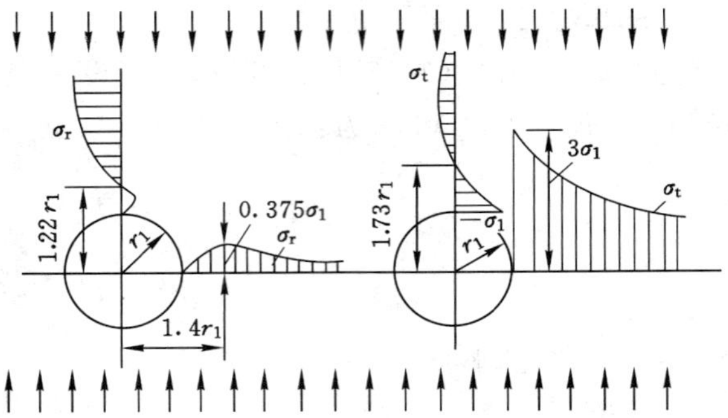

图 2-11　λ=0 时圆孔周围的应力分布

(2) 如前所述，只考虑自重情况下原岩应力状态的侧向应力系数在 0～1 之间，即 $0\leqslant\lambda\leqslant1$。图 2-12 所示为 $\lambda=0,1/7,1/2,1$，在 $\theta=0°,90°,180°,270°$时的应力分布。因此，圆孔两侧的切向应力集中系数处于 2～3 之间。

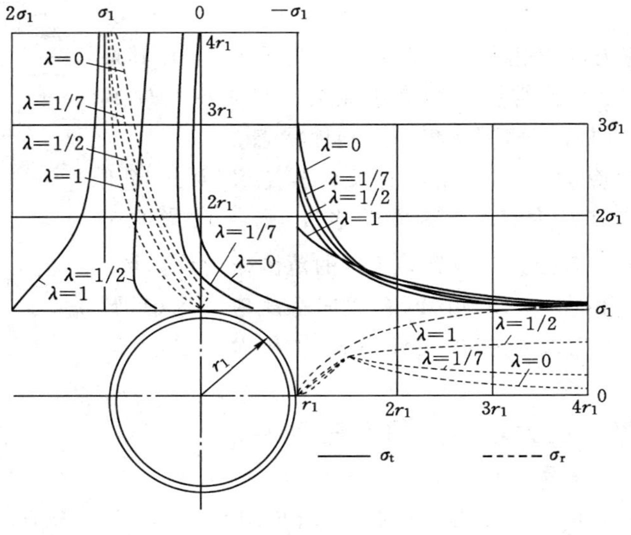

图 2-12　$\lambda=0,1/7,1/2,1$ 时圆孔周围应力分布

(3) 若将 $\lambda=1/3$ 代入式(2-21)中，则可得切向应力 σ_t 为：

$$\sigma_t=\frac{2}{3}\sigma_1\left(1+\frac{r_1^2}{r^2}\right)+\frac{\sigma_1}{3}\left(1+3\frac{r_1^4}{r^4}\right)\cos 2\theta \tag{2-24}$$

取 $\theta=90°,270°$，则圆孔周边出现 $\sigma_t=0$，即此时圆孔顶、底部不会出现拉应力。

由上述讨论可见，$\lambda>1/3$ 时，圆孔周边不出现拉应力；$\lambda<1/3$ 时，圆孔周边将出现拉应力；$\lambda=1/3$ 时，圆孔顶、底部不出现拉应力；$\lambda=0$ 时，$\theta=90°$处拉应力最大。所以，$\lambda=0$ 为最不利情况；$\lambda=1$ 为均匀受压的最有利于稳定的情况。

三、椭圆形孔周边的应力分布

在采矿工程中，椭圆形巷道虽然应用不多，但通过对椭圆形巷道周边的应力分析，对分析开采后矿山压力的形成及如何维护好巷道是很有启发意义的。

在一般原岩应力状态下(见图 2-13),深埋椭圆巷道周边切向应力计算公式为:

$$\sigma_\theta = p_0\,\frac{m^2\sin^2\theta + 2m\sin^2\theta - \cos^2\theta}{\cos^2\theta + m^2\sin^2\theta} + \lambda p_0\,\frac{\cos^2\theta + 2m\cos^2\theta - m^2\sin^2\theta}{\cos^2\theta + m^2\sin^2\theta} \tag{2-25}$$

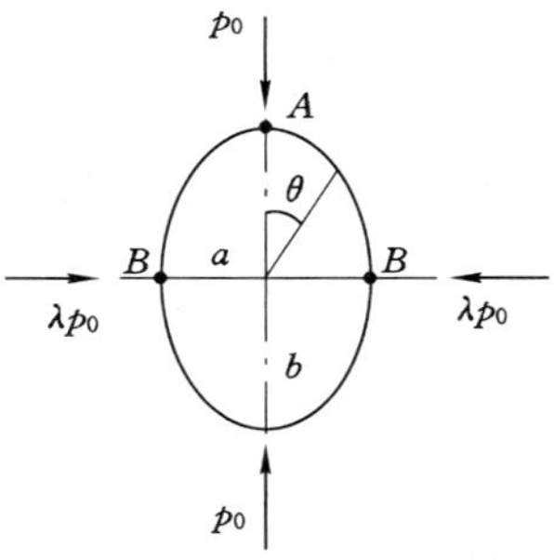

图 2-13　深埋椭圆巷道

式中,m 为椭圆长短轴之比,$m=b/a$。

1. 等应力轴比

等应力轴比就是使巷道周边应力均匀分布时的椭圆长短轴之比。该轴比可通过求式(2-25)的极值而得到。

由 $\dfrac{d\sigma_\theta}{d\theta}=0$,得:

$$m=\frac{1}{\lambda} \tag{2-26}$$

将此 m 值代入式(2-25)得到:

$$\sigma_\theta = p_0 + \lambda p_0 \tag{2-27}$$

在式(2-27)中,σ_θ 与 θ 无关,即周边应力处处相等,故将式(2-26)决定的轴比 m 称为等应力轴比。在该轴比情况下,周边切向应力无极值,或者说周边应力是均匀相等的。

显然,等应力轴比对地下工程的稳定是最有利的,故又可称之为最优(佳)轴比。等应力轴比与原岩应力的绝对值无关,只与 λ 值有关。由 λ 值即可决定最佳轴比。例如:

$\lambda=1$ 时,$m=1$,$a=b$,最佳断面为圆形(圆是椭圆的特例);

$\lambda=\dfrac{1}{2}$时,$m=2$,$2a=b$,最佳断面为 $2a=b$ 的竖椭圆;

$\lambda=2$ 时,$m=\dfrac{1}{2}$,$a=2b$,最佳断面为 $a=2b$ 的横(卧)椭圆。

总之,椭圆长轴总是顺着原岩应力的最大主应力的方向,且轴比满足式(2-26)为最佳。

2. 零应力(无拉应力)轴比

当不能满足最佳轴比时,可以退而求其次。岩体抗拉强度最弱,找出满足不出现拉应力的轴比,即零应力(无拉应力)轴比。周边各点对应的零应力轴比各不相同,通常首先满足顶点和两帮中点这两处要害实现零应力轴比。

对于顶点 A 有:$\theta=0°$,$\sin\theta=0$,$\cos\theta=1$,代入式(2-25)得:

$$\sigma_\theta = -p_0 + \lambda p_0(1+2m) \tag{2-28}$$

$\lambda>1$ 时,因 $\lambda p_0(1+2m)>p_0$,故不会出现拉应力;$\lambda<1$ 时,无拉应力条件为 $\sigma_\theta\geqslant 0$,即 $\lambda p_0(1+2m)\geqslant p_0$,整理即得无拉应力轴比为:

$$m\geqslant\frac{1-\lambda}{2\lambda}\quad(\lambda<1) \tag{2-29}$$

该式取等号时,称为零拉应力轴比,即

$$m=\frac{1-\lambda}{2\lambda}\quad(\lambda<1) \tag{2-30}$$

对于两帮中点 B 有:$\theta=90°$,$\sin\theta=1$,$\cos\theta=0$,代入式(2-25)得:

$$\sigma_\theta = p_0\left(1+\frac{2}{m}\right)-\lambda p_0 \tag{2-31}$$

$\lambda<1$ 时，$p_0\left(1+\dfrac{2}{m}\right)>\lambda p_0$，故不会出现拉应力；$\lambda>1$ 时，不出现拉应力的条件为 $\sigma_\theta\geqslant0$，即 $p_0\left(1+\dfrac{2}{m}\right)\geqslant\lambda p_0$，整理即得无拉应力轴比为：

$$m\leqslant\frac{2}{\lambda-1}\quad(\lambda>1)\tag{2-32}$$

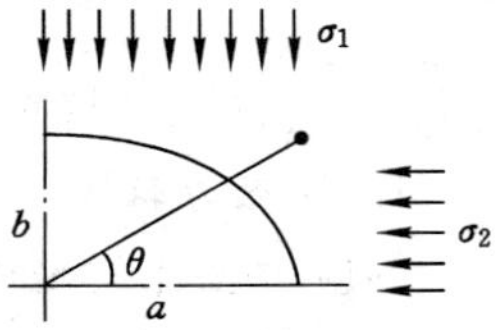

图 2-14　原岩应力场中的椭圆形孔

该式取等号时，称为零拉应力轴比。

可见，A、B 两点互不矛盾，当 $\lambda<1$ 时，应照顾顶点；反之，应照顾两帮中点。

令椭圆形孔的长轴为 $2a$，短轴为 $2b$，按平面问题处理，原岩应力场铅直方向为 σ_1，水平方向为 σ_2，如图 2-14 所示。

根据弹性理论，椭圆形孔周边任意点的切向应力 σ_t 为：

$$\sigma_t=(\sigma_1+\sigma_2)-\frac{[(a-b)(\sigma_1+\sigma_2)+(a+b)(\sigma_1-\sigma_2)](a\sin^2\theta-b\cos^2\theta)}{a^2\sin^2\theta+b^2\cos^2\theta}\tag{2-33}$$

先分析 $\theta=0,\pi$ 时椭圆形孔两侧的切向应力情况。其计算式为：

$$\sigma_t=(\sigma_1+\sigma_2)-\frac{[(a-b)(\sigma_1+\sigma_2)+(a+b)(\sigma_1-\sigma_2)](-b)}{b^2}=\left(1+\frac{2a}{b}\right)\sigma_1-\sigma_2\tag{2-34}$$

取 $\lambda=1$，则有

$$\sigma_t=\frac{2a}{b}\sigma_1\tag{2-35}$$

取 $\lambda=0$，则有

$$\sigma_t=\frac{2a+b}{b}\sigma_1\tag{2-36}$$

由此可知，孔两侧的最大切向应力将随孔的几何尺寸发生变化，其切向应力集中系数 k 为：当 $\lambda=1$ 时，$k=\dfrac{2a}{b}$；当 $\lambda=0$ 时，$k=\dfrac{2a+b}{b}$。显然，孔越扁，则应力集中系数越大。例如 $\dfrac{a}{b}=2$，则 $k=4\sim5$。

同理，分析 $\theta=\pi/2,3\pi/2$ 时的 σ_t 情况，可知在 $\lambda=0$ 时，$\sigma_t=-\sigma_1$，即形成拉应力；当 $\lambda=1$ 时，$\sigma_t=\dfrac{2a}{b}\sigma_1$。

将不同侧压系数和不同轴比的椭圆形孔周边切向应力集中系数列于表 2-3。

表 2-3　椭圆形孔周边切向应力集中系数

λ	θ/(°)	a/b				
		1/2	1/1.5	1/1	1.5/1	2/1
1	0	1.00	1.33	2.00	3.00	4.00
	90	4.00	3.00	2.00	1.33	1.00
0.25	0	1.75	2.08	2.75	3.75	4.75
	90	0.25	0	−0.25	−0.42	−0.50
0	0	2.00	2.33	3.00	4.00	5.00
	90	−1.00	−1.00	−1.00	−1.00	−1.00

图 2-15 所示为 $\lambda=0$、$\lambda=1$ 和轴比 $a/b=2$ 时，椭圆形孔周边的 σ_t 应力重新分布情况。与圆形孔相比，椭圆形孔两侧切向应力的分布随着向岩体内部深入，应力衰减较快，影响范围较小。

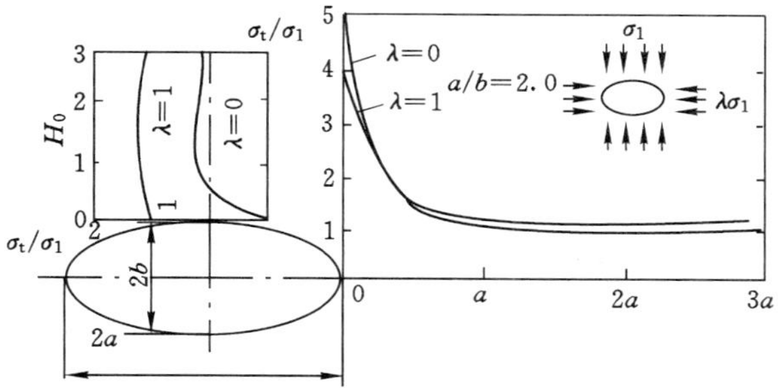

图 2-15　$\lambda=0$、$\lambda=1$ 和轴比 $a/b=2$ 时椭圆形孔周边的 σ_t 应力分布

四、矩形孔和其他形状巷道周边的应力分布

地下工程中经常遇到一些非圆形巷道，如矩形、梯形、拱形等。非圆形孔周围的应力计算甚为复杂，可用弹性力学的复变函数方法解决。在弹性应力条件下，巷道断面围岩中的最大应力是周边的切向应力，且周边应力大小与 E、μ 弹性参数无关。同样，它与原岩应力场分布（大小）、巷道的形状（竖向和横向轴比）有很大关系。断面在有拐角的地方有较大的应力集中；在直长边容易出现拉应力。图 2-16(a)表示矩形孔周围的正应力分布；图 2-16(b)表示最大切向应力分布；图 2-16(c)所示为长边为 $2a$，短边为 $2b$，且 $2a=2\times 2b$，$\lambda=0$、$\lambda=1/3$、$\lambda=1$ 时，矩形孔周边切向应力的分布图，矩形拐角处的圆弧半径为 $r_0/2a=1/6$。对于其他一些常遇到的典型断面周边弹性应力分布，可以查阅有关参考文献。

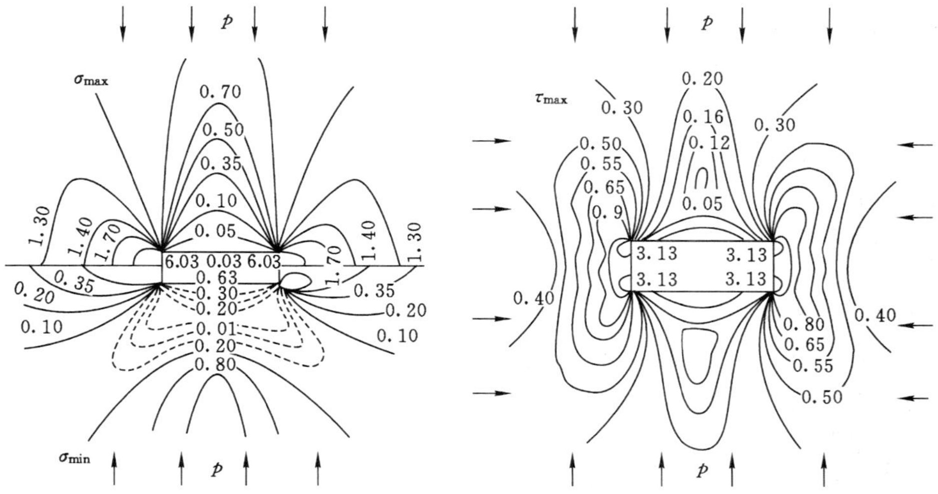

(a) 正应力　　(b) 切向应力

图 2-16　矩形孔周围应力分布图

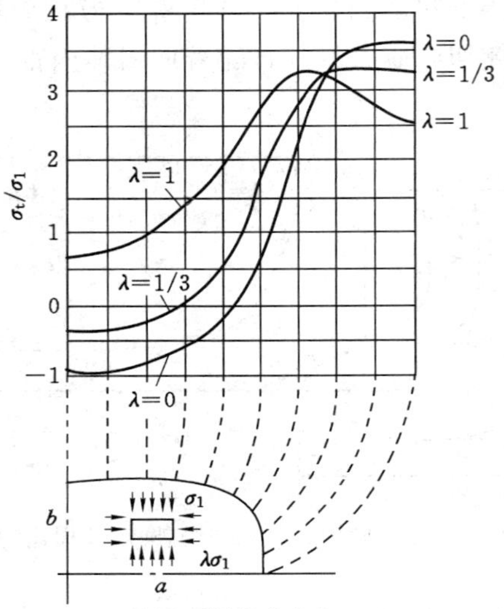

(c) 周边切向应力

图 2-16（续）

五、多孔周围的应力分布

以上所述均为单孔周围的应力重新分布情况。实际上，在采矿工程中还常遇到多条巷道之间或回采空间对巷道的影响等问题。这些情况均可看作多孔间相互影响问题。一般来说，相邻两孔的影响程度及多孔周围的应力分布受到下列一些因素的影响：孔断面的形状及其尺寸大小；相邻两孔间的距离；在同一水平内相邻孔的数目；原岩应力场的性质和有关参数。

1. 断面相同的相邻两孔的应力分布

由单孔周围的切向应力分布衰减情况可知，它有一个剧烈影响的范围，一般以超过原岩应力的 5% 处为界。令此影响半径为 R_i，由前述 $R_t=\sqrt{20}r_1$ 可知，$R_i=\sqrt{20}r_1$。现以双向等压应力场中的圆形孔为例，若相邻两圆孔间距大于 $2R_i$，则此两孔就不会产生相互影响，巷道周边的应力分布也将和单孔的情况基本相同。在这种情况下，即使存在多条巷道，它们之间相互也不产生影响。反之，如两圆孔间距小于 $2R_i$，则相互之间就会有影响。图 2-17 所示为相邻两圆孔间距小于 $2R_i$ 时产生相互影响的关系图。图中令 $D=B$，所处的原岩应力场为 $\lambda=0$，则两孔之间的周边上产生的切向应力集中系数为 3.26，而在单孔时为 3(如图中虚线所示)。在 $r/r_0=2$ 处，即间距的中点处，$\sigma_t=1.7\sigma_1$，比原来的应力 $1.22\sigma_1$ 增长了 39.3%。但在圆孔的顶、底部，拉应力由 $-\sigma_1$ 降至 $-0.7\sigma_1$。

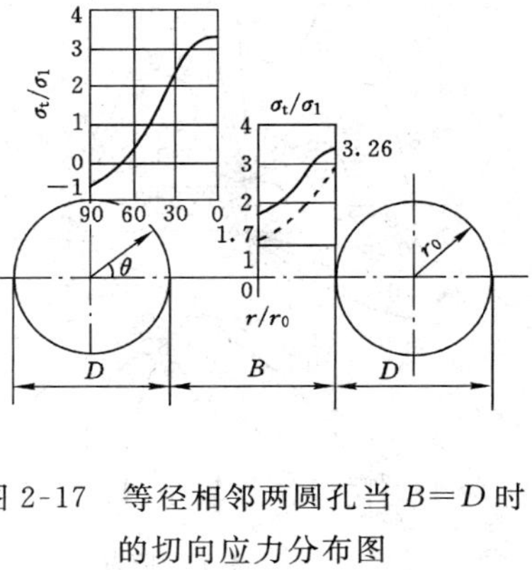

图 2-17 等径相邻两圆孔当 $B=D$ 时的切向应力分布图

2. 大小不等的相邻两孔的应力分布

从前述已知，单孔切向应力重新分布的影响范围与孔的半径成正比，以及等径相邻两孔的影响间距(中心距)为 $2R_i$。同理,对大小不等的相邻两孔,影响间距为其各自的影响半径之和。图 2-18 所示为不等径相邻两孔的切向应力分布图。从图中可以看出,小孔周边的切向应力集中系数高达 4.26,而大孔周边的应力集中系数仅为 2.75。这说明大孔对小孔的应力分布影响较大,而小孔对大孔的影响甚微。这个特点对于研究回采工作面与邻近巷道的相互影响很有参考价值。

3. 在同一水平多孔相互影响条件下的应力分布

图 2-19 所示为 $\lambda=0$ 条件下,同一水平多孔的相互影响。由图可以看出,孔周边的应力集中系数一方面随 D/B 值的增大而增大(D 为孔径,B 为孔周边的间距),另一方面又受同一水平上孔的数目影响。显然,孔的数目愈多,孔周边的应力集中系数也愈大。

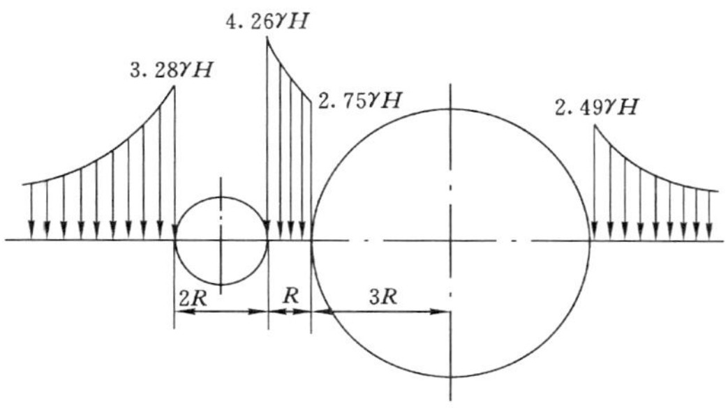

图 2-18　不等径相邻两孔的切向应力分布图

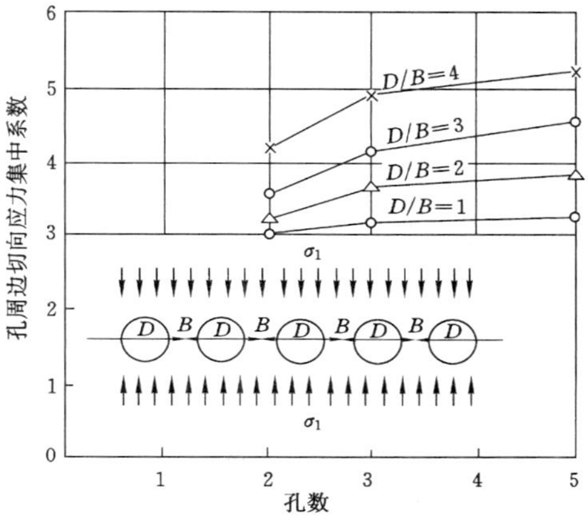

图 2-19　多孔对应力集中系数的影响

综上所述,在假设孔周围都处于弹性状态的条件下,应力重新分布有以下一些特点:

① 孔周围形成了切向应力集中,最大切向应力发生在孔的周边。对圆形和椭圆形孔,最大切向应力发生在孔的两帮中点和顶、底的中部。对矩形孔,最大切向应力发生在四角处。

② 应力集中系数的大小,对单孔来说,圆形孔仅与侧压系数 λ 有关,其值 $k=2\sim3$。对椭圆形孔,不仅与 λ 有关,还与孔的轴比有关,一般当 $a/b=2$,$\lambda=0\sim1$ 时,$k=4\sim5$。对多孔来说,k 值升高是由于单孔应力分布叠加作用的结果,其值视孔的大小和间距以及原岩应力场的侧压系数值而定。在前后两个回采空间的影响条件下,中间巷道所在地点的应力集中系数可达 7,有时可能更大。

③ 不论何种形状的孔,它周围的应力重新分布(主要是指切向应力分布)从理论上说影响是无限的,但从影响的剧烈程度来看大多有一定的影响半径。通常,可取切向应力值超过原岩铅直应力 5%处作为边界线。

④ 孔的应力影响范围与孔的断面大小有关,断面越大,影响范围越大。

第三节　围岩的极限平衡与支承压力分布

在岩体内开掘巷道后,巷道围岩必然出现应力重新分布,一般将巷道两侧改变后的切向应力增高部分称为支承压力。此处讨论的是全部切向应力,显然,支承压力是矿山压力的重要组成部分。由前面分析可近似地认为，一般巷道两侧的应力集中系数为 2～3。对于 $a/b=2$ 的椭圆形孔，则可能达 4～5，甚至更大。这样，在巷道两侧周边的围岩上就将承受 $(2\sim3)\sigma_1$ 或 $(4\sim5)\sigma_1$ 的铅直压应力。由于处于周边的岩块侧向应力为零，为单向压缩状态（见图 2-20），随着巷道向深部发展，岩块逐渐变为三轴应力状态。若巷道两侧是松软岩层，如煤、页岩等，则在此压力作用下就可能处于破坏状态。随着破坏向岩体内部发展，岩块的抗压强度逐渐增加，直到某一半径 R 处岩块又处于弹性状态。这样，半径 R 范围内的岩体就处于极限平衡状态，即此范围内岩块所处的应力圆与其强度包络线相切。这个范围称为极限平衡区。

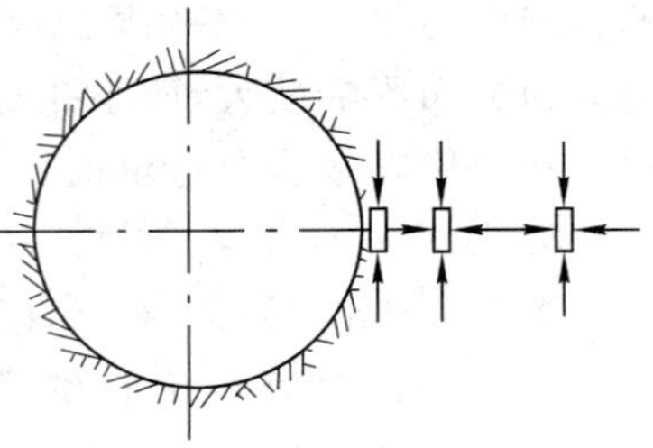

图 2-20 巷道(孔)两侧围岩单元体的应力状态

如图 2-8 所示的极限平衡区内的静力平衡方程为：

$$r\frac{d\sigma_r}{dr}+\sigma_r-\sigma_t=0 \tag{2-37}$$

根据极限平衡条件

$$\sigma_t=\frac{1+\sin\varphi}{1-\sin\varphi}\sigma_r+\frac{2C\cos\varphi}{1-\sin\varphi} \tag{2-38}$$

式中 σ_t，σ_r——极限平衡区内的切向应力与径向应力；

C，φ——岩体的黏聚力和内摩擦角；

r——极限平衡区内所研究点的半径。

将式(2-38)代入式(2-37)得：

$$r\frac{d\sigma_r}{dr}+\sigma_r-\frac{1+\sin\varphi}{1-\sin\varphi}\sigma_r-\frac{2C\cos\varphi}{1-\sin\varphi}=0 \tag{2-39}$$

$$\frac{d\sigma_r}{\sigma_r+C\cot\varphi}=\frac{2\sin\varphi}{1-\sin\varphi}\cdot\frac{dr}{r} \tag{2-40}$$

对两边积分，得：

$$\ln(\sigma_r+C\cot\varphi)=\frac{2\sin\varphi}{1-\sin\varphi}\ln r+\ln A \tag{2-41}$$

$$\sigma_r+C\cot\varphi=Ar^{\frac{2\sin\varphi}{1-\sin\varphi}} \tag{2-42}$$

式中 A——积分常数。

若 $r=r_1$，$\sigma_r=0$，则

$$A=C\cot\varphi/r_1^{\frac{2\sin\varphi}{1-\sin\varphi}} \tag{2-43}$$

可得

$$\sigma_r=C\cot\varphi\left[\left(\frac{r}{r_1}\right)^{\frac{2\sin\varphi}{1-\sin\varphi}}-1\right] \tag{2-44}$$

$$\sigma_t=C\cot\varphi\left[\frac{1+\sin\varphi}{1-\sin\varphi}\left(\frac{r}{r_1}\right)^{\frac{2\sin\varphi}{1-\sin\varphi}}-1\right] \tag{2-45}$$

按以上两式，可作出巷道两侧的切向应力和径向应力分布图及巷道水平轴上周围各岩块单元体所处的应力状态，如图 2-21 所示。

由于假设巷道所处的原岩应力场为静水应力场，即 $\lambda=1$，因此，在半径为 R 处（极限平衡区的边界上）应符合前述圆孔的 $\sigma_t+\sigma_r=2\sigma_1$ 规律。令 $\sigma_1=\gamma H$，由

$$C\cot\varphi\left[\frac{1+\sin\varphi}{1-\sin\varphi}\left(\frac{R}{r_1}\right)^{\frac{2\sin\varphi}{1-\sin\varphi}}-1\right]+C\cot\varphi\left[\left(\frac{R}{r_1}\right)^{\frac{2\sin\varphi}{1-\sin\varphi}}-1\right]=2\gamma H \tag{2-46}$$

得

$$R=r_1\left[\frac{(\gamma H+C\cot\varphi)(1-\sin\varphi)}{C\cot\varphi}\right]^{\frac{1-\sin\varphi}{2\sin\varphi}} \tag{2-47}$$

对于采场前方煤体则可按图 2-22 所示的关系建立极限平衡方程：

$$m(\sigma_x+\mathrm{d}\sigma_x)-m\sigma_x-2\sigma_y f\mathrm{d}x=0$$

式中　f——层面间的摩擦因数；

m——采高。

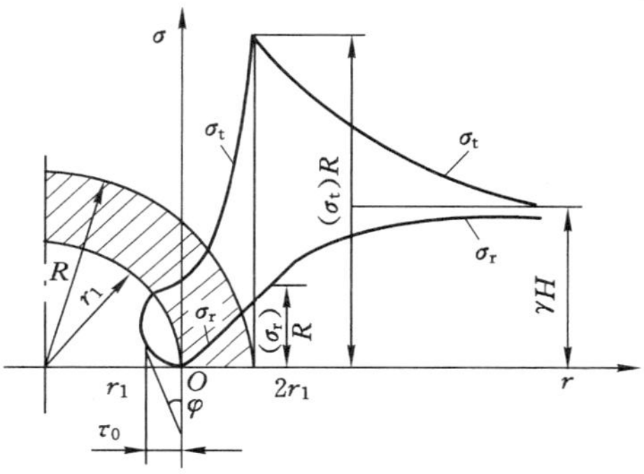

图 2-21　巷道两侧的支承压力分布

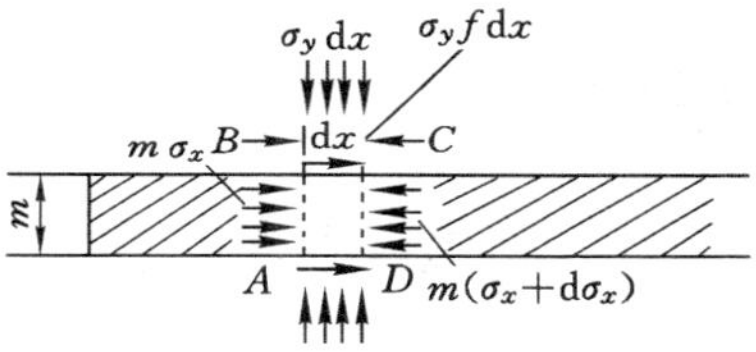

图 2-22　采场前方极限平衡区的受力状态

根据极限平衡区的条件有

$$\sigma_y=R_c+\frac{1+\sin\varphi}{1-\sin\varphi}\sigma_x$$

则

$$\frac{\mathrm{d}\sigma_y}{\mathrm{d}\sigma_x}=\frac{1+\sin\varphi}{1-\sin\varphi}$$

将上式代入极限平衡方程式中，求解可得：

$$\ln\sigma_y=\frac{2fx}{m}\left(\frac{1+\sin\varphi}{1-\sin\varphi}\right)+C$$

当 $x=0$，$\sigma_y=N_0$ 时，得

$$C=\ln N_0$$

式中，N_0 为煤帮的支撑能力。

$$\ln\sigma_y-\ln N_0=\frac{2fx}{m}\left(\frac{1+\sin\varphi}{1-\sin\varphi}\right) \tag{2-48}$$

$$\frac{\sigma_y}{N_0}=\mathrm{e}^{\frac{2fx}{m}\left(\frac{1+\sin\varphi}{1-\sin\varphi}\right)} \tag{2-49}$$

得

$$\sigma_y=N_0\mathrm{e}^{\frac{2fx}{m}\left(\frac{1+\sin\varphi}{1-\sin\varphi}\right)} \tag{2-50}$$

同样，当极限平衡处的 σ_y 等于该处在弹性状态下的切向应力时，支承压力将按弹性状态时的切向应力分布状态分布。

为了进一步了解支承压力的性质，常将采场前方或巷道两侧的切向应力分布按大小进行分区，如图 2-23 所示。根据切向应力的大小，可分为减压区和增压区。比原岩应力低的压力区是减压区，比原岩应力高的压力区是增压区。增压区即通常说的支承压力区。支承压力区的边界一般可以取高于原岩应力的 5%处作为分界处。再向内部发展即处于稳压状态的原岩应力区。另一种分类方法是将其分为极限平衡区和弹性区。

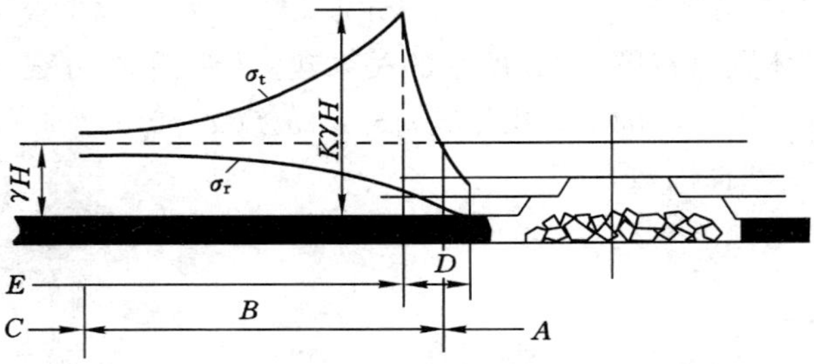

A—减压区；B—增压区；C—稳压区；D—极限平衡区；E—弹性区。

图 2-23 支承压力的分区

有关采煤工作面四周采动支承压力分布特征将在第四章中介绍。

第四节 支承压力在底板岩层中的传播

根据土力学理论，集中力 p 作用在半无限体的平面上，对平面下方任一点 M 将发生影响（见图 2-24）。假设作用力 p 在 M 点造成的位移与半径 R 成反比，与坐标角 β 的余弦成正比，则 M 点沿 R 方向的变形 u_R 为：

$$u_R = A\frac{\cos\beta}{R} \tag{2-51}$$

式中，A 为比例系数。

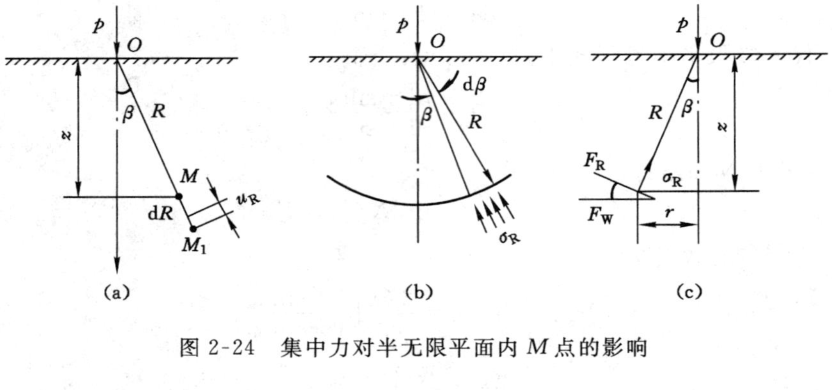

图 2-24 集中力对半无限平面内 M 点的影响

若将 R 延伸到 $R+\mathrm{d}R$，即 M_1 点，则其变形量为：

$$u_{R_1} = A\frac{\cos\beta}{R+\mathrm{d}R} \tag{2-52}$$

$\mathrm{d}R$ 段的变形量为：

$$u_R - u_{R_1} = \left(\frac{A}{R} - \frac{A}{R+dR}\right)\cos\beta = \frac{AdR}{(R+dR)R}\cos\beta \tag{2-53}$$

应变量 ε_R 为：

$$\varepsilon_R = \frac{u_R - u_{R_1}}{dR} = \frac{A}{(R+dR)R}\cos\beta \tag{2-54}$$

由于 dR 是微量，忽略 RdR 项得：

$$\varepsilon_R = \frac{A}{R^2}\cos\beta \tag{2-55}$$

假设处于弹性状态，则有

$$\sigma_R = B\varepsilon_R = B\frac{A}{R^2}\cos\beta \tag{2-56}$$

式中　σ_R——径向应力；

B——比例系数。

取半径为 R 的半球面，如图 2-24(b)所示，并假设在 dβ 的变化范围内 σ_R 是相等的，因此

$$p - \int_0^{\frac{\pi}{2}} \sigma_R \cos\beta dF_R = 0 \tag{2-57}$$

$$dF_R = 2\pi(R\sin\beta)(Rd\beta) \tag{2-58}$$

式中　F_R——半球的表面积。

将上述的 σ_R 和 dF 值代入积分式(2-57)中

$$p - \int_0^{\frac{\pi}{2}} AB\frac{\cos\beta}{R^2}\cdot\cos\beta\cdot 2\pi(R\sin\beta)(Rd\beta) = 0 \tag{2-59}$$

$$p - AB\cdot 2\pi\int_0^{\frac{\pi}{2}} \cos^2\beta\sin\beta d\beta = 0 \tag{2-60}$$

积分后得

$$p = \frac{2}{3}\pi AB \tag{2-61}$$

$$AB = \frac{3}{2}\frac{p}{\pi} \tag{2-62}$$

将 A、B 值代入式(2-56)中得：

$$\sigma_R = \frac{3}{2}\frac{p}{\pi R^2}\cos\beta \tag{2-63}$$

将 σ_R 换算成作用在水平面积 F_W 上的应力，如图 2-24(c)所示。水平面与半球面的面积近似地有以下关系：

$$\frac{F_R}{F_W} = \cos\beta \tag{2-64}$$

从图 2-24(a)中还可看出，$\cos\beta = \frac{z}{R}$（z 为 M 点与力作用平面的垂直距离）。设水平面上的应力为 σ_z，则有

$$\sigma_z = \frac{\sigma_R\cos\beta F_R}{F_W} = \sigma_R\cos^2\beta \tag{2-65}$$

$$\sigma_z=\frac{3}{2}\frac{p}{\pi}\frac{z^3}{R^5}=K\frac{p}{z^2} \tag{2-66}$$

式中 $K=\frac{3}{2}\frac{1}{\pi}\frac{z^5}{R^5}=\frac{3}{2\pi}\left(\frac{z}{\sqrt{r^2+z^2}}\right)^5=\frac{3}{2\pi}\frac{1}{\left[1+\left(\frac{r}{z}\right)^2\right]^{5/2}}$；

r——M 点在水平面上的半径。

在集中力 p 作用下，沿水平面及深度方向，岩体内的铅直应力 σ_z 的分布情况如图 2-25 所示。若将岩体内 σ_z 相等的线连接起来，则形成类似卵形的压力泡，如图 2-26 所示。

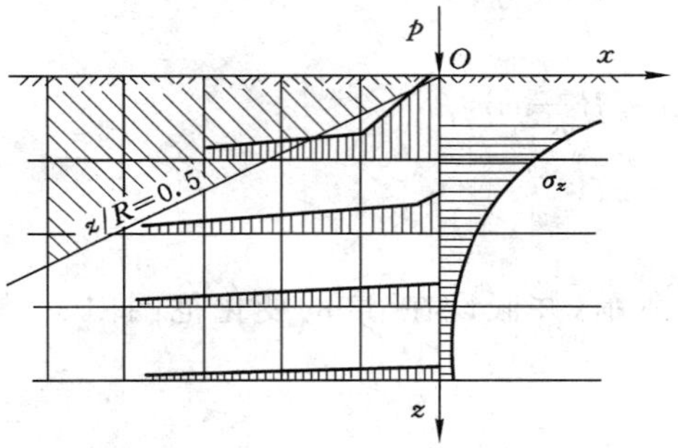

图 2-25 在 p 作用下 σ_z 在水平面及深度上的分布

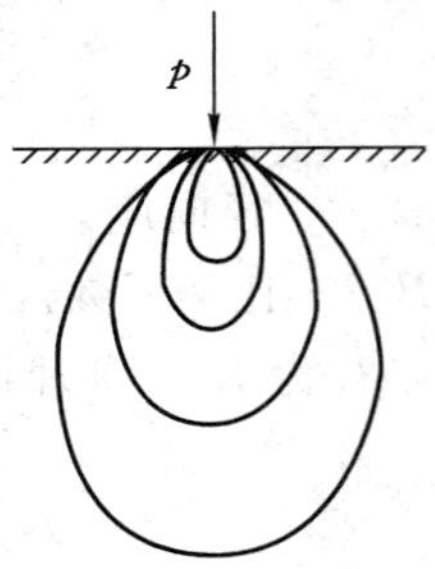

图 2-26 σ_z 等值线(压力泡)

上述是在集中力 p 作用下形成的空间 σ_z 应力分布情况。在实际工程中很少遇到集中载荷作用的情况，但是通过这个解，可以知道应力在岩体内的传递规则，并且可以用积分的方法解决其他形式载荷条件下的应力分布问题。

德国学者雅可毕将煤层开采条件理想化，即将岩体视为均质的弹性体，对煤柱和煤体下方底板岩层中的应力分布进行了模拟计算，得到了 σ_z 应力线的分布图，如图 2-27 所示。其假设的条件是：采深为 800 m，上覆岩层重力密度为 25 kN/m^3。图中的单位是 10 MPa，因此图中的等应力线 2 相当于原岩应力。在煤柱或煤体下方一侧为增压区，而在采空区下方一侧为减压区。

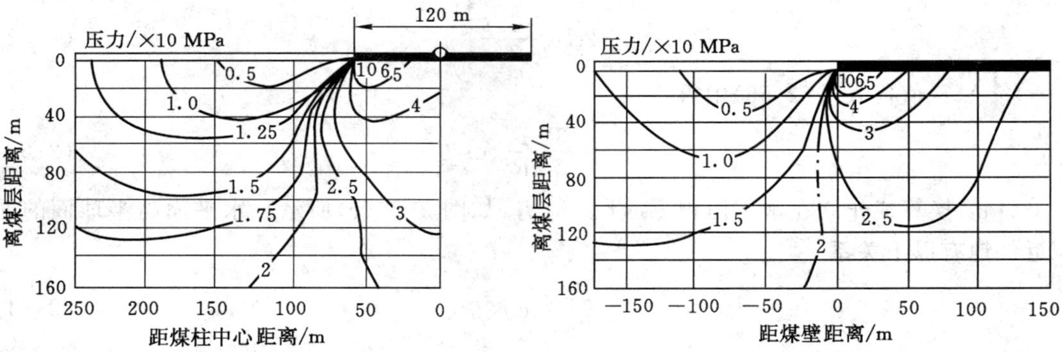

(a) 煤柱下的 σ_z 等应力线 (b) 煤体下的 σ_z 等应力线

图 2-27 底板岩层中的应力分布

习　题

1. 试述原岩应力场的概念及主要组成部分。

2. 计算只考虑自重应力情况下，赋存在 600 m 深处岩体内的原岩应力。假设岩层平均重力密度为 25 kN/m^3，泊松比 $\mu=0.2$，并绘出其应力圆。

3. 试述原岩应力分布的基本特点。

4. 研究孔周围的应力对研究矿山压力有何实际意义？有哪些重要结论可以借鉴？

5. 如何估算赋存深度为 600 m 处的圆形水平巷道的最大切向压应力与切向拉应力？

6. 试绘制 $\lambda=1/3$ 时圆形水平巷道周围的应力重新分布图，并叙述其特点。

7. 试分析 $\lambda=1/4$ 时圆形孔与椭圆形孔受切向拉应力的范围。

8. 支承压力与矿山压力的区别有哪些？

9. 试分析支承压力的有利因素与不利因素。

10. 试述减压区的形成及其实际意义。

11. 试述煤柱下方底板岩层中应力分布特点及其实际意义。

第三章　采场覆岩结构与顶板破断规律

第一节　概　　述

一、基本概念

在煤层开采过程中，一般把直接进行采煤的工作空间称为回采工作面或简称为采场。

赋存在煤层之上的岩层称为顶板或上覆岩层，位于煤层下方的岩层称为底板。

一般把直接位于煤层上方的一层或几层性质相近的岩层称为直接顶。它通常由具有一定稳定性且易于随工作面移架放顶而垮落的页岩、砂页岩或粉砂岩等岩层组成。

在煤层与直接顶之间有时存在厚度小于 0.3～0.5 m、极易垮落的软弱岩层，称为伪顶。它随采随冒，一般为碳质页岩、泥质页岩等。

通常把位于直接顶之上（有时直接位于煤层之上）对采场矿山压力直接造成影响的厚而坚硬的岩层称为基本顶（旧称老顶）。它通常并不随工作面移架放顶而垮落，而是在采空区形成一定长度的悬顶，并随工作面推进发生周期性破断回转。它一般由砂岩、石灰岩及砂砾岩等岩层组成。

二、采空区的处理方法

为了维护好回采工作面，必须对回采工作面进行支护，并对采空区进行处理。根据采空区处理方法的不同，目前主要有图 3-1 所示的几种回采工作空间形式。

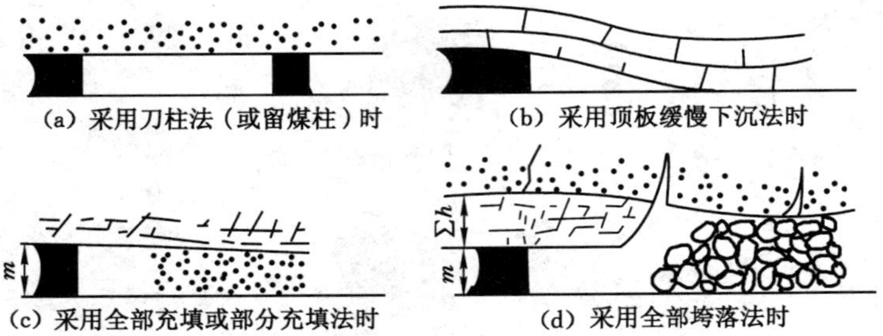

(a) 采用刀柱法（或留煤柱）时　(b) 采用顶板缓慢下沉法时

(c) 采用全部充填或部分充填法时　(d) 采用全部垮落法时

图 3-1　回采工作空间形式

采用全部垮落法时，随着工作面推进，回采工作空间的变化如图 3-2 所示。

虽然处理采空区采用的方法不同[见图 3-1 中(a)、(b)、(c)、(d)]，但它们之间存在着内在联系。由图 3-2 可知，开切眼[图 3-2(a)]类似于一般巷道；基本顶垮落前[图 3-2(b)]，工作空间又类似于采用刀柱法处理采空区的状况；在基本顶垮落后[图 3-2(c)]，全部垮落法

图 3-2　全部垮落法回采工作空间的变化

相当于采高为$\sum h+m$[见图 3-1(d)]的矸石充填法等。图 3-1 所示的后三种回采工作空间形式中，前方顶板都是由煤壁支撑，后方采空区则由煤层底板、充填物或已冒落的矸石支撑。

三、上覆岩层“大结构”

显然，在煤(岩)体内形成回采工作空间将引起围岩破碎，其上方岩体的部分重力则由此空间内的支护物来承担，从而形成了对支架的压力(有时是由于围岩变形而形成对支架的压力)。这些原因对支架造成的压力不同于岩体内的矿山压力，但习惯上也常将其称为矿山压力，为了区分其间含义的不同，可称其为围岩压力或顶板压力等。

岩层中未破坏的部分(或未产生剧烈变形的部分)，或者虽然岩层已破断但仍能整齐排列的部分，有时能形成岩体内的“大结构”。这种“大结构”能够承担上覆岩层重量，从而对回采工作空间起保护作用。根据实际测定，回采工作面支架所承受的力通常仅为上覆岩层总重量的很小一部分，绝大部分上覆岩层的重量被上覆岩层的“大结构”所承担。比如，对于开采深度为 800 m 的回采工作面，其上覆岩层单位面积总重量将达到 20 MPa 左右，而我国煤矿目前采用的液压支架支护强度为 1.0 MPa 左右，仅相当于上覆岩层单位面积总重量的 5%左右。当工作面上覆岩层“大结构”发生失稳时，支架工作阻力通常难以支撑上覆岩层重量而发生压架冒顶事故。此外，采场上覆岩层的结构形式和稳定性也会对岩层采动应力、采动裂隙分布以及地表沉陷特征产生影响。由此可见，研究开采后采场上覆岩层破断规律及其形成结构的稳定性，对实现矿山安全高效绿色开采有着极其重要的作用。

第二节　有关采场覆岩结构的假说

自从采用长壁工作面开采以来，上覆岩层中是否存在“大结构”以及“大结构”是什么形式，一直是采矿科学研究中的一个重要课题。

在人们尚未充分认识自然界内在规律之前，必然产生对各种自然现象内在联系的解释，再凭借此种解释去改造自然，同时随着人们生产实践的发展，此种解释必然会越来越清晰地揭示自然界的内在联系，也就是越来越接近于科学。

由于采矿工程涉及岩层内的原岩应力场以及岩体性质的复杂性，因而从一开始人们就对采场的矿山压力现象提出了各种不同的解释，这种解释(即揭示矿山压力现象内在联系的推测或科学的概括)称为矿山压力假说。因此，矿山压力假说对岩层控制具有指导意义。

最早的采场覆岩结构与矿山压力假说为“压力拱”假说和“悬臂梁”假说。20 世纪 50 年代，随着长壁工作面开采技术的发展、采场上覆岩层运动的观测以及支护技术的发展，人们对采场上覆岩层运动时的结构形式有了新的认识，此时提出的矿山压力假说主要是“铰接岩块”假说和“预成裂隙”假说。我国学者在总结“铰接岩块”假说和“预成裂隙”假说，以及在大量生产实践及对岩层内部移动进行现场观测的基础上，于 20 世纪 70 年代末提出了覆岩结构的“砌体梁”力学模型，从而发展了上述有关假说。随着对岩层控制科学研究的不断深入以及为了解决岩层活动中更为广泛的问题，在“砌体梁”结构假说的基础上，我国学者于 20 世纪 90 年代中期进一步提出了“岩层控制的关键层理论”。

一、“压力拱”假说

“压力拱”假说是由德国的哈克(Hack)和吉里策尔(Gillitzer)于 1928 年提出的。此假说认为，在回采工作空间上方，由于岩层自然平衡的结果而形成了一个“压力拱”。拱的一个支撑点是在工作面前方煤体内，形成了前拱脚 a，而另一个支撑点是在采空区内已垮落的矸石上或采空区的充填体上，形成了后拱脚 b，如图3-3所示。随着工作面的推进，前、后拱脚也将向前移动。a、b 均为应力增高区，工作面则处于应力降低区。在前、后拱脚之间，在顶板或底板中都形成了一个减压区，而回采工作面的支架只承受压力拱内的岩石重量。

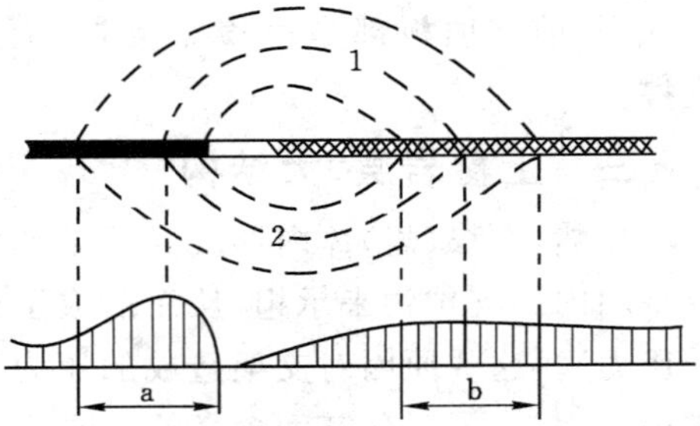

a—前拱脚；b—后拱脚；
1—顶板内压力拱轴线；2—底板内压力拱轴线。
图 3-3 回采工作面“压力拱”假说

“压力拱”假说对回采工作面前后的支承压力及回采工作空间处于减压范围作出了粗略的但却是经典的解释，而对于压力拱的特性、岩层变形、移动和破坏的发展过程以及支架与围岩的相互作用，并没有做任何分析。

二、“悬臂梁”假说

“悬臂梁”假说是由德国的施托克(Stoke)于 1916 年提出的，后得到英国的弗里德(Friend)、苏联的格尔曼等的支持。此假说认为，工作面和采空区上方的顶板可视为梁，它一端固定于岩体内，另一端则处于悬伸状态。当顶板由几个岩层组成时，形成组合悬臂梁。悬臂梁弯曲下沉后，受到已垮落岩石的支撑，当悬臂梁悬伸长度很大时，发生有规律的周期性折断，从而引起周期来压。

“悬臂梁”假说可以解释工作面近煤壁处顶板下沉量小，支架载荷也小，而距煤壁越远则两者均增大的现象；同时也可以解释工作面前方出现的支承压力及工作面出现的周期来压现象。

根据上述观点，提出了各种计算方法，但由于并未查明开采后上覆岩层活动规律，因此仅凭悬臂梁本身计算所得的顶板下沉量和支架载荷与实际所测得的数据相差甚远。

三、“铰接岩块”假说

“铰接岩块”假说由苏联的库兹涅佐夫于 1950—1954 年提出。此假说认为，工作面上覆岩层破坏后可分为垮落带和其上的规则移动带。垮落带分上下两部分，下部垮落时，岩块杂乱无章；上部垮落时，岩块则呈规则的排列，但与规则移动带的差别在于无水平方向有规律的水平挤压力的联系。规则移动带岩块间可以相互铰合而形成一条多环节的铰链，并规则地在采空区上方下沉。如图 3-4 所示。

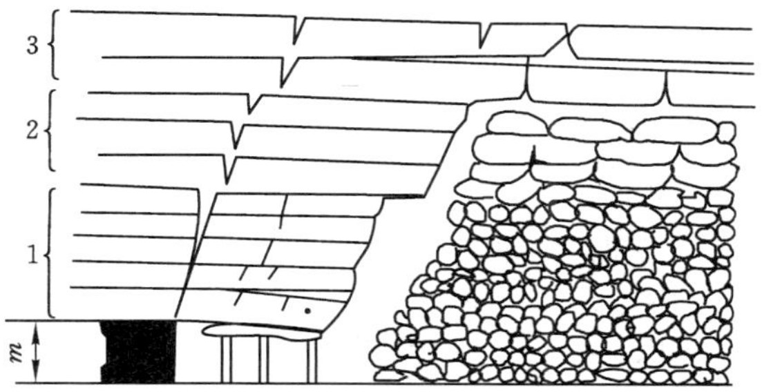

1—不规则垮落带；2—规则垮落带；3—规则移动带。

图 3-4 “铰接岩块”假说

“铰接岩块”假说对支架和围岩的相互作用作出了较详细的分析。此假说认为，工作面支架存在两种不同的工作状态。当规则移动带（相当于基本顶）下部岩层变形小而不发生折断时，垮落带岩层（相当于直接顶）和基本顶间就可能发生离层，支架最多只承受直接顶折断岩层的全部重量，这种情况称为支架处于“给定载荷状态”。当直接顶受基本顶影响折断时，支架所承受的载荷和变形取决于规则移动带下部岩块的相互作用，载荷和变形将随岩块的下沉不断增加，直到岩块受已垮落岩石的支撑达到平衡为止，这种情况称为支架的“给定变形状态”。铰接岩块间的平衡关系为三铰拱式的平衡。

“铰接岩块”假说正确地阐明了工作面上覆岩层的分带情况，并初步涉及岩层内部的力学关系及其可能形成的“结构”。但此假说未能对铰接岩块间的平衡条件做进一步探讨。

四、“预成裂隙”假说

“预成裂隙”假说由比利时的拉巴斯于 20 世纪 50 年代初与“铰接岩块”假说在同一时期提出，假塑性梁是此假说中的主要组成部分。事实上，此假说是从另一个侧面解释了破断岩块的相互作用关系。此假说认为，由于开采的影响，回采工作面上覆岩层的连续性遭到破坏，从而成为非连续体。在回采工作面周围存在着应力降低区、应力增高区和采动影响区。随着工作面的推进，三个区域同时相应地向前移动，如图 3-5 所示。其中，Ⅰ为应力降低区；Ⅱ为应力增高区，包围面 S_E 上的剪应力达到最大；Ⅲ为采动影响区。

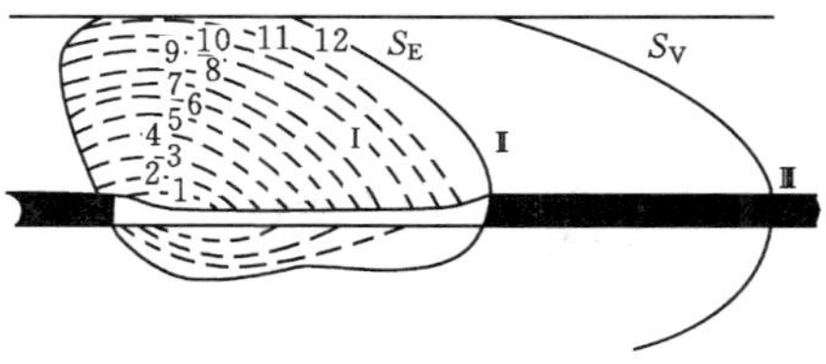

图 3-5 “预成裂隙”假说

由于开采后上覆岩层中存在各种裂隙，这些裂隙可能是由于支承压力作用而形成的，它可能是平行于正压应力的张开裂隙，也可能是与正压应力成一定交角的剪切裂隙，从而使岩体发生很大的类似塑性体的变形，因而可将其视为假塑性体。这种被各种裂隙破坏了的假塑性体处于一种彼此被挤紧的状态时，可以形成类似梁的平衡，在自重及上覆岩层重量的作用下，将发生明显的假塑性弯曲；当下部岩层的下沉量大于上部岩层的下沉量时，就产生离层。如图 3-6 所示。

此假说还认为，为了有效地控制顶板，应保证支架具有足够的初撑力和工作阻力，并应及时支撑住顶板岩层，使各岩层和岩块之间保持挤紧状态，借助于彼此之间的摩擦阻力，阻止岩层破断岩块之间的相对滑移、张裂与离层。

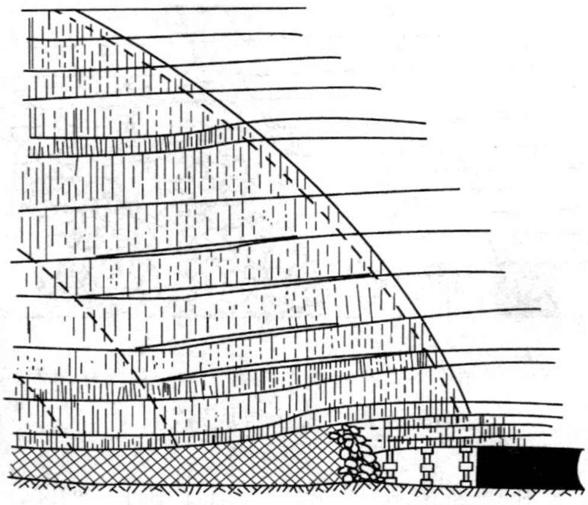

图 3-6 顶板岩层的假塑性弯曲

五、“砌体梁”假说

1. *假说提出的覆岩运动规律实测基础*

为了研究上覆岩层尤其是裂缝带岩层的运动规律，在大屯孔庄煤矿进行了深基点观测，以其为例说明开采后上覆岩层运动的特点。

岩层移动观测地点为孔庄煤矿 8111 工作面上方 25 m 处的 7111 工作面材料巷。8111 工作面开采 8# 煤层，厚度为 1.8～2.0 m，倾角为 25°，工作面长度为 115 m。7111 工作面材料巷位于 7# 煤层中，沿走向布置，由于该区域 7# 煤层是大量天然焦，尚未开采，因此决定先采 8111 工作面，在 7111 工作面材料巷内将岩层内部的深基点布置在 8111 工作面顶板岩层中（如图 3-7 所示）。

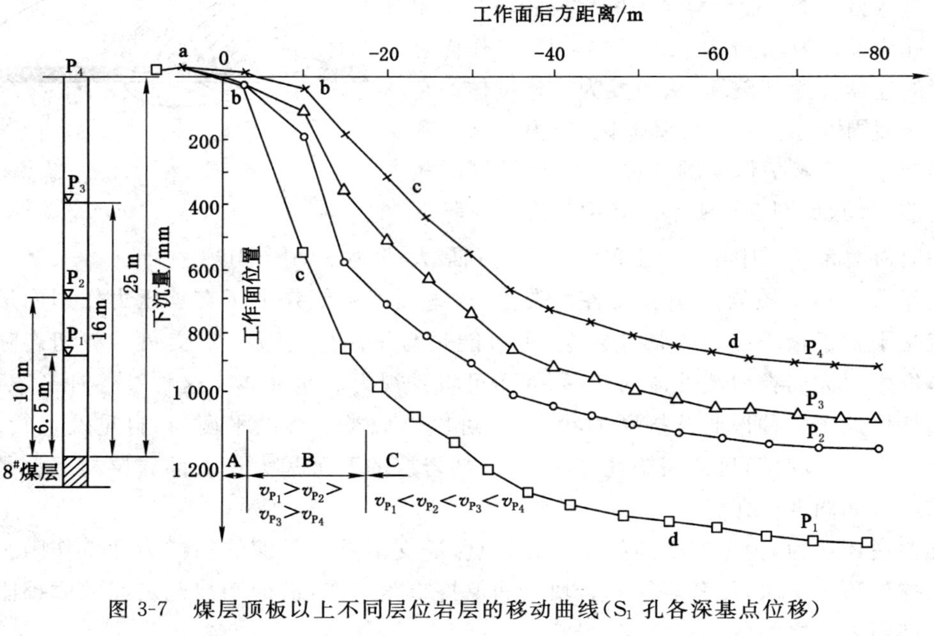

图 3-7 煤层顶板以上不同层位岩层的移动曲线（S_1 孔各深基点位移）

深基点观测结果表明：

(1) 岩层移动符合负指数函数关系曲线。对于钻孔内的任一深基点而言，当其位于采面后方若干不同距离时，可测出若干个位移量；若假定采面位置不变，该深基点在采面后方不同距离的位移量，即可视作采面后方不同距离处岩层单元的位移量。据此，可以利用钻孔不同深度的深基点，得到煤层顶板上方不同高度处岩层的移动曲线。结果表明，这些曲线均符合负指数函数关系，且可表示为：

$$s_x = s_m(1 - e^{-aZ^b}) \tag{3-1}$$

$$Z = x/L$$

式中　s_x——采面后方距离为 x 处的覆岩位移量(见图 3-7)；

s_m——岩层移动基本稳定后的位移量(位于采面后方 L 位置处)；

L——基本稳定点距工作面的距离，可取 50～60 m；

x——采面后方任一点与采面的距离；

a,b——随着岩层距煤层的距离以及岩性特点而变化的系数。

这些曲线的斜率分布为：

$$\frac{ds_x}{dx} = \frac{1}{L}abs_m Z^{b-1} e^{-aZ^b}$$

这些曲线的曲率分布为：

$$\frac{d^2 s_x}{dx^2} = \frac{1}{L^2}abs_m Z^{b-2}[(b-1) - abZ^b]e^{-aZ^b}$$

因此，这些曲线的最大斜率所处的位置为$\frac{d^2 s_x}{dx^2}=0$，即

$$(b-1) - abZ^b = 0$$

所以

$$Z = \left(\frac{b-1}{ab}\right)^{\frac{1}{b}} \tag{3-2}$$

这些曲线的最大曲率点有前后两处，所在位置为$\frac{d^3 s_x}{dx^3}=0$，即

$$\frac{1}{L^3}abs_m Z^{b-3} e^{-aZ^b}[a^2 b^2 Z^{2b} + 3(ab - ab^2)Z^b + b^2 - 3b + 2] = 0$$

因此，可求出岩层最大下沉点在采面后方的距离为：

$$x = L\left[\frac{3(b-1) \pm \sqrt{(5b-1)(b-1)}}{2ab}\right]^{\frac{1}{b}} \tag{3-3}$$

(2) 煤层上方的岩层在开采的影响下，一般在回采工作面前方 30～40 m 处就开始变形。其特点是水平移动较为剧烈，但垂直移动甚微，在有些场合垂直位移量还会出现负值(即岩层有上升现象)。当工作面推过此区域，才引起垂直位移急剧增加。图 3-7 中的曲线 ab 段即为此区域，称之为 A 区域，即煤壁支撑影响区。

(3) 回采工作面推过钻孔 4～8 m 后，垂直位移急剧增加，但各岩层位移速度不尽相同。其特点为越向上的岩层位移速度越缓慢，呈现出 $v_{P_1} > v_{P_2} > v_{P_3} > v_{P_4}$ 的现象(v_P为观测点的位移速度)。此时必然在此区域内形成层间离层。图 3-7 中的曲线 bc 段即是如此，称之为 B 区域，即离层区。当采高为 2 m 时，距离煤层顶板上方 25 m 处的 B 区域内的岩层，其倾

斜度可达 50 mm/m。由此证明,此区域内的岩层早已断裂成岩块。

(4) 当已断裂的岩层重新受到已冒落矸石支撑时,变形曲线又趋于缓和,图 3-7 中的曲线 cd 段即是如此,称之为 C 区域,即重新压实区。在此区域内,各岩层位移速度的特点是邻近煤层岩层的位移速度要缓于其上覆岩层的位移速度,即 $v_{P_1}<v_{P_2}<v_{P_3}<v_{P_4}$。因此,此区域内各岩层又进入互相压合的过程。

图 3-8 所示为设置于开采煤层上方 25 m 处的测点移动轨迹图,它表示在工作面推进过程中,沿走向方向测点的水平移动和垂直移动的轨迹。由图 3-8 可知,测点岩层沿走向方向,先向采空区方向移动,当达到相当于图 3-7 中曲线的拐点时,又转向工作面推进方向移动,而且最后还超过了它原来的位置,超过的量一般可达 100 mm 以上。这是断裂了的岩块在横向上松散膨胀的结果。

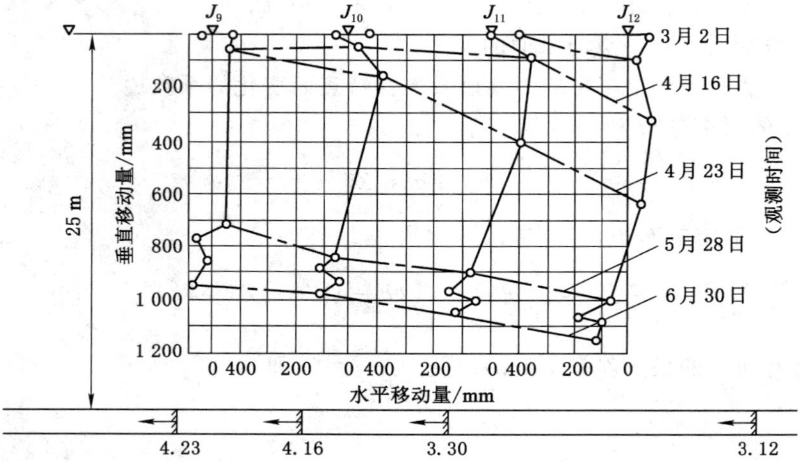

图 3-8 开采后上覆岩层沿走向水平移动和垂直移动轨迹图

图 3-9 所示为沿煤层倾斜剖面方向的岩层移动图。观测线设在采空区中部垂直于煤层层面的垂直面上,测点的移动轨迹基本上是沿着与层面成垂直的方向向下移动。由于煤层倾角为 25°,因而上覆岩层内的测点基本上是按照与水平面成 65°的方向向采空区移动。

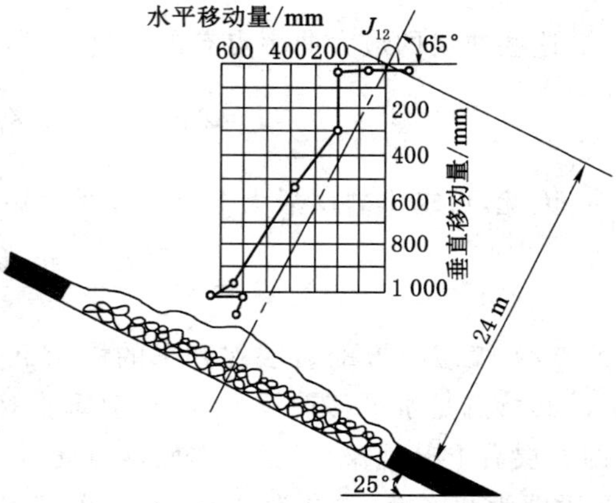

图 3-9 测点沿煤层倾斜剖面方向的岩层移动图

显然,上述有关采场覆岩移动规律的实测结果,有助于了解覆岩形成"大结构"的机理和此结构的特性,并为"砌体梁"力学模型的建立奠定了基础。

2. 覆岩结构的"砌体梁"力学模型

覆岩结构的"砌体梁"力学模型是基于采动岩体移动的如下特征而提出的。

(1) 采动上覆岩层的岩体结构的骨架是覆岩中的坚硬岩层,可将上覆岩层划分为若干组，每组以坚硬岩层为底层，其上部的软弱岩层可视为作用于骨架上的载荷，同时也是更上层坚硬岩层与下部骨架联结的垫层。

(2) 随着工作面的推进，采空区上方坚硬岩层在裂缝带内将断裂成排列整齐的岩块，岩块间将受水平推力作用而形成铰接关系。岩层移动曲线的形态经实测呈开始为下凹、而后随工作面的推进逐渐恢复水平状态的过程，由此决定了断裂岩块间铰接点的位置。若曲线下凹，则铰接点位置在岩块断裂面的偏下部；反之，则在偏上部。如果在回采空间以及邻近的采空区上方出现明显的离层区，说明该区内断裂的岩块可以形成悬露结构。

(3) 由于垫层传递剪切力的能力较弱，因而两层骨架间的联结能用可缩性支杆代替。

(4) 当骨架层的断裂岩块回转恢复到近水平位置时，岩块间的剪切力趋近于零，此时的铰接关系可转化为水平连杆联结关系。

(5) 最上层为表土冲积层，可将其视为均布载荷作用于岩体结构上，均布载荷的大小可通过将表土层重量按一定的折减系数进行计算。

随着回采工作面连续推进，引起了覆岩坚硬岩层的初次断裂与周期断裂，首先是第1层坚硬岩层（基本顶）的断裂，接着是上覆第2、3……层坚硬岩层相继发生断裂。断裂成块体的坚硬岩层将形成“砌体梁”结构。在图3-10所示的采场上覆岩层结构的“砌体梁”力学模型中，图3-10(a)表示回采工作面前后岩体形态，表现为“横三区”与“竖三带”，沿工作面推进方向划分为3个区，即煤壁支撑影响区A，离层区B，重新压实区C；沿竖向划分为3个带，即垮落带Ⅰ，裂缝带（结构带）Ⅱ，弯曲下沉带Ⅲ。图3-10(b)为根据观测的岩层形态而推测的岩体结构形态。而图3-10(c)为此结构中任一组（第i组）结构的受力状态。鉴于此结构是似砌体一样排列而组成的，因而称之为“砌体梁”。

“砌体梁”假说具体给出了破断岩块的咬合方式及平衡条件（具体将在本章第六节介绍），同时还讨论了基本顶破断时在岩体中引起的扰动，由此证明了基本顶破断后岩块在一定条件下互相挤压咬合形成结构，该结构外形为“梁”，实质为以煤壁为支点的半拱结构。由此解释了：开采后上覆岩层结构形态；工作面前支承压力大于后支承压力的原因；给出了采场“直接顶-支架”上部的位移约束边界条件，也就是支架是处于“大变形”状态，支架的可缩量必须满足“砌体梁”结构的变形量。鉴于“砌体梁”结构的稳定是随工作面推进形成的动态平衡，基本顶破断后岩块的咬合是挤压形成的，有一定条件限制，由此得出了基本顶“砌体梁”结构的关键岩块的滑落（sliding，简称S）失稳和回转（rotation，简称R）变形失稳条件，建立了“S-R”稳定的判别方法。“砌体梁”结构的关键岩块分析为采场直接顶的上部边界提供了受力条件（基本顶破断后的滑落或回转），即由于基本顶“砌体梁”关键块的“S-R”失稳而后经直接顶（包括顶煤）传递的支架压力为“滑落失稳和松脱体形成的压力”和“回转变形压力”以及“砌体梁”回转形成的变形量，从而为分析和确定支架承受的载荷和变形（支架工作阻力和可缩量）奠定理论基础。“砌体梁”力学模型被认为迄今解释采场矿山压力最完善的力学模型，是对传统定性假说的重大突破，它很好地解释了采场矿山压力显现规律，为采场矿山压力的控制及支护设计提供了理论依据。“砌体梁”假说结合现场观测和生产实践的验证已得到公认，在指导我国煤矿采场矿压理论研究和生产实践方面都起到了重要作用。

随着对岩层控制科学研究的不断深入以及为了解决岩层活动中更为广泛的问题，在覆岩结构的“砌体梁”力学模型的基础上，进一步提出了“岩层控制的关键层理论”（具体将在

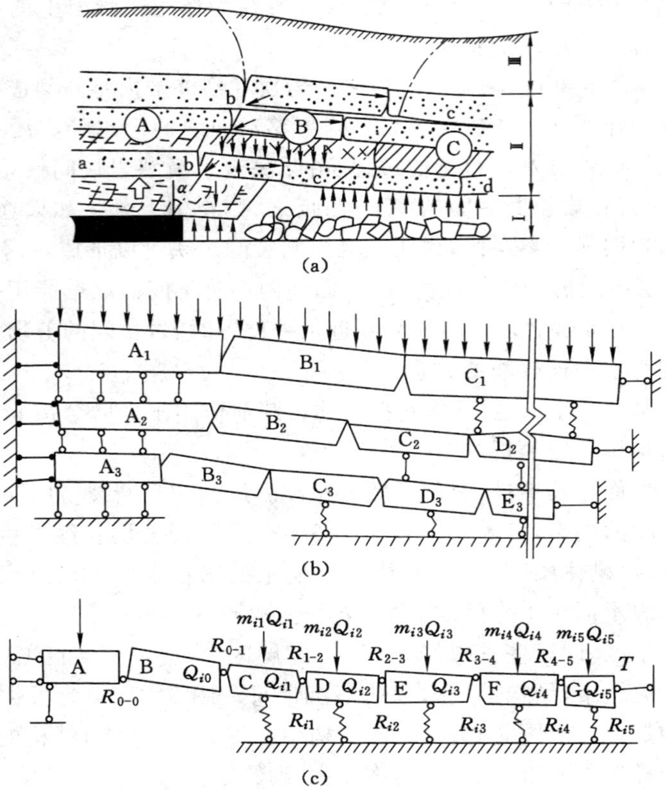

A—煤壁支撑影响区；B—离层区；C—重新压实区；Ⅰ—垮落带；Ⅱ—裂缝带(结构带)；Ⅲ—弯曲下沉带；mQ—岩块承受载体；R—支撑力；T—水平推力。

图 3-10　采场上覆岩层结构的“砌体梁”力学模型

本章第八节介绍)。关键层理论的主要学术思想是：以关键层作为岩层运动研究的主体，用力学方法求解内部岩体在采动后的结构形态以及对应力场、裂隙场和位移场的改变，由此对采场矿压、开采沉陷、采动岩体中水与瓦斯运移有了统一的认识和完整的力学描述。关键层理论为其后提出的煤矿绿色开采研究提供了理论基础，随后被学术界和工程界普遍接受和广泛应用。

本书有关采场覆岩结构的论述将遵循“砌体梁”假说和关键层理论的学术观点。本章将分别介绍直接顶与基本顶破断规律，基本顶破断后的“砌体梁”结构及其稳定性，以及岩层控制的关键层理论。

第三节　直接顶的初次垮落

一、直接顶的初次垮落概述

煤层开采后，将首先引起直接顶的垮落。回采工作面从开切眼开始向前推进，直接顶悬露面积增大，当达到其极限跨距时开始垮落。直接顶的第一次大面积垮落称为直接顶初次垮落。直接顶初次垮落的标志是：直接顶垮落高度超过 1～1.5 m，范围超过全工作面长度的一半。此时直接顶的跨距称为初次垮落距。初次垮落距的大小由直接顶岩层的强度、分层厚度、直接顶内节理裂隙的发育程度所决定，它是直接顶稳定性的一个综合指标。一般情况下，直接顶初次垮落后将随回采工作面移架放顶而在采空区及时垮落。

二、直接顶初次垮落前的离层分析

直接顶初次垮落前，其变形一般相对上覆基本顶变形大，容易出现直接顶与基本顶间的离层。对直接顶初次垮落前的离层与变形分析如下（见图 3-11）。

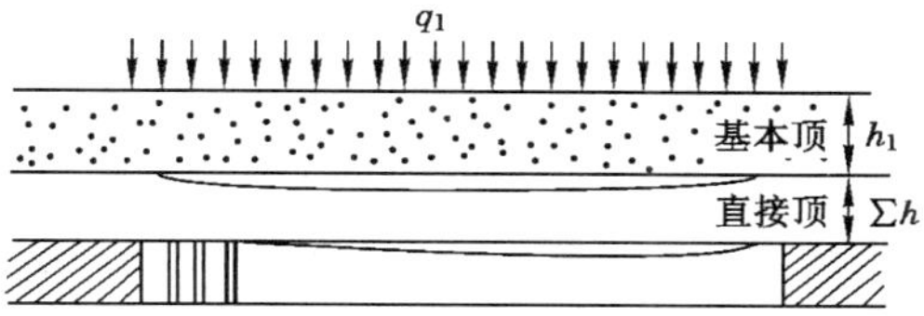

图 3-11　直接顶初次垮落前的离层分析

基本顶的最大挠度为：

$$y_{\max}=\frac{(\gamma h_1+q_1)L_1^4}{384E_1J_1} \tag{3-4}$$

直接顶的最大挠度为：

$$(y_{\max})_n=\frac{\sum h\gamma L_1^4}{384E_2J_2} \tag{3-5}$$

式中　q_1——加于基本顶上的载荷；

γh_1——基本顶自身单位长度的载荷；

L_1——回采工作面的跨度；

$\sum h$——直接顶厚度；

h_1——基本顶厚度；

E_1,E_2——基本顶、直接顶的弹性模量；

J_1,J_2——基本顶、直接顶的断面惯性矩。

显然，直接顶与基本顶之间不形成离层的条件为：

$$\frac{(\gamma h_1+q_1)L_1^4}{384E_1J_1}\geqslant\frac{\sum h\gamma L_1^4}{384E_2J_2} \tag{3-6}$$

若令 $q_1=\gamma h_3$，且 $h_3=\alpha h_1$，$J_1=\frac{1}{12}bh_1^3$，$J_2=\frac{1}{12}b(\sum h)^3$，代入上式则为：

$$\frac{1+\alpha}{E_1h_1^2}\geqslant\frac{1}{E_2(\sum h)^2}$$

即

$$\frac{\sum h}{h_1}\geqslant\sqrt{\frac{E_1}{E_2}}\sqrt{\frac{1}{1+\alpha}} \tag{3-7}$$

与其相反，则直接顶与基本顶互相分离。此时若支架没有足够的初撑力，则直接顶在支架上呈离层状态，极不稳定，很容易形成初次放顶期间的推垮型冒顶事故。

举例：基本顶为砂岩，取 $E_1=37.4$ GPa，直接顶较软弱，取 $E_2=20$ GPa，则在 α 取不同值的条件下形成离层的 $\sum h$ 与 h_1 的关系如表 3-1 所列。

表 3-1 直接顶离层条件

α	0	1/2	1	2
$\sum h/h_1$	<1.37	<1.12	<0.97	<0.79

粗略地讲，当直接顶厚度小于或等于基本顶厚度时，均易形成这种离层。当然，此时直接顶也有一定的强度，并不是从开切眼推进马上冒落；同时，冒落后的直接顶并不能填满采空区。这样直接顶岩块间无水平方向力的联系，从而无法形成稳定的结构，这些均是形成直接顶初次放顶时失稳的条件。

若考虑到初次回柱前支架支撑力的作用，则不至于形成离层的条件为：

$$\frac{(\gamma h_1+\gamma h_3)L_1^4}{384E_1J_1}\geqslant\frac{(\sum h\gamma-p)L_1^4}{384E_2J_2}$$

式中，p 为支架支护强度，以单位面积的支撑力计算。上式可改写为：

$$\frac{h_1+h_3}{E_1J_1}\geqslant\frac{\sum h-\dfrac{p}{\gamma}}{E_2J_2}$$

同样，若令 $h_3=\alpha h_1$，$J_1=\frac{1}{12}bh_1^3$，$J_2=\frac{1}{12}b(\sum h)^3$，代入上式则为：

$$\frac{1+\alpha}{E_1h_1^2}\geqslant\frac{1-\dfrac{p}{\sum h\gamma}}{E_2(\sum h)^2}$$

即

$$p\geqslant\sum h\gamma\left[1-\frac{E_2}{E_1}\left(\frac{\sum h}{h_1}\right)^2(1+\alpha)\right] \tag{3-8}$$

类似这种直接顶与基本顶容易产生离层条件的生产矿井，如淮北朱仙庄矿、刘桥一矿及大屯徐庄矿等，常在初次放顶期间发生直接顶冒顶事故。

举例：刘桥一矿 4 煤层为复合顶板，II_{411} 工作面在初次放顶时，曾发生推垮型冒顶事故，死亡 3 人。为了研究 4 煤层推垮型冒顶机理和控制措施，应用井下红外钻孔摄像系统对与 II_{411} 工作面相邻的 II_{414} 工作面开切眼顶板离层状态进行了监测。图 3-12 为离层观测钻孔布置示意图和离层观测结果。

观测结果表明：在直接顶和基本顶的交接处发生离层。由此不难得出结论：在初放期间，很容易出现顶板离层，并且直接顶和基本顶之间离层的存在也很容易造成复合顶板的推垮型冒顶。

三、直接顶垮落后的碎胀特性

直接顶初次垮落后，一般将随着移架放顶而在采空区垮落。

岩石破碎后，杂乱堆积，岩体的总体力学特性类似于散体。由于岩层破碎后体积将产生膨胀，因此直接顶垮落后，堆积的高度要大于直接顶岩层原来的厚度。

影响初始碎胀系数 K_p 的重要因素是岩石破碎后块度的大小及其排列状态。例如，坚硬岩层大块破断且排列整齐，因而碎胀系数较小；若岩石破碎后块度较小且排列较乱，则碎胀系数较大。

岩石破碎后，在其自重及外加载荷的作用下渐趋压实，碎胀系数变小，压实后的高度将

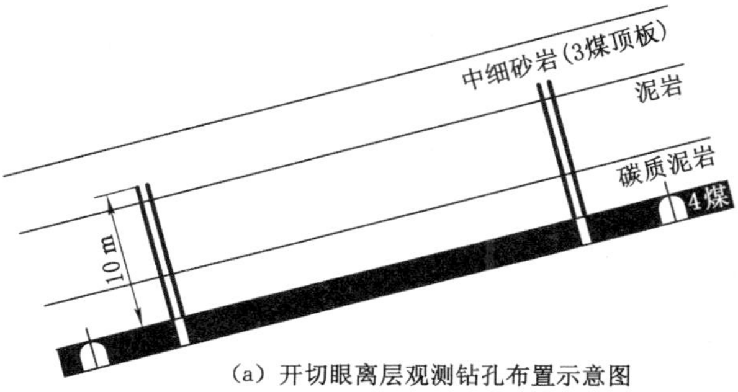

(a) 开切眼离层观测钻孔布置示意图

(b) 直接顶与基本顶离层

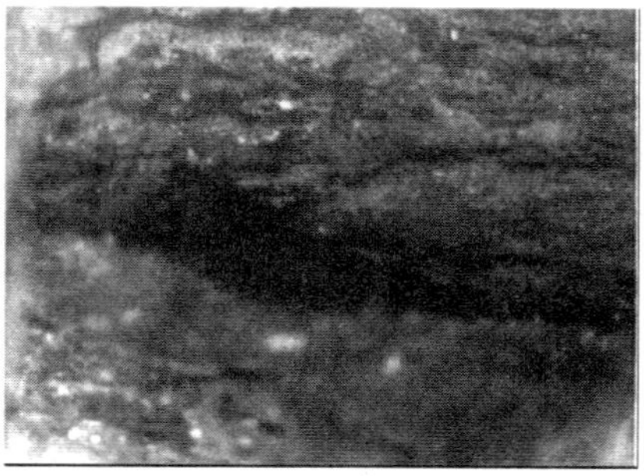

(c) 直接顶内部离层

图 3-12　初次放顶期间直接顶离层

取决于岩石的残余碎胀系数 K_p'。采空区岩层碎胀与压实特性对覆岩破断运动、采动裂隙发育及开采沉陷都将产生影响。

若直接顶岩层的厚度为$\sum h$，则垮落后堆积的高度为 $K_p\sum h$。它与基本顶之间可能留下的空隙 Δ 为：

$$\Delta=m-\sum h(K_p-1) \tag{3-9}$$

此时，沿走向方向回采工作面前后的岩层情况见图 3-13。

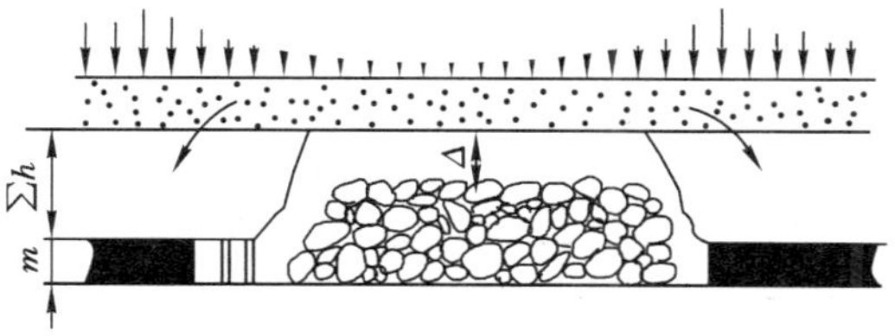

图 3-13　直接顶初次垮落后采空区情形

当 $m=\sum h(K_p-1)$时，$\Delta=0$，即冒落的直接顶将充满采空区。此时，基本顶一般的弯曲下沉量相对较小。因此，充满采空区所需直接顶的厚度为：

$$\sum h=\frac{m}{K_p-1}$$

应当指出，进入垮落带的岩层并非一定是直接顶。当采高增大，基本顶可能因不能形成铰接结构也会进入垮落带。

随着基本顶初次断裂,基本顶破断岩块的变形迫使直接顶变形而向支架施加载荷,此时直接顶就不再可能形成初次放顶时可能发生的离层状态。但是基本顶破断岩块形成的变形失稳与滑落失稳将对直接顶的稳定性产生影响。有关直接顶岩层本身的节理与强度性质和基本顶破断对直接顶变形失稳的分析见第五章有关内容。

第四节 基本顶的断裂形式

随着工作面自开切眼开始推进,直接顶发生初次垮落。由于基本顶的强度较大,因而继续呈悬露状态。此时,可视基本顶为一悬露的“板”,而沿中部剖面则为一悬露的“梁”,见图 3-14。下面主要就基本顶岩层的断裂形式进行分析。

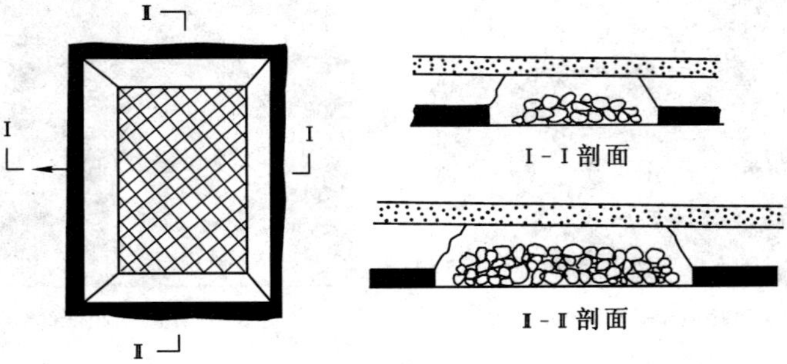

图 3-14 基本顶初次破断前的“板”与“梁”结构

一、基本顶的梁式破断

由于回采工作面沿倾斜方向的长度远大于基本顶沿走向悬露的跨距,因此可将基本顶视为一端由工作面煤壁、另一端由边界煤柱支撑的固支梁,即所谓“梁”的假说。此时,若基本顶之上的岩层强度较低,则上覆岩层的重量将通过基本顶“梁”传递至两端的支撑点上,即煤壁和煤柱上。

下面分析这种梁的受力状态,如图 3-15 所示。

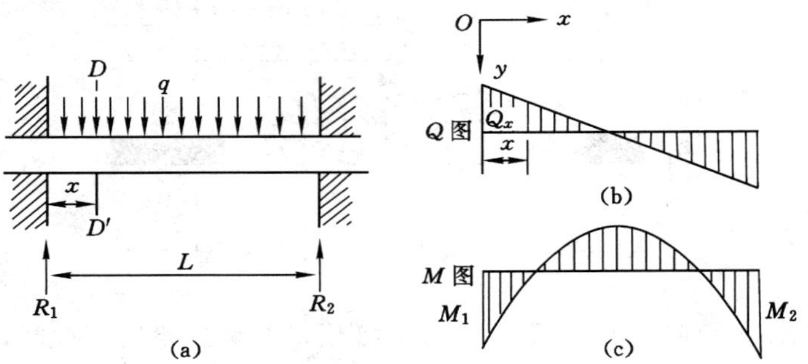

图 3-15 基本顶两端固支梁受力分析

因为是对称梁,所以梁两端的反力 $R_1=R_2$,弯矩 $M_1=M_2$。取 $\sum F_y=0$,则

$$R_1=R_2=\frac{qL}{2}$$

式中符号含义见图3-15。

取岩梁内任意截面 $D\text{-}D'$，其剪切力为：

$$Q_x = R_1 - qx = \frac{qL}{2}\left(1 - \frac{2x}{L}\right)$$

最大剪切力发生在固支梁的两端 R_1 与 R_2 处，其值为：

$$Q_{\max} = R_1 = R_2 = \frac{qL}{2}$$

固支梁任意截面 $D\text{-}D'$ 的弯矩为：

$$M_x = R_1 x - qx\frac{x}{2} + M_1$$

根据材料力学的解，$M_1 = -\frac{1}{12}qL^2$，故

$$M_x = \frac{q}{12}(6Lx - 6x^2 - L^2)$$

在固支梁的两端（$x=0,L$），$M_{\max} = -\frac{1}{12}qL^2$；在梁的中部$\left(x=\frac{L}{2}\right)$，$M_x = \frac{1}{24}qL^2$。

上面是按固支梁计算的结果，事实上在现实条件下两端支撑的条件也有差异。例如，当一侧的采区已采完时，隔离煤柱上方的顶板已处于自由端状态，因而此时更接近于简支梁支座。有些国家把浅部的矿井基本顶按简支梁计算，认为浅部矿井岩层顶板由于两端煤体上集中压力较小，因而可视为简支梁支座，但在深部则应视为固支梁。

若为简支梁，剪切力分布与图3-15相似，但弯矩图则不同（如图3-16所示），即

$$M_x = R_1 x - qx\frac{x}{2} = \frac{qx}{2}(L - x)$$

由此可知，最大弯矩发生在梁的中间，即

$$M_{\max} = \frac{qL^2}{4} - \frac{qL^2}{8} = \frac{qL^2}{8}$$

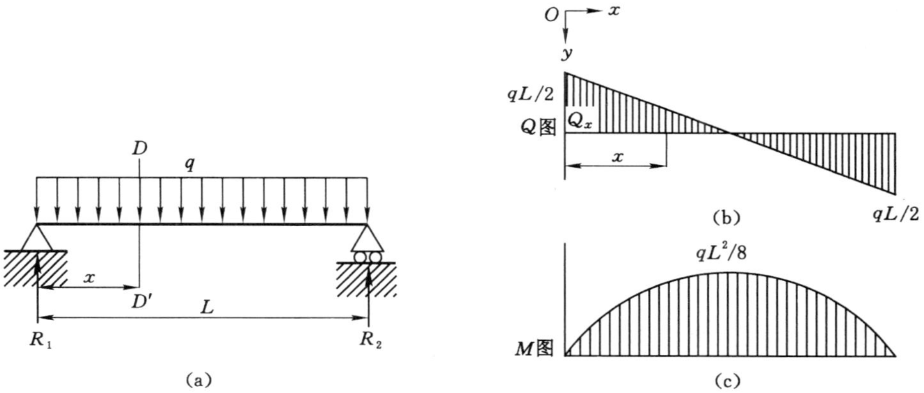

图3-16　基本顶两端简支梁受力分析

二、基本顶的板式破断

随着回采工作面自开切眼开始推进，根据已采空面积的情况，如我国华北地区的一般

条件，回采工作面长 150～200 m，推进 30 m 左右，基本顶岩层初次断裂。一般基本顶岩层厚 2～4 m，按照薄板的假设，其厚度(h)与宽度(a)的比值为 $h/a=1/7\sim1/15$，因此，可视基本顶岩层为薄板，当基本顶与上部岩层形成离层后更是如此。根据开采条件及采区边界煤柱的大小，又可将基本顶岩层假设为图 3-17 所示的情况。

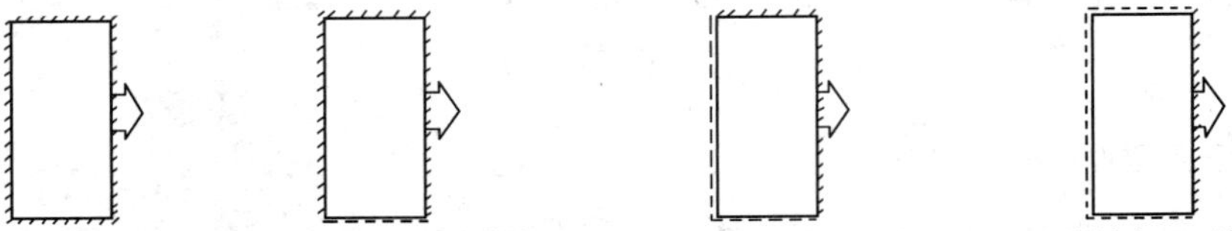

图 3-17 基本顶支撑条件的简化

根据薄板理论，求解这些板所处的应力状态是一个比较复杂的过程。但由于解决采矿问题所要求的精度，只求在宏观上说明一些问题，因而可采用板的 Marcus(马库斯)简算法，即视板为分条的梁，对中部来说即为交叉的条梁，按挠度相等的原则可求得板中部及边界上的弯矩及其分布图，如图 3-18 所示。

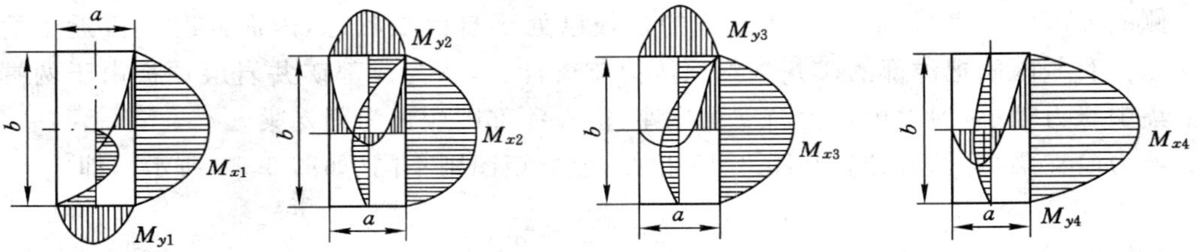

图 3-18 各类支撑条件下板四边及中心轴线上弯矩分布

以四边固支条件为例，其关系式为：

$$q_x=q\frac{b^4}{a^4+b^4},\quad v_x=v_y=v$$

$$q_y=q\frac{a^4}{a^4+b^4},\quad v=1-\frac{15}{8}\frac{a^2b^2}{a^4+b^4}$$

$$M_{x1}=-\frac{q_xa^2}{12},\quad M_{y1}=-\frac{q_yb^2}{12}\quad(a<b)$$

$$M_{x1\max}=\frac{q_xa^2}{24}v,\quad M_{y1\max}=\frac{q_yb^2}{24}v$$

式中 q——板所承受的单位面积载荷(包括自重)；

q_x,q_y——板在 x,y 方向作为条梁时的单位长度载荷；

M_{x1},M_{y1}——板的长边、短边中部边界处的弯矩；

$M_{x1\max},M_{y1\max}$——板中部在 x,y 方向的最大弯矩；

v_x,v_y——在 x,y 方向上的弯矩修正系数。

随着弯矩的增大，基本顶岩层达到强度极限时，将形成断裂。以四边固支的板为例，弯矩的绝对值最大发生在长边的中心部位，因而首先将在此形成断裂[图 3-19(a)]，而后在短边的中央形成裂缝[图 3-19(b)]，待四周裂缝贯通而呈"O"形后，板中央的弯矩又达到最大值，超过强度极限而形成裂缝，最后形成"X"形破断，如图 3-19(c)所示。此时在板的支撑边四周形成上部张开、下部闭合的裂缝，而在"X"形破断部分则形成上部闭合而下部张开的裂缝。

为了说明板的破坏过程，随着裂缝的发展，可以将已形成的裂缝部位视为简支条件，进而考察其他部分的弯矩分布变化及新裂缝形成的部位和破断方向。这样，可以按照图 3-20 的方式进行推理，图中横坐标为 a/b 值，纵坐标为公式 $M=fqb^2$ 中的 f 值。鉴于回采工作面长度在各种不同支撑条件改变时可作为一个常量，因而 f 值的大小即表示了弯矩值的变化情况。

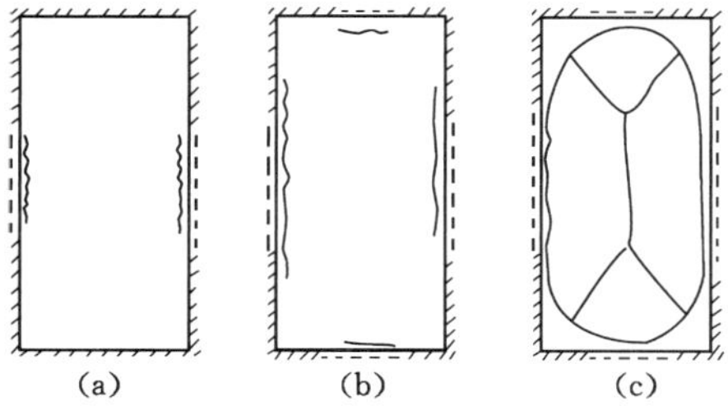

图 3-19　基本顶板竖"O-X"形破断形式

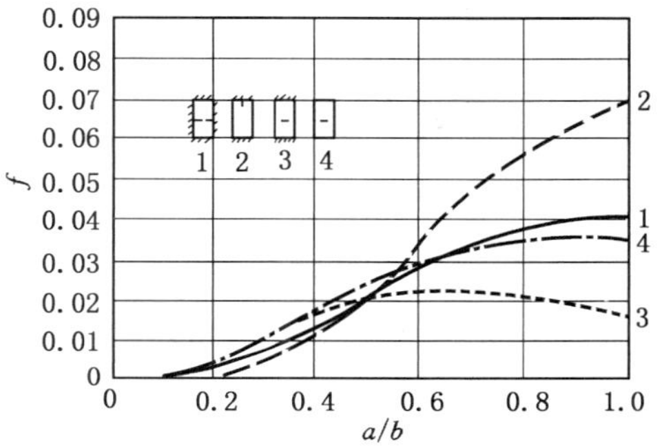

图 3-20　四边固支条件下 f 值与 a/b 值的关系图

图 3-20 中，曲线 1 表示四边固支条件下长边中部的弯矩系数 f 值随 a/b 值变化的情况。曲线 2 表示当全部长边形成裂缝时(变为简支)，短边中部的弯矩系数 f 值随 a/b 值变化的情况。曲线 3 表示此时板中央在 x 轴方向的弯矩系数 f 值随 a/b 值变化的情况。曲线 4 表示四周均形成裂缝时(变为简支)，板中央在 x 轴方向的弯矩系数 f 值随 a/b 值变化的情况。

由图 3-20 可知：

① 当 $f<0.02$ 时，板破断将先沿固支边长边形成裂缝并延伸，在长边形成裂缝的过程中，板中央沿 y 方向将随之形成裂缝，而后导致破裂；

② 当 $0.02<f<0.032$ 时，破断裂缝先沿长边延伸→短边裂缝延伸→裂缝在四角形成圆弧形贯通→板中央沿 y 方向裂缝延伸→板形成"X"形断裂；

③ 当 $f>0.032$ 时，破断裂缝先沿长边延伸→短边裂缝延伸→裂缝在四角形成圆弧形贯通→四边简支的板仍然处于稳定状态→工作面继续推进导致 a/b 值的增加→达到简支板的极限状态，原有工作面上方板的裂缝闭合→工作面上方重新形成新的裂缝并与短边的裂缝贯通→最终导致板的"X"形破断。

由上述可知，$f<0.032$ 时，基本顶的初次断裂步距可按四边固支条件下长边中部达到极限弯矩时(即可按梁计算)作为计算准则；但当 $f>0.032$ 时，应以四边简支条件板达到极限弯矩时(即按板计算)作为计算准则。

当工作面处于一边采空的条件下(即该边简支)，其破断规律与四边固支时相近。但当基本顶岩层处于两边简支、两边固支时，则将出现的破断现象为：长边出现裂缝→工作面推进→另一长边出现裂缝(原裂缝闭合)→短边出现裂缝→裂缝贯通，板中央出现"X"形破断。

当工作面处于三边采空的条件下，基本顶岩层的破断过程与上述情况相仿。

当基本顶初次破断后，随着回采工作面推进将发生周期断裂过程。

在上述分析中，工作面长度 b 与推进距 a 满足 $a/b \leqslant 1$，基本顶的破断呈图 3-21 所示的竖“O-X”形破断形式；工作面长度 b 与推进距 a 满足 $a/b=1$，基本顶的破断呈图 3-22 所示的正“O-X”形破断形式；工作面长度 b 较小，导致基本顶初次破断时 $a/b>1$，基本顶的破断将呈图 3-23 所示的横“O-X”形破断形式。此时，仅在 A-A 剖面上满足“砌体梁”结构。

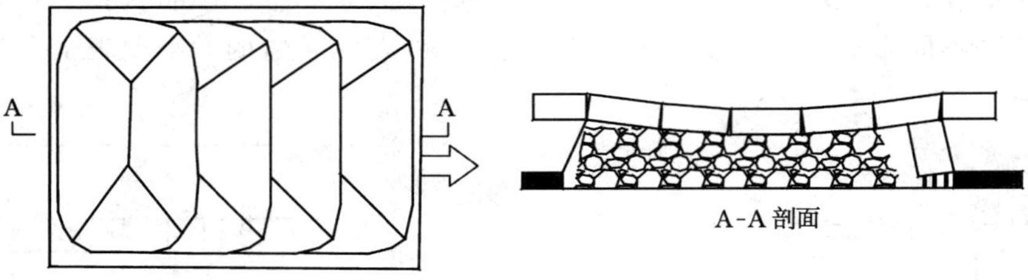

图 3-21 基本顶的竖“O-X”形破断

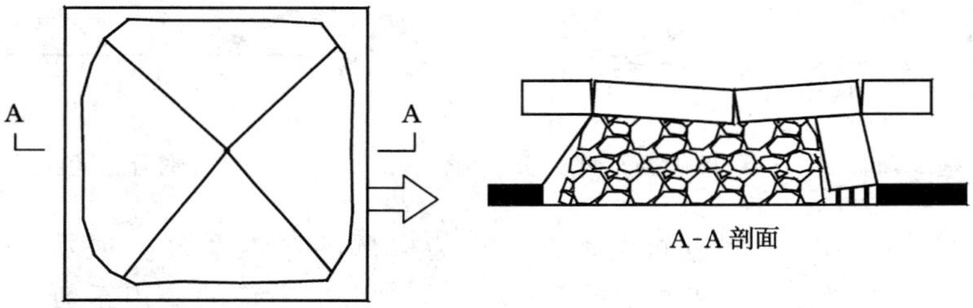

图 3-22 基本顶的正“O-X”形破断

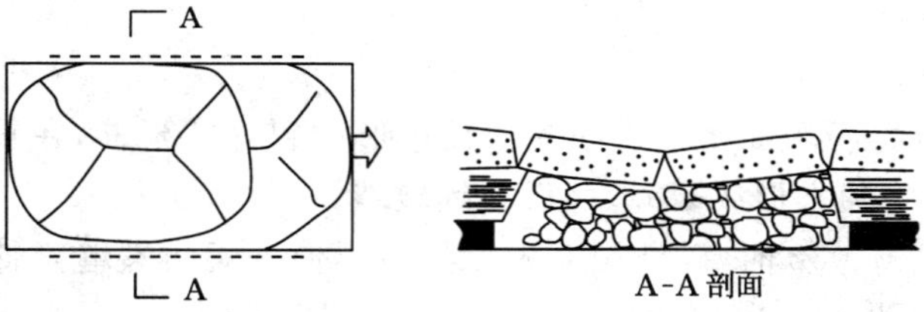

图 3-23 基本顶的横“O-X”形破断

第五节 基本顶的初次断裂步距

基本顶达到初次断裂时的跨距称为极限跨距，也称为初次断裂步距。掌握基本顶的初次断裂步距，对采场顶板来压的预测预报、岩层移动的计算与控制具有重要的作用。

一、梁式断裂时的极限跨距

基本顶梁式断裂时的极限跨距可以用材料力学方法求得。图 3-24 所示为两端固支梁的受力分析图。

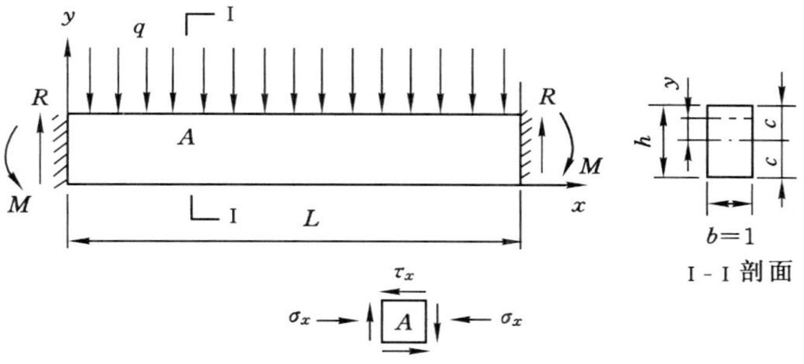

图 3-24　岩梁上任意点的应力分析

已知梁内任意点的正应力 σ 为：

$$\sigma=\frac{My}{J_z}$$

式中　M——该点所在断面的弯矩；

y——该点离断面中性轴的距离；

J_z——对称中性轴的断面矩。

若取梁为单位宽度(见图 3-24)，则梁的断面矩 $J_z=\frac{1}{12}h^3$(h 为基本顶岩层的单层厚度)。因而任意点 A 的正应力 $\sigma=\frac{12My}{h^3}$，该点的剪应力 $\tau_{xy}=\frac{3}{2}Q_x\left(\frac{h^2-4y^2}{h^3}\right)$，其中 Q_x 为 A 点的剪切力。最大剪应力 $(\tau_{xy})_{\max}$ 发生在矩形断面梁的中性轴上，即 $y=0$，因此 $(\tau_{xy})_{\max}=\frac{3Q_x}{2h}$。

根据固支梁的计算，最大弯矩发生在梁的两端，$M_{\max}=-\frac{1}{12}qL^2$。因此，该处的最大拉应力 $\sigma_{\max}$ 为：

$$\sigma_{\max}=\frac{6\times\frac{1}{12}qL^2}{h^2}=\frac{qL^2}{2h^2}$$

当 $\sigma_{\max}=R_T$ 时，即岩层在该处的正应力达到该处的抗拉强度极限，岩层将在该处拉裂。为此，这种梁断裂时的极限跨距为：

$$L_{IT}=h\sqrt{\frac{2R_T}{q}} \tag{3-10}$$

若以最大剪应力作为岩层断裂的依据，最大剪切力发生在梁的两端，$Q_{\max}=\frac{qL}{2}$。因此，最大剪应力 $(\tau_{xy})_{\max}=\frac{3qL}{4h}$。

当 $(\tau_{xy})_{\max}$ 达到极限强度 R_S 时，形成的极限跨距为：

$$L_{IS}=\frac{4hR_S}{3q} \tag{3-11}$$

若考虑为简支梁，其最大剪应力 $(\tau_{xy})_{\max}$ 仍然为 $\frac{3qL}{4h}$，与固支梁计算结果相同。因此，所得极限跨距与上述计算也相同。但简支梁与固支梁的最大弯矩值却不同，因而由弯矩产生

的拉应力也不同，此时

$$\sigma_{\max}=\frac{6\times\frac{1}{8}qL^2}{h^2}=\frac{3qL^2}{4h^2}$$

当 $\sigma_{\max}=R_T$ 时，梁达到极限跨距：

$$L_{1T}=2h\sqrt{\frac{R_T}{3q}} \tag{3-12}$$

在上述各关系中，关键是确定基本顶岩层梁所承受的载荷 q。一般基本顶上方的岩层由好几层岩层组成，基本顶岩层梁的极限跨距应考虑载荷的大小，需根据各岩层之间的互相影响来确定。

根据组合梁原理可以导出第 n 层岩层对第 1 层岩层影响所形成的载荷 $(q_n)_1$。

$$(q_n)_1=\frac{E_1h_1^3(\gamma_1h_1+\gamma_2h_2+\cdots+\gamma_nh_n)}{E_1h_1^3+E_2h_2^3+\cdots+E_nh_n^3} \tag{3-13}$$

式中 $E_1,E_2,\cdots,E_n$——各岩层的弹性模量；

$h_1,h_2,\cdots,h_n$——各岩层的厚度；

$\gamma_1,\gamma_2,\cdots,\gamma_n$——各岩层的重力密度。

当计算到 $(q_{n+1})_1<(q_n)_1$ 时，表明第 $n+1$ 层岩层对第 1 层岩层不产生载荷影响，从而以 $(q_n)_1$ 作为作用于第 1 层岩层上的单位面积载荷。

上述关系可作如下说明。

采动覆岩中的任一岩层所受载荷除其自重外，一般还受上覆邻近岩层的相互作用产生的载荷。一般来说，采动岩层的载荷是非均匀分布的，但为了下面分析问题的方便，假设岩层载荷为均匀分布。以覆岩第 1 层岩层(基本顶)为例来说明岩层载荷的计算方法。如图 3-25 所示，设直接顶上方共有 m 层岩层，各岩层的厚度为 $h_i(i=1,2,3,\cdots,m)$，重力密度为 $\gamma_i(i=1,2,3,\cdots,m)$，弹性模量为 $E_i(i=1,2,3,\cdots,m)$。其中第 1 层岩层(编号为 1)所控制的岩层达第 n 层。假设第 1 层与第 n 层岩层将同步变形，形成组合梁。下面根据组合梁原理对第 1 层岩层所受载荷计算公式进行推导。

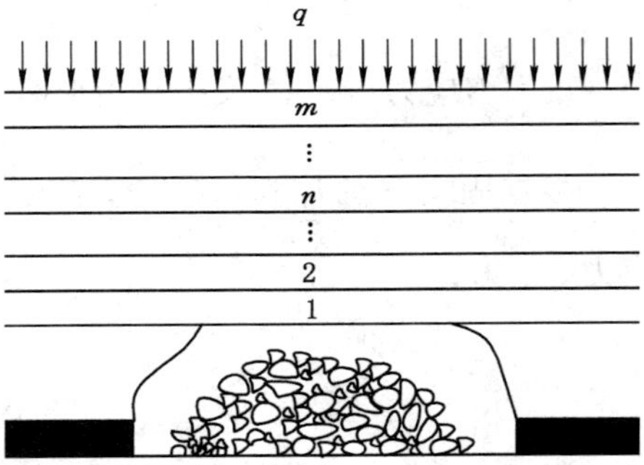

图 3-25 岩层上载荷计算图

根据组合梁原理，组合梁上每一截面上的剪力 Q 和弯矩 M 都由 n 层岩层各自的小截面负担。其关系为：

$$Q=Q_1+Q_2+\cdots+Q_n$$
$$M=M_1+M_2+\cdots+M_n$$

但每个岩层梁在其自重作用下形成的曲率是不同的，根据材料力学，曲率 $k_i=1/\rho_i$(ρ_i 为曲率半径)，它与弯矩 $(M_i)_x$ 的关系为：

$$k_i=\frac{1}{\rho_i}=\frac{(M_i)_x}{E_iJ_i}$$

此时由于各层岩层组合在一起，上下层的曲率(由于岩层曲率半径较大)必然趋于一致，从而导致各层岩层弯矩形成上述的重新分配。这样便形成了如下的关系：

$$\frac{M_1}{E_1J_1}=\frac{M_2}{E_2J_2}=\cdots=\frac{M_n}{E_nJ_n}$$

即
$$\frac{(M_1)_x}{(M_2)_x}=\frac{E_1J_1}{E_2J_2},\frac{(M_1)_x}{(M_3)_x}=\frac{E_1J_1}{E_3J_3},\cdots,\frac{(M_1)_x}{(M_n)_x}=\frac{E_1J_1}{E_nJ_n}$$

而
$$M_x=(M_1)_x+(M_2)_x+\cdots+(M_n)_x$$

则
$$M_x=(M_1)_x\left(1+\frac{E_2J_2+E_3J_3+\cdots+E_nJ_n}{E_1J_1}\right)$$

$$(M_1)_x=\frac{E_1J_1\cdot M_x}{E_1J_1+E_2J_2+\cdots+E_nJ_n}$$

由于$\frac{\mathrm{d}M}{\mathrm{d}x}=Q$，故

$$(Q_1)_x=\frac{E_1J_1}{E_1J_1+E_2J_2+\cdots+E_nJ_n}Q_x$$

且$\frac{\mathrm{d}Q}{\mathrm{d}x}=q$，则

$$(q_1)_x=\frac{E_1J_1}{E_1J_1+E_2J_2+\cdots+E_nJ_n}q_x$$

式中，$q_x=\gamma_1h_1+\gamma_2h_2+\cdots+\gamma_nh_n$；$J_1=\frac{bh_1^3}{12}$，$J_2=\frac{bh_2^3}{12}$，…，$J_n=\frac{bh_n^3}{12}$；$(q_1)_x$ 即为考虑到 n 层对第 1 层岩层影响时形成的载荷，即$(q_n)_1$。由此可得：

$$(q_n)_1=\frac{E_1h_1^3(\gamma_1h_1+\gamma_2h_2+\cdots+\gamma_nh_n)}{E_1h_1^3+E_2h_2^3+\cdots+E_nh_n^3}$$

上式即计算第 1 层岩层(基本顶)上载荷的公式。

举例：假设图 3-25 所示第 1 层岩层控制的岩层为 2 层，即 $n=3$。各岩层的厚度、重力密度及弹性模量见表 3-2，试求此岩层(基本顶)所受载荷大小。

表 3-2 计算实例表

岩层	岩性	重力密度 γ_i/(MN/m³)	层厚 h_i/m	弹性模量 E_i/MPa	抗拉强度 R_i/MPa
1	中砂岩	0.023	4.0	2.5×10^4	7.0
2	泥岩	0.025	2.7	1.1×10^4	2.0
3	砂质泥岩	0.026	2.0	1.5×10^4	2.5
4	中砂岩	0.025	5.5	2.3×10^4	7.0

第 1 层岩层本身的载荷 q_1 为：

$$q_1=\gamma_1h_1=92\ \text{kPa}$$

考虑第 2 层岩层对第 1 层岩层的作用，则第 1 层岩层的载荷为：

$$(q_2)_1=\frac{E_1h_1^3(\gamma_1h_1+\gamma_2h_2)}{E_1h_1^3+E_2h_2^3}=140.5\ \text{kPa}$$

计算到第 3 层岩层，则第 1 层岩层的载荷为：

$$(q_3)_1=\frac{E_1h_1^3(\gamma_1h_1+\gamma_2h_2+\gamma_3h_3)}{E_1h_1^3+E_2h_2^3+E_3h_3^3}=174.7\ \text{kPa}$$

同理，计算到第4层岩层，则第1层岩层的载荷为：

$$(q_4)_1=\frac{E_1h_1^3(\gamma_1h_1+\gamma_2h_2+\gamma_3h_3+\gamma_4h_4)}{E_1h_1^3+E_2h_2^3+E_3h_3^3+E_4h_4^3}=163.7\ \text{kPa}<(q_3)_1$$

由此可知，应考虑第2、3层岩层对第1层岩层载荷的影响。第4层岩层由于本身强度大、岩层厚，对第1层岩层载荷不起作用，是另外一层坚硬岩层。因此，第1层岩层所受载荷大小为174.7 kPa。

假设第1层岩层的抗剪强度 $R_S=33$ MPa，抗拉强度 $R_T=7$ MPa，按式(3-10)、式(3-11)、式(3-12)计算其极限跨距分别为：

按固支梁 $$L_1=h\sqrt{\frac{2R_T}{q_1}}=35.8\ \text{m}$$

按简支梁 $$L_1=2h\sqrt{\frac{R_T}{3q_1}}=29.2\ \text{m}$$

考虑最大剪应力 $$L_1=\frac{4hR_S}{3q_1}=1\ 007.4\ \text{m}$$

显然，在同样条件下，由简支梁计算所得的极限跨距 L_1 要比由固支梁计算所得的小。

在一般情况下，由于弯矩形成的极限跨距 L_{1T} 要比剪切应力形成的极限跨距 L_{1S} 小，因此常按弯矩和抗拉强度来计算极限跨距。

如前所述，在什么条件下应按简支梁计算或按固支梁计算，需根据煤层埋深及边界煤柱两侧采空的情况来定。

二、板式断裂时的极限跨距

事实上，基本顶岩层是一块板，而只有在工作面推进距离 a 远小于工作面长度 b 时，在工作面中部有可能利用平面应变问题对其加以处理，并且它所反映的问题并不能代表工作面的两端。

基本顶初次破断前，板的边界支撑条件有四种形式，如图3-17所示。

① 四边均为实体煤固支的板；

② 一边采空区或断层简支、三边固支的板；

③ 两邻边简支、两邻边固支的板；

④ 三边简支、一边固支，即俗称孤岛工作面条件下的板。

为了进一步分析基本顶的断裂步距，由板模型的应力分析表明，在四边固支条件下，基本顶处于极限悬露状态时，四周固支边形成负弯矩区，其最大主弯矩 M_a 在长固边中部；而在采空区中心处形成正弯矩区，其最大主弯矩为 $M_c=\sqrt{M_x^2+M_y^2}$。根据 Marcus 修正解可得：

$$|M_a|=\frac{(1-\mu^2)(1+\mu\lambda_1^2)}{12(1+\lambda_1^4)}\cdot qa_1^2 \tag{3-14}$$

$$M_c=\frac{(1-\mu^2)\lambda_1^2(\mu+\mu_1^2)}{12(1+\lambda_1^4)}\cdot qb^2 \tag{3-15}$$

式中 μ——岩层的泊松比；

q——岩层自重及其上载荷；

λ_1——采空区几何形状系数，$\lambda_1=a_1/b$；

a_1——工作面推进距离；

b——工作面长度。

由弯矩与应力关系式得：

$$M_a = \frac{h^2 \sigma_s}{6} \tag{3-16}$$

式中　h——基本顶岩层厚度；

σ_s——基本顶岩层抗拉强度。

将式(3-16)代入式(3-14)，可求得四边固支边界条件下基本顶初次断裂步距：

$$a_1 = \frac{h}{1-\mu^2}\sqrt{\frac{2\sigma_s}{q} \cdot \frac{1+\lambda_1^4}{1+\mu\lambda_1^2}} \tag{3-17}$$

同理，可求得上述第②、③、④类边界条件下基本顶初次断裂步距分别为：

$$a_2 = \frac{2h}{1-\mu^2}\sqrt{\frac{\sigma_s}{q} \cdot \frac{2+\lambda_2^4}{4+3\mu\lambda_2^2}} \tag{3-18}$$

$$a_3 = \frac{2h}{1-\mu^2}\sqrt{\frac{\sigma_s}{3q} \cdot \frac{1+\lambda_3^4}{1+\mu\lambda_3^2}} \tag{3-19}$$

$$a_4 = \frac{2h}{1-\mu^2}\sqrt{\frac{\sigma_s}{15q} \cdot \frac{5+2\lambda_4^4}{1+\mu\lambda_4^2}} \tag{3-20}$$

式中 a、λ 的下标 1、2、3、4 表示上述四类边界条件。

在式(3-17)～式(3-20)中，令

$$l_m = \frac{h}{1-\mu^2}\sqrt{\frac{2\sigma_s}{q}} \tag{3-21}$$

$$\left.\begin{aligned} \omega_1 &= \sqrt{\frac{1+\lambda_1^4}{1+\mu\lambda_1^2}}, \quad & \omega_2 &= \sqrt{2\times\frac{2+\lambda_2^4}{4+3\mu\lambda_2^2}} \\ \omega_3 &= \sqrt{\frac{2}{3}\times\frac{1+\lambda_3^4}{1+\mu\lambda_3^2}}, \quad & \omega_4 &= \sqrt{\frac{2}{15}\times\frac{5+2\lambda_4^4}{1+\mu\lambda_4^2}} \end{aligned}\right\} \tag{3-22}$$

则基本顶初次断裂步距可以写成：

$$\left.\begin{aligned} a_1 &= l_m\omega_1, \quad & a_2 &= l_m\omega_2 \\ a_3 &= l_m\omega_3, \quad & a_4 &= l_m\omega_4 \end{aligned}\right\} \tag{3-23}$$

其通式为：

$$a_i = l_m\omega_i (i = 1,2,3,4,\text{分别表示上述四类边界条件})$$

可见，在顶板条件一定的情况下，无论哪种开采边界条件，基本顶初次断裂步距 a_i 总是由相同的 l_m 与相应的 ω_i 之积构成。l_m 值就是四边固支无限长板条的极限跨距，即 $a_i = l_m$ ($b\to\infty$，$\omega_i\to 1$)，它仅由岩层自身性质(σ_s，μ，h，q)决定，而与工作面长度和边界条件无关，故称 l_m 为顶板的步距准数。ω_i 主要由采空区几何形状系数 λ_i 和边界约束条件决定，它反映了工作面长度和开采边界对断裂步距的影响，故称 ω_i 为“边-长”系数。

因此，基本顶初次断裂步距是由反映其自身稳定性的步距准数 l_m 和反映开采边界条件与工作面长度影响的“边-长”系数 ω_i 这两个要素构成的。对于顶板条件相似的邻近工作面，其步距准数是相同的，基本顶断裂步距仅随“边-长”系数不同而变化。而顶板岩性的变化，将导致步距准数的改变。

开采边界条件对基本顶断裂步距的影响，主要表现为“边-长”系数 ω_i 随简支边数增加而减少，即有 $\omega_1 \geqslant \omega_2 \geqslant \omega_3 \geqslant \omega_4 > \sqrt{\frac{2}{3}}$。其影响程度也随采空区几何形状系数 λ 增加而增大，如图 3-26 所示。当 $\lambda \leqslant 0.3$ 时，四边固支边界与一边简支边界的步距基本相同，均为准数值 l_m；而两邻边简支与三边简支边界的步距均为 $\sqrt{\frac{2}{3}}l_m$。当 $\lambda > 0.3$ 时，其影响程度较为显著，且有 $a_1 > a_2 > a_3 > a_4 > \sqrt{\frac{2}{3}}l_m$，即以四边固支为最大，以三边采空为最小，但其步距值不会小于 $\sqrt{\frac{2}{3}}l_m$。

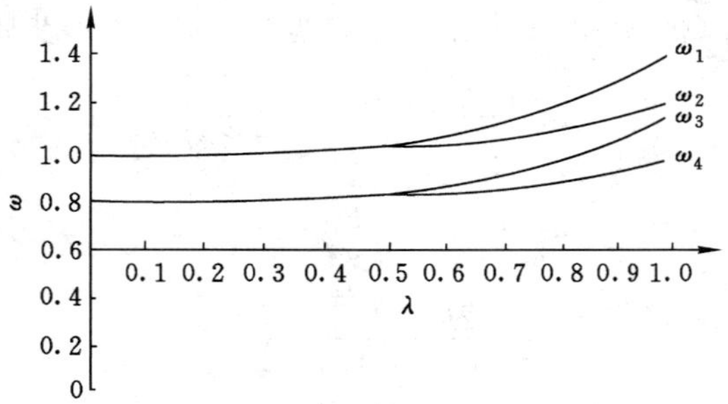

图 3-26 “边-长”系数 ω_i 对采空区几何形状系数 λ 的影响

工作面长度 b 对断裂步距的影响可由式(3-17)～式(3-22)演化而得。现以四边固支条件为例(为了讨论问题的方便，略去 $\mu\lambda_1^2$ 微小项)，由式(3-17)解得

$$a_1 = \begin{cases} b\sqrt[4]{\dfrac{l_m^2}{b^2 - l_m^2}} & (l_m < b < \sqrt{2}\,l_m) \\ \dfrac{b}{\sqrt{2}\,l_m}\sqrt{b^2 - \sqrt{b^4 - 4l_m^4}} & (b \geqslant \sqrt{2}\,l_m) \end{cases} \tag{3-24}$$

基本顶极限悬露面积随工作面长度和顶板条件变化的关系是：

$$S = a_1 b = \begin{cases} b^2\sqrt[4]{\dfrac{l_m^2}{b^2 - l_m^2}} & (l_m < b < \sqrt{2}\,l_m) \\ \dfrac{b^2}{\sqrt{2}\,l_m}\sqrt{b^2 - \sqrt{b^4 - 4l_m^4}} & (b \geqslant \sqrt{2}\,l_m) \end{cases} \tag{3-25}$$

工作面长度与基本顶断裂步距和极限悬露面积关系曲线如图 3-27 所示。

由此可见，工作面长度对基本顶断裂步距和极限悬露面积的影响均呈“W”形曲线关系，且以 l_m 为渐近线。这表明，在顶板性质和开采边界条件一定的情况下，断裂步距总是随工作面长度增减而在同一条“W”形曲线上变化。这就从顶板岩性角度，为确定合理工作面长度提供了科学依据。同时也说明了工作面推进距离接近工作面长度时，坚硬顶板极易出现初次垮落的原因。这个规律曾得到国内外一些矿井总结的所谓“见方垮落”生产经验的证实。

当 $b > 3l_m$ 时，基本顶断裂步距趋于步距准数值，即 $a = l_m$，说明工作面长度对断裂步距的影响甚微(误差<5‰)。一般来说，对于初次断裂步距在 30 m 左右的基本顶，工作面长

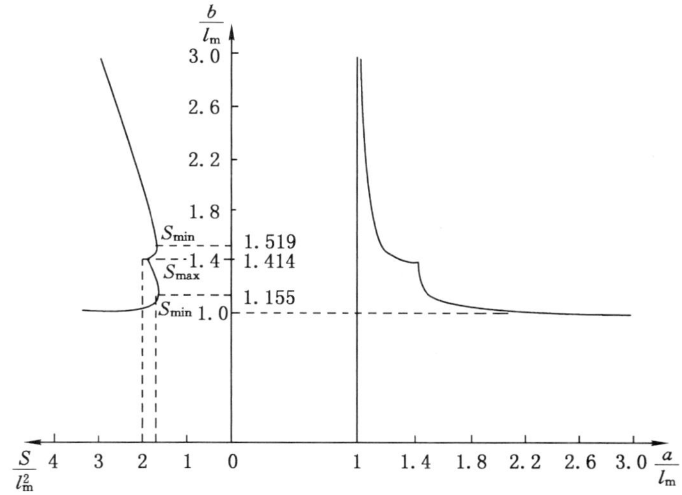

图 3-27　工作面长度对基本顶断裂步距和极限悬露面积的影响

度超过 90 m，工作面长度对断裂步距几乎没有影响。

当$\sqrt{2}\,l_m<b\leqslant 3l_m$ 时，$l_m<a<\sqrt{2}\,l_m$，表明随工作面长度的缩短，步距显著增大；而极限悬露面积先减小后增大，在 $b=1.519l_m$处，出现最小值 $S_{min}=1.755l_m^2$（如图 3-27 所示），基本顶呈竖"O-X"形破断。

当 $b=a=\sqrt{2}\,l_m$ 时，极限悬露面积达到最大值 $S_{max}=2l_m^2$，基本顶呈正"O-X"形破断，即"见方垮落"。

当 $l_m\leqslant b<\sqrt{2}\,l_m$ 时，$a>\sqrt{2}\,l_m>b$，即出现断裂步距大于工作面长度的情况，基本顶呈横"O-X"形破断。随着工作面长度缩短，断裂步距由缓增到急增，极限悬露面积也是由减小变为增大，在 $b=1.155\,l_m$处，出现最小值 $S_{min}=1.755l_m^2$。

当 $b<l_m$时，基本顶稳定不垮落，即形成短壁开采工作面或巷道的情形。

此外，工作面长度在$(1.155\sim1.519)l_m$范围内最可能出现"见方垮落"现象，其主要原因是极限悬露面积达到最大值 $2l_m^2$，基本顶在采空区中心的两个弯矩分量也同时达到最大值，极易出现中点突破，且破断后呈正"O-X"三铰拱的咬合稳定性较差，因此，极易造成基本顶的失稳垮落现象。

由上述断裂步距影响因素分析可知，当已有某个工作面的实测断裂步距时，要将此步距推广到顶板条件相同而工作面长度和边界显著不同的邻近工作面中去，就不能简单地搬用此步距，而要进行如下换算（见图 3-28）。

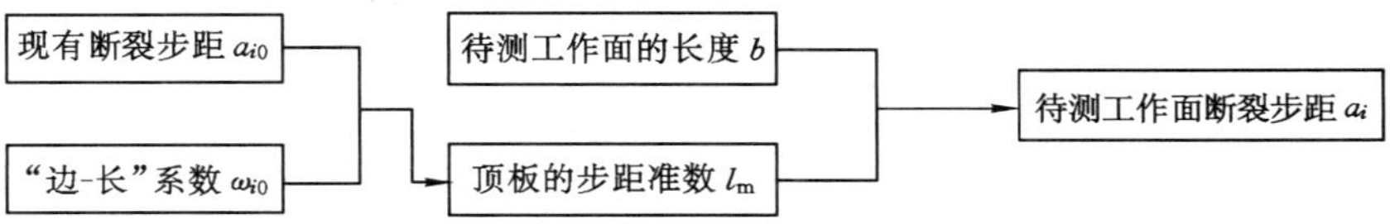

图 3-28　断裂步距的推广换算法

首先，根据前述的顶板条件相似、步距准数相同的原则，将现有断裂步距 a_{i0} 换算成该工作面顶板的步距准数 l_m，即

$$l_m = \frac{a_{i0}}{\omega_{i0}}$$

式中 a_{i0}——现有工作面的断裂步距；

ω_{i0}——现有工作面的“边-长”系数。

其次，将 l_m 和待求的工作面长度 b 代入以下相应边界条件的步距公式，即可得到所求断裂步距。

① 四边实体煤固支的步距公式见式(3-24)；

② 一边采空区或断层简支、三边固支的步距公式：

$$a_2 = \begin{cases} b\sqrt[4]{\dfrac{l_m^2}{2(b^2 - l_m^2)}} & (l_m < b < \sqrt[4]{2}\,l_m) \\ \dfrac{b}{l_m}\sqrt{b^2 - \sqrt{b^4 - 2l_m^4}} & (b \geqslant \sqrt[4]{2}\,l_m) \end{cases} \tag{3-26}$$

③ 两邻边简支、两邻边固支的步距公式：

$$a_3 = \begin{cases} b\sqrt[4]{\dfrac{2l_m^2}{3b^2 - 2l_m^2}} & \left(\sqrt{\dfrac{2}{3}}\,l_m < b < 2\sqrt{\dfrac{2}{3}}\,l_m\right) \\ \dfrac{b}{2l_m}\sqrt{3b^2 - \sqrt{9b^4 - 16l_m^4}} & \left(b \geqslant 2\sqrt{\dfrac{2}{3}}\,l_m\right) \end{cases} \tag{3-27}$$

④ 三边采空或有断层的孤岛工作面的步距公式：

$$a_4 = \begin{cases} b\sqrt[4]{\dfrac{4l_m^2}{15b^2 - 10l_m^2}} & \left(\sqrt{\dfrac{2}{3}}\,l_m < b < 2\sqrt[4]{\dfrac{10}{225}}\,l_m\right) \\ \dfrac{b}{2\sqrt{2}\,l_m}\sqrt{15b^2 - \sqrt{225b^4 - 160l_m^4}} & \left(b \geqslant 2\sqrt[4]{\dfrac{10}{225}}\,l_m\right) \end{cases} \tag{3-28}$$

对于初采工作面或顶板条件与相邻工作面有显著差异的情况，没有经验步距可参考或换算，则需根据顶板岩层的各个参数(σ_s, μ, q, h)，首先求得该顶板的步距准数 l_m，公式见式(3-21)。若工作面长度 $b > 3l_m$，且边界条件属第①、②类，则步距 $a_{1,2} = l_m$，即这时步距准数值就是断裂步距；而边界条件属第③、④类时，其步距 $a_{3,4} = \sqrt{\dfrac{2}{3}}\,l_m$。若 $b \leqslant 3l_m$，则必须根据相应的边界条件代入式(3-24)、式(3-26)、式(3-27)、式(3-28)求得断裂步距。

举例：在徐州夹河矿 7417 工作面的来压预测预报中，计算预测与工作面实测相结合的方法获得了成功的验证。

该工作面长 150.6 m，其中有一走向断层将工作面顶板分为上部 26.6 m、中下部 124 m 的两个板块。其边界条件是上、下部均可视为一边断层简支与三边实体煤固支的第②类边界。根据实测下部板块的初次断裂步距为 26 m，因此，$\lambda = \dfrac{26}{124} \approx 0.2$，取 $\mu = 0.2$，因而其“边-长”系数 $\omega_2 = 1$。由此求得此种条件下的步距准数 $l_m = 26$。然后利用步距准数即可求取上部板块的断裂步距。由式(3-26)可知：

$$a_2 = 26.6 \times \sqrt[4]{\frac{26^2}{2 \times (26.6^2 - 26^2)}} = 48.1\ (\text{m})$$

实际测定为 47.0 m,理论计算步距与实测步距基本一致。

应当指出,此处仅以 Marcus 简算法为例,事实上板的精确解要复杂得多,另外还不能忽略板四边支撑的基础条件,由此引出的解更加复杂。显然,由于受岩性变化和计算方法等限制,目前基本顶初次断裂步距的上述理论计算结果只能在宏观上和概念上对基本顶的断裂步距起指导作用。

第六节　“砌体梁”结构及其稳定性

一、基本顶初次断裂后的“砌体梁”平衡

当基本顶达到极限跨距后,随着回采工作面继续推进,基本顶即发生初次断裂。断裂后的一般状态可用图 3-29 表示。

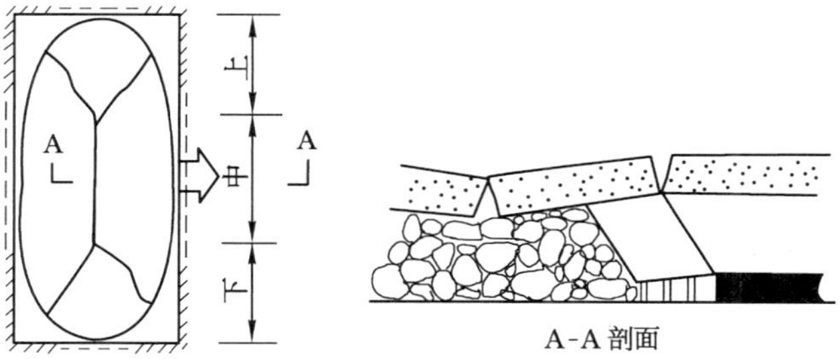

图 3-29　基本顶断裂的一般状态

显然,根据基本顶的“X”形破断的特点,可将工作面分为上、中、下三个区。断裂的岩块由于互相挤压形成水平力,从而在岩块间产生摩擦力。工作面的上、下两个区是圆弧形破坏,岩块间的咬合是一个立体咬合关系;而对于工作面中部,如图 3-29 中剖面 A-A 所示,则可能形成外表似梁、实质是拱的裂隙体梁的平衡关系。鉴于其形式类似于砌体,因而又称这种结构为“砌体梁”。

由于岩层抗拉强度较小,基本顶岩层梁先在两侧支座的上端裂开,而后在梁的中间底部开裂。随着岩块的转动形成强大的水平挤压力,使岩块间形成三铰拱式的平衡,见图 3-30。

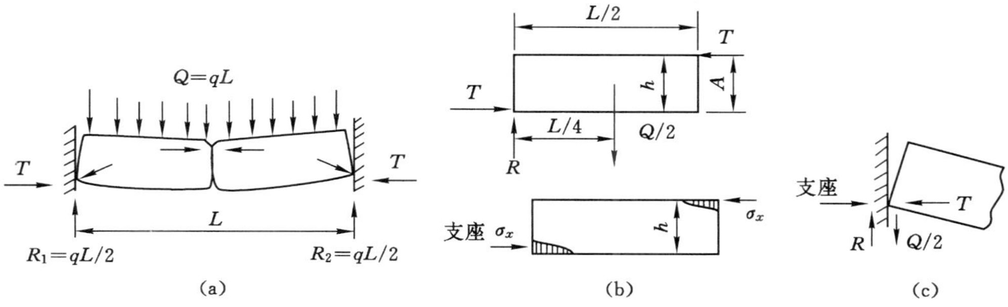

图 3-30　破断岩块的拱式平衡及其受力分析

断裂后的岩块互相挤压有可能形成三铰拱式的平衡结构，此结构能否平衡将取决于咬合点的挤压力是否超过该咬合点接触面处的强度极限，在一定条件下可能导致岩块随着回转而形成变形失稳；另外还取决于咬合点处（主要在拱脚）的摩擦力与剪切力的相互关系，当剪切力大于摩擦力时形成滑落失稳，在工作面的表现形式为顶板的台阶下沉。

1. 结构的滑落失稳

咬合点处的摩擦力，即该处的水平挤压力与摩擦系数的乘积。此摩擦力的作用方向与岩块滑落的方向相反，因而起防止岩块间相互滑落的作用。

根据三铰拱的平衡原理，成拱且使岩块保持平衡的水平推力 T 为：

$$T=\frac{qL^2}{8h}$$

式中 q——砌体梁的载荷集度；

L——跨距；

h——基本顶岩层的厚度。

岩块咬合而形成的砌体梁的剪切力 R 在两端支座处最大，其值为$\frac{qL}{2}$。

当剪切力与摩擦力相等时，呈极限平衡状态。如果剪切力大于摩擦力，此结构将出现滑落失稳。若要此结构不产生滑落失稳，必须满足：

$$R\leqslant T\tan\varphi$$

将 $R=\frac{qL}{2}$，$T=\frac{qL^2}{8h}$代入上式得：

$$\frac{h}{L/2}\leqslant\frac{1}{2}\tan\varphi \tag{3-29}$$

式中 φ——岩块的内摩擦角；

h——岩块厚度；

$L/2$——岩块长度。

由式(3-29)可知，图 3-30 所示的三铰拱岩块结构是否产生滑落失稳主要取决于基本顶断裂岩块的高长比。显然，高长比越小，结构抗滑落失稳的能力越大。

一般情况下，$\varphi=38°\sim45°$，$\tan\varphi=0.8\sim1$。因此，要防止基本顶初次断裂后“砌体梁”结构产生滑落失稳，岩块的高长比要小于 0.4～0.5，即岩块长度要大于 2～2.5 倍岩块厚度。

若考虑基本顶岩层断裂时，断裂面与垂直面成一断裂角 θ，则咬合点处的关系如图 3-31 所示。

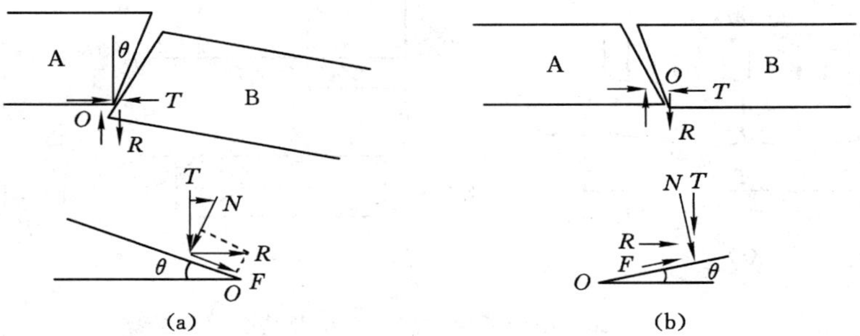

图 3-31　岩块咬合点处的平衡

对于图 3-31(a)的情况，相互间力的关系及平衡条件为：

$$(T\cos\theta - R\sin\theta)\tan\varphi \geqslant R\cos\theta + T\sin\theta$$

$$T\sin(\varphi-\theta) \geqslant R\cos(\varphi-\theta)$$

$$\frac{R}{T} \leqslant \tan(\varphi-\theta) \tag{3-30}$$

对于图 3-31(b)的情况，平衡条件为：

$$\frac{R}{T} \leqslant \tan(\varphi+\theta) \tag{3-31}$$

由式(3-30)可知，对于图 3-31(a)，当 $\theta=\varphi$ 时，不论水平推力 T 有多大，都不能取得平衡。一般情况下，$\varphi=38°\sim45°$，$\tan\varphi=0.8\sim1.0$。显然，基本顶断裂面的状态对砌体梁的稳定性有十分重要的作用。当断裂面与垂直面夹角大于 38°～45°时，都将发生岩块滑落失稳。而对于图 3-31(b)，情况要好得多。由此说明断裂面倾斜方向与工作面推进方向相反时，结构不易取得平衡，由此工作面矿压显现比较严重；相反，则对控制顶板有利。

2. 结构的变形失稳

这是指在岩块的回转过程中，由于挤压处局部应力集中，致使该处进入塑性状态，甚至局部受拉而使咬合点处破坏造成岩块回转进一步加剧，从而导致整个结构失稳。

岩块回转后的状态如图 3-32(a)所示。取 $\sum M_0=0$，则

$$T(h-a-\Delta)=\frac{1}{2}ql^2 \tag{3-32}$$

式中有关符号的含义可见图 3-32。鉴于咬合点处于塑性状态，因而 T 的作用点取 $a/2$ 处；Δ 可近似地取 $l\sin\alpha$。

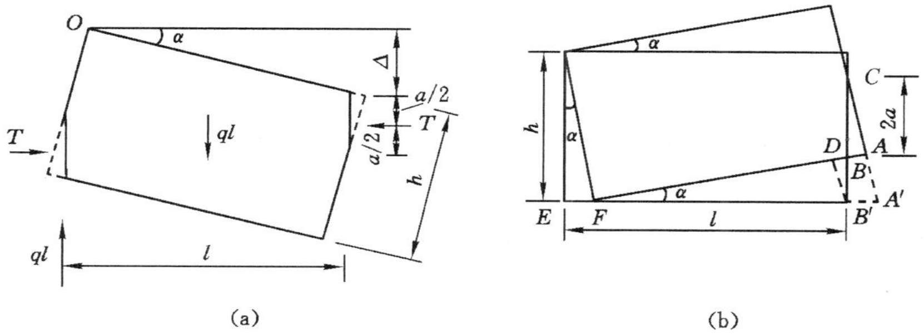

图 3-32 回转岩块的受力分析

按图 3-32(b)可求得 a 值，即

当 a 较小时：

$$\overline{A'B'}=\overline{EF}\approx h\sin\alpha$$

$$\overline{BB'}=l\sin\alpha$$

$$\overline{BD}=\overline{BB'}\sin\alpha=l\sin^2\alpha$$

$$\overline{AB}=\overline{AD}-\overline{BD}=h\sin\alpha-l\sin^2\alpha$$

而

$$\overline{BC}=\overline{AB}/\sin\alpha=h-l\sin\alpha$$

$$2a=\overline{BC}=h-l\sin\alpha$$

所以
$$a=\frac{1}{2}(h-l\sin\alpha) \tag{3-33}$$

因此
$$T=\frac{ql^2}{h-l\sin\alpha} \tag{3-34}$$

咬合处形成的挤压应力 σ_p 为：

$$\sigma_p=T/a=\frac{2ql^2}{(h-l\sin\alpha)^2}=\frac{2qi^2}{(1-i\sin\alpha)^2}$$

式中，$i=l/h$。

令岩块间的挤压强度 σ_p 与抗压强度$[\sigma_c]$的比值为 $\overline{K}$，则允许承受的载荷 q 为：

$$q=\frac{\overline{K}\ (1-i\sin\alpha)^2[\sigma_c]}{2i^2}$$

而梁在断裂时(达到极限跨度)载荷 q 与岩梁抗拉强度 σ_t 的关系为：

$$\sigma_t=Kq\frac{l^2}{h^2/6}=6Ki^2q$$

式中，K 根据梁的固支或简支等状态而定，一般为 1/2～1/3。因此

$$q=\frac{\sigma_t}{6Ki^2}$$

在一般岩石中抗压强度$[\sigma_c]$与抗拉强度 σ_t 的比值为 n，即

$$\sigma_t=[\sigma_c]/n$$

因此，可求得：

$$\sin\alpha=\frac{h}{l}\left(1-\sqrt{\frac{1}{3nK\overline{K}}}\right)$$

而 $\Delta=l\sin\alpha$，所以

$$\Delta=h\left(1-\sqrt{\frac{1}{3nK\overline{K}}}\right) \tag{3-35}$$

由此可以求得在岩梁断裂后互相咬合中下沉量达 Δ 时，即形成了岩块结构的变形失稳。

由上述分析可知，岩梁在断裂成岩块后，在断裂面和挤压点上必须满足一定的条件，就能形成外形如梁、实质是拱的平衡结构，保护着回采工作空间，使其不必承受上覆岩层的全部载荷。

二、“砌体梁”全结构模型的受力分析

基本顶周期断裂及上覆多层坚硬岩层断裂后形成的“砌体梁”全结构模型如图 3-10 所示。下面以图 3-10(c)所示的覆岩中任一组结构来分析“砌体梁”结构的受力特点。假设岩块 B 处于悬露状态[处于图 3-10(a)所示的离层区]。

此结构的自由度 ω 为：

$$\omega=3n-2(n-1)-(n+2)=0$$

式中，n 为岩块的块数，$(n-1)$为铰链数，$(n+2)$为链杆数。由此可知，此结构为静定结构。

又由于有水平推力，所以此结构属于几何不变体系。

以一个分组中 7 个岩块为例(考虑到垂直移动已基本稳定的距离)，对图 3-10(c)中 B、C、D、E、F 块体左右两个端点分别求弯矩，可将其所受的力列出一方程组，用矩阵表示如下：

$$\begin{bmatrix} \frac{L_{i0}}{2}Q_{i0} \\ \frac{L_{i0}}{2}Q_{i0} \\ \frac{L_{i1}}{2}m_{i1}Q_{i1} \\ \frac{L_{i1}}{2}m_{i1}Q_{i1} \\ \frac{L_{i2}}{2}m_{i2}Q_{i2} \\ \frac{L_{i2}}{2}m_{i2}Q_{i2} \\ \frac{L_{i3}}{2}m_{i3}Q_{i3} \\ \frac{L_{i3}}{2}m_{i3}Q_{i3} \\ \frac{L_{i4}}{2}m_{i4}Q_{i4} \\ \frac{L_{i4}}{2}m_{i4}Q_{i4} \end{bmatrix} = \begin{bmatrix} L_{i0} & 0 & 0 & 0 & 0 & 0 & 0 & 0 & 0 & -(h_i-s_{i0}) \\ 0 & -L_{i0} & 0 & 0 & 0 & 0 & 0 & 0 & 0 & (h_i-s_{i0}) \\ 0 & L_{i1} & \frac{L_{i1}}{2} & 0 & 0 & 0 & 0 & 0 & 0 & \Delta s_{i1} \\ 0 & 0 & \frac{L_{i1}}{2} & -L_{i1} & 0 & 0 & 0 & 0 & 0 & -\Delta s_{i1} \\ 0 & 0 & 0 & L_{i2} & \frac{L_{i2}}{2} & 0 & 0 & 0 & 0 & \Delta s_{i2} \\ 0 & 0 & 0 & 0 & \frac{L_{i2}}{2} & -L_{i2} & 0 & 0 & 0 & -\Delta s_{i2} \\ 0 & 0 & 0 & 0 & 0 & L_{i3} & \frac{L_{i3}}{2} & 0 & 0 & \Delta s_{i3} \\ 0 & 0 & 0 & 0 & 0 & 0 & \frac{L_{i3}}{2} & -L_{i3} & 0 & -\Delta s_{i3} \\ 0 & 0 & 0 & 0 & 0 & 0 & L_{i4} & \frac{L_{i4}}{2} & 0 & \Delta s_{i4} \\ 0 & 0 & 0 & 0 & 0 & 0 & 0 & 0 & \frac{L_{i4}}{2} & -\Delta s_{i4} \end{bmatrix} \begin{bmatrix} (R_i)_{0\text{-}0} \\ (R_i)_{0\text{-}1} \\ R_{i1} \\ (R_i)_{1\text{-}2} \\ R_{i2} \\ (R_i)_{2\text{-}3} \\ R_{i3} \\ (R_i)_{3\text{-}4} \\ R_{i4} \\ T_{i4} \end{bmatrix}$$

式中　T——水平推力；

R——下位岩层对上位岩层的阻力及块间的剪切力；

Q——每一岩块的重量；

L——每一岩块的长度；

s——每一岩块的下沉量；

Δs——每一岩块左右端点的相对下沉量，$\frac{\Delta s}{L}=\eta$；

η——每一岩块的斜率；

h——岩层厚度；

m——载荷系数，mQ 表示岩块所承受载荷。

每个符号有两个脚标，第一个脚标表示岩层的层位，第二个脚标表示沿走向方向岩块的位置。例如，L_{i1} 表示此岩块是第 i 分组中岩块 C 的长度。

若取任意岩块数，则此方程组可用下列关系式表示。

$$\{M_i\}=[F_i]\{R_i\} \tag{3-36}$$

式中，$\{M_i\}$ 为力矩列阵；$[F_i]$ 为矩阵系数；$\{R_i\}$ 为力列阵。

解此方程组，并令 $\frac{\Delta s_{i1}}{L_{i1}}=\eta_{i1}$，$\frac{\Delta s_{i2}}{L_{i2}}=\eta_{i2}$……则可得：

$$2\left[\frac{h_i-s_{i0}}{L_{i0}}+2(\eta_{i1}-\eta_{i2}+\eta_{i3}-\eta_{i4})\right]T_i=Q_{i0}$$

为了对此结构间力的关系作一粗略的估算，根据岩层移动曲线的特点，可将相邻两块岩块的斜率近似地视为相等，则可求得形成此结构所需的水平推力 T_i 为：

$$T_i=\frac{L_{i0}Q_{i0}}{2(h_i-s_{i0})} \tag{3-37}$$

由此可知，此水平推力的大小与悬露岩块的破断长度 L_{i0}、层厚 h_i、载荷 Q_{i0} 和下沉量 s_{i0} 有关，而与采空区内的应力分布状态无关。

同理，在平衡条件下，由此方程组可求得其他各个力的大小为：

$$(R_i)_{0\text{-}1}=0$$

$$(R_i)_{0\text{-}0}=Q_{i0}$$

$$R_{i1}=m_{i1}Q_{i1}-\frac{\eta_{i1}L_{i0}Q_{i0}}{h_i-s_{i0}}$$

$$R_{i2}=m_{i2}Q_{i2}+\frac{\eta_{i2}L_{i0}Q_{i0}}{h_i-s_{i0}}$$

$$R_{i3}=m_{i3}Q_{i3}-\frac{\eta_{i3}L_{i0}Q_{i0}}{h_i-s_{i0}}$$

$$R_{i4}=m_{i4}Q_{i4}+\frac{\eta_{i4}L_{i0}Q_{i0}}{h_i-s_{i0}}$$

……

$$R_{ir}=m_{ir}Q_{ir}+\frac{\eta_{ir}L_{i0}Q_{i0}}{h_i-s_{i0}}$$

显然，由于 η_{ir} 趋近于零，因此 $R_{ir}=m_{ir}Q_{ir}$。

由上述分析可知，此结构的特征为：

① 离层区悬露岩块的重量几乎全由前支承点承担；

② 岩块 B 与 C 间剪切力接近于零，因而此处相当于岩块咬合形成半拱的拱顶；

③ 此结构的最大剪切力发生在岩块 A 与 B 之间，等于岩块 B 本身的重量及其载荷；

④ 此结构中第 1、2 断裂岩块即岩块 B 与 C 对结构平衡起关键作用，是结构中的关键块。

根据上述分析，形成“砌体梁”结构必须具有一定的水平力 $T_i=\frac{L_{i0}Q_{i0}}{2(h_i-s_{i0})}$。由此可知，$h_i$越厚、$s_{i0}$越小，则形成此结构所要求的 T_i也越小；当 $s_{i0}=h_i$时，T_i将趋于∞，这种结构无法形成。在上覆岩层中，只有具有一定厚度的岩层才能形成此结构。s_{i0}小的含义反映了以下几种情况：直接顶较厚；采空区采用充填法处理；采高较小的煤层以及离开煤层距离较远的岩层。s_{i0}较小时取得平衡所需的 T_i也较小。因此，在上述条件下，“砌体梁”结构也易于形成。

从岩块间的滑落失稳分析，则要求“砌体梁”结构的平衡必须满足下列条件：

$$T_i\tan(\varphi-\theta)>(R_i)_{0\text{-}0} \tag{3-38}$$

式中 φ——岩块的内摩擦角；

θ——破断面与垂直面的夹角。

在岩块咬合点处未遭破坏的情况下，可将式(3-37)中的 T_i代入式(3-38)，从而可改写为：

$$\frac{L_{i0}Q_{i0}}{2(h_i-s_{i0})}\tan(\varphi-\theta)>Q_{i0}$$

即

$$L_{i0} > \frac{2(h_i - s_{i0})}{\tan(\varphi - \theta)} \tag{3-39}$$

显然，当 $\theta \geqslant \varphi$ 时，在任何情况下都是不能取得平衡的。当 $\theta = 0°$，且 $\tan\varphi = 1$ 时，要求岩块的长度起码大于层厚的 2 倍；否则，也是难于取得平衡的。

根据对岩体结构分析所得的结论，可对以下矿山压力现象作出解释：

① 基本顶岩块的滑落失稳是工作面顶板出现台阶以及有时地表下沉出现台阶的原因；

② 煤壁上方基本顶剪切力最大是工作面顶板沿煤壁切落的原因；

③ 上覆岩层结构的存在是支架受力小于覆盖层重量的原因，并由此可以分析工作面支架工作阻力必须平衡的顶板压力大小；

④ 采高小、直接顶较厚和采用充填法处理采空区是工作面顶板压力比较小的原因；

⑤ 半拱结构是工作面形成的支承压力主要集中于前拱脚的原因。

此外，由“砌体梁”结构的概念出发，还可以引出：

① 选择工作面推进方向与主要构造裂隙方向之间的关系，以使工作面顶板压力显现较小；

② 确定支架的各项参数，如支架合理的额定工作阻力、支架应具备的性能及其他参数；

③ 研究倾斜长壁工作面与走向长壁工作面矿山压力显现的差异；

④ 确定在特定条件下，煤层群开采时采用上行开采的可能性等。

以上这些问题将分别在后续章节中加以分析和阐明。

三、“砌体梁”结构的“S-R”稳定理论

1. 关键块的受力

图 3-10 中“砌体梁”结构中的第 1 块岩块 B 和第 2 块岩块 C 为关键块，关键块的稳定决定了整个“砌体梁”结构的稳定，两关键岩块受力如图 3-33 所示。第 1 块岩块在采空区的下沉量 s_1 与直接顶总厚度 $\sum h$、采高 m 及岩层破断后的碎胀系数 K_p 有关，即

$$s_1 = m - \sum h(K_p - 1) \tag{3-40}$$

考虑此结构自身平衡的可能性，因而不考虑支架作用力。

图 3-34 所示为岩块回转后的接触几何关系，可知

$$2a = h - s_1 = h - l_1 \sin\theta_1$$

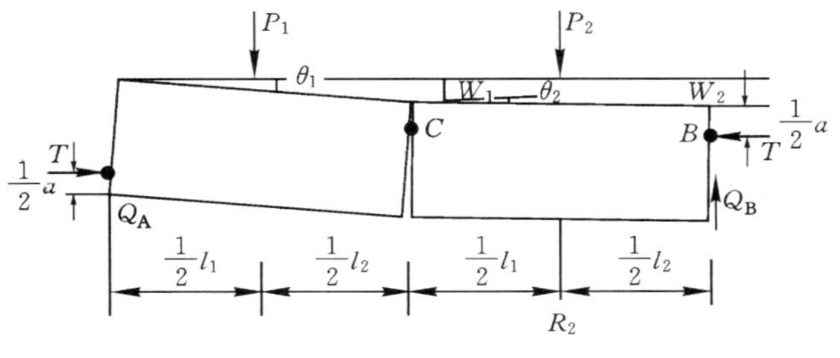

图 3-33　两块体结构运动形态与受力

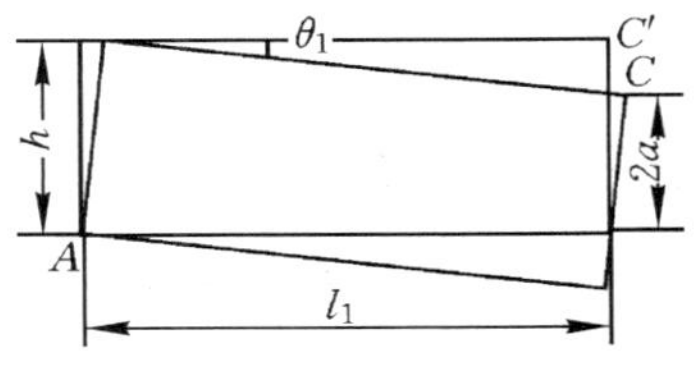

图 3-34　岩块回转后的几何关系

显然，岩块两端接触应是均等的，因此

$$a = \frac{1}{2}(h - l_1 \sin\theta_1) \tag{3-41}$$

鉴于块与块之间的接触是塑性铰接关系，因此图 3-33 中水平推力 T 作用点的位置可

取 $a/2$ 处。

在图 3-33 中取 $\sum M_A=0$，$\sum M_C=0$。由于岩块长度决定其受力条件，而岩层形成周期性断裂条件基本一致，因此可假设 $l_1=l_2=l$，则

$$T=\frac{l(P_1+P_2-R_2)}{2(h+s_2-2s_1-a)} \tag{3-42}$$

$$Q_B=\frac{1}{2}\left[\frac{(s_2-s_1)(P_1+P_2-R_2)}{h+s_2-2s_1-a}+P_2-R_2\right] \tag{3-43}$$

由几何关系可知 $s_1=l\sin\theta_1$，$s_2=l(\sin\theta_1+\sin\theta_2)$。根据对"砌体梁"全结构计算得 $R_2=1.03P_2$，因此可近似地视 $R_2=P_2$。再令 $i=h/l$ 表示断裂度，则有

$$T=\frac{P_1}{i-\sin\theta_1+2\sin\theta_2}$$

由全结构计算得到的位移规律 $\theta_2\approx\theta_1/4$，上式进一步简化为：

$$T=\frac{P_1}{i-\frac{1}{2}\sin\theta_1} \tag{3-44}$$

由式(3-44)可知，T 与 i 和 θ_1 的关系是非线性的，说明此结构为几何非线性结构。

由上述关系可得 Q_B 的简化式为：

$$Q_B=\frac{\sin\theta_1}{2(2i-\sin\theta_1)}P_1 \tag{3-45}$$

由 $Q_A+Q_B=P_1$ 得：

$$Q_A=\frac{4i-3\sin\theta_1}{2(2i-\sin\theta_1)}P_1 \tag{3-46}$$

根据对第 2 块岩块的分析可知 $Q_C\approx Q_B$，可得：

$$\frac{Q_C}{Q_A}=\frac{\sin\theta_1}{4i-3\sin\theta_1} \tag{3-47}$$

2. 关键块结构的稳定性

上面只是对关键块的一般分析，下面分析此结构的滑落失稳及回转变形失稳。

(1) 滑落失稳

此结构的最大剪切力 Q_A 发生在 A 点，为防止结构在 A 点发生滑落失稳，必须满足以下条件，即

$$T\tan\varphi\geqslant Q_A \tag{3-48}$$

式中，$\tan\varphi$ 为岩块间的摩擦系数，一般可取 0.3。将式(3-44)和式(3-46)代入上式可得：

$$i\leqslant\tan\varphi+\frac{3}{4}\sin\theta_1 \quad 或 \quad \theta_1\geqslant\arcsin\left[\frac{4}{3}(i-\tan\varphi)\right] \tag{3-49}$$

由此可知，此结构不发生滑落失稳的条件直接与块度 i 和回转角 θ_1 有关。

众所周知，滑落失稳是在断裂线刚裸露于采场煤壁上方时最易发生，此时 θ_1 值决定于煤壁的刚度。若刚度越大，θ_1 越接近零，则要求块度 i 小于 0.3。若刚度较小，θ_1 一般也只有 3°左右，则 i 应小于 0.34。由此可知，"砌体梁"承载层的岩层断裂度 i 需在 0.34 以下。

若将式(3-49)中 i 以 h/l 代入，且 l 以周期断裂步距计算，即 $l=h\sqrt{\frac{\sigma_c}{30\rho g(h+h_1)}}$，则有：

$$h+h_1 \leqslant \frac{\sigma_c}{30\rho g}\left(\tan \varphi+\frac{3}{4}\sin \theta_1\right)^2 \tag{3-50}$$

式中 h_1——承载层负载岩层的厚度；

σ_c——承载层抗压强度。

将 $h+h_1$ 和 θ_1 的关系绘入图 3-35(a)中，取承载层两种抗压强度，即 $\sigma_c=60$ MPa 及 $\sigma_c=80$ MPa。显然，此曲线以下部分才进入稳定区，它随 θ_1 角的增加而增大。

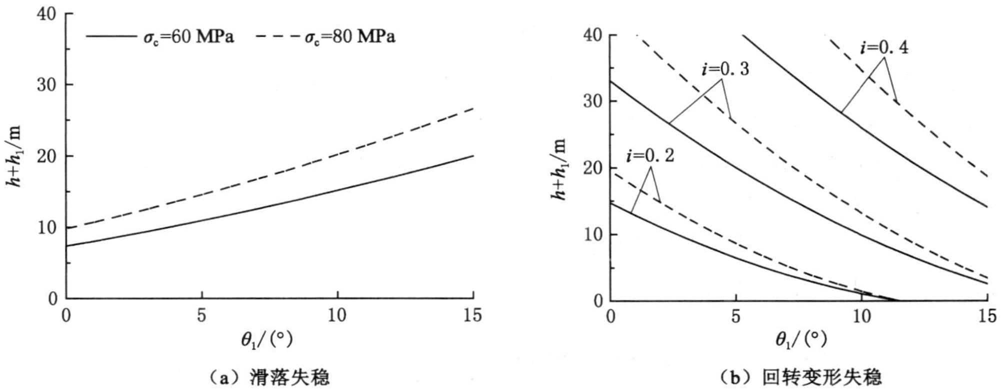

图 3-35 结构承载厚度($h+h_1$)与回转角(θ_1)的关系

(2) 回转变形失稳

随着第 2 岩块的回转，T 值将越来越大，其结果可能导致转角处岩块挤碎而失稳，称为回转变形失稳。为此，保持结构稳定的第二条件为：

$$T \leqslant \alpha \eta \sigma_c \tag{3-51}$$

式中，T/α 表示接触面上的平均挤压应力；$\eta\sigma_c$ 表示岩块在角端处的挤压强度。鉴于角端的特殊条件，根据大量试验测定，可取 $\eta=0.3$。将有关数据代入式(3-51)可得：

$$\frac{P_1}{i-\frac{1}{2}\sin \theta_1} \leqslant \frac{1}{2}(h-l\sin \theta_1)\eta\sigma_c \tag{3-52}$$

再将 $P_1=\rho g(h+h_1)l$ 及有关参数代入式(3-52)得：

$$\frac{\rho g(h+h_1)}{\left(i-\frac{1}{2}\sin \theta_1\right)(i-\sin \theta_1)} \leqslant 0.15\sigma_c \tag{3-53}$$

为了满足上述条件，承载层及载荷层总厚度 $h+h_1$ 必须满足下述条件：

$$h+h_1 \leqslant \frac{0.15\sigma_c}{\rho g}\left(i^2-\frac{3}{2}i\sin \theta_1+\frac{1}{2}\sin^2\theta_1\right) \tag{3-54}$$

将此关系同样绘入图 3-35(b)中，可得在不同 i 时的 $h+h_1$ 与 θ_1 关系曲线。由图可知，$h+h_1$ 将随 θ_1 的增加而减小，即随 θ_1 的增加，回转变形失稳的可能性增大。

3. “砌体梁”结构的“S-R”稳定理论

由前面分析可知，随着回采工作面的推进，上覆岩层所形成的“砌体梁”的稳定性主要受关键块控制。它既要防止在 θ_1 角较小时(岩层刚断裂时)可能形成的滑落失稳(S)，又要防止在 θ_1 角增大时咬合点挤碎而形成的回转变形失稳(R)。满足这两个条件下的“砌体梁”结构才是稳定的，因而称之为“砌体梁”结构的“S-R”稳定理论，其 S 条件以式(3-50)表示，R 条件以式(3-54)表示。

由此在图 3-35 中可找到“砌体梁”结构保持“S-R”稳定的范围及其相应的 θ_1 角。

由图 3-35 可知，影响关键块滑落失稳的关键是此结构负载岩层厚度 $h+h_1$。例如以 $\sigma_c=60$ MPa 计，$h+h_1$ 仅为 7.2 m。影响回转变形失稳的关键是回转角 θ_1，而回转角将决定于

$$\sin\theta_1=\frac{1}{l}\left[m-\sum h(K_p-1)\right] \tag{3-55}$$

因此，若 m 越小，$\sum h$ 越大，且 l 又比较长，则不易产生回转变形失稳。

此时，根据采区岩层柱状分层性质及其采高，就可对结构稳定性作出判断：

① 当 $h+h_1$ 不能满足式(3-50)时，应防止工作面沿煤壁的顶板切落，加强支架的初撑力以防止工作面出现压垮型事故。

② 当最终回转角超出变形稳定范围时，例如 $\sum h/m$ 过小或采高过大等，应注意支架刚度的调节，以及保证支架有足够的稳定性，防止工作面发生推垮型事故。

第七节　基本顶断裂在岩体内引起的扰动

一、模型的建立

前文分析基本顶断裂时，未考虑梁或板的基础特性，而是简化为刚性基础来处理的。事实上，基本顶下一定厚度的岩层为弹性介质，因此采场前方基本顶岩层是作用在弹性基础上的平面应变梁或板，并认为近似地满足 Winkler(温克勒)弹性地基假定，即

$$p=-ky \tag{3-56}$$

式中　p——作用在基本顶上的由于采动所造成的扰动压力；

y——基本顶的竖向位移；

k——Winkler 地基系数，与上下夹支的软岩层(在基本顶下边的直接顶、煤层和底板)的厚度和力学性质有关。

由此可将所讨论的基本顶简化为图 3-36 所示的形式，图中(a)为断裂前的力学模型，(b)为断裂后的力学模型。

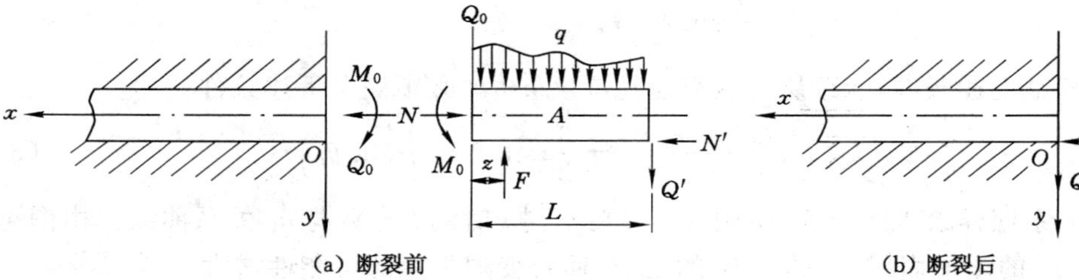

图 3-36　基本顶断裂前后的力学模型

图 3-36 中，M_0，Q_0，N 为与工作面煤壁位置($x=0$)所对应的梁截面内力。由于受到采

动影响，上下夹支的软岩层将对该梁作用一分布压力。基本顶在工作面上方的悬伸段长度为 L，力 N' 与 Q' 为已经断裂了的岩块对悬伸段的作用力，q 为悬伸段所受的分布载荷，支架阻力 F 到煤壁的距离为 z。

基本顶断裂后，M_0 降为 0，Q_0 与 N 将改变为断裂了的岩块对未断裂岩梁的作用力 Q' 与 N'。

二、基本顶的平衡微分方程及其解

将基本顶岩层视为半无限长梁，受到横向分布载荷 p 及轴向力 N 作用。参照 Timoshenko（铁木辛柯）的解，梁的弯曲变形微分方程可以写成：

$$EIy'''' + Ny'' = p \tag{3-57}$$

式中，EI 为抗弯刚度。

在平面应变条件下，基本顶的弹性模量 E 应取值为 $E/(1-\mu^2)$，μ 为泊松系数。

将式(3-56)代入式(3-57)，并令

$$\left.\begin{aligned} s &= N/EI \\ r^2 &= k/EI \end{aligned}\right\} \tag{3-58}$$

则

$$y'''' + sy'' + r^2 y = 0 \tag{3-59}$$

设方程(3-59)有解 $y = Ae^{\lambda x}$，代入方程得特征方程：

$$\lambda^4 + s\lambda^2 + r^2 = 0 \tag{3-60}$$

解出特征根为

$$\lambda_{1,2,3,4} = \pm[-s/2 \pm (s^2/4 - r^2)^{1/2}]^{1/2} \tag{3-61}$$

在式(3-58)中考虑到轴向力 N 的实际数值较小，使得 $s<r$，可将特征根写成复数形式，即

$$\lambda_{1,2,3,4} = \pm\alpha \pm i\beta \tag{3-62}$$

其中

$$\left.\begin{aligned} \alpha &= (r/2 - s/4)^{1/2} \\ \beta &= (r/2 + s/4)^{1/2} \end{aligned}\right\} \tag{3-63}$$

由此得到方程(3-59)的通解：

$$y = A\mathrm{ch}\,\alpha x\cos\beta x + B\mathrm{ch}\,\alpha x\sin\beta x + C\mathrm{sh}\,\alpha x\cos\beta x + D\mathrm{sh}\,\alpha x\sin\beta x \tag{3-64}$$

在 $x=0$ 处有边界条件：$y=y_0$；$\theta=y'=y'_0$；$M_0=EIy''_0$；$Q_0=EIy'''_0+Ny'_0$。最后一个条件考虑了轴向力 N 对剪切力 Q_0 的影响。将方程(3-59)对 x 积分一次即可得此条件。分别求出式(3-64)直到 3 阶的导数，并利用 $x=0$ 处边界条件求得各常数为：

$$\left.\begin{aligned} A &= y_0 \\ B &= [(r+s)y'_0 + y'''_0]/(2\beta r) \\ C &= [(r-s)y'_0 - y'''_0]/(2\alpha r) \\ D &= (2y''_0 + sy_0)/(4\alpha\beta) \end{aligned}\right\} \tag{3-65}$$

将式(3-65)代入式(3-64)即可得到由 $x=0$ 处的 y_0, y'_0, y''_0, y'''_0 所表达的变形曲线方程。因式(3-64)还可以改写为：

$$y = \frac{1}{2}e^{\alpha x}[(A+C)\cos\beta x + (B+D)\sin\beta x] +$$

$$\frac{1}{2}e^{-\alpha x}[(A-C)\cos\beta x+(B-D)\sin\beta x] \tag{3-66}$$

由边界条件 $x\to\infty, y\to 0$ 可知：

$$\left.\begin{array}{l}A+C=0\\B+D=0\end{array}\right\} \tag{3-67}$$

故不难解出

$$y''_0=-ry_0-2\alpha y' \tag{3-68}$$

$$y'''_0=2\alpha ry_0+(r-s)y'_0 \tag{3-69}$$

将式(3-65)、式(3-68)及式(3-69)代入式(3-66)后得基本顶的变形曲线方程为：

$$y=e^{-\alpha x}\left[\frac{rM_0+2\alpha Q_0}{EIr(r-s)}\cos\beta x-\frac{2\alpha rM_0+sQ_0}{2EIr(r-s)\beta}\sin\beta x\right] \tag{3-70}$$

对式(3-70)逐次求导，便可求出岩层截面转角 θ、弯矩 M 及剪切力 Q 的公式，即

$$\theta=y'=e^{-\alpha x}\left[-\frac{2\alpha M_0+Q_0}{EI(r-s)}\cos\beta x-\frac{sM_0+2\alpha Q_0}{2EI(r-s)\beta}\sin\beta x\right] \tag{3-71}$$

$$M=EIy''=e^{-\alpha x}\left[M_0\cos\beta x+\frac{\alpha(r+s)M_0+rQ_0}{(r-s)\beta}\sin\beta x\right] \tag{3-72}$$

$$Q=EIy'''=e^{-\alpha x}\left[\frac{2\alpha sM_0+rQ_0}{r-s}\cos\beta x-\frac{(2r^2-s^2)M_0+2\alpha rQ_0}{2(r-s)\beta}\sin\beta x\right] \tag{3-73}$$

当 $x=0$ 时变形数值为

$$y_0=\frac{rM_0+2\alpha Q_0}{EIr(r-s)} \tag{3-74}$$

对于悬伸段，若假设所承受上部软岩层的重力(包括基本顶自重)q 为均布载荷，则

$$M_0=\frac{1}{2}q_cL^2+Q'L+N'\Delta-Fz \tag{3-75}$$

$$Q_0=q_cL+Q'-F \tag{3-76}$$

其中悬伸端相对于 $x=0$ 端的下沉量为：

$$\Delta=\theta_0L+\frac{Q'}{3EI}L^3+\frac{q_c}{8EI}L^4-\frac{Ez^2}{6EI}(3L-z) \tag{3-77}$$

根据上述分析计算，可将基本顶的垂直位移公式(3-70)写成

$$y=Ye^{-\alpha x}\cos(\beta x-\varphi) \tag{3-78}$$

式中，φ 为岩石的内摩擦角；Y 计算公式为：

$$Y=\frac{M_0[r+w^2+2\alpha(1+s/r)w]^{1/2}}{EIr\beta} \tag{3-79}$$

$$\tan\varphi=\frac{2r\alpha+sw}{2\beta(r+2\alpha w)} \tag{3-80}$$

$$w=Q_0/M_0 \tag{3-81}$$

此外，按照式(3-56)，作用在基本顶上的扰动压力 p 与竖向位移 y 除了相差一常数因子 $-k$ 外，具有相同的变化规律，即

$$p=-kYe^{-\alpha x}\cos(\beta x-\varphi) \tag{3-82}$$

由此可见，基本顶竖向位移 y 及所受扰动压力 p 为按照负指数 $e^{-\alpha x}$ 规律衰减的余弦函数。变形波的周期长度为：

$$t=2\pi/\beta=4\pi/(2r+s)^{1/2} \tag{3-83}$$

三、基本顶梁式断裂步距

基本顶的断裂位置可按最大弯矩(剪切力为0)所在的位置计算,其方法如下:

$$\frac{2\alpha M_0 s+rQ_0}{r-s}\cos\beta x-\frac{(2r^2-s^2)M_0+2\alpha rQ_0}{2(r-s)\beta}\sin\beta x=0$$

即

$$\tan\beta x=\frac{2\beta(2\alpha M_0 s+rQ_0)}{(2r^2-s^2)M_0+2\alpha rQ_0} \tag{3-84}$$

鉴于在一般情况下 s 远小于 r,因此上式可忽略 s^2 项,则最大弯矩所在位置为:

$$x_\beta=\frac{\tan^{-1}\left[\frac{\beta(2\alpha M_0 s+rQ_0)}{r^2M_0+\alpha rQ_0}\right]}{\beta} \tag{3-85}$$

最大弯矩值为:

$$M_{\max}=M_0\cdot e^{-\alpha x_\beta}\left[\cos\beta x_\beta+\frac{\alpha(r+s)+rQ_0/M_0}{\beta(r-s)}\sin\beta x_\beta\right] \tag{3-86}$$

设基本顶的抗拉强度为 σ_t,抗弯截面模量为 $W=h^2/6$。根据梁的强度理论可得 $\sigma_{\max}=M_{\max}/W$,当 $\sigma_{\max}=\sigma_t$ 时,基本顶悬露长度达到极限状态。联立式(3-75)、式(3-76)和式(3-86),就可求得基本顶断裂时的悬露长度 L。基本顶的周期断裂步距为:

$$L_z=x_\beta+L \tag{3-87}$$

用同样的方法也可得到基本顶的初次断裂步距。

四、基本顶梁式断裂在岩体内引起的扰动

当基本顶断裂后,基本顶的竖向位移将发生变化,此时 M_0 将变为0,$Q_0=Q'$。因此,基本顶岩层的竖向位移 y、弯矩 M 及梁内剪切力 Q_s 变化如下:

$$y=e^{-\alpha x}\left[\frac{2\alpha Q'}{EIr(r-s)}\cos\beta x+\frac{sQ'}{2EIr(r-s)\beta}\sin\beta x\right] \tag{3-88}$$

$$M=e^{-\alpha x}\left[\frac{rQ'}{(r-s)\beta}\sin\beta x\right] \tag{3-89}$$

$$Q_s=e^{-\alpha x}\left[\frac{rQ'}{r-s}\cos\beta x-\frac{2r\alpha Q'}{2(r-s)\beta}\sin\beta x\right] \tag{3-90}$$

对照式(3-88)与式(3-70)可知,在岩层断裂时,在一部分区域基本顶岩层将发生“上升”,而在另一部分区域基本顶岩层对直接顶进一步“加压”。前者称为“反弹”现象,其区域称反弹区;后者则称为“压缩”现象,其区域称为压缩区。

反弹区的求取,可使式(3-70)与式(3-88)相等,而后求取 x,即由基本顶断裂处至 x 处弹性基础将形成“反弹”,而大于 x 的部分区域将形成“压缩”。即

$$e^{-\alpha x}\left[\frac{rM_0+2\alpha Q_0}{EIr(r-s)}\cos\beta x-\frac{2\alpha rM_0+sQ_0}{2EIr(r-s)\beta}\sin\beta x\right]$$
$$=e^{-\alpha x}\left[\frac{2\alpha Q'}{EIr(r-s)}\cos\beta x-\frac{sQ'}{2EIr(r-s)\beta}\sin\beta x\right]$$

即

$$\tan\beta x=\frac{2\beta rM_0+4\alpha\beta(Q_0-Q')}{2\alpha rM_0-s(Q_0-Q')}$$

$$x=\frac{\tan^{-1}\left[\frac{2\beta rM_0+4\alpha\beta(Q_0-Q')}{2\alpha rM_0-s(Q_0-Q')}\right]}{\beta} \tag{3-91}$$

若忽略 $s(Q_0-Q')$ 项，且取 $\alpha=\beta$，则

$$x=\frac{\tan^{-1}\left[1+\frac{2\beta(Q_0-Q')}{rM_0}\right]}{\beta} \tag{3-92}$$

当 x 进入下述区间时，随着基本顶岩层的断裂，它形成的竖向位移对于直接顶岩层及煤层形成了压缩区，即

$$\frac{\pi+\tan^{-1}\left[1+\frac{2\beta(Q_0-Q')}{rM_0}\right]}{\beta}\geqslant x\geqslant\frac{\tan^{-1}\left[1+\frac{2\beta(Q_0-Q')}{rM_0}\right]}{\beta} \tag{3-93}$$

最大的反弹值可以从式(3-70)与式(3-88)的差值求取：

$$(\Delta y)_{\max}=\frac{rM_0+2\alpha Q_0}{EIr(r-s)}-\frac{2\alpha Q'}{EIr(r-s)}=\frac{rM_0+2\alpha(Q_0-Q')}{EIr(r-s)} \tag{3-94}$$

显然，它随着 M_0、E、I 和 k 等数值的变化而变化。

上述是以基本顶作为支撑于弹性基础上的岩梁进行计算的结果。

五、实例分析

为了说明实际情况，可按照一般煤层赋存条件举例说明。

例如基本顶为砂岩层，厚 4 m，其上为 2 m 厚的页岩层，显然此页岩层将视为基本顶岩层上的载荷，随基本顶岩层的变形而变形。

设砂岩层的弹性模量 $E=30$ GPa；取平面问题，岩层的 $I=bh^3/12$（取 $b=1$ m），则 $I=5.33\ \text{m}^4$，砂岩的重力密度 $\gamma=25\ \text{kN/m}^3$。

首先粗算基本顶的断裂步距 L，为了简化起见，按 $M_0=(R_s+N/bh)bh^2/6$ 进行计算。

$$M_0=\frac{\gamma}{2}(2+4)L'^2+Q'L'+N\frac{h}{2}+N\Delta s_1-Fz$$

$$N=\frac{LQ'}{2(h-\Delta s)}$$

式中 Δs_1——悬伸端相对于 $x=0$ 处的下沉量；

L'——悬伸部分的长度。

若取 B 岩块断裂长度与 A 岩块相等，则 $\Delta s=h/6$。同时考虑支架在控制直接顶后，对基本顶岩层控制影响甚微（主要是由于煤壁支撑影响角 θ 的影响），因而不计 F 及 Fz。且由于 Δs_1 值较小，因而 $N\Delta s_1$ 也暂忽略不计。因此

$$M_0=\frac{1}{2}(6\times25)L'^2+(6\times25)L'^2+\frac{6\times25\times L'^2}{2\times4\times\frac{5}{6}}\times\frac{4}{2}=270L'^2\quad(\text{kN}\cdot\text{m})$$

$$N=\frac{6\times25\times L'^2}{2\times4\times\frac{5}{6}}=\frac{45}{2}L'^2\quad(\text{kN})$$

取砂岩层的抗拉强度 $R_T=6$ MPa，则可求得 $L'=7.92$ m。因此

$$M_0=16.94\ \text{MN}\cdot\text{m},\quad N=1.41\ \text{MN}$$

$$Q' = 1.19\ \text{MN},\quad Q_0 = 2.38\ \text{MN}$$

$$s = N/EI = 0.000\,008\,8\ \text{m}^2$$

考虑各种不同的垫层系数 k，相应的 r，α，β 值以及超前断裂位置 x_β 值如表 3-3 所列。从表中可以看出，随着垫层系数不断增大，超前断裂位置距煤壁的距离越来越近，当垫层系数趋于无穷大即变为刚体时，模型可简化为两端固支梁（初次断裂）或悬臂梁（周期断裂）。

表 3-3　不同的垫层系数 k 相应的 r、α、β 值和断裂位置 x_β 值

k/MPa	0.5×10^2	1.0×10^2	1.5×10^2	2.0×10^2	2.5×10^2	5.0×10^2	10.0×10^2
r/m^{-2}	0.017 7	0.025 0	0.030 6	0.035 4	0.039 5	0.055 9	0.079 0
α/m^{-1}	0.094 0	0.112 0	0.124 0	0.133 0	0.140 0	0.167 0	0.198 7
β/m^{-1}	0.094 0	0.112 0	0.124 0	0.133 0	0.140 0	0.167 0	0.198 7
x_β/m	4.303	3.297	2.811	2.506	2.290	1.722	1.286

由于在一般情况下 r 远大于 s，因此由表 3-3 可知，α 与 β 值可视为相等。

为了求得基本顶岩层断裂前后 y 和 M 的变化值，现取 $k=1.0\times10^2$ MPa 进行计算。

将上述各有关数值代入相应的公式，可得基本顶岩层断裂前的 y 和 M 值为：

$$y = \mathrm{e}^{-0.112x}[0.009\,58\cos(0.112x) - 0.004\,2\sin(0.112x)]$$

$$M = \mathrm{e}^{-0.112x}[16.94\cos(0.112x) + 38.207\,6\sin(0.112x)]$$

基本顶岩层断裂后的 y 和 M 值为：

$$y_\text{F} = \mathrm{e}^{-0.112x}[0.002\,67\cos(0.112x) + 0.000\,000\,43\sin(0.112x)]$$

$$M_\text{F} = 10.628\mathrm{e}^{-0.112x}\sin(0.112x)$$

根据计算结果可得表 3-4。

表 3-4　基本顶断裂前、后位移与弯矩变化值

	x/m	0	1	2	3	4	5	6	7	8	9	10	15	20	25	30
断裂前	y/mm	9.58	8.10	6.72	5.50	4.35	3.36	2.49	1.74	1.10	0.57	0.13	−0.97	−0.98	−0.63	−0.29
	M/(MN·m)	16.94	18.86	19.98	20.43	20.32	19.79	18.91	17.79	16.49	15.09	13.62	6.73	2.07	−0.19	−0.86
断裂后	y/mm	2.67	2.37	2.10	1.80	1.54	1.30	1.07	0.86	0.68	0.52	0.38	−0.05	−0.18	−0.15	−0.09
	M/(MN·m)	0	1.06	1.88	2.50	2.94	3.22	3.37	3.42	3.38	3.28	3.12	1.96	0.89	0.22	−0.08

用图表示时，如图 3-37 所示。

由图 3-37 可知，基本顶断裂后在一定区域内出现了“反弹”现象，而在另一些区域则出现了“压缩”现象。基本顶岩层的反弹值 Δy，在基本顶断裂处达到最大，其值将随 M_0，E，I 和 k 等数值的变化而变化。若仍以上述条件为计算依据，仅改变各种不同的垫层系数 k，则基本顶岩层的反弹区及最大反弹值 Δy_{max} 的变化如表 3-5 所列。

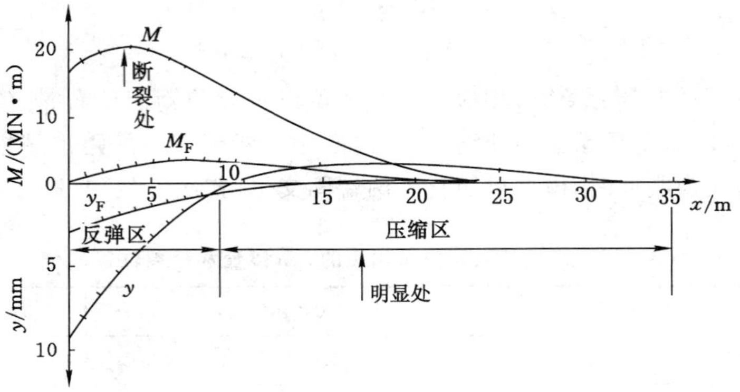

图 3-37 基本顶断裂前后的弯矩与竖向位移变化

表 3-5 不同垫层系数 k 的反弹区与反弹值

k/MPa	0.5×10^2	1.0×10^2	1.5×10^2	2.0×10^2	2.5×10^2	5.0×10^2	20.0×10^2
反弹区 x/m	11.20	9.10	8.10	7.47	7.00	5.75	4.70
最大反弹值 Δy_{max}/mm	10.46	6.91	5.43	4.60	4.00	2.69	2.00

由表 3-5 可知，直接顶与煤层的垫层系数越大，则反弹区及反弹值越小；而垫层系数越小，则上述数值越大。

事实上，基本顶岩层应视为板，而且应视为弹性基础上的板，显然它的断裂将在其四周岩体内引起波动，这种波动方式仍然表现为弹性基础上的“反弹”与“压缩”。这种波动不仅在工作面中部前后有所反应，而且在上、下两巷中同样应有所反应。因此，利用这种信息可以对基本顶岩层的断裂进行预测预报。

第八节　岩层控制的关键层理论

一、关键层的概念

众所周知，由于成岩时间及矿物成分不同，煤系地层形成了厚度不等、强度不同的多层岩层。由于煤系地层的分层特性差异，因而各岩层在岩体活动中的作用是不同的。有些较为坚硬的厚岩层在岩体活动中起控制作用，即起承载主体与骨架作用；有些较为软弱的岩层在岩体活动中起载荷作用，其自重大部分由坚硬的厚岩层承担。因而，我们把在岩体活动中起主要控制作用的岩层称为关键层。于是，关键层的定义可表述为：在采场覆岩层中存在多个岩层时，对岩体活动全部或局部起控制作用的岩层称为关键层。关键层判别的主要依据是其变形和破断特征，在关键层破断时，其上部全部岩层或局部岩层的下沉变形是相互协调一致的，前者称为岩层活动的主关键层，后者称为亚关键层。也就是说，关键层的断裂将导致全部或相当部分的上覆岩层产生整体运动。显然，关键层的断裂步距即为上部岩体全部或部分岩层的断裂步距，从而引起明显的岩层运动和矿压显现。关键层在采动覆岩中的作用，上可影响至地表，下可影响至采场和支架，内部影响到采动裂隙与应力的分布和流体的运移，因而它可作为矿山压力、岩层移动及地表沉陷、采动岩体内流体运移一体化研究的基础。

一般情况下，基本顶就是对采场矿山压力显现产生直接影响的第一层亚关键层，但在一些特殊条件下，上覆第二层亚关键层甚至最上部的主关键层也会对采场矿压显现产生明显影响。

一般来说，关键层即为主承载层，是上覆岩层中的“大结构”，在破断前以“板”（或简化为“梁”）结构的形式承受上覆岩层的大部分重量，断裂后则可形成“砌体梁”结构继续起到承载作用。

采场上覆岩层中的关键层有如下特征：

① 几何特征，相对其他同类岩层单层厚度较厚；

② 岩性特征，相对其他岩层较为坚硬，即弹性模量较大，强度较高；

③ 变形特征，关键层下沉变形时，其上覆全部或局部岩层同步协调下沉；

④ 破断特征，关键层的破断将导致全部或局部上覆岩层的同步破断，引起较大范围内的岩层移动；

⑤ 承载特征，关键层破断前以“板”（或简化为“梁”）的结构形式作为全部岩层或局部岩层的承载主体，破断后则成为“砌体梁”结构，继续成为承载主体。

根据关键层的定义，上覆岩层可划分为若干组，每组以关键层为底层，其上覆的软弱岩层为载荷层，每层关键层的断裂将导致其组内上覆岩层产生整体运动。图 3-38 所示覆岩中有 3 层关键层，其中图(a)～(d)分别表示了 3 层关键层由下往上动态运动过程。

为了弄清岩层移动由下往上传递的动态过程，并对岩层移动过程中形成的采场矿压显现、煤岩体中水与瓦斯的流动和地表沉陷等状态的变化进行有效监测与控制，关键在于弄清具体地质和开采条件下覆岩关键层的破断运动规律。关键层理论为岩层控制研究提供了科学的理论和思想方法，其学术思想的创新主要体现在两个方面：一是从覆岩全柱状角度出发将采动覆岩作为统一的研究整体，避免了以往各学科相对分割的研究状况，实现了矿山压力、岩层移动与地表沉陷、采动煤岩体中水与瓦斯运移研究的有机统一；二是抓住了控制岩层运动的主要矛盾，即关键层，避免了传统学科中对岩性进行均化处理的不足。

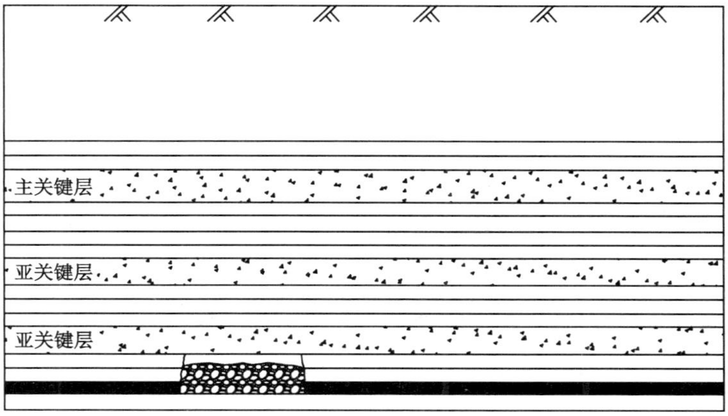

(a) 关键层破断前

图 3-38　采场覆岩关键层结构破断运动过程

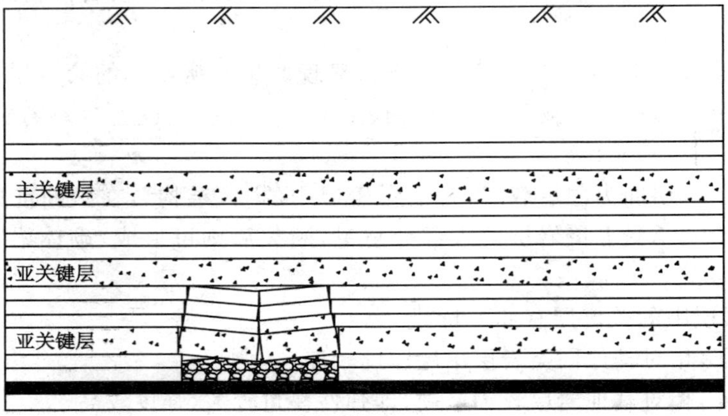

（b）第一层关键层破断

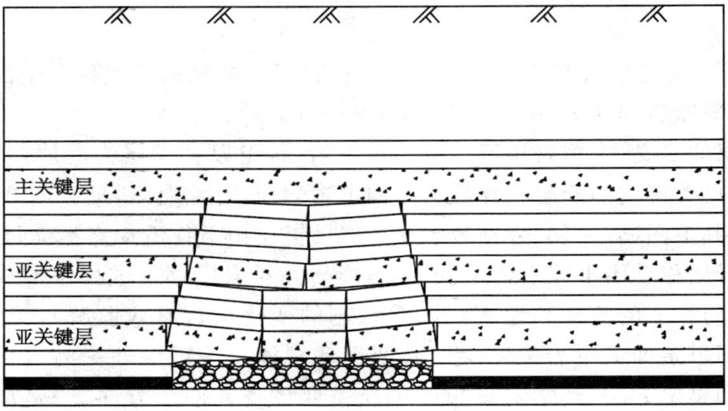

（c）第二层关键层破断

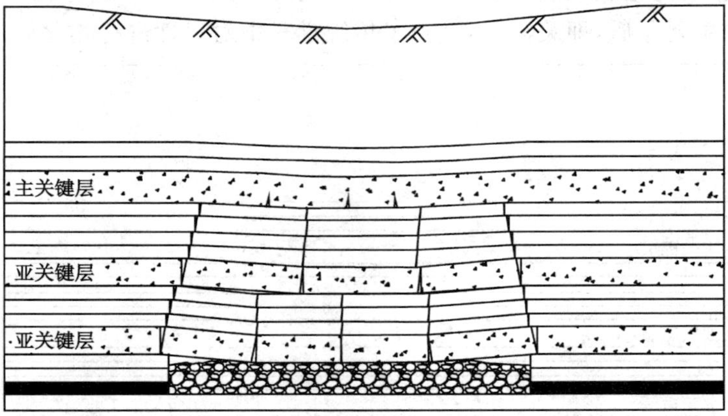

（d）第三层关键层（主关键层）破断

图 3-38（续）

事实上，在“砌体梁”假说中(参见图 3-10)已提出了上覆坚硬岩层的承载骨架作用与岩层成组运动，与关键层的学术思想是一致的。本节仅简单介绍关键层的概念与判别方法，关键层学术思想的具体应用在后续章节中加以介绍。

二、关键层的判别方法

覆岩中的某一层厚硬岩层能否成为关键层由其岩层厚度、刚度、强度和载荷大小而定。

根据关键层的定义与变形特征，在关键层变形过程中，其所控制的上覆岩层随之同步变形，而其下部岩层不与之协调变形，因而它所承受的载荷已不再需要其下部岩层来承担。在图 3-25 中，第 1 层岩层为第一层关键层，它的控制范围达第 n 层，则第 $n+1$ 层岩层成为第二层关键层必然满足：

$$q_{n+1} < q_n \tag{3-95}$$

式中，q_{n+1}，q_n 分别为计算到第 $n+1$ 层与 n 层时，第一层关键层所承受载荷。

式(3-95)形式为载荷的比较，实为关键层的刚度(变形)判别条件，其几何意义为：第 $n+1$ 层岩层的挠度小于下部岩层的挠度，即第 $n+1$ 层岩层为另一层坚硬岩层。

将式(3-13)代入式(3-95)可得判别覆岩坚硬岩层位置的公式如下：

$$E_{n+1} h_{n+1}^2 \sum_{i=1}^{n} h_i \gamma_i > \gamma_{n+1} \sum_{i=1}^{n} E_i h_i^3 \tag{3-96}$$

式中，E，h，γ 分别为岩层的弹性模量、厚度、重力密度，下标为岩层编号。

按照式(3-96)的原则，由下往上逐层判别，直至确定出最上一层可能成为关键层的坚硬岩层位置，设覆岩共有 k 层坚硬岩层。

根据式(3-96)确定出坚硬岩层还必须满足关键层的强度条件，即满足上层坚硬岩层的断裂步距大于下层坚硬岩层的断裂步距，即

$$l_j < l_{j+1} \quad (j=1,2,\cdots,k) \tag{3-97}$$

式中，l_j 为第 j 层坚硬岩层的断裂步距；k 为坚硬岩层层数。

上述坚硬岩层断裂步距可按本章第五节中的梁或板模型进行计算。

应当指出的是，当煤层采出宽度为 l 时，各坚硬岩层的悬空跨距一般小于 l，各坚硬岩层悬空跨距边界(即固支梁支点)的连线与煤层近似呈一内倾的夹角 θ(岩层的平均破断角)。因此，在进行关键层位置判别时，若考虑上、下位坚硬岩层间悬空跨距的差异，则式(3-97)应修正为：

$$l_j + 2H_j \cot\theta < l_{j+1} + 2H_{j+1} \cot\theta \quad (j=1,2,\cdots,k-1) \tag{3-98}$$

式中，H_j，H_{j+1} 分别为第 j，$j+1$ 层坚硬岩层距开采煤层的垂直距离。当 $\theta=90°$ 时，上式变为式(3-97)。

若第 j 层坚硬岩层不满足式(3-98)，则应将第 $j+1$ 层坚硬岩层所控制的全部岩层载荷作用到第 j 层上，重新计算第 j 层坚硬岩层断裂步距后再继续判别。

按照式(3-98)原则，由下往上逐层判别，最终确定出所有关键层位置。

为了说明关键层的判别方法，现以表 3-2 所列岩层为例加以说明。

第一步，按式(3-96)原则判别有可能成为关键层的坚硬岩层位置。前面计算表明 $(q_4)_1 < (q_3)_1$，因此，第一层与第四层岩层分别为覆岩中的两层硬岩层。

第二步，按式(3-98)原则判别关键层位置。按两端固支梁分别计算第 1 层与第 4 层岩层的断裂步距。

$$l_1=h_1\sqrt{\frac{2R_1}{(q_3)_1}}=35.8\ \text{m}$$

假设第 4 层岩层的上覆岩层中无坚硬岩层且所受载荷有两种情况：① $q_4=500$ kPa；② $q_4=200$ kPa。按两端固支梁计算得到的两种情况下第 4 层岩层的断裂步距分别为 29.1 m 与 46 m。

对于第一种情况，由于 $l_4<l_1$，不满足式(3-97)的强度条件，因此仅第 1 层岩层为关键层。对于第二种情况，由于 $l_4>l_1$，因此第 1 层与第 4 层岩层皆为关键层。可见，坚硬岩层承担载荷大小对其是否成为关键层影响较大。

由关键层的定义和判别方法可知，判别覆岩中关键层位置的步骤包括如下三步：

第一步，由下往上确定覆岩中的坚硬岩层位置，按式(3-95)进行判别。具体方法为：先确定煤层上方第 1 层硬岩，然后从第 1 层硬岩($i=1$)开始往上逐层判别，直到确定出最上一层坚硬岩层(设为第 k 层坚硬岩层)。

第二步，计算各坚硬岩层的断裂步距，具体方法参照本章第五节。

第三步，按式(3-96)原则对各坚硬岩层的断裂步距进行比较来确定关键层位置，具体方法为：

① 第 i 层坚硬岩层若为关键层，其断裂步距应大于其下部所有坚硬岩层的断裂步距，即满足 $l_i>l_j(i=2,3,\cdots,k,\ j=1,\cdots,i-1)$。

② 若第 i 层坚硬岩层断裂步距 l_i 小于其下方第 $i-1$ 层坚硬岩层断裂步距 l_{i-1}，则将第 i 层坚硬岩层承受的载荷加到第 $i-1$ 层坚硬岩层上，重新计算第 $i-1$ 层坚硬岩层的断裂步距，重新计算结果；若 $l_{i-1}<l_i$，则取 $l_{i-1}=l_i$，说明此时第 $i-1$ 层硬岩破断受控于第 i 层硬岩，即第 i 层硬岩破断前，第 $i-1$ 层硬岩不破断，一旦第 i 层硬岩破断，其载荷作用于第 $i-1$ 层硬岩上，导致第 $i-1$ 层硬岩随之破断。这便是所谓的关键层复合破断[5]。

③ 从最上一层坚硬岩层(即第 k 层坚硬岩层)开始逐层往下来判别 $l_i>l_j(i=2,3,\cdots,k,j=1,2,\cdots,i-1)$是否成立及当 $l_i<l_{i-1}$ 时重新计算第 $i-1$ 层坚硬岩层断裂步距。

例如，由第一、二步确定出覆岩中有 3 层坚硬岩层，由下往上各自断裂步距分别为 l_1，l_2，l_3，根据上述原则确定关键层位置的流程如图 3-39 所示。

采用手工进行关键层判别计算相当繁杂，为此编制了关键层判别软件(KSPB)[18]。运用关键层判别软件，从煤层上方第 1 层岩层开始逐层输入各岩层的厚度、重力密度、弹性模量、抗拉强度、岩层破断角(默认状态下为 90°)和表土层载荷折减系数(默认状态为 1.0)等参数，计算机就能自动进行关键层位置判别并输出柱状图。

举例：采用关键层判别软件对某矿 2-1 煤上覆岩层进行关键层判别，结果见图 3-40。可见，基岩内存在 2 层关键层，由下往上分别为厚 6.25 m 的中砂岩和厚 7.36 m 的粉砂岩。

对采场覆岩关键层位置的判别是基于关键层理论开展岩层控制研究的基础和前提，从某种角度而言，具体条件下基于关键层理论开展岩层控制研究实际上就是找出覆岩关键层位置的过程。上述关键层判别方法的准确性受到原始岩层柱状和有关岩层参数取值的影响，可以作为开采前的参考并在开采过程中通过相关实测结果加以验证。

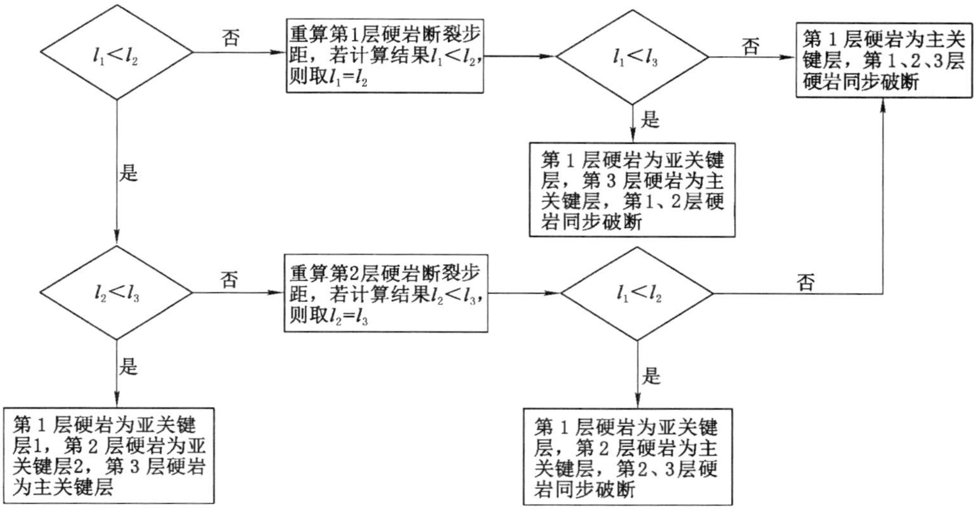

图 3-39　覆岩为三层坚硬岩层时关键层判别流程图

层号	厚度/m	埋深/m	岩层岩性	关键层位置	硬岩层位置	岩层图例
13	70.00	70.00	松散层			
12	7.36	77.36	粉砂岩	主关键层	第 2层坚硬岩层	
11	0.40	77.76	泥岩			
10	1.80	79.56	砂质泥岩			
9	4.94	84.50	细砂岩			
8	0.50	85.00	2-3煤			
7	3.00	88.00	中砂岩			
6	1.20	89.20	砂质泥岩			
5	6.25	95.45	中砂岩	亚关键层	第 1层坚硬岩层	
4	2.10	97.55	细砂岩			
3	0.45	98.00	煤层			
2	0.90	98.90	中砂岩			
1	1.00	99.90	砂质泥岩			
0	5.05	104.95	2-1煤			

图 3-40　某矿 2-1 煤覆岩关键层判别结果

习　　题

1. 如何解释通常情况下采场支架仅承担了上覆岩层重量的很小部分？

2. 简述开采后上覆岩层形成的“大结构”形式。

3. 简述覆岩关键层的判别方法。简述关键层理论的基本学术思想。

4. 试分析基本顶在达到极限跨距时，是以剪切断裂为主还是以弯曲断裂为主。

5. 试分析采用梁模型和板模型计算基本顶初次断裂步距的差异。什么条件下采用梁模型和板模型计算的基本顶初次断裂步距结果近似相同？

6. 怎样理解长壁工作面基本顶初次破断后的三铰拱或梁式结构？

7. 试绘出表 3-2 中第一层坚硬岩层的弯矩及剪切力图（以本部分中所举实例为准），并分析当其达到极限跨距时能否形成三铰拱式的平衡（设 $\tan\varphi=0.8$，$\theta=0$）。若由于水的影响使 $\tan\varphi$ 值降至 0.3，试问此时能否形成平衡？

8. 试分析采场上覆岩层所形成的结构的失稳条件。

9. 简述直接顶初次垮落前易离层的原因。

10. 简述岩石破碎后的碎胀特征及其在控制顶板压力中的作用。

11. 基本顶破断时在岩体内将引起什么性质的扰动？其特点是什么？有何实用意义？

第四章　采场矿山压力显现基本规律

第一节　概　述

在实际生产过程中，回采工作面常有下述一系列矿山压力显现的现象，并且习惯上用这些现象作为衡量矿山压力显现程度的指标。

一、顶板下沉量

顶板下沉量一般是指煤壁到采空区放顶线的顶底板相对移近量。随着工作面推进，顶底板处于不断移近的状态。由于缓倾斜及倾斜工作面底板鼓起量比较小，因而常常可以忽略不计，为此将顶底板移近量简称为顶板下沉量。实际测定时常常是在工作面煤壁刚悬露的顶底板处设置测点，随着工作面的推进，测得由煤壁到采空区放顶线处的顶底板移近量，它可以作为衡量顶底板状态的一个指标。图 4-1 所示为某单体支柱工作面在基本顶初次破断前和初次破断时顶板下沉量曲线的实测结果，可见基本顶的破断会导致顶板下沉量明显增大。图 4-2 所示为某综采面单循环内顶板下沉量曲线。

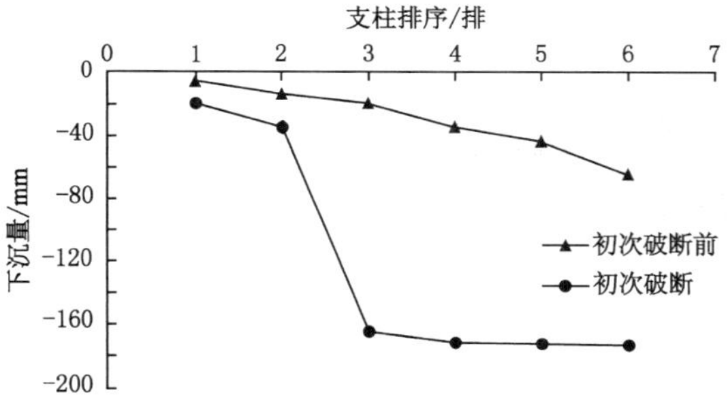

图 4-1　基本顶初次破断前和初次破断时顶板下沉量曲线

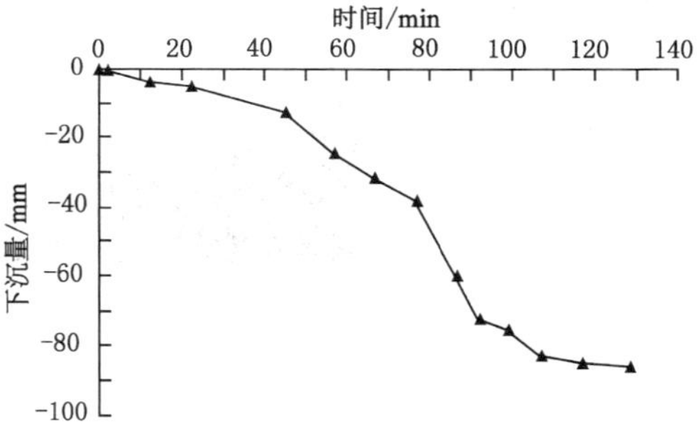

图 4-2　单循环内顶板下沉量曲线

二、顶板下沉速度

顶板下沉速度是指单位时间内的顶底板移近量，单位为 mm/h 或 mm/min，它表示顶底板活动的剧烈程度。图 4-3 表示在一个工作面测得的顶板下沉速度变化情况。

三、支柱变形与折损

随着顶板下沉，回采工作面支柱受载逐渐增加，支柱活柱下缩量增加，剧烈时可能会导致支柱的折损。

四、顶板破碎情况

工程中通常以单位面积顶板中冒落面积所占的百分数来表示顶板破碎情况。它常常

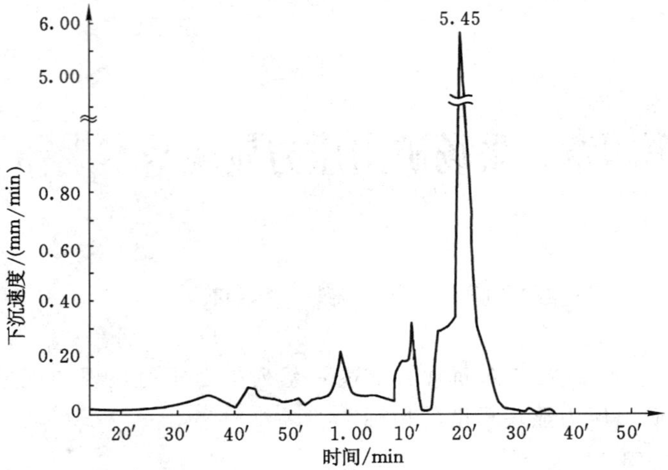

图 4-3 工作面所测顶板下沉速度变化情况

是衡量顶板管理质量好坏的标准。

五、煤壁片帮

煤壁片帮是指回采工作面煤壁在矿山压力作用下变形、破坏而塌落的现象。基本顶在断裂后的回转过程中产生对煤壁的作用力,引起煤壁片帮,因而它可作为工作面来压的预兆,同时煤壁片帮范围与片帮深度反映了工作面矿压显现的剧烈程度。图 4-4 为工作面煤壁片帮示意图。

图 4-4 工作面煤壁片帮示意图

六、局部冒顶

局部冒顶是指回采工作面顶板形成局部塌落,导致支架顶梁不接顶,影响回采工作的正常进行。

七、工作面顶板沿煤壁切落(大面积冒顶)

工作面顶板沿煤壁切落是指回采工作面由于顶板来压而导致顶板沿工作面煤壁切落。它常常严重影响工作面的生产。

其他还有支柱插入底板、底板鼓起等一系列矿山压力显现现象。

如前所述,回采工作空间是一个小结构,它处于围岩形成的大结构之中。因此,大结构的变形、失稳将直接影响到小结构的状态。同时,大结构周围的支承压力分布情况也将直接影响到煤壁及顶底板岩层的稳定性。

第二节　基本顶的初次来压

当基本顶悬露达到极限跨距时，基本顶断裂并产生回转，形成三铰拱式的平衡，如图 4-5 所示，基本顶破断块体的回转导致工作面顶板的急剧下沉。此时，工作面支架呈现受力普遍加大现象，即为基本顶的初次来压。由开切眼到初次来压时工作面推进的距离称为基本顶的初次来压步距。一般情况下，基本顶的初次来压步距与基本顶初次断裂的极限跨距相当。

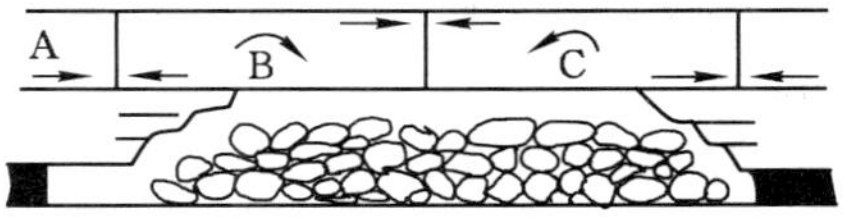

图 4-5　基本顶初次断裂成岩块后的转动

例如，开滦煤矿某工作面初次来压前顶板平均下沉速度为 0～1 mm/h，当工作面推进至距开切眼 31 m 时，基本顶初次来压，顶板下沉速度增加到 5 mm/h，持续约 1 h。这时顶板出现断裂声，煤壁严重片帮，随后顶板产生裂缝，下沉速度急增至 12.9～15.6 mm/h。3 min 后工作面中部顶板趋于稳定，下沉速度又降到 0.75 mm/h。

又如，图 4-6 所示为补连塔煤矿某工作面初次来压前后支架载荷变化曲线。工作面从开切眼割煤至推进距为 48.5 m 处，基本顶初次来压，初次来压前支架载荷一般小于 12 MN，而初次来压时支架载荷突然增加到 16 MN 以上。

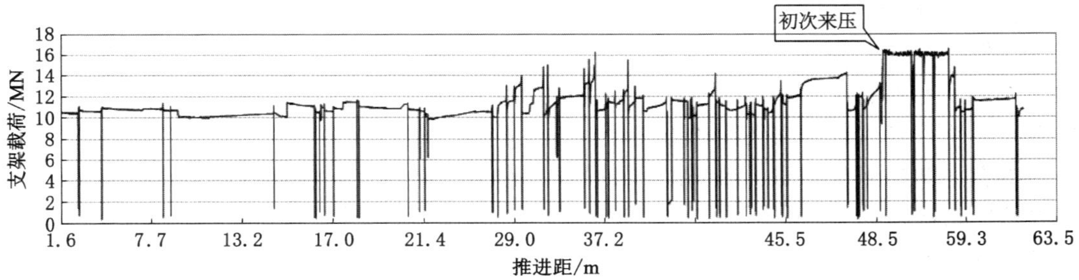

图 4-6　顶板初次来压前后支架载荷变化曲线

初次来压时，当基本顶破断岩块失稳时，形成了岩块滑落，对工作面安全造成严重威胁。图 4-7 表示两个滑落失稳的实例。

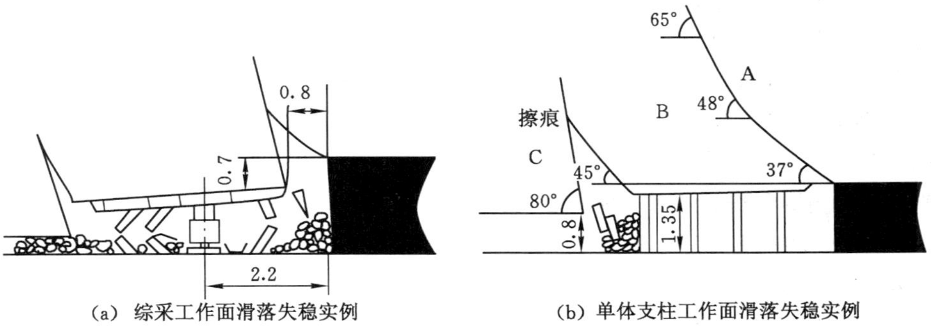

图 4-7　基本顶破断岩块滑落失稳的两个实例(单位:m)

基本顶初次来压时对工作面支架受力的影响，可用图 4-8 的力学模型来表示。图中 P 为支架的反力，Q_1和 Q_2分别为直接顶和基本顶需要支架承担的载荷，q 为基本顶的载荷集度，L_c为破断块体长度，h_c 为破断块体厚度，T 为水平推力，R_t为采空区对基本顶的支撑反力。

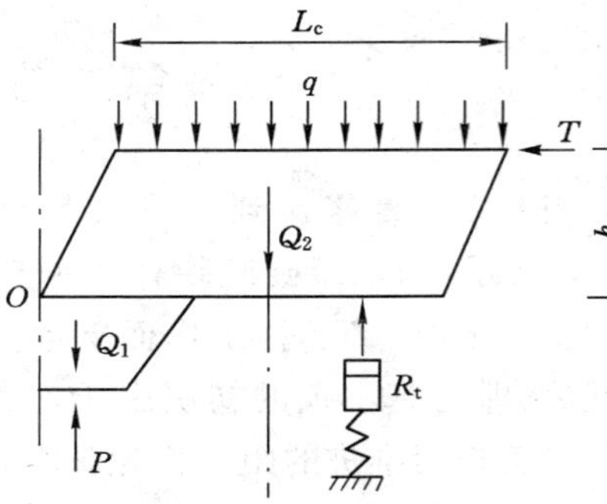

图 4-8 基本顶初次来压的力学模型

由图 4-8 可知，由反力 P 形成的反力矩（以 O 为轴）难以平衡由 Q_2所形成的力矩，因此，基本顶岩块的回转在一定程度上是不可避免的。此时，为了不使基本顶沿工作面发生切落，支架的工作阻力应等于 Q_1与 Q_2之和。只有当基本顶岩层在采空区接触到冒落矸石后形成反力 R_t，冒落矸石才有可能承担部分基本顶的载荷，使工作面支架所受的载荷减小。由此可知，由于基本顶破断岩块回转的影响，工作面顶板必然发生下沉。这种现象是不可避免的，是回采工作空间的地下结构物与其他构筑物的重要区别之一。

随着工作面自开切眼后的持续推进，采出空间不断加大，上覆基本顶悬露的长度也随之加大。显然，回采工作面煤壁上所承受的支承压力将随着基本顶跨度的加大而增加，即刚从开切眼推进时为最小，在初次来压前则达到最大。也就是说，在基本顶初次破断来压前，回采工作面的顶板压力并不大，但煤壁内的支承压力却达到了这种情况下的最大值。所以，煤壁的变形与塌落（片帮）常常是预示工作面顶板来压的一个重要标志。煤壁前方强大的支承压力可能导致直接顶在煤壁前方形成剪切破坏，从而形成预生裂隙，这对回采工作空间的顶板管理显然也是不利的。

基本顶初次来压比较突然，来压前回采工作空间矿压显现缓和，因而往往容易使人疏忽大意。初次来压时，基本顶跨距比较大，影响的范围也比较广，来压显现较为强烈，工作面易出现顶板事故。因此，在生产过程中应严加注意。

由于基本顶初次来压对工作面的影响较大，因此必须掌握初次来压步距的大小，以便及时采取对策。在来压期间，必须加强支护质量，保证支架的支撑力并加强支架的稳定性。初次来压一般持续长度为 2～3 m，即初次来压开始到结束工作面推进长度达 2～3 m。有时，初次来压持续长度会明显偏大。这与基本顶初次来压步距、基本顶破断块体触矸前的回转量及基本顶载荷等因素有关。

基本顶初次来压步距与来压强度，与基本顶岩层的力学性质、厚度、破断岩块之间互相咬合的条件等有关，同时来压强度也与煤层采高和直接顶厚度有关，采高大而直接顶厚度小时，基本顶初次来压强度偏大。此外，如遇到断层则可能使初次来压步距减小。基本顶初次来压步距是基本顶岩层分类的主要依据（具体参见第五章第二节）。

据大量实测资料统计，我国现有的生产工作面中，初次来压步距为 10～30 m 的约占 54％，30～55 m 的约占 37.5％，其余为大于 55 m 的情况。有的可达到 160 m 左右，如大同矿区侏罗纪煤层的砾岩及砂砾岩典型坚硬顶板。

一般条件下，基本顶初次来压步距越大，工作面来压显现越剧烈，相应的动载系数（支架在来压时的载荷与平时载荷之比）也越大。例如，大同矿区坚硬顶板初次来压的动载系数达到了 3。我国多数煤矿基本顶初次来压的动载系数一般为 1.5 左右。

但是，一定条件下，即使基本顶初次来压步距并不十分大，回采工作面来压显现却很剧烈，甚至造成工作面支架被压死。如我国神府风积沙浅埋煤层及华东部分矿井在开采邻近松散承压含水层煤层时曾遇到这种情况（具体参见第五章第九、十节）。

第三节　基本顶的周期来压

一、回采工作面推进对"砌体梁"结构运动的影响

基本顶初次来压后，回采工作面继续推进，基本顶将发生周期性破断，基本顶破断块体所形成的"砌体梁"结构将发生周期性运动变化。图 4-9 表示了这个运动变化过程。

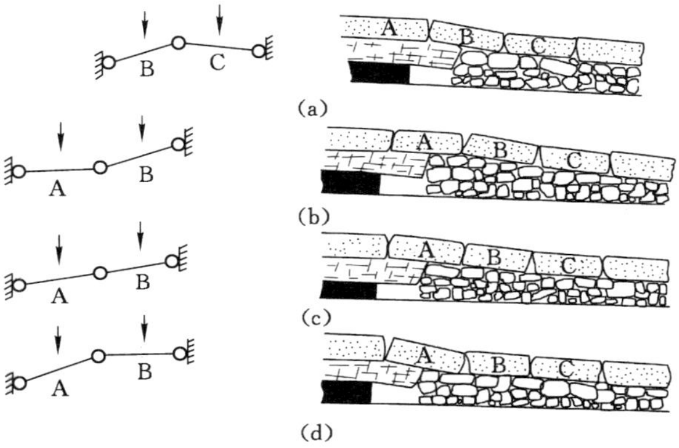

图 4-9　回采工作面推进中"砌体梁"结构的运动变化过程

根据三铰拱平衡条件，仅当中间铰接点高于两端铰接点时，铰接岩块间的三铰拱结构才能保持稳定。图 4-9(a)中，B 岩块与 C 岩块间的铰接点相对于前后铰接点处于上部（拱顶），是稳定的。由图(a)状态进入图(b)状态，A 岩块将由稳定状态进入断裂状态，此时，A、B 岩块间的铰接点已处于两端铰接点之下，因而结构将无法保持稳定而进入回转运动状态，即由图(b)状态进入图(c)状态，并继续回转进入图(d)所示的稳定状态，此时，A、B 岩块间的铰接点相对于前后铰接点又处于上部了。同样取 A 岩块作受力分析也可证明这一点，如图 4-10 所示。

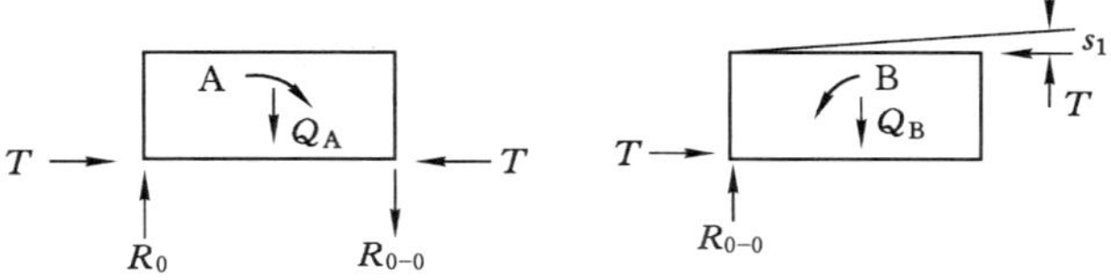

T—水平挤压力；Q_A—A 岩块本身的重量及其载荷；Q_B—B 岩块本身的重量及其载荷；$R_{0\text{-}0}$—摩擦力。

图 4-10　A、B 岩块的受力分析

在图 4-10 中，形成了 A 岩块的回转与 B 岩块的反向回转。此时，A 岩块的前咬合点 O 有一向上运动的趋势，这种趋势使 A 岩块前咬合处的局部范围受拉应力。这种情况很容易使 A 岩块的前端点破碎，导致结构的失稳。当 A 岩块与 B 岩块回转成一体时，如图 4-9(c)所示，由于 A、B 岩块合为一体，此时结构有可能暂时进入稳定状态。但随着回采工作面的

继续推进，若此结构只允许悬露一个岩块长度时，则A、B岩块又将在下部分开，像B、C岩块间的关系一样，如此反复。由此可知，随着回采工作面的推进，上覆岩层的结构经历了“稳定—破断回转(运动)—再稳定”的过程。

由于A岩块的回转，必然导致回采工作面顶板的不断下沉，支架所受的载荷也随之增加。这种现象是不可避免的。

从管理工作面顶板角度出发，支架的性能必须与这种过程相适应。除此之外，支架应能防止顶板沿煤壁切落。在A岩块断裂的瞬间，即图4-9(b)，A岩块与未破断岩块接触处的剪切力达到最大，为Q_{A+B}，相当于A岩块与B岩块的重量加上它们的载荷。为了防止滑落失稳，其条件应为：

$$T\tan(\varphi-\theta)>Q_{A+B} \tag{4-1}$$

式中 φ——岩块间摩擦角；

θ——岩块破断角。

二、采场的周期来压

由前述可知，随着回采工作面的推进，在基本顶初次来压以后，裂隙带岩层形成的结构将始终经历“稳定—破断回转(运动)—再稳定”的变化，这种变化将呈现周而复始的过程。由于“砌体梁”结构的破断回转运动导致了工作面顶板的来压，这种来压也将随着工作面的推进而周期性出现。因此，基本顶周期性破断回转运动引起的顶板来压现象称为工作面顶板的周期来压。若在破断回转运动过程中不能满足$T\tan(\varphi-\theta)>Q_{A+B}$条件，同时支架未能提供足够的支撑力，“砌体梁”结构将产生滑落失稳，则工作面顶板将出现台阶下沉，甚至沿煤壁切落，形成严重的周期来压现象。

周期来压的主要表现形式是：顶板下沉速度急剧增加，顶板的下沉量变大；支柱所受的载荷普遍增加；有时还可能引起煤壁片帮、支柱折损、顶板发生台阶下沉等现象。如果支架参数选择不合适或者单体支柱稳定性较差，则可能导致局部冒顶、甚至顶板沿工作面切落等事故。

根据上述分析，周期来压时顶板来压状态与初次来压时一样，力学模型如图4-8所示。支架必须保证足够的支撑力以满足$\sum F_y=0$，但并不能阻止基本顶岩块的回转。

图4-9(b)中A岩块断裂的瞬间，A岩块与未断岩块接触处的剪切力达到最大，基本顶对支架所产生的作用力Q_2最大，应为A、B岩块的重量加上其载荷再减去断裂岩块与未断岩体间的摩擦力，后者决定于水平挤压力T值。此时，Q_2应表达为

$$Q_2=Q_{A+B}-T\tan(\varphi-\theta) \tag{4-2}$$

若Q_2为负值，说明岩块间的摩擦力足以阻止其间的滑动力。此时，理论上Q_2可取零值。

当采高较大、基本顶距离煤层较近时，易导致基本顶进入垮落带以“悬臂梁”结构形态运动。此时，基本顶进入垮落带中，不能形成“砌体梁”结构，而呈“悬臂梁”结构周期性破断，形成工作面的周期来压，以“悬臂梁”结构形态运动方式影响工作面矿压显现。此时$T=0$，$Q_2=Q_A$，基本顶载荷将全部由支架承担。

在有些文献中，基本顶的周期来压步距常常按基本顶的悬臂梁式折断来确定。

根据材料力学，$\sigma=\dfrac{MY}{J}$。此处，最大弯矩$M_{max}=\dfrac{qL^2}{2}$(L为悬臂梁的极限跨距)，Y取$\dfrac{h}{2}$

(h 为岩层厚度)，σ 取极限抗拉强度 R_T 时，则

$$L=h\sqrt{\frac{R_T}{3q}} \tag{4-3}$$

L 与基本顶初次断裂时的极限跨距 $L_b=h\sqrt{\frac{2R_T}{q}}$ 相比，则周期来压步距相当于初次来压步距 L_b 的 $\frac{1}{2.45}$。

表 4-1 列出了阜新矿区高德煤矿北翼九层一区二段工作面周期来压时的特征。该工作面宽度为 170 m，煤层厚度为 3 m，基本顶厚度为 4.5 m，直接顶为 3.5 m 厚的细砂岩，煤层倾角为 32°～35°。

表 4-1　高德煤矿顶板周期来压特征表

来压序号	来压情况				支架载荷/kN		动压系数
	持续时间		影响范围/m	来压步距/m	非来压期间	来压期间	
	循环数	时间/h					
初次来压		36		37.4			
第 1 次周期来压	8	27	1.5	17.6	420	1 080	2.57
第 2 次周期来压	11	48	2.0	19.8	900	1 380	1.53
第 3 次周期来压	7	42	2.1	18.2	540	790	1.46

表 4-2 为神东矿区大柳塔煤矿 52303 工作面顶板周期来压特征表。该工作面宽度为 301.5 m，走向推进长度为 4 443.3 m，煤层平均厚度为 6.93 m，倾角为 1°～3°；采用一次采全高综采，配置 ZY18000/32/70 液压支架。直接顶为多层 1.6～2.4 m 厚的泥岩与砂岩互层(总厚度为 9.35 m)，基本顶为 7.84 m 厚的粗砂岩。

表 4-2　大柳塔煤矿综采工作面顶板周期来压特征表

来压序号	来压情况				支架载荷/kN		动载系数
	持续时间		影响范围/m	来压步距/m	非来压期间	来压期间	
	循环数	时间/h					
初次来压	5	4	4.0	62.0	10 841	18 109	1.67
第 1 次周期来压	7	6	5.6	18.0	12 061	18 088	1.50
第 2 次周期来压	7	6	5.6	19.0	11 261	17 901	1.58
第 3 次周期来压	6	5	4.8	15.6	11 689	17 565	1.50

在基本顶初次来压及周期来压期间，基本顶的作用力都是通过直接顶作用于支架上；同样，支架的支撑力也是通过直接顶对基本顶进行控制，因此保证直接顶的完整性有十分重要的意义。但此时由于基本顶岩层的变形及其与支架的相互作用，常常导致直接顶破碎。

另外，由图 4-8 可知，顶板来压的大小还与采空区冒落矸石充满采空区的程度直接相关。采空区冒落愈严实，基本顶对工作面影响愈小；反之，则影响较大。

基本顶来压时若控制不当，将导致工作面产生垮顶现象。图 4-11 所示为大同永定庄矿 8 号煤层 404 盘区 8411 工作面的垮顶现象。该工作面煤厚 1.5～1.7 m，直接顶为 1.3 m 厚的砂质页岩，基本顶为 6～8 m 厚的灰白色中粒砂岩，工作面宽度为 80 m。初次来压时，由于金属支柱被压坏、压弯、柱锁断裂而导致垮顶事故，垮顶长度达工作面面宽的 75%，垮高 6.5～7 m。

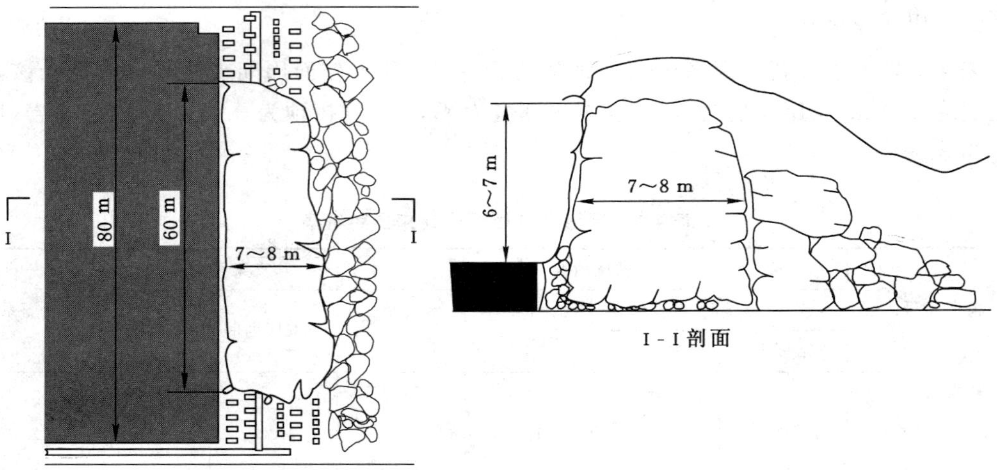

图 4-11　永定庄矿 8411 工作面垮顶现象

预防基本顶来压造成的事故，主要是准确地判断基本顶来压的预兆，及时采取加强支护措施，尤其要保证支架的规格质量，保证支架阻力及支架稳定性。为了控制剧烈的基本顶来压，可将工作面与开切眼斜交，此时基本顶悬板呈梯形，根据顶板达到极限跨度时板破断的原理，其破断如图 4-12 所示。由图可知，此时破断的边线仅部分地与工作面相切，如第一次破断时在工作面下部相切（即影响工作面下部来压），第二次破断时则与工作面上部相切（即影响工作面上部来压），基本顶的破断将不至于造成工作面全面来压，而呈局部来压。例如，枣庄矿区枣庄矿、徐州矿区三河尖矿等都因采取了这项措施而减弱了工作面来压的剧烈程度。

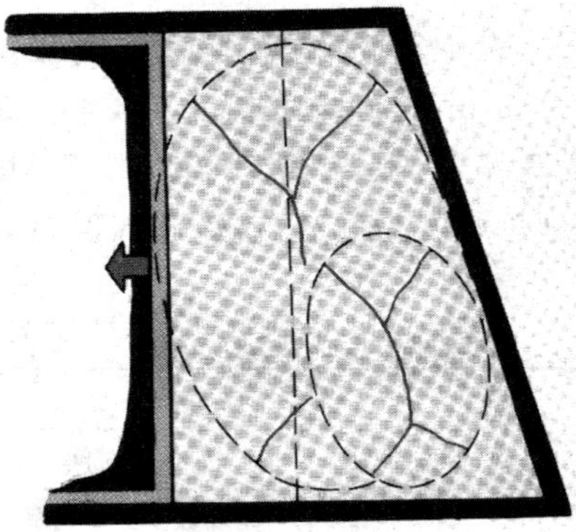

图 4-12　梯形悬露顶板的破断形状

基本顶来压预测预报方法参见第五章。

第四节　顶板压力的估算

根据现有的矿山压力研究成果，可以对作用于支架上的顶板压力大小进行估算，这是采场矿山压力控制与支护设计的基础。目前确定顶板压力的方法主要有理论估算法和实测统计法等。应该指出的是，顶板压力与支架阻力是两个不同的概念。前者是指顶板岩层由于自身不能取得平衡而作用于支架上的力，后者则是在顶板压力作用下支架对顶板产生的支撑反力。顶板压力与实际采场支架阻力并不一致，井下工作面所测得的支架阻力不仅是顶板压力，同时还含有"直接顶-支架-底板"支护系统特性的影响，这些将在第五章讨论。

一、理论估算法

按照前述支架承受载荷的原则（参见图 4-8），可将工作面支架受力的情况简化为如图 4-13 所示的形式。支架承受的顶板压力包括两部分：一是直接顶的载荷 Q_1；二是基本顶通过直接顶作用于支架的载荷 Q_2。因而计算顶板压力的一般公式为：

$$P = Q_1 + Q_2 \tag{4-4}$$

式中　P——顶板压力，kN/m；

Q_1——直接顶载荷，kN/m；

Q_2——基本顶载荷，kN/m。

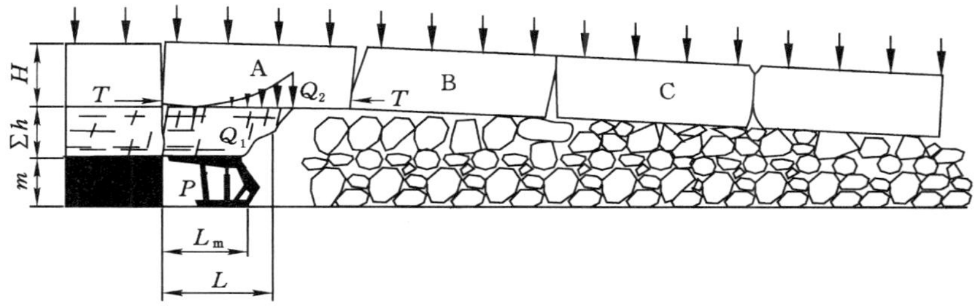

T—水平推力，kN/m；Q_1—直接顶载荷，kN/m；Q_2—基本顶通过直接顶作用于支架的载荷，kN/m；
P—支架承受的顶板压力，kN/m；m—采高，m；$\sum h$—直接顶厚度，m；
L——悬顶距，m；L_m—控顶距，m；H—基本顶厚度，m。

图 4-13　回采工作面的顶板压力

1. 直接顶载荷 Q_1

直接顶载荷 Q_1 等于其重量，即

$$Q_1 = \sum h L \gamma$$

若悬顶距 L 等于控顶距 L_m，则

$$Q_1 = \sum h L_m \gamma \tag{4-5}$$

直接顶载荷集度 q_1 为：

$$q_1 = \sum h \gamma \tag{4-6}$$

对于直接顶重量应作为支架的载荷，国内外学者没有分歧。

2. 基本顶载荷 Q_2

(1) 以直接顶载荷的倍数估算基本顶的载荷

此种估算法在一般情况下是可行的。例如，在多数矿井的测定中，以一般工作面为准，周期来压时形成的载荷不超过平时载荷的 2 倍。因此，可得出下述关系：

$$p = q_1 + q_2 = n q_1 = n \sum h \gamma \tag{4-7}$$

式中　p——考虑直接顶和基本顶来压时的支护强度，kPa；

n——基本顶来压与平时压力强度的比值，称为动载系数，取 2；

q_2——基本顶载荷集度，kPa。

取$\sum h=\dfrac{m}{K-1}$（m 为采高，K 为碎胀系数），即假设直接顶垮落后刚好全部充满采空区，则

$$p=2\times\frac{m}{K-1}\gamma \tag{4-8}$$

K 值一般取刚破碎时的碎胀系数 1.25～1.5，因而

$$p=2\times(2\sim4)m\gamma=(4\sim8)m\gamma \tag{4-9}$$

即顶板压力相当于 4～8 倍采高的岩柱重量。

显然，在周期来压不明显时应采用低倍数，而在周期来压较剧烈时应采用高倍数加以估算。这是我国普遍应用的顶板压力估算方法。

按照上述原理，世界主要产煤国家确定了顶板压力经验估算方法。

印度、日本：　$p=5m\gamma$

苏联：　$p=(6\sim8)m\gamma$

德国：　$p=12m\gamma$

美国：　$p=16m\gamma$

(2) 以“砌体梁”结构的平衡关系估算基本顶的载荷

此种估算法认为直接顶的载荷应由支架全部承受，而基本顶岩层由于能形成结构，因此支架所承受的最大载荷是在基本顶岩层结构失稳时所形成的。失稳的方式有两种，一种为滑落失稳，另一种为变形失稳。

① 由基本顶结构的滑落失稳估算顶板压力

根据基本顶的平衡规律（参见图 4-10），控制基本顶滑落失稳时，作用于支架上的载荷为：

$$Q_2=Q_{A+B}-\frac{L_{i0}Q_{i0}}{2(H-s_{i_0})}\tan(\varphi-\theta) \tag{4-10}$$

式中　Q_{A+B}——岩块 A 与 B 的重量及其载荷，kN/m；

L_{i0}——相当于岩块 B(悬露的岩块)的长度，m；

Q_{i0}——相当于岩块 B 的重量及载荷，kN/m；

H——基本顶岩层厚度，m；

s_{i0}——岩块 B 的下沉量，m；

θ，φ——岩块的破断角与内摩擦角，(°)。

式(4-10)中的$\dfrac{L_{i0}Q_{i0}}{2(H-s_{i0})}$相当于由于岩块回转形成的水平推力。当水平推力为零时，则悬露岩块的重量在断裂时全部变为顶板压力，事实上形成悬臂梁的基本顶即属于这一种情况。

鉴于$\dfrac{L_{i0}Q_{i0}}{2(H-s_{i0})}\tan(\varphi-\theta)$表示岩块间的摩擦力，因而它不可能大于 Q_{A+B}，若计算所得值大于 Q_{A+B}，则表明此结构不会出现滑落失稳。此时，Q_2 可取零，作用在支架上的顶板压力最小可取直接顶载荷 Q_1。

② 由基本顶破断岩块结构的变形失稳估算顶板压力

这部分顶板压力是指为了调节顶板下沉量而施加给支架的力。根据基本顶和直接顶与支架的相互关系，可用图 4-8 所示的力学模型来解释，当基本顶岩块回转时，通过支架反力阻止其回转是十分困难的。

基本顶的位移量与对支架形成的载荷之间呈双曲线关系，此种关系不仅是从实验室得到的结论，而且从现场调试及大量的实测统计资料中都得到了证实。根据双曲线特征，可以发现当支架工作阻力超过一定量时，对顶板位移量将不产生影响，因此可以理解为调节顶板下沉量的支架阻力将是控制直接顶变形及由于基本顶结构失稳形成的那一部分工作阻力。

根据基本顶的位移量与对支架形成的载荷呈双曲线关系，提出顶板压力 P 与顶板下沉量 ΔL 的乘积是常数的概念，即

$$P \cdot \Delta L = \text{常数}$$

为此，基本顶对支架的作用载荷 Q_2 为：

$$Q_2 = P_0 \frac{\Delta L_0}{\Delta L_i} L_m \tag{4-11}$$

式中 ΔL_0——实测所得回采工作面顶板下沉量，m；

ΔL_i——要求控制的回采工作面顶板下沉量，m；

P_0——顶板下沉量为 ΔL_0 时，实测所得回采工作面基本顶对支架的作用载荷，kN/m^2。

应用这种方法估算顶板压力，必须确定在各种条件下允许的顶板下沉量，这种顶板下沉量能保证工作面顶板的完整性。

应该指出的是，在采高不大的条件下，进入垮落带的一般只有直接顶，基本顶的载荷 Q_2 可根据上述基本顶形成“砌体梁”结构的平衡关系估算。而在采高较大条件下，由于覆岩中能形成平衡结构的关键层上移，导致下位基本顶（第一层关键层）进入垮落带，并以“悬臂梁”结构周期性破断引起周期来压。此时，基本顶的载荷 Q_2 将由进入垮落带基本顶的载荷 Q_c 以及形成“砌体梁”结构的基本顶载荷 Q_f 两部分组成，Q_c 按悬臂梁及其载荷层的重量计算，Q_f 根据上述基本顶形成“砌体梁”结构的平衡关系估算。

$$Q_2 = Q_c + Q_f = h_2 L\gamma + Q_f$$

式中 h_2——进入垮落带的基本顶厚度及其载荷层厚度，m；

L——进入垮落带的基本顶悬顶长度（周期破断步距），m。

英国学者威尔逊（Wilson）提出一种估算顶板压力的方法，称为威尔逊估算法[1]。这种方法在估算顶板压力时只考虑直接顶的形状与载荷，鉴于载荷作用力的位置与支架可能形成的最大反力的作用位置不一定一致，从而引出由于支架与围岩相互平衡而产生的附加力的概念。

二、实测统计法

实测的支架“工作阻力-时间”曲线（P-t 曲线）表明（见图 4-14），在支架工作的每一循环中，支架与围岩的相互作用，一般均呈现初撑增阻、相对平衡和移架前增阻三个阶段。若初撑增阻值为 ΔP_1，移架前增阻值为 ΔP_2，则增阻值 $\Delta P = \Delta P_1 + \Delta P_2$ 占总增阻值的大部分。支架最大工作阻力大致为 $P_m = P_0 + \Delta P$。第一、三阶段的支架增阻是采动及支架卸载引起上覆岩层活动加剧，顶板压力大于支护系统支撑力所致；而相对平衡阶段为两者处于均衡

状态，通常第一、三阶段的时间较短，一般不超过 0.5～1.0 h，第二阶段延续时间较长。如果支架额定工作阻力略大于相对平衡阶段所需的工作阻力，就可保证一个循环中绝大部分时间内支架与围岩处于相对平衡，顶板弯曲下沉和破坏都比较小，能有效地控制好顶板。

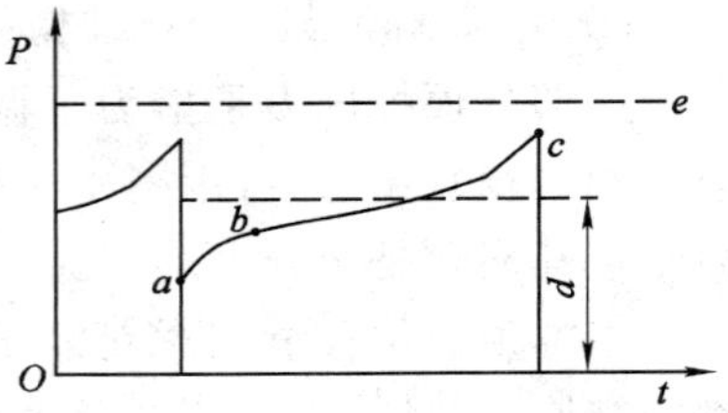

a—初撑力；b—支设一小时后的工作阻力；c—最大工作阻力；d—平均工作阻力；e—额定工作阻力。

图 4-14 实测的支架“工作阻力-时间”(P-t)曲线

大量统计表明，当支架初撑力低于支架-围岩相对平衡阻力时，同一循环的支架时间加权平均工作阻力 P_t 与相对平衡阶段工作阻力相近。

支架的时间加权平均工作阻力在每一循环是不同的，它是一个随机变量。根据一些工作面的统计，P_t 服从正态分布，故支架合理工作阻力 P 可表示为：

$$P=P_t+k\hat{\sigma}$$

式中 $\hat{\sigma}$——标准均方差，kN；

k——置信度系数。

若允许有 3% 的支架时间加权平均工作阻力大于额定工作阻力而使安全阀开启，则 k 值约为 2，故上式为：

$$P=P_t+2\hat{\sigma} \tag{4-12}$$

若以支架最大工作阻力 P_m 作为统计值，则 k 可取为 1～1.3，支架合理工作阻力 P 为：

$$P=P_m+(1\sim1.3)\hat{\sigma}_m \tag{4-13}$$

当工作面有明显基本顶来压现象时，应按来压期间统计的支架阻力确定合理工作阻力。

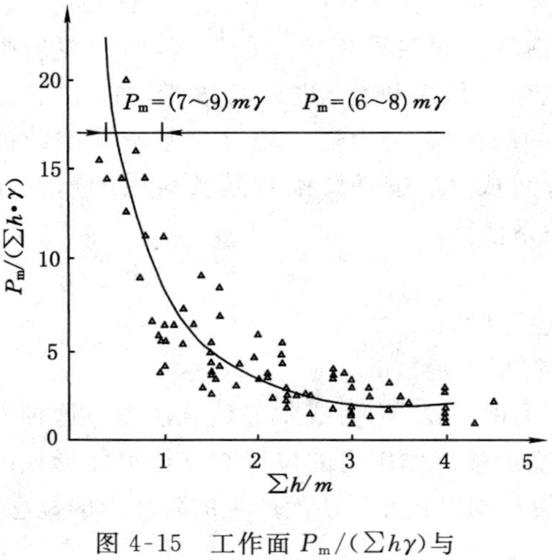

图 4-15 工作面 $P_m/(\sum h\gamma)$ 与 $\sum h/m$ 的关系曲线

为了便于参考，统计了我国主要矿区综采工作面的开采条件、来压步距和来压时测得的最大平均工作阻力及其使用的架型，并整理成以纵轴为 $P_m/(\sum h\gamma)$、横轴为 $\sum h/m$ 的关系曲线，则可以发现其相互关系接近双曲线关系(见图 4-15)。

经整理，当 $\sum h/m>1$ 时，此曲线明显地呈双曲线关系，即满足于下述关系式：

$$\frac{P_m}{\sum h\gamma}\cdot\frac{\sum h}{m}=常数$$

经统计，此常数值在 6～8 之间，即

$$P_m=(6\sim8)m\gamma$$

由此可以认为，当 $\sum h>m$ 时，最大平均阻力 P_m 均可按 $(6\sim8)m\gamma$ 估算。显然，若 $\sum h$ 越厚，则可取下限；若 $\sum h$ 越薄，则应取上限。因此，工作面支架的额定工作阻力可根据上述关系再加上 $(1\sim1.3)\hat{\sigma}_m$ 加以确定。

但当 $\sum h\leqslant m$ 时，显然基本顶平衡与否对支架受力有很大影响。据统计，在 $0.4m<\sum h\leqslant m$ 时，此常数值在 7～9 之间，即

$$P_m=(7\sim9)m\gamma$$

当$\sum h<0.4m$时，应根据具体条件，计算基本顶失稳时可能给予支架的力。大部分是在大同矿区的坚硬顶板条件下发生，其P_m值将随来压步距的不同而有很大差异。

在工作面具体使用支架时，不仅有支护强度的估算问题，同时还有支护质量问题。在有些场合工作面出现冒顶等事故时，常常并不是由于支护强度选择不当，而是由于支护质量方面的原因，因此发展了支护质量监测技术。另外，应当说明的是，上面所有的估算方法只是基于常规的长壁工作面测得的结果，并不能在放顶煤工作面使用。

以上是根据工作面实测数据计算的工作面合理工作阻力值，因而需要大量工作面统计值作为基础。应当指出，上述计算法一般应用在支架初撑阻力低于支架-围岩平衡必需的阻力时，计算结果较正确；对于高初撑阻力支架，计算结果可能偏高。采用这种计算法时应注意以下问题：一是实测统计法从工作面支架上测定其所承受的实际载荷，所测工作阻力实际上是该具体工作面顶板压力与支架反力共同作用的结果，从一定意义上讲，井下工作面所测得的载荷已不仅是顶板压力，同时还含有支架性能的影响（这些内容将在第五章讨论）。因此在改变支架架型后将不能任意套用上述计算结果。二是在使用此指标时应了解顶板控制状态的好坏。如控顶状态不好，则此项指标显然也不能套用。

目前，4～8倍采高重度法在采高不大的条件下准确度较高，其原因在于小采高条件下，进入垮落带的一般只有直接顶，直接顶随采随冒，其悬顶距等于控顶距；而在大采高条件下，基本顶也有可能进入垮落带，这部分基本顶的悬顶距等于周期来压步距，如果按4～8倍采高重度法计算显然偏小。因此，对于一般的地质条件和生产条件，通常用4～8倍采高重度法计算即可，而对于大采高条件，还需要加上进入垮落带的基本顶的重量。实测统计法主要用于类似地质条件下顶板压力的估算，如对于同一个矿的不同工作面，同时也用来观察工作阻力的变化情况。“砌体梁”结构分析法主要用于顶板压力确定的理论分析，尤其对于裂隙带载荷的分析计算，主要以该法为主；对一些坚硬顶板地区，或经常发生基本顶切落或台阶下沉的地区，显然使用控制基本顶滑落失稳方法估算比较合适。

第五节 回采工作面支承压力的分布

一、概念

在基本顶初次破断前，由于上覆岩层结构中有“梁”或“板”式结构存在，因此整个采空区周围的岩体可以视为一个结构系统。这个系统的顶部是基本顶岩层，四周则是煤柱。回采工作面就处在这样的结构系统保护之下，其四周岩层沿走向及倾斜方向的应力分布分别如图4-16所示。

图4-16中，γH为上覆岩层的载荷，K为应力集中系数，$\sum h$为直接顶的厚度。由图可知，在基本顶初次破断前，采空区底板仅承受垮落带岩层形成的载荷，它远比原岩应力低。这导致采空区上部岩层的重量不断地向开采空间四周转移，从而在采场四周形成支承压力带，如图4-17所示。工作面前方形成超前支承压力，它随着工作面推进而向前移动，称为移动性支承压力或临时支承压力。工作面倾斜方向及开切眼一侧煤体上形成的支承压力，在工作面采过一段时间后，不再发生明显变化，称为固定支承压力或残余支承压力。基本顶

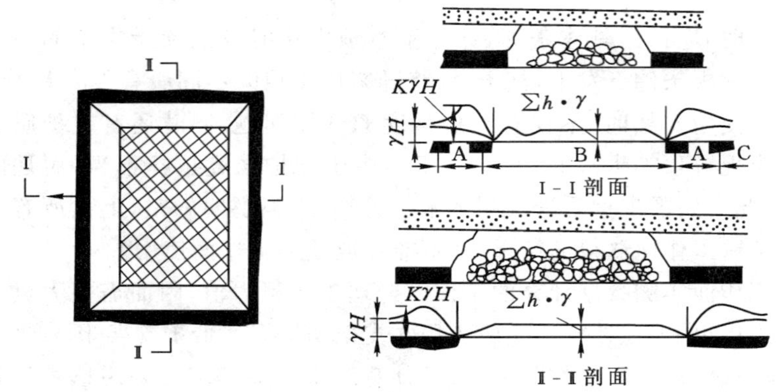

图 4-16 初次来压前工作面四周围岩的支承压力分布状态

初次破断后,随着回采工作面的继续推进,基本顶及其上覆岩层将发生周期性悬露和破断,回采工作面推过一定距离后,采空区上覆岩层活动将趋于稳定,采空区内某些地带冒落矸石将被逐渐压实,使上部未冒落岩层在不同程度上重新得到支撑。因此,在距工作面一定距离的采空区内,也可能出现较小的支承压力,称为采空区支承压力。

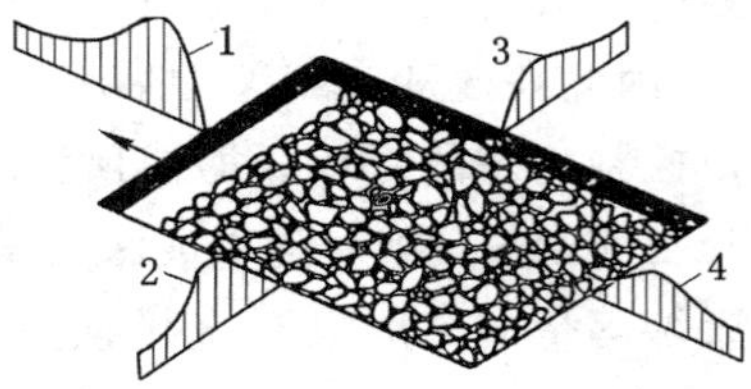

1—工作面前方煤体超前支承压力;
2,3—工作面倾斜方向煤体支承压力;
4—工作面后方开切眼一侧煤体支承压力。

图 4-17 回采工作面周围应力重新分布概况

图 4-18(a)所示为开滦钱家营煤矿一工作面开采后的应力分布计算图;图 4-18(b)为英国对一采深为 470 m、宽度为 210 m 工作面周围垂直应力测定结果,图中显示了走向与倾向支承压力分布及垂直应力等值线。

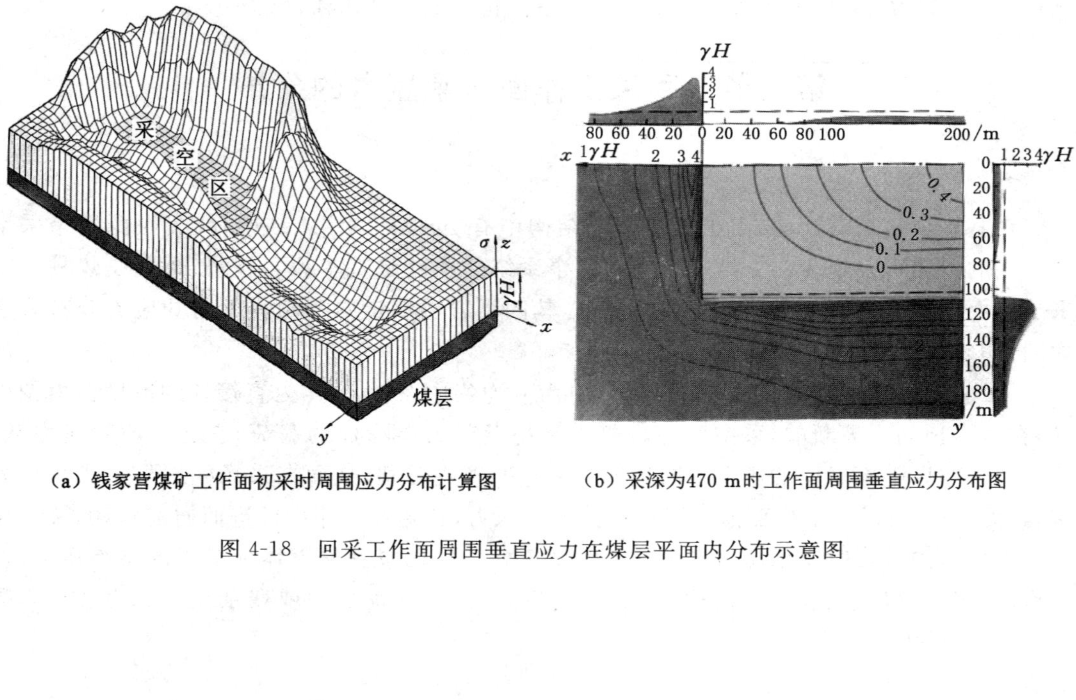

(a) 钱家营煤矿工作面初采时周围应力分布计算图 (b) 采深为470 m时工作面周围垂直应力分布图

图 4-18 回采工作面周围垂直应力在煤层平面内分布示意图

支承压力的显现特征通过支承压力分布范围、分布形式和应力峰值表示。支承压力分布参数有煤体边缘的破裂区宽度、塑性区宽度(支承压力峰值距煤壁距离)、支承压力峰值大小和支承压力的影响距离。其中,支承压力峰值大小常用 $K\gamma H$ 表示,应力集中系数 K 是支承压力峰值与原岩垂直应力的比值。目前,上述参数主要由现场实测取得。工作面超前支承压力峰值位置距煤壁一般为 4～8 m,影响范围为 40～60 m,少数可达 60～80 m,有的甚至达到百米以上,应力集中系数为 2.5～3.0。工作面倾斜方向固定支承压力影响范围一般为 15～30 m,少数可达 35～40 m,支承压力峰值位置距煤壁一般为 10～15 m,应力集中系数为 2～3。采空区支承压力应力集中系数通常小于 1,个别情况下可达到 1.3。

二、回采工作面前后支承压力分布

前面已分析过,开采后的上覆岩层所形成的结构由“煤壁-已冒落的矸石”支撑体系支撑,只是在下位岩层中才可能由“煤壁-工作面支架-采空区已冒落矸石”支撑体系支撑。又由于上覆岩层的结构大部分是半拱式的结构,因此煤壁一端几乎支撑着回采工作面空间上方悬露岩层(指由于离层而导致悬露)的大部分重量,而采空区后方的已冒落矸石只承受压实区[图 3-10(a)中的 C 区]的重量,因而采空区支承压力一般只恢复到原岩应力或有时稍大一点或甚至小一点的程度,比起煤壁前方的支承压力要小得多。

联系到巷道两侧的支承压力分布图形,可对回采工作面前后的支承压力曲线作如下的推理。

假设采空区采用的是刚性支撑,采用刀柱法采煤,工作面前后的支承压力分布如图 4-19 中曲线 1 所示。

假设采用的是全部垮落法或充填采空区的办法,则由于上覆岩层中出现块体咬合的结构,将导致工作面前方支承压力急剧增加,采空区后方支承压力则大幅度减小,如图 4-19 中曲线 2 所示。

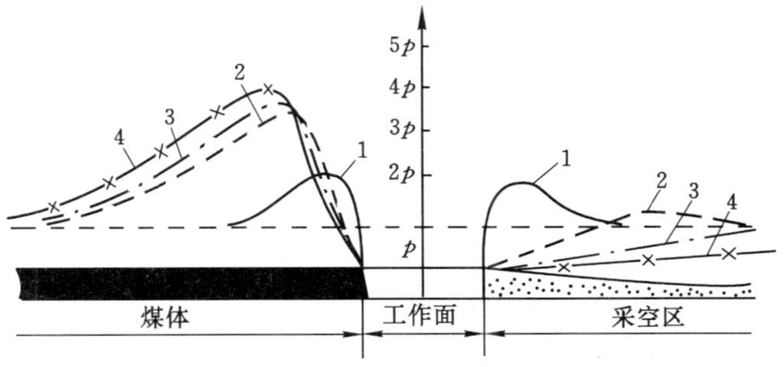

图 4-19 各种采空区支撑条件下工作面前后支承压力分布

假如工作面采高很大或顶板岩层极为坚硬,有可能在岩层悬露时,使工作面前方支承压力有所增高,如图 4-19 中曲线 3 所示。但当坚硬顶板切落时,前方支承压力将有所降低,采空区后方支承压力则有所增高。

由于种种原因,如开采深度太大或受岩性影响,致使开采后岩层移动未能波及地表,则此时将出现图 4-19 中曲线 4 所示的情况,即采空区的支承压力有可能恢复不到 γH 值。

举例:某矿曾开展的工作面超前支承压力现场实测发现,在距工作面前方大约 152 m 位置首先观测到煤体的支承压力,但其值较小;而当工作面接近观测点 30 m 范围时,支承压力开始快速增加；当工作面距离测点 0.9～6.0 m 时，支承压力达到最大值。此后，支承压力迅速降低，在工作面煤壁处消失。

根据苏联在某矿井的测定资料，其采空区内已冒落矸石上的压力分布情况如图 4-20 所示。图 4-20(a)为开采顶分层时，采空区支承压力曲线，测定条件是：采深 163 m(即 $\gamma H=$ 4 070 kPa)，工作面宽度 120 m，开采第一分层，测点设在工作面推进离开切眼 600 m 处。图中曲线 1 是指测点在靠近运输巷 10 m 处；曲线 2 是指测点离运输巷 30 m 处；曲线 3 是指测点处于工作面的中部；曲线 4 则是测点处在离风巷 20 m 处。

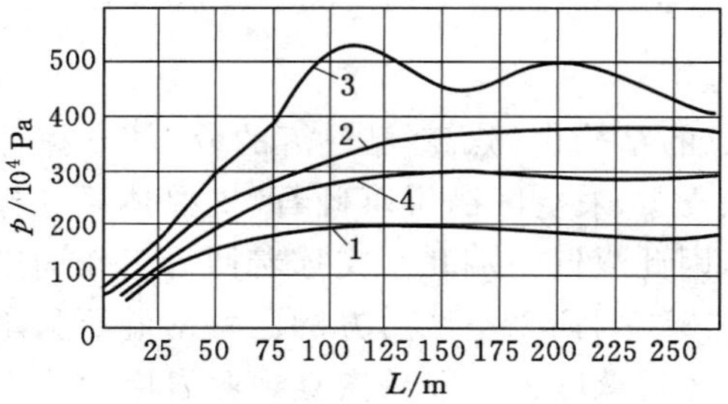

(a) 顶分层

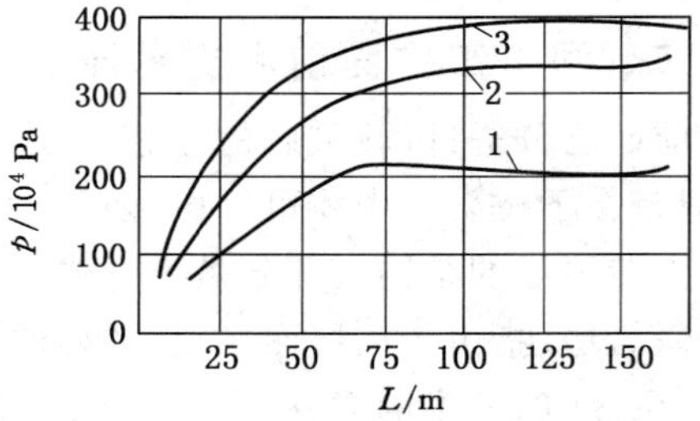

(b) 下分层

图 4-20 采空区支承压力的分布

由图 4-20(a)可知，在工作面中部(测点 3)离煤壁 80～85 m 处，冒落矸石所承受的力达到 γH 值，到 125 m 处则达到 $1.31\gamma H$，而后又逐渐恢复到 γH 值。而在工作面两侧(测点 1、4)，应力没有恢复到 γH 值。图 4-20(b)为开采下分层时，采空区支承压力曲线，测定条件为：采深 174 m(即 $\gamma H=$4 350 kPa)，采高 2.2 m，工作面宽度 95 m。测力计设置在离开切眼 320 m 处。1 号测力计离运输巷 5 m，2 号离运输巷 20 m，3 号离运输巷 45 m。其支承压力曲线的特点是稳定较快，一般在 100 m 内就已稳定，最大值即使在工作面中部(测点 3)也不超过 γH 值。

根据上述分析，回采工作面前后的支承压力状态一般可绘成图 4-21 的形式，并且可将其分为应力降低区 b(减压区)、应力增高区 a(增压区)、应力不变区 c′(稳压区)及应力恢复区 c。在工作面前方支承压力的峰值到煤壁为极限平衡区，向煤体内则为弹性区。

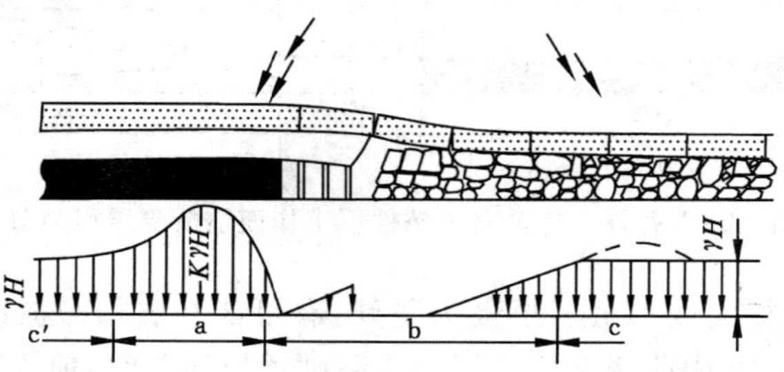

图 4-21 工作面前后支承压力分布

三、煤层采动叠加对工作面支承压力的影响

前面的分析已提及，在回采工作面推过后，采空区两侧沿倾斜上、下方均可形成支承压力，即侧向支承压力。当相邻两个工作面保持一定距离同时推进时，相邻回采空间相互之

间必然形成支承压力的叠加。德国埃森采矿研究中心通过理论计算,绘出了相邻两个工作面周围的支承压力分布示意图,如图 4-22 所示。在煤壁突出角形成的叠合支承压力峰值达到最高,可达原岩垂直应力的 7 倍左右。

当多煤层重复开采时,回采工作面支承压力也会出现叠加和再分布现象。图 4-23 所示为三层煤开采时采场支承压力等值线分布图,图中表示了第一层留有煤柱,第二层开采线超过第三层开采线一定距离后形成的应力分布。显然,此时第一层煤层的煤柱已对第二层、第三层煤层无多大影响,但第二层的支承压力分布会对第三层开采的支承压力分布产生影响。

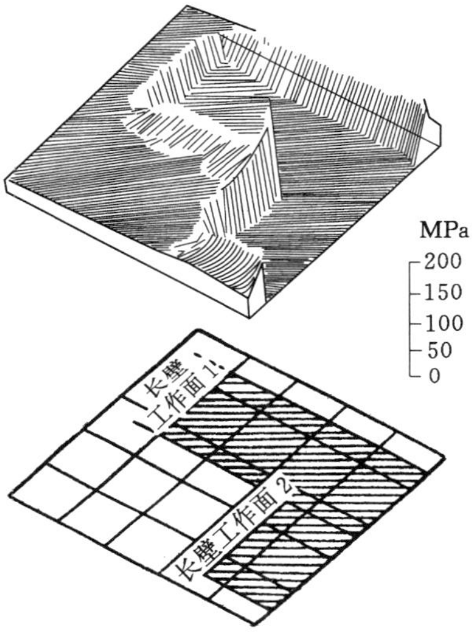

图 4-22　相邻回采空间周围的应力分布示意图

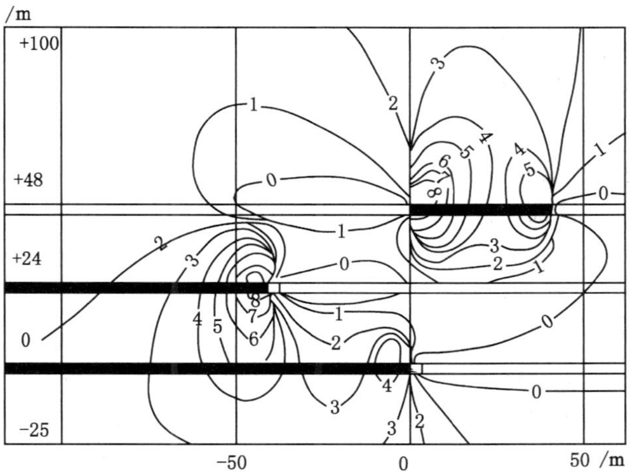

图 4-23　多煤层开采时采场支承压力等值线分布

四、覆岩关键层对工作面支承压力的影响

研究表明,采高、采宽等开采参数会影响支承压力分布,覆岩关键层结构也会影响支承压力分布。影响支承压力的不仅是下位关键层(即基本顶),上位关键层也会影响支承压力的分布,而且在有些条件下是不可忽略的。

1. 关键层初次破断与周期破断对支承压力的影响

前面的分析已指出,随着上覆岩层的破断垮落,作用于采场四周煤岩体的支承压力随之改变;考虑到关键层在采动覆岩中的控制作用,其悬露与破断状态的交替改变将对采场四周的支承压力分布造成直接影响。通过建立数值模拟模型并进行数值计算后发现(见图 4-24)[5],在关键层初次破断前,随着采出宽度增大,采场四周的支承压力峰值逐渐增大;当关键层初次破断时,支承压力峰值达最大值;关键层初次破断后,随着采出宽度继续增大,支承压力峰值有所降低并最终稳定。

2. 关键层厚度与位置对支承压力的影响

受覆岩关键层对采动岩层破断运动控制作用的影响,关键层的赋存状态不同(如层位、厚度等),煤层开采引起的采场四周支承压力分布也有所不同。实验室模拟结果显示[19]:当

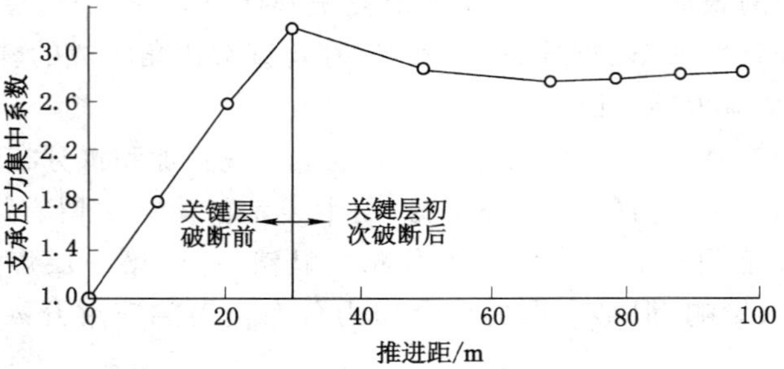

图 4-24 关键层破断对工作面支承压力分布的影响

关键层与煤层间距增大时，支承压力峰值随之减小，而支承压力影响范围则随之增大，但当关键层与煤层间距增加到一定值后，支承压力峰值与影响范围的变化趋于平缓。另外，当关键层厚度增加时，支承压力峰值随之增大，而当关键层厚度增加到一定值后，支承压力峰值变化趋于平缓，应力影响范围却随着关键层厚度的增加而持续增大。

特殊情况下，当覆岩中存在较为厚硬难破断的关键层（如巨厚火成岩）时，采场支承压力分布受其影响将更为显著。表 4-3 所列为某矿 10 煤层（采厚 3 m）上方 170 m 处巨厚火成岩（平均厚度 120 m）对工作面支承压力影响的模拟结果[20]。由于该火成岩的存在，采场四周支承压力影响范围将大大增加，支承压力峰值大小也有所增加。这主要是由于火成岩大跨度悬露不破断，造成其上覆绝大部分载荷向采场四周传递，导致应力集中程度明显加大。研究表明，可选择采用对该火成岩下部的离层空间注浆充填的方式，使火成岩及其上覆部分载荷向采空区垮裂矸石转移，减轻采场四周煤岩负荷，减小采场四周支承压力集中程度。

表 4-3 覆岩巨厚火成岩对工作面支承压力分布的影响[20]

指 标	无巨厚关键层	有巨厚关键层	增幅
应力影响范围/m	115	310	63％
峰值处应力集中系数	1.9	2.0	5％
开采边界 180 m 处应力集中系数	1.05	1.70	62％

第六节 影响采场矿山压力显现的主要因素

影响采场矿山压力显现的主要因素是覆岩岩性、分层厚度及其破断结构形态，而覆岩受采动破坏后形成的结构形态又受到地质赋存条件、开采参数以及开采方法等因素的影响。事实上，前述对基本顶初次来压与周期来压的叙述中已经涉及了围岩岩性的分析，有关围岩的分类及其对矿压的影响将在第五章叙述，此处将主要分析采高、推进速度、采深、倾角及重复采动等因素对工作面矿山压力显现的影响。

一、开采高度

在一定地质条件下，采高是影响上覆岩层破坏状况的最重要因素之一。众所周知，采高越大，采出的空间越大，必然导致采场上覆岩层破坏越严重。根据淮南、淮北矿区及枣庄柴里矿等的实际测定，在单一煤层或厚煤层第一分层开采时，垮落带与裂缝带的总厚度与采高基本上成正比关系。显然，采高越大，在同样位置的基本顶可能取得平衡的概率越小，而且，在支承压力的作用下，工作面煤壁也越不稳定，易于片帮；采高越小，顶板活动越缓和，工作面煤壁也较为稳定。因此，采高越大的工作面矿压显现就越强烈。

1. 对顶板下沉的影响

根据测定，工作面开采后，上覆岩层的移动曲线是按照 $s_x = s_m(1-e^{-ax^b})$ 的关系变化，式中 s_m 为最大下沉量，a、b 为相关常数。工作面支架的支撑力一般不能改变此曲线的性质。因此，从采场支护的小结构必须与围岩形成的大结构相适应的观点出发，工作面顶板下沉量也将基本上按此规律进行。

图 4-25 表示了这种关系。图中 θ 为煤壁支承区的影响角，L_0 为移动曲线中由前最大曲率点到后最大曲率点的距离，L 为控顶距，s_0 和 s_L 则分别是 L_0 和 L 范围内的岩层与顶板的下沉量。经过粗略的估算，其关系为：

$$\frac{s_L}{L} = \frac{s_0}{L_0}$$

式中，$s_0 = \sum h + m - K_0 \sum h$（$K_0$ 是指在 L_0 处冒落矸石的碎胀系数，一般相当于裂隙带岩层在采空区与冒落矸石基本接触处的冒落矸石的碎胀系数）。

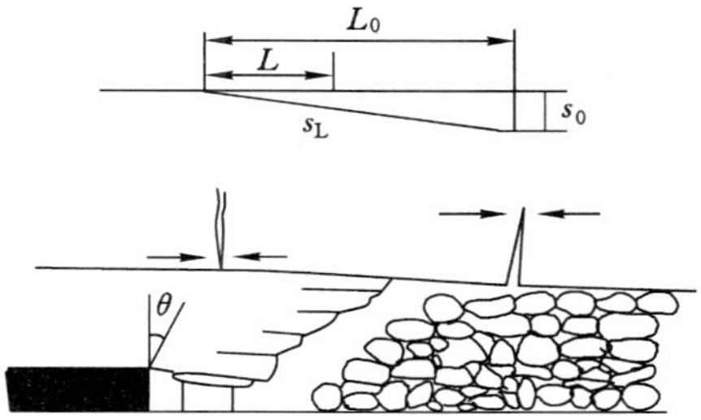

图 4-25　上覆岩层移动与工作空间顶板下沉的关系

假设 $\sum h = m/(K_P - 1)$，则

$$s_L = \frac{\sum h + m - K_0 \sum h}{L_0} L = \frac{m\left(1 - \frac{K_0 - 1}{K_P - 1}\right)}{L_0} L$$

即

$$s_L = \left(\frac{K_P - K_0}{K_P - 1}\right) \frac{1}{L_0} mL$$

式中，K_P 为冒落矸石未承受压力时的碎胀系数。

显然，上述关系式中，在一定岩层组成的条件下（如特定矿区的特定煤层），K_P、K_0 及 L_0 均为常数，因而可令 $\eta = \left(\frac{K_P - K_0}{K_P - 1}\right)\frac{1}{L_0}$，即为每米采高、每米推进度的顶板下沉量，称为顶板下沉系数。这样可将上述公式简化为：

$$s_L = \eta \cdot m \cdot L \tag{4-14}$$

由此可见，回采工作面的顶板下沉量与采高、控顶距的大小成正比关系。

从我国实际测定的 50 个工作面的统计数据中可得，离煤壁 4 m 处的顶板下沉量一般相当于采高的 10%～20%，即顶板下沉系数 $\eta = 0.025 \sim 0.05$。

举例：某工作面采高为 2 m，控顶距为 4 m，若取 $\eta = 0.025$，则顶板下沉量 $s_L = 0.025 \times 2 \times 4 = 0.2$ (m)，即 200 mm；若取 $\eta = 0.05$，则 $s_L = 0.05 \times 2 \times 4 = 0.4$ (m)，即 400 mm。

用同样原理可以推得采用充填或部分充填法处理采空区时，回采工作面顶板下沉量要比采用垮落法小。根据实际统计，控顶距为 4 m 处的顶板下沉量仅是采高的 4%～5%，即 $\eta =$ 0.C1 左右。

应注意的是，上述顶板下沉量的估算是从基本顶形成"砌体梁"结构形式出发的，对于回采工作空间的顶板下沉量，假若直接顶与基本顶之间无任何离层而且直接顶本身也不碎胀，则上述关系式存在；否则，工作空间的下沉量将大于上述估算的下沉量。从顶板管理的角度出发，控制的顶板下沉量应以接近或稍小于上述下沉量为佳。

2. 对顶板来压特征的影响

随着开采技术的不断进步，综采工作面的采高不断增大，如 6.3 m、7.0 m、8.8 m 支架在工程中相继得到应用。某矿区不同采高条件下综采工作面周期来压实测结果显示[21-22]，随着采高的增加，顶板周期来压的强度有所增大，来压的持续长度也有所增加，见表 4-4。通过该矿区的特大采高工作面矿压实测研究发现，由于采高的增加，原来的基本顶(第 1 层亚关键层)处于垮落带，不能形成“砌体梁”结构，但仍以“悬臂梁”结构形式产生周期破断和周期来压显现，且周期来压的持续长度与支架控顶距接近，较关键层“砌体梁”结构影响下的来压持续长度明显偏大(见图 4-26)；一定条件下，上覆第 2 层关键层破断形成的“砌体梁”结构也会对工作面矿压产生影响，此时影响工作面矿压显现的基本顶有上、下两层关键层，工作面常呈现一大一小周期来压显现，如图 4-27 所示。

表 4-4 采高对周期来压影响的实测结果对比

开采煤层	1^{-2}	1^{-2}
采高/m	4	6
动载系数	1.61	1.83
来压持续长度/m	4.2	7.5

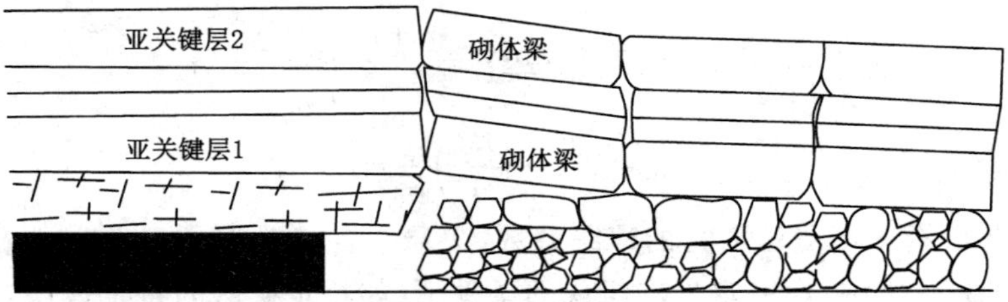

(a) 采高 3 m

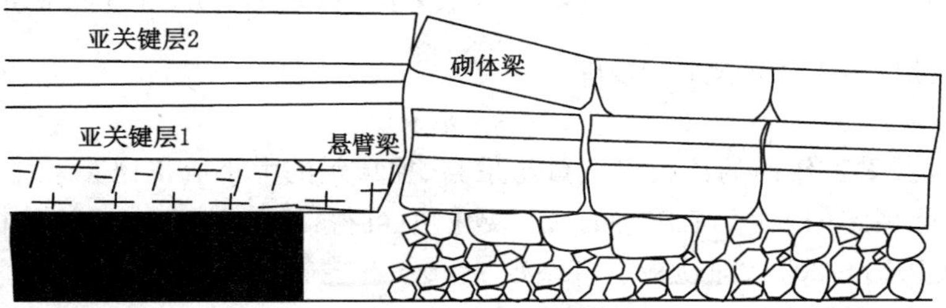

(b) 采高 6 m

图 4-26 采高增加对关键层破断结构形态影响示意图

当大采高工作面基本顶破断形成“悬臂梁”结构时，由于其破断块体后方缺失水平力约束作用，该结构无法像“砌体梁”破断块体一样形成自稳的承载结构；当支架工作阻力

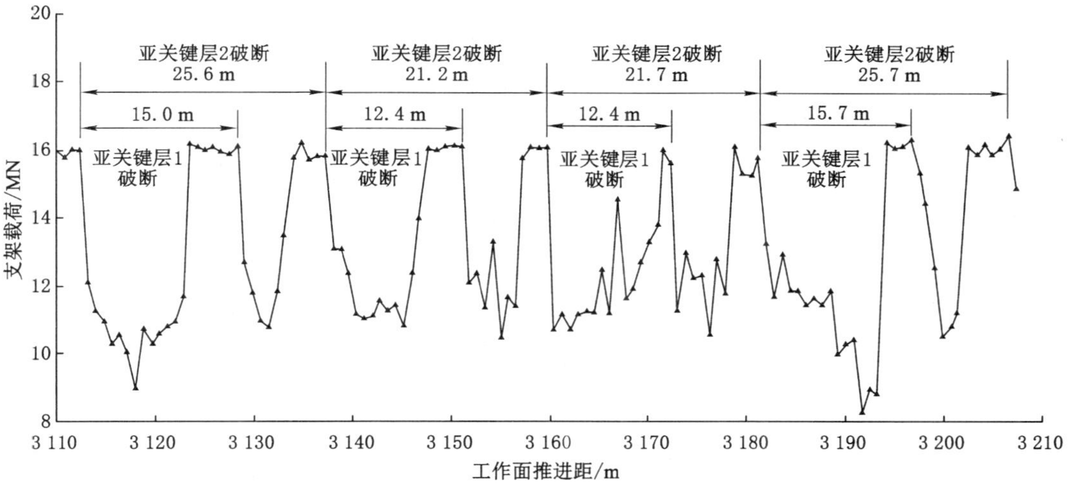

图 4-27 某煤矿 7.0 m 支架综采面一大一小周期来压显现实测数据

不足时，极易发生基本顶“悬臂梁”结构的滑落失稳，从而切割直接顶，造成端面冒顶和压架。[23]

显然，工作面采高越大、关键层所处层位越低(即直接顶厚度越小)，越易形成“悬臂梁”结构。理论上，可按下式判别覆岩关键层是否进入垮落带中而呈现“悬臂梁”结构形态。[23]

$$m + (1 - K_P)\sum h > h - \sqrt{\frac{2ql^2}{\sigma_c}} \tag{4-15}$$

式中，m 为采高；K_P 为碎胀系数；h 为关键层厚度；l 为关键层断裂步距；q 为关键层及其上覆载荷；σ_c 为关键层破断岩块抗压强度。若式(4-15)成立，则关键层形成“悬臂梁”结构，否则为“砌体梁”结构。

举例：某煤矿 22303 综采工作面开采 2-2 煤层，采用 7.0 m 支架进行顶板支护。工作面回采过程中沿走向推进方向存在 3 个不同基岩赋存及关键层结构的区域，如图 4-28 所示。其中，b115 钻孔区域覆岩中存在 2 层邻近的亚关键层，且第 1 层亚关键层距离煤层 8.7 m；而 b280 钻孔区域第 1 层亚关键层距离 2-2 煤层 17.26 m；SK16 钻孔区域第 1 层亚关键层距离 2-2 煤层仅 4.02 m。也正因为如此，工作面在不同开采区域的不同覆岩关键层结构条件下，出现了不同的矿压显现现象。

利用式(4-15)首先对 3 个钻孔区域的覆岩关键层结构形态进行判别。取关键层下部直接顶碎胀系数 K_P为 1.3，各岩层重力密度均取值 25 kN/m^3。对于 b280 钻孔区域，式(4-15)左侧部分可计算出其值为 1.62 m；根据该区域矿压观测的来压步距值取亚关键层 1 断裂步距 l 为 13.2 m，粗粒砂岩的抗压强度根据实验室测试结果取 33.82 MPa，则式(4-15)右侧部分可计算出其值为 4.28 m。式(4-15)左侧计算值小于右侧，故 b280 钻孔区域亚关键层 1 无法形成“悬臂梁”结构，而是处于裂隙带中形成稳定的“砌体梁”结构。同理，可对 b115 钻孔和 SK16 钻孔区域关键层的结构形态进行判别，计算结果见表 4-5。

层号	厚度/m	埋深/m	岩层岩性	关键层位置	岩层图例
27	22.33	22.33	风积沙		
26	15.60	37.93	砂质泥岩		
25	4.26	42.19	粉砂岩		
24	28.06	70.25	砂质泥岩	主关键层	
23	4.87	75.12	细粒砂岩		
22	5.41	80.53	砂质泥岩		
21	6.37	86.90	细粒砂岩		
20	9.97	96.87	砂质泥岩		
19	1.60	98.47	粉砂岩		
18	11.77	110.24	砂质泥岩		
17	4.32	114.56	粉砂岩		
16	30.59	145.15	砂质泥岩	亚关键层	
15	8.32	153.47	细拉砂岩		
14	15.28	168.75	粗粒砂岩	亚关键层	
13	2.95	171.70	砂质泥岩		
12	0.66	172.36	无号1		
11	3.43	175.79	砂质泥岩		
10	6.81	182.63	1-2煤层		
9	5.92	188.55	细粒砂岩		
8	11.46	200.01	粗粒砂岩	亚关键层	
7	6.15	206.16	砂质泥岩		
6	2.76	208.92	粉砂岩		
5	2.43	211.35	砂质泥岩		
4	1.00	212.35	无号2		
3	0.87	213.22	砂质泥岩		
2	2.05	215.27	粉砂岩		
1	2.00	217.27	砂质泥岩		
0	7.31	224.58	2-2煤层		

（a）b280钻孔柱状（距切眼1 250 m）

层号	厚度/m	埋深/m	岩层岩性	关键层位置	岩层图例
31	8.43	8.43	风积沙		
30	19.43	27.86	粉砂岩	主关键层	
29	6.51	34.37	粗粒秒岩		
28	11.68	46.05	粉砂岩		
27	1.10	47.15	泥岩		
26	1.00	48.15	细粒砂岩		
25	7.80	55.95	粉砂岩		
24	6.92	62.87	细粒砂岩		
23	20.39	83.26	粉砂岩		
22	25.48	108.74	粗粒砂岩	亚关键层	
21	3.00	111.74	粉砂岩		
20	4.49	116.23	粉砂岩		
19	0.60	116.83	黏土岩		
18	2.40	119.23	粉砂岩		
17	2.03	121.26	中粒砂岩		
16	0.35	121.61	无号		
15	0.70	122.31	粉砂岩		
14	0.60	122.91	粗粒砂岩		
13	2.29	125.20	砂质泥岩		
12	0.77	125.97	1-2^{上}煤层		
11	1.95	127.92	细粒砂岩		
10	5.69	133.61	1-2煤层		
9	0.84	134.45	细粒砂岩		
8	3.59	138.04	粉砂岩		
7	11.84	149.88	粗粒砂岩	亚关键层	
6	6.20	156.08	坟山岩	亚关键层	
5	2.20	158.28	中粒砂岩		
4	3.19	161.47	粉砂岩		
3	0.70	162.17	粗粒砂岩		
2	1.75	163.92	粉砂岩		
1	0.86	164.78	泥岩		
0	8.81	173.59	2-2煤层		

（b）b115钻孔柱状（距切眼2 742 m）

层号	厚度/m	埋深/m	岩层岩性	关键层位置	岩层图例
15	2.68	2.68	风积沙		
14	14.78	17.46	砂质泥岩		
13	15.81	33.27	粉砂岩		
12	3.07	36.34	细粒砂岩		
11	31.97	68.31	粉砂岩	主关键层	
10	12.49	80.80	中粒砂岩		
9	8.70	89.50	砂质泥岩		
8	12.01	101.51	粉砂岩		
7	2.63	104.14	砂质泥岩		
6	10.10	114.24	粗粒砂岩	亚关键层	
5	5.50	119.74	1-2煤层		
4	4.45	124.19	粉砂岩		
3	8.82	133.01	细粒砂岩		
2	10.75	143.76	粉砂岩	亚关键层	
1	4.02	147.78	砂质泥岩		
0	7.91	155.69	2-2煤层		

（c）SK16钻孔柱状（距切眼3 253 m）

图 4-28　某煤矿 22303 工作面不同开采区域覆岩关键层结构

表 4-5 22303 工作面不同区域关键层结构形态

钻孔区域	式(4-15)左侧值/m	式(4-15)右侧值/m	亚关键层结构形态
b280	1.62	4.28	亚关键层 1“砌体梁”结构
b115	4.19	1.64	亚关键层 1“悬臂梁”结构 亚关键层 2“砌体梁”结构
SK16	5.59	4.89	亚关键层 1“悬臂梁”结构 亚关键层 2“砌体梁”结构

现场实测结果显示[21]，由于 b280 钻孔区域覆岩关键层形成“砌体梁”结构，其引起的工作面周期来压的持续长度较其他 2 个钻孔区域关键层“悬臂梁”结构影响下的周期来压的持续长度明显偏小，如图 4-29 所示。这是由于“悬臂梁”结构周期破断时破裂线刚进入控顶区开始来压直至破裂线进入采空区来压结束，来压持续长度一般为控顶距长度。而“砌体梁”结构周期破断时破裂线刚进入控顶区开始明显来压，由于冒落矸石对“砌体梁”结构的支撑作用，一般破裂线进入采空区前“砌体梁”结构已取得自身平衡而来压结束，来压持续长度一般小于控顶距长度。

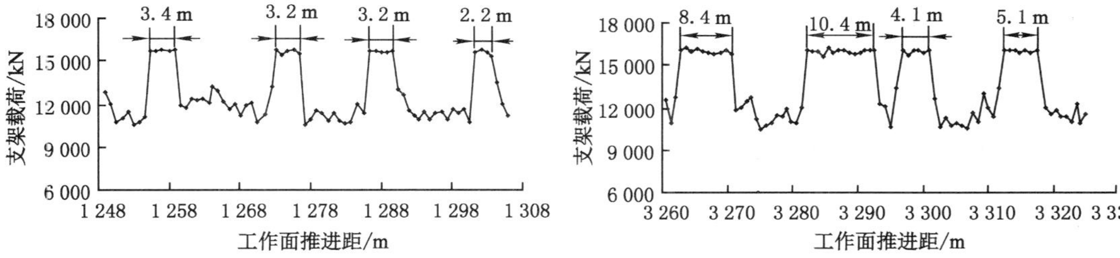

(a) b280钻孔区域

(b) SK16钻孔区域

图 4-29 某煤矿 22303 工作面 b280 与 SK16 钻孔区域来压持续长度实测结果

应该指出的是，对于综放开采而言，尽管其采高增加，但其矿压显现与一次采全高综采矿压显现并不相同。有关综放开采矿压特征见第五章相关内容。

二、推进速度

1. 对顶板下沉的影响

工作面推进速度对顶板下沉的影响，也可用顶板下沉量 s 与时间 t 的坐标关系表示。显然，在一定的生产条件下，时间 t 本身包含工作面推进速度的因素，在实际测定中也常常反映出顶板下沉量是时间的函数。因而有些人认为：既然顶板下沉量与时间有关，若加快推进速度，缩短工作面每个循环的时间，必然可使顶板下沉量减少，这样就能把顶板压力“甩掉”。实际上确有这种例子。如淮南谢一矿当工作面以一天一循环沿走向方向推进时，在离煤壁 5 m 处的顶板下沉量平均为 289.2 mm；当推进速度变为两天一循环时，该处的下沉量增加到 410 mm。在有些工作面中，当推进速度比较慢时，容易出现局部冒顶等不利于生产的矿山压力现象，而当工作面推进速度加快时，顶板状况明显好转。但实测资料证明，随着回采工作面推进速度加快，顶板下沉速度也明显地加快。因此，在什么条件下加快推进速度能改善工作面状况，以及能否把顶板压力“甩掉”，必须从原理上进行分析。

从一般分析可知，因为支承压力对煤壁的压裂过程以及在采空区的压实过程均为时间过程，并且上覆岩层破断后，岩块间的相互咬合也经常要经历失稳阶段以及处于极限平衡状态，因此，反映在工作面，顶板的下沉也是一个时间过程。

一般在工作面测定的“s-t”曲线如图 4-30 所示。由图可知，在工作面中进行落煤与放顶时，顶板下沉表现最为剧烈，平时则比较缓和。落煤与放顶是回采工作面两个主要生产过程。从表面上看，可以认为是生产工序影响顶板下沉，其实并非是其本质。下面具体分析落煤与放顶工序的本质内容及其对顶板下沉的影响。

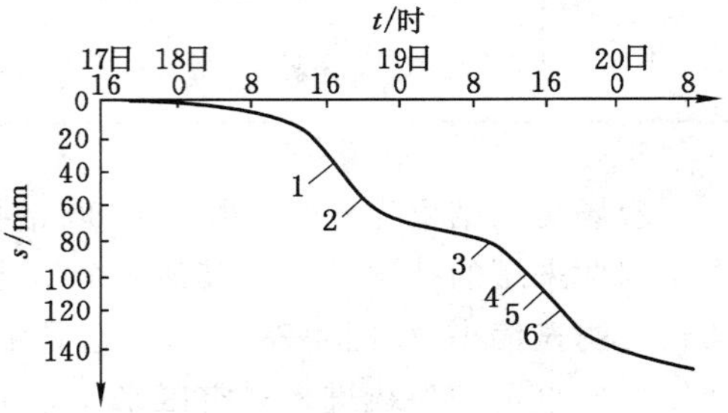

1—采煤机距测点 15 m；2—采煤机距测点 10 m；
3—放顶过测点 5 m；4—放顶过测点 15 m；
5—放震动炮后；6—采煤机距测点 6 m。

图 4-30 工作面实际测定的“s-t”曲线

图 4-31 所示为某矿一单体工作面爆破落煤时对顶板下沉速度的影响。从图中可以看出，一般爆破的影响范围是在沿工作面倾斜方向上、下各为 15 m 左右，剧烈影响范围则为沿倾斜方向上、下 5 m 左右。影响剧烈的根本原因是，由于爆破后增大了回采工作面的控顶距，因而破坏了煤壁前方的应力平衡，使支承压力产生一个向煤壁深处移动的过程。另一极为重要的原因是，由于落煤，使工作面推进逐步接近图 4-9(b)所示的位置，使 A 岩块逐渐趋向失稳，其受力关系如图 4-32 所示。

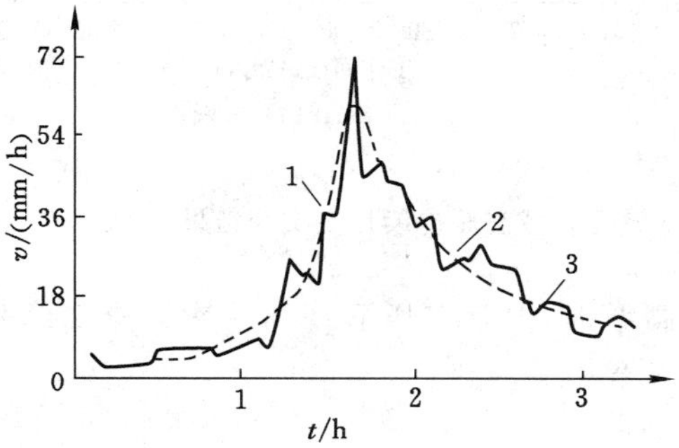

1—爆破经过测点；2—测点下 4 m 处爆破；
3—测点下 10 m 处爆破。

图 4-31 爆破对工作面顶板下沉速度的影响

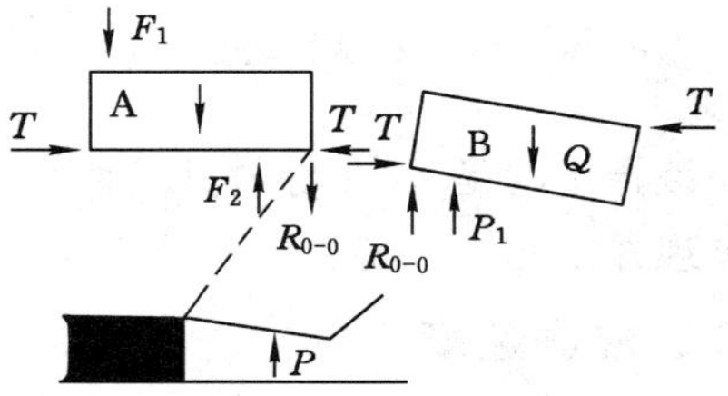

图 4-32 A、B 岩块不平衡时受力图

在工作面推进前，B 岩块处于悬露状态，因而 $R_{0\text{-}0}$ 的作用方向应如图 4-32 中所示。又由于 A 岩块刚刚断裂，倾斜度较小，因此可暂设 A 岩块两侧的水平力 T 作用在一个平面上。图中 P_1 为支架通过直接顶对基本顶的作用力；F_2 为煤壁对 A 岩块的支撑力，它随着工作面向前推进而越来越小。因此，当工作面每推进一个距离，必然导致 A 岩块回转一定的角度。同时也使 B 岩块朝相反方向回转，直至出现图 4-9(c)所示的稳定状态。由此形成了图 4-31 所示的下沉速度变化曲线。

再分析放顶对顶板下沉的影响。图 4-33 表示了放顶对工作面顶板下沉速度的影响过程，可见其特征与落煤时的影响相仿。根据测定，放顶的影响范围沿工作面向上为 20 m，向下为 10 m；剧烈影响范围向上为 10 m，向下为 5 m 左右。

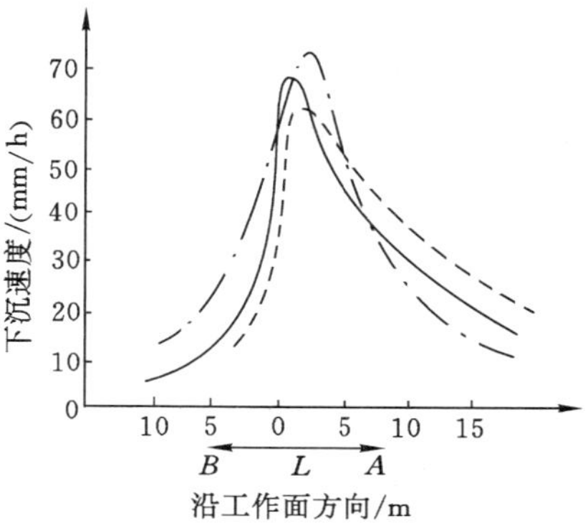

A—倾斜向上；B—倾斜向下。

图 4-33 放顶对顶板下沉速度的影响

由前述可知，裂缝带的下位岩层形成的“砌体梁”结构是由“煤壁-工作面支架-采空区已冒落的矸石”支撑体系所支撑。放顶过程就是撤除了靠近采空区一侧的支架支撑力，即撤除了对裂隙带下位岩层的部分支撑力。这样必然使“支架-围岩”的力学系统发生变化，形成新的平衡，从而导致采空区一侧已冒落矸石进一步压实。这种变化将使顶板下沉量急剧增加，直到新的平衡开始形成时，顶板下沉速度才能重新趋向于缓和。

使用自移支架时，放顶过程即是移架过程。一般来说，其影响远较落煤时形成的下沉量要大，有时可达落煤时下沉量的 4～6 倍。

由以上分析可知，所谓工序对顶板下沉量的影响，实质上就是开采后上覆岩层形成的“砌体梁”结构在其前后支撑力不断推移过程中对工作面顶板所带来的影响。

事实上，加快工作面的推进速度只是缩短了落煤与放顶两个主要生产过程的时间间隔。从理论上说，其结果肯定能减少单个循环内顶板下沉量，但同时必然使顶板下沉速度加剧。例如，根据苏联一回采工作面的测定，工作面推进速度由 3.5 m/d 增至 13.5 m/d，平时的顶板下沉速度加快了一倍。由于落煤与放顶所造成的剧烈影响都是在较短的时间内(如 1～2 h)完成的，加快推进速度只能消除一部分平时的下沉量，但绝不能消除此工序的剧烈影响所造成的下沉量。所以，只有在原先的工作面推进速度比较缓慢的条件下，加快工作面推进速度才会使工作面顶板状态有所改善，当工作面推进速度提高到一定程度后，顶板下沉量的变化将逐渐减小。因而想通过加快工作面推进速度把顶板压力“甩掉”的想法实际上是不能实现的。同时可以这样认为：在一定的生产技术条件下(如采高、顶底板条件以及截深、放顶距等)，在工作面中测得的“$s-t$”曲线，事实上代表着在该具体条件下顶板压力显现的综合反映。

另外，对于单体支架工作面，《煤矿安全规程》中规定，放顶与爆破、机械落煤等工序平行作业的安全距离，必须在作业规程中明确规定。这是因为落煤与放顶对工作面顶板下沉量影响都很大，单体支架的结构无法在这种情况下保证人身安全。所以，不允许落煤与放顶工序在同一地点同时进行，必须错开一定的距离。从上述资料分析，两者的错距在 10～15 m 以上比较合适。但对于液压自移支架来说，由于其工作特点决定了落煤与放顶(移架)几乎是在同一地点同时进行(特别是采用及时支护方式)，又因为移架时大部分采用整架降柱而后再升柱的办法，因而顶板比采用单体支架时易于破碎，但是这种支架的结构稳定性好，能够保证人身安全。所以，这时采用平行作业是完全允许的。

2. 对顶板来压特征的影响

实测研究表明[24]，推进速度对工作面来压步距和动载系数影响较小，而对来压的持续长度有较明显影响。

举例:某矿所在矿区是我国典型的高产高效生产矿区,其最大推进速度可达到 20 m/d,通过对该矿 21305 工作面在不同推进速度下的矿压显现规律观测,得到了推进速度变化对其显现特征的影响。21305 工作面所采煤层为 1-2 煤,工作面宽度 257.2 m,走向推进长度 3 002.2 m,平均采高 4.3 m,倾角 0~5°,埋深 100~117 m。该工作面采用一次采全高走向长壁后退式全部垮落法的综合机械化采煤,所用支架型号为 ZY12000/25/50D,每台支架上安装一部 PM31 电液控制系统,实时采集、存储支架压力数据。根据覆岩柱状及其关键层位置判别结果(见图 4-34),工作面开采的 1-2 煤层与上覆已采的 1-2^{上}煤层之间仅存在一层关键层,属于上煤层已采单一关键层结构类型。工作面开采过程中矿压显现将直接取决于两煤层间的这层关键层(即基本顶)的破断运动状态。

层号	厚度/m	埋深/m	岩层岩性	关键层位置	硬岩层位置	岩层图例
31	6.47	6.47	黄土			
30	2.78	9.25	细粒砂岩			
29	8.15	17.40	粉砂岩			
28	2.92	20.32	细粒砂岩			
27	2.85	23.17	粉砂岩			
26	0.60	23.77	细粒砂岩			
25	3.45	27.22	粉砂岩			
24	4.41	31.63	细粒砂岩			
23	6.61	38.24	粗粒砂岩			
22	2.11	40.35	粉砂岩			
21	1.80	42.15	细粒砂岩			
20	14.52	56.67	粉砂岩		第4层硬岩层	
19	13.82	70.49	粗粒砂岩	主关键层	第3层硬岩层	
18	2.07	72.56	粗粒砂岩			
17	1.29	73.85	1-1煤层			
16	1.78	75.63	粉砂岩			
15	1.80	77.43	粉砂岩			
14	2.15	79.58	细粒砂岩			
13	1.20	80.78	粉砂岩			
12	12.90	93.68	粗粒砂岩	亚关键层	第2层硬岩层	
11	3.78	97.46	1-2^{上}煤层			
10	1.05	98.51	粉砂岩			
9	7.33	105.84	粗粒砂岩	亚关键层	第1层硬岩层	
8	0.60	106.44	钙质泥岩			
7	2.00	108.44	粗粒砂岩			
6	0.50	108.94	钙质泥岩			
5	2.40	111.34	粗粒砂岩			
4	2.13	113.47	粉砂岩			
3	0.52	113.99	中粒砂岩			
2	0.48	114.47	粉砂岩			
1	1.90	116.37	细粒砂岩			
0	5.79	122.16	1-2煤层			

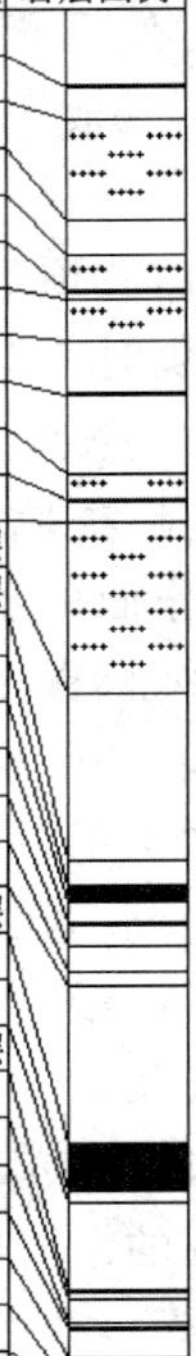

图 4-34 某矿 21305 工作面 H86 钻孔柱状及关键层判别结果

表 4-6 和图 4-35 所示为现场实测得到的不同推进速度下周期来压特征的对比,可以发现:推进速度由 5 m/d 增加到 16 m/d 时,周期来压步距由 8.8 m 增加到 9.9 m,增幅为 12.5%;来压持续长度由 2.8 m 增加到 5.0 m,增幅为 78.6%;来压期间支架载荷由 10 709 kN 增加为 10 887 kN,增幅为 1.7%;但非来压期间支架载荷由 6 720 kN 减小到 6 321 kN,减小幅度为 5.9%;动载系数由 1.60 增加至 1.72,增幅为 7.5%。可见,推进速度对来压持续长度的影响比较明显,对周期来压步距、支架载荷和动载系数的影响相对较小。

表 4-6　某矿 21305 工作面不同推进速度下周期来压特征对比

推进速度	周期来压步距/m	来压期间支架载荷/kN	非来压期间支架载荷/kN	动载系数	来压持续长度/m
5.0/(m/d)(A)	8.8	10 709	6 720	1.60	2.8
16.0/(m/d)(B)	9.9	10 887	6 321	1.72	5.0
差值/(m/d)(B－A)	＋1.1	＋178	－399	＋0.12	＋2.2
差异百分比/% $\left(\frac{B-A}{A}\right)$	＋12.5	＋1.7	－5.9	＋7.5	＋78.6

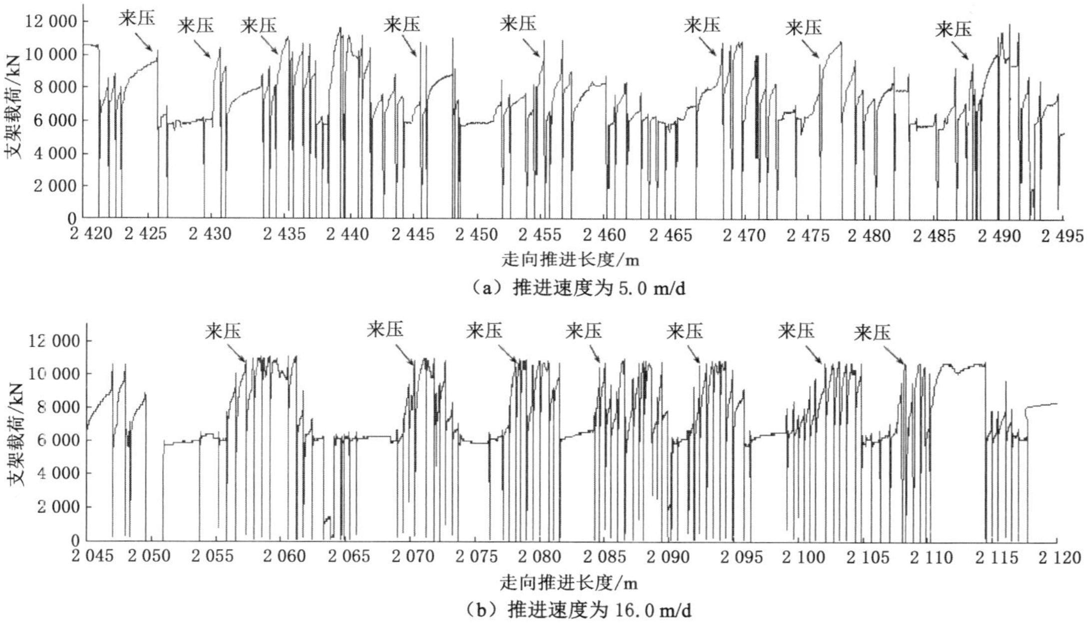

图 4-35　不同推进速度时对应支架载荷曲线

顶板周期来压的持续长度在数值上等于来压结束时对应的工作面推进距与此次来压开始时工作面推进距的差值，实质上反映了关键层从开始断裂回转到触矸稳定的整个过程所对应的工作面持续推进距离。推进速度较快时，载荷传递不充分，围岩受损伤变形程度降低，内部裂隙不发育，直接顶不能充分垮落，采空区充实程度降低，形成的悬露空间较大，导致推进较快时“砌体梁”结构需要更大的回转量才能触矸稳定，因此导致来压持续长度增大。

三、开采深度

开采深度直接决定原岩应力大小以及开采后工作面周围岩层内支承压力值。从这个意义上讲，开采深度对矿山压力具有绝对的影响。但对矿山压力显现的影响则不尽相同。开采深度对巷道矿山压力显现的影响比较明显，随着开采深度的增加，巷道围岩的“挤、压、鼓”现象将更为严重(具体在第六章介绍)。开采深度对冲击矿压的影响很明显，随着开采深度的增加，煤岩体中积累的弹性能越大，发生冲击矿压的次数与强度都可能显著增加(具体在第七章介绍)。开采深度对采场顶板压力大小的影响并不突出，因而对矿山压力显现的影响也不明显，尤其是对顶板下沉量与支架工作阻力的影响较小。这显然是由于采场顶板的挠曲情况及支架所受载荷的大小，与裂隙带形成“砌体梁”结构的条件有关，因而主要应视煤层采高、直接顶和基本顶的力学性质、厚度等因素而定，而开采深度对这些参数的影响不会太大。在目前的开采深度条件下，实际测定表明，采场顶板下沉量与采深之间并无直接关系。例如比利时的彼丘尔煤矿，开采深度已达到 1 415 m，工作面采用的是工作阻力为 350 kN 的金属支柱(可缩量为 120 mm，支护密度为 1.4 根/m^2)，仍然能把顶板管理得很好。

随着采深增加，支承压力必然增加，从而导致煤壁片帮的概率增加。

对于开采深度较小的浅埋煤层，由于上覆风积沙或黄土等松散载荷层的作用，一定条件下会产生覆岩的整体破断(关键层的复合破断)，导致覆岩不易形成稳定结构，工作面矿压显现不但没有减小反而很强烈(具体在第五章介绍)。对某矿区浅埋煤层开采的实测研究发现，在基岩赋存柱状相同的条件下，地表风积沙厚度改变时，覆岩关键层结构特征也将发生改变，从而影响工作面的矿压显现。如图 4-36 所示，在岩层破断角与松散层载荷传递系数保持不变的条件下，将风积沙厚度由 3 m 增大至 27 m，对应覆岩关键层赋存将由多层关键层结构转变为复合单一关键层结构，从而易出现覆岩全厚切落而引发的压架事故。

层号	厚度/m	埋深/m	岩层岩性	关键层位置	硬岩层位置	岩层图例
10	3.0	3.00	风积沙			
9	3.0	6.00	风化砂岩			
8	2.0	8.00	粉砂岩			
7	2.4	10.40	砂岩			
6	3.9	14.30	中砂岩	主关键层	第2层硬岩层	
5	2.9	17.20	砂质泥岩			
4	2.0	19.20	粉砂岩			
3	2.2	21.40	粉砂岩	亚关键层	第1层硬岩层	
2	2.0	23.40	碳质泥沙			
1	2.6	26.00	砂泥岩或粉砂岩			
0	6.3	32.30	1-2煤层			

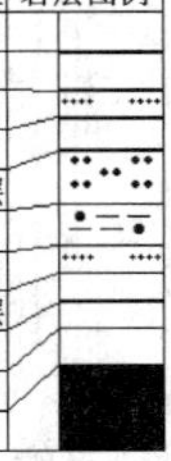

(a) 风积沙厚度3 m

层号	厚度/m	埋深/m	岩层岩性	关键层位置	硬岩层位置	岩层图例
10	27.0	27.00	风积沙			
9	3.0	30.00	风化砂岩			
8	2.0	32.00	粉砂岩			
7	2.4	34.40	砂岩			
6	3.9	38.30	中砂岩		第2层硬岩层	
5	2.9	41.20	砂质泥岩			
4	2.0	43.20	粉砂岩			
3	2.2	45.40	粉砂岩	主关键层	第1层硬岩层	
2	2.0	47.40	碳质泥沙			
1	2.6	50.00	砂泥岩或粉砂岩			
0	6.3	56.30	1-2煤层			

(b) 风积沙厚度27 m

图 4-36 浅埋煤层风积沙厚度对覆岩关键层判别结果的影响

此外，受地表沟谷地形的影响，开采煤层对应上覆岩层的厚度将发生改变(即煤层埋深沿沟谷坡向发生变化)；特殊条件下，当覆岩主关键层受沟谷侵蚀而在沟谷段缺失时，工作面易在上坡段开采过程中发生覆岩主关键层滑落失稳导致的压架事故(具体见第五章介绍)。

四、煤层倾角

煤层倾角增加会对围岩活动产生影响。实际观测证明，煤层倾角对回采工作面矿山压力显现的影响也是很大的。例如，随着煤层倾角增加，顶板下沉量将逐渐变小。

众所周知，急倾斜工作面的顶板下沉量比缓倾斜工作面要小得多。如图 4-37 所示，设上覆岩层的重量为 W，由于倾角增大，必然使沿岩层面的切向滑移力 $W\sin\alpha$(即 Q_2)增大，而使作用于岩层面的垂直压力 $W\cos\alpha$(即 Q_1)减小。另外，由于倾角增加，采空区顶板冒落的矸石不一定能在原地留住，很可能沿着底板滑移，从而改变了上覆岩层的运动规律。根据对不同倾角的“两带”(垮落带、导水裂隙带)观测(见图 4-38),可以证明岩层移动是不均匀的,尤其是急倾斜煤层,基本上改变了原来的规律性。

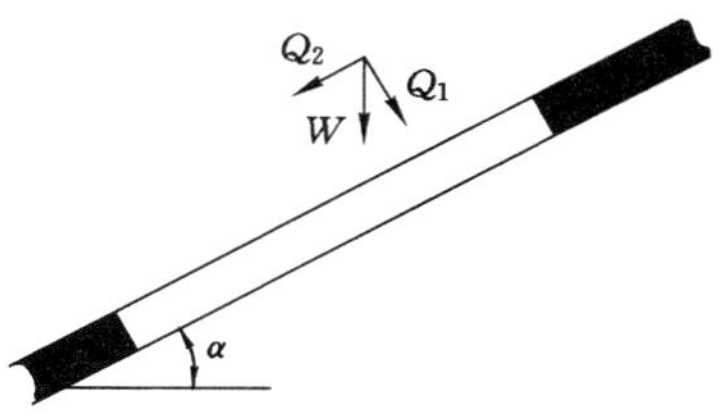

W—上覆岩层的重力;Q_1—垂直于岩层的分力;
Q_2—平行于岩层的分力。

图 4-37　倾角对矿山压力的影响

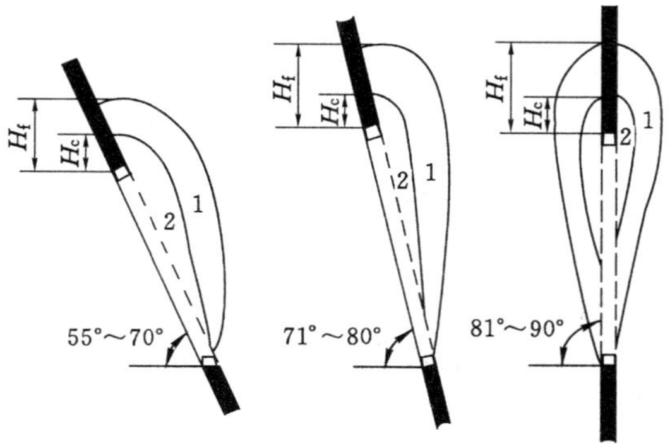

1—导水裂隙带;2—垮落带。

图 4-38　各种倾角情况下导水裂隙带与垮落带的分布

采空区内冒落矸石的滑移不仅与倾角有关,而且还与 h/m 值有关(h 为直接顶厚度,m 为采高),即与直接顶跨落后充满采空区的程度有关。例如,当 $h/m>0.4\sim0.5$ 时,即使倾角达到 60°,冒落后的矸石还可能留在原来位置保持不滑移;但当 $h/m\leqslant0.4\sim0.5$ 时,冒落的矸石将发生滑移。

直接顶沿工作面倾斜方向不同区域的破断与运动状态不同。工作面倾斜上部区域直接顶全厚垮落且向下滑滚,工作面倾斜中、上部顶板中裂隙与弯曲下沉带形成层位较高。

由于冒落岩块滑移,使采空区形成了如图 4-39(a)所示的情况,即下部充填较满,而上部却形成冒空。这样必然使回采工作面支架受力不均匀。图 4-39(b)表示了各种不同倾角时工作面支架载荷的分布情况。显然,当倾角为 60°时显得最不均匀。倾角较大时,工作面倾斜方向不同区域矿压显现程度不同。通常情况下,工作面倾斜中、上部区域要明显大于下部区域。急倾斜煤层工作面顶板控制详见第五章相关内容。

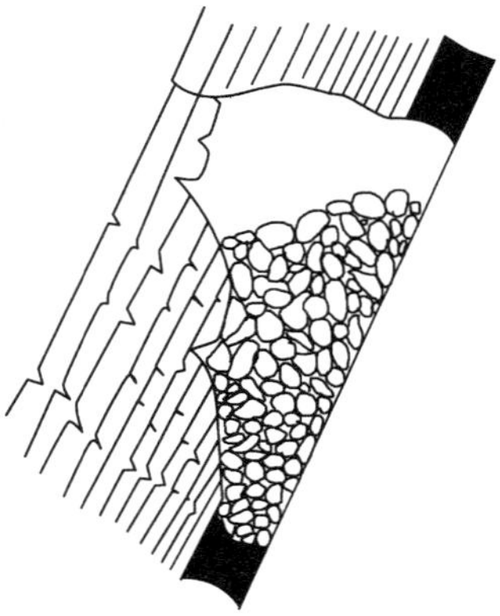

(a) 顶板垮落形态

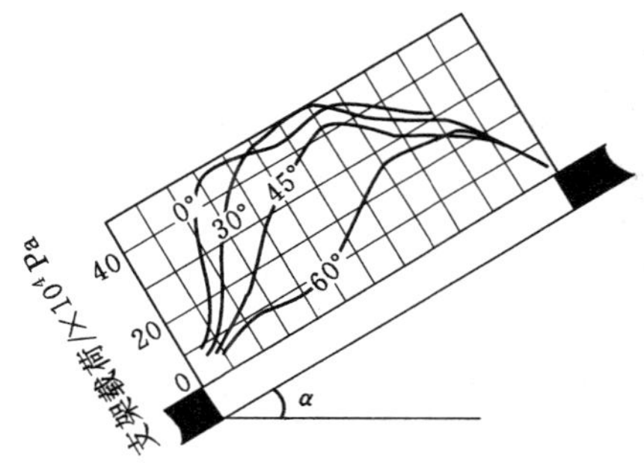

(b) 不同倾角支架载荷

图 4-39　采空区冒落矸石的滑移及其造成的后果

当回采工作面沿倾斜方向推进时，即为倾斜长壁回采工作面。开采后上覆岩层破断岩块间的相互咬合状况如图 4-40 所示。这时咬合点保持平衡的条件是：

$$f[(T_a+R_a)\cos\theta-Q_a\sin\theta]>(T_a+R_a)\sin\theta+Q_a\cos\theta$$

即应满足

$$\tan(\varphi-\theta)>\frac{Q_a}{T_a+R_a} \tag{4-16}$$

式中 f——破断岩块间摩擦因数；

T_a——沿层面的横向推力；

R_a——由岩块自身重量形成的岩块间的压力；

Q_a——两岩块间的剪切力，由岩块的自重及其载荷组成。

当 α 趋近于零时，平衡条件即

$$\tan(\varphi-\theta)>\frac{Q_a}{T_a}$$

在一般情况下，显然

$$\frac{Q_a}{T_a+R_a}<\frac{Q_a}{T_a} \tag{4-17}$$

因此，在同样的生产技术条件下，采用沿倾斜向下推进的俯斜长壁开采工作面与沿走向推进的工作面相比，在上覆岩层中更容易形成“砌体梁”结构。

对于仰斜开采条件，岩块间咬合关系如图 4-41 所示，咬合点保持平衡的条件变为：

$$\tan(\varphi-\theta)>\frac{Q_a}{T_a-R_a} \tag{4-18}$$

显然，相比式(4-16)而言，仰斜开采条件下块体更难达到平衡状态，即仰斜开采比俯斜开采顶板破断结构稳定性更差。

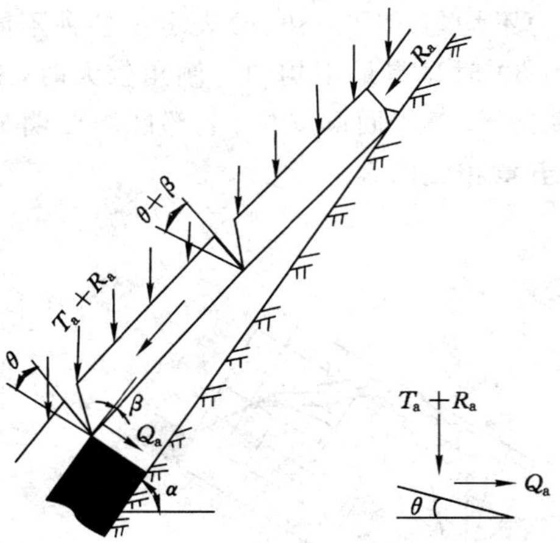

图 4-40 沿倾斜方向开采时岩块的咬合关系

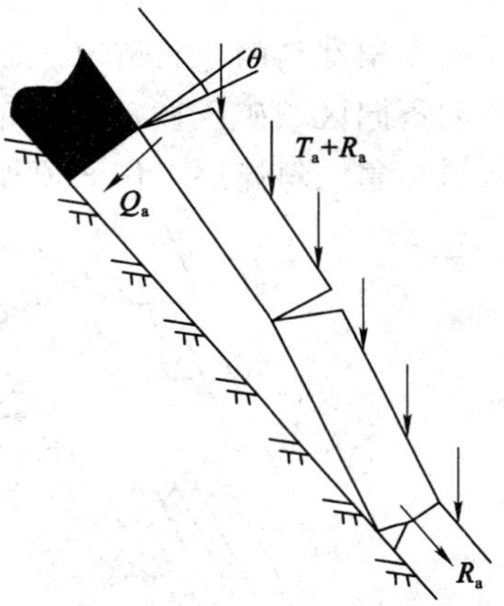

图 4-41 仰斜开采时岩块的咬合关系

五、重复采动

重复采动主要出现在厚煤层分层开采以及近距离煤层开采的条件下，由于上覆岩层会经历两次或两次以上的破断运动，导致每次重复开采过程中对应采场的矿压显现呈现一定

的差异。

1. 厚煤层分层开采的影响

当厚煤层用倾斜分层开采时,可采用全部垮落法自上而下逐分层回采。众所周知,开采第一分层时,矿山压力显现规律与普通单一煤层开采没有任何区别。但当回采以下各分层时,工作面顶板就变成了在第一分层回采时冒落的岩块。这样,破碎的顶板必然给顶板管理工作带来新的困难。

以前,在回采第二分层及以下各分层时,为了防止破碎岩块塌落,常在分层间留下一定厚度的煤层(常称为煤皮)用以护顶。但这种办法煤损失大,而且也不能可靠地保证安全。之后,在生产实践中逐步创造了用金属网代替煤皮,人为地形成了一层顶板,通常称为人工假顶。在有些情况下,有些较软的具有一定黏结性的岩石(如页岩等)冒落后,在上覆岩层的重力下,加上水及黄泥浆的作用,又能重新结成一个整体顶板,一般称为再生顶板。因此,分层开采时控制的顶板主要是人工假顶及其上部的破碎岩块,或是再生顶板。

第一分层开采时,已垮落的顶板岩层经过一次压实过程。开采第二分层时,顶板垮落时的碎胀系数可能小一些,因而形成的垮落带高度比回采第一分层可能要高一些。即第一分层开采时形成的裂缝带岩层,此时可能部分地转化为垮落带。但假如在原裂缝带中有一层比较厚而坚硬的岩层,则垮落带的高度可能变化不会太大。在回采第一分层时,基本顶岩层经历了一次悬露、破裂与折断的过程,而且岩块与岩块的咬合处也经历了一次变形过程,使其完整性受到一定的破坏。因此,在回采第二分层时,某些矿山压力现象可能减弱,而另一些矿山压力现象则可能加剧。一般说来,下分层的矿压显现与上分层相比有以下特点。

(1) 基本顶来压步距小、强度低

以某矿 $73_{上}40$ 综采工作面为例,直接顶为厚 4.4 m 的粉砂岩,基本顶为厚 12.7 m 的中细石英砂岩;分上、下两个分层回采;使用 4 柱 5 500 kN 支撑力的支撑掩护式液压支架。经观测,上、下分层的基本顶初次来压步距与周期来压步距如表 4-7 所列。从表中数据可以看出,下分层开采时的来压步距基本为上分层开采时的一半,推断此现象可能是由于上分层采后的破断岩层在下分层开采时发生二次破断所致。

表 4-7 某矿 $73_{上}40$ 综采工作面基本顶来压步距实测值

分　层	初次来压步距/m	周期来压步距/m
上	60.0	39.4
下	33.8	19.4

其他如大同矿区同家梁矿 8320 工作面及阜新矿区五龙矿等也观测到类似的规律。

(2) 支架载荷变小

经大量实测统计,无论采用液压自移支架还是单体支柱,第二分层的支架载荷要比第一分层小,有时可低 40%左右。其原因首先是回采第一分层时,顶板来压表现的"动载荷"(即基本定折断时对支柱形成的载荷)较大,而在第二分层则主要表现为"静载荷"。其次,在第一分层回采时,"支架-围岩"系统形成的刚度要比以下各分层大。

(3) 顶板下沉量变大

表 4-8 列出了在部分矿井中得到的顶板下沉量统计值。由表可知，下分层顶板下沉均比上分层大。其中，再生顶板又比矸石顶板增长的幅度大。但对最下分层，因底板是岩石，则下沉量又稍小些。由此，影响下沉量的因素之一仍然是支架与围岩的综合刚度。

表 4-8 倾斜分层开采单体支架工作面顶板下沉量及其变化表

煤层		平顶山 C_{17}		邢台大煤		邢台小煤		淄博 10 煤层	
顶板		页岩(再生顶板)		砂岩(再生顶板)		砂页岩(矸石顶)		页岩(矸石顶)	
单位		mm	%	mm	%	mm	%	mm	%
分层	一	207.00	100	145.0	100	110.8	100	136	100
	二	427.23	206	389.9	269	173.9	157	208	153
	三	347.40	168	353.7	244	—	—	—	—

由于上述原因，在开采中、下分层过程中常常遇到单体支柱压死、歪倒和破网窜柱等现象。因而在这种情况下，要求支架具有较强的适应顶板大变形量的能力。除上述一般规律外，在实际工作中也遇到个别相反的情况。例如邢台煤矿七层煤分三层采，煤层的顶板是一层厚达 9 m 以上的灰色中细砂岩，周期来压则以中、下分层更为强烈。该矿回采第一分层时周期来压步距大，但较缓和；回采中、下分层来压步距虽小，却来压剧烈。又如枣庄矿区的山西组二层煤，顶板为中细粒硬质长石石英砂岩，矽质和钙质胶结，平均厚度达 42 m。在采用倾斜下行分层采煤时，中、下分层的顶板很难管理，经常出现冒顶事故。显然，上述实例与分层开采时上覆岩层的活动规律及平衡条件密切相关。

为了减少分层开采时顶板中坚硬岩层运动时带来的危害，有时可采用改变开采顺序的办法。例如枣庄矿区山家林矿，采用了先回采顶分层，并铺以假顶，在顶板冒落后，再采取洒水、注泥浆等办法促使其胶结。然后暂不采中分层，而先采底分层。这样中分层的煤就成为下分层的顶板，缓和了回采下分层的顶板压力。最后再回采中分层。中分层虽经破坏，但压实后仍可作为开采对象。

综上所述，对分层开采中的矿山压力显现规律，应根据具体条件进行分析。目前我国厚煤层分层开采已基本被综放开采和特大采高开采技术所取代。

2. *近距离煤层重复采动的影响*

一般条件下，当上、下煤层为极近距离煤层或煤层间无关键层时，重复采动与厚煤层的分层开采类似，相应地两者的采场矿压显现也相似，但具体矿压显现强烈程度及来压特征还应视覆岩关键层具体赋存和支架阻力等条件而定。

以某矿 12102 工作面为例，该工作面走向长 919.9 m，倾斜宽 294.5 m，煤层厚度平均 2.5 m，煤层倾角 1°～3°。工作面对应上部为已采的 $1\text{-}2^{上}$ 煤层 $12^{上}101$ 工作面（见图 4-42），煤层间岩性以砂质泥岩和细粒砂岩为主，间距 1.85～7.5 m，层间无关键层存在，属极近距离煤层重复开采条件，具体柱状如图 4-43 所示。工作面采用 DBT8824/17/35 二柱支撑掩护式液压支架。

矿压实测结果显示，12102 工作面顶板来压较为缓和，周期来压步距平均为 23 m；来压持续长度为 1.6～2.4 m，平均为 2.21 m；支架循环末阻力为 7 619～8 814 kN，平均为 8 248 kN，小于支架的额定工作阻力 8 824 kN；动载系数为 1.16～1.42，平均为 1.24；来压期间，

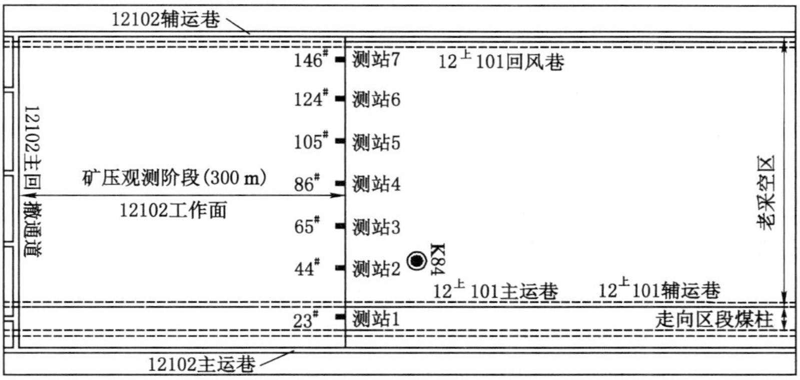

图 4-42　12102 工作面和 $12^{上}101$ 工作面位置对应关系图

层号	厚度/m	埋深/m	岩层岩性	关键层位置	岩层图例
15	3.64	3.64	流沙		
14	15.06	18.70	黄土		
13	2.95	21.65	中粒砂岩		
12	2.95	24.60	砂质泥岩		
11	5.05	29.65	细粒砂岩		
10	10.68	40.33	中粒砂岩		
9	13.74	54.07	粉砂岩	主关键层	
8	1.21	55.28	1-1煤层		
7	2.15	57.43	碳质泥岩		
6	2.34	59.77	粉砂岩		
5	5.62	65.39	中粒砂岩	亚关键层	
4	3.63	69.02	细粒砂岩		
3	2.21	71.23	$1\text{-}2^{上}$煤层		
2	3.67	74.90	细粒砂岩		
1	0.63	75.53	泥岩		
0	3.00	78.53	1-2煤层		

图 4-43　12102 工作面 K84 钻孔柱状及关键层位置

工作面局部有轻微的片帮，深度在 100 mm 以内，架前有少量的漏矸；非来压期间，支架循环末阻力为 5 629～7 091 kN，平均为 6 590 kN。而根据上部 $12^{上}101$ 工作面的矿压实测结果，上煤层开采的顶板周期来压步距仅为 10～11 m，约为 12102 工作面来压步距的一半，这与极近距离上、下煤层开采来压步距基本一致的一般认识存在明显差异。

通过对覆岩关键层破断步距的计算发现[利用式(4-3)]，12102 工作面来压步距与覆岩主关键层 22.4 m 的周期破断步距基本一致，说明工作面的周期来压主要由覆岩主关键层回转运动引起。而从支架非来压期间循环末阻力所支撑的岩层厚度来推算，也证实了这一结论。考虑到亚关键层及其控制岩层载荷均施加在支架上，可对主关键层以下岩层施加到支架上的载荷 P 进行计算：

$$P = (h l b \gamma + K_G h_1 l b \gamma_1) + h_2 l_2 \gamma_2 b \tag{4-19}$$

式中　h——亚关键层厚度，m；

l——亚关键层周期破断距，根据上煤层周期来压步距实测结果，取 11 m；

b——支架宽度，取 1.75 m；

γ——亚关键层平均重力密度，kN/m^3；

h_1——载荷层厚度，m；

γ_1——载荷层平均重力密度，kN/m^3；

K_G——载荷传递系数，取1；

h_2——直接顶厚度，m；

l_2——支架的控顶长度，取5.6 m；

γ_2——直接顶平均重力密度，kN/m^3。

取砂岩$\gamma=24\ kN/m^3$，泥岩$\gamma=18\ kN/m^3$，煤层$\gamma=13\ kN/m^3$，参考图4-43的钻孔柱状，将相关参数代入式(4-19)，可得支架载荷仅为6 590 kN，与12102工作面非来压期间的循环末阻力一致。由此可见，12102工作面周期来压主要受控于上覆主关键层的回转运动影响；同时因主关键层距下煤层较远，且其周期破断距较长，使得主关键层破断块体回转较小角度便能触矸，从而对下煤层工作面的矿压显现影响不强烈，工作面矿压显现缓和。

当上、下煤层间存在关键层时，下煤层重复采动时的矿压显现则主要受煤层间关键层的破断运动控制。也就是说，煤层间关键层赋存特征不同时，相应重复采动的矿压显现也有所不同。

以某矿12314工作面为例，该面位于1-2煤三盘区，正上方为1-2上煤12上312工作面采空区，地面标高1 196～1 252.3 m，煤层底板标高1 108.7～1 148.2 m。工作面走向长为4 656.5 m，倾斜宽为288.35 m，采用ZY12000/24/50D型支架支护。煤层平均厚度为5.3 m，倾角为1°～3°。工作面对应地表主要由沙、土覆盖，无基岩出露，上覆基岩平均厚度为80 m，松散层平均厚度为6 m，与上覆煤层层间距为0.47～20 m，平均厚度为10 m。如图4-44所示，工作面初采阶段煤层间距沿倾向发生较大变化，自回风巷侧到运输巷侧层间距由1 m逐渐增加至15 m，工作面运输巷一侧层间距较大。区域覆岩柱状如图4-45所示，可见工作面层间距较大的区域煤层间存在1层关键层，而层间距较小的区域煤层间则不存在关键层。正因为如此，工作面沿倾向出现了不同的矿压显现。

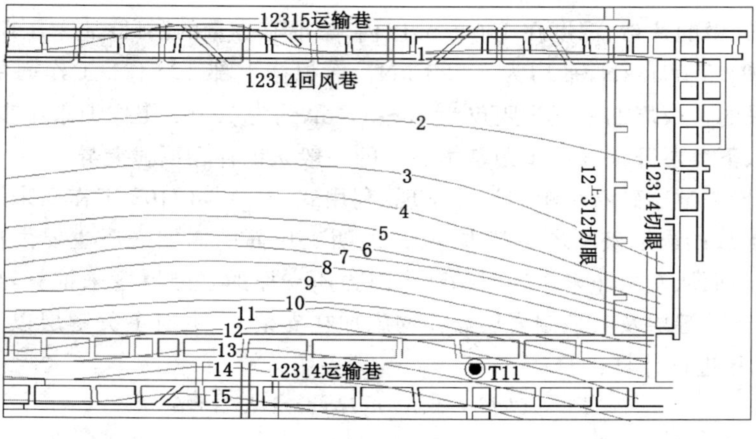

图4-44 12314工作面层间距等厚线图

层号	厚度/m	埋深/m	岩层岩性	关键层位置	岩层图例
15	4.40	4.40	松散层		
14	10.18	14.58	粉砂岩		
13	5.57	20.15	长石中粒砂岩		
12	9.41	29.56	长石细粒砂岩	主关键层	
11	5.64	35.20	长石粗粒砂岩		
10	1.26	36.46	粉砂岩		
9	4.08	40.54	长石中粒砂岩		
8	5.13	45.67	细粒砂岩		
7	9.18	54.85	长石中粒砂岩	亚关键层	
6	4.68	59.53	细粒砂岩		
5	3.86	63.39	$1\text{-}2^{上}$煤层		
4	3.50	66.89	细粒砂岩		
3	2.40	69.29	粉砂岩		
2	3.71	73.00	细粒砂岩	亚关键层	
1	3.03	76.03	砂质泥岩		
0	5.86	81.89	1-2煤层		

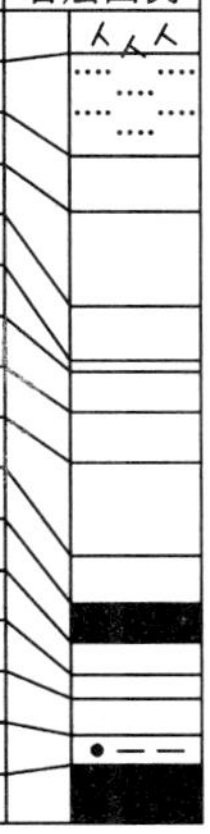

图 4-45　12314 工作面 T11 钻孔柱状及关键层位置

现场实测结果显示[25]，12315 工作面回风巷一侧 $80^{\#}$～$169^{\#}$ 支架部分对应层间距在 5 m 以下，工作面基本无周期来压；$20^{\#}$～$80^{\#}$ 支架部分对应层间距基本在 5 m 以上，有比较明显的周期来压，周期来压步距为 7.6～36.9 m，平均为 17.9 m。来压期间支架最大循环末阻力为 10 927 kN，平均循环末阻力为 10 150 kN，动载系数为 1.25，来压持续刀数平均约为 3 刀，计 2.4 m；非来压期间支架循环末阻力为 8 100 kN。由此可见，工作面运输巷一侧煤层间距较厚区域的周期来压是由煤层间唯一的关键层周期破断所致；而对于工作面回风巷一侧煤层间距较小、煤层间无关键层的区域，由于支架阻力较大，支撑住了上煤层上覆第 1 层关键层及其控制岩层的载荷[与前述某矿 12102 工作面类似，可根据式(4-19)判别]，因而未显现出明显的周期来压。

特殊条件下，当煤层间为厚硬单一关键层结构或复合单一关键层结构时，极易发生煤层间岩层的整体切落，从而将上煤层上覆载荷传递至采场支架，引起强烈矿压显现；或者，在近距离煤层重复采动工作面过地表沟谷地形上坡段、采出上煤层遗留煤柱、上覆房采煤柱下开采等条件下，也易发生煤层间岩层整体切落引起压架等强烈矿压显现的现象（具体在第五章详细分析）。而若上、下煤层间距较大且层间为多层关键层结构时，则重复采动的矿压显现与一般情况初次开采类似。

习　　题

1. 什么是基本顶的初次来压？其特点是什么？
2. 试分析周期来压的形成原因及其表现形式。
3. 试分析直接顶、基本顶的各项指标在矿山压力显现中所起的作用。
4. 直接顶与基本顶的稳定性对工作面支护原理有什么影响？
5. 试分析落煤与放顶不能在同时同地点平行作业的原因及条件。
6. 由回采工作面测定的“s-t”曲线说明了什么？
7. 试分析加快工作面推进速度与改善顶板状况的关系。

8. 回采工作面的顶板状态能否用控顶距采空区一侧的顶板下沉量来估计？有什么优缺点？

9. 矿山压力大是否矿山压力显现也必然强烈？试举例说明。

10. 在采场上覆岩层的结构分析中，对采场支架应有什么要求？

11. 试分析开采深度对采场矿山压力及其显现的影响。

12. 试分析厚煤层分层开采采场矿山压力显现特点。

13. 简述顶板压力与支架阻力估算原则与方法。

14. 从覆岩结构角度分析煤层采高对矿山压力显现影响机理。

15. 简述工作面前后支承压力分布规律及其意义。

第五章　采场顶板控制及支护方法

第一节　概　　述

众所周知，回采工作面是地下移动着的工作空间。为了维护回采工作空间的安全，必须对回采工作面形成的矿山压力加以控制。控制回采工作面矿山压力，从总体上来说，属于矿井设计中应考虑的一部分，如合理设计开采顺序与采煤工作面的布置等以减小矿山压力影响。从局部来说，主要是指工作空间的支护以及采空区的处理。回采工作空间的直接支护对象是直接顶，直接顶维护的好坏将对生产与安全有直接影响，而直接顶的完整性又受到基本顶运动的影响。工作面的初次来压与周期来压都是由于基本顶的活动而引起的。从一定意义上讲，控制回采工作面的矿山压力显现主要是控制基本顶的稳定性，通过直接顶间接地对基本顶的活动起一定的控制作用，使其不危及工作面的安全。采空区处理的具体措施对基本顶的活动有着明显的影响，各种采空区处理方法如图 3-1 所示。

如前所述，由于人们在生产实践中逐渐掌握了顶板来压的规律及控制措施，因而目前几乎绝大部分地区都采用全部垮落法处理采空区。

控制采场矿山压力的基本手段是采用支架对回采工作面进行支护。回采工作面支架是平衡回采工作面顶板压力的一种构筑物。由于回采工作面支架形成的构筑物必须与开采后形成的上覆岩层大结构相适应，回采工作面支架必须具备以下两个特性：一是必须具备一定的可缩性，二是必须具有良好的支撑性能。所谓支架的性能，一般是指支架的支撑力与支架可缩量的关系特征，支架特性用“工作阻力-可缩量”关系曲线（简写为“P-ΔS”曲线）表示。支架并非孤立存在的，而是处于一个围岩支护系统之中，在工作面推进方向上，支架是处在对上覆岩层形成的支撑体系“煤壁-支架-采空区已冒落矸石”之中，煤壁相对来说具有较大的刚性，采空区已冒落的矸石则具有较大的可缩性，支架处于这两者之间。在垂直方向上，支架处于“直接顶-支架-底板”的支撑体系之中。支架的性能将直接影响支架受力的大小，同时直接顶与底板刚度也会影响支架受力大小。为了有效控制顶板，必须进行科学的支护设计。回采工作面支护设计主要是确定支架最大可缩量、额定工作阻力和合理初撑力。为了保证支护设计在工程中得到有效实施，需要开展支护质量监测。

单体支柱工作面顶板事故曾是我国煤矿顶板事故防治的重点。随着我国煤矿生产力水平的不断进步，回采工作面逐步淘汰了单体支柱支护方式，代之以综采液压支架。综采液压支架工作面顶板事故主要为端面冒顶和大面积压架事故。如何有效防治综采液压支架工作面顶板事故，是保证回采工作面安全高效生产的基础。本章将以综采工作面为重点进行采场顶板控制和支护方法介绍。

第二节 顶板分类与底板特征

回采工作面的围岩，一般是指直接顶、基本顶以及直接底的岩层。这三者对回采工作面的安全生产有着直接的影响。前面已经说过，由于围岩力学性质及开采条件的变化，围岩可能成为稳定的承载结构，也可能失稳形成载荷，其中直接顶与基本顶的稳定性以及它们之间的相对位置关系，对回采工作面矿山压力及支护方式的选择有着显著影响。下面分别加以论述。

一、直接顶的分类

直接顶是回采工作空间直接维护的对象。显然，直接顶的完整程度不仅直接影响工作面的安全及工作面生产能力的发挥，而且直接影响到支护方式的选择。

直接顶的完整程度取决于两个因素：一个是岩层本身的力学性质；另一个是直接顶岩层内由各种原因造成的层理和裂隙的发育情况。综合这两者，结合我国的实际情况，曾将直接顶按稳定性分为三种状态。一种是破碎的顶板，如页岩、再生顶板及煤顶等。对于这种顶板，回采时若护顶不及时，很容易发生局部冒顶。其次是中等稳定顶板，此类直接顶的岩石力学强度较大；有些岩层如砂页岩或粉砂岩等，虽然受到一系列裂隙所切割，但局部尚较完整，因而仍属于中等稳定型。还有一种是稳定顶板，如砂岩或坚硬的砂页岩等。这种顶板允许悬露面积大，稳定性好，不易发生局部冒顶。

有的学者从节理裂隙的发育情况研究直接顶的稳定性，一般可将各种节理裂隙分为三类：原生裂隙、构造裂隙及压裂裂隙。

原生裂隙是指岩层在形成过程中由于温度、矿物结晶及沉积的作用而形成的弱面，从一定意义上讲，层与层之间的层面也应属于这一类。

构造裂隙是由于岩层形成后，经剧烈的地质变动，如在挤压、扭曲等过程中形成的弱面。这种弱面常常贯穿于煤层和岩层之中。构造裂隙又可分为张裂隙与剪裂隙。其中剪裂隙常呈 X 形裂隙系，在地下水的作用下，这些裂隙中容易充填方解石等矿物质，会进一步减弱其间的黏结力。这种弱面有些是贯穿于整个岩层群的大小断层面，以及伴随此断层的各种小型破坏面。

压裂裂隙是指在煤层开采时引起的破坏面，主要是由于支承压力的作用而形成的。这种裂隙常常平行于工作面，裂隙面暗淡，没有擦痕或滑面。这种弱面与煤层面的夹角较大（$60^\circ \sim 90^\circ$），且不一定贯穿各个岩层。

根据裂隙面与工作面顶板岩层层面的位置关系，德国学者雅可毕曾将其分为五类，如图 5-1 所示。图中 R_1 为平行于层面的裂隙，R_2 为垂直于层面的裂隙，R_3 为向煤壁方向倾斜的裂隙，R_4 为向采空区倾斜的裂隙，R_5 为楔形裂隙。显然，实际情况可能是这五类裂隙的组合。这种复合的裂隙对直接顶的稳定性是极为不利的，尤其是在裂隙面中充有方解石等充填物时更为不利。

我国在煤矿生产实践中注意到了弱面的影响，常把这些弱面简称为“劈”。并总结出各种劈的形式及其对生产的危害，这些劈可能使顶板在毫无预兆的情况下局部冒顶。

直接顶冒空将使支架顶梁与顶板的接顶情况恶化，导致无法利用支架的工作阻力通过

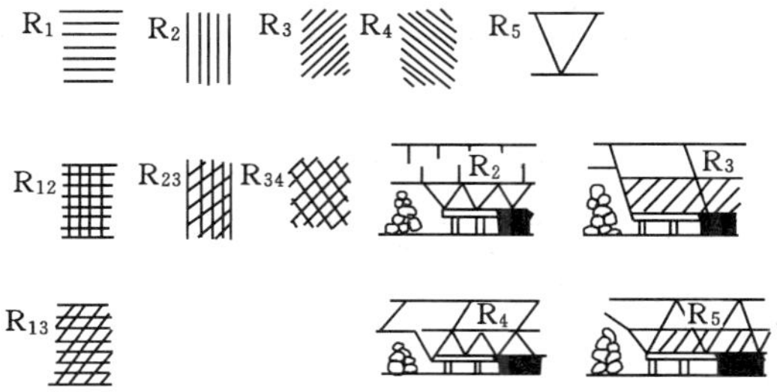

图 5-1　直接顶各类裂隙图

直接顶并防止基本顶岩块的滑落，由此造成一系列影响生产的顶板事故。

为了对直接顶的稳定性有一个定量的衡量指标，许多学者做了大量的研究工作。一种办法是采用直接顶的初次垮落步距 L_0 作为直接顶分类的工程指标，并将初次垮落步距 $L_0 \geqslant 18$ m 的顶板称为稳定顶板，把 $L_0 \leqslant 8$ m 的顶板称为不稳定顶板，将 8 m$<L_0<$18 m 的顶板称为中等稳定顶板。此处所指的初次垮落是指直接顶的垮落高度超过 1～1.5 m，范围超过工作面长度的一半。

另一种办法是用直接顶的端面破碎度作为衡量直接顶稳定性的指标。端面破碎度是指支架前梁端部到煤壁间顶板破碎的程度，其含义如图 5-2 所示。破碎度可以 F_A/F 表示，其中 F_A 为破碎的面积，F 为整个梁端到工作面煤壁的面积。但一般冒高超过 5～10 cm 的区域才计入破碎面积。根据实际测定，端面破碎度与端面距和直接顶的强度有关。在统计时规定，将端面距为 1 m 时的端面破碎度称为顶板冒落敏感度或顶板破碎指数，以 E 表示。

根据德国鲁尔矿区的大量测定，可将该区的顶板分为三大类：一类为 $E=0\sim10\%$；二类为 $E=10\%\sim30\%$；三类为 $E>30\%$。对于第三类，无论从支架设计还是从生产管理上均应使端面距尽可能地小，以防止顶板冒落。这三类顶板端面距与顶板破碎度的关系如图 5-3 所示，可以看出，当 $E<10\%$时，端面距 b 的大小对顶板破碎度 F_A/F 的影响已经很小。

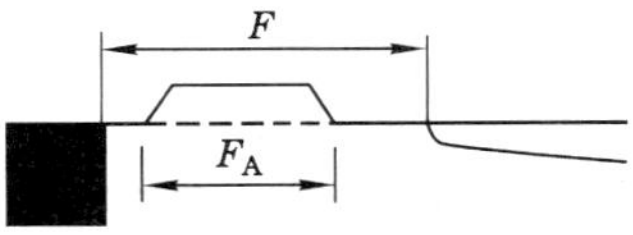

图 5-2　顶板端面破碎度的计算示意图

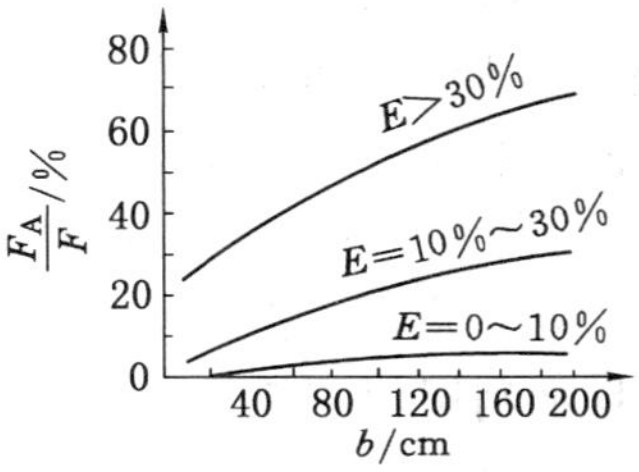

图 5-3　端面距与顶板破碎度的关系

原煤炭工业部颁发了缓倾斜煤层采煤工作面直接顶分类方案，根据直接顶初次垮落步距大小，按其在开采过程中表现的稳定程度划分为 4 类，具体指标见表 5-1。事实上，第 4 类直接顶有时已属于基本顶，此时没有直接顶，基本顶直接赋存在煤层上。

表 5-1 直接顶分类指标及参考要素

类别	1类 不稳定顶板		2类 中等稳定顶板		3类 稳定顶板	4类 非常稳定顶板
	1a	1b	2a	2b		
基本指标	$L_0 \leqslant 4$	$4 < L_0 \leqslant 8$	$8 < L_0 \leqslant 12$	$12 < L_0 \leqslant 18$	$18 < L_0 \leqslant 28$	$28 < L_0 \leqslant 50$
岩性和结构特征	泥岩、泥页岩，节理裂隙发育或松软	泥岩、碳质泥岩，节理裂隙较发育	致密泥岩、粉砂岩、砂质泥岩，节理裂隙不发育		砂岩、石灰岩，节理裂隙很少	致密砂岩、石灰岩，节理裂隙极少

注：L_0 为直接顶初次垮落距。

二、基本顶的分类

根据对直接顶的分析可知，直接顶的稳定性对支架的选型、支护方式以及对引起工作面的局部冒顶常起到主导作用。而基本顶的失稳及来压强度不仅对直接顶的稳定性有直接影响，而且对确定支护强度、支架的可缩量等，都起着决定性的作用。

根据基本顶取得平衡的条件，在采用全部垮落法的工作面中，基本顶岩层对工作面的顶板压力的影响与直接顶的厚度有直接关系。显然，基本顶离煤层越远，即直接顶厚度越大，基本顶破断后形成稳定"砌体梁"结构的可能性也越大。

由于基本顶赋存位置不同，在回采工作面反映出来的矿山压力显现规律是不同的。因此，可以使用直接顶厚度 h 与煤层采高 m 的比值 $K_m = h/m$ 来衡量各类顶板在基本顶破断运动时带来的矿山压力变化，这个指标称为直接顶充填系数。按照 K_m 值大小可将基本顶分为以下 5 类。

Ⅰ：$K_m > 3 \sim 5$，这时基本顶的垮落与错动对工作面支架无多大影响。其典型柱状如图 5-4(a)所示，称为无周期来压或周期来压不明显的顶板。

Ⅱ：$0.3 < K_m \leqslant 3 \sim 5$，这时基本顶的失稳对工作面支架有较为严重的影响。其典型柱状如图 5-4(b)所示，称为有周期来压的顶板。

Ⅲ：$K_m \leqslant 0.3$，甚至没有直接顶。这时基本顶的悬露与垮落将对工作面支架有严重的影响，其典型柱状如图 5-4(c)所示，称为周期来压严重的顶板。

Ⅳ：基本顶特别坚硬，又无直接顶，常在采空区内悬露上万平方米而不垮落。当其垮落时，则往往沿工作面切落，形成暴风，造成事故。这类顶板称为极坚硬顶板，其典型柱状如图 5-4(d)所示。由于大面积坚硬顶板难以处理，早期只能使用煤柱支撑法来管理这类顶板，即每采一定距离后，采空区内留一段煤柱，以防止顶板冒落。显然，这种方法将造成很大的煤损，且不利于使用综合机械化采煤。通过多年研究和实践，采用爆破放落部分顶板，或用注入高压水使顶板软化等办法处理顶板，已可基本控制大面积顶板垮落对工作面造成的严重威胁。这些将在本章第八节进一步加以叙述。

Ⅴ：能塑性弯曲的顶板。赋存在煤层之上的顶板，随着工作面的推进能缓慢下沉，而后逐渐与煤层底板相接触。这种情况的形成，显然与顶板岩层的性质、采高及岩层厚度有关。一般只可能在薄煤层或厚度不大的中厚煤层的石灰岩顶板中出现，其典型柱状如图 5-4(e)所示。

显然，基本顶的失稳不仅决定于 K_m 指标，还与基本顶的裂隙发育程度及其在岩层中的

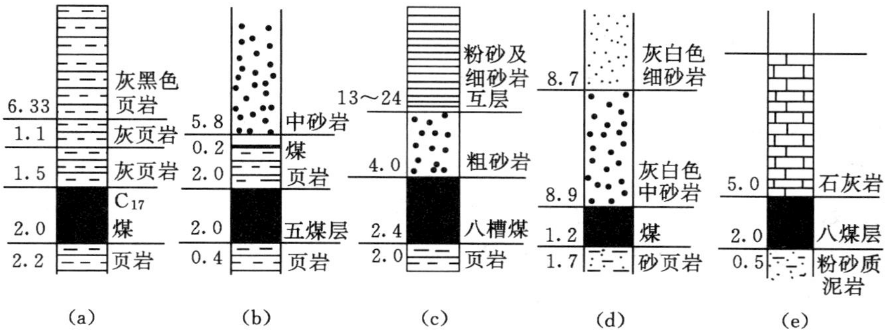

图 5-4 顶板岩层典型柱状图实例(单位:m)

分布方式有关,以及与基本顶的厚度和含水情况等因素有关。因此,对某一特定条件,必须作具体的分析。K_m 值只是一个极为概略的总体性指标,对于具体条件,则必须运用前述岩体结构稳定性分析进行研究,才能得出具体的结论。我国煤矿曾采用 K_m,同时参考基本顶初次来压步距 L,将基本顶分为表 5-2 所列的 4 级。

表 5-2 基本顶分级指标

基本顶分级	Ⅰ	Ⅱ	Ⅲ	Ⅳ
基本顶来压显现	不明显	明显	强烈	极强烈
分级指标	$K_m>3\sim5$	$0.3<K_m\leqslant3\sim5$ $L=25\sim50$ m	$0.3<K_m\leqslant3\sim5, L>50$ m $K_m\leqslant0.3, L=25\sim50$ m	$K_m\leqslant0.3$ $L>50$ m

基本顶初次来压当量 P_e 也曾作为其分级指标,见表 5-3。基本顶初次来压当量 P_e 是由基本顶初次来压步距 L、直接顶充填系数 K_m 和煤层采高 m 确定。

$$P_e = 241.3\ln L - 15.5K_m + 52.6m \tag{5-1}$$

表 5-3 按基本顶初次来压当量的基本顶分级指标

基本顶分级	Ⅰ	Ⅱ	Ⅲ	Ⅳ	
基本顶来压显现	不明显	明显	强烈	非常强烈	
				Ⅳa	Ⅳb
分级指标/kN	$P_e\leqslant895$	$895<P_e\leqslant975$	$975<P_e\leqslant1\,075$	$1\,075<P_e\leqslant1\,145$	$P_e>1\,145$

三、底板特征与分类

底板岩层在矿山压力控制中涉及两类问题:一方面是煤层开采后引起的底板破坏,其范围将与开采范围及采空区周围的支承压力分布有关。由于底板的破坏可能导致地下水分布的变化,如我国华北地区许多煤层的底板为奥陶纪石灰岩,富含水性,煤层开采后底板的变形破坏可能引起突水事故,因此必须研究开采后的底板破坏规律(具体参见第八章);另一方面,从采场支护系统而言,支护系统是由"顶板-支架-底板"所组成,因此底板岩层的刚度将直接影响到支架支护性能的发挥。由于单体支柱的底面积仅 100 cm^2，在底板比较松软的情况下，支柱很容易插入底板，从而影响对顶板的控制。

将支架(支柱)底座对单位面积底板上所造成的压力称为底板载荷集度，即底板比压。

工作面支柱插入底板的破坏形式有三种(见图 5-5)：整体剪切、局部剪切和其他剪切。整体剪切的特征是，当载荷达到某一定值后，突然下降，支柱压入深度迅速增大，此突破点称为底板的极限抗压入强度。局部剪切的特征是，没有明显的突破点，但随载荷的增加，支柱压入深度的变形率增长较快。其他剪切的破坏形式介于前两者之间，有突破点，但不明显，载荷超过突破点后支柱压入深度明显增大。

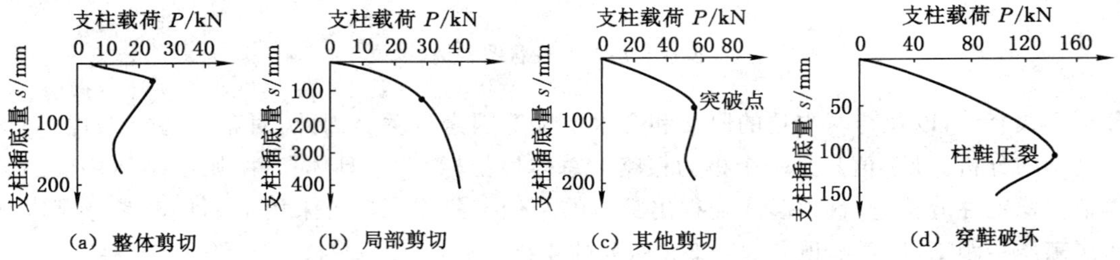

图 5-5 支柱对底板的破坏形式

实践中为防止支柱插底，提高支护系统的刚度，采取穿柱鞋的措施。当支柱穿上底鞋时，其承载能力将明显增强，当底鞋压裂后其承载能力迅速下降，且穿底量明显增大[图 5-5(d)]。此处应指出，底鞋不宜采用木材，因为木材的横向抗压强度较小，只有 3 MPa 左右，与软底板情况相近，因此其抗插入能力差，效果不明显。而应采用面积大于支柱底座面积的铁鞋或高强度塑料鞋。

根据我国煤矿开采工作面底板对支柱的影响将底板进行了分类，如表 5-4 所列。根据此表可选择支柱应具有的底面积。

表 5-4 缓倾斜煤层工作面底板分类方案

底板类别		基本指标		辅助指标	参考指标	一般岩性
名称	代号	容许比压 q_c/MPa	容许刚度 K_c /(MPa/mm)	容许穿透度 β_c /mm^{-1}	容许单轴抗压强度 R_c /MPa	
极软	Ⅰ	<3.0	<0.035	<0.20	<7.22	充填砂、泥岩、软煤
松软	Ⅱ	3.0～6.0	0.035～0.320	0.20～0.40	7.22～10.80	泥页岩、煤
较软	Ⅲa	6.0～9.7	0.320～0.670	0.40～0.65	10.80～15.21	中硬煤、薄层状页岩
	Ⅲb	9.7～16.1	0.670～1.270	0.65～1.08	15.21～22.84	硬煤、致密页岩
中硬	Ⅳ	16.1～32.0	1.270～2.760	1.08～2.16	22.84～41.79	致密页岩、砂质泥岩
坚硬	Ⅴ	>32.0	>2.760	>2.16	>41.79	厚层砂质页岩、粉砂岩、砂岩

第三节　采场支架类型与顶板支护方式

一、基本概念

随着对矿山压力的深入研究，支架特性也逐步得到了改进。为了适应支架各种特性的需要，支架的结构也就多种多样，因而形成了不同型号的支架。

回采工作面支架主要是由梁与柱组合而成的。根据支柱和顶梁的配合关系，可将回采工作面支架分为两大类，即单体支架和液压支架。由金属单体液压支柱和金属铰接顶梁组合而成的工作面支架称为单体支架。液压支架是由支柱、底座与顶梁联合为一个整体的结构，它以液压为动力，不仅能实现支设与回撤的自动化，而且使推移刮板输送机等一系列工序也同时实现了机械化，大大减轻了工人繁重的体力劳动。

一般情况下，金属顶梁是刚性结构件。支柱则常由两节（即活柱和底柱）组成，它们之间的伸缩关系形成了支柱的可缩性。因此，支架的特性主要是由支柱的特性决定的。液压支架的力学特性不仅决定于液压支柱的力学特性，还取决于其结构，不同结构可形成不同的力学特性。但架设支架后形成了顶底板围岩与支架的组合体，此组合体特性还取决于架设时底板与支柱间有无浮矸，支柱能否插入顶底板等情况。

液压支柱的工作特性如图 5-6 所示。由图可见，液压支柱特性曲线呈现恒阻式特征，当支柱安设后，随着活柱下缩，很快达到额定工作阻力，以后尽管活柱继续下缩，支柱的工作阻力保持不变。图中，P_0、P_m的含义如下：

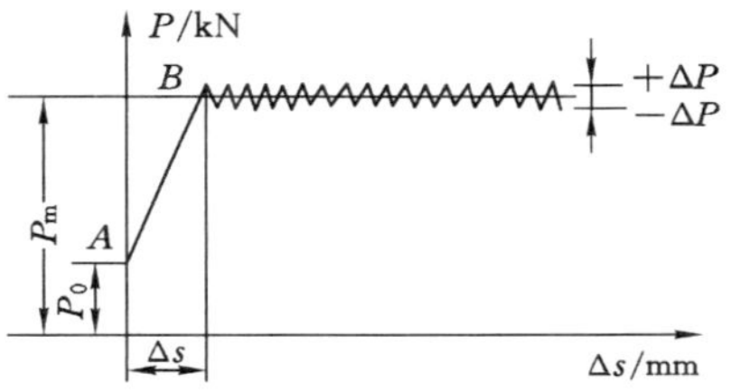

图 5-6　液压支柱特性曲线（P-Δs 曲线）

P_0——初撑力。支架支设时，将活柱升起，托住顶梁，利用泵压使支柱对顶板产生一个主动力。这个最初形成的主动力称为支柱的初撑力。

P_m——最大工作阻力。支柱受顶板压力作用而反映出来的力称为支柱的阻力，又称工作阻力。最大工作阻力为支柱所能承受的最大负载能力，又称额定工作阻力。

我国煤矿长壁工作面支护方式从最初的木支柱发展到单体金属摩擦支柱，再到单体液压支柱，现在广泛应用由液压支柱和顶梁、底座、移架千斤顶组合而成的液压自移支架。

二、液压支柱的结构及特性

液压支柱单独与顶梁配合支护顶板，称为单体液压支架。它也可以与顶梁、底座以及移架千斤顶等组合而成为液压自移支架。

液压支柱是典型的恒阻性能支柱，按其注油方式可分为内注式与外注式两种。

内注式液压支柱使用的工作介质是机油，它通过摇动手把，操纵支柱内的手摇泵，把油从低压腔压入高压腔。支撑过程中通过安全阀来保证支柱对顶板具有一个恒定的工作阻力。支柱回收时，打开卸载阀使高压腔内的油回到低压腔，活柱在自重作用下自动回缩。

图 5-7 所示为内注式液压支柱的简单结构图。升柱时，操纵液压泵，无压油自活柱腔内通过吸油孔进入泵体，再经活塞加压，自单向球阀压至柱体内，这样使活柱上升。当支柱超

过额定工作阻力时，工作液由通道进入安全阀，使安全阀打开，保持工作阻力恒定。支柱卸载时，操纵手把，打开卸载阀，工作液从柱体腔内经过中心通道，经卸载阀流入活柱上腔。

图 5-8 所示为外注式液压支柱基本结构图。外注式液压支柱使用的工作介质是含有 1%～2%乳化油的乳化液。支设时，靠外部泵站经管路系统通过注液枪向支柱供液。回收时，打开卸载阀，把乳化液排到支柱外部，活柱靠自重和弹簧力回缩。单向阀、安全阀和卸载阀共同组成一个三用阀，它是一个关键的部件，其性能优劣直接影响着支柱的工作特性。在工作面每隔 10～15 m 需配备一把注液枪和一个卸载手把。

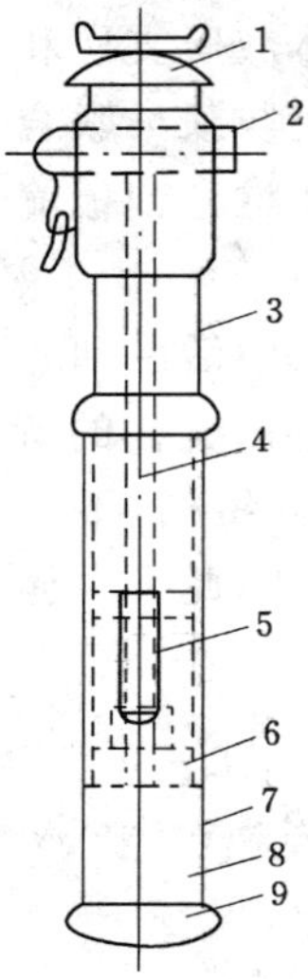

1—上顶盖；2—安全阀与卸载阀；
3—活柱；4—通道；5—泵；6—活塞头；
7—柱体；8—支柱底腔；9—下柱座。

图 5-7 内注式液压支柱结构示意图

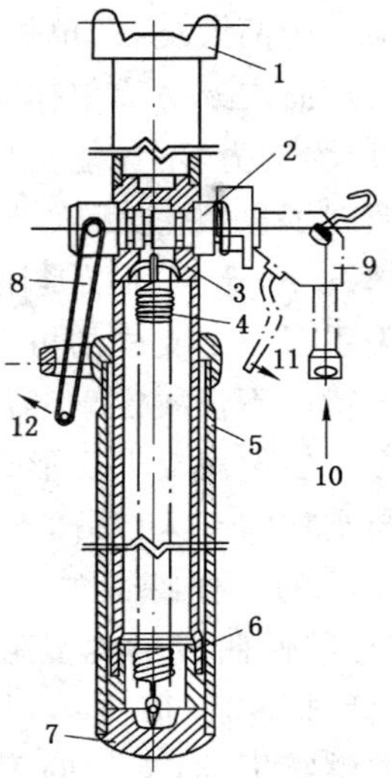

1—顶盖；2—三用阀；3—活柱体；4—复位弹簧；
5—油缸；6—活塞；7—底座；
8—卸载手把；9—注液枪；10—泵站供液；
11—注液时操纵手把方向；12—卸载时动作方向。

图 5-8 外注式液压支柱结构示意图

外注式和内注式液压支柱在使用上各有特点：

① 外注式液压支柱需要配备液压泵和管路系统，因而在使用上不如内注式灵活，但柱体内不需手摇泵，因此结构简单，重量轻，成本低；

② 外注式液压支柱每使用一次需要消耗一定的乳化液；

③ 外注式液压支柱支设速度由液压泵的流量决定，一般来说，泵的流量比内注式液压支柱的手摇泵要大得多，所以支设速度较快。

因此，在一些薄煤层或人员行走比较困难的工作面，来回拉注液枪有困难时，宜使用内注式液压支柱。在缓斜和倾斜中厚煤层工作面中，宜使用外注式液压支柱。

液压自移支架内使用的液压支柱属于外注式，其工作原理如图 5-9 所示。

升柱时操纵阀处于Ⅰ的工作状态。工作液由泵站进入主进油管 7，后由 C-A 进入管路 9，经由单向阀 5 顶开阀盖进入管路 10，而后进入柱体 2 使活柱 1 升起。上腔的废液则由管路 3 经由操纵阀 B-O 进入主回油管路，回到泵站。

降柱时操纵阀处于Ⅲ的状态。高压油由操纵阀 C-B 经管路 3 进入支柱上腔，同时作用

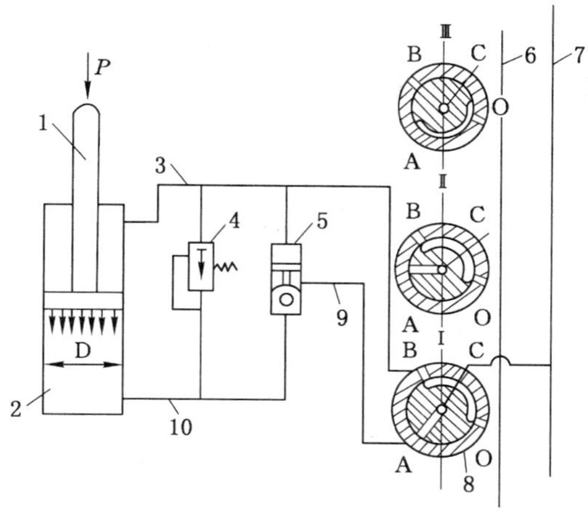

Ⅰ—升柱状态；Ⅱ—工作状态；Ⅲ—卸载状态；

1—活柱；2—柱体；3，9，10—管路；4—安全阀；5—单向阀；

6—主回油路；7—主进油路；8—操纵阀。

图 5-9　液压支架支柱工作原理

于单向阀 5，使阀盖顶开。此时下腔的废液由管路 10 经单向阀 5 进入管路 9，再由操纵阀 A-O 进入主回油路，返回泵站。

支柱处于工作状态时，操纵阀位于Ⅱ的状态。此时下腔的工作液已被单向阀及操纵阀关闭，无法与外路相通，高压液也进不了支柱上腔。柱体内的液压决定于泵压，它形成的初撑力 P_0 为：

$$P_0 = KP_P \frac{\pi D^2}{4} \tag{5-2}$$

式中　P_P——泵站的工作压力；

D——支柱活柱的直径；

K——管路泵压损失系数。

内注式液压支柱的初撑力靠手工操作，一般可达 70～100 kN。外注式液压支柱的初撑力则决定于泵压，如图 5-6 中的 A 点。当顶板下沉时，支柱下腔液受压缩但呈弹性变形，支柱工作阻力急剧上升到额定工作阻力 P_m，即图 5-6 中 B 点。此时活柱下缩量为 Δs，一般仅为 6～7 mm。当载荷超过额定工作阻力时，安全阀开启，工作液由下腔回流入上腔或将部分工作液泄出柱体外，支柱下缩，工作阻力也随之略有下降。随着液体压力降低，安全阀重新关闭，工作阻力再次增加，如此周而复始，既保持了工作阻力恒定，又使得活柱随着顶板下沉而下缩，适应了顶板的运动。

三、液压支架支护方法分析

1. 液压支架分类

如前所述，液压支架是由支柱、底座与顶梁联合为一个整体的结构，它避免了单体支架支设与回撤时劳动强度大、组合不稳定、工作面来压时易被推倒等缺点。

随着液压支架的发展，其形式与种类不断增多，但就其基本形式来说，可归纳为如图 5-10 所示的各类图形。

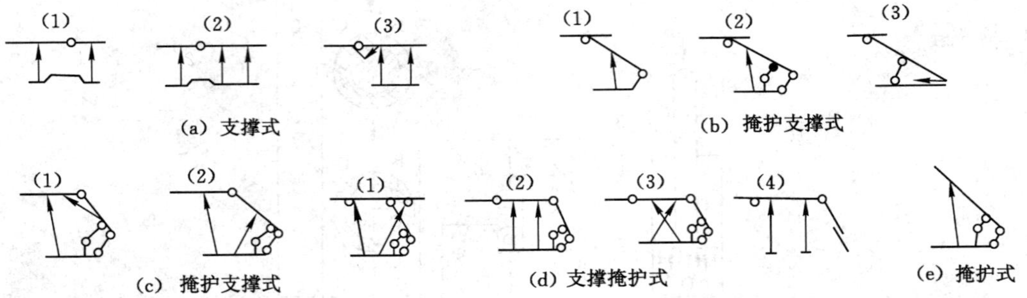

图 5-10 各类液压支架的基本结构

对于这些支架结构的分类方法，归纳起来，有两种基本观点。

(1) 按对顶板的支撑面积与掩护面积的比值进行分类(可分为 4 类)

① 支撑式液压支架。支架对顶板起支撑作用而无掩护作用，即掩护部分在水平线上的投影长度 $L_s=0$。图 5-10(a)属于这一类。

② 掩护支撑式液压支架。支架对顶板的掩护部分长度大于支撑部分长度，即 $L_s>L_P$。

③ 支撑掩护式液压支架。支架对顶板的支撑部分长度大于掩护部分长度，即 $L_P>L_s$。

根据上述两类的特点，图 5-10(b)、(c)、(d)中(d)明显地属于支撑掩护式，而(b)、(c)中大部分属于掩护支撑式。有一些支架则难以确定。

④ 掩护式液压支架。即 $L_P=0$，显然，图 5-10(e)属于这一类。

这种分类法是根据支架对顶板的作用特点进行分类的，具有一定的科学性。但有时对于同一种结构，由于设计的参数不一，可能出现 $L_P>L_s$，而有时又有可能出现 $L_s>L_P$ 的情况，从而使支架难于分类。

(2) 按支架结构进行分类

这种分类法主要将液压支架按有无掩护梁分为两大类。凡是有掩护梁的液压支架统称为掩护式，相反则为支撑式。

这种分类法认为，液压支架使用掩护梁是在结构上的一个突破，它使支柱本身不承受水平力；这种分类法的缺点是没有体现支架对顶板的作用特点。在掩护式支架中再根据支柱的数量或顶梁的运动轨迹对支架进行命名。

我国将液压支架分为三种：支撑式、掩护式与支撑掩护式。

① 支撑式支架。在结构上没有掩护梁，对顶板的作用是支撑的支架称为支撑式支架。

② 掩护式支架。在结构上有掩护梁，单排立柱连接掩护梁或直接支撑顶梁对顶板起支撑作用的支架。

③ 支撑掩护式支架。具有双排或多排立柱及掩护梁结构，支柱大部或全部通过顶梁对顶板起支撑作用，可能有部分支柱通过掩护梁对顶板起作用的支架。

这种命名法在一定程度上既考虑了支架的支撑特点，同时又考虑了支架的结构特点。

2. *支撑式液压支架支护方式分析*

支撑式液压支架包括四柱垛式、六柱垛式以及节式等多种形式。在我国曾经使用的比较典型的支撑式支架有 BZZC 型支架，其结构如图 5-11 所示。

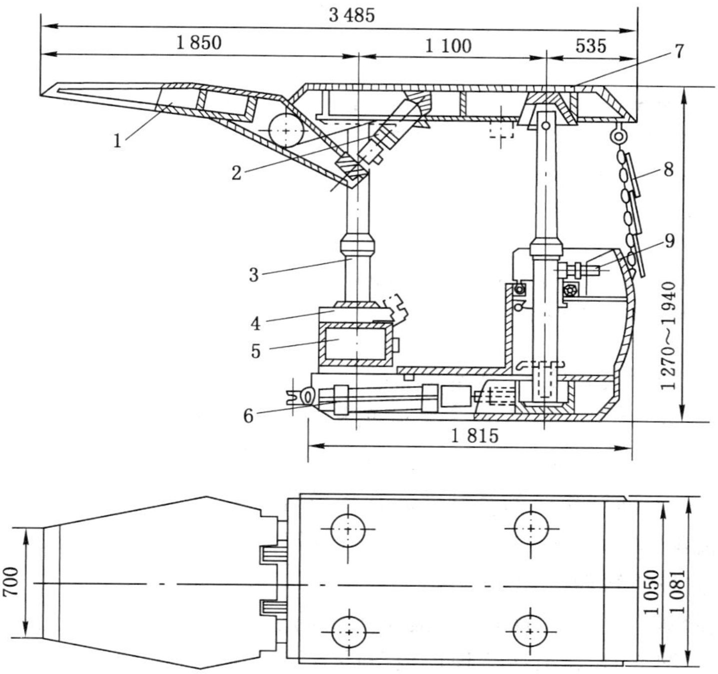

1—前梁；2—千斤顶；3—立柱；4—操纵阀；5—座箱；6—推移千斤顶；7—顶梁；8—挡矸帘；9—复位油缸。

图 5-11　四柱垛式支架结构图

一般设计的支撑式液压支架，顶梁长度在 4.0 m 左右，而每循环进度为 0.6 m，因而整个控顶距常常需要割 6～7 刀煤才能割完。

支撑式液压支架在完整顶板与破碎顶板中使用，效果大不相同。支撑式液压支架具有通风断面大、行人方便、结构简单及重量轻等优点。

支撑式液压支架支撑力的分布，与有排柱放顶的单体支架相类似。以 BZZC 型为例，支撑力在顶梁上的理想分布状态如图 5-12 所示。

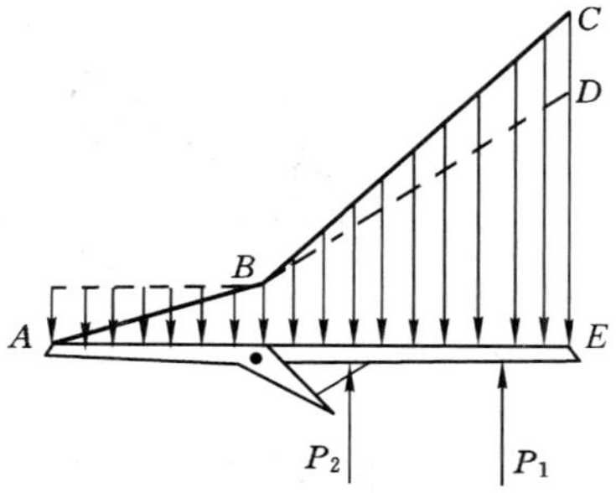

图 5-12　垛式支架支撑力分布状态

当支柱全部达到额定工作阻力 2 400 kN 时，前梁对顶板的支撑力仅为 300 kN，而后梁的支撑力则在 2 000 kN 以上。支撑力的合力远离前梁端点 2.55 m 左右。这种支撑力分布状态显然是适应于直接顶比较完整、基本顶有明显周期来压时所形成的顶板压力。

从阳泉四矿四尺煤 4223 工作面测定数据可知，平时主要是直接顶重量作用于支架，因而常常表现为前柱工作阻力大于后柱；当周期来压时，后柱压力先于前柱达到安全阀开启压力，然后由于后柱安全阀开启，支柱下缩，这样迫使顶板压力前移，从而使前柱压力逐步增加达到安全阀开启压力，此时支架达到额定工作阻力。此时，合力的位置又向前后柱的中间位置靠近。表 5-5 列示了 4223 工作面统计的合力作用位置分布情况。由表 5-5 可知，83％的合力是处于两柱中间而偏于前柱的位置，只有7%是后柱明显大于前柱，10%是前柱明显大于后柱。这种情况说明，支架的架型与顶板情况是相适应的。

表5-5 阳泉4223工作面BZZB型支架合力作用位置情况表

合力作用位置/m	0～0.1	0.105～0.2	0.205～0.3	0.305～0.4	0.405～0.5	0.505～0.6	0.605～0.7
频次/%	—	—	2	8	42	41	7
最大值/kN	—	—	1 517	1 338	2 235	2 400	2 148

注：表中“合力作用位置”是以前柱为起点进行计算，BZZB型支架前后柱间距为1.1 m，因此0.5～0.6 m为前后柱的中间位置。“最大值”是指四根支柱的载荷。

这种支架在坚硬顶板条件下（基本顶直接赋存在煤层上时）使用，虽然从支架支撑力的分布分析是合理的，但是采空区悬露的坚硬顶板冒落时，易于对支架形成向煤壁方向强大的水平推力。由于支撑式支架是框式结构，不能提供水平力，因此容易使支柱受到损坏。

这种情况在大同、鹤岗矿区的坚硬砂岩顶板条件下表现最为突出。例如大同同家梁矿砂岩顶板，常形成3～7 m的悬顶，在顶板大块冒落时，使抗水平推力能力较小的垛式支架的活柱向煤壁方向发生弯曲变形。

对于顶板比较破碎的工作面，由于液压支架的反复支撑，常常导致直接顶比使用单体支柱时更易破碎。图5-13表示在这种顶板条件下使用垛式支架的情况。在图中(a)、(b)与(d)所示的情况下，顶板压力必然导致支架受力前移，其结果是使支架前柱受力远大于后柱，有时甚至形成后梁上翘的现象。只有在图中(c)所示的情况下，才有可能前后柱受力相等或后柱受力大于前柱。此时，即使基本顶周期来压，其作用力也是通过直接顶作用于梁的前半部，因而很可能仍表现为前柱受力大于后柱。

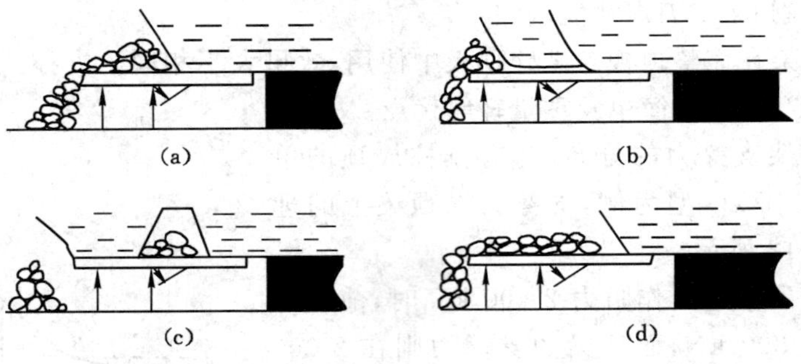

图5-13 在比较破碎的顶板条件下使用垛式支架

表5-6为阳泉一矿907工作面使用BZZC型支架及四矿8241工作面网下开采第二分层使用BZZC型支架时，顶板压力在顶梁上的分布。由表可知，907工作面由于顶板冒空及切顶线前移，使工作面80%的支架出现前柱受力大于后柱的现象；有25%的支架表现出顶板压力基本作用于前柱，后柱却处于初撑状态的现象；甚至有时后柱脱开了柱窝。但在8241工作面，虽然也是破碎顶板，却呈现出完全不同的情况，工作面83%的支架出现了顶板压力作用于前后柱的中间部位的特征，避免了单纯前柱受力及顶梁后部上翘现象。显然，这是由于8241工作面顶板使用了金属网，避免顶板出现冒空现象，从而保证了直接顶形成

力的传递关系，改善了支架的受力状态。

表 5-6　BZZC 型支架合力作用位置实测

合力作用位置距前柱距离/m		0～0.1	0.105～0.2	0.205～0.3	0.305～0.4	0.405～0.5	0.505～0.6	0.605～0.7
907 工作面	频次/%	13.6	12.5	10.0	11.3	30.4	15.2	5.0
	最大值/kN	1 324	1 294	1 355	1 910	1 786	1 879	1 463
8241 工作面	频次/%	—	1.1	1.7	13.2	30.0	40.5	12.5
	最大值/kN	—	462	1 278	1 529	1 555	1 401	1 063

注：以前柱为 0 点，前后柱间距为 1.1 m。

为了简化，可将图 5-13 中顶板破碎状态形成的力的传递关系的变化用图 5-14 来表示。图中表示的几何尺寸是 BZZC 型支架的尺寸。前梁受力以 Q 表示，后梁受力则以 W 表示。

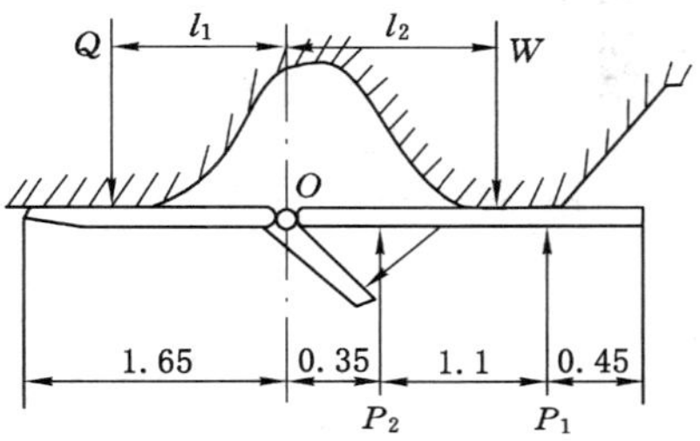

图 5-14　BZZC 型支架受力分析(单位：m)

众所周知，护好顶板，首先必须护好刚裸露的顶板。因此，加强前梁的支撑力就成为改善顶板状况的关键。显然，此时提高前梁承载能力的办法是：

① 调节 P_1，使 $P_1 < P_2$；

② 使 $l_2 \geqslant 1.45$ m，即后梁上载荷的着力点应超过后柱更靠近采空区一侧；

③ 使 P_1 成为负值，即将后柱改为拉力。

分析上述要求，由于支架平时都可能出现后梁上翘现象，因此降低 P_1 值意义不大。在切顶线前移情况下，为了使着力点靠近采空区一侧，有些工作面曾采用在顶梁尾部上方冒空处架设木垛的办法，但这种做法既浪费坑木又不安全。对于第三条措施，实质上是改变支架架型问题，即在破碎顶板条件下，改支撑式支架为掩护式支架，因为后者的后支承座承受拉力。

为了充分发挥支撑式支架的作用，在破碎顶板条件下，唯一的办法是采用良好的护顶措施，以保证顶板在传递力的关系上与支架的支撑力分布相适应。

综上所述，支撑式液压支架适应于直接顶比较完整的工作面，若周期来压又较剧烈，则更易于适应。但对特别坚硬的顶板，由于支柱承受不了强大的水平推力而不相适应。在破碎顶板条件下，必须采取有效的护顶措施，才能得到良好的支架使用效果。支撑式支架通风断面大、行人方便、结构简单，在高瓦斯矿井中使用具有很大的优越性。我国煤炭行业标准认为支撑式液压支架适用于采高 1.5 m 以下，直接顶 3、4 类，底板Ⅲ类以上，煤层倾角 20°以内的长壁工作面。

3. 支掩式掩护支架支护方式分析

掩护式支架由托梁、掩护梁、底座与支柱四个主要部件组成。这种支架的主要特点是对机道上方的顶板进行支撑而对采空区冒落的矸石采取掩护的办法。掩护式液压支架的支柱可支在掩护梁下，也可支在顶梁下。

支掩式掩护支架根据掩护梁与底座的联结方式可分为单铰式与四连杆式(或称双铰

式）。根据托梁与掩护梁铰接处的运动轨迹又可以将掩护式圆支架分为弧线形、双扭线形及椭圆形三种。它们的示意图如图 5-10(b)所示。

一般单铰式掩护支架的托梁铰接点做圆弧线运动，双铰式掩护支架的托梁铰接点做双扭线运动。当支柱呈卧式布置时，托梁铰接点做椭圆线运动。

图 5-15 及图 5-16 所示为单铰式与双铰式支架的实例结构图。

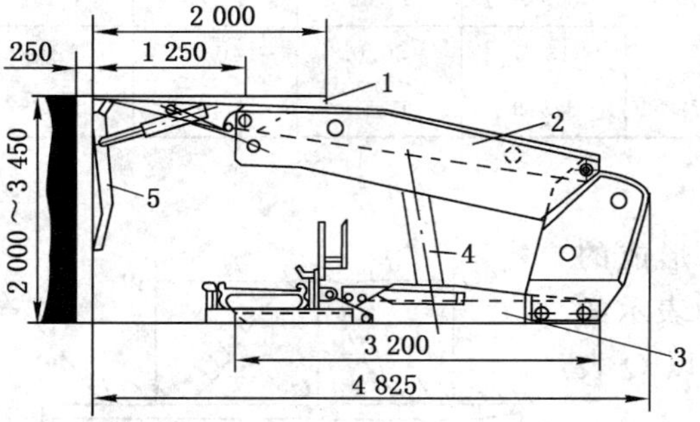

1—托梁；2—掩护梁；3—底座；
4—立柱；5—护帮板。

图 5-15 VOB-HP116 型掩护支架外形

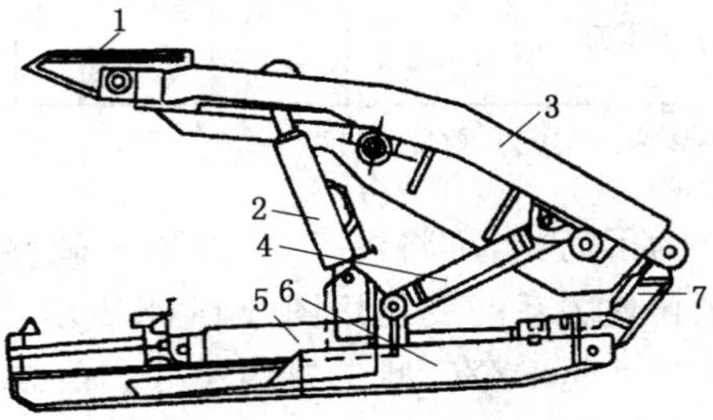

1—托梁；2—立柱；3—掩护梁；4—前连杆；
5—推移千斤顶；6—底座；7—后连杆。

图 5-16 T13K11 型掩护液压支架示意

在破碎顶板条件下，为了加强对刚暴露的顶板及机道上方顶板的维护，宜采用支掩式掩护支架。这种支架的优点是：

① 缩小了控顶距，减少了托梁与顶板之间反复支撑的次数，提高了支架对机道上方顶板的支撑力。

② 在顶板局部冒顶情况下，可以考虑不用备顶。

③ 支架的结构可以承受一定水平推力，因而可以实现承载前移。

④ 挡矸性能良好，因而采空区矸石基本不会涌入回采工作空间。

但这种支架工作空间小，致使通风断面小，行人也不方便。除此之外，由于增加了掩护梁，支架重量也有所增加。

(1) 单铰支掩式掩护支架受力分析

单铰是指掩护梁与底座之间用一个销轴作为铰连接，托梁上的铰接点随着顶板下沉做圆弧运动。

这种支架的受力情况分析如图 5-17 所示。支架上所受的力为：托梁上的顶板压力 Q，掩护梁上采空区冒落矸石的重量 W 以及底板对底座的反力 R_d。由于支架受力后的前倾作用，以及掩护梁斜面上受矸石重量 W 而形成对支架的前推力，从而形成了顶板与顶梁之间的摩擦力 fQ，见图 5-17(a)。在直接顶尚未冒落时，掩护梁上所受的力 $W=0$，由图 5-17 可知，此时支架处于最不稳定状态。

顶梁上力的分布与铰接点前后托梁长度之比有关。根据国外的测定资料，托梁上力的分布可能呈指数曲线分布，如图 5-17(b)所示。但为了简化起见，常把载荷分布视为三角形或梯形分布，如图 5-17(c)所示。这样合力 Q 的作用位置 x 为：三角形分布时，$x=\dfrac{L}{3}$；梯形分布时，$x=\dfrac{L}{3}\left(\dfrac{2q_1+q_2}{q_1+q_2}\right)$。

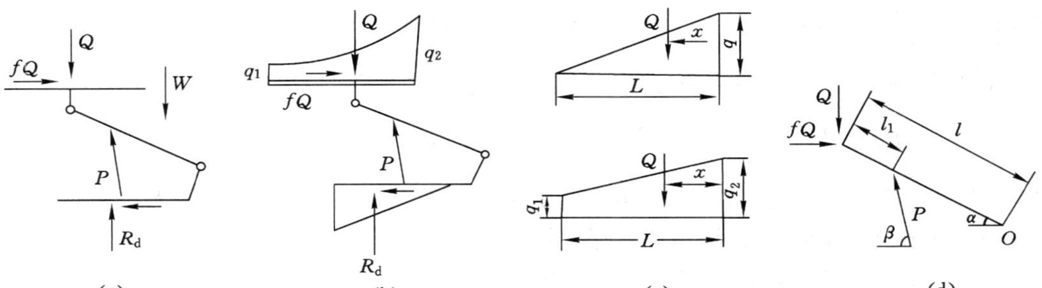

图 5-17　单铰支掩式掩护支架受力分析

但不论 x 为何值，Q 力最终必须通过托梁与掩护梁的铰接点再向下传递。因此，最终力的分布还是由铰接点前、后托梁长度之比来决定。

对于底板上所受的力，在 $W=0$ 的情况下，一般均呈三角形分布。根据摩擦力的大小，底座端部应力大小也不一样，但最大值是在底座的端部。

现在分析支柱工作阻力 P 与支架可能承受的载荷 Q 之间的关系。

先考虑 $W=0$ 的情况，取掩护梁为脱离体，如图 5-17(d)所示。由此可得

$$Q = P\left(1-\frac{l_1}{l}\right)\frac{\sin(\beta-\alpha)}{\cos\alpha - f\sin\alpha} \tag{5-3}$$

式中　f——顶梁与顶板间的摩擦因数；

α,β——掩护梁与支柱的倾斜度。

在不考虑摩擦力 fQ 的情况下，上式可改写为：

$$Q = P\left(1-\frac{l_1}{l}\right)\frac{\sin(\beta-\alpha)}{\cos\alpha} \tag{5-4}$$

由图 5-17 可知，掩护梁与底座的铰接点承受的是拉力，即整个支架支撑力前移是由后支座改为拉力所引起的。

当掩护梁上承受载荷 W 时，假设其合力作用于距后铰 $\frac{l}{3}$ 处。则

$$Q = P\left(1-\frac{l_1}{l}\right)\frac{\sin(\beta-\alpha)}{\cos\alpha} - \frac{W}{3} \tag{5-5}$$

显然，W 的大小将影响 Q 值的大小。

在实际工作中，为了衡量支柱工作阻力 P 反映到整个支架承受载荷 Q 的能力，经常以 $\frac{Q}{P}$ 的百分数表示此支架的支撑效率。即

$$\frac{Q}{P} = \left(1-\frac{l_1}{l}\right)\frac{\sin(\beta-\alpha)}{\cos\alpha} - \frac{W}{3P} \tag{5-6}$$

显然，对某一种参数的支架，支撑效率的极限值为 $\left(1-\frac{l_1}{l}\right)\frac{\sin(\beta-\alpha)}{\cos\alpha}$。

若发生下述情况时，即当

$$\frac{W}{3P} = \left(1-\frac{l_1}{l}\right)\frac{\sin(\beta-\alpha)}{\cos\alpha} \tag{5-7}$$

则支撑效率$\frac{Q}{P}=0$，即此时的工作阻力 P 全部用来“对付”掩护梁上的载荷 W 了。

由于 P 是工作阻力，是一个被动力，因此当支柱出现下述情况：

$$P_0 \leqslant \frac{W}{3}\left(\frac{l}{l-l_1}\right)\frac{\cos\alpha}{\sin(\beta-\alpha)} \quad 或 \quad W \geqslant 3P_0\left(1-\frac{l_1}{l}\right)\frac{\sin(\beta-\alpha)}{\cos\alpha}$$

式中，P_0为初撑力，则降柱后的支柱再也无法把掩护梁上的载荷抬起，从而无法使移架后的顶梁与顶板相接触，这显然对控制顶板是很不利的。

例如，图 5-17 所示的单铰式掩护液压支架，初撑力为 150 kN(双柱为 300 kN)，若 $l_1=0.65$ m，$l=2.89$ m，采高为 2.5 m 时，$\alpha=27°50'$，$\beta=87°34'$，支架宽度取 1.2 m。那么当 $W=3\times300\times0.775\times0.976=687$ (kN)或大于此值时，支架顶梁在移架后脱开顶板的情况就可能发生。为此应提高掩护梁的坡度，以减小 W 的作用，同时应尽量提高支柱的初撑力。

另外，单铰式掩护支架的前铰点随顶板下沉做圆弧运动，随着顶板下沉，支架顶梁有一向工作面煤帮的推力。无疑这将有助于直接顶本身的成拱作用，对管理顶板是有利的。但是，采高不同将使端面距发生变化，这种情况对控制顶板又是不利的。

(2) 双铰支掩式掩护支架受力分析

为了弥补单铰式掩护支架端面距变化的缺点，同时也为了提高支架的支撑效率，设计了双铰式掩护支架，其结构特点是后支座为一四连杆机构。

这种支架的托梁铰接点做双扭线运动，在设计中可以让托梁的铰接点在采高变化的范围内做近于垂直顶底板的运动，从而保持端面距不变。图 5-18 表示了前铰点与后支座的运动轨迹。这种支架的受力基本原理与单铰式相似，不同的是前铰点瞬时围绕着假想的可变后支点(即后支座两根连杆的交点)做圆弧运动。这样可使掩护梁上的杠杆比进一步缩小，使 α 与 β 值的变化有利于提高支架支撑效率。它比几何尺寸相同的单铰式掩护支架的支撑效率提高 10%左右。

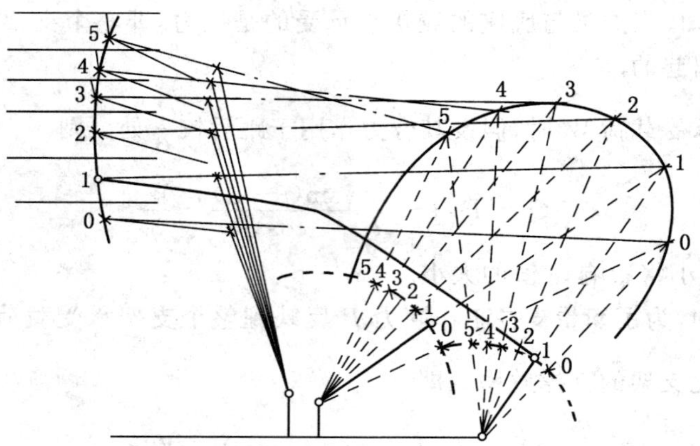

图 5-18 双铰式掩护支架各铰接点运动轨迹

(3) 支掩式掩护支架的矿压特点

掩护式液压支架在直接顶比较破碎的工作面中使用，已破碎的矸石被掩护梁挡入采空区，因而控制顶板就是控制顶板下沉量的概念由于掩护梁的作用而失去了意义。

由于掩护梁承受载荷，所以支柱的工作阻力并不能直接反映托梁上载荷的大小，而必须在托梁的铰接点处用测力销代替销轴，后铰接点上也是同样，然后才能算出托梁与掩护梁上的载荷。从测定结果可知，托梁与掩护梁之间铰接点上所受的力，大部分近于垂直而稍偏向于采空区。图 5-19 所示是权台煤矿 3101 工作面测得的托梁与掩护梁铰接点上受力的大小及方向。

实测中发现顶梁上的摩擦力绝大部分指向采空区，但也有一些情况是指向工作面煤壁。采用四连杆机构时，前连杆受压，后连杆受拉。

图 5-20 表示权台矿测定的掩护式液压支架受力大小与力的作用位置。由图可见，其摩擦力指向煤壁。

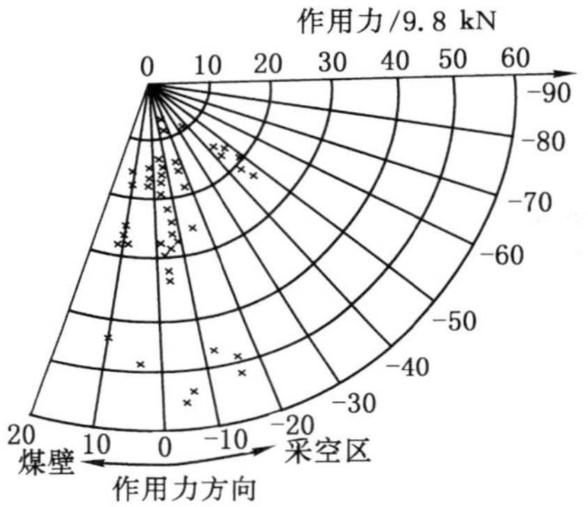

图 5-19　顶梁铰接点测力销实测受力图

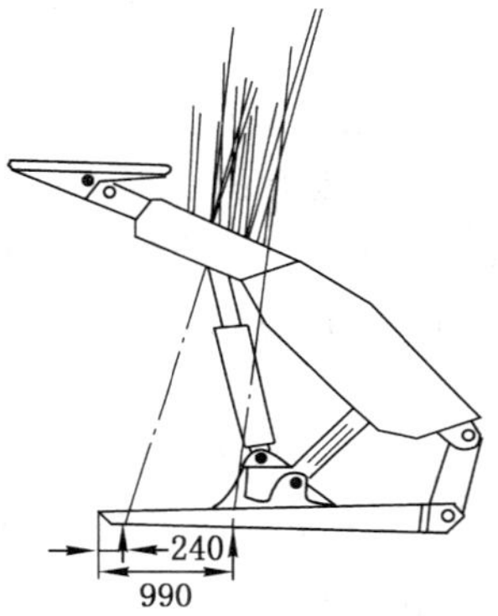

图 5-20　支掩式掩护支架总体受力实测图

4. 支顶式掩护支架支护方式分析

(1) 概述

前面已经叙述了支撑式液压支架具有工作空间宽裕、通风断面大、行人方便等优点，但它易窜矸，在破碎顶板条件下易于失稳。而支掩式掩护支架在破碎顶板条件下受力状态较好，挡矸性能好，但其通风断面小，不利于通风及行人。人们希望所设计的支架结构兼有这两者的优点，因而自 1974 年开始设计和试制了支顶式掩护支架，并逐步取代了其他型号的支架。图 5-21 为我国自行设计、制造的支顶式掩护支架，这种支架在实际使用中取得了很好的效果。

由此可见，支顶式掩护支架取消了掩护梁与托梁间的三角区，提高了掩护梁的坡度，缩短了掩护梁的长度，同时还改善了底座与底板间的受力情况。

(2) 受力分析

现以图 5-10(c)中(1)所示的架型进行受力分析，如图 5-22 所示。

取顶梁为脱离体，并假设小千斤顶的力 Z 作用方向如图 5-22 中所示，则

$$\sum F_y=0 \quad F_{\perp}+Q=P\cos\alpha+Z\sin\beta$$

$$\sum F_x=0 \quad F_{-}+fQ=P\sin\alpha+Z\cos\beta$$

式中　$F_{\perp}$，F_{-}——掩护梁与托梁铰接点上受力；

P——支柱工作阻力；

图 5-21　支顶式掩护支架

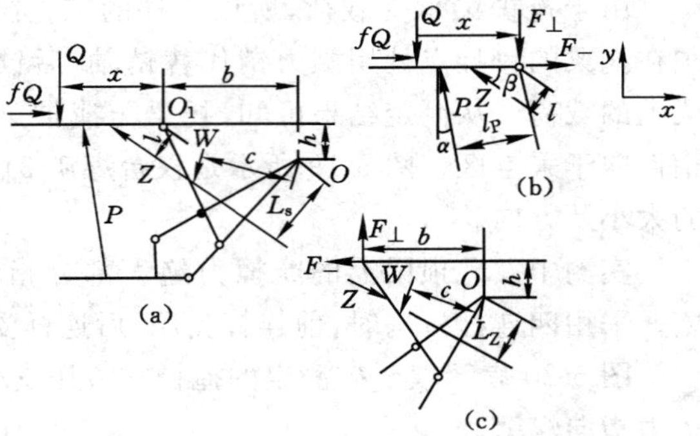

图 5-22　支顶式掩护支架受力分析之一

Q——顶梁上载荷；

fQ——摩擦力；

α,β——支柱与垂直线的夹角及小千斤顶与水平线的夹角。

再取掩护梁为脱离体，$\sum M_0=0$，则

$$F_{\perp}b=F_{-}h+ZL_Z+cW$$

式中　W——掩护梁上的载荷。

因此

$$(P\cos\alpha+Z\sin\beta-Q)b=(P\sin\alpha+Z\cos\beta-fQ)+ZL_Z+cW$$

$$(b-fh)Q=(P\cos\alpha+Z\sin\beta)b-(P\sin\alpha+Z\cos\beta)h-ZL_Z-cW$$

$$\left(1-f\frac{h}{b}\right)Q=P\left(\cos\alpha-\frac{h}{b}\sin\alpha\right)+Z\left(\sin\beta-\frac{h}{b}\cos\beta-\frac{L_Z}{b}\right)-\frac{c}{b}W$$

所以

$$Q=\frac{1}{1-f\dfrac{h}{b}}\left[P\left(\cos\alpha-\frac{h}{b}\sin\alpha\right)+Z\left(\sin\beta-\frac{h}{b}\cos\beta-\frac{L_Z}{b}\right)-\frac{c}{b}W\right]\tag{5-8}$$

由此可知，Q 力的大小与下列支架的结构参数有关，如：立柱与小千斤顶的倾斜度 α、β；瞬心位置 $\frac{h}{b}$；掩护梁受力 W 的大小及位置 c；立柱及千斤顶的工作阻力等。在各项结构参数已定的条件下，P 与 Z 两个因素相互制约。

根据顶板压力 Q 的特点，由于直接顶的状态不同，Q 力可能作用在顶梁上的任何位置，从顶梁上分析，Q 力的作用位置还应满足下述条件，见图 5-22(b)。

$$Qx=Pl_P+Zl$$

即

$$x=\frac{Pl_P+Zl}{Q}\tag{5-9}$$

因此，若不计顶梁摩擦力，则各项参数应满足下述关系：

$$[(b\cos\alpha-h\sin\alpha)x-l_Pb]P=[(h\cos\beta+L_Z-b\sin\beta)x+lb]Z+cxW$$

在 3、4 类顶板或直接顶悬顶较大的情况下，暂不计 W，则 P 与 Z 之间应满足：

$$Z=\frac{(b\cos\alpha-h\sin\alpha)x-l_Pb}{(h\cos\beta+L_Z-b\sin\beta)x+lb}P\tag{5-10}$$

令 $A=\cos\alpha-\frac{h}{b}\sin\alpha$，$B=\sin\beta-\frac{1}{b}(h\cos\beta+L_Z)$，则

$$Z=\left(\frac{Ax-l_P}{l-Bx}\right)P \tag{5-11}$$

由此可见，当 P 达到额定工作阻力 P_+ 时，Z 必须具备的工作阻力分布如图 5-23 中曲线 Z 所示。但事实上设计的平衡千斤顶均有一限定的额定拉、压工作阻力。如以 WS1.7 支架为例，其下腔的额定工作阻力为 677 kN，而上腔的拉额定工作阻力为 624 kN。因此，千斤顶可能的工作曲线应如 Z 曲线所示。由于 Z 的限制，致使支柱的实际工作阻力将按照图 5-23 中曲线 P 所示规律变化，此时整个支架的工作阻力 P_s 为：

$$P_s=P\left(\cos\alpha-\frac{h}{b}\sin\alpha\right)\pm Z\left[\sin\beta-\frac{1}{b}(h\cos\beta+L_Z)\right]-W\frac{c_1}{b} \tag{5-12}$$

若令 $W=0$，则

$$P_s=PA\pm ZB \tag{5-13}$$

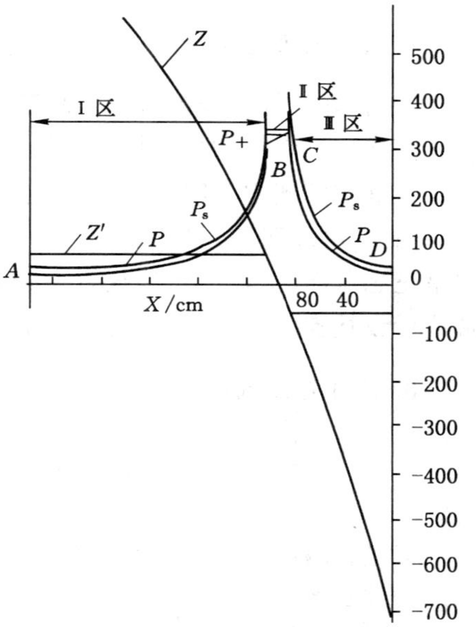

图 5-23 支顶式掩护支架受力分析之二

如此可按顶板压力在顶梁上的作用位置，将支架的承载特性划分为三个区：Ⅰ区——AB 段，称为平衡千斤顶下腔工作区，此时 $Z=+Z_+$（即抗压额定工作阻力）；Ⅱ区——支柱工作区，即 BC 段，此时 $P=P_+$（支柱额定工作阻力）；Ⅲ区——平衡千斤顶上腔工作区，此时 $Z=-Z_-$（即抗拉额定工作阻力）。

各区的支柱、千斤顶及支架本身的承载特性如下。

Ⅰ区：$Z=+Z_+$

$$P=\frac{(l-BX)}{AX-l_P}Z_+$$

$$P_s=\left(\frac{Al-Bl_P}{AX-l_P}\right)Z_+$$

Ⅱ区：$P=P_+$

$$Z=\left(\frac{AX-l_P}{l-BX}\right)P_+$$

$$P_s=\left(\frac{Al-Bl_P}{l-BX}\right)P_+$$

Ⅲ区：$Z=-Z_-$

$$P=\left(\frac{BX-l}{AX-l_P}\right)Z_-$$

$$P_s=\left(\frac{Bl_P-Al}{AX-l_P}\right)Z_-$$

显然，Ⅰ区与Ⅲ区的承载能力全由平衡千斤顶所决定。若 $Z=0$，则Ⅰ区与Ⅲ区的自身

承载能力即将消失，而必须靠相应区形成的附加力才能形成支架的承载能力。

由于 Z 与 P 相互制约，使支架只能在一定范围内较为有效地发挥作用。即只有当 Q 作用在立柱与顶梁铰接点附近，P 与 Z 才能够充分发挥作用。超出此范围将导致支撑效率降低，同时导致附加力产生。

当 $X=0$，即 Q 作用于顶梁后铰接点上，则 $Z=-\frac{l_{\mathrm{P}}}{l}P_0$，此时，千斤顶将承受强大的拉力，易于拉坏千斤顶或其两端的耳子。

同样，当 $X=L$ 时，千斤顶将承受强大的压力。

根据实际测定，顶板压力作用于顶梁上的位置分布如图 5-24 所示。

由图 5-24 可知，平均合力作用点基本上在立柱于顶梁铰接点的前后 15～30 cm 范围内并呈正态分布。显然，当顶板冒空使顶板压力作用位置远离立柱铰接点时，则无论偏向梁端或后铰接点，对支架的受力状态都是不利的。

由 Q 计算公式可知，这种支架的支撑效率 $\frac{Q}{P}$ 为：

$$\frac{Q}{P}=\frac{1}{1-f\,\frac{h}{b}}\left[\left(\cos\alpha-\frac{h}{b}\sin\alpha\right)+\left(\sin\beta-\frac{h}{b}\cos\beta-\frac{L_Z}{b}\right)\frac{Z}{P}-\frac{c_1W}{bP}\right] \tag{5-14}$$

可见，此种支架的支撑效率与立柱的倾角、瞬心位置、Z 与 P 的比值以及平衡千斤顶的倾斜度等有关。

图 5-25 表示这类架型的支撑效率随采高变化的关系曲线。图中纵坐标为支撑效率 Q/P 以百分数表示；横坐标为采高 m；(1)～(4)分别代表了 4 种不同的工况条件。由图可知，当掩护梁上无载荷时，支撑效率在采高 2.0～2.6 m 时最高，可达 92%～98%。

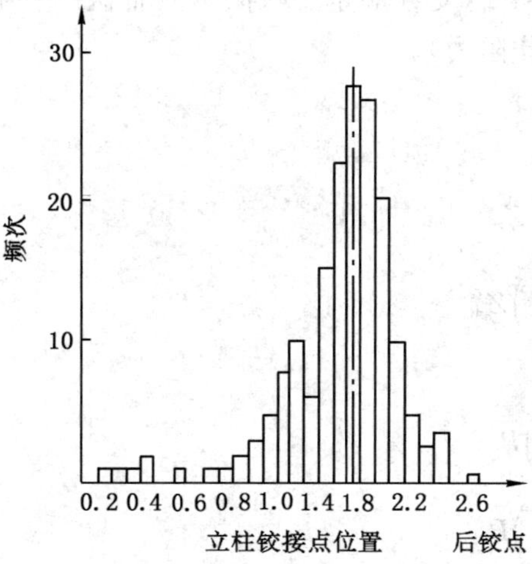

图 5-24 QY-Ⅰ型支顶式掩护支架顶梁合力作用点分布频率图

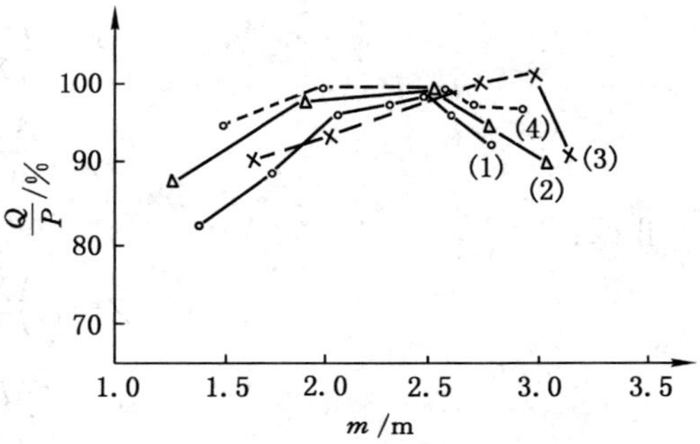

图 5-25 两柱支顶式掩护支架 Q/P 随支架高度的变化

按我国煤炭行业标准规定，支顶式掩护支架优先适用于直接顶为 1、2、3 类，基本顶为Ⅰ、Ⅱ、Ⅲ级，底板为Ⅱ类以上的条件。

(3) 使用情况

德国将使用支顶式掩护支架工作面与条件相似的 30 个使用其他掩护式支架工作面进行了对比，结果表明，由于使用了支顶式掩护支架，平均端面破碎度降到 6%，支架上方最大冒顶面积率仅 7%，煤壁情况也有显著的改善。

我国煤矿的使用情况（见表 5-7）同样说明支顶式掩护支架比支掩式掩护支架有更大的优越性。

表 5-7　各类支架顶板端面破碎度统计

矿　名	工作面	支架架型	端面顶板破碎度/%
徐州权台矿	3101	T13K11　掩护式	37
平顶山四矿	171	T13K11　掩护式	15.0～54.0
铜川金华山矿	1406	YZ-1　掩护式	26.4
义马千秋矿	21033	ZYZ-2　掩护式	34.7
	11049	ZYZ-2　掩护式	34.7
阳泉一矿	1103	WS1.7　两柱支撑掩护式	12.5
汾西山峪矿	2306	WS1.7　两柱支撑掩护式	7.5
阳泉一矿	1201	“X”形　四柱支撑掩护式	19.4

5. 支撑掩护式支架受力分析

(1) 概述

支撑掩护式支架有双立柱、四立柱，分支顶式及支顶支掩式两种。不论哪种，其顶梁长度一般均较掩护式支架长，增加了支撑力，缩短了掩护梁长度，加大了掩护梁的坡度，同时还改善了支架底座与底板受力情况；但也导致控顶距增大，价格较高，重量较大，支架结构较复杂等缺陷。我国目前综采面液压支架 90%以上的架型为支撑掩护式。

支撑掩护式支架高度变化时，对顶板支撑能力的改变情况如图 5-26 所示。当后排支柱直接支撑在顶梁上时，支架高度的改变对支撑力影响不大，支撑效率较高。而当后排支柱支撑在掩护梁上时，虽然顶梁长度较短，但由于后柱倾角稍大，在支架高度偏高或偏低时其支架阻力均要降低。

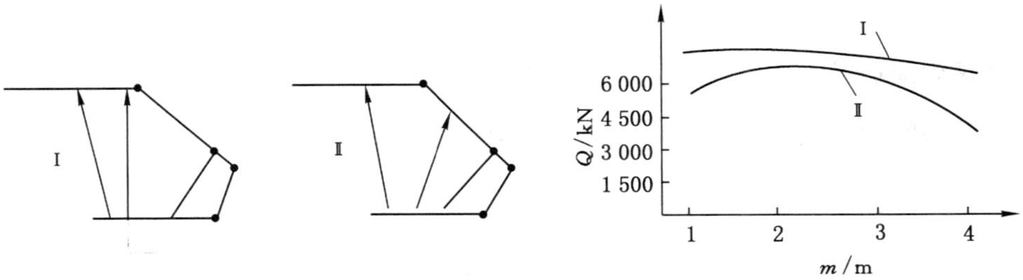

Ⅰ—支顶式；Ⅱ—支顶支掩式。

图 5-26　支撑掩护式支架支撑能力与架高关系

(2) 受力分析

图 5-27 为两种支撑掩护式支架的受力情况，先以图 5-27(a)为例。

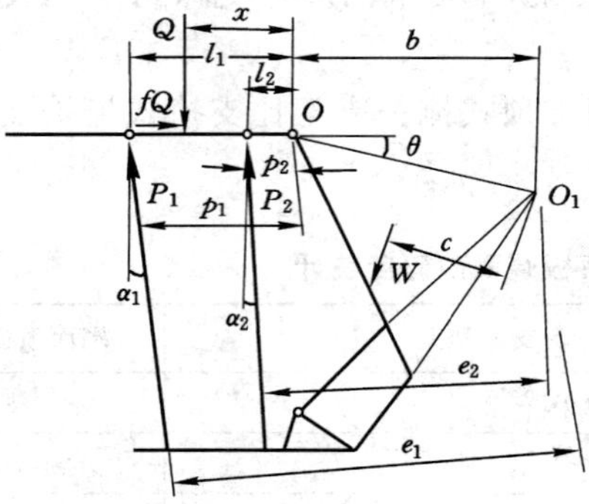
(a) 支顶式

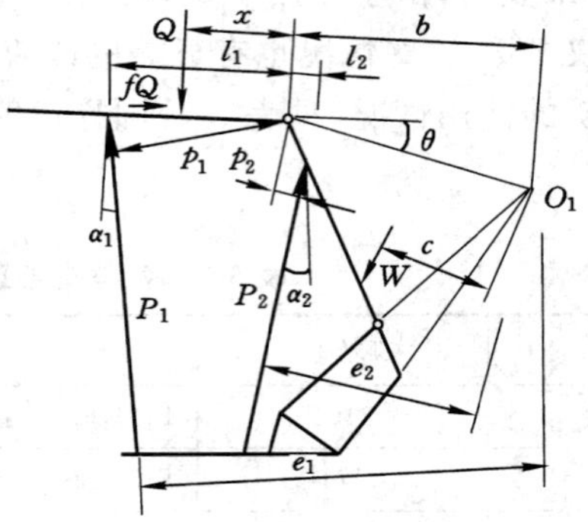
(b) 支顶支掩式

图 5-27 支撑掩护式支架受力分析

若取顶梁和掩护梁为隔离体，即 $\sum M_{O1}=0$，得

$$P_1e_1+P_2e_2-Q(x+b)=0 \tag{5-15}$$

取顶梁为隔离体，即 $\sum M_O=0$，得

$$P_1p_1+P_2p_2-Qx=0 \tag{5-16}$$

由此得合力作用位置 x 为：

$$x=\frac{P_1p_1+P_2p_2}{Q} \tag{5-17}$$

将式(5-17)代入式(5-15)得

$$Q=P_1\left(\frac{e_1-p_1}{b}\right)+P_2\left(\frac{e_2-p_2}{b}\right) \tag{5-18}$$

若为图 5-27(b)，则按同样的方法计算可得合力 Q 为：

$$Q=P_1\left(\frac{e_1-p_1}{b}\right)+P_2\ \frac{e_2}{b} \tag{5-19}$$

而合力作用位置 x 为：

$$x=\frac{P_1p_1}{Q} \tag{5-20}$$

当考虑到掩护梁上作用载荷 W 时，则 Q 中还需减去$\frac{c}{b}W$。

将式(5-18)中 P_2 代入式(5-19)，得 Q 与 P_1 的关系式为：

$$Q=P_1\ \frac{(e_1-p_1)p_2-(e_2-p_2)p_1}{bp_2-x(e_2-p_2)} \tag{5-21}$$

将式(5-18)中 P_1 代入式(5-19)，得 Q 与 P_2 的关系式为：

$$Q=P_2\ \frac{(e_1-p_1)p_2-(e_2-p_2)p_1}{(e_1-p_1)x-bp_1} \tag{5-22}$$

如果 P_1、P_2 达到支柱的额定工作阻力，则上两式中的 Q-x 曲线就是支架极限承载曲线，均为双曲线，如图 5-28 所示。两曲线的相交点 a_1 为最大值，a_1 点的位置决定于前、后柱工作阻力的比值。如前柱的工作阻力大于后柱，则 a_1 向前移，反之则向后移。

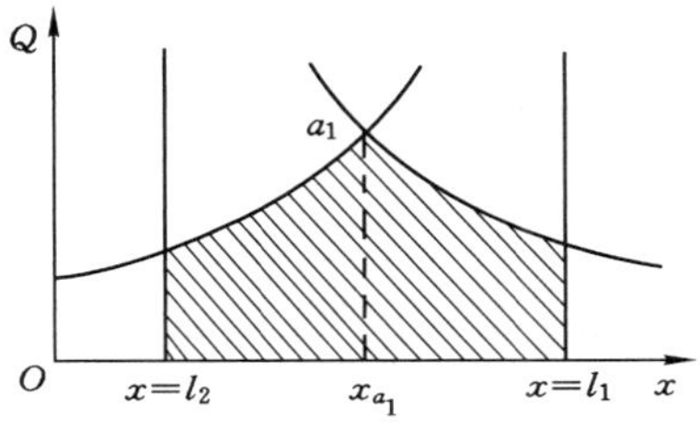

图 5-28 支撑掩护式支架的极限承载曲线

由此曲线可知，支撑掩护式支架的力平衡区的宽度较大，约为支柱的排距，即 1.0～1.3 m。当支架的合力作用点位于前排支柱上方时，其承载能力相当于前排支柱的工作阻力。如果两排支柱的工作阻力相等，则相当于支架最大工作阻力的一半。可见支撑掩护式支架支撑能力较强，对顶板的适应性较强。

支撑掩护式支架梁端支撑力和尾梁切顶力的计算公式如下：

① 整梁四柱支顶式[图 5-29(a)]

$$q_1 = \frac{L-L_1}{L}P_1\cos\alpha_1 + \frac{L-L_2}{L}P_2\cos\alpha_2 \tag{5-23}$$

$$q_2 = Q - q_1 \tag{5-24}$$

② 铰接梁四柱支顶式[图 5-29(b)]

$$q_1 = \frac{t}{a}T \tag{5-25}$$

$$q_2 = Q - q_1 - q_3 \tag{5-26}$$

$$q_3 = \frac{L-L_1}{L-a}P_1\cos\alpha_1 + \frac{L-L_2}{L-a}P_2\cos\alpha_2 - \frac{L}{L-a}q_1 \tag{5-27}$$

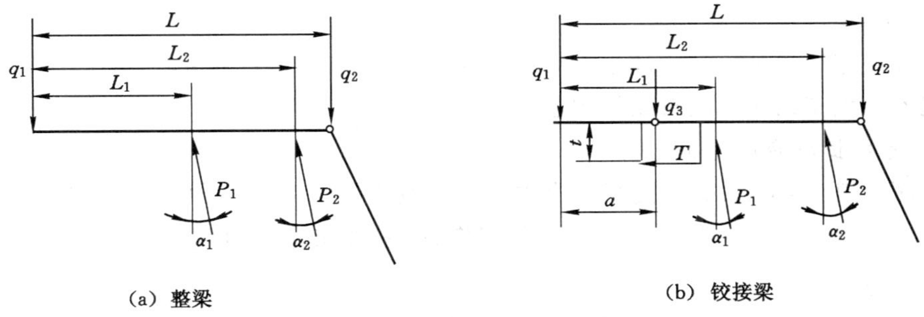

图 5-29 支撑掩护式支架的梁端支撑力及切顶力

(3) 使用实例

现以表 5-8 所列的两种支架举例说明支撑掩护式支架技术特征。

表 5-8 支撑掩护式支架技术特征举例

架型	四柱支顶式 ZY-35	四柱支顶支掩式 YZ440
支架高度/m	1.8～3.5	1.3～3.2
工作阻力/kN	4 000	4 400
初撑力/kN	1 884	3 700
支护强度/kPa	734.6	950.0
底板比压/kPa	1 860	3 700
顶梁长度/mm	3 375	3 090
重量/kN	105	125

对淮北杨庄矿 633 工作面 ZY-35 型支撑掩护式支架进行矿压观测，结果如图 5-30 所示。

633 工作面为Ⅱ级 1 类顶板，基本顶来压明显，支架工作阻力由平时的 1 650 kN 增至 2 150 kN，动压系数 1.3，初撑增阻速度为平时的 2～2.7 倍，后柱阻力显著大于前柱阻力。片帮深度 0.33～0.9 m，顶板冒落度在来压前为 18.6%，来压时为 23.5%。

支架合力作用点全部落在顶梁与前、后柱铰接点的中点附近，且略微偏向后柱一侧。

前梁外载平均为 287 kN，指向煤壁，前梁前部的空顶长度 0.05～0.6 m，梁端力偏低，接顶不良。

顶梁外载作用力指向采空区，呈三角形分布，顶梁前部有 30～760 mm 空顶，合力大都靠近后柱，平均切顶力为 1 449 kPa，切顶性能较强。

掩护梁合力作用点很离散，载荷小于 300 kN 的占 78%，大都呈三角形分布，其掩护梁受载约为两柱掩护支架的 1/5～1/2。

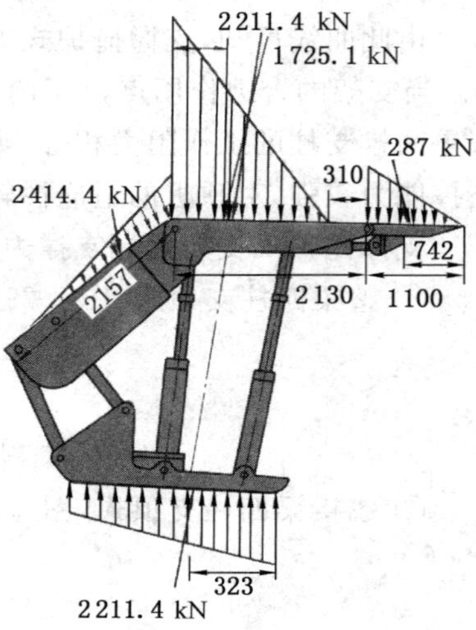

图 5-30 ZY-35 型支撑掩护式支架外载分布

底座外载作用点至前端距离小于底座接触长度 1/3 的仅占 14%，平均比压 1 470 kPa，无陷底现象。该支架对软底有较好的适应性。

6. *及时支护与滞后支护*

综采面割煤、移架、推移输送机三个主要工序按不同顺序有两种配合方式：及时支护方式和滞后支护方式。为了保护端面顶板的稳定性，一般采用及时支护方式，即割煤后先移架后推移输送机。

四、单体支架支护方法分析

1. *单体液压支柱受力分析*

采用单体支架时，落煤后须立即架设支架，待该支架由于工作面推进变成靠采空区一侧时进行回撤。因此每一根液压支柱都经历了回采工作空间顶板下沉的全过程。

单体液压支柱受力的大小，首先决定于顶板压力的大小，有时还决定于底板的力学性质以及顶梁是否具有压缩性。单体支架所受载荷在梁上的分布状态，取决于顶梁在支柱上的布置方式，如图 5-31 所示。若接顶情况良好，以支柱为基准，前后梁的长度比为 1∶1，则载荷应是均匀分布，如图中(a)；若考虑到顶梁两端有一定的变形，则载荷分布应呈抛物线形，如图中(b)；若前后梁的长度比为 2∶1，则载荷分布呈三角形，如图中(c)；最好前后梁长度的比值不大于 2，因为事实上多余的一部分梁对顶板起不到支护作用，如图中(d)。

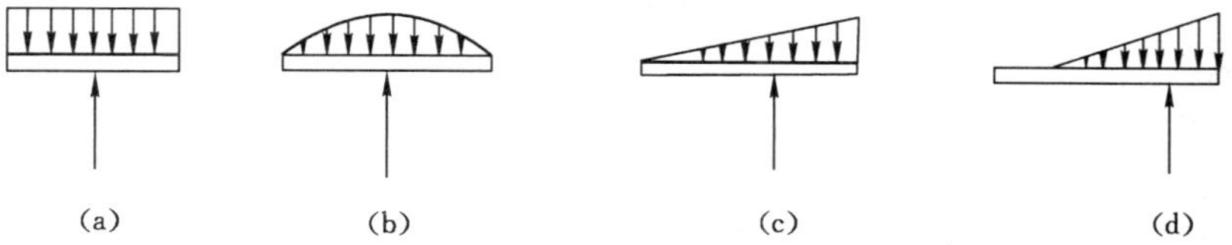

图 5-31 单体支架顶梁载荷分布

在开始使用全部垮落法处理采空区时，把支架分为工作面支架与切顶支架两部分，其布置方式如图 5-32 所示。它的原则是利用工作面支架维护直接顶的完整性，利用切顶支架将直接顶沿采空区切落，同时对基本顶也有一控制力矩。这种支护方式又称为有排柱放顶。切顶支架的工作阻力远大于工作面支架，其力的分布如图 5-32(b)所示。显然，这种支撑力分布适应于直接顶比较稳定，而且基本顶周期来压比较剧烈的工作面。

当工作面直接顶比较破碎时，切落直接顶已不成问题，此时已不可能通过切顶支架对基本顶形成控制力矩。因此，在很多工作面不再使用切顶支架，而是以加强工作面支护为主。支架的布置方式及支撑力分布如图 5-33 所示，称为无排柱放顶。

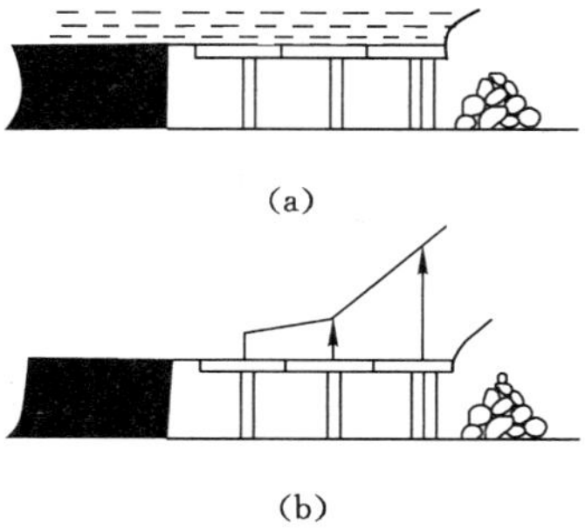

图 5-32 有排柱放顶支架支撑力分布

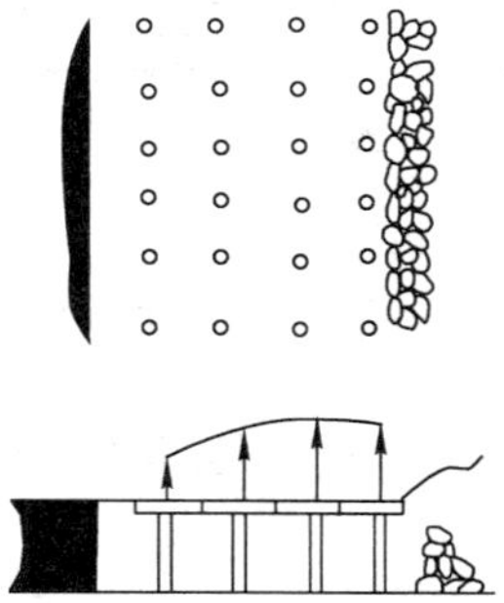

图 5-33 无排柱放顶支架支撑力分布

由于单体支柱在靠近采空区一侧有可能被压坏，或者顶板在靠近采空区一侧可能比较破碎，因而可能使靠近采空区一侧所测得的顶板压力反而降低。为此，应尽量提高单体支架初撑力，在直接顶比较破碎时更应如此。有时，为了提高机道附近支架对直接顶的支撑力，还可在煤壁处支设贴帮柱，以加强对机道上方顶板的维护。

2. 金属顶梁

单体支架回采工作面的护顶方法主要是使用金属铰接顶梁。金属铰接顶梁结构如图 5-34 所示。

梁体是由四块轧制的扁钢组焊而成。梁体的一端焊有左右两块耳子，耳子上面有锥形销孔和突出体。突出体上的豁口用于顶梁悬臂支护时插入调角楔。梁体的另一端焊有接头，接头上也有锥形销子孔和突出体。

为适应不平整的顶板，利用调角楔子楔进量的大小，可使顶梁具有向上或向下不小于7°的调整角度。为纠正工作面每列顶梁在接长方向和工作面推进方向出现的偏斜，顶梁向左或向右各有不小于3°的调整角度。

顶梁的长度应与工作面每次的推进度相同或成整数倍。例如，每次推进度为 1 m 时，必须选用 1 m 长的顶梁。当截深为 0.6 m 时，则必须选用 1.2 m 长的顶梁。

3. 悬梁与支柱的关系

金属支柱与铰接顶梁组合成悬臂支架。按悬臂支架沿工作面推进方向的布置方式可分为正悬臂式与倒悬臂式两种，如图 5-35 所示。

采用正悬臂时，机道顶板有悬臂支护，必要时还可掏梁窝提前挂梁，打贴帮柱等，因此机道的安全条件比较好。在架设悬梁时，应使舌端对着煤壁，以便在需要掏梁窝时，梁窝可以小一些。这种方式的悬梁靠采空区一侧伸出量不长，因而不易折损。

采用倒悬臂时，回撤靠采空区一侧的支柱，不易被矸石埋住。当顶板比较破碎时，掏梁窝比较浅，因而容易挂梁。这种方式回柱时比较安全。

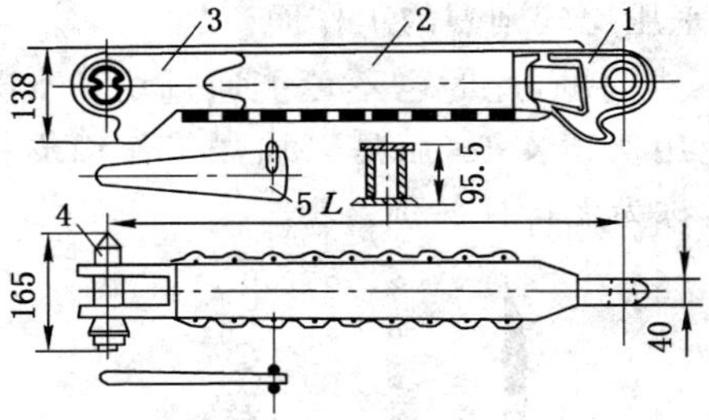

1—接头；2—梁体；3—耳子；4—销子；
5—调角楔；L—中心距。

图 5-34 HDJA 型金属顶梁

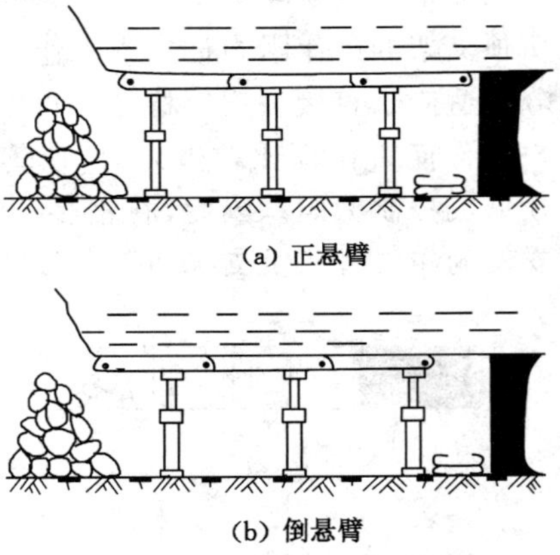

图 5-35 机组工作面的悬臂支护

4. 支架的布置方式

支架的布置方式有齐梁式与错梁式两种。

(1) 齐梁式支护。这种布置方式是指悬梁端与工作面相齐，支柱排成直线状。根据截深与顶梁长度的关系，又可分为两种，一种是截深与顶梁长度相同(见图 5-36)，另一种为截深是顶梁长度的一半。一般都采用正悬臂式支护。

(2) 错梁式支护。这种布置方式的截深是顶梁长度的一半。每进一刀，隔一架棚挂一根梁，顶梁交错向前。这样挂梁少，进机速度快，支护及时。此时支柱也可成直线状或交错状。

错梁式直线柱布置方式如图 5-37 所示。顶梁交错使用正、倒悬臂，支柱呈直线状。进第一刀时一般要间隔打临时柱，第二刀才支正式柱，回临时柱。此种支护方式一般在顶板比较破碎时使用。

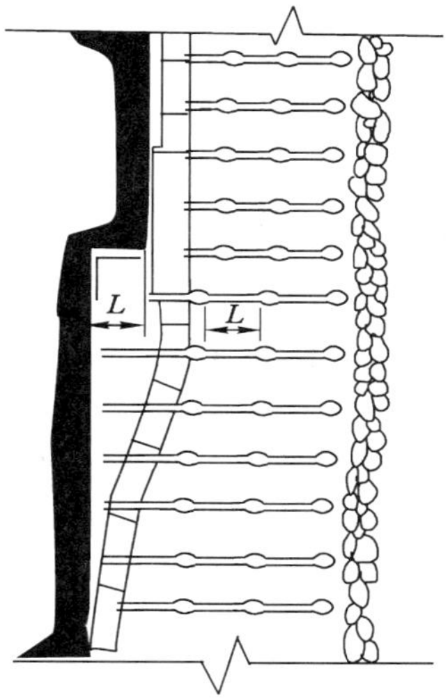

图 5-36　齐梁式支护

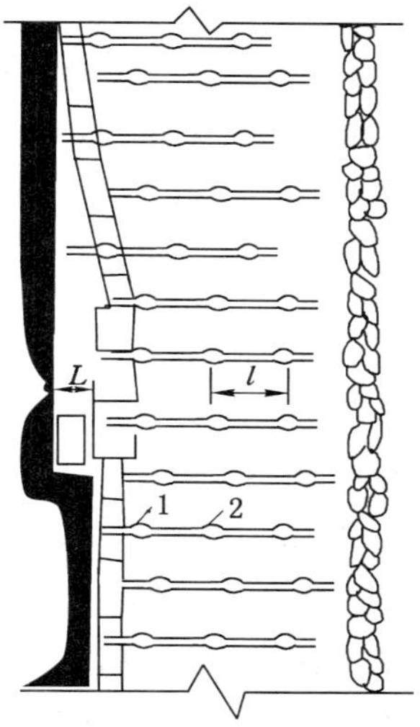

1—临时支柱；2—正式柱。

图 5-37　错梁式直线柱支护

第四节　采场支架与围岩相互作用关系

一、支架与围岩的相互作用

1. 支架与围岩相互作用体系

采场支架作为支护顶板、维护采场安全生产的结构物，并不是孤立存在的，而是处在一个由支架与围岩组成的支撑体系中。从工作面推进方向看，整个回采工作面上覆岩层中邻近煤层的基本顶岩层形成的结构是由“煤壁-回采工作面支架-采空区已冒落的矸石”支撑体系所支撑。又由于煤壁与已冒落的矸石具有截然不同的特性，因此支架的性能对支架受力状况就有很大影响。这样，为了使支架既能维护顶板，又能只需要使用最小的支撑力，研究支架的性能和受力特性就成为重要的课题。

从垂直方向看，基本顶结构由“直接顶-支架-底板”支撑体系所支撑。在放顶煤工作面，支撑体系还应包括顶煤在内。

由于采场内煤壁支撑影响角的存在以及回采工作面的不断推进，使得基本顶的回转是不可控的，因而其回转变形成为给定变形。因此，在支架与围岩这一相互作用体系中，基本顶的运动及作用是具有主导性的，而且支架与围岩是相互作用、相互影响的。围岩的运动状态影响支架的工作状况和承载特性，而支架的工作状况又反过来影响到对顶板的维护效果。

总体来说，回采工作面的支架与其支撑的围岩是一对相互作用着的矛盾统一体。支架结构及性能的设计必须符合回采工作面围岩运动规律，只有这样才能使支护结构设计既经济又合理。同时也只有支架的支撑力分布合适，护顶装置可靠，才有可能维护好顶板，以保证作业人员的安全和生产正常进行。

因此，研究支架和围岩的关系实质上就是要分析支架性能、结构对支架受力及围岩运动的影响，以及在各种围岩状态下支架呈现什么反应，从中分析支架应具有的最合理结构及参数。

2．支架与围岩相互作用的特点

一般而言，采场支架与围岩关系的特点如下：

(1) 支架与围岩是相互作用的一对力。在小范围内，围岩形成的顶板压力可看作是一个作用力，支架可以视为一个反力，两者应互相适应，使其大小相等，而且尽可能地作用在一个作用点上。

(2) 支架受力的大小及其在回采工作面分布的规律与支架性能有关。支架受力大小还与围岩的性质，即支架与围岩形成的总特性有关。

(3) 支架结构及尺寸对顶板压力的影响。实际生产中证明，在支架架型选择合适时，可以用最小的工作阻力维护好顶板。例如在有些条件下使用短梁的掩护式支架(工作阻力仅800 kN)却能取得比使用四柱垛式(工作阻力 2 400 kN)更好的维护效果。

从上述情况可知，支架结构设计必须适应围岩条件，支架性能应尽可能设计成恒阻式，在支架受力的过程中应尽可能使其与顶板压力相一致。在支架参数中最主要的是确定工作阻力与可缩量。对围岩来说，主要是考虑在各种支架反力作用下的顶板状态。

3．支架工作阻力与顶板下沉量的关系

支架工作阻力与顶板下沉量的关系在一定程度上反映了支架与围岩的相互作用关系。早在 20 世纪 60 年代，国内外曾多次进行了支架工作阻力 P 与顶板最终下沉量 ΔL 之间关系的试验。我国当时是在实验室内进行的试验，有些国家是根据现场实测资料加以统计，其中最完整的是苏联在一个工作面进行了支架调压试验，结果与实验室所得结果大致相同，即证明了工作阻力 P 与顶板最终下沉量 ΔL 是一近似的双曲线，或称为“P-ΔL”曲线。

试验的条件为：采高 1.3～1.5 m，倾角 2°～ 3°，直接顶为 5 m 左右的粉砂岩，抗压强度为 73 MPa；基本顶为粉砂岩，但较致密，抗压强度为 81.0～82.6 MPa；采用支撑式液压支架。在调压试验中，开始时使用每架 1 500 kN 的工作阻力，而后调到 1 300 kN/架。此为试验的第Ⅰ阶段。在第Ⅱ阶段则调到 1 000 kN/架。最后将支架调到 600 kN/架。每阶段都经历了周期来压及平时两个过程(见图 5-38)。表 5-9 介绍了试验所得的数据。

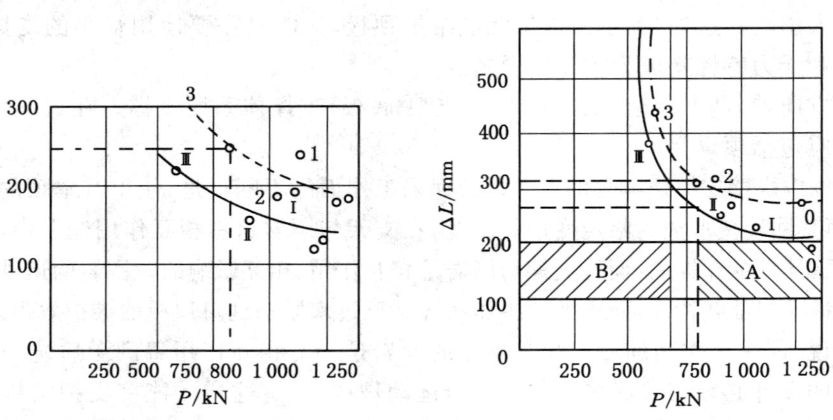

(a) 平时情况 (b) 周期来压情况

----o---- 表示最大值；——o—— 表示平均值；A—支架工作稳定区；B—支架工作不稳定区。

图 5-38 采面支架调压试验所得“P-ΔL”曲线

表 5-9　调压试验各阶段情况表

试验阶段		开始阶段	Ⅰ	Ⅱ	Ⅲ
工作阻力	kN/架	1 500	1 300	1 000	600
	kPa	390	338	260	156
折合岩柱	采高的倍数	11	9.6	7.4	4.4
顶板最大下沉量(平均)	mm	205	253	256	391
最大下沉量	mm	284	280	307	447

与此相似，在国内外实测中所统计到的“P-ΔL”曲线如图 5-39 所示。图中纵坐标为每米采高每米推进度的下沉量，即下沉系数。

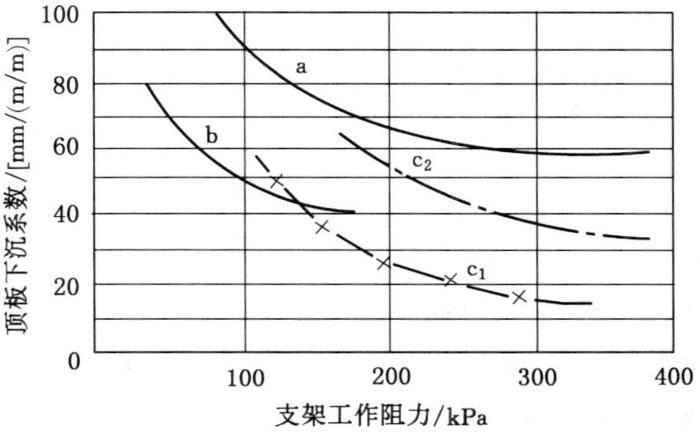

a—苏联；b—英国；c_1、c_2—德国鲁尔矿区。

图 5-39　实测统计所得“P-ΔL”曲线

所有上述的统计和试验结果均证明了一个事实，即在一定工作阻力以上[如图 5-38(b)中的 800 kN/架]，支架工作阻力增加对顶板下沉量影响较小，但低于此值则影响极大。

由此可以得到在前述分析中同样的结论，即采场支架的工作阻力并不能改变上覆岩层的总体活动规律。

早在 20 世纪 50 年代初，有的学者根据单体支架工作面实测的结果，在一定条件下得出了控制顶板即控制顶板下沉量的结论，在实际工作中，也曾经在某些工作面中证实，减少了顶板下沉量之后对顶板管理带来了一定的好处。但从上述“P-ΔL”曲线及前几章的理论分析可知，控制顶板下沉量是有一定限度的，超过此限度，支架也是无能为力的。因而，事实上只能在工作阻力偏低(例如使用单体支架的一定条件)情况下，提高工作阻力才有可能对顶板下沉有显著的影响。除此之外，“P-ΔL”曲线并未给出顶板下沉量与顶板赋存情况的完整关系，事实上各类岩层的允许下沉量也不是一样的。例如对于坚硬岩层，虽然顶板下沉可能导致整体破断，但局部仍很完整；对一些强度低而脆性大的岩层，下沉量很小就可能导致顶板破碎不堪。因此，在实际工作中常常辅以护顶措施，掩护式液压支架的发展，更证明了在一定条件下采用护顶办法改善顶板状况是可行的。

在周期来压比较剧烈而且常发生台阶下沉的工作面，合理的工作阻力只能是指控制顶板不发生上述现象时所需的工作阻力，也就是平衡基本顶初次来压或周期来压时，不能自身取得平衡的直接顶与基本顶岩块的重量。前提是支架必须具有与基本顶岩层活动过程中形成的顶板下沉量相适应的活柱下缩量。

二、采场支护系统与支架的工作状态

由于支架处于支架与围岩相互作用体系中，支架的工作状态是支架与围岩关系的综合反映，也是基本顶的位态、直接顶、支架以及底板力学特性的综合体现。分析掌握支架的工作状态，对于及时调整和保持支架良好的工作状况以及保持良好的支架与围岩关系具有重要意义。

1. 支架与围岩体系的刚度模型

由前面的叙述可知，在支架与围岩体系的组成中，基本顶岩层为厚而坚硬的岩层，而且其回转变形为给定变形，可视基本顶岩层为刚性体，它是支架围岩体系的上部边界。因此，支架与围岩体系可视为由具有一定刚度的直接顶、支架和底板组成的，其刚度模型如图 5-40 所示。

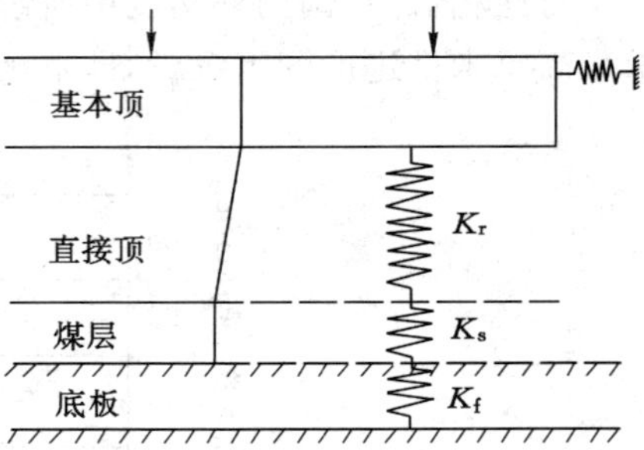

图 5-40　支架与围岩体系刚度模型

（1）支架的刚度

根据支架的工作特性，支架的刚度一般是指支架增阻阶段的刚度。支架刚度越大，支架单位活柱缩量的增阻量越大，对顶板保持稳定所起的作用越好。支架的刚度特征是由立柱的刚度特征决定的，反映了工作液体的压缩性、立柱活柱和柱体壁变形的综合特性。在支架架型及工作液一定的情况下，其刚度则与立柱的密封程度有关。因此，提高支架刚度，则应从增大立柱缸径，改善工作液的物理特性及提高立柱的密封质量着手。

支架的刚度可由实验室试验测得，也可在工作面实测得到。

（2）直接顶的刚度

直接顶的刚度反映了直接顶承载特性，也表明了其整体力学特性。直接顶在不同的硬度和赋存条件下具有不同的刚度特征，可表现为似刚性、似零刚度和中间型刚度三种类型。不同刚度类型的直接顶对支架围岩体系有着不同的影响。在综采一次采全厚工作面，由于直接顶岩层一般可视为刚性体，因此，支架的承载状况取决于基本顶的稳定性和采空区冒落矸石的充填程度。随着放顶煤开采的广泛应用，顶煤作为直接顶的一部分，其刚度特性及其对支架围岩体系的影响更为明显。

（3）底板的刚度

底板对支架围岩系统的影响主要体现在当底板刚度较小时，支架活柱在下缩增阻的同时，底板也被压缩，相当于立柱增阻量一定时增大了活柱缩量，从而减小了支撑系统的刚度，由此可造成顶板下沉量增大，顶板状态变差。

底板的刚度 K_f 可通过对反映底板抗压入特性的底板比压的分析获得。不同岩性的底板具有不同的刚度，因而对支架围岩体系的影响也不同。

（4）支架与围岩体系的刚度

由图 5-40 可见，直接顶、支架和底板形成串联刚度系统，支架与围岩体系的刚度 K 由直接顶刚度 K_r、支架刚度 K_s 和底板刚度 K_f 共同决定，可由下式表示：

$$\frac{1}{K}=\frac{1}{K_r}+\frac{1}{K_s}+\frac{1}{K_f} \tag{5-28}$$

当底板为坚硬和中硬时，其刚度较大，对支架围岩系统的影响较小；当底板较软时，其刚度较小，这时可通过增大支架底座面积、改变底座的比压分布、减小底座对底板的比压来减小底板对支架围岩体系的影响。从这一意义上讲，可以认为底板的影响是有限的，在支架围岩系统中，主要是直接顶和支架的相互作用。因此式(5-28)可简化为

$$\frac{1}{K}=\frac{1}{K_r}+\frac{1}{K_s} \tag{5-29}$$

根据上述分析，在式(5-29)中，若直接顶的刚度 $K_r \to \infty$，即直接顶为似刚性体，则 $K=K_s$，此时支架的刚度即为系统的刚度；若直接顶的刚度 $K_r \to 0$，即直接顶为似零刚度，则 $K=0$，此时系统的刚度为零；若直接顶的刚度 $0<K_r<\infty$，即直接顶为中间型刚度，则系统的刚度由直接顶刚度和支架刚度共同决定。

2. 采场支架的工作状态

在支架与围岩体系中，若令支架与围岩体系的总体变形量为 Δs，支架及直接顶的变形量分别为 Δs_s 和 Δs_r，则有

$$\frac{K_s K_r}{K_s+K_r}\Delta s=K_s\Delta s_s=K_r\Delta s_r \tag{5-30}$$

令 $K_r/K_s=n$，则 $\dfrac{\Delta s_s}{\Delta s}=\dfrac{n}{n+1}$，$\Delta s_s/\Delta s$ 与 n 的关系曲线如图 5-41 所示。

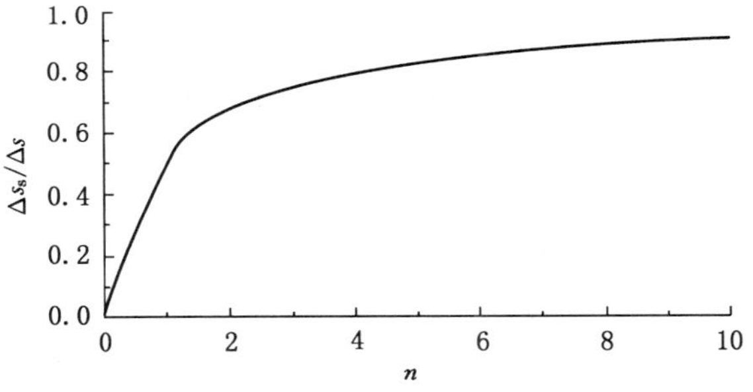

图 5-41　$\Delta s_s/\Delta s$ 与 n 的关系曲线

由图 5-41 可见，支架的变形在系统总体变形中所占的比重，取决于直接顶刚度与支架刚度的相对大小。支架的刚度相对直接顶越小，则支架的变形量越大。

若当 $\Delta s_s/\Delta s>80\%$ 时，即认为系统的变形主要是由支架的变形决定的，则支架的刚度特性决定系统的总体力学特性；

当 $\Delta s_s/\Delta s<20\%$ 时，即认为系统的变形主要是由直接顶的变形决定的，则直接顶的刚度特性决定系统的总体力学特性；

当 $20\%\leqslant\Delta s_s/\Delta s\leqslant 80\%$ 时，即认为系统的变形取决于直接顶和支架的共同变形，则系统的刚度是由直接顶的刚度和支架的刚度共同决定的。

可见，支架的受力状况、工作状态及顶板下沉量决定于支架刚度与直接顶刚度的相对大小。

由以上分析可得出：

① 当 $K_r/K_s>4$ 时，支架与围岩体系的变形量主要由支架承担，因此，可把直接顶视为

似刚性体。此时，支架的工作状态为"给定变形"工作状态，即基本顶的"给定变形"经直接顶全部传到支架上，因此，顶板的下沉量由基本顶的回转量决定。

② 当 $K_r/K_s<0.25$ 时，支架与围岩体系的变形量主要由直接顶来承担，相比之下，可视直接顶的刚度为零。此时，基本顶的"回转变形压力"被直接顶的变形所吸收，支架所承受的载荷为垮落带岩层的重量，支架处在"给定载荷"工作状态。

③ 当 $0.25\leqslant K_r/K_s\leqslant 4$ 时，支架与围岩体系的变形量是由直接顶和支架共同承担的。在这种情况下，支架的变形量与其刚度之间具有如下关系：

$$\Delta s_s=\frac{K_r}{K_r+K_s}\Delta s \tag{5-31}$$

由式(5-31)可见，在基本顶位态一定时，K_s 与 Δs_s 之间具有双曲线关系，即随着支架刚度的增大，支架的承载能力增强，顶板的下沉量减小。如果直接顶刚度越小，支架承担的顶板下沉量相对越小，支架承担的载荷相对也越小。

由上述分析可知，支架的工作状态是处于"给定变形"状态还是处于"给定载荷"状态，是由直接顶刚度和支架刚度的相对变化决定的。当支架处在"给定变形"工作状态时，支架应具有足够的支护强度和可缩量；当支架处在"给定载荷"工作状态时，支架应具有足够的稳定性。

在放顶煤开采条件下，由于直接顶为顶煤，通常情况下顶煤较破碎，直接顶刚度较小。因此，放顶煤开采条件下基本顶的"回转变形压力"大部分被直接顶的变形所吸收，这也是放顶煤开采工作面支架阻力通常小于按传统 4～8 倍煤层采高容量法估算结果的原因。

第五节 采场顶板支护设计方法

我国煤矿综合机械化开采已取代单体支柱工作面开采。实践证明，回采工作面使用液压支架后控顶能力大为增强，单产明显提高，采场顶板事故大幅度降低。但若支架选型不当，管理不善，则顶板控制问题仍会影响工作面产量和效益。

液压支架选型主要包括支架的架型及额定工作阻力、初撑力和支护强度等参数，还涉及顶梁、护帮、底座、侧推及阀组等主要部件的选型及其参数的确定。

综采工作面液压支架架型及其主要参数的选择，必须与矿山地质条件及其矿压显现特征相适应。

在液压支架选型前必须搜集必要的矿山地质资料，并掌握类似条件下的矿山压力实测数据，尽可能地考虑各种矿山地质条件及矿压显现对液压支架工况的影响，重点分析直接顶、基本顶和底板类型及其对支架工况的影响。

一、支架规格的选定

目前适用最广的架型为两柱支顶式掩护支架及支撑掩护式支架，前者可适用于基本顶Ⅰ～Ⅱ级，动压系数为 1.2～1.5，直接顶较稳定的煤层；后者主要适用于Ⅱ级以上基本顶，动压系数约 1.5 以上，直接顶中等稳定以上的煤层。

在第四章中已列出了顶板下沉量(S_L)估算的关系式 $S_L=\eta\cdot m\cdot L$。这是从上覆岩层的活动规律中确定顶板下沉量的。

但顶板下沉量并不等于支柱的可缩量。这是由于"直接顶-支架-底板"形成了一个支护系统，这个系统承受了基本顶弯曲变形时形成的下沉量。因此，顶板下沉量应是活柱下缩量、顶底板的压缩量及支架插入顶底板量的总和。

在选择支架规格时，首先必须掌握工作面的采高及其变化。一般可以根据钻孔柱状或已掘出的巷道资料来确定。从回风平巷及运输平巷测得的采高一般都比较真实地反映了工作面采高的变化情况，可以每隔 10～30 m 测定一次，由此得到煤层的最大及最小采高。其次，还必须掌握顶板在支架正常工作状态时的最大下沉量，支架的可缩量必须与此相适应。

对于液压支架来说，以支撑式支架为例，各个参数之间的关系如图 5-42 所示。

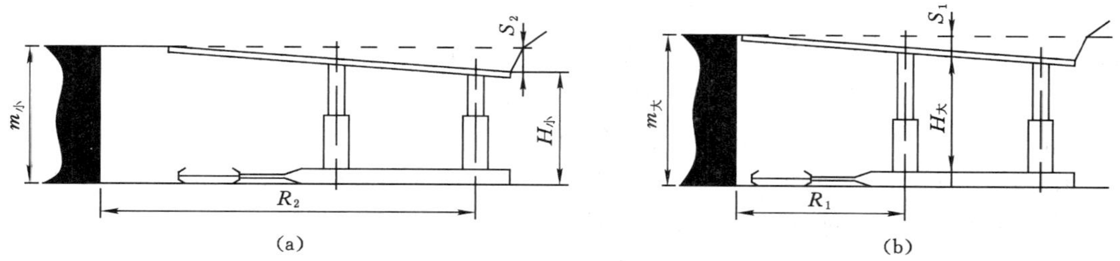

图 5-42　液压支架规格的选择

支架高度与采高的关系为：

$$H_{大} = m_{大} - s_1 \tag{5-32}$$

$$H_{小} = m_{小} - s_2 - a \tag{5-33}$$

式中　$H_{大}$，$H_{小}$——支架的最大及最小高度；

s_1——支架在最大采高 $m_{大}$ 时前柱的顶板下沉量，通常取 0；

s_2——支架在最小采高 $m_{小}$ 时后柱的顶板最大下沉量，即 s_L；

a——支架的卸载高度，取 50 mm。

举例：已知采煤工作面最大采高为 2.4 m，最小采高为 2.1 m，最大控顶距为 4.0 m，顶板中等稳定，支柱无插入底板现象，准备使用 BZZB 支撑式支架，求应该采用的支架型号。

第一步，确定顶板下沉量。由于无邻近工作面作为借鉴，可取下沉系数 $\eta=0.04$，即顶板下沉量为：

$$s_L = \eta \cdot m \cdot L = 0.04 \times 2.1 \times 4.0 = 0.336\ (\text{m}) = 336\ (\text{mm})$$

第二步，确定支架规格。

$$H_{大} = m_{大} - s_1 = 2.4 - 0 = 2.4\ (\text{m}) = 2\ 400\ (\text{mm})$$

$$H_{小} = m_{小} - s_2 - a = 2.1 - 0.336 - 0.05 = 1.714\ (\text{m}) = 1\ 714\ (\text{mm})$$

可知，所选支撑式支架的支撑高度范围应满足 1 714～2 400 mm。

二、液压支架工作性能的确定

工作面空间的维护必须符合基本顶形成的“砌体梁”结构力学模型的形态，由此导致工作面支护顶板的下沉量既不是弹性变形，也不是塑性变形，而是“大变形”。为此，支架必须有符合此大变形的可缩量。目前液压支架主要由让压元件如安全阀来完成此功能。大变形引起的顶板快速下沉决定于“砌体梁”滑落和回转失稳的速度，显然安全阀的流量和动态性能是否能与其相适应尤为重要。因此，安全阀的性能是支架能否正常工作的关键部件。同时支架的工作阻力必须保证直接顶的完整和“砌体梁”结构关键块的稳定。

为了确定支架需要的工作阻力，就必须研究“砌体梁”结构的“S-R”稳定条件。支架阻力除了保证直接顶的稳定外，还必须防止“关键块”滑落和回转失稳。由于地质开采条件的复杂多变，工作面控制的上覆岩层状态属于“黑箱”状态。“砌体梁”结构力学模型的建立只是明确了支护原理，“砌体梁”结构的载荷对支架工作阻力的影响程度仍然难以定量。因此，“砌体梁”结构力学模型仅仅使岩层控制由一片模糊的“黑箱”变成原理上清楚的“灰箱”，仍然不能达到在具体情况下准确确定各项参数的“白箱”要求，只能定性判断而难以定量确定。从另一方面看，液压支架已经是机械化采煤的重要设备，显然不可能与单体支柱那样可以随时变换支护密度。因此，支架工作阻力必须适应工作面覆岩条件一定范围的变化，即具有一定范围的通用性。另外，为了支护的可靠性，工作阻力必须有一定的富余量。为此，支架工作阻力的确定是一个“宏观控制”问题，没有必要一对一精确设计，主要根据可能出现的矿山压力情况和实践效果进行估算。支架工作阻力估算的具体方法很多，主要有：采高重度估算法、实测统计法及理论分析法等。其基本思路是考虑必须满足直接顶重量与基本顶作用于支架载荷之和，其中后者可以通过对基本顶破断移动规律的不同理论和假说进行估算或设定系数，也可以通过工程实践统计分析来确定；再加上考虑支架在井下的服务时间较长和工作面推进遇到地质条件的差异，显然要求支架工作阻力有相当的富余量。因此，支架趋向强力化是必然的要求。

举例：阳泉矿区某矿的煤层柱状如图 5-43 所示。煤层采高 1.8 m，实际测定的周期来压步距 L_2 为 11.5 m，支架控顶距 l_m 为 4.0 m。关键层判别结果表明，直接顶为厚 5.49 m 的页岩，基本顶为厚 4.24 m 的细砂岩，其载荷层为厚 0.11 m 的煤层，基本顶破断后可以形成“砌体梁”结构。请估算工作面支架合理工作阻力。

(1) 按采高重度法估算支架载荷

该方法认为支架的合理工作阻力 P 应能承受控顶区内以及悬顶部分的全部垮落带岩重 Q_1，还要承受当基本顶来压时形成的附加载荷 Q_2（见图 5-44）。按采高重度法可近似估算支架支护强度。

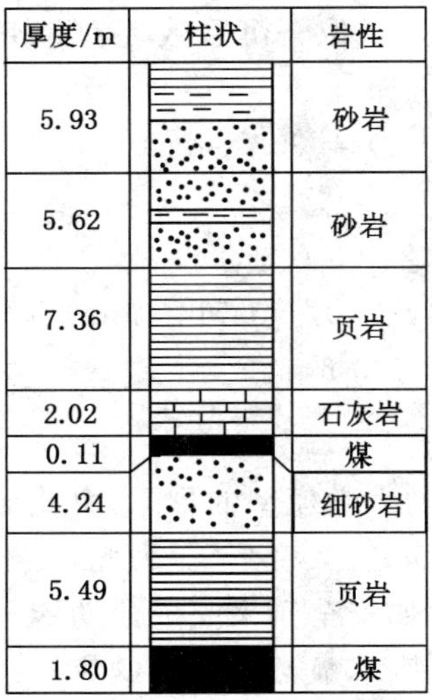

图 5-43 阳泉某矿煤层柱状图

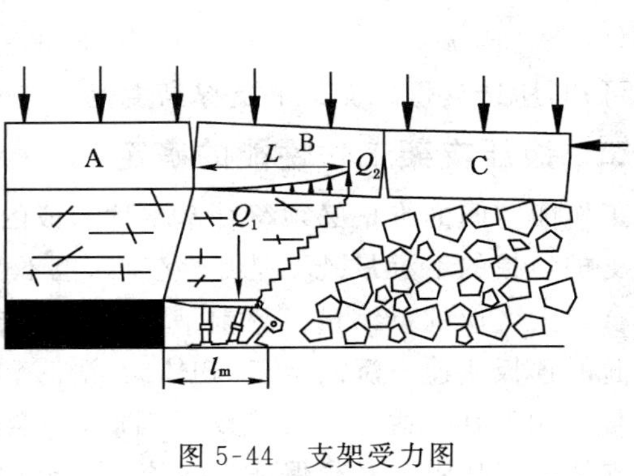

图 5-44 支架受力图

$$p=(4\sim8)m\gamma$$

将煤层采高 $m=1.8$ m、$\gamma=25$ kN/m^3 代入上式，计算得到支护强度 $p=180\sim360$ kPa。已知支护强度，则必需的支架额定阻力可计算如下：

$$P=pl_mS_c/K_s \tag{5-34}$$

式中　P——支架额定阻力，kN/架；

S_c——支架中心距，m；

l_m——支架控顶距，m；

K_s——液压支架支撑效率，一般选取范围为：支撑式支架 0.90～0.95，支掩式掩护支架 0.65～0.75，支顶式掩护支架 0.80～0.90，支撑掩护式支架 0.80～0.95。

取 $p=360$ kPa，$l_m=4.0$ m，$S_c=1.5$ m，$K_s=0.9$，由式(5-34)可求得支架工作阻力 P 为 2 400 kN。

(2) 按"砌体梁"平衡条件估算支架载荷

"砌体梁"假说认为，工作面支架的作用是及时支撑控顶区内直接顶岩层，避免直接顶和基本顶离层而破碎，同时要给上覆可能形成"砌体梁"结构的基本顶岩层以作用力，用以平衡其部分载荷，不让其沿工作面形成切顶及大量的台阶下沉。其关系式为：

$$p_H=\sum h\gamma+\left[2-\frac{L_2\tan(\varphi-\theta)}{2(H-\delta)}\right]Q \tag{5-35}$$

式中　p_H——合理支护强度，kPa；

φ——岩块间摩擦角，(°)；

θ——岩块破断角，(°)；

H——基本顶岩层厚度，m；

$\sum h$——直接顶厚度，m；

L_2——基本顶周期来压步距，m；

δ——B 岩块回转下沉量，m；

Q——B 岩块的重量及载荷，kN。

令岩块间的摩擦系数 $\tan\varphi=0.8$，$\delta=H/6$，$\gamma=25$ kN/m^3，$\theta=0$，周期来压由 4.24 m 厚的砂岩层形成，则附加力 Q_2 为：

$$Q_2=\left[2-\frac{11.5\times0.8}{2\times(4.24-0.70)}\right]\times11.5\times(4.24+0.11)\times25=870\ (\text{kN})$$

此式说明必须对 4.24 m 的砂岩层施加 870 kN 的附加力，才能使岩层断裂回转时不发生滑落失稳。如再考虑支架应承受的直接顶载荷，则支架应具备的工作阻力为：

$$P=\frac{(\sum h\gamma l_m+Q_2)S_c}{K_s}=\frac{(5.49\times25\times4.0+870)\times1.5}{0.9}=2\ 365\ (\text{kN})$$

计算结果与实测的最大平均支护阻力 2 520 kN 相近。

我国自从 1973 年引入液压支架至今已经四十多年，关于支架工作阻力的确定已经有丰富的经验。上覆岩层"砌体梁"结构的平衡与采高和直接顶的厚度有直接关系，在一般条件下支架工作阻力可以按照顶梁上每平方米 4～8 倍采高岩柱重量确定，它一直是国内外普遍采用的一种简便估算方法，实践证明可以满足多数煤矿安全生产的实际需要，并取得了成功的经验。国内已经设计的支架工作阻力，最高为 8 倍采高岩柱重量(放顶煤除外)。显然，

遇到下述情况时,支架工作阻力的确定将更为复杂:

(1) 大采高或薄直接顶(如直接顶厚度≤采高)。这时很容易造成基本顶断裂岩块的回转失稳,从而使平衡的"砌体梁"结构上移。此时支架的工作阻力必须大幅度提高。例如,神东矿区特大采高支架(大于 7.0 m)综采工作面的开采实践表明[21-22],因一次采全高综采工作面的采高显著增大,基本顶(第一层关键层)将无法形成"砌体梁"结构,而进入垮落带,其载荷将全部由支架承担。此时基本顶呈现"悬臂梁"结构,发生周期性破断,其上方第二层关键层破断块体形成"砌体梁"结构,造成工作面周期来压步距与强度呈现一大一小的周期性变化特征。

(2) 浅埋煤层开采。浅部开采在一般情况下不会遇到困难(历史上煤层开采都是由浅部开始),但当浅部开采时,尤其是薄基本顶条件下,若上覆载荷远大于"砌体梁"结构块体间的摩擦力,则很容易产生滑落失稳,导致工作面发生压架事故,因此就需要比一般情况下更大的支架工作阻力。此时将根据基本顶的厚度与上覆软岩层的载荷情况确定支架工作阻力,显然基本顶越薄而上覆软岩层载荷越大,则工作阻力就越高。

(3) 特殊开采条件下压架。实践中发现在一些特殊开采条件下支架阻力确定也较为困难,易发生大面积压架,如煤层群开采下部煤层工作面采出上覆煤柱边界时、浅埋煤层过沟谷地形上坡段时、邻近松散承压含水层开采时等特殊开采条件。提高支架工作阻力是降低此类压架冒顶的有效措施,但有时单纯提高支架阻力仍无法彻底解决,还需从减少或转移上覆载荷的角度配套实施相关工程措施加以防范。

对于放顶煤开采的支架工作阻力,由于放顶煤开采采厚大,对上覆岩层的扰动也大,放顶煤开采支架的直接支护对象是即将放落的顶煤,而支架是处于"直接顶-支架-底板"支护系统中的,支护系统各部分的刚度特性对支架阻力有直接影响。因此,"顶煤的刚度"对支架阻力有着直接的影响。放顶煤使直接顶,尤其是顶煤得到松动,成为"变形体",其刚度明显降低,导致顶煤难以传递上覆岩层对支架的作用力。此时基本顶的部分作用力可以转移为由煤壁支撑,转移力的大小随顶煤和直接顶刚度大小而变化,显然刚度大则支架受力就大。因此,在采用放顶煤时出现两种情况:其一,当顶煤松散时,支架工作阻力可能小于正常情况(有时仅为同样采高的 70%～80%),此时支架前柱受力大于后柱。实践中多数放顶煤开采属于这种情况。其二,当顶煤刚度大时,顶煤就成为传递压力的介质,此时支架工作阻力将比一般工作面要大得多,且支架后柱受力大于前柱。例如,大同塔山煤矿 3-5 煤层是坚硬煤层,顶煤刚度大,早期按照上述第一种情况设计的支架工作阻力为 10 000 kN,工作面经常发生压架等强烈矿压显现。

综上所述,"砌体梁"结构模型及其"S-R"稳定条件为支架选型设计提供了基础,在确定支架工作阻力时必须根据具体情况进行估算,即:正常状态;大采高或薄直接顶;浅部开采;特殊开采条件下压架;放顶煤开采。当前,端面冒顶与压架事故仍是影响工作面安全高效开采的重要因素之一,如何更有效地预测和防治仍有待深入研究。

三、初撑力确定

初撑力在支架参数中具有重要地位,其对顶板控制的重要性已得到普遍认同。提高支架初撑力可以减少顶板离层,增加顶板的稳定性;提高支架对机道顶板的支撑能力,减少工作面顶板端面破碎度及煤壁片帮;压实顶梁上及底座下浮矸,提高支护系统刚度;充分利用支架额定支撑能力，减少顶底板相对移近量。

提高初撑力要求使用高压乳化液泵、高压软管以及与其相适应的液压系统和阀件。我国研制了 MRB125/40A 和 MRB160/31.5A 型乳化液泵，工作压力可达 40 MPa。部分矿区使用了初撑力保持阀，这些为提高初撑力创造了条件。

根据 44 个综采工作面统计，实测初撑力和额定初撑力之比为 0.714，其均方差为 0.11。因此，设计支架时应考虑设计初撑力的利用率，一般设计初撑力高一些较好。

实测表明，随着支架初撑力 P_0 与额定工作阻力 P_M 的比值 ξ 的增加，实测支架平均工作阻力 P_t 按指数曲线增长，其回归方程为：

$$P_t = Ae^{-\frac{B}{\xi}} \tag{5-36}$$

式中，A 和 B 为随地质技术条件而变的常数。

由式(5-36)及图 5-45 可知，随着支架 P_0/P_M 值的增加，P_t 值也增加，但当 P_0/P_M 值达到 60%～85%后，P_t值曲线的斜率迅速减小。因此，为了使支架发挥较高的支撑水平，又考虑到支柱安全阀开启压力通常要低于额定压力 10%，故 P_0/P_M 的合理值宜取 0.6～0.85。对于 1、2 类直接顶，P_0/P_M 值宜选 75%～85%，对于 2、3 类直接顶，P_0/P_M 值取 60%～75%为宜。

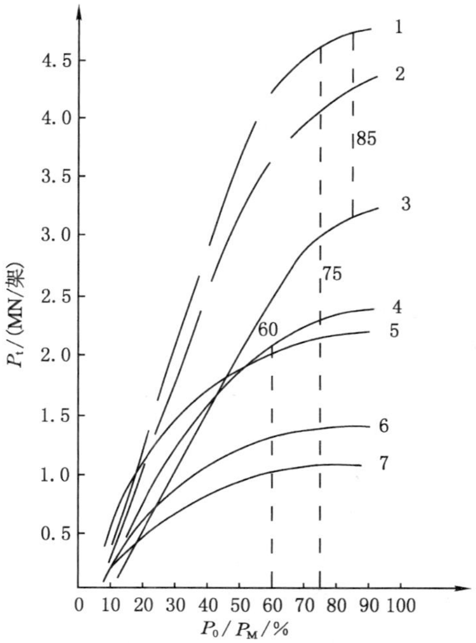

1—阳泉一矿 506(2 类)；2—石嘴山一矿 2297(2 类)；3—范各庄矿 1375(2 类)；4—南屯矿 8307(3 类)；5—范各庄矿 1477(2 类)；6—范各庄矿(1 类)；7—南屯矿 7304(2 类)。

图 5-45　P_t 与 P_0/P_M的关系曲线

初撑力的适当提高，并不会增加支柱的开启率，因为高初撑力可减少支架的增阻值，从而减少顶板下沉量及安全阀开启率。

第六节　采场顶板来压预报与支护质量监测

一、基本顶来压的预测预报

顶板事故来源于基本顶和直接顶的活动。为了有效地控制基本顶活动所引起的冒顶、垮落和伤人事故，首要的办法就是要对基本顶来压进行科学的预测预报。经过多年的实践和研究，基本顶来压预测预报已取得显著成效。其中利用基本顶断裂时引起的扰动信息进行来压预测预报已成为基本顶来压预测预报的科学有效方法，并在现场进行了应用。

根据基本顶岩层在 Winkler 弹性基础上 Kirchhoff 板力学模型得到基本顶断裂前后位移场变化，相应在煤体内(即基础部分)形成了“反弹”区-“压缩”区的原理，证实了基本顶开始断裂起即对上、下两侧平巷引起振动效应。

1. 基本顶断裂的预报原理

基本顶断裂是裂缝形成、扩展、贯通的过程。由于考虑了煤层和直接顶的弹性，研究了它们与基本顶的相互作用，发现基本顶断裂线处于工作面前方煤壁之内，因此，基本顶断裂与工作面全面来压之间存在时间差，为来压预测预报和采取对策提供了时间。基本顶在断裂前后其挠曲面将发生突变，由此引起断裂线前方出现反弹与压缩现象。研究还表明，即使工作面中部基本顶断裂，两侧巷道内也会出现反弹与压缩现象。

根据上述原理，提出了在工作面两巷中采用测压的办法捕捉反弹与压缩振动信息。由于液体具有不可压缩的性质，只要顶板有微量的反向运动或沉降运动，压力自记仪自动记录曲线就会出现“负台阶”或“正台阶”变化，所以是一种稳定可靠的顶板反弹量和沉降量的放大装置，能自动记录任何时刻由基本顶断裂引起的反弹与压缩信息。

2. 基本顶断裂与来压的预测预报实例

现以 1986 年首先在柴里煤矿 2322 工作面进行基本顶来压预报的试验为例，说明其应用方法与效果。

(1) 测站布置

2322 工作面矿压监测站布置如图 5-46 所示。图中巷道内的超前测点主要监测基本顶的反弹和压缩现象，判断基本顶断裂的产生与扩展，工作面内的测点主要监测工作面宏观压力显现与支护工作状态。

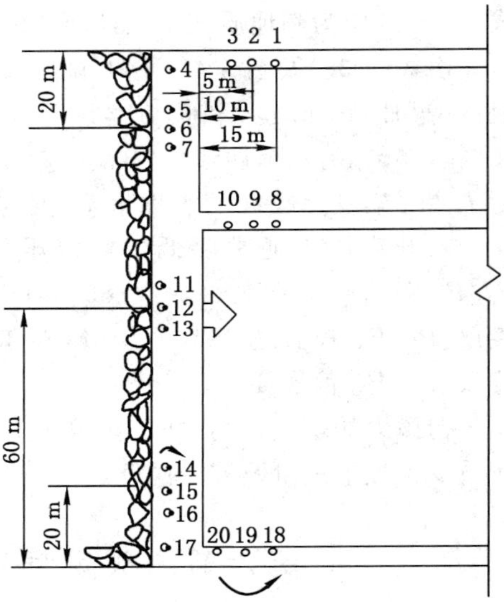

图 5-46 基本顶来压预报测站布置

(2) 监测工作

监测工作主要是每天更换 20 个圆图压力自记仪的表纸，只需 1 人便可完成。测点的移动与工作面正常支护工作是一致的，所以可列入正常生产环节。

(3) 数据处理

观测数据采用多指标聚类分析方法由计算机完成，因此能及时输出当天工作面矿压显现综合指标，为顶板管理决策提供依据。为了避免观测支柱初撑力的离差和反映顶板的动态，聚类分析指标一律采用压力增量形式。此外，这种数据处理方法还可引入宏观现象、经验数据等虚变量进行分析，使分析结果更为可靠和有效。

(4) 初次来压的预报

基本顶断裂与来压的预测预报主要基于断裂线前方反弹和压缩信息的捕捉。

2322 工作面自 1986 年 11 月 23 日开始监测，至 12 月 8 日工作面前方巷道内所有测点记录的压力曲线都呈恒阻或增阻型，根据基本顶断裂与反弹现象的关系，可断定基本顶没有产生明显断裂。

12 月 9 日 13 时 15 分，工作面由开切眼推进了 33 m，在中间巷距煤壁 13 m 的 8 号测点记录到一个 9.5 MPa 的负台阶，如图 5-47 所示。由此判断基本顶在该反弹点的后方出现了断裂，位置约距开切眼 42 m。2 d 后，12 月 11 日 13 时 5 分，工作面距开切眼 34 m，在回风巷距煤壁 14 m 的 1 号测点又出现一个 2 MPa 的负台阶，证明工作面中部的裂缝已向两侧伸展。

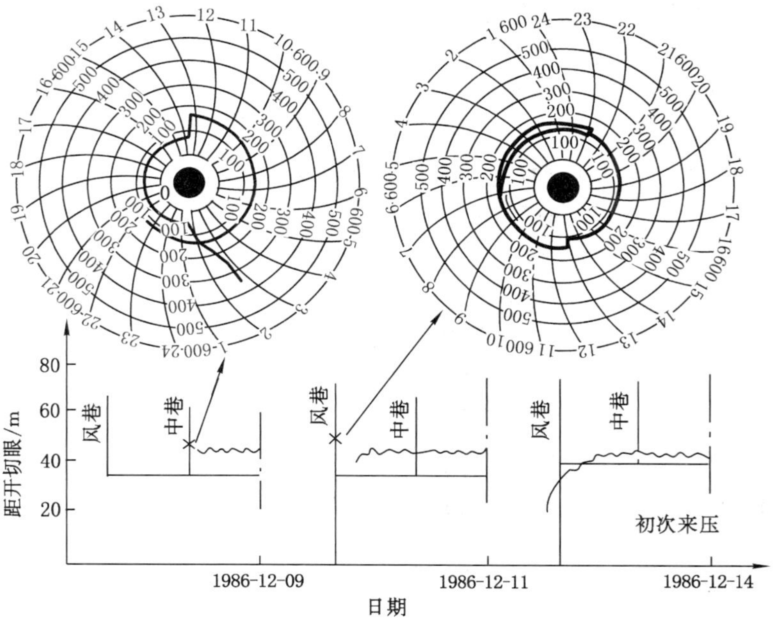

图 5-47 基本顶初次断裂信息与来压的关系

根据捕捉到的两次反弹信息，基本顶断裂位置确定无疑。于是，12 月 11 日发出初次来压预报，并指出来压时出现回转失稳与滑落失稳的两种可能，要求工区在断裂线临近时加强支护的稳定性，在断裂线进入控顶区时加强煤壁附近的支撑能力。结果，在预报后的第 3 天，工作面距开切眼 40 m 时，工作面呈现初次来压，煤壁严重片帮，顶板出现淋水(此为柴里矿工作面来压的主要特征)，工作面支柱载荷增量达到观测以来的最大值，平均为 0.41 MPa，顶板沉降量增加 1.5 倍。

由于监测系统准确地预报了基本顶断裂位置，采区根据预报采取了相应的加强维护措施，所以在工作面来压的 3 d 中保证生产的正常和安全。

(5) 第一次周期来压预测预报

12 月 15 日 14 时 30 分，工作面由开切眼推进了 43 m，中间巷距煤壁 8 m 处的 9 号测点记录到一个 8.5 MPa 的负台阶。由此，判断基本顶在该反弹点后方又有断裂产生，位置距开切眼 51 m。2 d 后，12 月 17 日 24 时，工作面距开切眼 49 m 时，在回风巷距煤壁 7.5 m 的 2 号测点又出现一个 3.3 MPa 的负台阶，证明工作面中部的裂缝已向两侧伸展。

根据捕捉到的反弹信息，又一次正确地确定了基本顶第一次周期破断的位置。12 月 19 日发出第一次周期来压的预报，来压于 20、21、22 日发生，工作面矿压显现强烈，中部测点支柱安全阀全部开启，顶板沉降监测仪超出测量范围。由于预测预报及时，采取了正确的顶板管理措施，如加强贴帮柱，增加部分留有煤皮区域的支护密度等，保证了来压期间工作面的安全生产。

(6) 反弹信息与基本顶断裂、来压的关系在2322工作面矿压监测期间，超前巷内全部反弹信息共25次，占超前巷观测记录的4%，根据工作面宏观压力显现，汇总基本顶反弹、断裂和相应的来压关系如图5-48所示。由图可见，用反弹与压缩现象确定基本顶断裂，并用反弹点后方判断断裂位置是正确的。此外，还可得到以下认识：

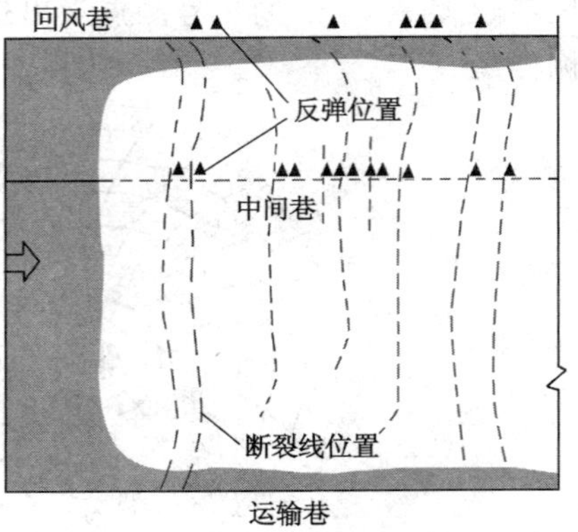

图5-48 实测反弹信息位置与基本顶断裂线判断

① 回风巷、运输巷内捕捉到反弹信息至工作面来压平均为2.37 d，而且一一对应的关系相对稳定，因此，利用在回风巷、运输巷内捕捉反弹信息去预测预报基本顶断裂与来压有较高的可靠性。

② 超前巷道内出现反弹的位置平均在工作面煤壁前方10～15 m，这些部位一般属于煤体弹性区，所以用弹性基础板力学模型解释反弹现象是合理的。

③ 根据2322工作面单体液压支柱的加、卸载试验，其增、卸载特性曲线率为40 MPa/15 mm，而测得的监测柱平均反弹压力为3.7 MPa，由此可以换算实测反弹平均值为1.39 mm。

④ 实测结果表明，初次来压后基本顶出现断裂较为频繁，反弹出现的次数也相对增多，反弹与来压并不完全一一对应（尤其在工作面中部），而是一组反弹信息对应产生一次来压。

⑤ 工作面来压是一个基本顶断裂发展过程，2322工作面一般在中间首先出现断裂，经2～3 d扩展到两巷，不同巷道出现的反弹信息往往与相应部位基本顶来压有关，所以工作面来压预测预报也应分区考虑。

应当指出的是，随着综采工作面取代单体支柱工作面，且支架工作阻力不断提高，上述来压预测预报方法已很少应用。

二、采场顶板支护质量监测

支架与围岩是相互作用、相互影响的，良好的支架与围岩关系是确保工作面安全高效生产的基础。生产实践表明，顶板冒落以及由此引起的对生产的影响，主要是由支护方面的原因造成的。由于地质条件变化、泵站管路和液压系统故障及工人操作等因素的影响，支架实际工作状态可能没有达到设计参数要求，因此，必须对支架支护质量进行监测监控。采用什么监测指标是支护质量监测方法的关键。无论是单体液压支柱工作面还是综采液压支架工作面，初撑力是影响支架支护质量的关键参数，因而也是支护质量监测的关键指标。下面以综采液压支架工作面支护质量监测为例进行介绍。

在综采工作面，虽然液压自移支架的使用使工作面大部分顶板得到可靠的防护，但是随着采面推进，梁端到煤壁之间的顶板仍然处于裸露状态。事实证明，综采工作面的冒顶事故主要发生在此处，也是制约综采工作面安全高效的重要因素。据统计，我国每年大约有1/6的综采工作面因液压支架与围岩关系不相适应及支架初撑力不足导致端面冒顶而处于低产状态。综采放顶煤工作面因端面顶板为力学特性较弱的破碎顶煤，端面冒顶的频率相应增加。因此，采取有效的支护质量监测方法，大幅度降低综采（综放）面的顶板事故，是提高综采(综放)面产量和效益的重要措施。

1. 监测内容与指标

影响综采面控顶效果的因素主要包括顶板条件、控顶技术和支护质量。

顶板条件包括基本顶和直接顶的影响。基本顶的影响主要是其周期来压和强度,直接顶的影响主要是其强度特征、裂隙分布和分层厚度。

控顶技术和支护质量的影响主要包括支架架型、支护参数和支架的使用状况。其中支架架型主要包括其结构形式、梁端结构和底座结构;支护参数包括额定初撑力和额定工作阻力;支架的使用状况是指支架操作的完善性、合理性和正确性。

在支架架型和参数一定的条件下,支护质量主要反映在支架工作状态上。支架的工作状态如下:

- 支架工作状态
  - 支设状态
    - 初撑力大小及升柱的均匀性
    - 支撑力的作用位置(含接顶状态)
    - 支撑力作用方向(顶梁低、抬头角)
  - 支护状态
    - 梁端距
    - 接顶距
    - 片帮深度

将上述影响综采工作面控顶效果的因素进行量化,得出以下影响控顶效果的因素:

- 影响控顶效果因素
  - 顶板
    - 基本顶
      - 片帮深度 C
      - 支架阻力增量 ΔP
    - 直接顶稳定性
      - 岩块单向抗压强度 R_c
      - 裂隙间距 I
      - 分层厚度 h
  - 支架
    - 初撑力 P_0:反映支架参数合理性和操作的完善程度
    - 时间加权阻力 P_t:反映支架支撑力的发挥情况
    - 接顶距 a:反映操作质量和顶板状态
    - 梁端距 b:反映移架是否到位
    - 顶梁低、抬头角 γ:反映顶板状态和平衡千斤顶操作情况
    - 顶梁倾向角 β:反映支架的自稳性
  - 管理水平:日进度 v,反映综合管理水平

顶板状态监测主要测定支架载荷增量、顶板岩石强度以及在工作面运输巷顶板测量裂隙间距和分层厚度。

支架支护质量主要测定支架的初撑力、支护阻力、支架的梁端距、位态(包括顶梁的仰俯角、支架立柱的倾斜角等)。

控顶效果主要有端面顶板冒落高度、宽度及倾斜长度,煤壁片帮深度及倾斜长度等。

2. 监测方法、作用与效果

监测方法主要是在工作面布置监测线,由数据自动采集仪监测支架支护质量信息,通过在线监测方法将监测数据直接由井下传输到地面调度室和各职能部门,监测结果由分析软件自动分析处理,实现了实时动态监测。

通过支护质量监测日报既可掌握顶板状态,又可了解支架在使用中的问题,并可分清顶板与支架的主次矛盾,做到有的放矢;同时,也可对某些技术措施进行验证。具体体现在:

① 顶板管理。通过监控日报和实时在线监测，及时反映工作面顶板状态，以提醒注意及时整改、补充、加强支护。

② 支架使用。通过对支架支护质量的实时监测，包括支架初撑力、顶梁俯仰角、工作阻力、管路和阀件漏窜液及维护情况等动态反映支护质量、支架位态及稳定性，为消除支架事故隐患、提高支护质量提供信息和依据。

监测工作是每天进行的，监测同时也是整改，经过一段时间，就可逐步消除支架使用不当的人为因素。

监控日报及时指出由于顶板条件恶化及支架使用不当而引起的顶板破坏地点、范围，以及处理冒顶引起的工作面停产时间，使生产指挥者做到心中有数，及时整改。

举例：按照上述思路对某矿 11110 工作面进行了支护质量监测。经观测分析，根据工作面实际情况，确定其监测目标为端面冒顶，不需要特殊支护且不致严重影响正常回采。综合确定出 11110 工作面支护质量监控指标如表 5-10 所列。

表 5-10 11110 工作面支护质量监控指标

内容	实测初撑力/额定初撑力 /%	梁端距 /m	接顶距 /m	端面距 /m	顶梁俯仰角 /(°)	推进度 /(m/d)
最佳值	80	0.4	0～0.2	0.65	3～5	2.5
极限值	>60	<0.6	<0.4	<1.0	<9	>1.2

监控后 11110 工作面支护质量与顶板状况发生了明显的好转，支架初撑力提高了 67.6%，端面顶板冒落度降低了69.9%，工作面平均日产量提高了 42.2%。

第七节 采场端面冒顶机理与防治

综采工作面顶板及采空区均处于封闭状态，其中裸露部分即支架梁端到煤壁部分（端面）的顶板。综采工作面由于端面顶板冒落而造成的停产时数约占总停产时数的 40%～60%，每年大约有 1/6 的综采面因顶板控制问题而处于低产状态。工作面端面顶板冒落的状态如图 5-49 所示。

图 5-49 综采工作面支架梁端到煤壁（端面）顶板冒落状态

一、基本顶活动对端面冒顶的影响

鉴于直接顶的上部边界条件为基本顶的断裂与变形，因此基本顶岩层的断裂与变形将直接影响端面顶板的稳定性。基本顶的破断运动对端面冒落的影响可以以回采工作面中部基本顶作为研究对象进行分析。在一般条件下，可将工作面中部的基本顶岩层视为夹持于弹性基础上的岩梁。

若取基本顶岩层的弹性模量 $E=30$ GPa；抗拉强度 $R_t=6$ MPa，直接顶与煤层的弹性地基系数 K 值取 0.25 MPa/mm 及 4.0 MPa/mm 两种情况，直接顶厚度 h 值取 2 m、4 m、6 m 三种情况，则基本顶岩层悬露达极限状态时，其断裂位置（煤壁前方）见表 5-11。

表 5-11　基本顶断裂位置表

K		0.25 MPa/mm			4.0 MPa/mm		
参数		悬伸长度/m	断裂长度/m	断裂位置离煤壁/m	悬伸长度/m	断裂长度/m	断裂位置离煤壁/m
h	2 m	5～6	8～10	2.5～2.9	6～8	6～8	0.7～0.8
	4 m	7～8	12～14	4.0～5.0	8～10	10～12	1.5
	6 m	8～9	14～16	7.0	11～12	12～14	2.0

由表 5-11 可知，基本顶断裂于煤壁前方，而且 K 值越低，越向煤体深部发展，距煤壁也越远。断裂的基本顶岩块(即图 5-50 中的 A 岩块)回转运动压缩煤壁与支架。

随着工作面推进，基本顶岩块 A 断裂于煤壁之内，如图 5-50 所示。因此，工作面的位置如图中所示，A′为断裂前的位置，B′为断裂线下位置，C′为推过断裂线的位置(若以＋4 m、0、－4 m 表示)，则基本顶岩块 A 的回转将直接影响直接顶的稳定性。

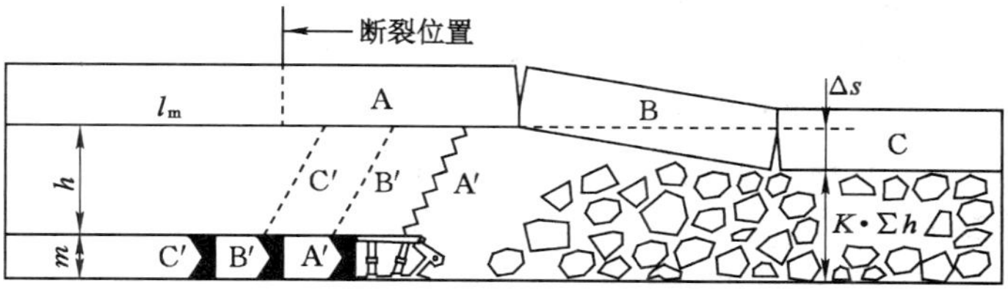

图 5-50　基本顶断裂与工作面的相对关系

基本顶岩块 A 的回转，导致直接顶上部产生多条纵向裂隙，从而形成拉伸区；同时，在煤壁上方顶板部分形成压缩变形区。当回转角较大时，压缩区与拉伸区连通，将形成冒落。图 5-51 表示了在不同 $K_m=h/m$、K(冒落矸石松散系数)、C(直接顶的黏聚力)及 R_t(直接顶的抗拉强度)时，基本顶回转角(在 A 位置为 0.6°，C 位置为 4.0°)对拉伸区及压缩变形区的影响。图(a)表示拉伸区与压缩区没有连通，图(b)表示在 A 的位置没有连通，但在 B 及 C 的位置均已连通。显然，后者将形成严重的端面冒顶。

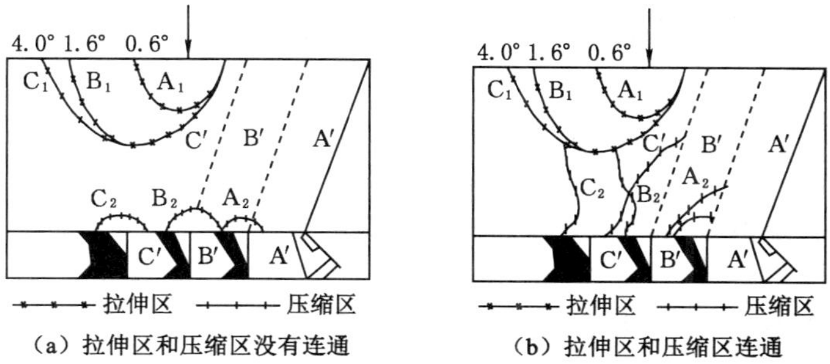

图 5-51　基本顶回转时在直接顶内形成的两种不同情况

换言之，由于工作面推进，基本顶破断岩块回转将直接影响直接顶的破碎程度，其中 K_m、K、C 及 R_t 均将影响直接项的完整程度，严重时，在基本顶来压时相当于支架要过一地质构造破碎带。

二、端面距对端面冒顶的影响

端面距即液压支架梁端到煤壁的距离，即支架的无支护工作空间。显然，端面距越大，端面顶板越易于冒落。德国以端面顶板的冒落度作为管理综采工作面的重要指标，且认为端面距是主要的影响因素，因此将顶板按端面距不同时冒落的情况作为简易的分类指标，有关情况已于本章第二节中叙述。我国也在部分矿区进行了测定，如阳泉矿区综采面当端面距小于 0.8 m 时，端面顶板的维护状态较好；但当遇到地质构造及煤壁易于片帮时，此值也很难控制端面顶板。

三、顶梁的抬头角与低头角对端面冒顶的影响

对于一般的两柱掩护式支架，支架本身承载特性可在顶梁上划分Ⅰ、Ⅱ、Ⅲ区（见图 5-23）。其中，Ⅰ、Ⅲ区由平衡千斤顶的协助而形成，而支架由于支柱而形成的支撑能力主要表现在Ⅱ区。为此，当顶板压力作用于Ⅰ、Ⅲ区时，只有依靠顶板完整而形成的平衡力才能使支架承受载荷。随着工作面的推进，基本顶断裂线逐步外露，这时支架支撑力形成的反力矩越来越小，基本顶破断岩块的回转更为剧烈，从而导致基本顶断块对支架后部直接顶的压力也越来越大。若此时已垮落的直接顶充填采空区并不严实（如直接顶较薄或采高较大），就可能导致在放顶线处的直接顶破碎，结果将使顶板压力在顶梁上的作用点前移，出现了顶梁低头工作状态，端面距增大，端面顶板随之而冒落。若顶板压力作用于支柱与后铰接点之间，在端面顶板有少量冒顶的情况下，有可能使支架顶梁形成抬头工作状态，其结果可能使顶梁上的直接顶沿顶梁向采空区方向滑移而造成端面顶板冒空。这种情况下，顶梁越抬头，直接顶状况越恶化。若将支架的前连杆改为千斤顶，则在支架压缩过程中，顶梁具有明显的前移力，即支架对顶板形成了水平推力，这样有利于直接顶端面顶板的稳定，避免了端面顶板冒落。

实践证明，当支架顶梁的抬头角超过一定角度时，直接顶将有一向采空区方向的位移，从而使端面的直接顶更加难于维护。而当顶梁低头工作时，事实上的接顶点即将后移，此时直接顶的端面距增大，随着低头角越来越大，将使端面冒顶高度增大。

阳泉矿区 15# 煤层综采面的现场实测结果分析表明，支架顶梁的抬头角与低头角所构成的影响如图 5-52 所示。由图可知，支架抬头或低头过大，都会导致端面冒落度的明显增加。

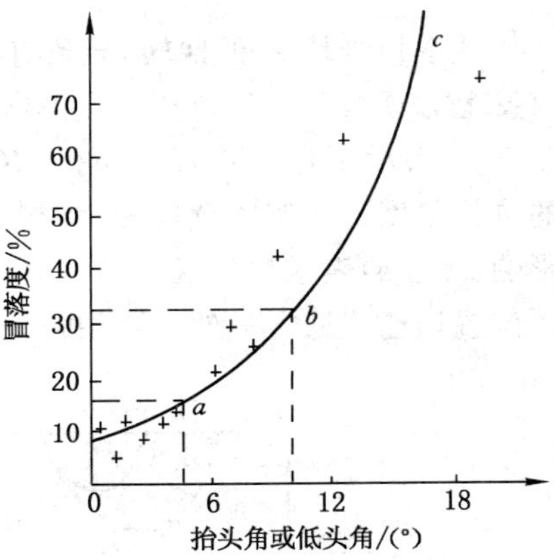

图 5-52 支架顶梁抬头角、低头角与顶板冒落度关系曲线

为此，从维护端面顶板的良好状况出发，抬头角不宜超过 10°，低头角也应限制在 5°～10°之内。

四、初撑力对端面冒顶的影响

从端面顶板的稳定性而言，支架梁端对顶板应有一定的支撑力，尤其是初撑力，而且最好具有向煤壁方向的水平推力。事实证明，当保持足够的初撑力时，同样能对端面顶板的维护起良好作用。

除此之外，保持较快的工作面推进速度对工作面顶板维护也能起到良好的效果。根据

统计，在阳泉矿区工作面推进速度不低于 2 m/d 时，端面顶板情况良好。支架结构的改变、架型的不同对端面顶板的维护都有影响。

五、注浆加固直接顶防治端面冒顶

不论什么情况，总有特软的顶板难于维护，或者在地质构造复杂的条件下端面顶板难于支护。此时应采用顶板固化的办法(见图 5-53)，打一定数量的钻孔，孔中注入由聚氨酯、一定的填料、速凝剂以及催化剂组成的树脂包(催化剂与其他材料应隔开送入)，然后用木杆塞入孔内并加以旋转，使药物在孔内混合并挤入裂缝内，从而起到加固作用，这种加固法在德国井下使用较普遍。我国也曾试用，但由于加固材料费用较高，很多矿区放弃使用，而转向寻求经济且效果较好的固化材料。

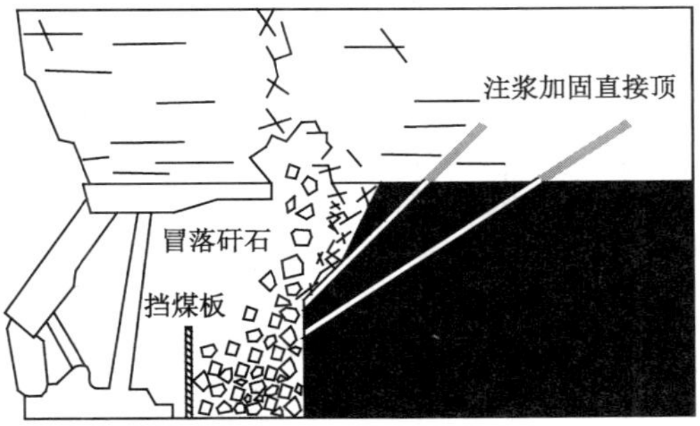

图 5-53　注浆加固直接顶防治端面冒顶

第八节　坚硬顶板大面积来压防治

一、坚硬顶板大面积来压现象及特征

坚硬顶板悬露的面积超过极限值时，极易产生顶板大面积冒落而造成剧烈动压现象，出现顶板大面积压架事故。顶板大面积来压时，一次冒落的面积少则几千平方米，多则可达几万甚至十几万平方米。这样大面积的顶板在极短时间内冒落下来，不仅是其重量的作用产生严重的冲击破坏力，而且更加严重的是把已采空间的空气瞬时排出，形成巨大的暴风，破坏力极强。

坚硬顶板大面积压架现象在我国大同、北京和新疆等矿区都有发生，尤以大同矿区最为典型和严重。据 1949—1973 年大同矿区的统计，共发生 20 次坚硬顶板大面积压架。其中，11# 煤层中有 9 次，14# 煤层中有 6 次，2# 煤层中有 4 次，3# 煤层中有 1 次，除 3# 煤层是薄煤层外，其他煤层均为 4.0～6.3 m 的厚煤层。一般大面积冒顶都塌至地表，而形成近似椭圆形的塌陷区，上大下小，四周断裂面与水平面的夹角为 65°～85°，破坏力大，危害严重。表 5-12 列举了大同矿区大面积压架的一些实例。

二、坚硬顶板大面积来压的成因和机理

顶板大面积来压是由坚硬岩层大面积冒落形成的，如砂岩和砾岩层等，其单向抗压强度可达 80～160 MPa，甚至达 200 MPa。这些岩层一般为厚层整体结构，岩体中的层理、节理和裂隙都不发育。这些坚硬岩层有的直接赋存于煤层上面，有的在煤层之间有一薄层强度较小的岩层。

由于直接覆存于煤层之上的顶板为坚硬岩层，在工作面初采时，顶板初次垮落步距可达 50～70 m，甚至达 100 m 以上。为了避免初次来压形成的危害，常用刀柱法进行开采，即当采面推进一定距离后，在采空区留一段煤柱支撑顶板。这样，看起来对采场似乎是安全的，但随着采空面积的增加，上覆岩层的载荷将主要由留下的煤柱承担，结果常由于煤柱本

表 5-12　大同矿区顶板大面积来压实例

矿、区名称	发生时间(年-月-日)或工作面长度/m	开采深度/m	顶板岩性	煤层厚度/m	悬顶/冒落面积/m²	来压现象及特征
刀柱采煤方法						
挖金湾矿青羊湾井832盘区14层	1961-10-22	84～104	整体砂岩厚13～20 m	4.0～4.3	$\frac{163\ 000}{124\ 000}$	强烈暴风,吹坏风桥2座和密闭9个,摧倒巷道支架90多架。地面塌陷最大深度0.5～1.0 m,出现宽0.3～0.5 m、长250～360 m裂缝4～5条,宽0.2～0.4 m、长102～105 m裂缝2条
马脊梁矿402盘区	1975-06-19	50～106	砂砾岩厚4 m,砂岩厚50～100 m	6.0～6.7	$\frac{152\ 000}{125\ 000}$	暴风吹坏3座2 m厚的永久密闭墙,掀翻矿车。地表塌陷7万 m²,最大落差达0.7 m,震级 $M_L=3.2$,估计烈度4～5度
晋华宫矿404盘区	1973-05-31	100～140	砾岩厚5.5～7.25 m,上为中粗砂岩厚2.4 m	2.08	$\frac{147\ 696}{80\ 000}$	产生暴风,地面塌陷形成近似椭圆形陷区,震级 $M_L=2.1$
云岗矿301、302盘区	1976-05	120～180	砾岩厚9～11 m,砂岩厚22 m 砾岩厚8～12 m	4.0～6.5	—	由于井上、下深孔爆破强制放顶,对矿井无大影响,相当于震级 $M_L=3.1$ 级地震
雁崖矿301盘区	1964-10-28	130	砂页岩和白砂岩厚3.5～4 m,细粒中粒砂岩厚5～6 m	5.32～6.1	$\frac{30\ 000}{17\ 370}$	产生暴风,吹倒回风巷100多架棚子,地面塌陷近似椭圆形盆地,面积约为7 850 m²,深达4 m
综合机械化长壁采煤方法						
王村矿402盘区8106工作面	186	60～50	砂页岩厚3 m,整体砂岩厚20 m	2.80	$\underline{88\ 271}$	一次压坏4×550型道梯液压支架46架(154根立柱),顶板下沉0.5 m
永定庄矿404盘区8602工作面	150	200	伪顶砂岩厚0.1～0.23 m,上为坚硬顶板致密的石英细砂岩	3.81	$\underline{74\ 100}$	压坏4×550型道梯液压支架12架(38根立柱),顶板下沉0.3～0.5 m
青州窑矿西一盘区8715工作面	120	269～303	伪顶页岩厚0.2～0.7 m,砂页岩厚1.3～3.5 m,中粗砂岩厚9～13 m	3.7	$\underline{55\ 899}$	压坏4×550型道梯液压支架23架(35根立柱),顶板下沉0.5 m,有巨响,煤炮
四老沟矿301盘区8207工作面	150	104	砂砾岩厚7.6 m,粗砂岩厚18 m	3.17	$\underline{25\ 871}$	炸裂4×550型道梯液压支架2架,老塘有声响,顶板有台阶下沉
同家梁406盘区8602工作面	160	250～290	灰白细纱岩厚0～1.5 m,中粗砂岩厚12～13 m	2.67	$\underline{10\ 400}$	压坏4×550型道梯液压支架39架(116根立柱),煤壁片帮0.3 m,机道上方顶板出现长30 m、宽2 m的破裂带

身的力学性质发生变化(蠕变)，丧失了对顶板的支承能力而引起顶板大面积垮塌。由实践中得知，当煤柱支撑面积与采空面积之比低于30%时，这种现象尤为严重，易于形成大面积来压现象。

目前长壁工作面使用综采设备回采，仍然会出现上万平方米顶板大面积冒落来压的现象。从能量积聚的条件来看，坚硬顶板在破断前弯曲下沉，使前方的煤岩体积聚大量的弯曲弹性能。在破断过程中，若条件充分，必将突然释放，发生煤的弹射或突出和巷道动力破坏等冲击矿压现象。

为了掌握难冒坚硬顶板的破坏机理和活动规律，大同矿区采用了钻孔电视观测方法，观测顶板的破坏和冒落情况。如云岗矿3#煤层8305和8307工作面的煤厚为2.5～3.0 m，顶板为3～17 m的砂岩层和11～37 m的砾岩层。据难冒坚硬顶板注水后的观测资料，在开采过程中随着工作面的推进，顶板下位岩层在支架后方1 m处开始冒落，一般都为分层冒落。距煤壁约40 m、冒厚为20～30 m时，趋于稳定，这段活动称为前期活动。经过一段时间稳定后，顶板再次活动。8305工作面推进83.3 m(采空面积12 328 m^2)时，从钻孔电视中可观测到，孔壁裂隙由下而上逐渐出现并扩大，如距煤层顶板9.8 m处新增离层缝宽达5 mm；距18.7 m处的离层缝宽增加了2.5 mm。此外，由注水压力下降得知，顶板产生的裂缝与注水孔已连通。这些现象说明，顶板在应力状态下，将出现裂缝和离层，当微裂隙贯穿离层下伏岩层的厚度时，将发生冒落。该工作面推进94.5 m(采空面积达13 986 m^2)时，砾岩顶板开始大幅度冒落，集中在20 d之内，分2～3次冒落终止，总高度约达50～60 m。这段活动就是再次活动，也称为后期活动。此后，冒落岩石基本上充满了采空区，再未活动，其冒落形态如图5-54(b)所示。值得注意的是，顶板后期活动冒落前，弯曲下沉不明显，顶板呈切断冒落，边缘部分厚度约为40 m以上。

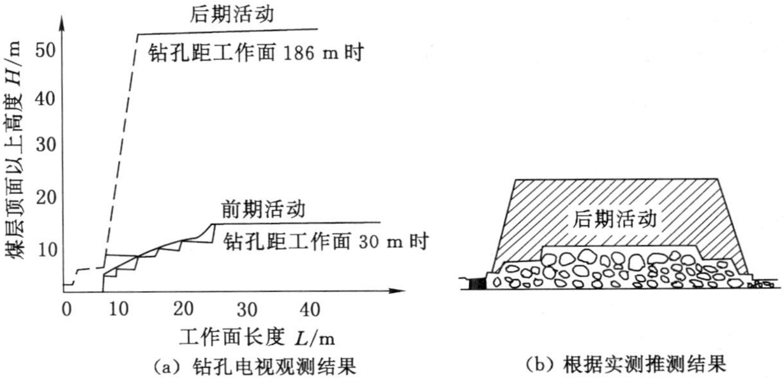

(a) 钻孔电视观测结果　　(b) 根据实测推测结果

图5-54　坚硬顶板前后活动机理图

由上述可证实，在开采中难冒坚硬顶板虽然悬露面积很大，但在自重应力作用下，当弯曲应力值超过其强度极限时，必将出现断裂缝或使原生的细微裂隙扩展。一旦这些裂缝贯穿坚硬岩层，岩层则会发生破断。此外，由于顶板大面积悬空，使采空空间形成扁平狭条孔，在煤柱上的顶板岩层内产生巨大的切应力，也将促使顶板被切断。从图5-54中可以看出，处于垮落带范围内的厚层坚硬岩层断裂后，相互间是很难靠咬合点的摩擦力维持平衡的。因此，坚硬顶板一旦断裂，必将冒落，从而产生强烈矿压和暴风现象。从时间和空间过程来说，可把上述的破坏过程分为两个阶段：一是岩层的裂缝扩展和离层的断裂阶段；二是断裂后冒落阶段。整个从断裂到冒落的来压过程，要经历一定的时间，且要求有足够的冒落空间。如 8305 工作面的砾岩层来压的第一阶段发生在推进 83.3 m 处，悬顶面积为 12 328 m^2。此后工作面中的液压支架安全阀开启频繁，采空区顶板响声较大，煤壁变酥，片帮深达 0.5 m。经 7 d 后，工作面又推进了 11.2 m，悬顶面积达 13 986 m^2 时，呈现第二阶段冒落来压，除液压支架安全阀开启和煤壁片帮深达 0.7～1 m 以外，还产生了较强的气浪。

三、坚硬顶板大面积来压的防治措施

1. 顶板大面积来压的预兆及监测

(1) 预兆

顶板大面积来压的预兆主要表现为：顶板断裂声响的频率和音响增大；煤帮有明显受压和片帮现象；底板出现鼓起或沿煤柱附近的底板产生裂缝；巷道超前压力较明显；工作面中支柱载荷和顶板下沉速度明显增大；有时采空区顶板产生裂缝或淋水加大，向顶板中打的钻孔开始时流清水，后变为流白糊状的液体，这是断裂块体互相间摩擦形成的岩粉与水的混合物。

(2) 测定与预报

大面积来压的监测原理与冲击矿压相同，可用微震仪、地音仪和超声波地层应力仪等监测岩层断裂时的脉冲信号。根据上述顶板大面积来压的机理，厚坚硬岩层在其裂缝扩展直至完全贯通而破断的过程中，时间跨度较长的在来压前数十天即出现声响和其他异常现象，短的在来压前几天，甚至几个小时也出现预兆。因此，根据仪器监测的结果并结合历次来压预兆的特征，可对大面积来压进行较准确的预报，避免造成灾害。

例如，晋华宫矿用微震仪监测得出了顶板冒落释放能量的变化曲线，如图 5-55 所示。另据地震频度分析，5 月 29 日塌落频度为 15 次，5 月 30 日增加到 33 次，按照“小塌陷增多，大塌陷来临”的经验，发出了来压预报，5 月 31 日即发生了大面积来压，预报取得良好效果。

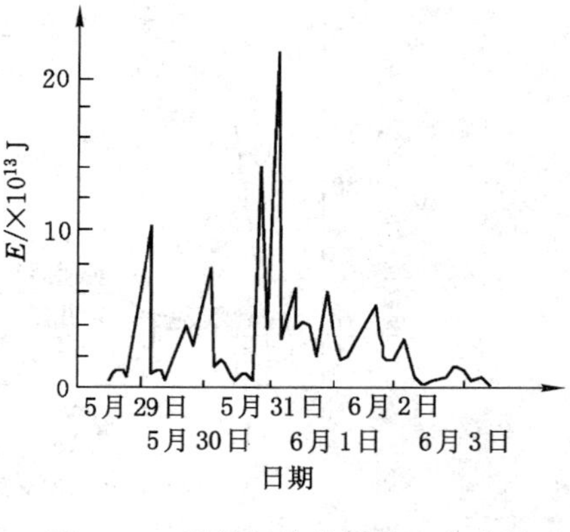

图 5-55 顶板释放能量的变化曲线

2. 坚硬顶板大面积来压的防治措施

坚硬顶板大面积来压的主要危险是由顶板冒落而形成的冲击载荷和暴风。防止和减弱其危害程度的基本原理是：改变岩体的物理力学性能，以减小顶板悬露和冒落面积，以及减小顶板下落高度，以降低空气排放速度。具体的办法有以下几种。

(1) 顶板高压注水致裂

从工作面两巷向顶板打深孔，进行高压注水，钻孔的布置方式及参数如图 5-56 所示。顶板注水可以起软化顶板、增加和扩展裂隙以及润滑弱面等作用。其主要机理是：注水后能溶解顶板岩石中的胶结物和部分矿物，减小层间黏结力；高压水可以形成水楔，扩大和增加岩石中的裂隙弱面，故注水后岩石的强度将显著降低。如四老沟矿 2 号层黏土胶结砂岩的注水试验，浸水 6～9 d 后的岩石抗压强度软化系数为 0.39～0.49，平均为 0.43。若浸入 2%～8%的盐酸溶液，效果更佳。岩层浸水时间越长，软化系数越低。

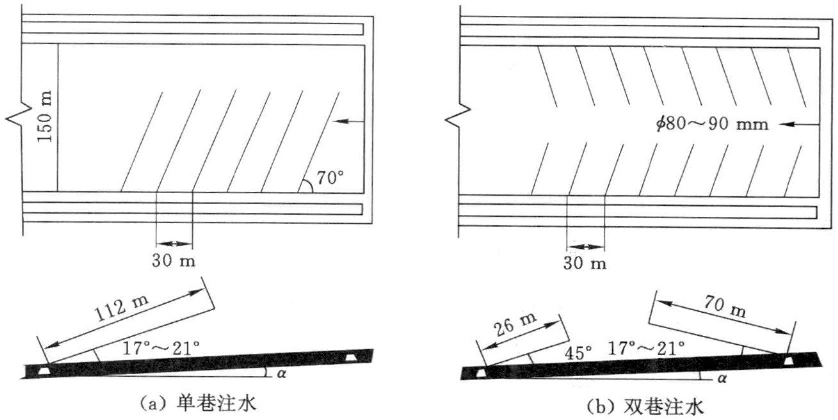

图 5-56　顶板注水钻孔布置方式及其参数

(2) 爆破强制放顶

用爆破的方法人为地将顶板切断，并使顶板冒落形成矸石垫层。切断顶板可以控制冒落面积，减弱顶板压力和冒落时产生的冲击载荷；而形成垫层可以缓和顶板冒落时产生的暴风。为了形成垫层，放顶的高度可按形成垫层的厚度计算。根据实践经验，采空区中矸石充填程度达到采空和放顶高度之和的 2/3，就可避免过大的冲击载荷和防止形成暴风。据此，放顶高度可按下式计算：

$$H = 2m/(3k_p - 2) \tag{5-37}$$

式中　H——放顶高度；

k_p——爆破后形成岩块的碎胀系数；

m——采高。

强制放顶方法有以下几种：

① “循环式”浅孔放顶。对周期来压不是很严重的顶板，每 1～2 个循环在工作面放顶线上打 1.8～3.0 m 深的一排钻孔，眼距 1～5 m，孔径 35 mm，倾角 65°～70°，装药量 150 g。其主要作用是，爆破后破坏顶板的完整性，形成矸石垫层。

② “步距式”深孔放顶。对来压规律性强，又掌握其较准确来压步距的顶板，在初次来压或周期来压前，沿工作面向顶板打 1～2 排深孔，进行放顶。其主要作用是切断顶板，避免顶板大面积一次冒落。平时再配合浅孔放顶，则能更有效地控制顶板的来压强度。图 5-57 所示为 2 排深孔，孔径 60～64 mm，孔距 7～8 m，孔深 6～7 m 或 14～16 m，装药量 8～10 kg，封泥长度 1 m 左右。连续进行 2 次爆破，使顶板形成一道高 5～6 m 或 14～16 m，宽 2 m 左右的沟槽，以便顶板由此处切断而冒落。

③ 台阶式放顶。其实质和参数与“步距式”放顶完全相同，只是为了便于安排采面中的回采工艺，可将切顶线上的两排钻孔按上、下两部分分开。第一个循环先放一半工作面的顶板，第二个循环再放另一半。这样上、下交替放顶，形成台阶状。

④ 超前深孔松动爆破。对于综采工作面，由于在工作面内无法设置打顶眼的设备，可

在上、下平巷内分别向顶板打深孔，如图 5-58 所示。在工作面采到以前进行爆破，预先破坏顶板的完整性。钻孔间距应为顶板自然冒落步距的 2/3，钻孔长度和装药量则按工作面长度和岩石硬度等因素确定，有时装药量可达 250～400 kg。

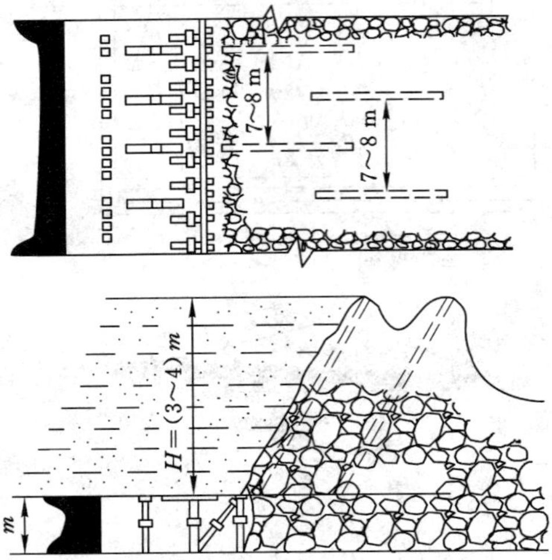

图 5-57 “步距式”深孔爆破

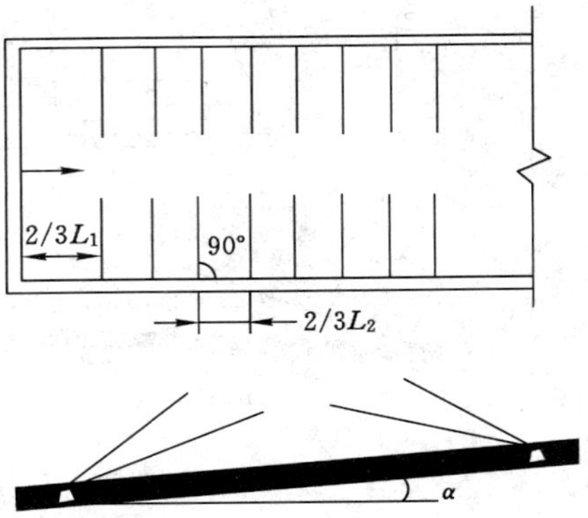

L_1—初次来压步距；L_2—周期来压步距。

图 5-58 超前深孔松动爆破

⑤ 地面深孔放顶。对历史上已造成大面积来压灾害的地区，目前又无法从井下采取措施时，可在采空区上方的地面打垂直钻孔，达到已采区域顶板的适当位置进行爆破，将悬露的大面积顶板崩落。这样将大面积采空区的顶板切割成小块，减小来压强度。

在开采煤层群时，除上述各种防治措施外，当下煤层的顶板较软，上煤层的顶板有大面积来压危险时，先开采下煤层，能使上煤层位于下煤层采后顶板的裂缝带内，产生松动和破断，但又保持一定的完整性。

(3) 预防暴风措施

在有大面积来压危险的矿井或区域，应采取预防暴风措施，以免对生产和安全造成危害。

预防暴风一般是采用堵和泄的办法。堵，即用留置隔离煤柱和设置防暴风密闭的方法把已采区与生产区隔离起来。泄，即通过专门泄风道，使被隔离区域与地面相通，以便将形成的暴风引出地表。

应当指出，堵和泄这两种措施必须同时采用。隔离区域应根据顶板冒落性能划分，一般采空范围可控制在 5 万～10 万 m²。隔离煤柱的宽度为 15～20 m，煤柱中间尽量不掘联络通道，如有通道，必须做好防暴风密闭。同时在隔离区域设有泄风道，才能有效地起到隔离作用。

第九节 浅埋煤层矿山压力与岩层控制

我国西北部广泛赋存着浅埋的侏罗纪煤田，主要有神府东胜煤田、陕北榆神煤田、宁夏灵武煤田、新疆吐哈煤田等，其中最为典型的是神府东胜煤田。地处晋陕蒙三省交界处的神东矿区即是神府东胜煤田最具代表性的浅埋煤层赋存矿区；埋藏浅、倾角小、地质结构简单、煤质优良是该矿区煤层赋存的典型特征。

神东矿区的生产实践表明，浅埋煤层开采矿压显现并不因其埋深浅、采动支承压力小而缓和，相反常呈现出大面积压架等强烈的矿压显现，并伴有地表台阶下沉等现象的发生。神东矿区配套设备先进、开采效率高，但仍在支架工作阻力达 18 000 kN 的高强度支护（支护强度 1.52 MPa）条件下发生了多起支架活柱在短时间内急剧下缩的压架现象，严重威胁作业人员和设备的安全。据不完全统计（见表 5-13），自 2007 年以来，神东矿区已累计发生各类严重压架事故 12 起，直接经济损失数亿元。压架灾害已成为影响神东矿区浅埋煤层安全高效生产的重要因素之一。因此，研究揭示浅埋煤层压架灾害的发生机理及防治对策，对于诸如神东矿区等西部浅埋煤层矿区的安全高效生产意义重大。

从表 5-13 所示的统计结果可以看出，浅埋煤层开采主要存在四种压架类型[26-28]，即厚风积沙复合单一关键层结构条件下的压架、近距离煤层重复采动过地表沟谷地形上坡段时的压架、近距离煤层重复采动出上覆集中煤柱时的压架以及近距离上覆房采煤柱下开采时的压架。其中，第 1 种压架类型主要是在 20 世纪 90 年代神东矿区浅埋煤层开采初期出现的；而后，随着支架工作阻力的不断提升以及煤层开采深度的不断加大，第 1 种类型的压架发生的次数逐渐减少，但在下部第 2 层近距离煤层重复采动时又呈现出新的压架问题，即上述第 2～4 种类型的压架灾害。事实上，无论在何种开采条件下，若上覆关键层破断块体不能形成稳定的结构，而支架工作阻力又不足以平衡失稳结构岩体的载荷时，就会引起压架灾害的出现。因此，掌握具体条件下浅埋煤层长壁开采时覆岩关键层结构的稳定性，是科学解决上述压架灾害问题的关键。本节将从覆岩关键层结构稳定性角度，对上述前 3 种浅埋煤层开采过程中出现的各类压架问题的发生机理及其防治对策进行分析。

一、厚风积沙复合单一关键层结构条件下的压架防治

1. 典型案例

(1) 大柳塔煤矿 C202 普采面

C202 工作面是大柳塔煤矿的试采工作面，开采 2^{-2} 煤层，厚 3.8 m，倾角约 3°，埋深平均 65 m。煤层直接顶厚 3 m 左右，为粉砂岩、砂质泥岩。基本顶厚 17.3 m，为砂岩和砂质泥岩。开采区上方烧变岩厚 20 m 左右，其上为毛乌素沙漠风积沙覆盖层。工作面长 102 m，采高 2.2 m，爆破落煤，日进 1 循环，循环进尺 1.2 m。采用 HZWA 摩擦支柱配合 HDJA-1200 铰接顶梁支护，见四回一，全部垮落法管理顶板。观测期间经历了 6 次周期来压，主要有以下特点：来压步距普遍不大，初次来压步距为 24 m，周期来压步距平均 8 m。来压动载明显，“三量”的增值倍数大，平均为 2.6～3.8。来压的主要特征是顶板沿煤壁切落，出现台阶下沉，下沉量为 350～600 mm，最大一次沿工作面中下部切落范围长达 70 m，说明基本顶岩块难以形成稳定的铰接结构。

(2) 大柳塔煤矿 1203 综采面

1203 工作面是大柳塔煤矿正式投产的第一个综采工作面。开采 1^{-2} 煤层，地质构造简单。煤层平均倾角 3°，平均厚度 6 m，埋藏深度 50～65 m；基岩上部为 15～30 m 的风积沙松散层；覆岩柱状如图 5-59 所示。工作面长 150 m，采高 4 m，循环进尺 0.8 m，日进 2.4 m。顶板支护采用 YZ3500-23/45 型掩护式液压支架，支架初撑力 2 700 kN，工作阻力 3 500 kN。

表 5-13　神东矿区部分矿井浅埋煤层长壁开采压架案例[26]

压架类型	矿井	工作面	面宽/采高 /m	支架阻力 /kN	埋深 /m	煤层间距 /m	支架活柱下缩量 /mm	备注
厚风积沙复合单一关键层结构下压架	大柳塔井	C202	102.0/2.2	1 200	65.0	—	350～600	顶板台阶下沉
		1203	150.0/4.0	3 500	50.0～65.0	—	1 000	支架立柱胀裂，突水、溃沙
过地表沟谷地形上坡段时压架	活鸡兔井	21304	240.0/4.3	8 638	97.6	19.2	420	架前冒高 1.5～2.0 m
		21305	257.2/4.3	12 000	116.4	18.9	1 000	架前冒高 1.2 m
		21306	255.7/4.3	12 000	97.1	21.3	400～500	架前冒高 1.0 m
采出上覆集中煤柱时压架	活鸡兔井	21304	240.0/4.3	8 638	97.6	19.2	1 200	架前冒高 1.2 m，停产 2 d
		21305	257.2/4.3	12 000	116.4	18.9	700～800	架前冒高 1.0 m，停产 1 d
		21306	255.7/4.3	12 000	97.1	21.3	1 100～1 300	架前冒高 1.5 m，停产 2 d
		21313	344.2/4.5	12 000	102.8	13.1	900	刮板输送机被压死，停产 2 d
	石圪台煤矿	12102	217.2/2.8	8 824	65.5	5.2	1 200	采煤机被压死，停产 2 d
		12103	329.2/2.8	8 824	63.5	0.6～5.0	500～700	架前冒高 1.0 m，停产 2 d
		12105	300.0/2.8	8 800	78.6	5.3～13.6	600	压架、透水，停产 13 d
	大柳塔井	22103	322.7/3.6	12 000	86.1	23.3	1 500	立柱被压爆，停产 5 d
上覆房采煤柱下开采时压架	石圪台煤矿	31201	311.4/4.0	18 000	110.0～140.0	30.0～41.8	1 300～1 500	累计发生 9 次事故，最严重一次造成 112 台支架被压死，停产 60 d

注：表中数据仅是针对严重影响生产的压架案例的统计结果，现场仍有许多工作面曾发生过类似的压架现象，但因其未对生产造成严重影响，故未做统计。

层号	厚度/m	埋深/m	岩性	关键位置	备注
11	27.0	27.0	风积沙		
10	3.0	30.0	风化砂岩		
9	2.0	32.0	粉砂岩		
8	2.4	34.4	砂岩		
7	3.9	38.3	中砂岩		硬岩层2
6	2.9	41.2	砂质泥岩		
5	2.0	43.2	粉砂岩		
4	2.2	45.4	粉砂岩	主关键层	硬岩层1
3	2.0	47.4	砂质泥岩		
2	2.6	50.0	砂质泥岩		
1	6.3	56.3	煤层		

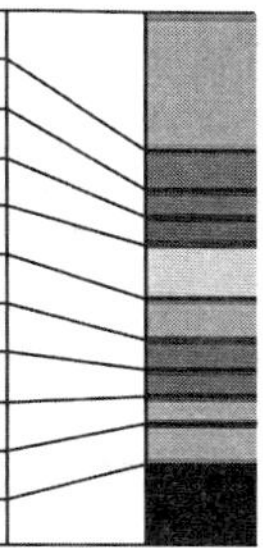

图 5-59　覆岩柱状和关键层判别结果

现场矿压实测结果表明[15,29-31]，工作面初次来压步距 27 m，来压的主要特征是：工作面中部约 91 m 范围顶板沿煤壁切落，形成台阶下沉，造成部分支架损坏，如图 5-60(a)所示。工作面周期来压步距 9.4～15.0 m，平均 12.0 m，来压历时较短，支架动载明显。顶板破断运动直接波及地表，初次来压时在对应煤壁的地表位置出现了高差约 20 cm 的地堑，表明覆岩破断是贯通地表的，如图 5-60(b)所示。工作面周期来压时，上覆岩层也发生了类似的破断，基本顶破断失稳表现出单一关键层结构特征。

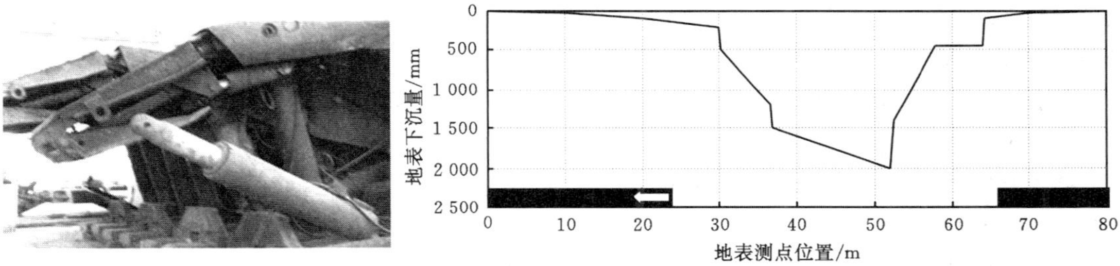

(a) 压坏支架照片　　(b) 地表沉陷剖面

图 5-60　1203 综采面初次来压时的压坏支架照片和地表沉陷剖面

2. 厚风积沙复合单一关键层结构失稳致灾机理

通过对大柳塔煤矿 1203 综采面覆岩柱状进行关键层位置判别后发现，虽然基岩内存在 2 层硬岩层，但由于上覆厚风积沙的载荷传递作用，导致硬岩层 2 的破断步距小于下部硬岩层 1，从而最终判别出覆岩中仅有 1 层关键层，即厚 2.2 m 的粉砂岩为主关键层，为复合单一关键层结构，如图 5-59 所示。因此，覆岩中硬岩层 1 与硬岩层 2 将发生复合同步破断，从而引起上覆岩层随之发生整体破断。根据第三章“砌体梁”结构的“S-R”稳定条件，取主关键层粉砂岩的单轴抗压强度为 80 MPa，则主关键层破断结构所能承受的载荷层厚度仅为 26 m(含主关键层自身厚度)，远小于主关键层及其上覆整体岩层厚度，而支架阻力 3 500 kN 难以平衡上覆岩层载荷。也正因为如此，该复合单一关键层结构才未能形成稳定的“砌体梁”结构，造成了覆岩整体滑落失稳，引起压架事故的发生。

3. 压架防治

提高支架工作阻力以维持覆岩关键层破断结构的稳定是降低工作面矿压显现强烈程度、防止压架事故发生的有效措施。根据相关研究结果，在神东矿区浅埋煤层条件下，支架工作阻力需提升至 7 000 kN(架宽 1.5 m)左右可有效防止复合单一关键层结构的滑落失稳,从而避免覆岩台阶切落和工作面压架的发生。

值得说明的是,随着神东矿区煤层开采逐步向下部第 2 层、甚至第 3 层主采煤层转移,加之支架工作阻力的大幅提升(目前工作阻力最大已达到 26 000 kN,支护强度 1.67 MPa),上述厚风积沙复合单一关键层结构条件下的压架事故已很少发生,取而代之的是下部近距离煤层重复采动时的压架问题。

二、过地表沟谷地形上坡段时的压架防治

1. 典型案例

(1) 工作面开采条件

活鸡兔井田东部的三盘区开采 $1^{-2\text{上}}$ 煤层与 1^{-2} 煤层,其中 $1^{-2\text{上}}$ 煤层平均采高 3.1 m,1^{-2} 煤层平均采高 4.5 m,两层煤间距 6～27 m,1^{-2} 煤层倾角 0～5°,埋深 40～120 m,均采用一次采全高后退式综采采煤法,全部垮落法管理顶板。截至 2008 年 5 月,三盘区内 $1^{-2\text{上}}$ 煤层已全部回采完毕,1^{-2} 煤层中的 21304 工作面也回采结束,之后接续开采 21305 与 21306 工作面。

(2) 覆岩关键层结构与地形特征

三盘区地表受冲沟影响形成了明显的沟谷地形,图 5-61 所示为三盘区沟谷地形平、剖面图。由图可见,三盘区地表有 1 条主沟贯穿整个盘区,5 条支沟侵蚀了三盘区地表,在 21304 工作面走向形成了 3 个沟谷,在 21305 工作面走向形成了 4 个沟谷,在 21306 工作面走向形成了 2 个沟谷。沟谷落差 53.0～70.8 m,沿走向坡面倾角总体为 24°～38°。

采用关键层判别软件对三盘区内沟谷地形区域所有的钻孔柱状进行了关键层位置判别,图 5-62 为其中的 246 钻孔、H65 钻孔的关键层判别结果。通过对三盘区内所有钻孔中的主关键层位置与对应区域的沟谷地形图对比分析发现,三盘区内的主关键层位置大都处于谷底标高之上,表明活鸡兔井三盘区沟谷地形区域的主关键层因受冲刷侵蚀而缺失[见图 5-61 中(b)、(c)、(d)]。表 5-14 列出了各工作面对应沟谷处主关键层位置及其缺失情况。

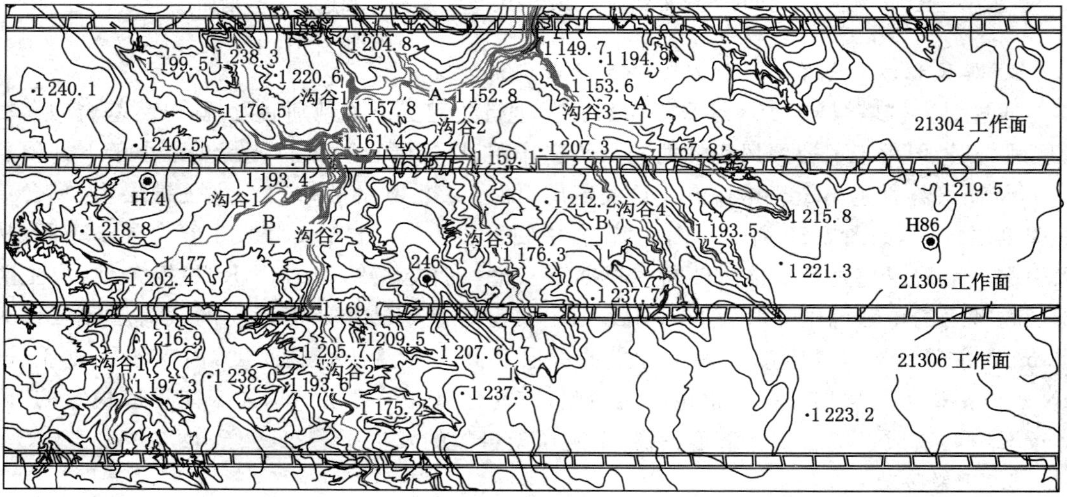

(a) 平面图

图 5-61 活鸡兔井三盘区沟谷地形与井上下对照

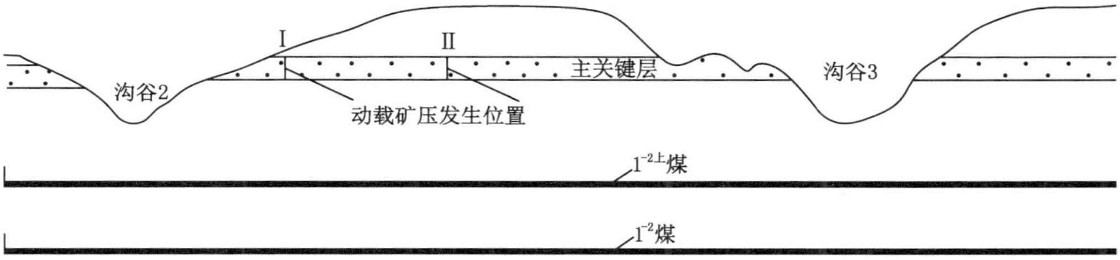

（b）21304工作面沿走向A-A剖面图

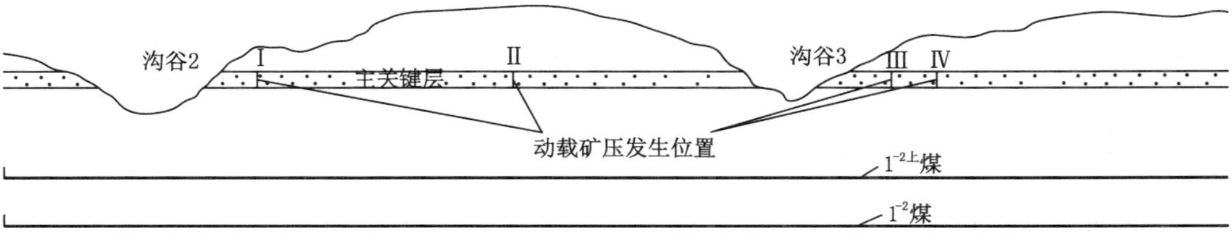

（c）21305工作面沿走向B-B剖面图

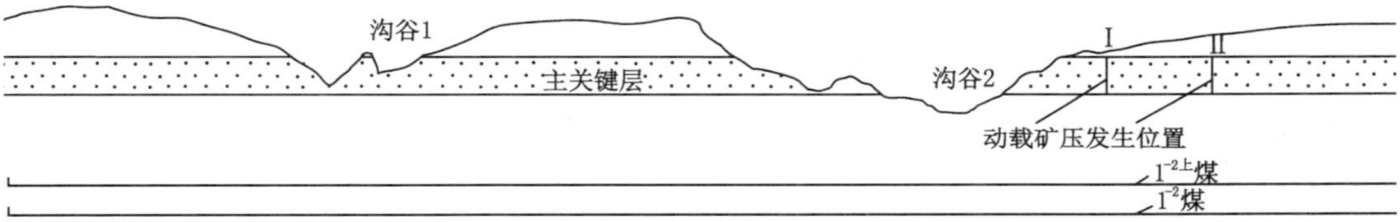

（d）21306工作面沿走向C-C剖面图

图 5-61（续）

层号	厚度/m	埋深/m	岩性	关键层位置	备注
23	41.98	41.98	泥岩		
22	8.44	50.42	细粒砂岩	主关键层	硬岩层
21	1.60	52.02	中粒砂岩		
20	6.47	58.49	泥岩		
19	1.20	59.69	中粒砂岩		
18	8.50	68.19	砂质泥岩		
17	1.60	69.79	粗粒砂岩		
16	3.64	73.43	泥岩		
15	3.03	46.46	粉砂岩		
14	0.55	77.01	泥岩		
13	3.50	80.51	粗粒砂岩		
12	1.50	82.01	泥岩		
11	13.43	95.44	粗粒砂岩	亚关键层	硬岩层
10	0.35	95.79	泥岩		
9	3.23	99.02	$1^{-2上}$煤		
8	0.91	99.93	粉砂岩		
7	8.26	108.19	细粒砂岩		硬岩层
6	1.30	109.49	粉砂岩		
5	5.34	114.83	细粒砂岩	亚关键层	硬岩层
4	1.00	115.83	泥岩		
3	4.11	119.94	中粒砂岩		
2	0.35	120.29	碳质泥岩		
1	3.94	124.23	1^{-2}煤		

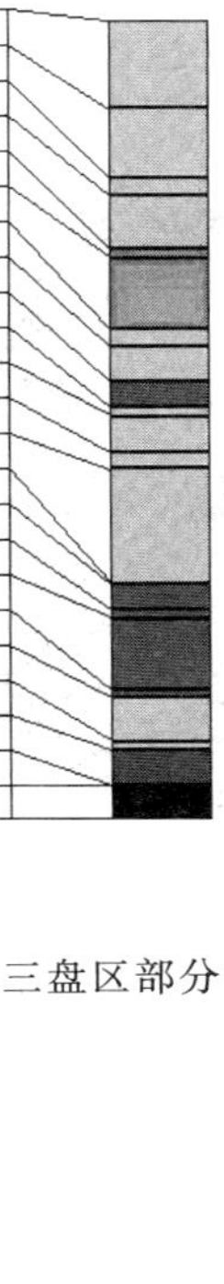

（a）246钻孔

层号	厚度/m	埋深/m	岩性	关键层位置	备注
22	7.00	7.00	黄土		
21	1.87	8.87	粉砂岩		
20	1.88	10.75	粉砂岩		
19	3.18	13.93	细粒砂岩		
18	11.46	25.39	中粒砂岩		
17	1.74	27.13	粉砂岩		
16	21.80	48.93	粉砂岩	主关键层	硬岩层
15	1.40	50.33	细粒砂岩		
14	2.52	52.85	粉砂岩		
13	20.03	72.88	中粒砂岩	亚关键层	硬岩层
12	0.20	73.08	1^{-1}煤		
11	0.87	73.95	粉砂岩		
10	2.00	75.95	粉砂岩		
9	3.29	79.24	中粒砂岩		
8	1.64	80.88	细粒砂岩		
7	4.74	85.62	中粒砂岩		
6	3.15	88.77	$1^{-2上}$煤		
5	1.20	89.97	细粒砂岩		
4	2.00	91.97	中粒砂岩		
3	13.94	105.91	粗粒砂岩	亚关键层	硬岩层
2	0.98	106.89	粉砂岩		
1	5.40	112.29	1^{-2}煤		

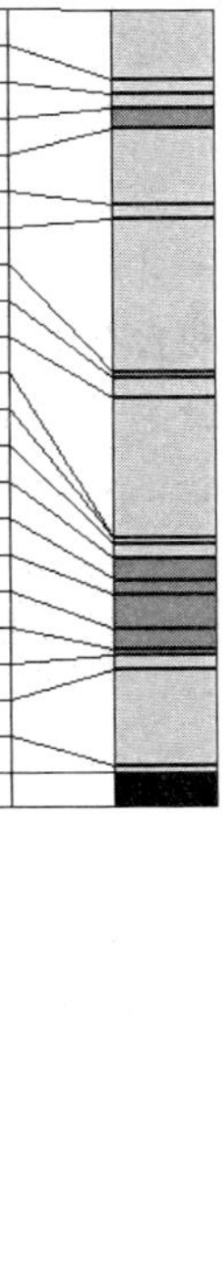

（b）H65钻孔

图 5-62　三盘区部分钻孔柱状关键层判别结果

表 5-14 三盘区覆岩主关键层与沟谷谷底位置关系

工作面	沟谷序号	沟谷落差/m	主关键层距地表距离/m	主关键层底界面与谷底相对位置/m	主关键层是否缺失
21304	1	62.8	32.6	+21.78	缺失
	2	54.5	19.3	+26.80	缺失
	3	53.7	19.3	+25.98	缺失
21305	1	70.8	35.6	+29.84	缺失
	2	70.0	48.4	+13.18	缺失
	3	60.5	48.8	+3.28	缺失
	4	65.2	53.9	−2.49	未缺失
21306	1	53.0	20.7	−3.40	未缺失
	2	66.0	53.2	+4.38	缺失

通过对所有钻孔柱状关键层判别结果的分析还发现，$1^{-2上}$煤层开采时，覆岩一般仅有2层关键层，在$1^{-2上}$煤层与1^{-2}煤层间仅有一层关键层；1^{-2}煤层开采时，覆岩关键层结构类型属于上煤层已采单一关键层结构。[26]

(3) 过沟谷地形上坡段时的压架现象

活鸡兔井三盘区开采$1^{-2上}$煤层与1^{-2}煤层在过沟谷地形时都曾发生过不同程度的强烈矿压显现。下面以1^{-2}煤层开采时21304、21305和21306工作面过沟谷地形时发生的强烈矿压为例进行介绍。[28,32]

21304工作面在过沟谷地形期间采场矿压显现异常强烈，曾发生2次强烈矿压，工作面出现严重的切顶、冒顶和煤壁片帮现象。图5-61(b)中标出了2次强烈矿压沿推进方向发生的位置。第一次强烈矿压发生在过沟谷地形上坡段中部时[沟谷2上坡段，图5-61(b)中Ⅰ]，36～78号支架间片帮深度达1～2 m，架前漏顶高度达1.5～2 m，10 min内将刮板输送机溜槽填满，部分支架活柱下缩量达200 mm，支架安全阀开启频繁；与工作面平行的地面裂缝贯穿整个上坡段山体，地面裂缝最大张开度达1.2 m，最大台阶下沉量约达1.0 m以上。第二次强烈矿压发生在过沟谷地形上坡段坡顶时[沟谷2上坡段坡顶，图5-61(b)中Ⅱ]，在30～78号支架间发生了端面冒顶和台阶下沉，其中46～66号支架顶板切顶最为严重，支架最大活柱下缩量约达420 mm，地面地堑宽度为4～5 m，台阶下沉1～2 m，见图5-63。

图5-63 21304工作面发生强烈矿压时地面台阶下沉照片

21305和21306工作面在过沟谷地形时也发生了多次不同程度的强烈矿压，具体位置参见图5-61(b)、(c)。比如，21305工作面推进至1 072 m时[沟谷2上坡段，图5-61(c)中Ⅰ]，40～130号支架漏顶达1.2 m；推进至1 142.8 m时[沟谷2上坡段,图 5-61(c)中Ⅱ],80～100 号支架立柱下缩 400 mm;推进至 1 524.7 m 时[沟谷 3 上坡段,图5-61(c)中Ⅲ],70～120 号支架立柱下缩 1.0 m;推进至 1 538.7 m 时[沟谷 3 上坡段,图 5-61(c)中Ⅳ],65～118 号支架立柱下缩 400～500 mm。

通过对工作面矿压观测资料与工作面强烈矿压现象的分析表明,过沟谷地形时的强烈矿压主要发生在上坡段及上坡段的坡顶处,而在过沟谷下坡段和非沟谷地形的平直段,一般不易发生强烈矿压。表 5-15 所列的不同地形区段工作面矿压观测结果也验证了上述结论。

表 5-15 不同地形区段工作面来压特征表

地貌类型	来压步距/平均 /m	来压持续长度/平均 /m	最大工作阻力 /kN	最大活柱下缩量 /mm	最大片帮深度 /m	最大冒顶高度 /m
下坡	5.2～17.6/9.5	0.8～6.6/3.2	11 591	<50	<0.8	<0.5
上坡	6.2～15.6/9.6	1.6～8.0/3.9	13 364	400～1 000	1.0～2.0	1.5～2.0
平直	5.4～24.0/11.0	2.4～4.8/3.7	11 318	<12	<0.5	<0.5

2. 过沟谷地形上坡段关键层结构失稳致灾机理

为什么在过沟谷地形上坡段易发生强烈矿压,而在过沟谷地形下坡段和平直地形时不易出现强烈矿压呢?下面从关键层结构破断失稳机理进行解释。

对三盘区覆岩关键层结构的分析结果表明,在非沟谷地形的平直段,开采 $1^{-2上}$ 煤层时覆岩有 2 层关键层,覆岩关键层破断后一般能形成稳定的“砌体梁”结构。在平直段开采 1^{-2} 煤层时,覆岩为上煤层已采单一关键层结构,只要上部已采 $1^{-2上}$ 煤层的覆岩关键层形成了稳定的结构,则一般也能形成稳定的“砌体梁”结构。在沟谷地形下坡段与上坡段,由于主关键层结构回转方向的侧向水平力限制作用的差异,前者一般能形成稳定结构,而后者一般难以形成稳定结构。图 5-64、图 5-65 分别为在沟谷地形主关键层缺失条件下,下坡段与上坡段主关键层结构运动与稳定性分析图。

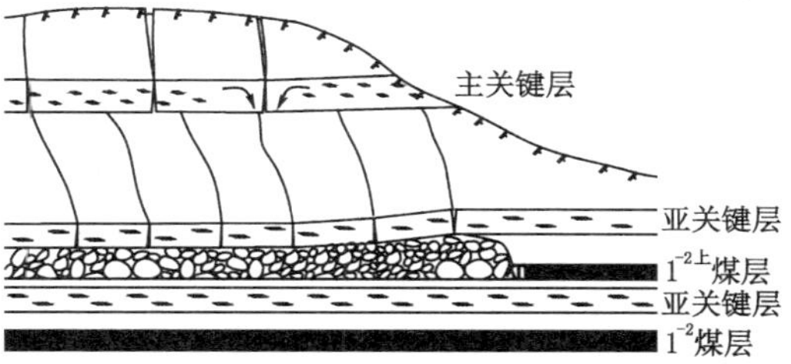

(a) $1^{-2上}$煤层回采

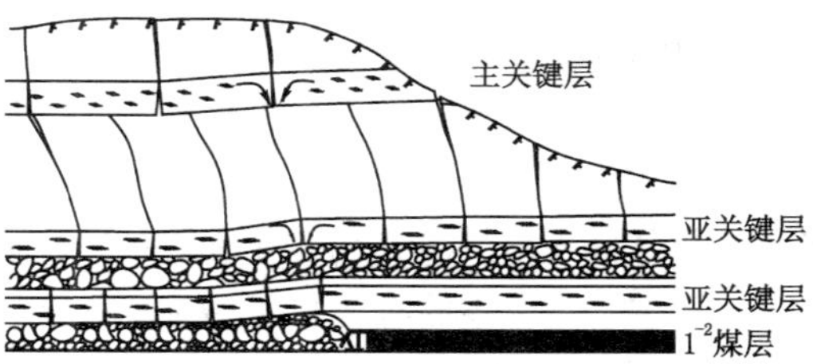

(b) 1^{-2}煤层回采

图 5-64 过沟谷地形下坡段时关键层破断块体运动与结构稳定性

由图 5-64 可见,在下坡段,由于工作面推进方向面向沟谷,主关键层回转下沉时能够受到后方破断块体结构的侧向限制作用,有一定的侧向水平挤压力限制,有利于块体结构的稳定。因此,过沟谷地形下坡段时工作面矿压显现总体正常,不易发生强烈矿压现象。

由图 5-65 可见,在上坡段,由于工作面推进方向背向沟谷,主关键层破断块体缺少侧向

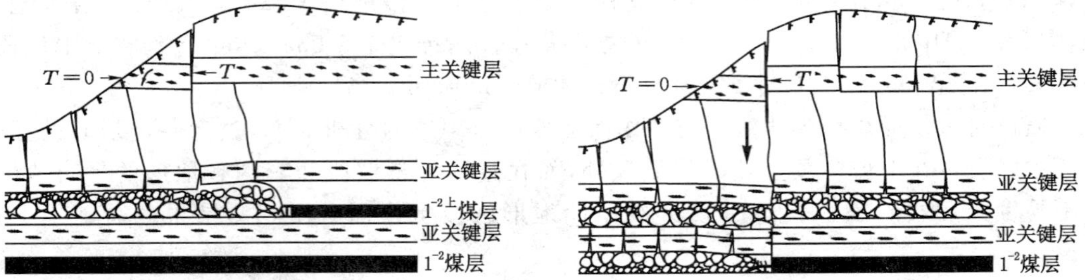

(a) $1^{-2上}$煤层回采 (b) 1^{-2}煤层回采

图 5-65 过沟谷地形上坡段时关键层破断块体运动与结构稳定性

水平挤压力作用，导致 $1^{-2上}$ 煤层采后其破断块体不能形成稳定结构而失稳，在沟谷地形上坡段地面易出现张开裂缝甚至台阶下沉(参见图 5-63)。煤层开采至沟谷地形上坡段时，由于失稳的主关键层破断块体结构将其承载载荷传递于下部单一关键层结构之上，易导致关键层破断块体出现滑落失稳。这是造成浅埋煤层过沟谷地形上坡段时工作面易发生强烈矿压的根本原因。

上述现象可以根据"砌体梁"结构平衡条件得到进一步说明。防止关键层破断块体间出现滑落失稳时的结构平衡要求为 $T\tan(\varphi-\theta)>(R_t)_{0\text{-}0}$，其中，$T$ 为结构块体的水平推力，φ 为岩块间的摩擦角，θ 为破断面与垂直面的夹角，$(R_t)_{0\text{-}0}$ 为下位岩层对上位岩层的阻力及块间的剪切力。

由图 5-65 可见，由于过沟谷地形上坡段的主关键层缺失侧向水平挤压力，水平推力 $T=0$，显然无法满足，表明主关键层结构易出现滑落失稳。此时，滑落失稳的主关键层将作为下部单一关键层的载荷，导致下部单一关键层因承担载荷过大而不能满足"砌体梁"结构的"S-R"稳定条件，而易出现滑落失稳。

3. 压架防治

在 21305 和 21306 工作面通过强烈矿压危险区域预测、增大支架工作阻力、工作面来压预报与支护质量监测等技术措施来防治工作面强烈矿压。

上述研究结果表明，过沟谷地形上坡段发生强烈矿压的先决条件是沟谷段覆岩主关键层缺失。因此，可以通过判别沟谷段覆岩主关键层是否缺失来预测存在强烈矿压危险的沟谷；还可以事先对地面裂缝进行实地勘察，若在沟谷地形上坡段发现存在地面台阶下沉，说明此区域在 $1^{-2上}$ 煤层采后已导致主关键层破断块体出现滑落失稳，在开采 1^{-2} 煤层时过沟谷上坡段发生强烈矿压的可能性大；可以通过 GPS 定位，在 21305 和 21306 工作面井上下对照图上标示出可能发生强烈矿压危险的沟谷区域，并在井下工作面两平巷对应区域作出醒目标注。事实上，对工作面过沟谷地形是否产生强烈矿压的影响因素除覆岩主关键层是否缺失外，还受到沟谷地形的谷深与坡角、沟谷与工作面位置关系、主关键层在坡体中的位置、上下煤层间距及关键层结构特征等因素的影响，上述因素对工作面过沟谷地形发生强烈矿压的影响规律，在此不做阐述。

提高支架工作阻力是降低工作面强烈矿压显现强烈程度的有效措施。为此，将 21305 和 21306 工作面支架工作阻力由 21304 工作面的 8 638 kN 提高到 12 000 kN，这是当时国内可以选型的最大工作阻力的支架。根据 21305 工作面过沟谷地形上坡段的工作面支架工作阻力实测数据,采用实测支架末阻力统计法估算,过沟谷上坡段时支架额定工作阻力需达到 13 867 kN 以上。现有的 12 000 kN 的支架在工作面过沟谷地形上坡段时仍略显不足。

在 21305 和 21306 工作面开采过程中,通过详细的周期来压规律分析,对周期来压位置进行动态预测。同时做好支护质量监测,在发生强烈矿压危险地段保证有良好的工程质量。通过上述技术措施的实施,保障了 21305 和 21306 工作面过沟谷地形的安全回采,尽管也发生了多次强烈矿压,但强烈矿压显现的强烈程度有所降低,没有出现因强烈矿压造成的工作面停产。

三、近距离煤层重复采动出上覆集中煤柱时的压架防治

受上煤层开采遗留煤柱的影响,神东矿区多个矿井在下煤层工作面采出上覆煤柱的过程出现了支架活柱急剧大幅下缩的压架现象,严重影响着矿井的安全高效生产(参见表 5-13)。统计结果显示[28,33],此类压架普遍出现在工作面采出上覆煤柱边界前后 5 m 左右的范围内(见图 5-66),而在进入煤柱的开采过程中一般无压架现象。

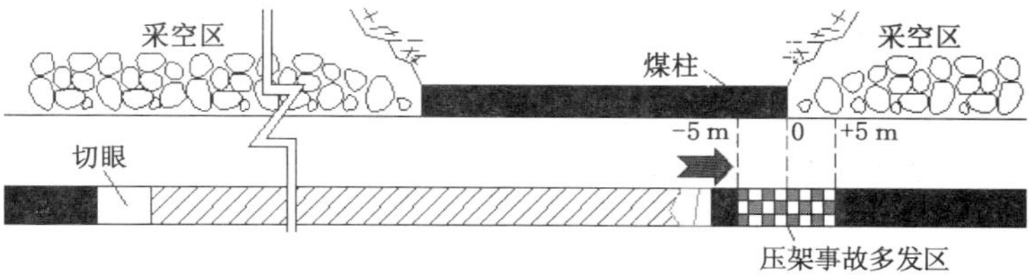

图 5-66　出煤柱压架位置示意图

1. 典型案例

大柳塔井 22103 综采面位于 2^{-2} 煤一盘区,当工作面距离上覆 1^{-2} 煤层煤柱边界还有 1.7 m 时,顶板出现强烈来压,直接造成工作面中部 66～93 号支架立柱瞬时下缩 1 500 mm,支架顶梁直接被压趴至刮板输送机的挡煤板上,人员只能蹲着前行。最终,此次事故造成工作面 66～79 号支架立柱被压坏,60～93 号支架安全阀损坏(见图 5-67)。活鸡兔井三盘区 21304、21305 和 21306 工作面及石圪台 12102、12103 和 12105 工作面在出煤柱时也发生了类似强烈矿压显现和压架事故。

(a) 采煤机被压死　　(b) 立柱压坏

图 5-67　大柳塔井出煤柱压架照片

2. 覆岩关键层结构失稳致灾机理

随着工作面逐渐向上覆集中煤柱边界推进，煤柱上方关键层将逐步发生周期破断回转运动，岩块之间相互铰接，最终会在出煤柱边界形成如图 5-68(a)所示的三铰拱结构。该结构两侧的 C、D 块体便是控制工作面矿压显现的关键块体，可将两关键块体形成的结构简化为两个杆体组成的三铰拱结构。由于该结构不满足中间铰接点应高于两端铰接点的自稳条件[见图 5-68(b)]，它将始终无法达到稳定的承载状态。对该三铰拱结构建立力学模型[见图 5-68(c)]并分析得出[28,33]，两关键块体将随着下部岩层的下沉逐渐发生相对回转运动，运动过程中会造成下部岩层支撑力 Q_1、Q_2 逐渐增大，从而导致煤层间单一关键层破断结构上的载荷过大而发生滑落失稳，最终造成工作面压架的发生。

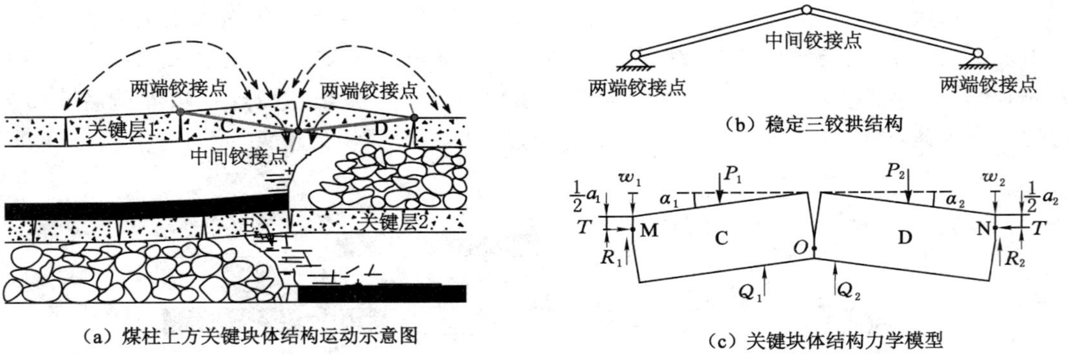

(a) 煤柱上方关键块体结构运动示意图　(b) 稳定三铰拱结构　(c) 关键块体结构力学模型

图 5-68 工作面采出上覆煤柱时关键块体三铰拱结构运动及力学模型

3. 压架防治

与前述沟谷地形上坡段的压架类似，此类压架事故的防治也应首先从提高支架工作阻力着手。然而，结合图 5-68(c)所示的力学模型计算后发现，在浅埋近距离煤层开采条件下，采出上覆煤柱时顶板的切落是必然的，其传递下来的载荷也是支架难以承担的。因此，研究从其他角度控制采出上覆煤柱时的压架事故显得尤为必要。

(1) 优化开采设计

近距离煤层开采设计时，应首先探明上煤层开采遗留集中煤柱的分布情况；其次根据这些煤柱的分布情况优化下煤层工作面的布置设计，使其尽量避免发生采出上覆集中煤柱的开采情形。开采设计可从优化工作面的推进方向，或优化开切眼和停采线的布置这两个方面入手，即将工作面推进方向与煤柱走向平行或呈一定夹角，或将工作面布置在上覆集中煤柱分布范围之外。

(2) 实施采前预防措施

若工作面的布置设计无法避免采出上覆集中煤柱的开采时，则应在工作面开采前采取相关措施进行预防。鉴于此类压架的发生是由煤柱上方关键块体的相对回转运动造成的，可采取煤柱边界预爆破的措施，促使关键块体在工作面采出煤柱前预先发生回转运动，或者对煤柱边界未压实采空区进行充填，以阻止关键块体在工作面采出煤柱时发生相对回转运动，从控制关键块体回转运动的角度进行压架事故的防治。

(3) 采时跟踪防范

在工作面临近采出上覆集中煤柱的过程中，通过采取保证采高、加强支护质量监测和来压预测预报、调斜开采与加快推进速度等实时防范措施，最大限度地减缓顶板的下沉，保证支架活柱有足够的行程，从而减小压架的危害程度，保证工作面的正常回采。

此外，在房柱下开采时，有时也会发生压架事故(参见表 5-13)。其机理与上述出煤柱时三铰拱结构反向回转失稳引起下部煤层关键层结构载荷过大而滑落失稳类似，这里不再赘述。

第十节　松散承压含水层下大面积压架防治

一、典型案例

我国华东、华北许多矿区的煤系地层普遍被第四纪巨厚松散层覆盖，该松散层底部存在着一层以非胶结沙土、砂砾、砾石为骨架的承压含水层，直接赋存于基岩顶部，水压高达 3～4 MPa，对煤矿的安全开采造成了严重威胁。图 5-69 为松散承压含水层下采煤示意图。

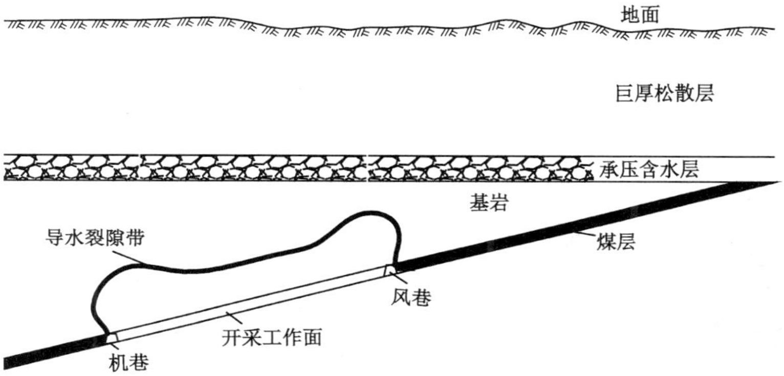

图 5-69　松散承压含水层下采煤示意图

在松散承压含水层下采煤时，多个矿区曾发生压架突水事故，严重制约了矿井的安全高效生产，造成采掘接替紧张的局面。如皖北祁东煤矿自 2002 年投产以来，先后在 $3_2$22、$7_1$14、$6_1$30 等 8 个综采工作面发生了 17 次压架突水事故[34]。以祁东煤矿 $7_1$14 工作面为例，该工作面为一采区 7_1煤层首采工作面，工作面长 174 m，煤层采高 2.2～2.6 m。该工作面采用综合机械化俯斜开采，全部垮落法管理顶板，支架为 ZZ4400/1.7/3.5 四柱支撑掩护式，额定工作阻力 4 400 kN。$7_1$14 工作面上覆表土层的厚度为 328 m，厚 60 m 的松散承压含水层直接赋存在基岩上，水压为 3.8 MPa，工作面上方留设的最小防水煤岩柱厚度为 70.7 m。$7_1$14 工作面于 2004 年 7 月 7 日开始回采，截至 2004 年 7 月 29 日，当工作面风巷推进距 50 m，机巷推进距 38 m，平均 44 m 时，工作面顶板开始初次来压，工作面顶板顺煤壁切断，下切高度约 0.4～0.8 m，共压死支架 74 架，其中两柱支架压死 7 架，四柱支架压死 67 架；柱顶开焊 34 架，柱窝开焊 9 架，穿透顶梁 2 架。此次采场压架出水事故造成了近千万元的直接经济损失，严重影响了矿井的正常生产计划。当工作面推进至 184 m 时，再次发生压架突水事故，造成 22 个支架被压死，部分支架损坏严重，工作面涌水量最大达 169 m^3/h。

$7_1$14 工作面位置平面图及压架突水位置如图 5-70 所示。图 5-71 所示为工作面压架时现场情况。

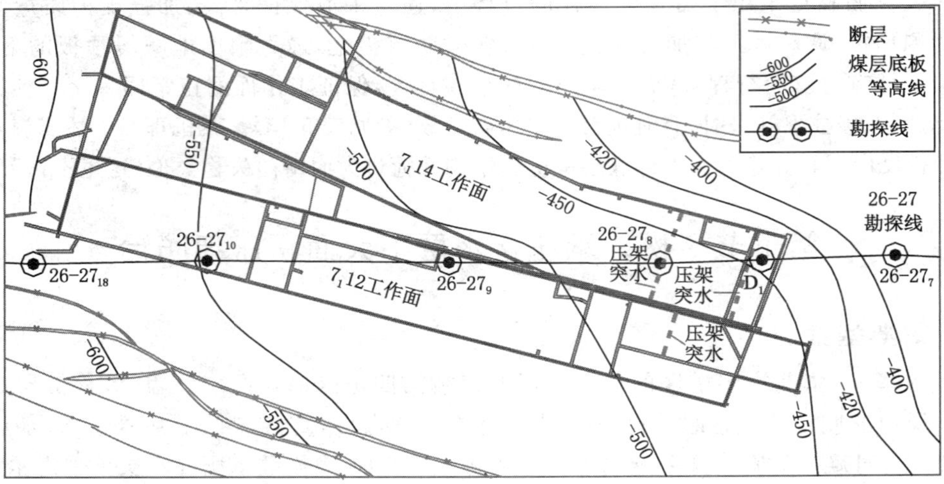

图 5-70 $7_1$14 工作面位置平面图及压架突水位置

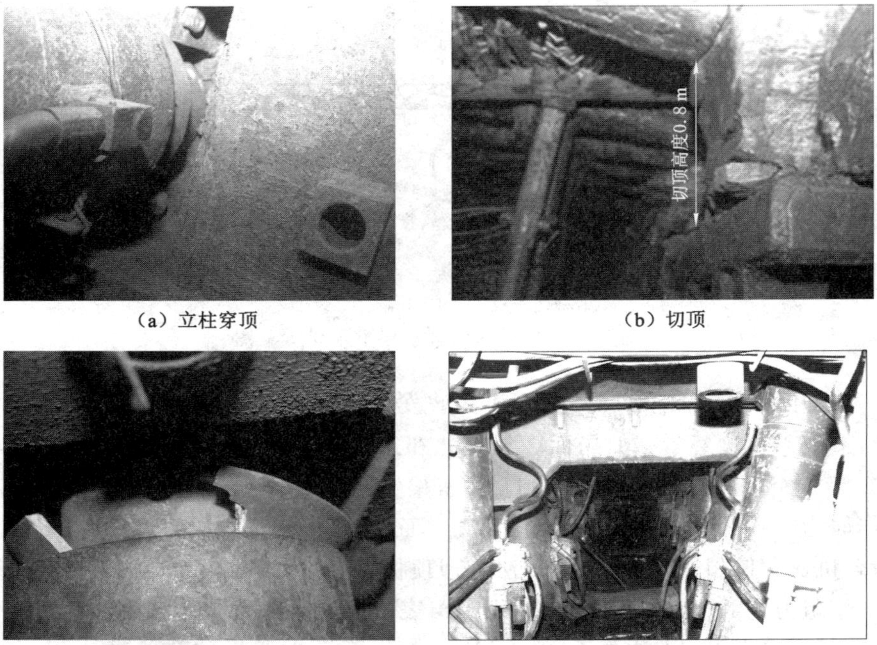

（a）立柱穿顶　（b）切顶

（c）立柱卡环压裂　（d）支架大面积压死

图 5-71 $7_1$14 工作面压架时现场情况

淮南矿区在提高回采上限、缩小防水煤柱的综采面也曾发生过多起类似祁东煤矿 $7_1$14 工作面的压架事故。如潘一矿 1402(3)工作面是淮南矿区实施缩小防水煤柱的首采面，工作面长 155 m，先后发生了 2 次综采压架事故，工作面 3 次重开切眼进行跳采改造。再如潘三矿 17110(3)提高回采上限工作面，工作面长 130 m，回采时曾先后经历了 2 次综采压架事故，被迫 2 次重开切眼进行跳采改造。

按基本顶的分级方法，祁东矿 $7_1$14 工作面、潘一矿 1402(3)面、潘三矿 17110(3)工作面基本顶属于Ⅱ级，一般不会发生全工作面的压架事故。它们的共同特点是在基岩顶界面存在厚松散承压含水层，且在邻近松散承压含水层条件下开采，工作面基岩厚度相对较薄。这些条件既不同于大同厚层坚硬顶板的压架，也不同于神东浅埋煤层的压架。多起采场压架事故的发生，说明在松散承压含水层条件下开采顶板运动规律有其特殊性。

二、松散承压含水层下关键层复合破断致灾机理

研究发现[34]，由于松散承压含水层的流动性和侧向补给作用，煤层开挖过程中作用于基岩顶界面的上覆载荷不像通常条件下随煤层开挖显著降低而是基本保持恒定，松散承压含水层起到了载荷传递的作用。邻近松散承压含水层开采时，由于松散承压含水层的载荷传递作用，导致一定覆岩条件下松散承压含水层下部基岩的整体破断和"砌体梁"结构的滑落失稳，使得顶板导水裂隙带高度发育至松散承压含水层，这是引发松散承压含水层下采煤异常压架突水事故的根本原因。

关键层复合破断是指相邻两层或多层关键层同步破断的现象。在一定条件下，上部关键层所受载荷大小是影响相邻两层关键层是否复合破断的重要因素，只有上部关键层所受载荷达到一定值才会导致相邻关键层复合破断。也就是说，在一定条件下，上部关键层所受载荷越大，相邻两层关键层复合破断的可能性越大。因此，松散承压含水层条件下，由于松散承压含水层的载荷传递作用，使得作用在基岩顶界面的载荷相对较大，因而松散承压含水层条件下易产生相邻关键层的复合破断。这得到了实测和物理模拟试验结果的验证。

图 5-72 所示为有、无松散承压含水层对关键层复合破断影响的试验结果照片。由图可见，工作面推进距离相同时，在松散承压含水层条件下，关键层 1 与关键层 2 同步复合破断；而在无松散承压含水层条件下，关键层 1 先破断，两关键层没有复合破断。松散承压含水层的载荷传递作用是导致相邻关键层破断顺序变化的直接原因。松散承压含水层条件下，由于作用在关键层 2 上的载荷随开采步距的增大保持不变，较大的载荷导致了关键层 1 和关键层 2 的同步复合破断。而无松散承压含水层条件下，由于作用在关键层 2 上的载荷随开采步距的增大明显降低，导致关键层 1 先破断，关键层 1 与关键层 2 不同步破断。

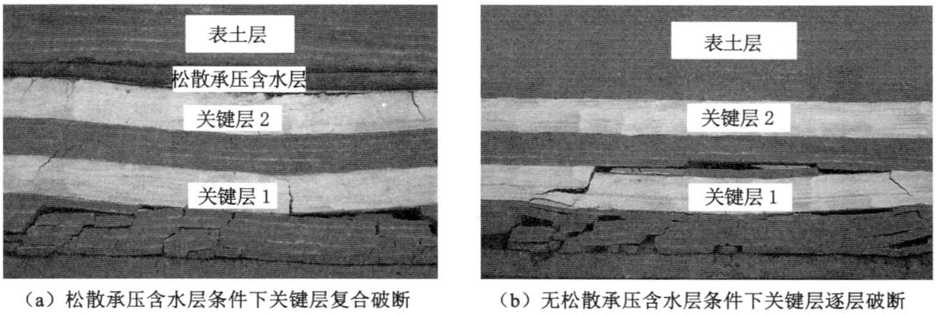

(a) 松散承压含水层条件下关键层复合破断　　(b) 无松散承压含水层条件下关键层逐层破断

图 5-72　松散承压含水层对关键层复合破断影响的试验结果

借助于"砌体梁"结构的"S-R"稳定理论可以对工作面覆岩关键层复合破断易引起工作面压架的原因作出解释。"砌体梁"结构不发生滑落失稳的条件应满足式(3-49)，当覆岩关键层复合破断时，上部关键层及其控制的岩层作为下部关键层的载荷层，下部关键层破断块体形成的"砌体梁"结构的载荷层厚度 h_1 明显增大，使得式(3-49)所列"砌体梁"结构稳定

的条件不易满足。因此，当采场覆岩关键层复合破断时，易导致"砌体梁"结构的滑落失稳，当支架支护阻力小于失稳岩柱重量时，将导致采场压架事故。

三、压架防治

松散承压含水层下采煤压架突水机理的掌握为采取有效的防治对策奠定了理论基础。总体上可按照"危险预测—采前防范—采动预警—实时调控"的思路进行压架突水事故防治。

1. 危险预测

基于松散承压含水层下采煤压架突水发生机理和发生条件，通过分析含水层赋存特征和覆岩的关键层结构类型，判断覆岩发生复合破断的危险性，进而对松散承压含水层下采煤压架突水的危险区域进行预测，为针对性地采取提前防范措施提供基础。

2. 采前防范

根据松散承压含水层下采煤覆岩破断特征，为具有压架突水危险的工作面计算合理支架阻力并进行科学支架选型。同时，针对具有复合破断的关键层结构，进行顶板超前人工预裂爆破，弱化其强度和控制其破断长度，实现对关键层结构特征的改变，避免覆岩关键层发生复合破断。

3. 采动预警

回采过程中，基于长观孔水位变化与工作面顶板来压的联动效应[34]，确定具体开采条件下工作面发生压架突水的临界水位降速预警值；通过水位监测系统实时掌握长观孔水位随采动变化，若实际水位降速超过临界水位降速预警值，且工作面发生剧烈来压，可提出压架突水灾害的预警。

4. 实时调控

结合现场具体开采情况，采取采高和推进速度调控、工作面支护质量监测及来压预测预报等实时防范措施。

上述对策为防治压架突水事故提供了重要的技术保障，通过现场实施，指导了祁东煤矿 $7_1$21、$7_1$31、$8_2$22 等工作面的压架突水灾害防治实践，扭转了祁东煤矿等松散承压含水层下采煤不断发生压架突水灾害的被动局面，解放了大量受松散承压含水层威胁的煤炭资源的开采。

第十一节　大倾角煤层矿山压力与岩层控制

一、大倾角煤层采场围岩控制

大倾角煤层是指埋藏倾角为 35°～55°的煤层，属于倾斜和急倾斜煤层的一部分。当煤层倾角大于 35°时，走向长壁工作面冒落矸石开始向下滚滑，底板出现滑移；当煤层倾角大于 55°时，底板破坏概率剧增，不宜采用走向长壁开采方法。

大倾角煤层采场矿压与岩层控制研究始于 20 世纪 50 年代。国外研究集中于 20 世纪六七十年代，期间苏联就大倾角煤层综采设备和回采工艺进行了相关研究；80 年代，美国、德国、法国、英国、印度、西班牙等国也对大倾角或急倾斜煤层机械化开采方法和岩层控制技术进行了研究；80 年代以后，相关研究很少。20 世纪 80 年代以前，我国对大倾角和急倾斜煤层矿压实测及研究较少；80 年代至今，随着采煤方法和支护技术的变革，特别是大倾角煤层长壁机械化采煤技术的发展，如四川华蓥山绿水洞煤矿长壁综采技术、甘肃靖远王家山煤矿长壁综放技术、新疆艾维尔沟2130煤矿长壁大采高综采技术等的试验成功和推广应用，促进了该类煤层采场围岩控制研究的长足进步。[14,35-41]

1. 大倾角煤层走向长壁开采围岩活动与矿压显现规律

如图5-73和图5-74所示，大倾角煤层走向长壁工作面具有初次来压和周期来压现象，与缓倾斜煤层开采相比，围岩活动与矿压显现有以下特点：

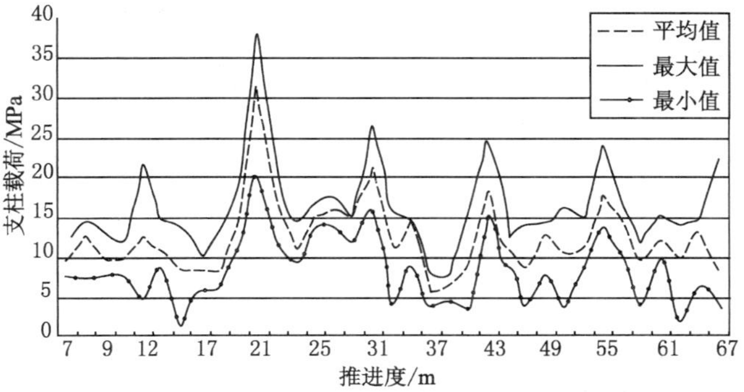

(a) 上部区域

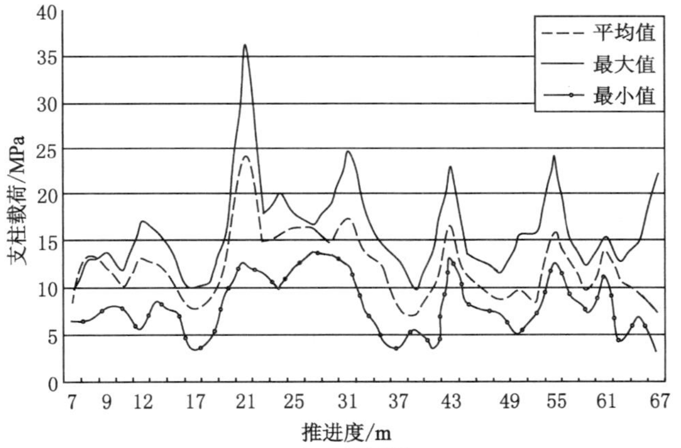

(b) 中部区域

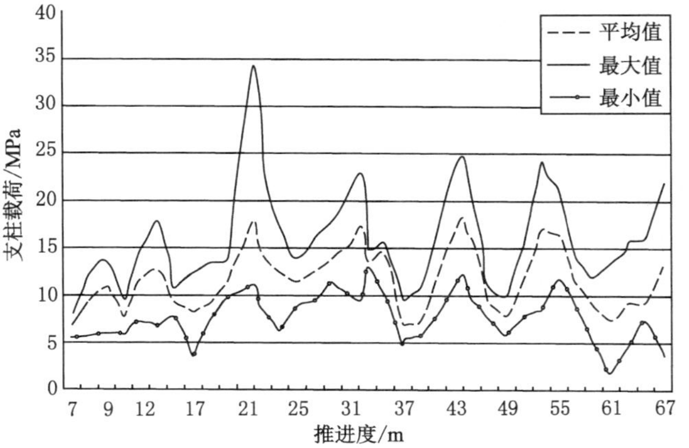

(c) 下部区域

图5-73　工作面矿山压力显现特征

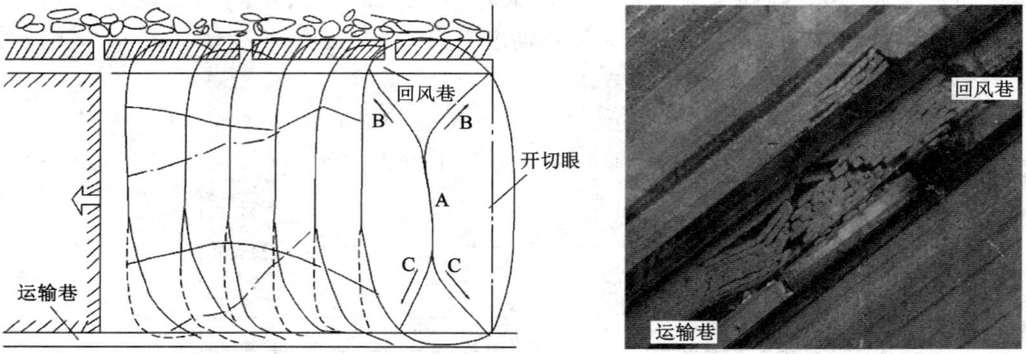

（a）采场顶板破坏时序特征　　（b）采场覆岩垮落特征

图 5-74　采场顶板破坏时序与覆岩垮落特征

（1）直接顶沿工作面倾斜方向破断与运动状态不同。工作面倾斜上部区域直接顶全厚垮落且向下滑滚。倾斜工作面中、上部区域顶板破断与运动较为剧烈，顶板中裂隙带形成层位较高。

（2）工作面基本顶来压步距较大，持续时间较长，但来压强度较小。

（3）工作面倾斜方向不同区域矿压显现程度不同，通常情况下，工作面倾斜中、上部区域要明显大于下部区域。

（4）工作面倾斜方向来压不同步，具有时序性。在下部冒落煤矸充填条件下，一般为工作面中、上部区域首先来压，随后下部区域来压。

（5）支架工作阻力具有沿工作面倾斜中、上部区域较大而下部较小特征，且上部区域支架易受破断顶板冲击。

（6）顶板破断、运动和底板破坏、滑移对工作面支架稳定性影响显著。工作面中、上部区域支架易发生倾倒、下滑。

以上矿压显现特征表明，大倾角煤层走向长壁综采工作面（倾斜布置）矿山压力显现具有时序性、强度不一的复杂性，且由于顶板破断活动、底板破坏滑移的复杂性使“支架-围岩”系统的稳定性控制复杂化（如导致工作面不同区域支架的倾倒方向不一致等），易导致“顶板-支架-底板”系统动态失稳，从而引发安全事故。

2. 大倾角煤层走向长壁采场围岩控制

（1）工作面“R-S-F”系统失稳类型

工作面“R-S-F”系统是指大倾角煤层工作面顶板破断岩块（R）、工作面支架（S）和底板破坏滑移体（F）三者构成的“支架-围岩”系统。“R-S-F”系统失稳类型主要有（见图 5-75）：错动滑落型失稳、顺向倾倒型失稳和逆向侧翻型失稳。

（2）工作面支架工作阻力确定

对三种失稳类型进行理论分析，得到“R-S-F”系统保持动态稳定时支架或支护体工作阻力。

错动滑落型失稳情况下，“R-S-F”系统保持动态稳定时支架或支护体工作阻力为：

$$P_1 = \frac{Q_r(\sin\alpha - \mu_2\cos\alpha)}{\zeta(\mu_2 + \mu_3)} \tag{5-38}$$

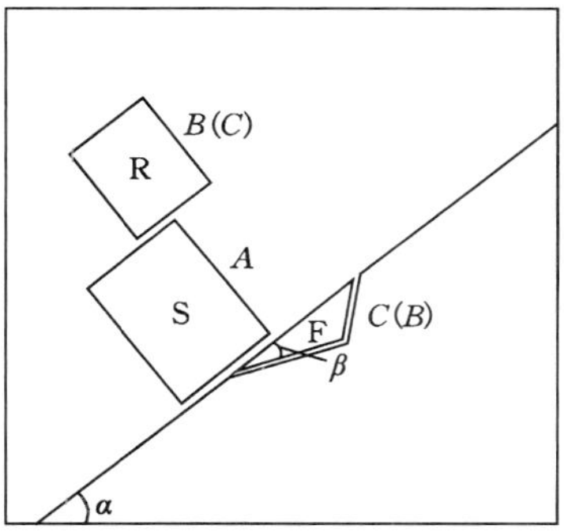

(a) 错动滑落型失稳模式

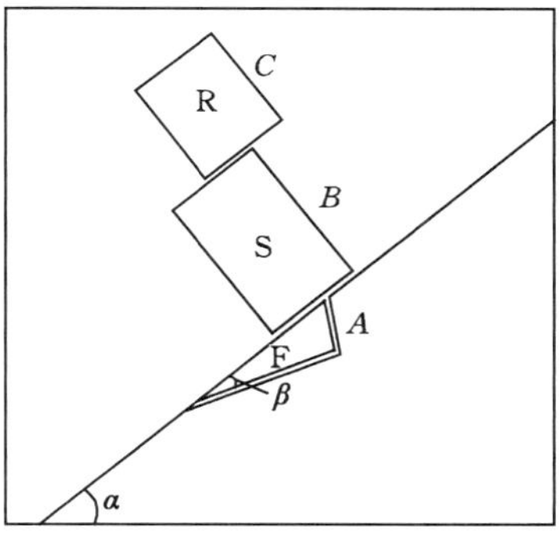

(b) 顺向倾倒型失稳模式

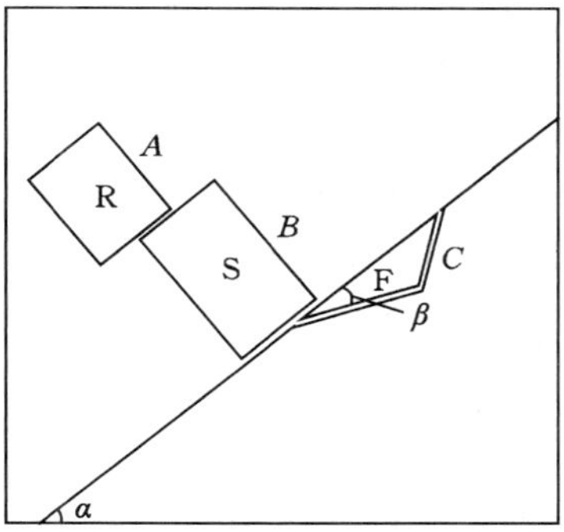

(c) 逆向侧翻型失稳模式

图 5-75　"R-S-F"系统失稳类型

顺向倾倒型失稳情况下,"R-S-F"系统保持动态稳定时支架或支护体工作阻力为:

$$P_2 = \frac{Q_r(\sin\alpha + \mu_2\cos\alpha)}{\zeta(\mu_2 + \mu_3)} \tag{5-39}$$

逆向侧翻型失稳情况下,"R-S-F"系统保持动态稳定时支架或支护体工作阻力为:

$$P_3 = \frac{\mu_2 Q_r \cos\alpha}{\mu_3 + \zeta(\mu_3 - \mu_2)} \tag{5-40}$$

式中　P_i——垂直煤层层面方向的工作阻力($i=1,2,3$ 分别为错动滑落型、顺向倾倒型、逆向侧翻型失稳情况下垂直煤层层面方向的工作阻力),kN;

Q_r——R 的重量,kN;

α——煤层倾角,(°);

μ_i——摩擦系数($i=1,2,3$ 分别为底板、支架或支护体、顶板的摩擦系数);

ζ——R 与 S 质量之比。

(3) "R-S-F"系统稳定性控制方法

大倾角煤层长壁工作面"R-S-F"系统稳定性控制的原则是"稳固底板—强化装备—限制顶板"。主要方法有:

① 采用具备完善防倒、防滑、防飞矸等功能的液压支架;适当降低支架重量。

② 实现带压擦顶移架;防止架前漏顶。

③ 工作面排头(排尾)的 3～5 副支架彼此相连形成排头(排尾)支架组;上、下端头采用专用端头支架支护。

④ 剔除底板表面软弱夹层;在回采过程中,尽量保持底板完整性,避免水对底板的浸泡弱化;利用锚杆或注浆方式加固底板。

二、急倾斜煤层采场围岩控制

急倾斜煤层是指倾角为 45°以上的煤层。倾角小于 55°的煤层,可以采用走向长壁开采方法;倾角大于 55°的急倾斜煤层,特别是急倾斜特厚煤层(厚度大都在 30 m 以上),主要采用水平分段开采方法,工作面在顶、底板间水平布置,沿走向推进,分段高度 10～30 m。20 世纪 80 年代后期以来,水平分段综放开采方法在窑街、华亭、乌鲁木齐等矿区相继成功应用,已成为急倾斜特厚煤层的主要采煤方法。

1. 急倾斜煤层水平分段开采围岩活动与矿压显现规律

急倾斜特厚煤层水平分段综放工作面围岩活动与矿压显现规律如下：

(1) 急倾斜水平分段工作面支架上方顶煤和散体煤矸易形成拱结构，且具有周期破坏特点。随着顶煤自然冒落和放出，悬露顶板挠曲变形并下沉出现离层(图 5-76 中Ⅲ区)；工作面继续推进时，离层顶板和上位顶煤冒落，形成上位拱(图 5-76 中Ⅳ区)，该拱结构具有不对称性，且滞后于下位拱(图 5-76 中Ⅰ区)。当上、下位拱同步失稳时，工作面来压显现剧烈。

(2) 底板侧存留三角煤(图 5-76 中Ⅱ区)受压难以放出，开采下一分段时，随着顶煤的放出，三角煤失稳并沿底板向下滑动，造成上位拱失稳、工作面来压。

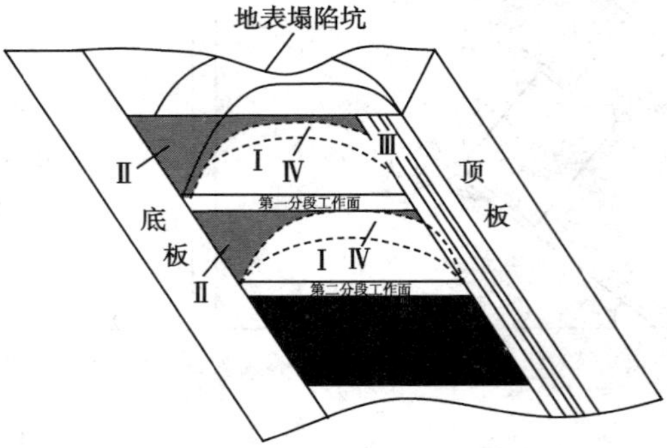

Ⅰ—下位拱；Ⅱ—顶煤沿底滑动区；
Ⅲ—顶板离层破坏区；Ⅳ—上位拱。

图 5-76 急倾斜水平分段工作面顶煤和围岩破坏发展分区

(3) 围岩破坏沿煤层的法向向上扩展，破坏区沿倾斜层面上、下呈不对称分布。随着开采向深部延伸，上部区域顶板岩层活动较剧烈，可造成地表非对称性下沉。

(4) 工作面沿走向具有明显的周期性矿压显现特征，见表 5-16。

表 5-16 六道湾水平分段放顶煤工作面来压特征

测区	来压次序	来压步距/m	距开切眼距离/m	持续时距		实测支架载荷/(kN/架)		
				/d	/m	峰值	平时	倍数
靠顶板	初次	28.0	28.0～32.5	14	4.5	1 480	641	2.3
	2	12.3	44.0～44.4	1	0.4	1 098	434	2.5
	3	10.0	54.0～56.0	10	2.0	1 410	551	2.6
中　部	初次	31.4	31.4～33.4	5	2.0	1 248	698	1.8
	2	10.7	42.1～42.9	2	0.8	1 112	631	1.8
	3	11.5	53.6～55.0	5	1.4	1 100	821	1.3
靠底板	初次	29.6	29.6～30.4	2	0.8	1 149	691	2.0
	2	10.6	39.2～43.7	11	4.5	1 425	629	2.4
	3	15.9	55.1～55.9	8	0.8	1 194	614	1.9

(5) 工作面支架阻力普遍较小，且不会随采深与段高的增加而大幅增加。

(6) 沿工作面方向支架载荷中部小而两端大；靠近顶板侧矿压显现较大，随着煤层倾角的增加，这种差异越来越小。

2. 急倾斜煤层开采采场围岩控制

(1) 确定合理的水平分段高度，可以避免顶板大范围垮落的危险，降低顶煤损失。

(2) 控制水平分段高度并及时充填采空区，可以限制破坏向顶板方向的发展。

(3) 对近底板侧顶煤弱化及地表充填，可有效保证支架稳定运行，提高采出率；同时，可有效防止围岩大范围垮落、浅部煤层自然发火等灾害。

(4) 对于冒放性差的煤体，要辅以顶煤预爆破、水压致裂等人工弱化措施。

第十二节　综放开采矿山压力与岩层控制

综合机械化放顶煤开采（简称综放开采）是我国在20世纪80年代中期迅速发展起来的一种新型采煤方法，为厚煤层开采技术改革作出了贡献。其基本原理是：在厚煤层（一般煤厚≥5 m）下部布置一个综采工作面，采高2～3 m，支架尾梁有放煤功能，在工作面前后分别布置一台刮板输送机，采煤机组切割的煤炭由前输送机运出，工作面上方的煤炭冒落放出后由后输送机运出。放顶煤开采的实质是实现工作面煤炭和顶部煤炭同时采出，顶部煤炭的开采是依靠矿山压力作用，使其自行破碎和冒落，且自行流动和放出。在支架与顶板所组成的系统中，支架通过顶煤对顶板实施控制，同时顶板运动产生的压力通过顶煤传递到支架上，顶煤在传递力的过程中也要发生移动、变形、破碎、冒落和放出，因此顶煤在采场矿压显现过程中起到了一种媒介作用。由此可见，研究顶煤的力学特征及其冒放规律是分析综放采场矿压显现规律的重要基础。

一、顶煤的力学特征与应力场条件

1. 顶煤的力学特征

在顶煤破碎过程中，原有裂隙扩展与贯通将会起到重要作用。因此，煤体中的裂隙发育程度和分布密度对顶煤的破碎块度有很大影响。同时，煤体所反映出的强度与受力状态有很大关系，不同受力状态的煤体表现出不同的强度特征。图5-77所示为不同围压下煤体的应力应变全过程曲线。从图中可以看出，随着围压升高，煤体的强度增加。

2. 采动应力场与约束条件

如图5-78所示，放顶煤开采的工作面前方应力场分布与单一煤层开采具有相似的规律，即工作面前方的支承压力（切向应力σ_t）分为减压区(A)、增压区(B)、稳压区(C)。若按岩体性质分，可将其分为弹性区(E)和塑性区(D)（也称极限平衡区）。同时，径向应力（垂直工作面方向的应力σ_r）自煤壁向远方逐渐升高。在稳压区，顶煤处于三向等压应力状态，此时煤体不易破坏。随着距煤壁距离减小，顶煤所受的应力差($\sigma_t-\sigma_r$)增大，即顶煤中的剪应

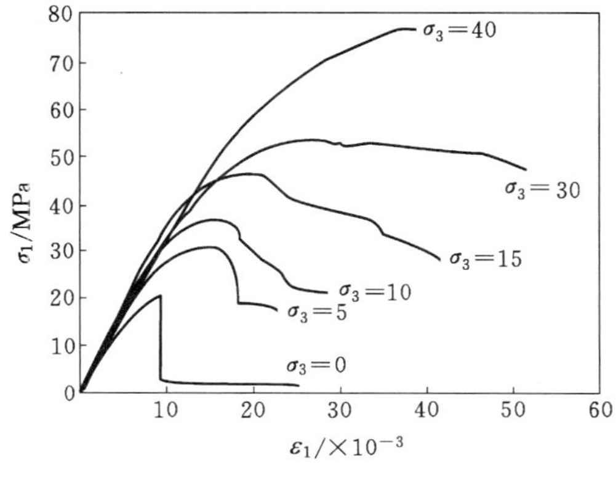

图5-77　不同围压下煤体应力应变曲线

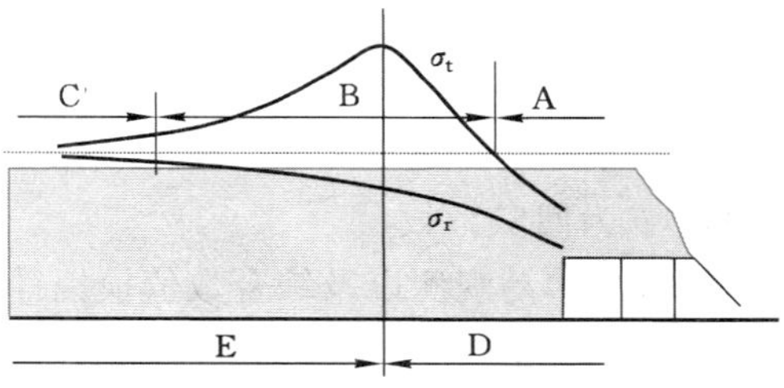

图5-78　支承压力分布

力增大，当顶煤位于支承压力峰值区时，顶煤所受的主应力差达到最大值，由此时的主应力 σ_t 和 σ_r 所绘制的莫尔圆与莫尔-库仑强度曲线相切，顶煤形成剪切破坏，见图 5-79。进入塑性区后，顶煤破裂，煤体的强度曲线为破坏顶煤的强度曲线，即为煤体的残余强度曲线，而由此时的 σ_t 与 σ_r 所绘制的莫尔圆与残余强度曲线始终处于相切状态，即顶煤处于极限平衡状态。σ_r 的变化规律实际上也反映了沿工作面推进方向对顶煤的约束条件，即随着工作面推进，顶煤的约束条件逐渐减弱、甚至消失，这就为顶煤的冒落提供了条件。

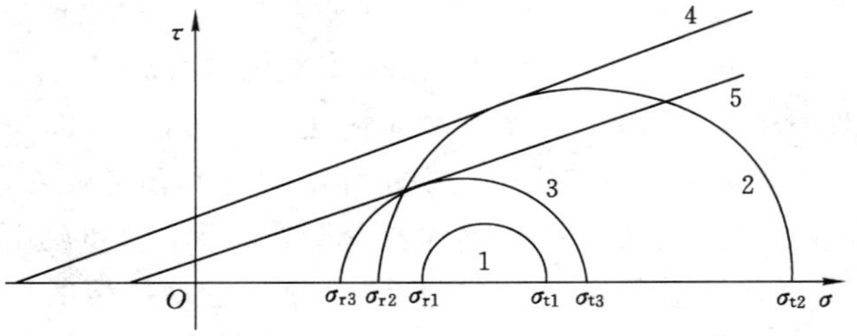

1—稳压区的莫尔圆；2—支承压力峰值点处的莫尔圆；3—塑性区的莫尔圆；
4—顶煤的峰值强度曲线；5—顶煤的残余强度曲线。

图 5-79 支承压力不同区域的顶煤莫尔圆

由岩石力学理论可知，岩石处于多向压应力状态下，其破坏的机理主要为剪切破坏，即破坏面上的剪应力大于该面的抗剪强度，且破坏面与最大主应力的夹角 α 为锐角（$\alpha=45°-\varphi/2$，φ 为岩石的内摩擦角）。当岩石处于单向压缩状态时，如无侧向约束或侧向约束力很小，岩石会产生侧向拉伸变形，当拉伸应变大于岩石的极限应变时，岩石将发生拉伸破坏，破坏面的方向平行于最大主应力方向。据此可对顶煤的破坏机理给予定性解释：顶煤在支承压力峰值区主要是以剪切破坏为主，是顶煤中的采动应力场形成的剪应力大于顶煤抗剪强度所致。在支承压力峰值区以后，随着工作面靠近，沿工作面方向的约束减弱，顶煤的破坏逐渐以拉伸破坏为主。工作面继续推进，顶煤失去侧向约束，在顶板压力和顶煤自重作用下，顶煤将产生破碎冒落，堆积在支架上方或掩护梁上。

3. 顶煤的变形与位移

顶煤累计位移量往往反映顶煤的破碎程度和块度。顶煤位移量大，说明顶煤破碎充分，破碎的块度小，具有很好的流动性，易于放出；反之，顶煤破碎不充分。

图 5-80 是典型的顶煤位移观测曲线，其中横坐标 0 点为工作面煤壁位置，h 为测点距煤层底板的距离。观测的平均煤厚为 9.1 m，割煤高度 2.2 m，煤层硬度系数 $f=0.3$，属于极软煤层。观测结果表明[13]，在工作面前方 15 m 处顶煤开始发生移动，且随着工作面的靠近，累计位移量迅速增加，上位顶煤的累计位移量明显大于下位顶煤。一般情况下可采用负指数函数拟合顶煤的累计位移量 s 与至工作面距离 L 的关系，即

$$s = a\mathrm{e}^{-bL}$$

式中，a、b 为回归系数。

据顶煤移动观测以及综合数值模拟计算结果，可以推测顶煤的位移场图，见图 5-81。

通过比较不同厚度、不同硬度煤层的实测结果，可得到不同顶煤的移动特征。

(1) 煤体的硬度不同，顶煤开始移动的位置不同。如同为厚度 6～8 m 的煤层，在 $h=6$ m 处，软煤层（$f=0.3$～0.5）、中硬煤层（$f=2.0$～3.0）和硬煤层（$f\geqslant 3.5$）的顶煤始动点超

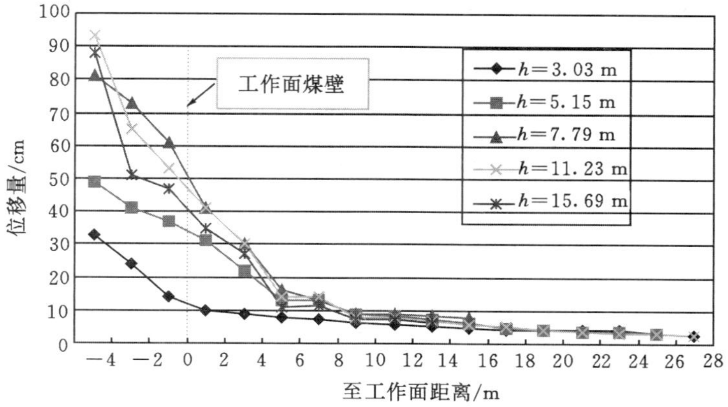

图 5-80　顶煤、顶板位移量与至煤壁距离的关系

前工作面的距离分别为 15 m、10 m、5 m 左右。煤层的硬度系数越低，顶煤始动点超前距离越大，累计位移量越大，顶煤破碎越充分。

(2) 不同高度顶煤始动点的位置不同，无论是软煤、中硬煤或是硬煤，顶煤位置越高，其始动点超前工作面距离越远，累计的位移量越大。

(3) 在顶煤移动初期，以水平移动为主，随着工作面推进，垂直位移逐渐增大，在工作面支架上方垂直位移量超过水平位移量，具体位置根据煤层的硬度系数不同而变化，软煤在煤壁前方附近，而硬煤在煤壁后方 0.5～1 m 处。

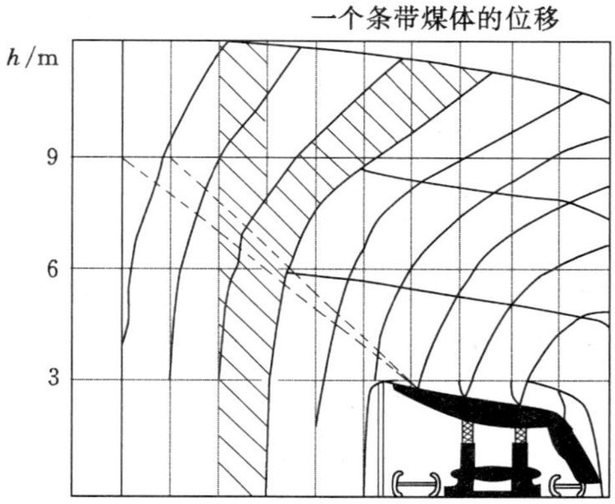

图 5-81　顶煤位移场

4. 顶煤的破坏过程描述与分区

对于不同的煤层，内部裂隙的分布和发育有很大差异。软煤的内部结构不致密，且含有大量微裂隙；中硬煤的内部结构致密，微裂隙较少，但裂隙的延展性较好。因此可以认为，软煤层的变形、破碎是由众多微裂隙和不致密（强度低）的煤块共同完成的。所以，软煤层累计的位移量大，破碎的块度小且均匀。对硬煤层而言，由于煤体致密，强度大，在采动应力场作用下，应力水平难以达到破坏致密煤块的程度。因此，硬煤的变形、移动、破碎主要由煤体内部的裂隙来完成，致使破碎的硬煤块体带有明显裂隙分割的迹象。

开采中硬煤层时顶煤的破坏状况如图 5-82 所示。由图可知，顶煤的裂隙始于煤壁前方支承压力峰值区内，在支承压力作用下，顶煤发生剪切和拉伸破坏，出现裂隙或扩展煤体内的原有裂隙。随着工作面推进、顶板的回转下沉，顶煤裂隙进一步发展，这些被裂隙和层理等弱面切割成块体的顶煤由于受到约束和挤压作用，整体处于塑性状态，可视为“似连续体”。随着工作面继续推进，当顶煤进入支架上方后，将逐渐冒落，并堆积在支架掩护梁上形成散体。

顶煤从开始移动、破裂到冒落是一个连续的、渐进的破坏过程，随着工作面推进，这一过程也自然动态地向前推移。为了对顶煤破坏过程有一清晰认识，可将顶煤自原始状态至冒落这一连续渐进破坏过程进行划分，称为顶煤分区。根据顶煤裂隙发育和破坏程度，沿工作面推进方向一般可划分为四个区，见图 5-83。

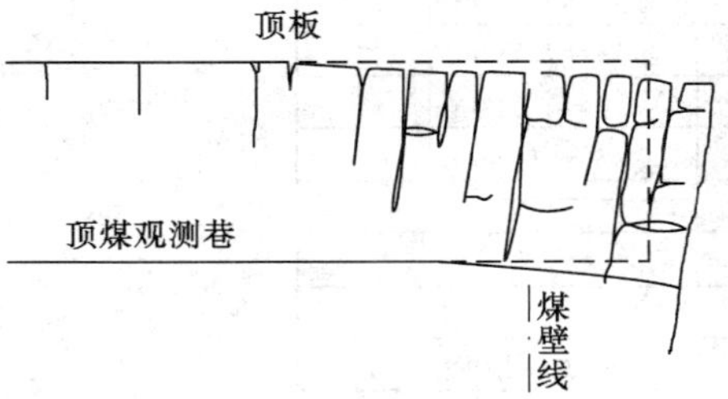

图 5-82 中硬煤裂隙发育过程实测结果

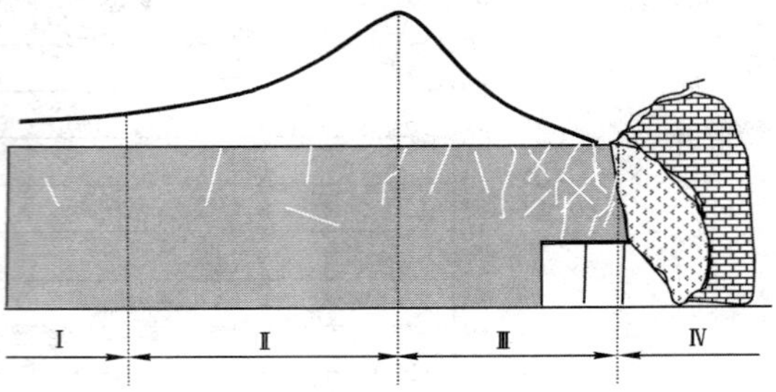

图 5-83 顶煤分区图

(1) 原始状态区Ⅰ

顶煤进入支承压力区以前未受到采动应力场的影响，处于原岩应力状态，其内部只包含一些成煤及构造等作用形成的裂隙和层理等地质弱面。

(2) 压缩变形区Ⅱ

顶煤进入支承压力区以后，煤体处于加载阶段，煤体内原有裂隙和空隙受压闭合，体积收缩，顶煤开始发生少量的变形移动。随着工作面继续推进，顶煤继续受压变形，但处于弹性阶段，符合广义胡克定律，整体体积仍然处于收缩阶段，但收缩的速率逐渐减小。该区内顶煤的整体位移不大，主要是煤体内原生裂隙的闭合和弹性变形产生的。

(3) 拉剪破裂区Ⅲ

随着工作面继续推进，煤体发生拉伸和剪切破坏，煤体中原有裂隙逐渐张开，随着上部岩层压力作用和侧向约束逐渐减弱，煤体中也会产生一些纵向拉伸裂隙和与支承压力呈锐角的剪切裂隙，在原有裂隙和新产生裂隙的尖端会出现拉应力集中，导致这些裂隙扩展、张开和贯通，顶煤的整体强度逐渐失效。随着各种裂隙的急剧产生、扩展和贯通，进入支承压力峰值后，顶煤整体强度失效，维持残余强度值，各种裂隙将煤体切割成碎裂的块体，并成为顶煤破碎时的煤块界面。由于支架的支托，顶煤的破裂块体中大部分仍处于原位的镶嵌状态，或以平动为主。煤体体积已经开始增大（“扩容”），顶煤的整体位移迅速增加，其原因既有顶煤中宏观裂隙的扩张，也有煤体内微裂隙的产生和发育导致体积膨胀。

(4) 散体冒放区Ⅳ

在支架顶梁尾部，顶煤开始冒落，以散体形态堆积在支架掩护梁上。在顶煤位移观测中，由于顶煤的冒落或观测基点的失效或以散体形态的大位移流动，所以难以观测到此阶段的顶煤移动量。

5．影响顶煤冒放性的因素

顶煤的冒放性是指顶煤冒落与放出的难易程度。顶煤的冒放性包含两方面的含义：一是顶煤冒落的形态；二是放出特性，放出特性与顶煤冒落的块度分布密切相关。影响顶煤冒放性的因素很多，如煤层自身强度、各种弱面（裂隙、层理等）的发育与分布情况、夹矸情况、开采深度、顶煤厚度、顶板岩性、工作面长度、支架的架型与放煤工艺等。

(1) 煤体强度

煤体强度是影响顶煤冒放性的主要因素。顶煤硬度系数 f 越大,顶煤的冒落角 α 越小,见图 5-84。对于坚硬煤层($f>3$),通常 α 小于 60°;对于中硬煤层($f=1\sim3$),α 介于 60°～80°之间;对于软煤层($f<1$),α 大于 90°;对于极软煤层($f\leqslant0.5$),由于顶煤在到达支架上方以前已呈现散体流动状态,无法分辨软煤层顶煤的冒落边界,因此不能简单地用 α 反映软煤的冒落形态。顶煤的冒落块度也与硬度系数 f 密切相关。软煤最易冒落,冒落块度小,一般块径在 0.2～0.3 m 以下,可放性好;中硬煤次之,块径多为 0.3～0.6 m,少数可达 1.0 m,可放性较好;硬煤的冒放性最差,冒落块径 1.0 m 左右,大于 1.0 m 的很常见,且支架后部常有悬空的顶煤。对于裂隙不发育的坚硬顶煤,由于冒落角小、冒落块度大、支架后方顶煤悬空等,生产中需采用人工方法预弱化顶煤,以改善顶煤的冒放性,提高其采出率。

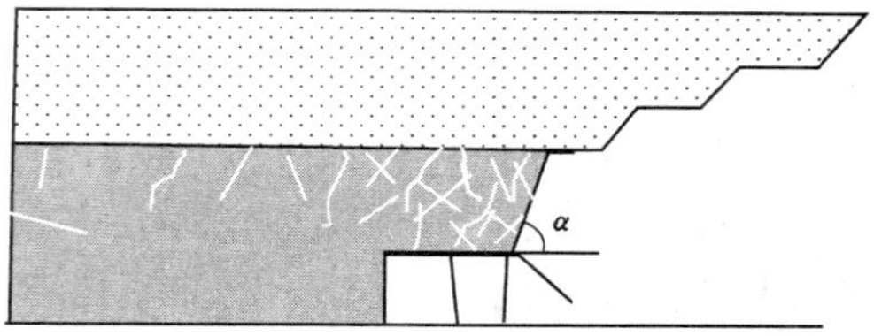

图 5-84 顶煤冒落形态

(2) 煤体裂隙分布的影响

顶煤破裂过程中受煤体中的原生裂隙影响很大,如果顶煤中贯通裂隙多且发育,则这些贯通裂隙往往就会成为顶煤破裂的块度边界。对于非贯通裂隙而言,在支承压力作用下,裂隙尖端会产生应力集中,裂隙扩展,最终成为分割块体的边界。因此,裂隙密度大,在支承压力的充分作用下顶煤破裂的块度小,易于冒放。

裂隙的方位和组数影响着顶煤的冒放性。一般来说,顶煤中含有平行于工作面的裂隙较含垂直于工作面的裂隙更容易冒落,如图 5-85(a)较图 5-85(b)更容易冒落。如果顶煤中含有多组交叉裂隙,则更有利于改善顶煤的冒放性,如图 5-85(c)所示。

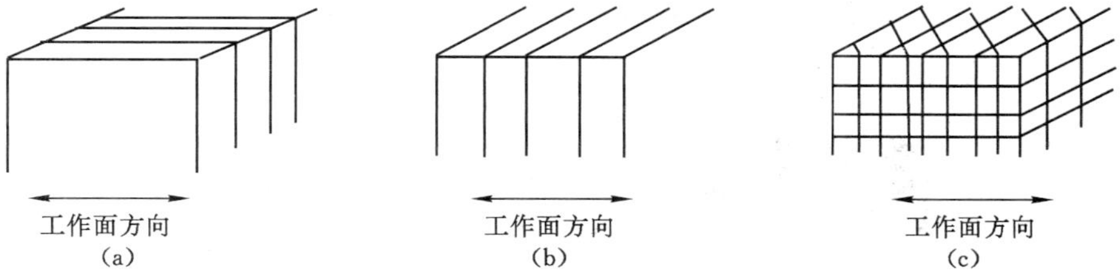

图 5-85 裂隙分布对顶煤冒放性的影响

(3) 顶煤厚度

放顶煤开采要求有一个合理的顶煤厚度,在该厚度下适宜于顶煤的放出与提高顶煤采出率。过薄的顶煤相当于一种伪顶,随采随冒,很难控制它一定在支架尾部冒落,且冒落也无规律可循。由于这种伪顶的存在,还使支架不能有效控制直接顶,导致直接顶超前破碎,到放煤口时,与顶煤混在一起放出,增加了出煤口的含矸率。过厚的顶煤在控顶区内,尤其是上部顶煤很难得到充分松动,直至放煤过程中才开始松动,致使其冒落在采空区难以回收。因此,一般认为顶煤厚度介于 2～10 m 之间会好一些,对于硬煤层,顶煤厚度应不超过 6 m,否则上部顶煤将冒落在采空区内。

(4) 夹矸影响

对于放顶煤开采，厚度 0.3 m 以下的夹矸多呈片状和板状冒落，对冒放性影响不大，但厚度大于 0.4 m 的夹矸多呈大块状冒落，冒落后有时堵塞放煤口，导致顶煤无法放出。另外，顶煤中的厚层夹矸会起到悬臂支托上部顶煤的作用，以至于上部顶煤无法及时冒落，最后冒落在采空区无法回收。如图 5-86 所示。

图 5-86　夹矸对顶煤冒落的影响

二、厚煤层综放采场矿压显现规律

1. 综放采场支架与围岩力学系统模型

综放开采与普通综采在围岩性质方面的差异就是支架上方存在着一层破碎的、强度低的顶煤，该顶煤的存在不仅增大了直接顶（包含顶煤）的厚度，而且改变了直接顶的整体力学特性。因此，采场上覆岩层及其结构所形成的载荷在通过直接顶（包含顶煤）传递到支架上时，将引起支架与围岩力学体系特性的改变。基本顶活动对采场及支架的影响程度取决于直接顶与顶煤的性质、顶煤破坏的发展程度以及支架的刚度。根据支架与围岩体系各组分的力学性质和作用影响程度，建立如图 5-87 所示的综放采场支架与围岩力学系统模型。在图 5-87 中，构成综放采场“支架-围岩”整体力学模型的基本单元与普通综采工作面是相同的（类似图 5-40），即：① 基本顶，由于综放开采一次采出煤厚大于分层开采，因而形成稳定的“砌体梁”结构层的高度必将高于分层开采；② 直接顶（包括顶煤），不仅直接顶的厚度要大于分层开采情况，而且其结构的损伤破碎程度也严重；③ 支架，不仅综放支架结构较分层综采支架复杂，而且由于受放煤等影响，综放支架更加复杂，并受动载影响严重；④ 底板，综放采场底板的完整性较分层要好。

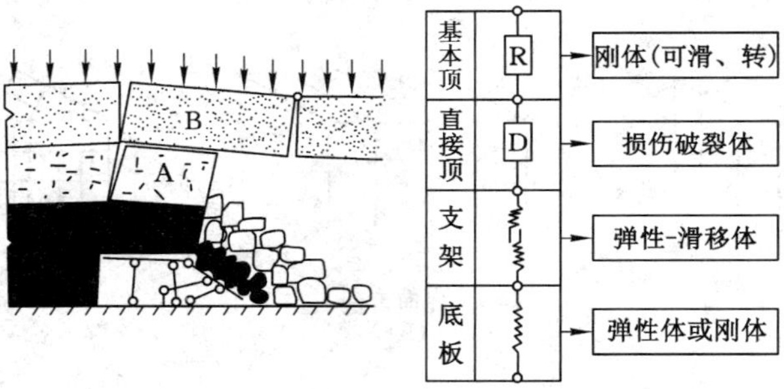

图 5-87　综放采场“支架-围岩”整体力学模型与单元简图

根据综放采场“支架-围岩”整体力学模型中各单元的受力状态和结构特性，可将其简化为相应的受力体，即：① 基本顶，为刚体，在整体力学模型中起主动力作用，给定整个系统转动和滑移变形；② 直接顶，可简化为损伤或破碎体，其作用有两个：一是给支架加载，二是传递基本顶给支架的作用；③ 支架，在考虑到支架安全阀启动的情况下，可作为弹性-滑移体支架，是采场矿压控制的主体；④ 底板，为弹性体或刚体，如用数值方法分析力学模型，可将其视为弹性体，如作理论分析，可将其简化为刚体。在综放采场“支架-围岩”整体力学模型分析中，基本顶单元和直接顶单元是关键，基本顶单元要形成稳定的“砌体梁”结构，它的刚性转动量是有一定范围的，作用于直接顶，即成为给定变形。对于直接顶单元，在综放开采情况下，考虑到顶煤的可放性，其部分介质必定进入破碎状态，破碎状态直接顶的力学特性对于综放采场支架与围岩体系具有重要的影响。

(1) 直接顶(包含顶煤)的整体力学特性

综放采场条件下，把顶煤和其上的直接顶岩层统一视为直接顶。在经历工作面前方超前支承压力的作用后，该直接顶一般进入塑性状态，因此，处在采场支架上方的直接顶的力学状态是处于应力应变全程曲线的峰后区。直接顶成为具有一定刚度的可变形介质，而非完全刚性体。其作用一方面是作为施力介质将其自身的重量作用于支架上，另一个方面是作为传力介质，传递基本顶回转变形产生的回转变形压力。直接顶传递基本顶回转产生的作用力的能力取决于其承载特性。根据对采场直接顶承载特性的研究结果，直接顶的承载具有区域性，由煤壁向采空区方向分为弱承载区、承载区和非承载区，直接顶越软，区域性越明显。根据直接顶承载的区域性特征和刚度特征，从便于分析支架与围岩关系出发，可将直接顶按刚度分为似刚性直接顶、似零刚度直接顶和中间型刚度直接顶三类。不同类型刚度的直接顶表现出不同的力学特性，对支架与围岩关系的影响机制不同。

(2) 综放采场支架的工作状态

支架受力的大小及其载荷分布取决于直接顶的整体力学特性以及与支架的相互作用。因此，支架的工作状态与直接顶的刚度特性相关。当直接顶处在似刚性条件下时，顶板的下沉量与基本顶的位态有关，并不取决于支架的工作阻力。而基本顶的位态取决于采空区矸石的充填程度和压实程度。由于基本顶的回转变形为给定变形，所以支架此时处于给定变形工作状态。当直接顶为似零刚度时，基本顶回转作用于直接顶的回转变形压力为零，因此，支架的载荷与基本顶的位态无关，只取决于直接顶的重量。此时支架处在给定载荷工作状态，顶板的下沉量取决于支架的刚度。当直接顶为中间型刚度时，其在基本顶回转过程中的变形量介于似刚性和似零刚度直接顶之间，支架的载荷由直接顶的重量和基本顶的回转变形压力两部分组成，后者取决于直接顶的刚度。此时支架工作阻力与顶板下沉量呈近似双曲线关系。

2. 综放面矿压显现规律

放顶煤工作面也具有单一煤层采面的一般矿压显现规律，如初次来压、周期来压等。但由于一次采高增大，煤炭开采对直接顶岩层和基本顶的扰动范围增大，加之直接顶力学特性的变化，势必引起采面矿压显现的新特点。为此，我国进行了大量的现场观测与理论研究，基本结论如下：

(1) 综放面的支承压力分布规律表明，与单一煤层开采相比，在顶板、煤层条件及力学性质相同情况下，综放开采的支承压力分布范围大、峰值点前移，支承压力集中系数没有显著变化。

综放面支承压力的分布同时受到煤层强度、煤层厚度等影响。一方面，煤层越软，支承压力分布范围越大，峰值点距煤壁越远。一般来说，对于软煤层，峰值点为 15～25 m，分布范围 40～50 m；对于硬煤层，峰值点为 5～8 m，分布范围 20～30 m。另一方面，煤层越厚，支承压力分布范围越大，峰值点距煤壁越远。放顶煤工作面支承压力峰值点前移的原因是顶煤强度较低引起的。此外，如果顶煤中存在一层较厚的强度较大夹矸层，夹矸层除了影响顶煤冒落形态外，还会影响支承压力分布，使其显现出较硬煤层的支承压力分布特征。

由于顶煤强度低，因此在直接顶与基本顶载荷作用下，靠近工作面的顶煤首先发生破坏，进入塑性区。破坏的顶煤刚度迅速降低，变成弹塑性介质。当载荷继续增加，大于顶煤残余强度时，顶煤不再具有抗载能力，致使顶板载荷向远处逐渐转移，煤体内形成塑性区的范围大，载荷向前方转移的距离较远。煤层强度越低，转移的距离越大，所以支承压力峰值处越远离工作面，见图 5-88。

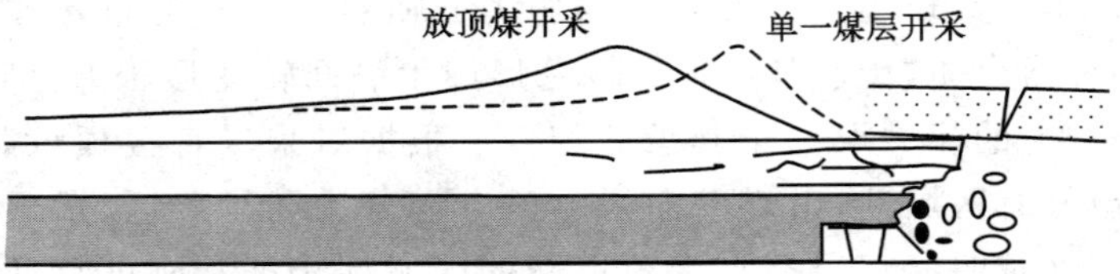

图 5-88　放顶煤开采与单一煤层开采的支承压力分布对比

(2) 实测资料表明，工作面支架载荷不大，说明离工作面不远的高处就形成平衡结构。支架受载并不因采高加大而增加，仅与煤的强度有关。煤的强度大，则顶煤的完整性好，支架载荷稍大。放顶煤工作面仍有周期来压现象，但不明显，初次来压强度也不大。这是由于在“直接顶-支架-底板”支护系统中，破断顶煤的刚度较小，吸收和转移了顶板压力与下沉，使支架受力与活柱下缩量减小。

在正常回采阶段，上覆岩层规则垮落带中形成的“砌体梁”平衡结构离采场较远，不规则垮落带悬梁周期性垮落失稳，引起周期来压。

(3) 放顶煤工作面的煤壁及端面顶板的维护特别重要。因为煤顶容易破碎，尤其当煤壁片帮、煤顶节理和裂隙比较发育、遇有局部断层和褶曲构造、基本顶来压时，加上放顶煤工作面推进速度较慢，容易产生端面冒顶。因此，改善支架端部结构，加大支架的实际端面初撑支护强度就十分重要。

(4) 放顶煤工作面的端头压力和两端平巷压力并不大，虽然一次采全高引起支承压力增加，但是回采巷道的矿压显现较分层多次开采缓和，在兖州、郑州及石炭井等矿区的测定均是这样。

(5) 支架前柱的工作阻力大于后柱的工作阻力。放顶煤工作面综放支架前柱的工作阻力普遍大于后柱，一般大 10%～15%，最高的可达到 37%。受放煤工序的影响，支架后立柱在放煤后有相当比例呈现阻力下降，甚至阻力降为零，造成支架支护强度下降，稳定性和可靠性降低。具体情况与顶煤的硬度和冒落形态有关。对于软煤而言，顶煤破碎和放出较充分，支架顶梁后部上方的顶煤较少，不利于传递上覆岩层的作用。同时，支架承受冒落煤矸冲击造成的动载荷影响明显。

(6) 下分层综放时的矿压显现规律。有时为了排放瓦斯的需要，或是为了提高煤炭采出率等，采取了先用综采方法预采顶分层，然后剩余的下部煤层采取综放开采技术。下分层综放开采时的矿压显现仍然具有一般开采的矿压规律，但矿山压力显现程度有所减弱，见表 5-17。

表 5-17 预采顶分层和一次采全高综放面矿山压力显现比较

综放开采方法	初次来压		周期来压		平均初撑力/kN	工作阻力/kN
	步距/m	动载系数	步距/m	动载系数		
预采顶分层	26～28	1.22	7～8	1.08～1.20	1 332	1 438
采全高	26～28	1.37	8～10	1.11～1.28	1 118	1 305

三、采场压架事故防治

厚煤层综放开采破碎的、强度低的顶煤，改变了直接顶的整体力学特性。因此，采场上覆岩层及其结构所形成的载荷在通过直接顶(包含顶煤)传递到支架上时，将引起支架与围岩力学体系特征的改变。所以，基本顶活动对采场及支架的影响程度主要取决于顶煤的性质、顶煤破坏的发展程度(如图 5-40 和图 5-87 所示的支架与围岩体系刚度模型)。顶煤硬度越大，基本顶破断运动传递给支架的载荷也越大；当支架支护阻力不足时，将易发生压架、冒顶等顶板事故。尽管我国多数综放面支架阻力不大，不存在压架问题，但个别矿区因煤层坚硬也发生过压架事故。如大同矿区石炭纪特厚煤层采用综放开采时，由于顶煤硬度大，基本顶破断回转传递给支架的载荷大，造成工作面矿压显现强烈，曾发生 70 多起支架活柱大幅下缩的强烈矿压现象(见表 5-18)。因此，采取合理措施降低顶煤刚度(对顶煤实施爆破或注水软化)、合理设计支架工作阻力，是厚煤层综放开采工作面顶板控制的有效措施。

表 5-18 大同矿区同忻、塔山煤矿部分工作面压架事故汇总表

矿井	工作面	面宽/采高/m	支架阻力/kN	发生次数	压架时工作面推进距离/m	支架活柱下缩量/mm
同忻煤矿	8101	205/13.5	15 000	4	502、761、1 088、143	1 000～1 200
	8100	205/13.5	15 000	2	808、964	900～1 100
	8106	212/12.8	15 000	6	143、300、482、706、817、1 208	800～1 100
	8107	240/14.3	15 000	6	114、295、545、850、1 049、1 309	900～1 200
	8105	200/14.5	15 000	5	158、310、490、844、1 140	800～1 000
	8104	206/14.0	15 000	3	434、796、1 476、1 567	800～1 100
	8103	200/14.0	15 000	4	538、1 121、1 481、1 677	700～1 100
	8203	203/14.5	15 000	9	269、386、561、703、1 033、1 210、1 505、1 571、1 622	800～1 200
塔山煤矿	8202	236/12.0	10 000	5	460、539、629、706、872	500～1 000
	8206	237/12.5	13 000	6	62、142、184、551、649、732	600～900
	8208	236/13.0	13 000	7	102、415、450、529、1 098、1 219	900～1 200
	8210	236/12.8	13 000	4	780、1 431、1 485、1 630	800～1 100
	8212	235/13.5	13 000	2	713、1 702	700～1 000
	8214	230/13.0	13 000	2	590、763	600～900
	8216	236/13.8	15 000	5	518、906、967、1 016、1 133	700～1 000
累计压架事故总次数					73	

1. 降低顶煤刚度的人工辅助措施

对于裂隙不发育的坚硬厚煤层($f \geqslant 3.5$),实施综放开采时,通常需采用顶煤爆破或注水方法降低顶煤刚度,同时改善顶煤的冒落形态和冒落块度。大同忻州窑矿实施了顶煤预爆破技术弱化顶煤收到了良好效果。如图 5-89 所示,在工作面顶煤中沿顶板掘进两条平行煤巷,在巷内钻进平行于采面的深孔,在工作面支承压力区前方利用深孔实施顶煤预爆破,在顶煤中形成爆破裂隙并扩展煤体中的原有裂隙,增大裂隙密度,从而在整体上改变了顶煤的性质,降低了顶煤整体强度;然后在支承压力作用下,对顶煤进行压裂和破碎,使之具有较好的冒落形态和冒落块度,易于将顶煤放出,同时也降低了工作面压架风险。

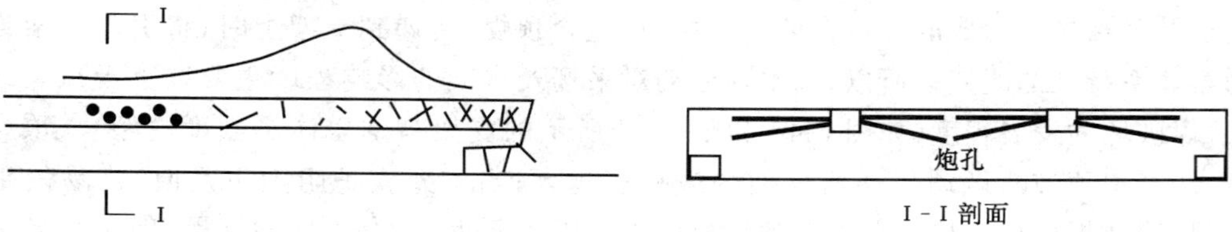

图 5-89 顶煤预爆破示意图

在煤炭产量较低的工作面,也可在支架间向顶煤钻孔进行爆破,破碎支架上方顶煤。采用注水软化顶煤时,可在顶煤中开掘专用注水施工巷道,向两侧顶煤中钻进注水钻孔,也可利用工作面两巷施工注水钻孔。

2. 支架合理工作阻力确定

根据已有的试验结果,缓倾斜放顶煤开采时,支架的工作阻力情况见表 5-19。虽然表中所列实测结果是在不同放煤高度、支架架型、支护强度等条件下的矿压显现,然而支架的实际支护强度一般为 200～380 kPa,顶板来压强度对支架受载的变化影响并不大,采放高度与对支架受载影响也不大。也就是说,虽然综放开采的一次采出厚度较大,但受顶煤较软“弹簧垫层”的缓冲作用,上覆基本顶破断运动传递给支架的载荷并不像相同采厚条件下综采时的载荷那么大。由于不同开采条件下顶煤刚度差异较大,难以建立定量化的力学模型进行支架阻力计算,因此,常采用实测统计法进行支架工作阻力的估算。

表 5-19 放顶煤工作面支架阻力

使用矿区	架型	初撑力 P_0 /kN	平均阻力 P_t /kN	末阻力 P_m /kN	支护强度 /kPa	动载系数
阳泉	FD440-1.65/2.6	540	1 433	1 704	262	1.4
潞安	ZFD4000-17/33	1 237	1 784	2 059	233	1.15
平顶山	FD440-16	1 800	2 040	2 232	385	1.3
阜新	BYC400-16/28	358	1 011	1 360	200	1.23

据实测结果统计,随着采放煤厚度增加,顶板来压时支架的循环末支护强度随之升高,但增加幅度很小。若以煤层厚度与岩石重力密度的乘积表示支架支护强度,则可写成:

$$q = k \cdot n \cdot m \cdot \gamma$$

式中 q——支架支护强度，kPa；

k——安全系数，取1.2～1.5；

n——折算系数；

m——煤层厚度，m；

γ——岩石重力密度，取25 kN/m^3。

据统计，折算系数在来压与非来压期间是不同的，来压时其关系为：

$$n = 9.768m^{-0.79}$$

如果以顶板来压时支架的载荷作为设计支架工作阻力的基础，则可写成：

$$q = 9.768km^{0.21}\gamma$$

如果支架工作阻力利用率按75%考虑，即 $k=1.33$，则 $q=325m^{0.21}$。

习 题

1. 回采工作面支柱的特性有几种？试比较其优缺点。

2. 简述保持回采工作面支柱特性的重要性及主要措施。

3. 液压自移支架分类的特点是什么？简述其优缺点。

4. 在工作面架设支架时，怎样才能做到充分发挥支柱的工作特性？

5. 什么是支架在工作面的运转特性（“P-t”曲线）？它与支架特性曲线有什么区别及关系？

6. 试从掩护式液压支架的结构特征及受力分析简述其适用条件。

7. 试比较单铰式掩护支架与双铰式掩护支架的支撑效率。

8. 试分析掩护支架掩护梁上受力对底座载荷分布的影响。

9. 试从支撑掩护式液压支架的结构特征及受力分析简述其适用条件。

10. 简述我国缓倾斜煤层工作面顶板分类方案。

11. 按我国目前普遍采用的架型分类方法解释：① 支撑式液压支架；② 掩护式液压支架；③ 支撑掩护式液压支架。

12. 简述采场支架与围岩关系的特点。

13. 怎样理解采场支架工作阻力与顶板下沉量的“P-ΔL”近似呈双曲线关系？

14. 简述直接顶的刚度特性对采场支架工作状态的影响。

15. 简述液压支架选型对顶板控制的重要性，以及如何确定合理的支架支护强度。

16. 怎样理解支架合理的工作阻力？

17. 试分析综采工作面支护质量监测对于改善工作面“支架-围岩”关系、确保工作面安全高效的作用。

第六章 采区巷道矿压显现与控制

第一节 概 述

采区内巷道一般包括准备巷道和回采巷道两类，具体指采区上（下）山，区段运输平巷和回风平巷（其中包括集中上、下山或分层的上、下山，区段集中平巷和区段分层平巷），以及工作面的开切眼和各种联络巷道。生产矿井每年掘进的巷道中采区内的准备巷道和回采巷道占 80%以上。

为建立采区、盘区和带区完整的运输、通风、动力供应、排水、行人等生产系统，需在已有开拓巷道的基础上再开掘一系列巷道，服务于整个采区、盘区和带区生产，并与回采巷道相连。这些为准备采区、盘区或带区而开掘的主要巷道，称为准备巷道。准备巷道的布置方式，称为准备方式。准备巷道在一定时期内为全采区、盘区或带区服务，或为整个区段或分带服务。准备巷道包括上下山、车场、区段或分带集中巷、采区石门、绞车房、变电所和煤仓等。

形成采煤工作面及直接为采煤工作服务的巷道，称为回采巷道，主要包括采煤工作面的开切眼、区段运输平巷、区段回风平巷等。回采巷道布置，主要是指运输平巷和轨道平巷的布置，涉及坡度、方向、位置、断面、数目及与工作面开采的时空关系。

大部分采区内巷道在煤层内开掘，巷道两帮和顶底板往往是强度较低的煤体或煤柱，有时甚至是已冒落的矸石，这种低强度介质或松散体不利于采区巷道的维护。同时，采区内巷道邻近回采工作面，在不同程度上以不同方式都受到回采工作面的采动影响。因此采区内巷道围岩移动量大，断面收缩率高，并容易发生顶板局部冒落、巷道片帮、底板鼓起等严重的矿压显现。为了保证巷道正常使用和工作安全，许多矿井每年不得不花费大量人力和支护材料对采区巷道进行维护和翻修。

在影响巷道稳定的诸多因素中，最重要的是围岩应力、围岩强度以及二者相互关系。为了维护好采区巷道，首先要掌握采区巷道矿压显现规律，特别是受回采影响的矿压显现规律，以便在此基础上制订有效的采区巷道矿压控制措施，包括降低巷道围岩应力，提高围岩强度，对巷道进行有效支护等。显然，所有这些措施应以矿井系统安全并能取得最佳技术经济效果为基本原则。

第二节 采区巷道围岩应力

一、受采动影响巷道的围岩应力

煤层开采过程破坏了原岩应力场的平衡状态，引起应力重新分布，并制约着采动巷道的稳定性。煤层开采以后，在采空区四周形成支承压力带(参见图 4-18)，工作面前方形成超前支承压力，它随着工作面推进而向前移动，称为移动性支承压力或临时支承压力。工作面倾斜和仰斜方向及开切眼一侧煤体上形成固定支承压力或残余支承压力。超前支承压力会对运输平巷与回风平巷的矿压显现产生影响，工作面侧向残余支承压力还会对采空区后方巷道矿压显现产生影响。

回采工作面超前支承压力、倾向残余支承压力的集中程度、影响范围和分布形式是有所不同的。图 6-1 表示回采工作面周围支承压力在煤层平面内的分布状况，由图可知，各种支承压力的峰值离采空区边缘的距离及其在煤层内的影响范围并不相同，而且有些支承压力的影响范围随着与回采工作面的距离加大而稍有变化。一般来说，超前支承压力峰值位置深入煤体内的距离为 2～10 m，其影响范围视具体情况而不同，可达工作面前方 20～30 m 至 90～100 m。工作面倾向支承压力与超前支承压力相比，其峰值位置深入煤体内的距离较远，而影响带宽度则较小，其影响范围也随远离回采工作面而逐渐有所变化。上述情况说明开采后支承压力的分布范围及所产生的剧烈影响，在时间和空间上都有变化。

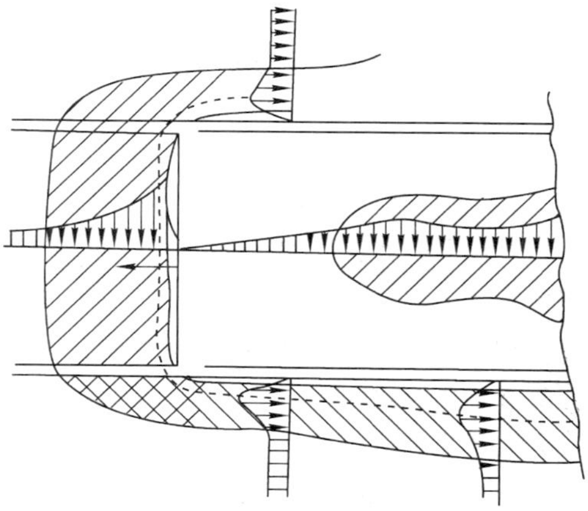

图 6-1　回采工作面周围支承压力在煤层平面内分布示意图

煤层开采引起回采空间周围岩层应力重新分布，不仅在回采空间周围煤体(柱)上造成应力集中，还会向底板深部传递，在底板岩层一定范围内重新分布应力，成为影响底板巷道布置和维护的重要因素。底板岩层内任一点的应力，主要取决于上部煤柱(体)的载荷、该点与煤柱(体)的垂直距离及该点与煤柱(体)边缘或中心线的水平距离，无论在何种形式煤层载荷的作用下，底板岩层内应力分布都呈扩展状态(参见图 2-26)。

除在煤柱下方底板岩层一定范围内形成应力增高区外，位于煤柱附近的采空区下方底板岩层一定范围内形成应力降低区。底板岩层在受采动影响过程中，随工作面推进，垂向应力在高度集中后急剧卸压，在铅直方向产生压缩和膨胀；同时伴生水平方向的压缩和膨胀，出现水平应力升高区和卸压区。采空区下方底板浅部卸压甚至出现拉应力，岩层强度已大为减弱。位于应力降低区内的底板巷道，与上部采空区及煤柱边缘之间应保持一定距离。

二、相邻巷道的应力分布及巷道间距的确定[42]

相邻巷道的间距应使巷道间的相互影响不明显改变围岩的稳定性。一般从巷道围岩应力影响带和巷道间煤岩柱的稳定性两方面分析研究。

1．巷道围岩应力影响带

巷道开掘以后，巷道周围岩体内的应力重新分布。巷道围岩应力受扰乱的区域称为影响带，一般以超过原岩应力值的 5% 作为影响带的边界。如果相邻巷道的应力影响带彼此不重叠，可忽略巷道间的相互影响。如果相邻巷道的应力影响带彼此重叠，但没有到达相邻巷道，可进行巷道围岩应力值的叠加。各向同性弹性岩体中单一圆形巷道围岩内应力分布计算表明，在静水压应力场中，巷道的应力影响区形状为半径等于 $6a$ 的圆（a 为巷道断面半径）。在非静水压应力场中，巷道的应力影响区形状不再是圆形，一般为长轴不大于 $12a$ 的椭圆。因此，断面相同的两圆形巷道的间距 D 为：

$$6r < D < 12r \tag{6-1}$$

半径不同的两圆形巷道的间距 D 为：

$$6R < D < 6(r+R) \tag{6-2}$$

式中 R——大圆形巷道半径，m；

r——小圆形巷道半径，m。

确定相邻非圆形巷道间距时，应根据巷道断面形状进行具体计算。一般情况下可借鉴式(6-1)、式(6-2)近似计算。

如围岩局部的应力超过岩体强度，巷道周边向岩体深部扩展到一定范围形成塑性变形区，在塑性区与弹性区交界处围岩应力集中。确定相邻巷道间距时，相邻巷道的应力影响带不宜超过巷道塑性变形区与弹性变形区的交界。

2. 巷道间煤岩柱的稳定性

煤岩柱的稳定性主要取决于岩柱的载荷和煤岩柱强度。当煤岩柱所承受的载荷超过其承载能力时，煤岩柱是不稳定的。当煤岩柱所承受的载荷小于其承载能力时，煤岩柱是稳定的。计算煤岩柱载荷的理论有压力拱理论、有限区域理论（经典公式、King 公式）和 Wilson 理论。煤岩柱的强度主要由组成煤岩柱的岩体强度、煤岩柱的宽度和高度及总的构造特征决定。已为大量现场资料所验证的经验公式有 Obert-Dwvall/Wang(1967)和 Bieniawski(1968)公式：

$$R = R_c\left(0.778 + 0.222\frac{B}{h}\right) \tag{6-3}$$

式中 R——煤岩柱强度，MPa；

R_c——煤岩柱原位临界立方体单轴抗压强度，MPa；

B——煤岩柱宽度，m；

h——煤岩柱高度，m。

试验结果表明，当煤岩柱的宽高比 $B/h>5$ 时，岩柱强度将随 B/h 的增加而显著增大；当 $B/h>10$ 时，一般情况下煤岩柱不易被破坏。

3. 相邻巷道间的合理距离

相邻巷道间的合理间距由巷道断面尺寸、巷道埋深、围岩强度、岩层层位与巷道的交叉关系、工程环境等因素决定。我国煤矿在目前采深条件下，大巷间的距离以 20～40 m 为宜，围岩较稳定时取小值，不稳定时取大值；在浅部和坚硬围岩以及在急倾斜煤层条件下，大巷间距可减小至 10 m；在深部和松软围岩条件下，大巷间距可增大至 50 m。上下山及集中巷间距以 15～30 m 为宜，围岩较稳定时取小值，不稳定时取大值；在浅部和坚硬围岩以及在急倾斜煤层条件下，上述间距可减小到 10 m；在深部和松软围岩以及厚煤层内，上述间距应扩大到 40～50 m。

三、构造应力对巷道稳定性的影响

1. 构造应力

构造应力是由于地壳构造运动在岩体中引起的应力。构造应力包括地质构造发生过程中在地下岩体内所产生的应力，以及已结束的地质构造运动残留于岩体内部的应力。从工程角度看，古构造应力、新构造应力和在岩石生成过程中形成的结构内应力都属于构造应力。构造应力主要集中在地质构造变动比较剧烈的地区。例如，褶曲带中曲率半径比较小的区域，岩层发生扭转的地点，断层附近（特别是断层端部和两断层交汇处），以及岩层厚度发生剧变的地方。因为拉应力构造通常有利于构造应力的释放，构造应力主要集中在压应力构造带和剪应力构造带。实测资料表明：原岩应力场内铅直应力基本上等于上覆岩层重量，而由于构造应力的存在，水平应力普遍超过铅直应力。水平构造应力一般为铅直应力的 0.5～5.5 倍，在地质条件复杂地区甚至更高。构造应力的基本特点是以水平应力为主，且具有明显的方向性和区域性。

目前，应用地质力学方法研究构造应力场只是定性分析。要取得构造应力大小和方向的定量资料，必须进行实地测量。测试方法主要有：应力恢复法、应力解除法和水压致裂法。任何一种实测方法都需要通过扰动，打破原有状态，在从一种平衡状态到新的平衡状态的过程中，通过对应力效应的间接测量来实现。煤矿中常用应力解除法。

2. 水平应力对巷道稳定性的影响

水平应力是影响巷道顶板冒落、底板鼓起、两帮内挤的主要因素。顶板岩层在水平应力作用下可能出现两种破坏形式：一是薄层的页岩类岩层沿层面滑移；二是厚层的砂岩类岩层以小角度或沿小断层产生剪切，顶板失稳冒落。在软岩和厚煤层中，底板岩层在水平应力作用下，与形成褶曲构造相类似，向巷道空间鼓起。如果底板岩层呈黏塑性变形，底板岩层进入蠕变状态。因此，高水平应力是造成底板岩层破坏和强烈底鼓的主要原因。水平应力在巷道两帮引起较大的拉应力，造成两帮破裂、鼓出和塌落，破坏深度较大。

3. 合理的巷道布置方向

构造应力具有明显的方向性，巷道轴向与构造应力方向之间夹角不同，巷道围岩水平应力集中程度也不同，并有很大差异。因此，在构造应力影响较强烈的区域，要重视巷道布置方向，依靠正确调整巷道方向与构造应力方向间的关系，削减构造应力对巷道围岩稳定性的影响。

原岩应力场一定时，通过计算不同巷道方向条件下巷道围岩应力的变化，分析巷道与构造应力之间方向夹角对巷道稳定性的影响关系，确定合理的巷道方向。选择全平面应变计算模型，全平面应变问题是在平面应变问题分析的基础上叠加一个面外剪切及一个单向压缩应力状态。这种计算模型考虑了与巷道轴向有关的应力分量，适用于分析构造应力对不同方向巷道的稳定性的影响。计算简图如图 6-2 所示，原坐标系 xyz 的坐标轴方向与 3 个主应力 σ_1、σ_2、σ_3 的方向重合，σ_1 表示以水平构造应力为主的水平应力，σ_2 表示铅直方向主应力，σ_3 代表除构造应力外其他因素引起的水平应力；z 轴与巷道轴向重合。巷道改变方向后，建立新的坐标系 $x'y'z'$，z' 轴表示改变后的巷道轴向，巷道方向与构造应力方向间夹角为 α。θ 角为圆形巷道断面的坐标角，以 x' 轴为起始线，计算圆形巷道周边应力值。

根据由水平构造应力引起的圆形巷道周边切向应力 σ_θ、周边径向位移 u 的分布，依据围岩周边应力、位移分析巷道稳定性。计算结果表明，巷道轴向与构造应力方向平行时，构造应力对巷道的稳定性影响最小；巷道轴向与构造应力方向垂直时，影响最大。构造应力对巷道稳定程度的影响，主要随 α 角正弦的平方值变化。如果 α 角小于 25°～30°，构造应力对巷道稳定性的影响无明显变化。在巷道轴向平行、垂直构造应力方向条件下，周边切向、径向应力分布见图 6-3。

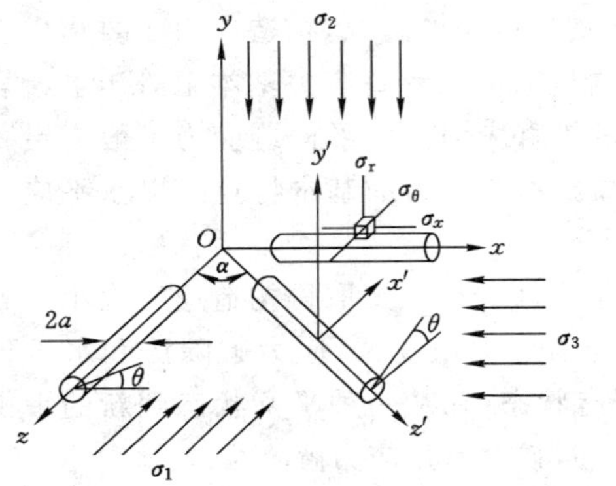

图 6-2 巷道轴向与构造应力成一定角度时，周边围岩应力计算简图

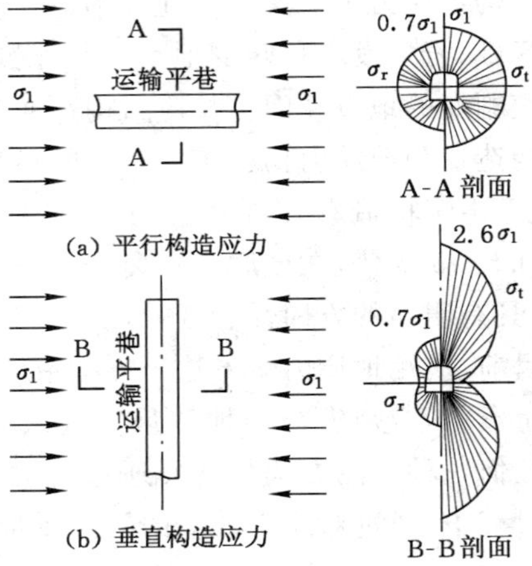

图 6-3 巷道轴向平行、垂直构造应力条件下周边围岩应力分布

第三节 采区巷道变形与矿压显现

一、巷道位置类型

根据巷道与回采空间相对位置及采掘时间关系的不同，巷道位置可以分为以下几类。

(1) 与回采空间在同一层面的巷道称为本煤层巷道，分析本煤层巷道位置时，仅考虑回采空间周围煤体上支承压力的分布规律，可作为平面问题处理。

(2) 与回采空间不在同一层面，位于其下方的巷道称为底板巷道，分析其位置时，应该考虑回采空间周围底板岩层中应力分布规律，按空间问题处理。当然，位于回采空间所在层面上方的巷道称为顶板巷道。分析顶板巷道位置时，不仅要考虑回采空间周围顶板岩层中应力分布规律，还要考虑上覆岩层移动、破坏规律。

(3) 厚煤层中、下分层以及相邻煤层中的煤层巷道，有可能同时受到本分层和上分层以及相邻煤层采面的采动影响。分析这类巷道位置时，依据巷道与回采空间位置和采掘时间关系，综合考虑回采空间周围煤体上支承压力和顶、底板岩层中应力的叠加影响。

巷道位置参数既明确了巷道所在的层位及其围岩性质，也决定了巷道受到采动影响的程度，而围岩性质是影响巷道维护诸因素中最为重要的因素。因此，在距开采空间合理距离范围内，巷道应布置在相对稳定的岩层中。本煤层巷道与开采空间在同一层面内，它的位置参数是巷道与采空区边缘的距离，即保护煤柱的宽度。底板巷道与开采空间不在同一层面内，它的位置参数是巷道与上部煤层之间的垂直距离、巷道与上部煤柱(体)边缘之间的水平距离。

二、区段巷道矿压显现规律

1. 区段巷道的布置方式

根据区段回采的准备系统，区段巷道有三种布置方式。

(1) 位于未经采动的煤体内，巷道两侧均为煤体，称为煤体-煤体巷道(见图 6-4 中Ⅰ)。薄煤层、中厚煤层和厚煤层上分层的区段运输巷一般都属于这种布置方式。

(2) 巷道一侧为煤体，另一侧为保护煤柱，如果保护煤柱一侧的采面已经采完且采动影响已稳定，掘进的巷道称为煤体-煤柱(采动稳定)巷道(见图 6-4 中 $Ⅱ_1$)；如果与保护煤柱一侧的采面区段巷道同时掘出，或在保护煤柱一侧的采面回采过程中，掘进的巷道称为煤体-煤柱(正采动)巷道(见图 6-4 中 $Ⅲ_1$)。

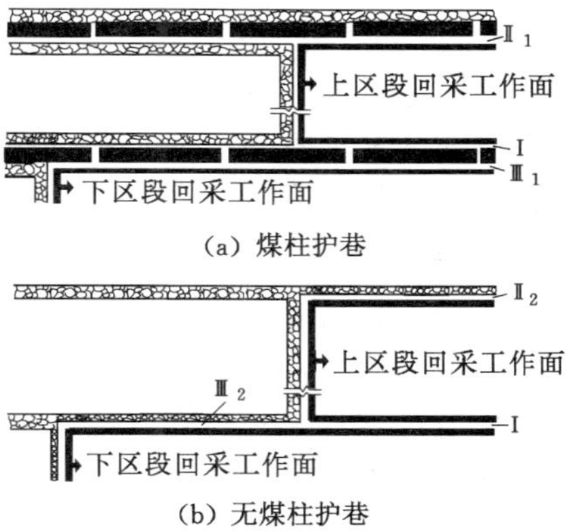

(a) 煤柱护巷

(b) 无煤柱护巷

图 6-4　区段巷道布置方式示意图

(3) 巷道一侧为煤体，另一侧为采空区，如果采空区一侧采动影响已经稳定，沿采空区边缘掘进的巷道称为煤体-无煤柱(沿空掘进)巷道(见图 6-4 中 $Ⅱ_2$)；如果通过加强支护或采用其他有效方法，将相邻区段巷道保留下来，作为供本区段工作面回采时使用的巷道，称为煤体-无煤柱(沿空保留)巷道(见图 6-4 中 $Ⅲ_2$)。

2. 区段巷道矿压显现规律

(1) 煤体-煤体巷道Ⅰ服务期间内，围岩的变形将经历巷道掘进影响、掘进影响稳定和采动影响三个阶段。由于巷道在采面后方已经废弃，巷道仅经历采面前方采动影响，围岩变形量比采动影响阶段全过程小得多，一般仅 1/3 左右。

(2) 煤体-煤柱或无煤柱(采动稳定)巷道 $Ⅱ_1$、$Ⅱ_2$ 服务期间，围岩的变形同样经历巷道掘进影响、掘进影响稳定和采动影响三个阶段(工作面前方采动影响)。但是巷道在整个服务期间内，始终受相邻区段采空区残余支承压力的影响，三个影响阶段的围岩变形均大于煤体-煤体巷道Ⅰ。巷道的围岩变形量除了取决于开采深度、巷道围岩性质、工作面顶板结构和相邻区段采空区采动稳定程度外，与沿空护巷方式及保护煤柱宽度密切相关。

(3) 煤体-煤柱或无煤柱(正采动)巷道 $Ⅲ_1$、$Ⅲ_2$ 服务期间，围岩的变形将经历全部的五个阶段，围岩变形量远大于无采动及一侧采动稳定后巷道。这类巷道的围岩变形量除了与开采深度、巷道围岩性质、采动状况有关外，工作面顶板结构、沿空护巷方式和煤柱宽度也会起决定性作用。

三、底板巷道矿压显现规律

1. 底板巷道的位置

在上部煤层回采活动影响下，底板巷道的受力状况和围岩变形有很大差别。按照巷道与上部煤层回采空间的相对位置和开采时间关系，巷道的位置可归纳为以下 3 种情况。

(1) 布置在已稳定的采空区下部，在上部煤层回采空间形成的底板应力降低区内，见图 6-5 中Ⅰ。巷道整个服务期间内不受采动影响。

(2) 布置在保护煤柱下部，经历保护煤柱两侧回采工作面的超前采动影响，见图 6-5 中Ⅱ。保护煤柱形成后，一直受保护煤柱支承压力的影响。当保护煤柱足够宽或者巷道与保护煤柱的间距足够大时，巷道可以避开采动影响，处于原岩应力场内。

(3) 布置在尚未开采的工作面下部，经历上部采面的跨采影响后，位于已稳定的采空区下部应力降低区内，见图 6-5 中Ⅲ。

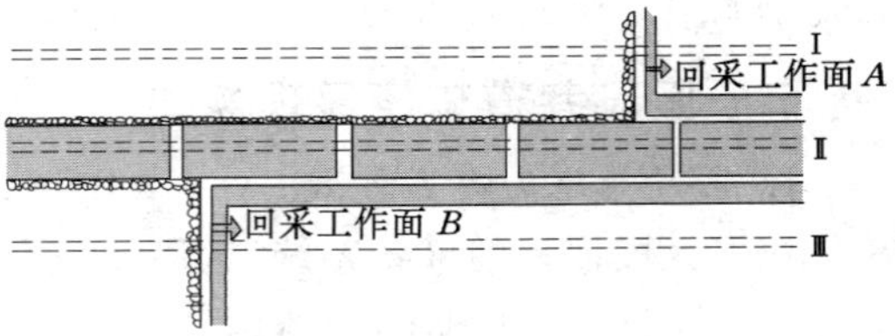

Ⅰ—在已稳定的采空区下部；Ⅱ—在保护煤柱下部；Ⅲ—在尚未开采工作面下部，经历上部采面的跨采影响。

图 6-5　底板巷道位置

2. 底板巷道的矿压显现规律

底板巷道从开掘到报废，由于上部煤层的采动影响，引起围岩应力反复重新分布，围岩变形速度随之变化。巷道Ⅰ仅经历在应力降低区内的巷道掘进影响阶段，然后进入掘进影响稳定阶段，围岩变形趋向稳定，变形量不大。巷道Ⅱ围岩变形要经历掘巷期间明显变形，然后趋向稳定，保护煤柱不足够宽时，受上部煤层工作面 A 回采影响期间显著变形，然后又趋向稳定；受上部煤层工作面 B 回采影响期间强烈变形，然后再次趋向以较大的变形速度持续变形[见图 6-6(a)]。巷道Ⅲ围岩变形要经历掘巷期间明显变形，然后趋向稳定，工作面跨越开采时引起围岩强烈变形，然后又趋向稳定[见图 6-6(b)]。

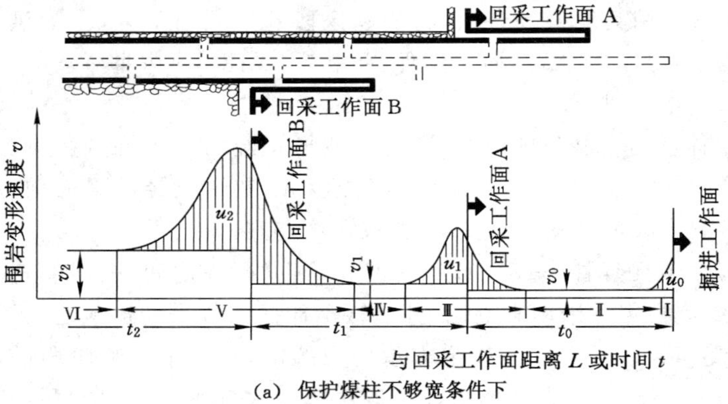

(a) 保护煤柱不够宽条件下

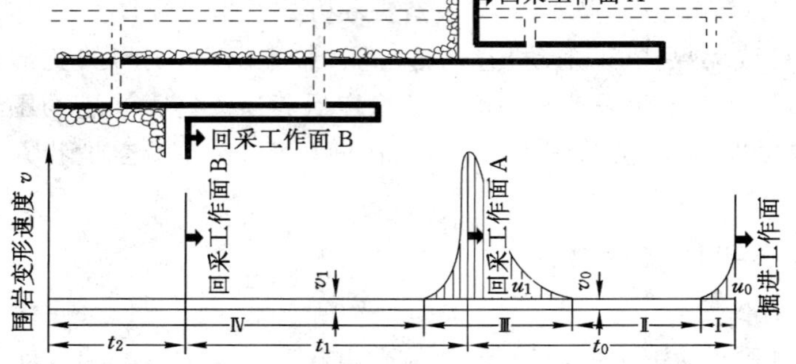

(b) 采面跨采条件下

图 6-6　受上部煤层采动影响底板巷道变形

四、上、下山矿压显现规律

1. 上、下山巷道的位置

开采薄及中厚的单一煤层时，适用于布置煤层上、下山，用煤柱保护。位于底板岩层或邻近煤层内的上、下山，按巷道与回采空间的相对位置和回采顺序，可将上、下山的布置方式归纳为图 6-7 所列举的类型。

(1) 位于煤层内用煤柱保护的上、下山[见图 6-7(a)]。

(2) 位于底板岩层内上方保留煤柱的上、下山[见图 6-7(b)]。

(3) 上、下山位于底板岩层内，上部煤层工作面跨越上、下山回采，不留护巷煤柱。跨越方式如图 6-7(c)所示，左翼工作面先回采到上、下山附近处停采，然后右翼工作面跨越上、下山回采到左翼工作面停采线附近停采，保留停采煤柱。

(4) 上、下山位于底板岩层内，上部煤层工作面跨越上、下山回采，不留护巷煤柱。跨越方式如图 6-7(d)所示，右翼工作面在左翼工作面还远离上、下山时就跨越上、下山。

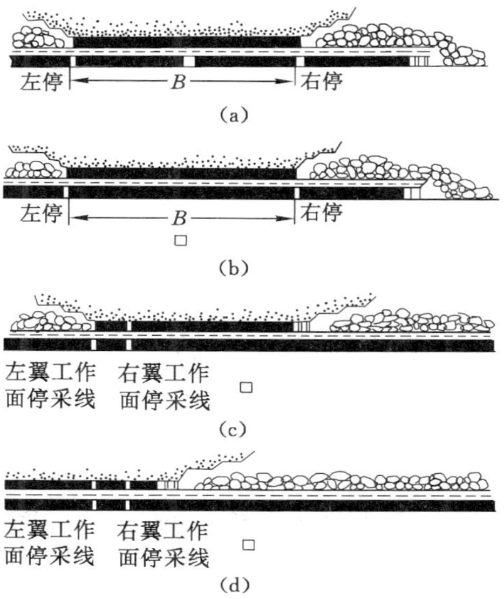

图 6-7 受采动影响的上、下山布置方式

随着综合机械化采煤的发展，不少矿井采用跨越底板岩层内多组上、下山连续回采，不留停采煤柱，使综采工作面连续推进长度达到 2 000～3 000 m。布置在底板的上、下山，上部煤层工作面跨采期间，如果留有区段保护煤柱，位于区段交接部位的上、下山上部会形成两侧采空或三侧采空的区段煤柱。上部工作面跨采过后，上、下山不仅没有处于采空区的应力降低区内，反而要长期受区段煤柱上高度集中的支承压力的影响。因此底板上、下山上部煤层工作面跨采时，不宜保留区段保护煤柱。

2. 上、下山巷道矿压显现规律

(1) 上、下山巷道[图 6-7(a)、(b)]围岩变形将经历掘巷期间明显变形，然后趋向稳定，一翼采动影响期间显著变形，然后又趋向稳定，另一翼采动影响期间强烈变形，最后在两侧采空引起的叠加支承压力作用下，再次趋向以较大的变形速度持续变形重复这六个阶段。各时期围岩变形量的大小，主要取决于护巷煤柱的宽度、巷道与上部开采空间的距离及围岩的性质。

(2) 上、下山巷道[图 6-7(c)]围岩变形在掘巷期间、掘巷影响趋向稳定期间、一翼采动影响期间、一翼采动影响趋向稳定期间与上、下山用煤柱保护时基本相同。但是，在另一翼跨采影响期间，上、下山开始受两侧采动引起的支承压力的叠加影响，随着右翼工作面推进，左右两翼工作面间的煤柱逐渐缩小，支承压力的影响急剧增加，附加围岩变形量远大于用煤柱保护时围岩附加变形量，而跨采后处于应力降低区内的围岩平均变形速度又明显小于用煤柱保护时两翼采动影响趋向稳定时期的围岩平均变形速度。

(3) 上、下山巷道[图 6-7(d)]的围岩变形只经过掘巷期间明显变形，然后趋向稳定，跨采引起围岩变形急剧增加，以及跨采之后围岩变形趋向稳定四个时期，总变形量较图 6-7(c)显著减少（见图 6-8）。显然，对于底板巷道跨采方式，采用先采工作面先跨方式[图 6-7(d)]较后采工作面跨采方式[图 6-7(c)]更有利于底板巷道的保护。

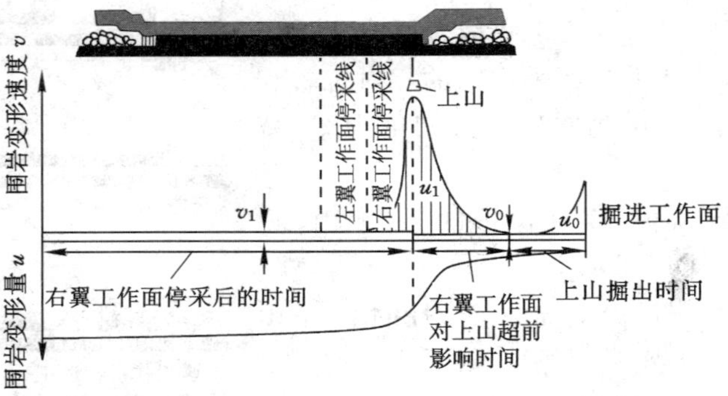

图 6-8　上、下山巷道[图 6-7(d)]围岩变形

五、受采动影响巷道围岩变形的基本构成

1. 巷道围岩变形量的构成

巷道围岩变形量包括巷道顶板下沉量、底板鼓起量、巷帮移近量、深部围岩移近量以及巷道剩余断面积等。巷道顶底板移近量是指巷道中心线高度减少值，两帮移近量是指巷道沿腰线水平的减少值。巷道围岩变形量主要由掘进引起的变形、回采引起的变形以及采掘影响趋向稳定后的围岩流变组成。由于开采深度、围岩力学性质和结构以及支护等巷道边界条件不同，巷道围岩变形量和变形速度有很大差异。

2. 巷道围岩变形规律

采准巷道从开掘到报废，经历采动造成的围岩应力重新分布过程，围岩变形会持续增长和变化。以受到相邻区段回采影响的工作面回风巷为例（即图 6-4 中的巷道Ⅲ$_1$），围岩变形要经历五个阶段（见图 6-9）。

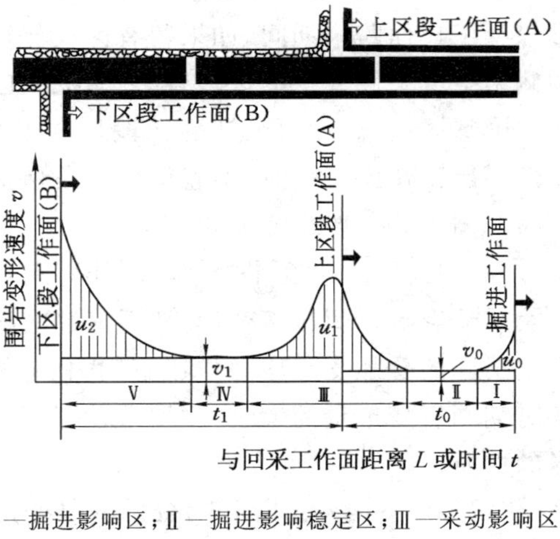

Ⅰ—掘进影响区；Ⅱ—掘进影响稳定区；Ⅲ—采动影响区；Ⅳ—采动影响稳定区；Ⅴ—二次采动影响区。

图 6-9　区段平巷围岩变形

(1) 巷道掘进影响阶段

在煤体内开掘巷道后，巷道围岩出现应力集中。在形成塑性区的过程中，围岩向巷道空间显著位移。随着巷道掘出时间的延长，围岩变形速度逐渐衰减，趋向缓和。巷道的围岩变形量主要取决于巷道埋藏深度和围岩性质。

(2) 巷道掘进影响稳定阶段

掘巷引起的围岩应力重新分布趋于稳定，由于煤岩一般具有流变性，围岩变形还会随时间而缓慢增长，但其变形速度比掘巷初期要小得多。巷道的围岩变形速度仍取决埋藏深度和围岩性质。

(3) 采动影响阶段

巷道受上区段工作面(A)的回采影响后，在回采引起的超前移动支承压力作用下，巷道围岩应力重新分布，塑性区显著扩大，围岩变形急剧增长。在工作面(A)后方附近，由于巷道上方和采空区一侧顶板弯曲下沉和显著运动使得支承压力和巷道围岩变形速度都达到最大值。远离工作面后方，巷道围岩变形速度逐渐衰减。巷道围岩性质、护巷煤柱宽度或巷旁支护方式、工作面顶板岩层结构对该时期围岩变形量影响很大。

(4) 采动影响稳定阶段

回采引起的应力重新分布趋向稳定后，巷道围岩变形速度再一次显著降低，但仍然高于掘进影响稳定阶段时变形速度，围岩变形量按流变规律不断缓慢地增长。

(5) 二次采动影响阶段

巷道受本区段回采工作面(B)的回采影响时，由于上区段残余支承压力与本区段工作面超前支承压力相互叠加，巷道围岩应力急剧增高，引起围岩应力又一次重新分布，塑性区进一步扩大，应力的反复扰动使围岩变形比仅受一次采动影响时更加强烈。

每个影响阶段内巷道顶底板移近速度和移近量所占比值的一般规律见表 6-1。

表 6-1　采区平巷不同矿压显现区内顶底板移近规律

矿压显现区	各区内顶底板移近速度/(mm/d)	各区移近量所占比例/%
Ⅰ 掘进影响区	剧烈区每天由几毫米至几十毫米，稳定期一般＜1	
Ⅱ 无采掘影响区(掘进影响稳定区)	多数情况为 0.2～0.5，有时至 1 左右	
Ⅲ采动影响区：前影响区 $Ⅲ_1$	每天由几毫米至十几毫米	10～15
后影响区 $Ⅲ_2$	一般 20～30，少数情况达 40～60	50～60
Ⅳ 采动影响稳定区	多数情况＜1，有时达 1～2	5～8
Ⅴ 二次采动影响区	每天由十几毫米至二十几毫米，可到三十几毫米	20～25

第四节　采区巷道矿压控制原理

降低巷道围岩应力、提高围岩稳定性以及合理选择支护是巷道围岩控制的基本途径。回采引起的支承压力不仅数倍于原岩应力，而且影响范围大。巷道受到回采影响后，围岩应力、围岩变形会成倍，甚至近十倍急剧增长。因此，巷道围岩控制手段的实质是如何利用煤层开采引起采场周围岩体应力重新分布的规律，正确选择巷道布置和护巷方法，使巷道位于应力降低区内，从而减轻或避免回采引起的支承压力的强烈影响，控制围岩压力。

一、巷道围岩压力及影响因素

1. *围岩压力*

采掘活动引起巷道围岩应力集中和重新分布，使巷道周边岩体自稳能力显著降低，导致向巷道空间移动。为了防止围岩变形和破坏，需要对围岩进行支护。这种围岩变形受阻而作用在支护结构物上的挤压力或塌落岩石的重力，统称为围岩压力。根据围岩压力的成因，围岩压力可分为以下 4 种类型。

(1) 松动围岩压力

由于巷道开挖而松动或塌落的岩体，以重力的形式直接作用于支护结构物上的压力，表现为松动围岩压力载荷形式。如支护不能有效地控制围岩变形的发展，围岩形成松动垮塌圈时，将导致松动围岩压力出现，通常顶压显现严重。

(2) 变形围岩压力

支护能控制围岩变形的发展时，围岩位移挤压支架而产生的压力，称为变形围岩压力，简称变形压力。在“围岩-支护”力学体系中，只要围岩与支架相互作用，围岩就会对支架施加变形压力。弹性变形压力是围岩弹性变形时作用于支架上的压力，弹性变形产生速度极快，变形量很小，对于围岩、支护相互作用过程而言，实际意义不大。塑性变形压力是由于围岩的塑性变形和破裂，围岩向巷道空间位移，使支护结构受到的压力，是变形围岩压力的主要形式。塑性变形的大小主要取决于巷道塑性区和破裂区的范围。塑性区的扩展具有明显的时间效应，塑性区不再扩展时，围岩变形速度下降，而逐渐稳定并趋于流变。

(3) 膨胀围岩压力

围岩膨胀、崩解体积增大而施加于支护上的压力，称为膨胀围岩压力，简称膨胀压力。膨胀压力与变形压力的基本区别在于它是由吸水膨胀而引起的。从现象上看，膨胀压力属于变形压力范畴，但两者的变形机制截然不同，前者是指围岩与水发生物理化学反应，后者主要是围岩应力与结构效应。

(4) 冲击和撞击围岩压力

冲击围岩压力指围岩积累了大量弹性变形能之后，突然释放出来所产生的压力；撞击围岩压力是回采工作面上覆岩层剧烈运动时对巷道支护体所产生的压力。

2. 影响围岩压力的主要因素

影响围岩压力的因素基本上可以分为开采技术因素和地质因素两大类。开采技术因素中，影响最大的是回采工作状况，即巷道与回采工作面相对空间、时间关系。例如，巷道是处于一侧、两侧还是邻近煤层采动影响条件下，是受一次还是多次采动影响，采动影响已经稳定还是正在采动过程中。其次是巷道保护方法。例如，巷道支护方式、巷道断面形状和大小、巷道掘进方法、巷道基本支护类型和参数等。地质因素主要有：原岩应力状态、围岩力学性质、岩体结构、岩石的组成和胶结状态、围岩中水分的补给状况等。

二、巷道围岩控制原理和方法

1. 巷道围岩控制原理

巷道围岩控制是指控制巷道围岩的矿山压力和周边位移所采取措施的总和。其基本原理是：人们根据巷道围岩应力、围岩强度以及它们之间的相互关系，选择合适的巷道布置和保护及支护方式，降低围岩应力，增加围岩强度，改善围岩受力条件和赋存环境，有效地控制围岩的变形、破坏。需要强调指出，受到采动影响的巷道，巷道围岩岩体结构、赋存条件在很大程度上受到回采工作的制约。因此，巷道围岩控制的效果，极大程度上取决于对回采活动影响巷道围岩控制的认识，对巷道围岩岩体力学模型、变形及破坏机制判断的正确性以及对巷道围岩赋存条件和岩体力学性质掌握的程度。围绕降低巷道围岩应力，增加围岩强度，改善围岩受力条件和赋存环境，巷道围岩控制方法可归结为巷道布置和巷道保护及支护两方面内容。

2. 巷道布置

从巷道围岩控制的角度出发，布置巷道时应重视下列问题：

(1) 在时间和空间上尽量避开采掘活动的影响，最好将巷道布置在煤层开采后所形成的应力降低区域内。

(2) 如果不能避开采动支承压力的影响，应尽量避免支承压力叠加的强烈作用，或尽量缩短支承压力影响时间，例如跨越巷道开采，避免在遗留煤柱下方布置巷道等。

(3) 在采矿系统允许的距离范围内，选择稳定的岩层或煤层布置巷道，尽量避免水与松软膨胀岩层直接接触。

(4) 巷道通过地质构造带时，巷道轴向应尽量垂直断层构造带或向斜、背斜构造。

(5) 相邻巷道或硐室之间应选择合理的岩柱宽度。

(6) 巷道的轴线方向尽可能与构造应力方向平行，避免与构造应力方向垂直。

3. 巷道保护及支护

巷道的保护及支护措施可以归纳为以下几点：

(1) 通过在巷道围岩中钻孔卸压、切槽卸压、宽面掘巷卸压以及在巷旁留专门的卸压空间等方法，使巷道围岩受到某种形式的不同程度的卸载，将本该作用于巷道周围的集中载荷，转移到离巷道较远的新的支承区，达到降低围岩应力的目的。

(2) 采用围岩钻孔注浆、锚杆支护、锚索支护、巷道周边喷浆、支架壁后充填、围岩疏干封闭等方法，增加围岩强度，优化围岩受力条件和赋存环境。

(3) 架设支架对围岩施加径向力，既能支撑松动塌落岩石，又能加大巷道的围压，保持围岩三向受力状态，提高围岩强度，限制塑性变形区和破裂区的发展。根据巷道不同时期的矿压显现规律，巷道支护可分为巷内基本支架支护、巷内加强支架支护、巷旁支护、联合支护四种形式。

三、巷道支架支护原理

1. 巷道金属支架的工作特性

巷道开掘后，巷道空间上方岩层的重量将由巷道支架与巷道周围岩体共同承担，巷道支架与围岩体组成一个共同的承载体系。从总的规律看，巷道上覆岩层的重量由巷道支架承担的仅占1%～2%，其余的完全由巷道周围岩体承受。研究表明，巷道支架的工作特征与一般地面工程结构有着根本性区别，支架受载的大小不仅取决于本身的力学特性(承载能力、刚度和结构特征)，而且与其支护对象——围岩本身的力学性质和结构有密切关系，也就是“支架-围岩”相互作用关系。通常所说的“支架-围岩”系统主要是指支架与其直接相邻的围岩体的相互作用，即“直接顶板-支架-直接底板(两帮)”系统。在这个系统中，直接顶板、直接底板和两帮的岩性，支架的力学特性，支架安设的时间、质量，煤层开采情况等因素都影响巷道的维护状况。因此，把“支架-围岩”看作是一个相互作用和共同承载的力学体系，正确调节和处理“支架-围岩”关系，是支架支护巷道的理论基础。

2. “支架-围岩”相互作用的基本状态

“支架-围岩”相互作用的状态比较复杂，其中最基本和具有代表性的是以下两种。

(1) 当巷道顶板岩石与上覆岩层离层或脱落时，支架仅受到离层或脱落岩石自重压力作用，处于给定载荷状态。此时支架载荷数值不大而且基本固定。其力学模型见图 6-10(a)。

(2) 当巷道顶板岩石与上覆岩层没有离层或脱落时，支架的受载和压缩变形将取决于上覆岩层的运动状态。这种情况下仅靠支架本身的支撑力无法阻止上覆岩层的运动，只有当上覆岩层下沉稳定后，支架的收缩变形才能停止，支架处于给定变形状态。此时支架所受载荷较大。其力学模型如图 6-10(b)所示。

3. “支架-围岩”相互作用原理

现有的各种巷道支架，在“支架-围岩”力学平衡系统中，只能承担极其有限的一小部分载荷，支架在围岩内部应力平衡关系中所起的作用是微小的，更不能企图依靠支架去改变上覆岩层的运动状态。然而支架的这个微小的支撑力又是极其重要和必不可少的。支架的工作阻力，尤其是初撑力在一定程度上能相当有效地抑制直接顶离层，控制围岩塑性区的再发展和围岩的持续变形，保持围岩的稳定。因此，巷道支架系统必须具有适当的强度和一定的可缩性，才能有效地控制和适应围岩的变形。

地下工程中围岩不仅是施载体，在一定条件下还是一种天然承载构件，上覆岩层的绝大部分重量完全是由自身承担的。因此，合理的“支架-围岩”相互作用关系是充分利用围岩的这种天然的自承力和承载力。人为的支护作用是在围岩强度、结构、受力环境、位移与力的边界条件等方面创造条件，促进围岩形成自稳和承载结构。巷道支护对围岩提供支护阻力，控制围岩塑性区的持续发展，减小围岩移近量。根据巷道周边弹塑性位移量计算，巷道周边位移量与支护阻力的关系曲线如图 6-11 中Ⅰ所示。曲线上 c 点左侧为弹塑性阶段，巷道周边位移值到达 c 点以后围岩松动破裂开始脱落，对支架产生松动压力，支护阻力增加。图 6-11 中Ⅱ、Ⅲ分别为可缩性支架、刚性支架工作特性曲线，Ⅱ与Ⅰ的交点 b，Ⅲ与Ⅰ的交点 a，分别为支架的工作点。从图中可以看出，支架不宜在 B 区间工作，在 A 区间工作时，支架工作点在 c 点左侧附近较为有利。

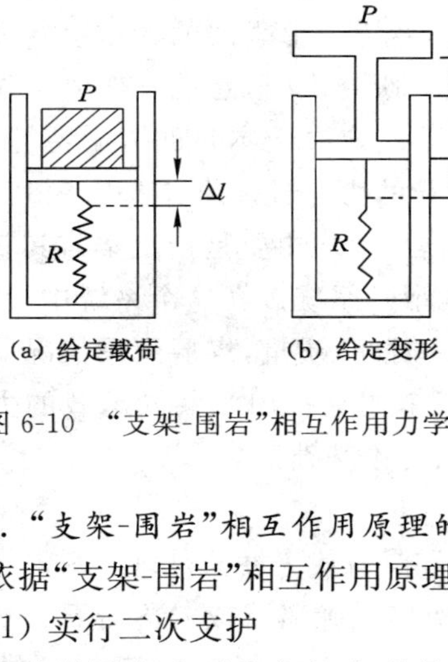

图 6-10 “支架-围岩”相互作用力学模型

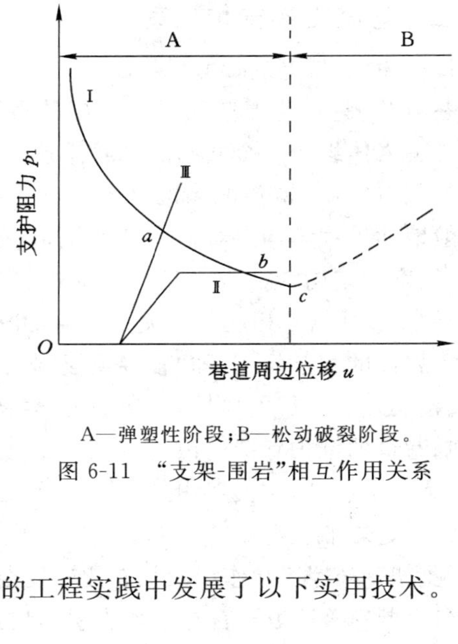

A—弹塑性阶段；B—松动破裂阶段。

图 6-11 “支架-围岩”相互作用关系

4. “支架-围岩”相互作用原理的应用

依据“支架-围岩”相互作用原理，在巷道支护的工程实践中发展了以下实用技术。

(1) 实行二次支护

当巷道围岩达到稳定前变形量较大，延续时间较长时，需要开巷后进行一次支护。及时封闭和隔离围岩，防止围岩暴露面上个别危石掉落，同时对围岩初期移动给以一定程度的限制。一次支护允许围岩产生一定的变形，围岩变形和能量释放到一定程度后，进行二次支护。二次支护应在初次支护尚未失效，围岩移近速度已经很小的适当时间进行。

（2）采用柔性支护

金属可缩性支架不仅对围岩的变形产生一定阻力，本身还具有可缩性，避免支架严重变形和损坏。支架在允许围岩有限变形继续释放能量的同时，仍具有足够的工作阻力，既能适应又能控制围岩的变形，充分发挥支架的支护效果。

（3）强调主动支护

采用具有一定初始工作阻力的金属支架，加大巷道围岩的围压，提高巷道围岩的强度，减轻支架承受的载荷。进行巷道支架壁后充填和喷射混凝土，可改善支架受力状态和围岩赋存环境，提高支架和围岩的承载能力。

四、巷道锚杆支护原理[43]

锚杆支护促使围岩由载荷体转化为承载体。尽管锚杆在不同地质条件下作用机理有所不同，但都是在巷道周边围岩内部对围岩加固，形成围岩承载体，有利于围岩的稳定。国内外现场对比试验表明，在同一条件下锚杆支护与刚性金属支架支护比较，巷道围岩移近量减少一半左右。传统的锚杆支护理论都是以一定假说为基础，各自从不同角度、不同条件阐述锚杆支护的作用机理，其力学模型简单，计算方法简捷，适用于不同的围岩条件。近年来，锚杆支护理论研究有了进一步发展，提出了巷道锚杆支护围岩强度强化理论，并且把锚固技术作为一个系统进行整体研究，进一步揭示了锚杆支护的实质。

1. 悬吊理论

悬吊理论认为，锚杆支护的作用是将巷道顶板较软弱岩层悬吊在上部稳定岩层上，增强较软弱岩层的稳定性。对于回采巷道经常遇到的层状岩体，锚杆的悬吊作用如图 6-12(a)所示。如果巷道浅部围岩松软破碎，顶板出现松动破裂区，锚杆的悬吊作用是将这部分易冒落岩体锚固在深部未松动的岩层上[见图 6-12(b)]。

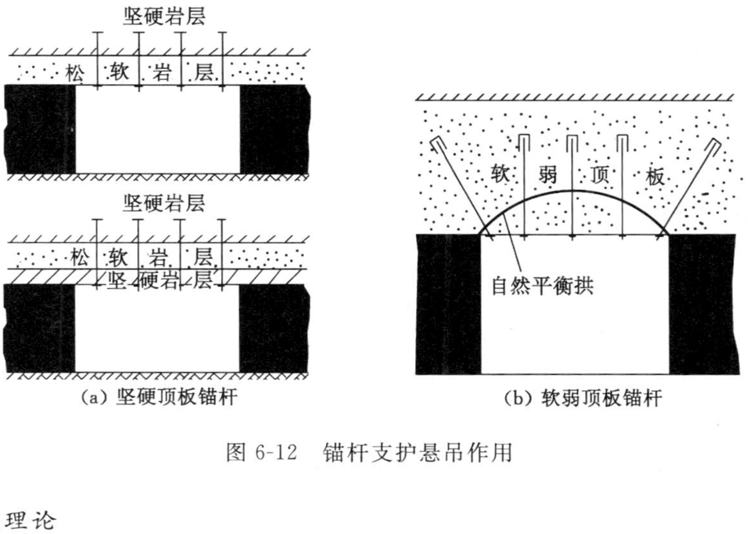

图 6-12　锚杆支护悬吊作用

2. 组合梁理论

如果顶板岩层中存在若干分层，组合梁理论认为，锚杆的作用一方面提供锚固力增加各岩层间的摩擦力，阻止岩层沿层面继续滑动，避免出现离层现象；另一方面锚杆杆体可增加岩层间的抗剪刚度，阻止岩层间的水平错动，从而将巷道顶板锚固范围内的几个薄岩层锁成一个较厚的岩层（见图 6-13）。

3. 组合拱(压缩拱)理论

组合拱理论认为,在拱形巷道围岩的破裂区中安装预应力锚杆,从杆体两端起形成圆锥形分布的压应力区,如果锚杆间距足够小,各个锚杆形成的压应力圆锥体相互交错,在岩体中形成一个均匀的压缩带,即压缩拱。压缩拱内岩石径向、切向均受压,处于三向应力状态,围岩强度得到提高,支承能力相应增大(见图 6-14)。

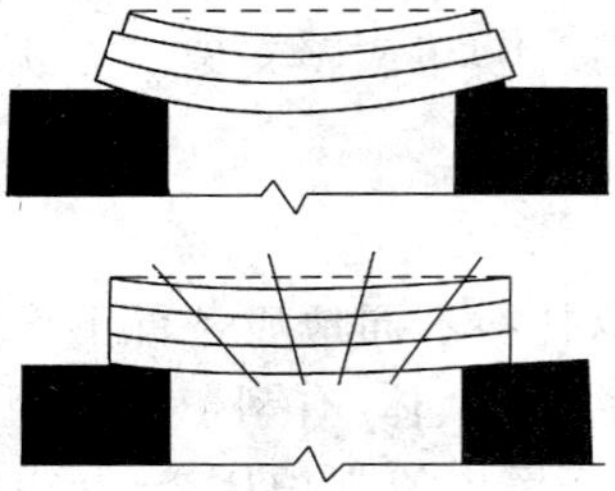

图 6-13 层状顶板锚杆组合梁

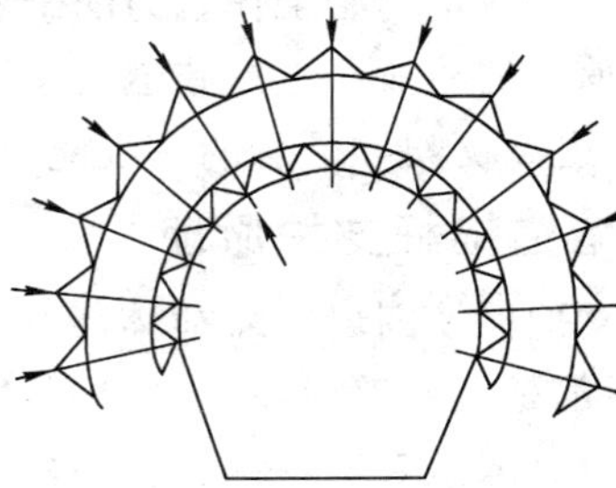

图 6-14 锚杆组合拱(压缩拱)原理

4. 最大水平应力理论

该理论认为矿井岩层的水平应力通常大于铅直应力,巷道顶底板的稳定性主要受水平应力的影响;围岩层状特征比较突出的回采巷道开挖后引起应力重新分布时,铅直应力向两帮转移,水平应力向顶底板转移;铅直应力的影响主要显现于两帮而导致两帮的破坏,水平应力的影响主要显现于顶底板岩层(见图 6-15)。锚杆的作用是沿锚杆轴向约束岩层膨胀和在垂直锚杆轴向方向约束岩层剪切错动。

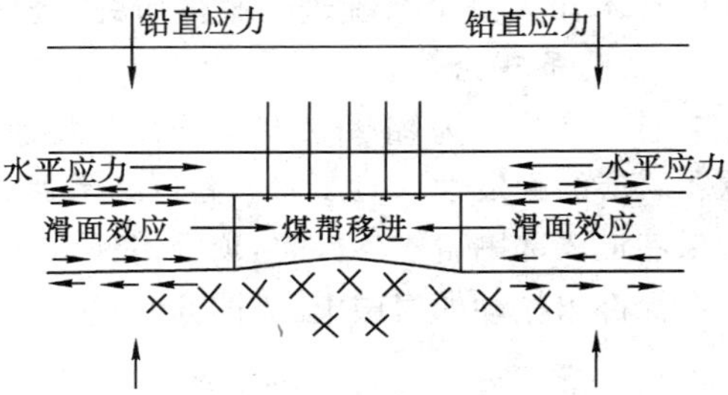

图 6-15 最大水平应力原理

5. 围岩强度强化理论

围岩强度强化理论是针对软岩煤巷围岩特点提出的。通过巷道围岩锚固前后相似材料模拟试验和理论分析,围岩强度强化理论的要点如下:

(1) 巷道锚杆支护的实质是锚杆和锚固区域的岩体相互作用形成统一的承载结构。

(2) 巷道锚杆支护可提高锚固体的力学参数(E、C、φ),改善被锚固岩体的力学性能。

(3) 巷道围岩存在破碎区、塑性区和弹性区,锚杆锚固区的岩体则处于破碎区或处于上述 2～3 个区域中,相应锚固区的岩石强度处于峰后强度或残余强度。锚杆支护使巷道围岩特别是处于峰后区围岩强度得到强化,提高了峰值强度和残余强度。

(4) 煤巷锚杆支护可以改变围岩的应力状态,增加围压,从而提高围岩的承载能力。

(5) 巷道围岩锚固体强度提高以后,可减少巷道周围破碎区、塑性区的范围和巷道的表面位移,控制围岩破碎区、塑性区的发展,从而有利于保持巷道围岩的稳定。

第五节　巷道支护技术

一、巷道金属支架支护[11]

1．*矿用支护型钢*

U 型钢和矿用工字钢是两种主要的矿用支护型钢。

(1) 矿用支护型钢的性能

矿用支护型钢的使用条件复杂，使用环境恶劣，因而对其性能要求很高。矿用支护型钢具有较高的抗拉、抗压、抗剪强度和良好的韧性。型钢断面的几何参数主要是抗弯截面模量 W_x、W_y。由于巷道支架不仅承受横向载荷，还要承受来自纵向的推力，要求支架在两个方向上承受载荷的能力都较大，所以 W_x 与 W_y 的数值应尽可能接近。型钢断面的几何形状还直接影响支架的可缩性能，对 U 型钢支架尤为重要。合理的型钢断面几何形状应使型钢搭接后在锁紧、滑移过程中，满足型钢搭接处接触面积大、受力状况良好、平稳滑移的要求。

(2) 矿用工字钢

矿用工字钢是煤矿巷道支护的专用型钢。它与普通工字钢的区别在于断面的高宽比减小，腹板加厚，翼缘厚且斜度大，使得 W_x/W_y 趋于 1。我国生产的矿用工字钢有 9 号、11 号、12 号三种规格。

(3) U 型钢

U 型钢具有良好的断面形状和几何参数，使型钢搭接后易于收缩，是制造可缩性金属支架的主要材料。我国生产的 U 型钢型号主要有 U18、U25、U29、U36 四种，U25 型钢断面见图 6-16。

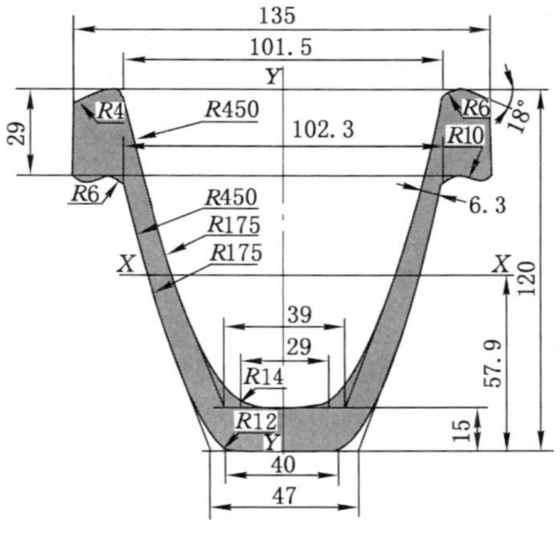

图 6-16　U25 型钢断面图

2．*U 型钢可缩性支架*

(1) U 型钢可缩性支架的连接件

U 型钢可缩性支架在具有一定的工作阻力的同时还具有可缩性，将支架内力限定在一定范围内，既能保持围岩的稳定，又能避免支架的严重损坏。连接件是可缩性支架的关键部件，其结构和力学性质关系到支架可缩性能的好坏。连接件由锁紧构件和摩擦机构组成，根据锁紧方式连接件分为螺栓连接件和楔式连接件。

① 螺栓连接件。螺栓连接件依靠拧紧螺母提供锁紧力。常用的有双槽形夹板式连接件，它是由两块槽形夹板和一对螺栓组成，具有强度高、刚性较大、可缩性好、工作阻力稳定、型钢滑移平稳等优点。双槽形夹板式连接件有耳定位和腰定位之分，又有上限位连接件、中间连接件、下限位连接件三种形式(见图 6-17)。上、下限位连接件安装在搭接处两型钢的端头，型钢移动时推动连接件一起滑动，总位于型钢的端头，受力条件良好。

② 楔式连接件。楔式连接件通过楔子或具有斜面的构件挤压型钢提供锁紧力。目前

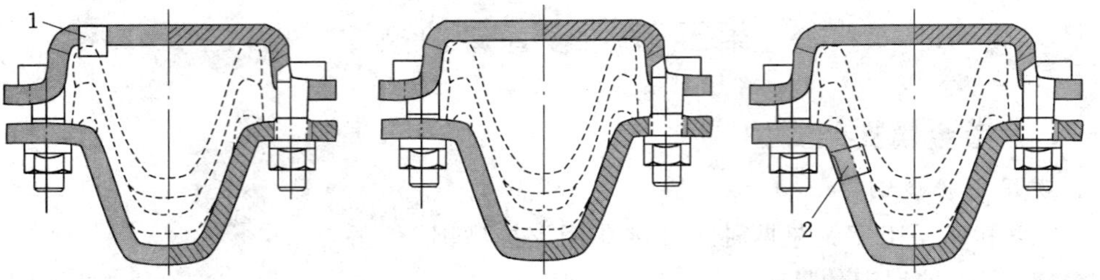

(a) 上限位连接件　(b) 中间连接件　(c) 下限位连接件

1—上限位块;2—下限位块。

图 6-17　双槽形夹板式连接件

应用的楔式连接件有三种,即单模式连接件、双楔式连接件、圆钢 U 形卡与铸钢件楔子。耳楔式连接件在一些矿区使用比较成功,它是一个铸钢件,分别紧套在支架搭接处型钢的四个端头上。

(2) U 型钢可缩性支架

① U 型钢拱形可缩性支架。该支架是国内外使用最广泛的一种架型,一般由拱形顶梁、棚腿和连接件组成。根据巷道断面尺寸、主要来压方向及围岩移近量的大小,拱形支架可采用节数不同的结构形式,一般 3～5 节,其基本结构类型见图 6-18。拱形支架断面参数对支架承载能力有一定影响,其基本参数见图 6-19。图中支架左侧为曲腿式棚腿,右侧为直腿式棚腿;R_1 为拱梁曲率半径;R_2 为棚腿弧形段曲率半径;α_1 为拱梁圆心角;h 为棚腿直线段长度;α_2 为直腿式棚腿外扎角;α_3 为曲腿式棚腿内曲角;c 为型钢搭接段长度。多铰摩擦 U 型钢拱形可缩性支架是我国研制成功的一种新型曲腿拱形支架(见图 6-20),支架将多铰支架与 U 型钢拱形可缩性支架合成一体,兼具两者的优点。

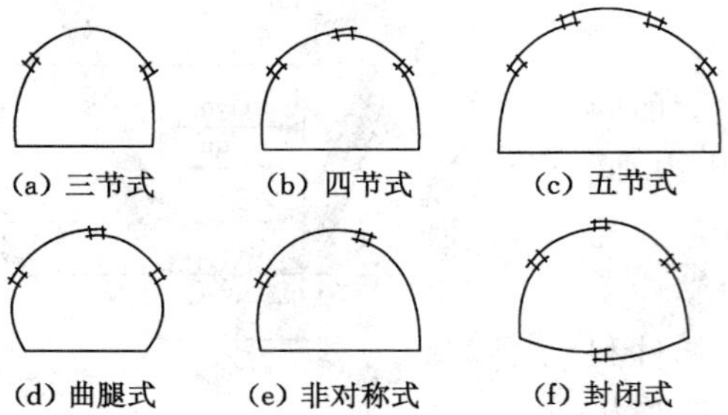

(a) 三节式　(b) 四节式　(c) 五节式

(d) 曲腿式　(e) 非对称式　(f) 封闭式

图 6-18　拱形可缩性金属支架基本结构类型

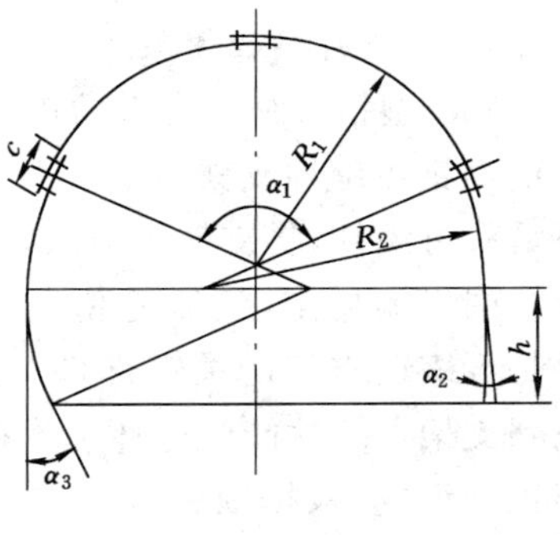

图 6-19　拱形支架断面基本参数

② U 型钢梯形可缩性支架。该支架属于平顶形可缩性支架,支架的基本构件加工制造方便,从掘进施工工艺来看无须挑顶板,便于巷道掘进和有利于保持顶板的完整。此外,这种支架可简化巷道与工作面端头的支护技术,巷道断面利用率高。U 型钢梯形可缩性支架有垂直可缩和垂直、侧向双向可缩两种架型。支架既具有梯形支架接顶好的优点,又具有拱形支架承载能力高的特点,同时侧向、垂直可缩性能均较好(见图 6-21)。

③ U 型钢封闭形可缩性支架。围岩松软、底鼓严重、两帮移近量大的巷道,可使用 U

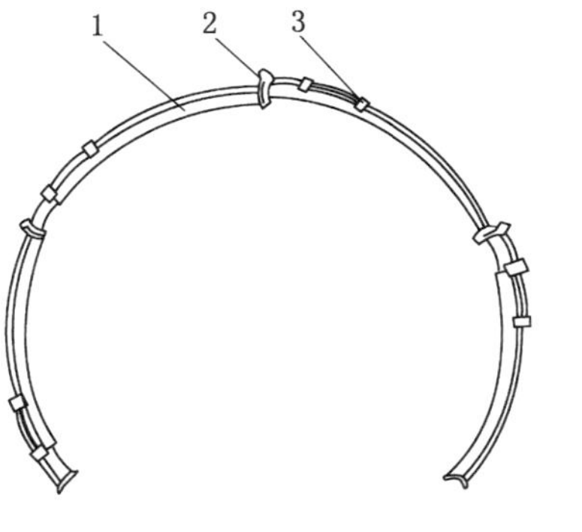

1—U 型钢;2—铰结点;3—耳卡式连接件

图 6-20 四节多铰摩擦可缩性支架结构

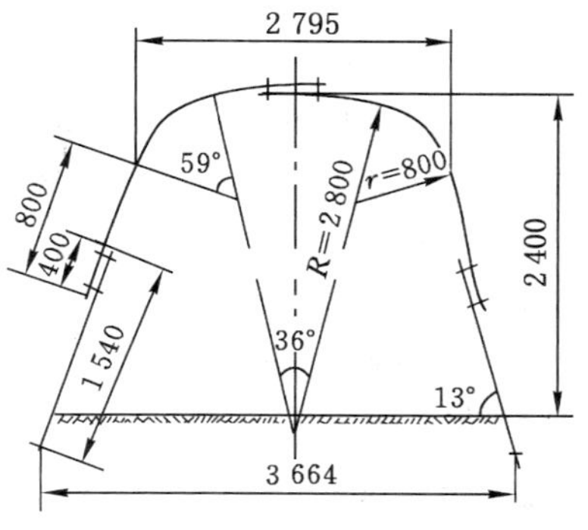

图 6-21 U 型钢梯形可缩性支架断面参数

型钢封闭形可缩性支架支护。封闭形可缩性支架的主要架型有马蹄形(见图 6-22)、圆形(见图 6-23)和方(长)环形[见图 6-24(a)、(b)]。环形支架是我国研制出的一种新型支架,对于巷道支架载荷不均匀分布的特点,环形支架具有很强的适应性。此外,这种支架的支架断面形状合理,垫底量小,断面利用率高;支架连接件布置在大曲率半径弧线段,附加阻力小,支架可缩性能好。

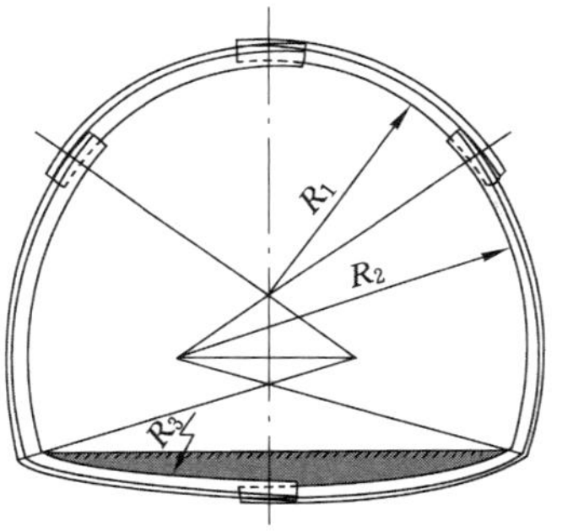

图 6-22 马蹄形可缩性支架

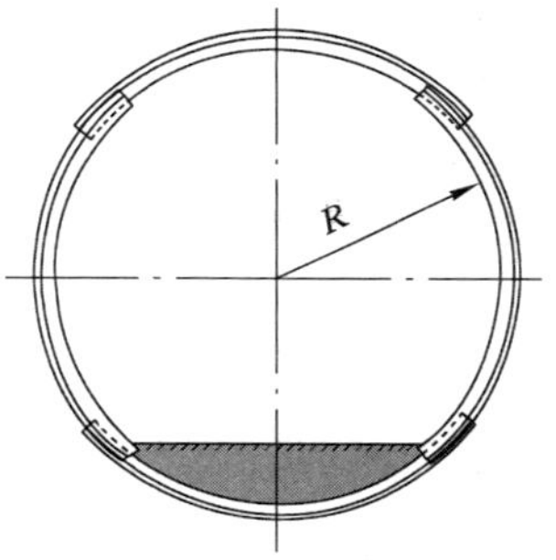

图 6-23 圆形可缩性支架

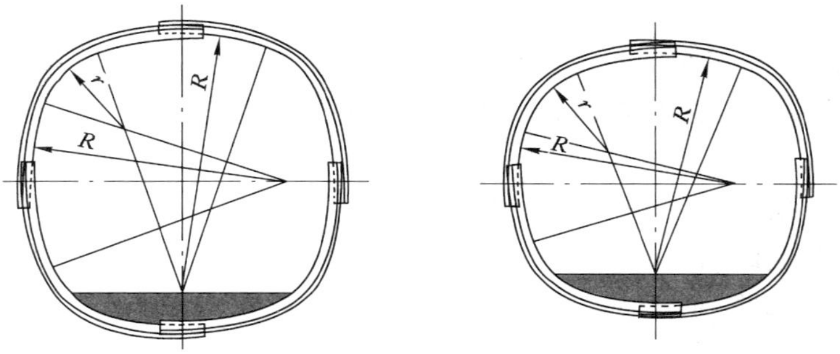

(a) 方环形 (b) 长环形

图 6-24 环形可缩性支架

3. 矿用工字钢支架

(1) 矿用工字钢刚性支架

矿用工字钢刚性支架支护体系中的缩量包括柱腿插入底板、架后破碎矸石压缩、接榫处木垫压缩以及支架本身的挠曲变形等。由于缩量很小，刚性支架只能使用在围岩比较稳定、变形较小、压力不大的巷道中。

梯形刚性支架是使用最多的一种架型，有一梁二柱和加设中柱两种基本形式，梁、腿之间有接榫结构，柱腿下部焊以底座。

拱形刚性支架主要使用在基本巷道，常用的有以下三种：

① 拱顶斜腿支架[图 6-25(a)]：为了提高顶梁的承载能力，将平梁改为弧形顶梁，使用工字形铸钢接榫。

② 拱顶直腿支架[图 6-25(b)]：拱梁与柱腿弧形段形成三心拱，拱梁和柱腿用扁钢夹板螺栓连接。

③ 巷道加强拱顶支架[图 6-25(c)]：只是一个拱顶，短节支护型钢固定在巷道两帮作为支承座支撑拱顶。

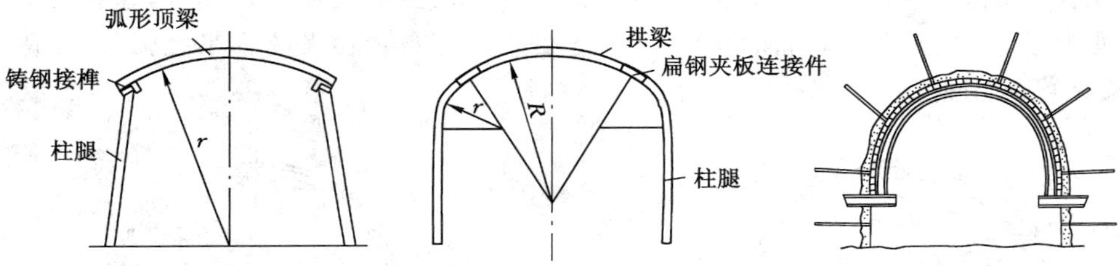

(a) 拱顶斜腿支架　(b) 拱顶直腿支架　(c) 锚喷巷道加强拱顶支架

图 6-25　拱形刚性支架

(2) 矿用工字钢梯形可缩性支架

矿用工字钢梯形可缩性支架是根据我国国情研制的一种架型，支架侧向可缩量一般取 200～400 mm，垂直可缩量取 200～500 mm，依据可缩结构的类型可分为螺栓连接式、楔紧连接式、插底式侧向可缩和垂直可缩三种形式。

4. 金属支架的拉杆和背板

单个支架之间用拉杆使支架沿巷道轴向相互连成一体，可防止支架歪斜、扭转，增加支架的纵向约束，提高支架的稳定性和承载能力。常用的拉杆有圆钢拉杆、扁钢拉杆、角钢拉杆、可调节拉杆等。

背板属于架间防护材料，其作用是传递巷道围岩载荷，防止架间离散岩块冒落，使支架受力均匀并具有较高的承载能力。背板的种类按力学性质可分为刚性、弹性和柔性三种。刚性背板承载能力较低，允许的弯曲挠度很小，不宜与可缩性金属支架配合使用。一般情况下，柔性背板的强度能满足生产需要，但背板的刚度很小，通常与其他背板混合使用。弹性背板的力学性质介于刚性背板和柔性背板之间，它允许有一定程度的挠曲变形，外力解除后仍能恢复到原来状态。钢筋网背板强度很大，有一定的刚度，背板边缘的钩形部分扣住支架边角，既约束背板又增加了支架的整体稳定性。

二、巷道锚杆支护

锚杆是锚固在岩体内维护围岩稳定的杆状结构物。对地下工程的围岩以锚杆作为支护系统的主要构件，就形成锚杆支护系统。单体锚杆主要由锚头（锚固段）、杆体、锚尾（外锚头）、托盘等部件组成。目前，适用于不同地质条件、具有不同功能和用途的锚杆有数百种，锚杆的分类方法也遵循不同原则和分类标准。最基本的分类方法是按锚杆的锚固方式划分为：机械锚固式，包括胀壳式锚杆、倒楔式锚杆、楔缝式锚杆；摩擦锚固式，包括缝管式锚杆、水胀式管状锚杆等；黏结锚固式，包括树脂锚杆、快硬水泥卷锚杆、水泥砂浆锚杆。按锚杆杆体锚固段长短可分为端头锚固、全长锚固和加长锚固。按锚杆杆体的工作特性可分为刚性锚杆、有限可拉伸锚杆和可拉伸锚杆。按锚杆作用特点可分为主动式锚杆和被动式锚杆。按制造锚杆杆体的材料可分为木锚杆、竹锚杆、金属锚杆、（钢筋）混凝土锚杆以及树脂锚杆等。其中树脂锚杆是目前国内外使用最广泛的锚杆支护形式。

1. 树脂锚杆

树脂锚杆由锚固剂（树脂胶囊）、杆体、托盘和螺母等组成。高强度螺纹钢锚杆结构如图 6-26 所示。

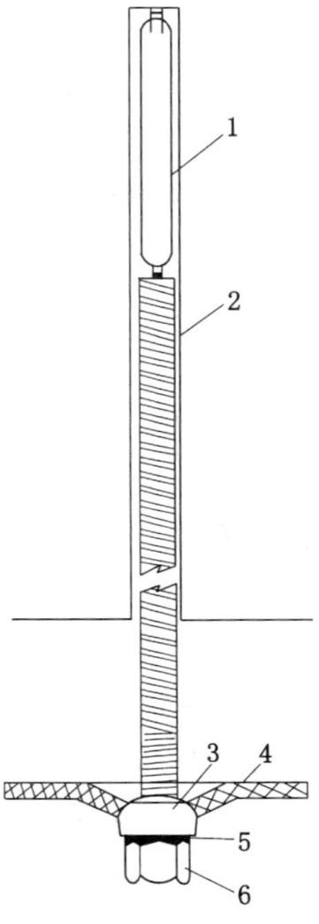

1—树脂药卷；2—杆体；
3—穹形球体；4—托盘；
5—塑料增压垫圈；6—驱动螺母。
图 6-26　高强度螺纹钢锚杆结构

（1）锚固剂

锚固剂将杆体与围岩黏结在一起，在围岩深部与浅部不一致变形过程中，锚固剂将围岩变形传递给杆体，同时将杆体对围岩变形的约束传递给围岩。锚固剂在锚杆与围岩相互作用过程中具有重要作用。树脂锚固剂通常是将树脂、固化剂、促凝剂严密包装在一定长度和直径的胶囊中，树脂和促凝剂装在一室，固化剂与之隔离包装在另一室。锚固剂胶囊被锚头捣破搅拌后，促凝剂促进树脂和固化剂发生化学反应，使锚杆杆体通过锚固剂与钻孔壁固结在一起。目前我国煤矿常用树脂锚固剂的型号、技术参数、黏结强度如表 6-2、表 6-3、表 6-4 所列。

表 6-2　不同型号锚固剂的胶凝时间

型　号	特　性	凝胶时间/min	固化时间/min	备　注
CK	超快	0.5～1.0	≤5	在(20±1)℃环境温度下测定
K	快速	1.5～2.5	≤7	
Z	中速	3.0～4.0	≤12	
CM	超慢	60.0～120.0	≤150	

表 6-3 树脂锚固剂主要技术参数

性 能	指 标
抗压强度	≥60 MPa
剪切强度	≥35 MPa
密度	1.9～2.2 g/cm^3
弹性模量	≥1.6×10^4 MPa
黏结强度	混凝土>7 MPa，螺纹圆钢>16 MPa
振动疲劳寿命	>800 万次
泊松比	≥0.3
贮存期	≥9 个月
适用环境温度	−30～60 ℃

表 6-4 树脂锚固剂与常见岩石间的黏结强度

岩石	砂岩	页岩	煤
黏结强度/MPa	5～8	3.5～5.5	1～2

锚杆钻孔直径与杆体直径的匹配关系对锚固力有重要影响。国内外试验表明，锚杆锚固力与黏结体环向厚度有关，当黏结剂环向厚度为 4.55 mm 时，锚固剂的平均黏结强度约为 4.8 MPa。考虑锚固段岩性、环境温度、湿度及施工质量等因素，锚杆钻孔直径与杆体直径一般相差 6～10 mm。

(2) 锚杆杆体

锚杆杆体是锚杆的主体，杆体材质及表面结构直接影响锚固范围内对围岩的支护阻力。依照杆体屈服强度 σ_s，将锚杆分为三类：σ_s<340 MPa，为普通锚杆；340 MPa≤σ_s<600 MPa，为高强度锚杆；σ_s≥600 MPa，为超高强度锚杆。

普通锚杆杆体大多采用 Q235 圆钢端头锚固，杆体屈服强度为 235 MPa。端锚式锚杆对围岩的约束力主要是托锚力，受力特征见图 6-27。为保证树脂与锚头的锚固强度，杆体锚固长度段将锚头压扁并拧成反麻花状。内锚头设置挡圈，以防树脂锚固剂外流。锚尾车丝后强度损失 25%左右，破断力一般均在 100 kN 以下。因此，普通锚杆只能提供较小的锚固力。

高强度螺纹钢锚杆杆体为 20MnSi 螺纹钢，杆体屈服强度不小于 340 MPa。锚尾螺纹部分经强化热处理后，其强度高于杆体强度。此锚杆既可用于端头锚固，又可用于全长锚固。带托板的全长锚固锚杆对围岩的锚固力，除托锚力外还有黏锚力(剪锚力)，锚固性能明显优于端头锚固锚杆，其锚固力分布见图 6-28，杆体受力状态见图 6-29。预应力全长树脂锚固是锚杆实现强初撑、急增阻、高阻力的重要技术。实测数据表明：ϕ20 mm 全长锚固锚杆与 ϕ16 mm 端锚锚杆比较，实际工作锚固力高 2～3 倍，锚固力增阻速度高 4 倍，锚杆开始失效的极限位移量增加 200 mm，围岩流变速度减少 2/3，围岩移近量减少 1/2。

超高强度螺纹钢锚杆是将整根普通螺纹钢锚杆，通过合理的工艺方式和工艺参数进行整体强化热处理；或者采用变截面等强技术，实现锚杆等强加工。超高强度螺纹钢锚杆杆体屈服强度可达 703 MPa，极限强度高达 811 MPa。锚杆杆体表面粗糙程度直接影响锚杆与围岩之间的剪切特征和相互作用力的传递。

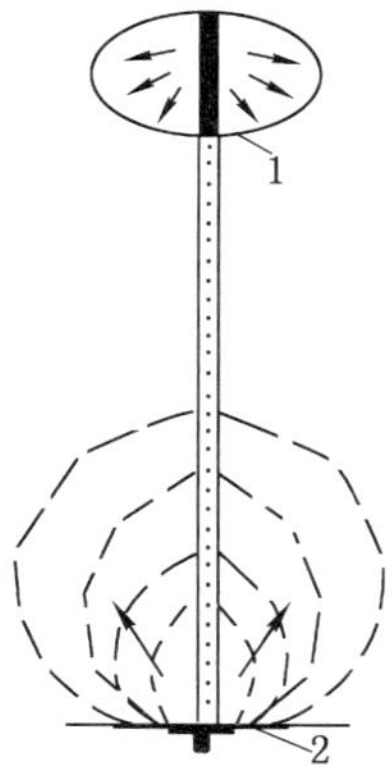

1—内锚头；2—托板。

图 6-27　端头锚固式锚杆受力特征

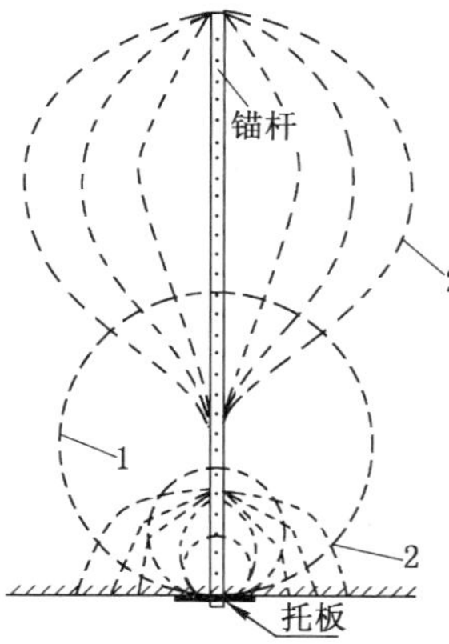

1—托锚力作用区；
2—剪锚力作用区。

图 6-28　全长锚固锚杆锚固力分布

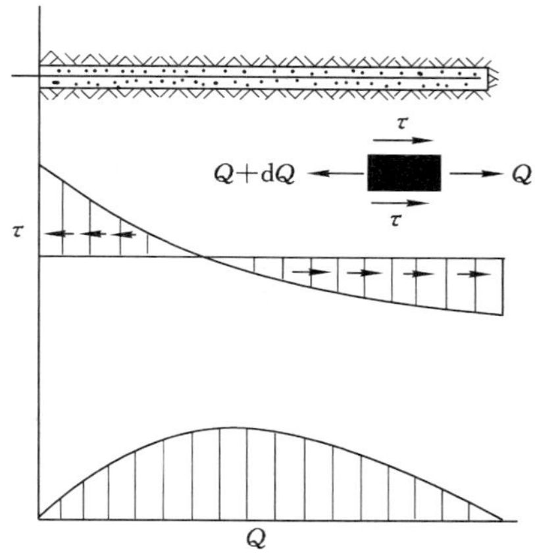

τ—杆体剪应力；Q—杆体拉应力。

图 6-29　全长锚固锚杆杆体受力状态

(3) 锚杆托板与螺母

托板对锚杆作用的发挥有重要影响。托板是产生托锚力的主要构件，同时对黏锚力也有一定影响。托板的作用体现在两方面：一是托板通过挤压围岩表面提供托锚力，使围岩处于三向受力状态，明显改善巷道围岩受力环境，尤其是托锚力在锚杆施加预紧力后立即发挥作用，约束围岩变形；二是托板受载后将力传递给锚杆杆体，增大锚杆黏锚力，限制围岩节理面的相对错动，充分发挥锚杆对围岩节理面的加固作用。

托板有圆形托板、四方形托板、三角形托板、矩形托板及压制成形的球面和锥形托板（见图 6-30），国外还专门研制了拱形球体托板、高强度偏心托板、蝶形托板等。平面托板因与围岩表面常呈点接触，压碎岩石后锚杆与岩面脱离接触，丧失支承能力。三角形托板在尖角处也因容易压碎岩石，只适用于硬岩。凸形托板因在压平过程中允许围岩有较大的变形而不丧失锚固力且承载力较高，从而被广泛采用。

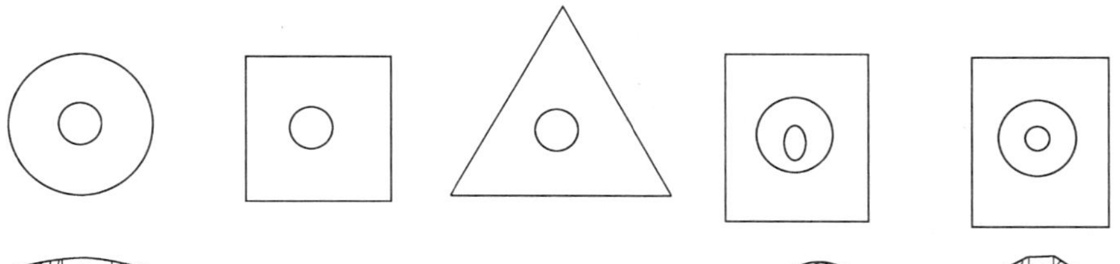

图 6-30　各种托板形式示意图

锚杆螺母的结构与性能应与锚杆性能相互协调。为了满足锚杆高性能需求，实现锚杆树脂搅拌与安装一体化，国内外普遍采用扭矩螺母与锚杆钻机配套快速安装锚杆。扭矩螺母有钢片充填式螺母[图 6-31(a)]、树脂(或尼龙)充填式螺母[图 6-31(b)]、销钉式扭矩螺母[图 6-31(c)]、外销钉式扭矩螺母[图 6-31(d)]。目前我国使用的单体锚杆钻机的扭矩普遍较小，一般为 100～120 N·m；顶板锚杆扭矩螺母的扭矩一般为 60～80 N·m，两帮锚杆扭矩螺母的扭矩一般为 20～40 N·m。

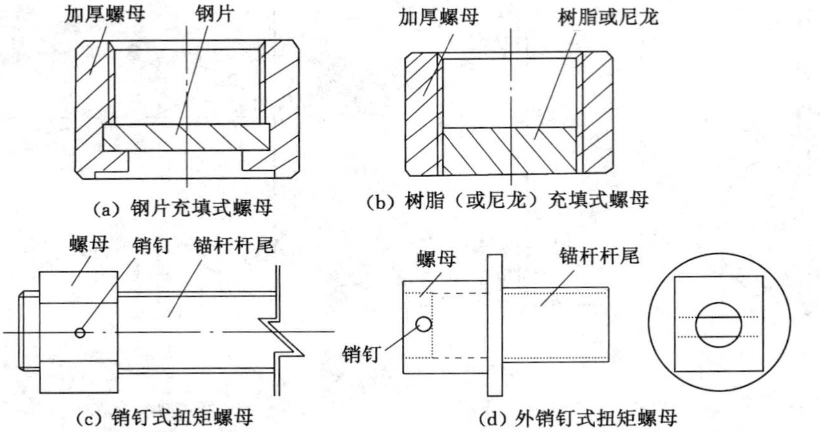

图 6-31 扭矩螺母

2. 锚梁网联合支护

使用单体锚杆不能有效控制围岩时，常采用组合锚杆支护。锚梁网联合支护就是将锚杆与掩护网、托梁联合使用，组成一个以锚杆为主的整体承载结构。锚杆一般为树脂锚杆，金属菱形网、金属经纬网、塑料网、钢筋网均可用作掩护网。国内使用的托梁和钢带主要有以下 4 种。

(1) W 形钢带

W 形钢带由薄钢板（厚 2.5～3.0 mm、宽 250～300 mm）轧成“W”形的横截面（见图 6-32）。W 形钢带抗弯强度高，护顶（帮）面积大，适合于顶板裂隙比较发育、压力不大的条件，主要用于顶板支护系统。巷道顶板压力特别大时，W 形钢带可能剪切破坏，导致钢带撕裂。

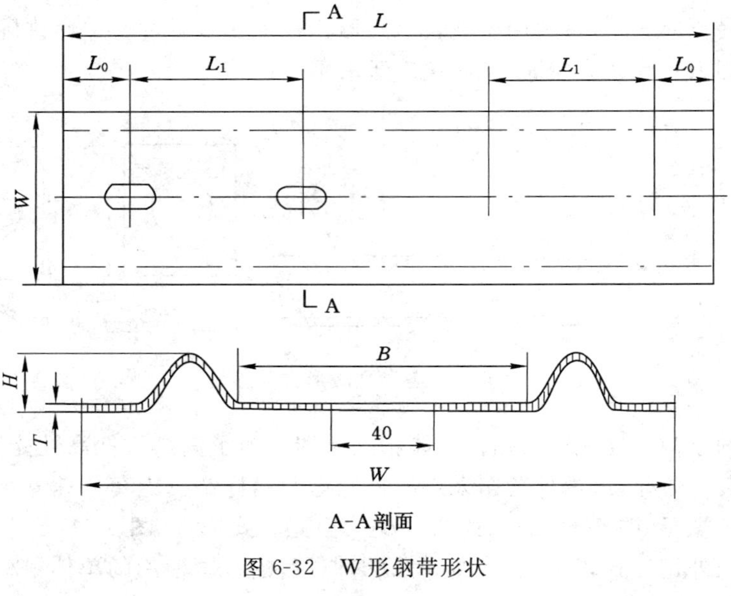

图 6-32 W 形钢带形状

(2) 钢筋梯子梁

钢筋梯子梁一般由 2 根直径 12～18 mm 的圆钢焊接成，外形类似梯子形状(见图 6-33)。钢筋梁加工简单，使用方便，价格便宜；但抗弯强度和覆盖面积不如 W 形钢带，顶板压力较大时，钢筋梯子梁焊接处容易开裂，实际强度较低。

(3) M 形钢带

M 形钢带断面形状如图 6-34 所示。其主要特点是：钢带凹变抗弯截面模量为凸变抗弯截面模量的 2.75 倍，安装时易于紧贴顶板岩面，顶板下沉变形时钢带与围岩形成一体；同时解决了 W 形钢带容易撕裂的问题，钢材利用率高。

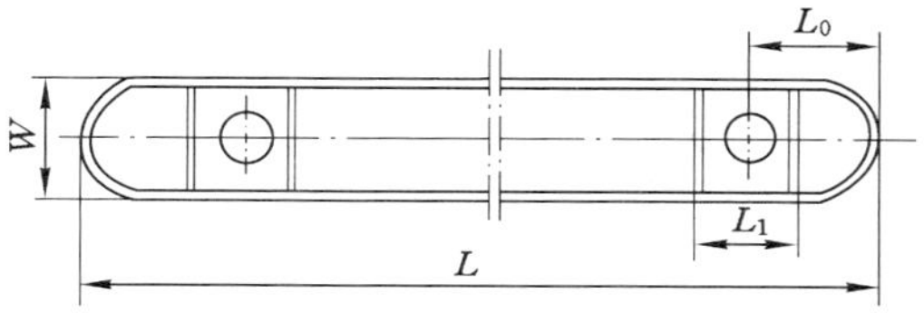

图 6-33　钢筋梯子梁形状

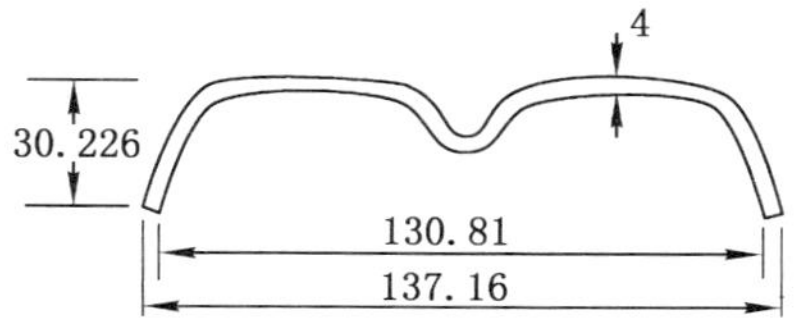

图 6-34　M 形钢带形状

(4) Π 形轻型钢带

Π 形轻型钢带是针对钢筋梯子梁焊点不牢、整体性差、与围岩接触不良的缺点而开发的。该钢带整体力学性能好，用料省，适合巷帮支护。

锚梁网联合支护使锚杆沿巷道纵向、横向相互联系，形成整体性的支护结构。锚杆与梁、网共同作用使巷道围岩整体性得到加强，利用钢带和托梁的高抗拉作用，将锚杆的托锚力转化为钢带和托梁对围岩的顶托力。协调锚杆受力，使围岩表面所受锚杆的托锚力相对均匀，同时增大锚杆的支承面积，防止锚杆间小块松石冒落。

3. 桁架锚杆支护

常见的桁架锚杆由锚杆、拉杆、拉紧器和垫块组成。桁架锚杆的主要形式有单式桁架锚杆(见图 6-35)、复式桁架锚杆(在巷道跨度方向上由 2～3 个单式桁架锚杆交错组成，见图 6-36)、交叉桁架锚杆(在巷道交叉处单式桁架锚杆交叉成十字形，见图 6-37)、连续桁架锚杆(沿巷道轴向将单式或复式桁架锚杆连成整体)等。高预拉力钢绞线桁架系统由高强度预应力钢绞线、锁具和锚固剂组成，桁架系统以巷道两肩窝深部岩体作为锚固点和支护结构的基础，通过高强度的预应力钢绞线传递张拉力，简化了普通锚杆桁架所必需的复杂结构。

无论采用单式还是复式桁架锚杆，在顶板岩层内都会形成水平和铅直方向的挤压应力区(见图 6-38)。锚杆的锚固力和拉杆的预拉紧力，使顶板的"中性轴"下移，增加了顶板岩层的抗弯能力，减小了顶板内部及其表面的张应力。对于破碎顶板，桁架锚杆提供的水平压力增大了沿巷道横向一组裂隙的摩擦因数，提高了裂隙梁的"完整性"，有利于顶板的成拱作用。通过拉杆可以协调锚杆之间的受力变形，将同一拉杆的若干根锚杆构成整体支护结构。另一方面，当顶板弯曲下沉时，拉杆和倾斜锚杆的共同作用使顶板内部及其裂隙体中产生更大的挤压应力和摩擦力，减小甚至抵消巷道顶板中部可能产生的拉应力，以阻止顶板的进一步弯曲下沉，使顶板更快趋于稳定。

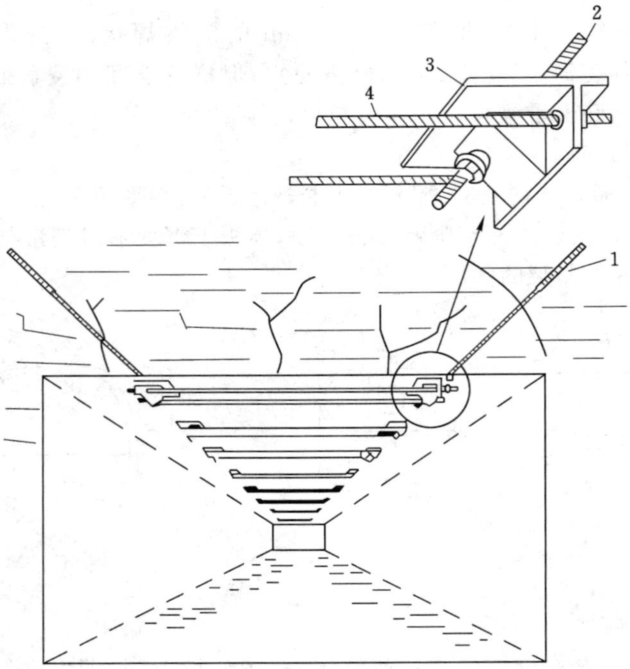

1—锚头；2—锚杆；3—托架；4—水平拉杆。

图 6-35 单式双拉杆桁架锚杆

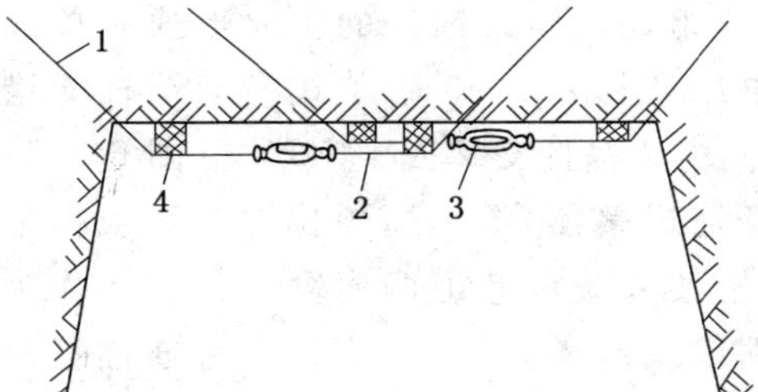

1—锚杆；2—拉杆；3—拉紧器；4—垫木。

图 6-36 复式桁架锚杆

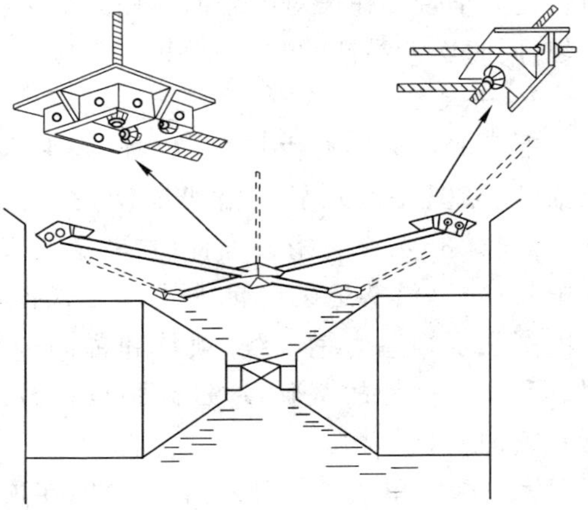

图 6-37 交叉桁架锚杆

桁架锚杆起作用的关键是拉杆及拉杆中产生的预紧力，因此拉杆的设计至关重要。拉杆一般由圆钢制成，具有能提供预拉力的梁式结构，可分为接顶与不接顶两类。桁架锚杆的应用范围较广，可用于支护顶板完整或节理裂隙发育、破碎的回采巷道和断面较大或悬顶面积较大的硐室或巷道交叉点。目前，在国外煤矿中，单式桁架锚杆已用于最大跨度达

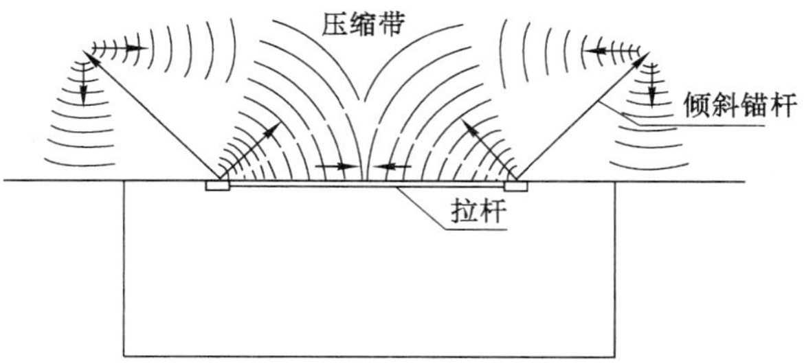

图 6-38　桁架锚杆支护作用力

7 m 的巷道，复式桁架锚杆（双组）支护的巷道宽度最大已达 9 m。在房式采煤法中，使用复式桁架锚杆（3 组）支护的矿房宽度最大可达 12 m。我国采用复式桁架锚杆（双组）支护的巷道宽度最大也已达到 9 m。

4. 预应力锚索

预应力锚索与普通锚杆相比长度较长，能锚入深部较稳定的岩层中，同时施加较大的预应力。常见的预应力锚索有胀壳式钢绞线预应力锚索和砂浆黏结式预应力锚索。锚索可分为单根锚索和锚索束、树脂锚固锚索、水泥注浆锚固锚索、树脂水泥注浆联合锚固锚索、端部锚固锚索和全长锚固锚索、预应力锚索和非预应力锚索。目前我国煤矿已广泛应用小钻孔、树脂药卷加长锚固、单根钢绞线的小口径预应力锚索。该技术简化了施工工艺和施工设备，缩短了锚固体养护和施工时间，实现锚索快速承载。

小口径预应力锚索的结构比较简单，由内锚固段、钢绞线自由段、外锚固段组成（见图 6-39）。内锚固段是锚索锚固在岩体内提供预应力的根基，锚固剂有水泥浆、树脂胶泥和树脂药卷。前两种锚固剂需用注浆泵注入，施工工艺相对复杂，水泥浆养护时间较长，但锚固力大。树脂药卷凝固时间短，可使用锚杆钻机带动钢绞线搅拌树脂药卷，安装工序简捷，但锚固长度受到巷道高度及锚杆钻机扭矩的制约。钢绞线既要有一定刚度，又要有一定柔性，适合在空间尺寸较小的巷道弯曲使用并能实现自身搅拌树脂药卷快速安装，目前使用较为广泛的是 7 股 ϕ5 mm 高强度钢绞线。外锚固段包括锁具、垫板、槽钢，锁具以夹片式为主，应按钢绞线规格选择锁具，确保锁具与钢绞线有良好的匹配关系。

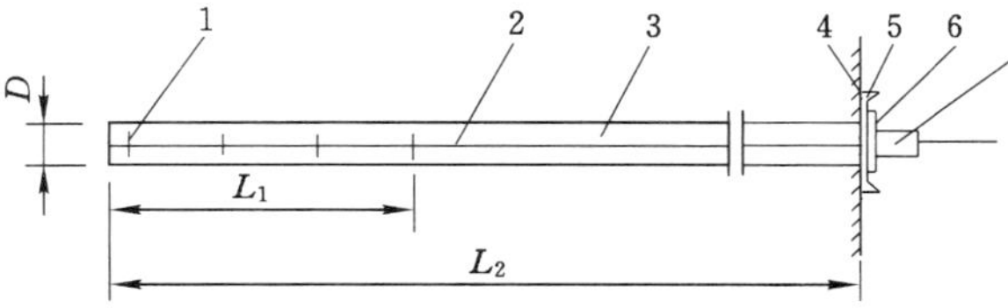

1—毛刺；2—钢绞线；3—钻孔；4—巷道表面；5—槽钢；6—钢垫板；7—锁具；
L_1—内锚固长度；L_2—锚索有效长度；D—钻孔直径。

图 6-39　小口径预应力锚索结构

三、巷道支护设计

下面以锚杆支护为例，简要介绍巷道支护设计方法。

1. 工程类比法

工程类比法由直接类比法和间接类比法组成。直接工程类比法是建立在已有工程设计和大量工程实践成功经验的基础上，在地质和生产技术条件及各种影响因素基本一致的情况下，根据类似条件的已有经验，进行待建工程锚杆支护类型和参数设计。为了使迄今为止巷道锚杆支护设计中取得的经验系统化、定量化，便于将不同工程的实践抽象为地质力学模型，实用而经济的方法是在围岩稳定性分类基础上进行巷道锚杆支护设计，这是一种间接工程类比法。自 1988 年原煤炭工业部颁布试用《我国缓倾斜、倾斜煤层回采巷道围岩稳定性分类方案》以来，经过多年的应用，该分类方案进一步充实、完善，发展为包括全部采准巷道围岩稳定性的分类方案，为巷道支护设计提供了重要基础。

2. 理论计算法

(1) 按悬吊理论计算

按悬吊理论，锚杆长 L 可由下式计算：

$$L = L_1 + L_2 + L_3 \tag{6-4}$$

式中 L_1——锚杆外露长度，一般取 $L_1 = 0.15$ m；

L_2——锚杆有效长度，m；

L_3——锚杆锚固长度，由拉拔试验确定，m。

当直接顶需要悬吊的范围易于划定时，L_2应大于或等于它们的厚度。当巷道围岩存在松动破碎带时，L_2 应大于或等于松动破碎区的高度：

$$L_2 \geqslant \frac{(100 - \mathrm{RMR}) \cdot B}{100} \tag{6-5}$$

式中 RMR——CSIR(分类搜索与图像检索)地质力学分级岩体总评分；

B——巷道宽度。

用普氏自然平衡拱理论确定松动破碎区的高度时，L_2应等于普氏拱的高度：

当 $f \geqslant 3$ 时
$$L_2 = \frac{B}{2f} \tag{6-6}$$

当 $f \leqslant 2$ 时
$$L_2 = \frac{1}{f}\left[\frac{B}{2} + h\cot\left(45° + \frac{\varphi}{2}\right)\right] \tag{6-7}$$

式中 f——普氏岩石坚固性系数；

h——巷道掘进高度，m；

φ——岩体内摩擦角，(°)。

根据锚杆杆体承载力与锚固力等强度原则，计算杆体直径 D(单位为 mm)为：

$$D = 35.52\sqrt{\frac{Q}{\sigma_t}} \tag{6-8}$$

式中 Q——由拉拔试验确定的锚固力，kN；

σ_t——锚杆杆体材料的抗拉强度，MPa。

根据每根锚杆悬吊的岩重，计算锚杆的间排距 s_1、s_2(单位为 m)，通常按锚杆等距排列：

$$s_1 = s_2 = \sqrt{\frac{Q}{K\gamma L_2}} \tag{6-9}$$

式中 K——锚杆安全系数，一般取 $K = 1.5 \sim 2$；

γ——岩石重力密度，kN/m³。

(2) 按组合梁理论计算

按组合梁理论计算：

$$L_2 \geqslant 0.5 \times B\sqrt{\frac{K_1 q}{\sigma_t}} \tag{6-10}$$

式中　K_1——安全系数，一般取 $K_1=3\sim5$；

q——均布载荷，kN/m。

在考虑了岩层蠕变的影响及顶板各岩层间摩擦作用的影响后：

$$L_2 = 0.0193 \times B\sqrt{\frac{K_1 q}{\xi(\sigma_t+\sigma_x)}} \tag{6-11}$$

式中　σ_x——原岩水平应力，MPa；

ξ——反映与梁应力和弯曲有关的各岩层间摩擦作用的惯性矩折减系数(见表 6-5)。

表 6-5　由组合梁岩层数决定的惯性矩折减系数

组合岩层数	1	2	3	≥4
ξ	1	0.75	0.7	0.65

根据组合梁的抗剪强度，计算锚杆的间排距 s_1、s_2(单位为 m)，通常按锚杆等距排列：

$$s_1 = s_2 \leqslant 0.0458 \times D\sqrt{\frac{L_2\tau}{K_2 B q}} \tag{6-12}$$

式中　τ——锚杆杆体材料抗剪强度，MPa；

K_2——顶板抗剪安全系数，一般取 $K_2=3\sim6$。

3. 系统设计法

对于大量工程岩石力学问题，只有少数能得到解析解。这一方面是由于岩体的非匀质、各向异性等特征，造成岩体本构关系的非线性。另一方面，边界条件常常不能表示为简单的数学函数。因此，当力学模型建立之后，设计分析和反馈分析阶段通常要采用数值方法得出近似解。利用有限元法、有限差分法、边界元法和离散元法等工程数值方法，使我们有可能选择更精确的力学模型处理锚固体的复杂力学特征，例如，非线性、非匀质性、各向异性和时变性等。也有可能解决复杂的巷道锚杆支护中的工程问题，例如，分步开挖、复杂几何形状、地下水作用、采动影响等问题。

我国巷道锚杆支护系统设计的基本思想认为地质调查、设计、施工、监测、信息反馈等是相互关联、制约和影响的有机整体，巷道支护系统是一个复杂的系统工程。因此，巷道锚杆的系统设计方法包括以下 6 个基本部分：

① 地质力学评估，主要是围岩应力状态和岩体力学性质评估。

② 初始设计，以有限差分数值模拟分析为主要手段，辅以工程类比和理论计算法，对初始设计选定的方案进行稳定性分析。

③ 按初始设计选定的方案进行施工。

④ 现场监测，主要有锚杆受力和巷道围岩表面及深部位移的监测。

⑤ 信息反馈与修改、完善设计，选用巷道表面及深部位移、全长锚固锚杆的受力分布、端部锚固锚杆的载荷、锚固区内和区外的离层值作为反馈指标，提出修改方案。

⑥ 重复进行由初始设计至信息反馈与修改、完善设计步骤，直到满意为止。

第六节 无煤柱护巷

无煤柱护巷包括沿空掘巷和沿空留巷，其理论基础是采场覆岩结构及周围支承压力分布规律。

一、无煤柱护巷的岩层控制基础

1. 沿倾斜方向支承压力分布规律

煤层开采沿倾斜方向支承压力带形成后，随着远离采面和时间的延续，会逐渐趋向缓和与均化，最终成为稳定的残余支承应力[见图 6-40(a)]。煤体和围岩的强度对支承压力分布曲线有很大影响，煤层顶底板为比较坚硬的砂岩时，随着工作面推进倾斜方向支承压力峰值逐渐降低，峰值位置移动不明显。煤层顶底板为比较软的泥质页岩和较破碎的砂质页岩时，随着工作面推进倾斜方向支承压力分布曲线逐渐向煤体深处转移，峰值逐渐降低，影响范围扩大。图 6-40(b)为较软顶板残余支承压力分布示意图。

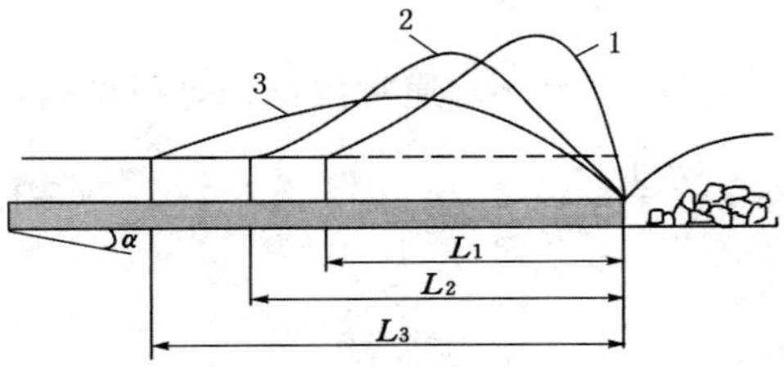

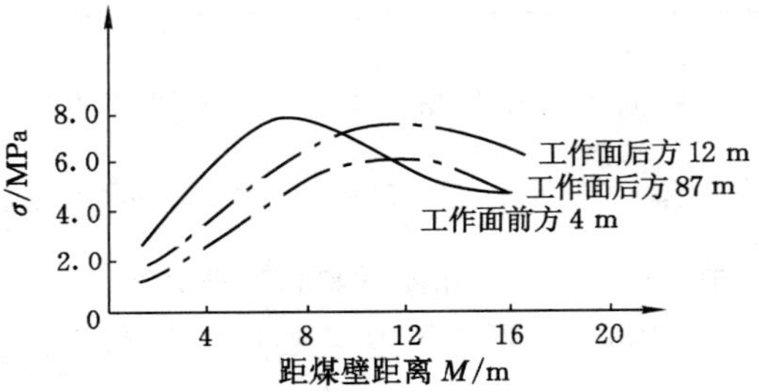

1,2,3—初期的、未稳定的和已稳定的压力分布曲线。

图 6-40 回采工作面倾斜方向支承压力分布

根据实测数据统计结果，不同围岩性质和开采深度条件下，上区段回采影响稳定后掘进的回采巷道保持稳定状态的护巷煤柱宽度值 B 可见表 6-6。巷道顶底板相对移近率 μ 与护巷煤柱宽度 x 关系曲线见图 6-41。可见，采深越大，保持巷道稳定所需护巷煤柱宽度越大。

表 6-6 回采巷道保持稳定状态的护巷煤柱宽度值 单位：m

围岩性质	巷道埋藏深度					
	200	300	400	500	600	70
比较稳定	18	21	24	27	30	3
中等稳定	19	24	30	35	42	4
不稳定	24	30	39	48	53	5

2. 采空区上覆岩层结构与沿空巷道的关系

上区段工作面回采后，采空区上覆岩层垮落，基本顶形成“O-X”破断。随着工作面推进，基本顶周期性破断，破断后的岩块沿工作面走向方向形成“砌体梁”结构，在工作面端头破断形成弧形三角块(见图 6-42)。基本顶在直接顶垮落后，一般在煤体内断裂、回转或弯曲下沉，在采空区内形成岩层承载结构。沿工作面倾向，岩体 A、岩块 B、岩块 C 组成铰接结构，该结构稳定性取决于采空区的充填程度和基本顶的断裂参数。采空区上覆岩层移动稳定后，沿空巷道位于岩块 B 的下方。岩体 A 为本区段工作面基本顶，岩块 B 为上区段工作面采空区靠煤体一侧的弧形三角块，岩块 C 为上区段工作面采空区垮落矸石上的断裂岩块。岩块 B 对沿空巷道上覆岩层结构的稳定起重要作用，对弧形三角块结构稳定性进行力学分析，揭示基本顶三角块结构稳定状态与沿空巷道稳定状态的关系，对合理确定沿空巷道位置及支护参数具有重要意义。

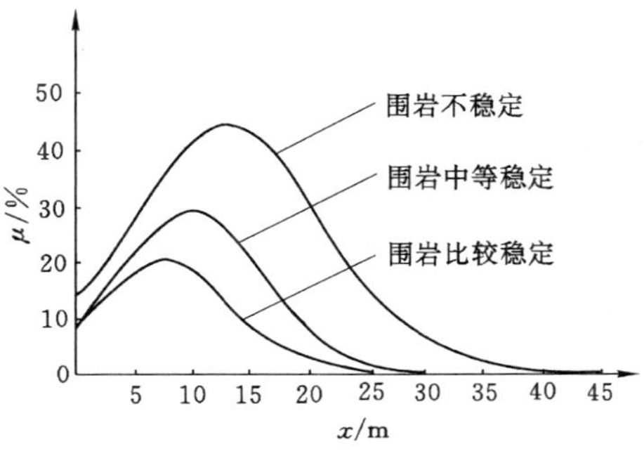

图 6-41 μ-x 关系曲线示意图

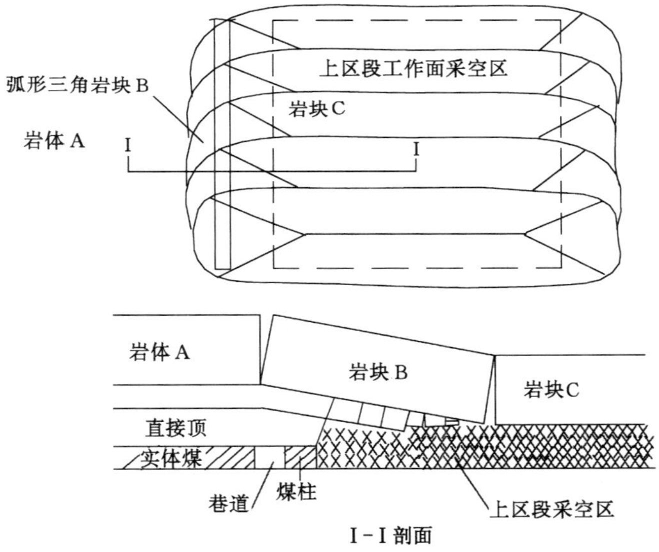

图 6-42 沿空巷道上覆岩层结构示意图

二、沿空掘巷

根据支承压力沿煤层倾斜的显现规律可知，与采空区相邻的煤体边缘区域存在一个应力比原岩应力低的卸压区，当回采工作面采过相当长时间以后，这个卸压区仍能较稳定地长期保持。所以，在这个卸压区内掘进和维护巷道可以减轻巷道受压，达到容易维护巷道的目的。与留煤柱护巷相比，这种巷道保护方法取消了护巷煤柱，因此叫作无煤柱护巷法，通常还把这种沿采空区边缘掘进或维护的巷道称为沿空巷道。无煤柱护巷有利于提高煤炭采出率，改善巷道维护状况，降低巷道掘进率。

1. 沿空掘巷的矿压显现

沿空掘巷之前，岩层运动已经稳定在采空区附近，处于极限平衡状态下煤体的残余支承压力分布见图 6-43 中 1。沿空掘巷破坏了原有平衡，在巷道边缘的煤体会出现新的破裂区、塑性区，支承压力向煤体深部移动，见图 6-43 中 2。移动距离近似等于煤柱宽度，应力场扰动不大，一般经过 10 d 左右，变形速度趋向稳定。巷道受到本区段工作面回采影响后，处于支承压力的重叠区内，围岩变形会显著增长，通常巷道维护不太困难。

窄煤柱巷道是指巷道与采空区之间保留 5～8 m 宽的煤柱。巷道掘进前，采空区附近沿倾斜方向煤体内应力分布如图 6-44 中 1 所示。窄煤柱巷道掘进位置一般刚好处于残余的支承压力峰值下。巷道掘进后窄煤柱遭到破坏而卸载，引起煤柱向巷道方向强烈移动。巷道另一侧的煤体，由原来承受高压的弹性区，衍变为破裂区、塑性区；随着支承压力向煤体深处转移，煤体也向巷道方向显著位移，最终应力分布状态如图 6-44 中 2 所示。窄煤柱巷道不仅在掘巷期间围岩强烈变形，巷道围岩一直保持较大的速度持续变形，顶板强烈下沉且底板鼓起。巷道的压力主要来自窄煤柱一侧，窄煤柱实际上已遭到严重破坏，不仅对顶板支撑作用有限，而且使巷道实际跨度和悬顶距离增加。因此，窄煤柱巷道的围岩变形要比沿空巷道大 1 倍左右。

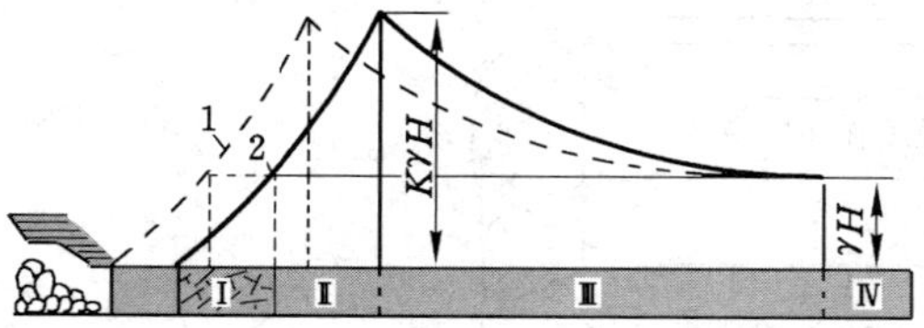

1—掘巷前的应力分布；2—掘巷后的应力分布；
Ⅰ—破裂区；Ⅱ—塑性区；
Ⅲ—弹性区应力增高部分；Ⅳ—原岩应力区。
图 6-43　沿空掘巷引起煤帮应力重新分布

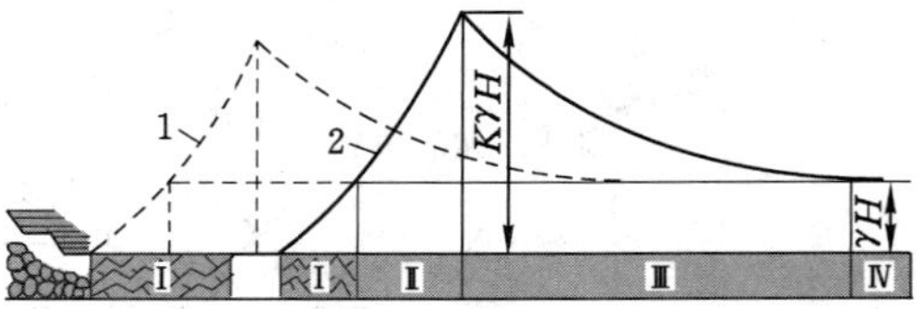

1—掘巷前的应力分布；2—掘巷后的应力分布；
Ⅰ—破裂区；Ⅱ—塑性区；
Ⅲ—弹性区应力增高部分；Ⅳ—原岩应力区。
图 6-44　窄煤柱护巷引起煤帮应力重新分布

2. 沿空掘巷的方式

根据煤层赋存情况、地质条件和所采取的技术措施不同，沿空掘巷可分为 3 种方式，即完全沿空掘巷、留小煤墙沿空掘巷、保留部分老巷断面沿空掘巷。

(1) 完全沿空掘巷

完全沿空掘巷就是上区段采动影响稳定后，紧贴上区段废弃的巷道，在煤层边缘的煤体内重新掘进一条巷道，如图 6-45 所示。

(2) 留小煤墙沿空掘巷

留小煤墙沿空掘巷方式的特点是上区段采动影响稳定后，巷道不紧贴上区段采空区边缘掘进，而是在巷道与采空区之间留设 1～3 m 的隔离小煤墙，见图 6-46。

(3) 保留部分老巷断面的沿空掘巷

这种方式基本上是留一条巷掘一条巷，巷道的维护费用和材料消耗会大幅度地增加。实际可用大断面的沿空掘巷或留巷取代。

完全沿空掘巷在煤体边缘卸压区掘进巷道，由于沿空巷道一侧为采空区，上区段老空区积水和碎矸石易进入巷道内，会严重影响巷道的施工和使用，巷道与采空区之间的漏风严重。而保留部分老巷断面的掘进方式一般适用于顶板容易冒落和胶结、采空区无积水和煤层倾角不大的煤层。

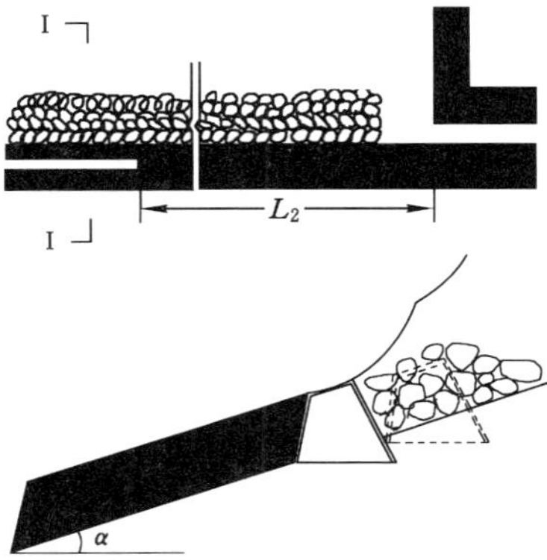

L_2—滞后掘进距离。

图 6-45　完全沿空掘巷

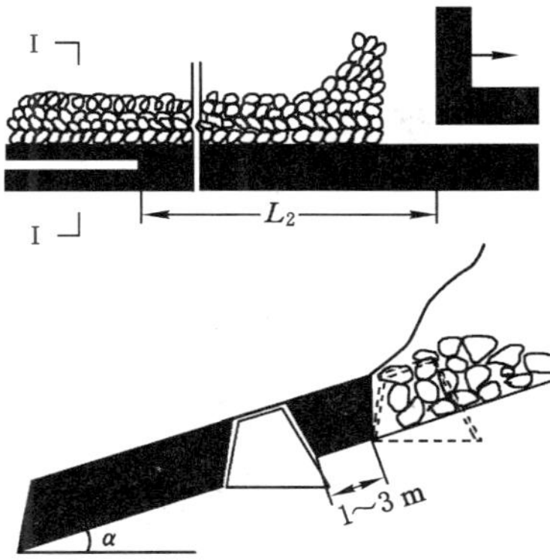

L_2—滞后掘进距离。

图 6-46　留小煤墙沿空掘巷

在我国煤矿中较常应用的是留小煤墙的沿空掘巷方式，小煤墙宽度一般不宜超过 1～3 m。小煤墙对挡矸和防止采空区积水进入巷道能起一定作用；巷道在煤体内掘进，两侧为煤壁，有利于提高掘进速度。但小煤墙很难隔离火区、防止漏风和隔绝采空区有害气体渗漏。

三、沿空留巷

1. 沿空留巷的矿压显现规律

(1) 采动时期的受力状况

沿空留巷是在上区段工作面采过后，通过加强支护或采用其他有效方法，将上区段工作面运输平巷保留下来，供下区段工作面回采时作为回风平巷(见图 6-47)。沿空巷道位于采空区边缘，保留巷道期间经历上区段工作面的采动影响，巷道顶板的下沉、破坏必然受到采空区上覆岩层沉降总规律的制约。上区段工作面采过后，沿空巷道经历基本顶岩层从即将断裂前的极限状态到发生断裂失稳然后到回转下沉压实采空区的过程。在这个过程中，由于基本顶的剧烈活动，引起沿空巷道煤帮和巷道支护体发生剧烈变形，受力状况与用煤柱维护的巷道有明显的差别。沿空留巷的围岩应力，除与煤帮的支承压力和直接顶的载荷有关外，主要取决于裂缝带岩层中块体 B 取得平衡之前引起的附加载荷(参见图 6-42)。

上区段工作面的采动影响趋于稳定后，随着采空区岩层的沉降和煤帮支承压力的衰减，沿空留巷煤帮的承载能力与支承压力很快处于平衡状态，围岩变形显著下降并趋于稳定。本区段工作面回采时，规则移动带岩层原有的平衡状态将受到强烈影响。在超前支承压力作用下，裂缝带岩层将有一定的回转下沉。裂缝带岩层结构的这种运动和不稳定状态造成沿空巷道围岩应力的重新分布和集中，巷道围岩表现出强烈变形。

(2) 沿空留巷的顶板下沉规律

回采工作面推进引起的上覆岩层运动，其发展是自下而上的，上部具有明显的滞后现象，沿空留巷的顶板会在较长时间内受到基本顶上覆岩层运动的影响。

① 采面前 20～40 m 处煤层上覆岩层开始运动，但下沉速度很小，为岩层起始沉降期。

② 煤层开采后，垮落带岩层冒落，裂缝带岩层急剧沉降，在工作面后方 10～20 m 处下沉速度最大。在工作面后方 0～60 m 范围内，下沉量占最终下沉量的 80%左右，称为岩层

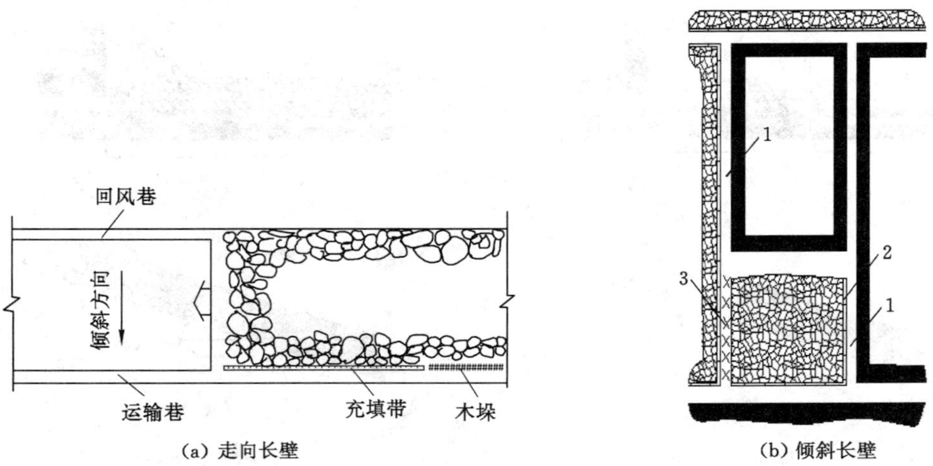

1—沿空保留巷道;2—巷旁支护带;3—复用后废弃的巷道。

图 6-47 沿空留巷工作面巷道平面布置图

强烈沉降期。

③ 在工作面后方约 60 m 以外,裂缝带沉降速度逐渐衰减;在工作面后方 100 m 左右,岩层运动基本稳定。这个时期内岩层的下沉量占最终下沉量的 15%左右,称为岩层沉降衰减期。

④ 如果直接顶冒落能够填满采空区,使基本顶处于平衡状态,采动期间沿空留巷的顶板下沉量与煤层采厚呈正比关系,一般为采高的 10%~20%,基本上属于“给定变形”。沿空巷道的顶板往往明显地向采空区方向倾斜,倾角一般为 3°~6°。

2. *沿空留巷巷旁支护形式*

(1) 巷旁支护的作用

巷旁支护是指巷道断面范围以外,与采空区交界处架设的一些特殊类型的支架或人工构筑物。它的作用主要有:控制直接顶的离层和及时切断直接顶板,使垮落矸石在采空区内充填支撑基本顶,减少上覆岩层的弯曲下沉,减少巷内支护所承受的载荷,保持巷道围岩稳定。同时为了生产安全,及时封闭采空区,防止漏风和煤炭自然发火,避免采空区内有害气体逸出。为此,巷旁支护必须具备较高的工作阻力、较大的增阻速度、足够的可缩量,以及工作阻力、增阻速度和可缩量需合理匹配。

(2) 巷旁支护的类型和适用条件

传统的巷旁支护主要有:木垛支护、密集支柱支护、矸石带支护、混凝土砌块支护、切顶充填等方式。它们的主要缺点是:增阻速度慢、支撑能力低、密封性能差、木材消耗多和机械化程度不高。整体浇注巷旁充填技术是在煤层顶、底间浇注充填材料,形成密实的整体,把沿空留巷需要的封闭采空区和有效支护结合起来,充分显示出技术经济上的优越性。

沿空留巷的围岩应力和变形主要受裂缝带岩层平衡运动形式的制约,工作面顶板分级全面反映裂缝带岩层的强度性质和结构特征。通过现场实测和理论研究提出,不同的顶板围岩条件下应选择不同的巷旁支护方式。对于Ⅰ级 1 类至Ⅲ级 3 类顶板围岩条件,适合选用切顶型巷旁支护方式,一般采用整体浇注护巷带或混凝土砌块构筑的护巷带(或者密集金属支柱），护巷带高不宜超过 3 m，护巷带宽高比一般应大于 0.5。对于Ⅳ级 4 类顶板围岩条件，沿空留巷逐渐成为可能。

(3) 整体浇注巷旁充填技术

整体浇注巷旁充填技术具有增阻速度快、支撑能力大、密封性能好和机械化程度高等优点，使发展沿空留巷技术的关键问题得到了解决。

根据充填材料含水量的多少，将巷旁充填材料分为高水和中、低水材料两大类[44]。水体积比＞70％的浆体称为高水材料，高水材料流动性好，可以长距离水力输送。水体积比＜70％的浆体称为中、低水材料，中、低水材料流动性能差，可用风力输送或短距离水力输送。低水充填材料主要有两类：一类是天然硬石膏或合成石膏，另一类是工业废渣或廉价材料加胶结料。低水充填材料的水灰比均小于 0.4。用风力输送的低水充填材料全部是干料，在充填管出口处装有环形喷嘴，水与充填材料在此均匀混合后注入充填空间。

高水速凝材料能与大量水混合并全部凝结成固体，机理是水化过程中生成了大量的高结晶水化物——钙矾石($3CaO \cdot Al_2O_3 \cdot 3CaSO_4 \cdot 32H_2O$)。钙矾石是一种最常见的高结晶水化物，结晶水体积比高达 81.2％。此外，钙矾石晶体表面带负电性，将大量的水吸附在晶体表面，同时水化形成其他水化物，如硅酸凝胶、铝酸凝胶等。我国以质量更为稳定的硫铝酸盐水泥熟料作为高水速凝材料的基材，在高水速凝材料中适当地掺入工业废渣形成高水灰渣材料。高水灰渣充填材料是一种特殊力学性能的材料，单轴压力下应力应变关系属塑—弹—塑类型，达到屈服后，材料不立即发生脆性破坏，仍具有较高的残余强度，应力峰值前的应变值为 2.0％～4.5％；三轴压力下，应力峰值前的应变值可达 6％以上。对于高水净浆充填材料，均用泵输送，采用高水材料双路水力充填工艺系统，输送水平距离大于 1 000 m，充填点用塑料充填袋储集混合后的料浆，料浆凝固形成整体充填体。对于高水灰渣材料，可以采用活动钢模板替代塑料充填袋，活动钢模板反复交替使用。

超高水充填材料由 A、B 两部分分别配水形成单浆液(A 部分由铝土矿为主烧制并复合超缓凝剂组成，B 部分由石膏等与复合速凝剂组成)，2 种单浆液以体积比 1∶1 比例配合使用，水体积可达 95％～97％(即水灰比 6.1∶1～11∶1)；2 种单浆液混合后可在 8～30 min 内实现初凝，固结体的 7 d 抗压强度可达到最终强度的 60％～90％，最终强度可达 0.66～1.66 MPa。单浆液可持续 30～40 h 不凝固且流动性良好，适合在管路中进行长距离输送。

(4) 切顶留巷技术

切顶卸压自动成巷技术在一定条件下能够应用[45]，其原理是采用双向拉伸爆破技术对工作面附近的顶板进行预裂，并形成一个薄弱结构面，使得工作面回采过后顶板快速垮落。采用巷旁支护技术将垮落矸石形成巷帮，采空区内矸石因自身碎胀特性充填采空区，形成对基本顶的支撑结构。切顶后，在巷道上方顶板形成的切顶短臂梁结构的保护作用、恒阻大变形锚索的支护作用、采空区矸石对基本顶的支撑作用的联合作用下，沿空巷道的稳定性得到提高，能够满足下区段工作面对沿空巷道的使用要求。

第七节　采区巷道保护

一、留煤柱护巷

留设煤柱一直是煤矿中传统的护巷方法，传统的留煤柱护巷方法是在上区段运输平巷和下区段回风平巷之间留设一定宽度的煤柱，使下区段平巷避开固定支承压力峰值区（见图 6-48）。区段平巷双巷掘进和使用，技术管理简单，对通风、运输、排水、安全都有利。但是，煤柱损失率高达 10%～30%；且回风巷受二次采动影响，巷道维护困难，支护费用高；煤柱支承压力向底板传播，不仅影响邻近煤层的开采和底板巷道的稳定，还可能引发冲击地压。

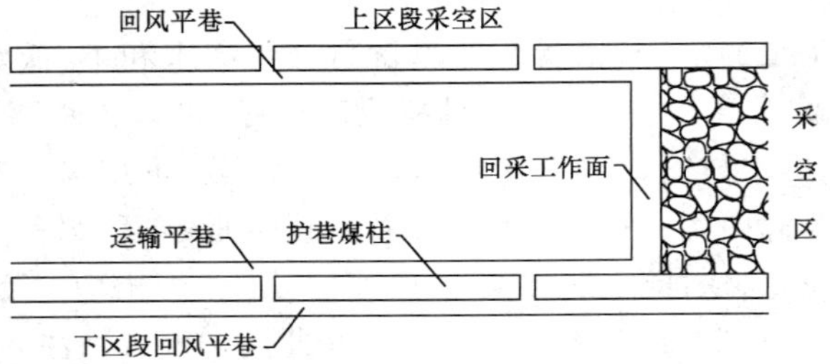

图 6-48 留煤柱护巷示意图

1. 煤柱的载荷

（1）煤柱载荷的估算

目前国内外研究都认为，护巷煤柱上的载荷，是由煤柱上覆岩层重量及煤柱一侧或两侧采空区悬露岩层转移到煤柱上的部分重量所引起的。如图 6-49 所示，一单位长度煤柱上的总载荷 P 为：

$$P=\left[(B+D)\cdot H-\frac{D^2\cot\delta}{4}\right]\cdot\gamma \tag{6-13}$$

式中 B——煤柱宽度，m；

D——采空区宽度，m；

H——巷道埋深，m；

δ——采空区上覆岩层垮落角；

γ——上覆岩层平均体积力，kN/m³。

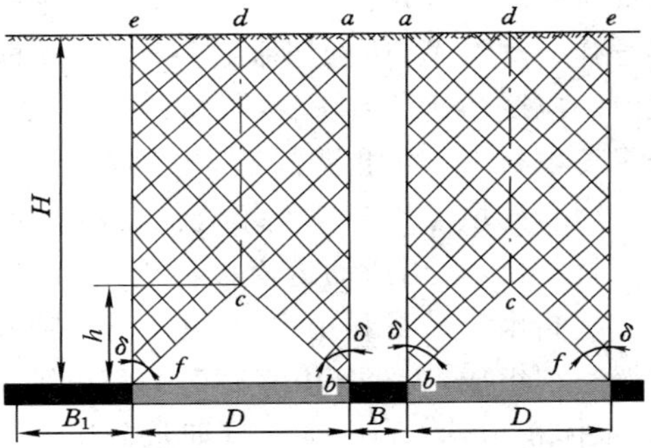

图 6-49 计算煤柱载荷示意图

煤柱单位面积的平均载荷即平均应力为：

$$\sigma=\frac{P}{B}=\frac{[(B+D)\cdot H-D^2\cot\delta/4]}{B}\cdot\gamma \tag{6-14}$$

上述计算尽管经过简化，以平面问题代替空间问题，以均质的上覆岩层取代复杂的岩层赋存状况，不考虑煤柱边缘部分会产生应力集中以及由于煤柱边缘部分破坏引起应力向煤柱深部转移，未涉及上覆岩层的移动等。但迄今它仍是一种比较简单和实用的煤柱载荷估算方法，并认为平均应力是判断煤柱载荷的重要参数。

（2）煤柱宽度的理论计算

护巷煤柱宽度的理论计算有按煤柱的允许应力、按煤柱能承受的极限载荷以及按煤柱应力分布等多种方法。各种方法的基本观点都认为：煤柱的宽度必须保证煤柱的极限载荷 σ 不超过它的极限强度 R_c。

$$\frac{\gamma}{1\,000B}\left[(B+D)\cdot H-\frac{1}{4}D^2\cot\delta\right]\geqslant R_c\left(0.778+0.222\frac{B}{h}\right) \tag{6-15}$$

2. 煤柱的应力分布

(1) 一侧采空煤柱(体)的弹塑性变形区及铅直应力的分布

假设采空区周围的煤柱(体)处于弹性变形状态,煤柱的铅直应力 σ_y 的分布如图 6-50 中 1 所示。σ_y 随着与采空区边缘之间距离 x 的增大,按负指数曲线关系衰减。在高应力作用下,从煤体(柱)边缘到深部,都会出现塑性区(靠采空区侧应力低于原岩应力的部分称为破裂区)、弹性区及原岩应力区(见图 6-50)。弹塑性变形状态下,煤柱(体)的铅直应力 σ_y 的分布如图 6-50 中 2 所示。

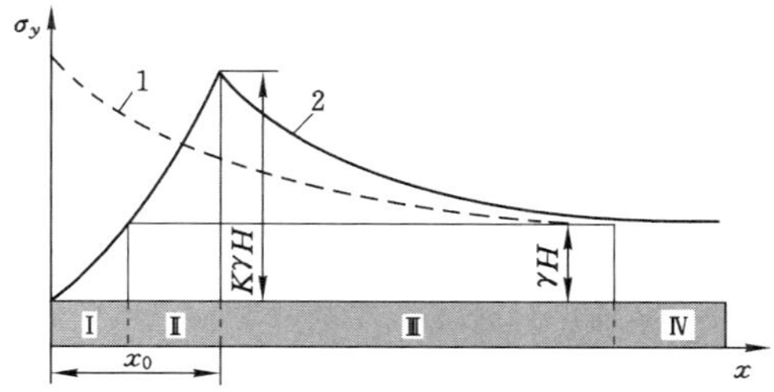

1—弹性应力分布;2—弹塑性应力分布;

Ⅰ—破裂区;Ⅱ—塑性区;Ⅲ—弹性区应力升高部分;Ⅳ—原岩应力区。

图 6-50　煤柱(体)的弹塑性变形区及铅直应力分布

煤柱(体)的承载能力,随着远离煤体(柱)边缘而明显增长。在距煤体(柱)边缘一定宽度内,存在着煤柱(体)的承载能力与支承压力处于极限平衡状态,运用岩体的极限平衡理论,塑性区的宽度,即支承压力峰值与煤体(柱)边缘之间的距离 x_0 为:

$$x_0 = \frac{m}{2\xi f}\ln\frac{k\gamma H + C\cot\varphi}{\xi(p_1 + C\cot\varphi)} \tag{6-16}$$

式中　K——应力集中系数;

P_1——支架对煤帮的阻力,MPa;

m——煤层开采厚度,m;

C——煤体的黏聚力,MPa;

φ——煤体的内摩擦角,(°);

f——煤层与顶底板接触面的摩擦因数;

ξ——三轴应力系数,$\xi=\frac{1+\sin\varphi}{1-\sin\varphi}$。

在生产实际中,x_0 的变化范围为 3～20 m,一般为 5～12 m。应力降低区宽度的变化范围为 2～7 m,一般为 3～5 m。

(2) 两侧采空煤柱的弹塑性变形区及铅直应力的分布

两侧均已采空的煤柱,其应力分布状态主要取决于回采引起的支承压力影响距离 L 及煤柱宽度 B,主要有三种类型:

① $B\geqslant 2L$ 时,煤柱中央的载荷为均匀分布,且为原岩应力 γH(见图 6-51)。由于煤柱边缘应力集中,煤柱从边缘到中央,一般仍为破裂区、塑性区、弹性区以及原岩应力区。

② $2L>B>L$ 时,在煤柱中央,由于支承压力的叠加,应力大于 γH,沿煤柱宽度方向应力呈马鞍形分布,弹塑性变形区及应力分布见图 6-52。

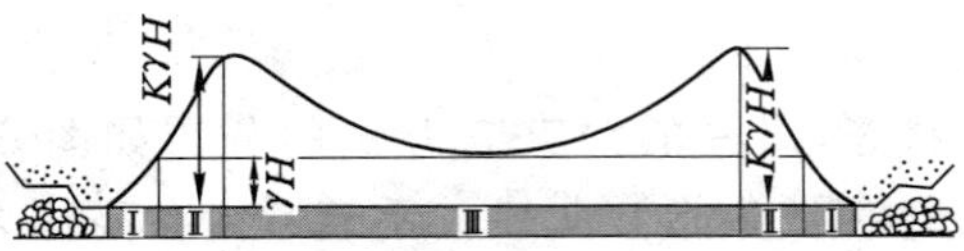

Ⅰ—破裂区；Ⅱ—塑性区；
Ⅲ—中部为原岩应力的弹性区(弹性核)。
图 6-51 煤柱宽度很大时弹塑性变形区及铅直应力分布

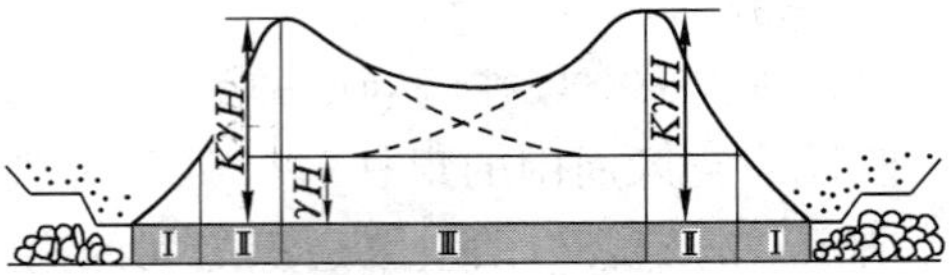

Ⅰ—破裂区；Ⅱ—塑性区；
Ⅲ—应力升高的弹性区(弹性核)。
图 6-52 煤柱宽度较大时弹塑性区及铅直应力分布

③ $B \leqslant L$ 时，两侧边缘的支承压力峰值将重叠在一起，煤柱中部的载荷急剧增大，应力趋向于均匀分布(见图 6-53)。受两侧采动影响时，K 值可达到 4～5 以上，中央位置的煤柱可能因长期处于塑性流动状态而遭到严重破坏。

3. 护巷煤柱的稳定性

(1) 护巷煤柱的宽度

煤柱的宽度是影响煤柱的稳定性和巷道维护的主要因素。煤柱的宽度决定了巷道与回采空间的水平距离，影响到回采引起的支承压力对巷道的影响程度及煤柱的载荷。煤柱的极限承载能力，不仅取决于煤柱的边界条件和力学性质，还取决于煤柱的几何尺寸和形状。

(2) 护巷煤柱保持稳定的基本条件

护巷煤柱一侧为回采空间，一侧为采准巷道。回采空间和采准巷道在护巷煤柱两侧形成各自的塑性变形区，塑性区的宽度分别为 x_0、x_1(见图 6-54)。因此，护巷煤柱保持稳定的基本条件是：煤柱两侧产生塑性变形后，在煤柱中央存在一定宽度的弹性核，该弹性核的宽度应不小于煤柱高度的 2 倍。因此，即使在煤柱内开掘一条非常窄的巷道，也会引起煤柱应力重新分布，造成有效支撑面积减少，煤柱承载能力急剧下降。为此，保持煤柱稳定的最小宽度 B 应为：

$$B = x_0 + 2m + x_1 \tag{6-17}$$

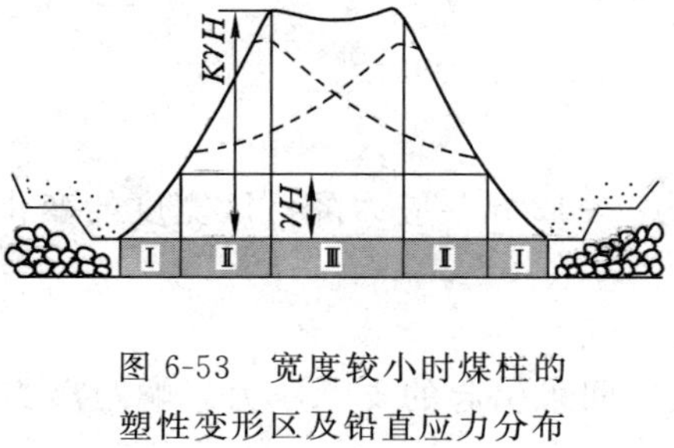

图 6-53 宽度较小时煤柱的塑性变形区及铅直应力分布

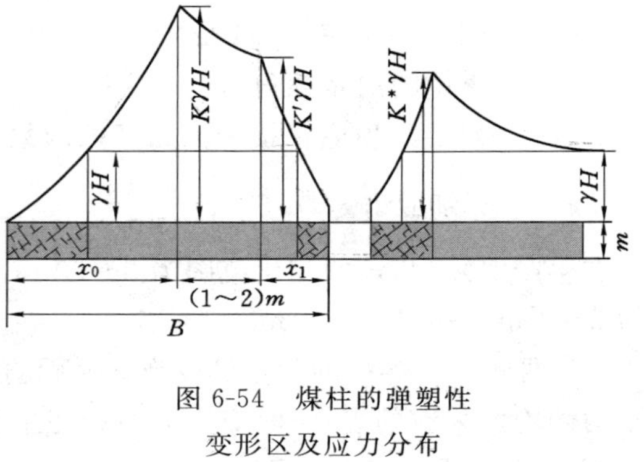

图 6-54 煤柱的弹塑性变形区及应力分布

二、跨巷回采巷道卸压

1. 跨巷回采卸压的机理

煤层开采以后，在煤层底板中形成一定范围的应力增高区和应力降低区。位于煤层底板的巷道，若处于应力增高区，将承受较大的集中应力而遭到破坏；若处于应力降低区，则易于维护。根据采面不断移动的特点以及巷道系统优化布置的原则，可在巷道上方的煤层工作面进行跨采，使巷道经历一段时间的高应力作用后，长期处于应力降低区内。跨采的效果主要取决于巷道与上方跨采面的相对位置，即巷道与上部回采煤层间的法向距离 z 及巷道与上部回采煤层煤柱（体）边缘的水平距离 x。

2. *跨巷回采的应用及矿压显现规律*

跨巷回采有两种方式，即纵跨与横跨。以走向长壁工作面为例，跨越大巷和区段集中平巷时，跨采面推进方向与被跨采巷道轴向平行称为纵跨。跨越上、下山和采区石门时，跨采面推进方向与被跨采巷道轴向垂直称为横跨。跨巷回采期间，巷道将顺次受到跨采面的超前支承压力和上覆岩层垮落的影响，剧烈影响范围和程度与开采深度、围岩的力学性质及巷道距开采煤层的法向距离有关。只要与采空区煤壁边缘的水平距离适当，跨采后巷道可长期处于应力降低区。

（1）采面纵跨岩石集中平巷

采面纵跨岩石集中平巷时，平巷中测站 1 位于跨采面采空区下方，$z=9.5$ m，$x=8$ m；测站 2 位于跨采面采空区一侧煤柱边缘的正下方，$z=9.5$ m，$x=0$。工作面跨采前，测站 1 与测站 2 处巷道变形特征相差不大；跨采期间，测站 2 巷道围岩变形量比测站 1 大 3 倍；跨采后围岩变形趋于稳定时，测站 2 巷道围岩变形速度比测站 1 大 1 倍左右。

（2）采面横跨石门

采面横跨石门时，石门中测站 1，$z=30$ m，$x=60$ m；测站 2，$z=35$ m，$x=28$ m。测站 2 与测站 1 相比，由于距上部煤层采空区上区段隔离煤柱水平距离较短，受煤柱传递的支承压力的影响要大。因此，在未受到本区段跨采面的采动影响时，巷道的围岩变形速度比测站 1 稍高；跨采时受到侧向支承压力和超前支承压力的叠加影响作用，引起的围岩变形量比测站 1 大 2 倍。

（3）工作面跨越上山回采

工作面跨越上山回采时，是否保留区段煤柱及跨越上山回采的顺序不同，对上山巷道的矿山压力显现影响极大。常见的跨越上山回采方式有以下 3 种：

① 上山一侧的采面，在另一侧的采面距上山较远时就跨越上山，下区段工作面回采时将区段间保留煤柱全部回收。

② 跨采方法同上，但区段间保留煤柱。

③ 一侧采面先采至上山煤柱处停采，然后另一侧采面再跨越上山回采，保留区段煤柱。

在上述 3 种跨采方式情况下，被跨上山围岩变形量与距区段煤柱边缘距离的关系曲线分别如图 6-55 中曲线 1、2、3 所示。两翼工作面均不跨越上山，且保留较宽的上山保护煤柱时，围岩变形量变化不大，如图中虚线 4 所示。

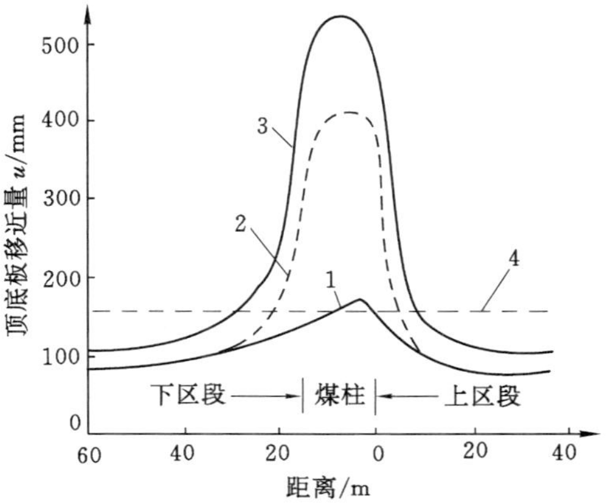

1—不留区段煤柱、先跨；2—留区段煤柱、先跨；3—留区段煤柱、后跨；4—用较宽的煤柱保护上山。

图 6-55　区段煤柱对跨采上山围岩变形的影响

三、巷道围岩开槽卸压及松动卸压

1. 巷道周边开槽(孔)对围岩应力分布的影响

在岩体中开掘巷道后,在地应力较高、围岩较松软的情况下,围岩破坏的范围较大,导致集中应力向未遭破坏的围岩深部转移,在巷道周边的围岩中形成应力降低区。这种方式的卸压过程是以巷道周边岩体的完整结构被破坏为代价的,在卸压的同时巷道围岩的塑性变形区范围以及该区内遭破坏岩体的塑性变形、扩容膨胀变形明显增大。而塑性变形区的范围及变形量的大小正是巷道维护难易的关键。因此,能否使巷道周边的集中应力向围岩深部转移,在巷道周边形成卸压区,且不扩大巷道周边塑性变形区的范围,不使其产生较大的变形呢?研究表明,在巷道周边开槽或钻孔可同时起到卸压和限制围岩变形的目的。

采用边界元法对巷道周边切缝前后围岩中的应力分布进行数值计算分析。在圆形巷道侧压系数 $\lambda=0.5$ 的条件下,巷道周边不切缝、两帮切缝、顶底切缝、顶底及两帮同时切缝四种情况,巷道周边切向应力分布计算结果如图 6-56 所示。切缝部位周边围岩中切向应力显著降低,巷道其他部位的切向应力也有一定程度的降低。

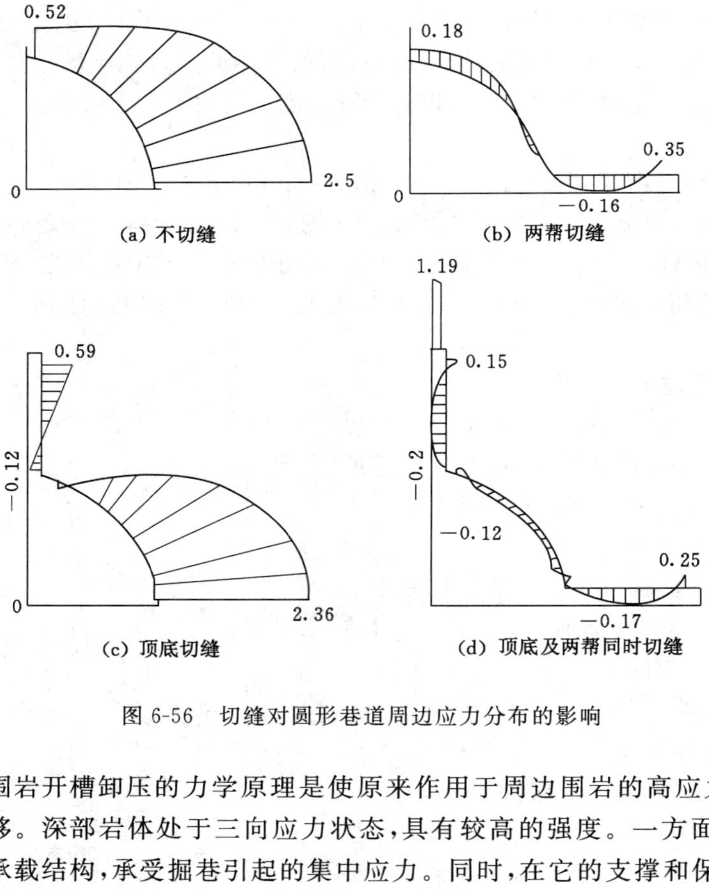

图 6-56　切缝对圆形巷道周边应力分布的影响

巷道周边围岩开槽卸压的力学原理是使原来作用于周边围岩的高应力向卸压区以外的岩体深部转移。深部岩体处于三向应力状态,具有较高的强度。一方面,在应力增高区内岩体形成自承载结构,承受掘巷引起的集中应力。同时,在它的支撑和保护下,又使卸压区内的岩体得以保持稳定。另一方面,结构和完整性并未遭到完全破坏的卸压区内的围岩,仍然存在一定的残余强度,并向岩体自承载结构提供侧向约束力,增加岩体自承载结构的强度和稳定性,从而使围岩的整体稳定性得到显著提高。

2. 巷道围岩开槽(孔)卸压法的应用

在实际工程中,常用成排的大直径钻孔来替代开槽。钻孔卸压的机理与开槽卸压基本相同,钻孔卸压的效果主要取决于孔径、孔距、孔深等参数。一般情况下,钻孔直径 150～350 mm,钻孔间距为钻孔直径的 1.5～1.7 倍,孔深 6～10 m。卸压应尽可能紧跟掘进工作面,滞后距离一般不宜超过 5～10 m;或者超前工作面,削弱工作面超前支承压力的影响。钻孔卸压现场试验结果如图 6-57 所示。在巷道围岩中开槽,不仅使支承压力峰值向巷道围岩深部转移,使巷道处于应力降低区,而且卸压槽(缝)还为巷道围岩变形提供了补偿空间,从而使巷道围岩变形量减小。通常采用垂直切槽防治底鼓,卸压效果主要决定于卸压槽的宽度 b、深度 h。对于中硬岩层,槽宽 b=200～300 mm;对于软岩层,b>200～300 mm。

德国埃森采矿研究中心对巷道底板的切槽深度与底板稳定性的关系进行了研究(见图 6-58)。当切槽深度 h 小于巷帮到切槽的间距 a 时,可将开槽后的底板视作从卸载槽下方受到横向载荷 p 作用的岩石悬梁,承受弯曲应力的作用[图 6-58(a)]。在这种受载条件下,岩梁的抗弯强度很小,即使 p 值不大,也可使底板向上翘曲,甚至向上破断。当切槽深度 h 大于巷帮到切槽的间距 a 时,相当于短梁受载的情况[图 6-58(b)],此时开槽后形成的岩块不承受弯曲载荷,而承受剪切载荷。由于岩层的抗剪强度远大于承受弯曲时的抗拉强度,开槽后底板岩层具有较大的稳定性。

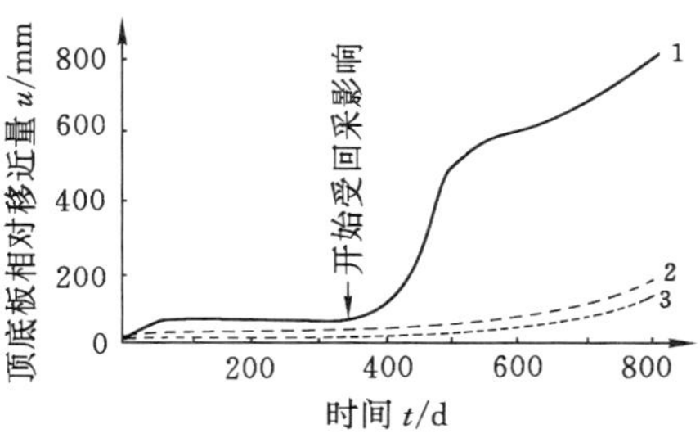

1—未卸压;2—孔深 8 m;3—孔深 9 m。

图 6-57　钻孔卸压现场试验结果

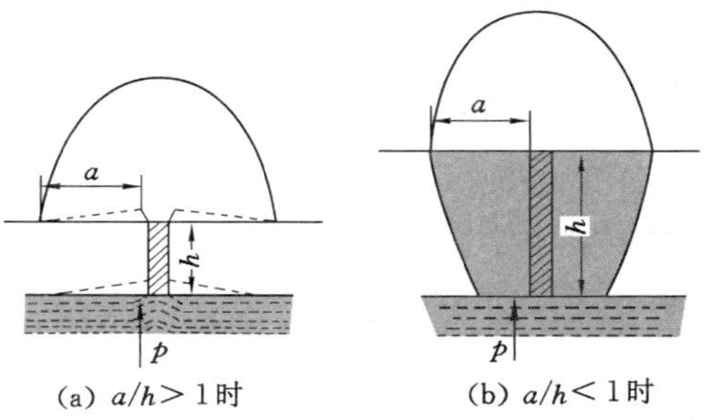

图 6-58　底板切槽对底板稳定性的影响

3. 巷道围岩松动爆破卸压法的应用

在巷道掘进过程中,要在巷道周边围岩中形成密度很大、间距规整的成排卸压钻孔是很困难的。实际应用中,主要利用钻孔孔底药壶爆破方法进行限制性爆破,在围岩体中形成一个连续的松散、破碎带,将支承压力峰值转移到围岩深部。同时,已经松散、破碎的围岩体具有缓冲垫层作用。确定松动爆破技术参数应以不破坏巷道与松散、破碎带之间的围岩完整性和支架的稳定性为原则。钻孔松动爆破卸压技术已在国内外煤矿进行了大量实践,取得了较好效果。图 6-59 所示为我国芦岭矿采用钻孔松动爆破卸压的钻孔布置。

国内外一些研究认为,钻孔松动爆破虽可起到卸压作用,但仅靠松动爆破并不能有效地减少围岩的收敛变形。其理由主要是:松动爆破在岩体中形成大批裂隙,使作用在巷道周边岩体上的支承压力峰值转移到围岩深部。但转移到深部岩体上的集中应力仍可迫使深部岩体向巷道内挤出,而已遭松动破坏的巷道周边岩体对于这种挤出变形只有很小的甚至没有任何阻抗作用。松动爆破相当于增加了巷道破碎圈的深度,不仅不会使巷道收敛量

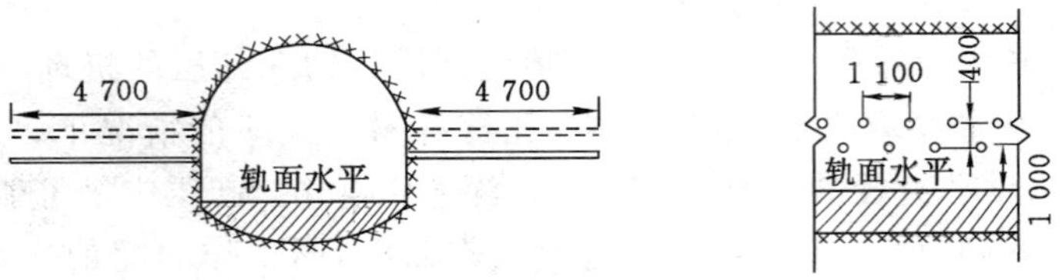

图 6-59 松动爆破卸压钻孔布置

减少，反倒使其增加。只有当岩性较坚硬，松动爆破后使岩体产生楔形岩块之间的锁固力能在整体上形成较大的“支护阻力”时，才会使巷道收敛量减少。

因此，单纯依靠松动爆破卸压，一般效果并不理想，如将松动爆破卸压与松动圈的围岩加固结合起来，则可以取得很好的巷道维护效果。加固的方法可采用水泥注浆、化学注浆、锚喷支护、支架支护等。松动爆破卸压-加固的方法已在我国煤矿中获得广泛应用，现场观测表明，卸压-注浆方法可使巷道底板的移近量平均减小 90%，松动爆破与打混凝土反拱联合控制巷道底鼓也取得了同样效果。

俄罗斯《巷道棚式可缩性金属支架支护规程》规定的钻孔、开槽、药壶爆破、先松动爆破卸载后注浆加固、补偿带卸载等卸压措施的合理使用范围如表 6-7 所列。当围岩强度小于表中规定的数值时，卸压措施不能保证取得应有效果；当围岩强度大于表中规定的数值时，则技术经济不合理。

表 6-7 卸压措施合理使用范围

巷道类型	卸压措施适用范围						采取的卸压措施
	埋深/m	底板岩层强度/MPa					
不受采动影响	600	20～35					钻孔，开槽卸载，药壶爆破，爆破卸载，加固
	900	30～45					
	1 200	40～60					
	1 500	50～70					
受一次采动影响		不同煤厚下的底板岩层强度/MPa					钻孔，开槽卸载，药壶爆破
		1 m	1.2 m	1.5 m	1.8 m	2.0 m	
	600	20～35	20～30	20～25	20		
	900	30～50	25～50	20～45	20～30	20～25	
	1 200	40～70	30～60	30～50	30～40	20～30	
	1 500	50～90	40～70	30～60	30～40	30～40	
受二次采动影响	600～800	50～60					药壶爆破

四、利用卸压巷硐进行巷道卸压

利用卸压巷硐卸压方法的实质是，在被保护的巷道附近（通常是在其上部、一侧或两侧），开掘专门用于卸压的巷道或硐室，以转移附近煤层开采的采动影响，促使采动引起的应力重新分布，最终使被保护巷道处于开掘卸压巷硐而形成的应力降低区内。

1. 在巷道一侧布置卸压巷硐

当巷道一侧受到采动影响时，靠近采空区一侧的煤柱及巷道因受集中应力的影响而产生强烈变形和破坏。如在护巷煤柱中与巷道间隔一段距离掘一条卸压巷道，形成的窄煤柱称为让压煤柱，宽煤柱称为承载煤柱，巷道周围的应力分布将发生如图 6-60 所示的变化。高集中应力作用于远离巷道的承载煤柱，仅有很少的一部分应力作用在巷道周边的让压煤柱上，巷道实际上已处于应力降低区内。同时，承载煤柱在高应力作用下产生的大量变形也被卸压巷道的空间所吸收，可使被保护巷道的变形量减少 70%～90%。

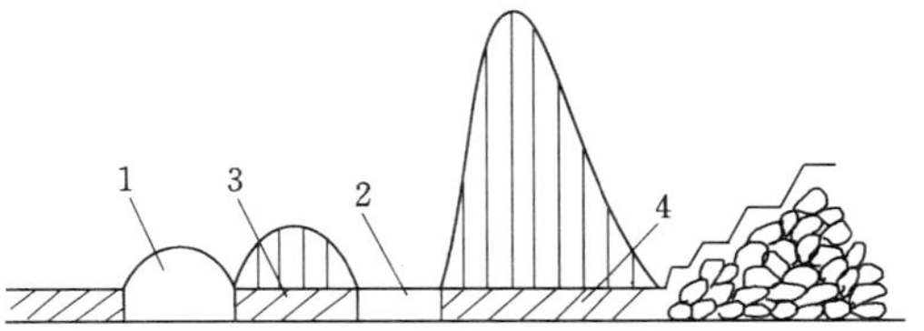

1—被保护巷道；2—卸压巷道；3—让压煤柱；4—承载煤柱。

图 6-60 巷道一侧卸压巷硐的卸压原理

2. 在巷道顶部布置卸压巷硐

巷道顶部的卸压巷硐布置在被保护巷道与上部开采煤层之间，使被保护巷道避开上部煤层跨采时产生的剧烈影响，处于卸压巷硐形成的应力降低区内。在巷道顶部布置卸压巷硐时，卸压巷硐的宽度 L 及其与被保护巷道的垂距 h 是影响卸压效果的主要参数。一般情况下，卸压巷硐与被保护巷道间的垂距应不小于卸压巷硐底板破坏深度与至少 2 m 的安全岩柱之和。依据卸压巷硐与被保护巷道间的垂距和支承压力传递影响角，卸压巷硐的宽度应满足被保护巷道在其形成的应力降低区内的条件。

兖州鲍店煤矿煤层距胶带输送机大巷 20～60 m，在胶带输送机硐室顶部布置卸压硐室（见图 6-61）。在卸压巷道内向两侧松动爆破后形成 19 m 宽的卸压带，使胶带输送机硐室处于卸压带下方形成的应力降低区内。现场观测结果表明，卸压后胶带输送机硐室围岩顶底、两帮相对移近量分别是相邻未卸压大巷的 1/12 和 1/7。

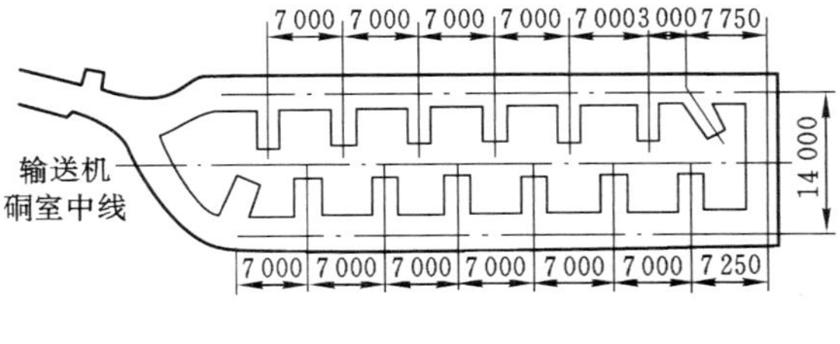

(a) 施工平面图

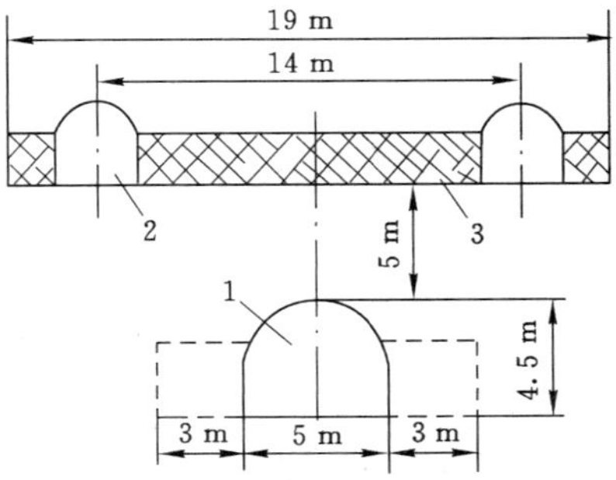

(b) 施工剖面图

图 6-61 顶板布置卸压巷道卸压

淮南新集煤矿 10 m 厚煤层综放工作面沿空掘进风巷，沿煤层顶板布置卸压煤巷，卸压巷道位于回风平巷上方煤体中，对卸压巷道两帮实施松动爆破，形成 14 m 宽的卸压带（见

图 6-62)。卸压后与未经过卸压的巷道围岩变形速度和变形量对比见表 6-8。

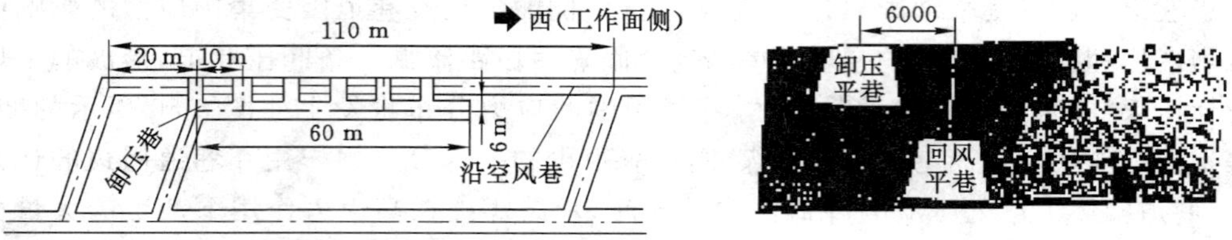

(a) 施工平面图　　(b) 施工剖面图

图 6-62　本煤层沿顶板布置卸压巷道卸压

表 6-8　卸压前后巷道围岩变形参数对比

参数	最大变形速度/(mm/d)		工作面前 50 m		工作面前 120 m		工作面前 50 m		工作面前 120 m	
			平均变形速度/(mm/d)				围岩变形量/mm			
	顶底	两帮	顶底	两帮	顶底	两帮	顶底	两帮	顶底	两帮
卸压	79	76	20.1	38.4	34.7	51.0	916	1 267	386	515
不卸压	199	256	63.5	50.3	112.7	99.7	2 347	1 962	1 300	997
卸压/不卸压	40%	30%	31.7%	76.3%	30.8%	51.2%	39.0%	64.6%	29.7%	51.7%

3. 宽面掘巷卸压

宽面掘巷卸压通常用于薄煤层的巷道，巷道掘进时把巷道两侧 6～8 m 宽的煤采出，将掘巷过程中挑顶、卧底的矸石充填到巷道两侧采出的空间，在煤帮与矸石充填体、矸石充填体与巷道之间分别留有 1 m 和 1～0.5 m 宽的空隙(见图 6-63)。巷道掘出后，周边产生的集中应力转移到离巷道较远的煤帮，巷道位于应力降低区；煤帮与矸石充填体之间的空隙，作为煤体变形的补偿空间，对维护巷道稳定有很好效果。

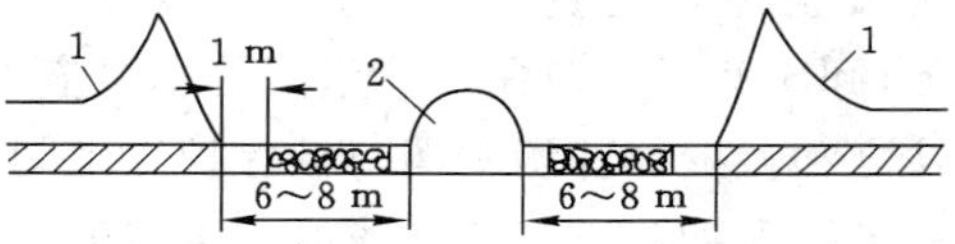

1—宽面掘巷卸压后支承压力分布；2—侧巷。

图 6-63　宽面掘巷卸压

五、巷道围岩注浆加固[16]

1. 巷道围岩注浆加固机理

(1) 提高岩体强度

利用压力把浆液充压到围岩体的各种裂隙中去，改善弱面的力学性能，提高裂隙的黏聚力和内摩擦角，增大岩体内部岩块间相对位移的阻力，从而提高围岩的整体稳定性。研究表明，注浆加固使破裂后砂岩的强度提高 120%～130%，使破裂后粉砂岩和页岩的强度提高 1～3 倍。

(2) 形成承载结构

对巷道的破裂松散围岩实施注浆加固，可以使破碎岩块重新胶结成整体，形成承载结构，充分发挥围岩的自稳能力，与巷道支架共同作用，减小支架承担的载荷。研究表明，巷道围岩注浆加固后可使巷道支架载荷降低 2/3～4/5，如围岩与支架协调变形，巷道支架载荷将降低 3/4～5/6。

(3) 改善围岩赋存环境

对巷道的破碎围岩注浆后，浆液固结体封闭裂隙，阻止水、气浸入岩体内部，防止水害和风化，保持围岩力学性质长期稳定。同时，注浆后围岩体的渗透性也大大降低，苏联的研究表明，注浆后围岩体的渗透性约为注浆前的1/10～1/100。

2. 注浆材料

巷道围岩注浆材料主要有化学浆液和水泥浆液两大类。化学浆液有聚氨酯类、丙烯酰胺类等浆液，这类浆液的优点是渗透性好、凝胶时间可调，主要缺点是凝胶体强度低(<1.80 MPa)、价格昂贵(每吨约2万～3万元)。受到工程成本的制约，巷道围岩注浆材料一般只考虑采用价格相对低廉的水泥浆液类材料，并通过添加剂调节其性能。常用的水泥浆液类材料有水泥单液类、水泥-水玻璃双液类和高水速凝材料。

(1) 水泥单液类材料

水泥单液类材料是以水泥或在水泥中加入一定量的附加剂为原料，用水配制成浆液，采用单液系统注入。目前常用的水泥最大粒径为0.085 mm，在一般的压力下只能注入最小宽度为0.255 mm的空隙中。这种浆液存在颗粒粗、可注性差、凝结时间长且不易控制、浆液易沉淀析水、结石率低等缺点，但其材料来源广、价格低、结石体强度高，现在仍被广泛采用。

(2) 水泥-水玻璃双液类材料

水泥-水玻璃双液类材料以水泥和水玻璃为主剂，按一定比例，采用双液方式注入。这种浆液的结石率较高、可注性比水泥好、凝结时间短且易控制，但结石体强度较低，如果控制不好，经过一段时间后结石体容易松散，因而对工艺流程要求较高，价格也较高。

(3) 高水速凝材料

高水速凝注浆材料由两种材料混合而成，主料由硫铝酸盐水泥熟料、超缓凝剂和适量悬浮剂组成，配料由石膏、石灰、悬浮剂、速凝早强剂等多种配料组成。各种添加剂以及双液输送至充填地点混合的目的是确保该材料具有高水、长距离泵送、速凝早强三大特点。

3. 注浆工艺

封孔质量对注浆效果影响很大，要求封孔严密，能承受一定压力作用，在封孔长度和封孔直径方面适应性强。注浆参数是影响和确定注浆工艺的最重要因素，对巷道破碎围岩注浆加固的主要参数包括注浆孔的几何参数(孔长、孔口位置、方位)、浆液渗透半径、封孔长度、注浆压力、注浆量和注浆时间。

六、巷道支架架后充填

1. 巷道支架架后充填的必要性

目前我国有些矿井仍采用爆破法掘进巷道，掘进断面很难与支架外廓相互吻合，从而不可避免地在支架背后形成架后空间。生产实践表明，架后空间的存在会对“支架-围岩”的相互作用产生极为不利的影响。

(1) 架后空间的存在使支护体在周边上与巷道围岩呈不规律的点线接触，围岩变形时支架将受到不均匀的集中载荷的作用。支架受围岩侧向压力，支架拱顶向上弯曲，呈现尖桃形破坏。支架腿部特别是可缩性构件上受到集中载荷时，会使可缩性连接件损坏、棚腿弯曲、支架“拒缩”。支架顶部受集中载荷时，支架拱顶容易被压平而使支架受到严重破坏。

(2) 巷道掘出后如支架不能及时支撑围岩，松动圈的范围将进一步扩大，并随着时间的延续而扩展。在松动圈形成和发展过程中，地应力峰值不断向岩体深部转移，松动圈内的岩体将不断向巷道空间内移动，临空的岩体有可能随变形增大而出现松动破坏。

2. 巷道支架架后充填的作用

(1) 围岩的载荷通过充填层均匀地传递给支架，使支架沿周边承受均布载荷。理论计算和实验室支架架后充填试验结果表明，对支架实施架后充填后，支护强度提高 10～15 倍以上。现场应用实测表明，对 U 型钢金属支架实施架后充填后，整架承载能力由 400 kN 左右提高到 2 500 kN，提高了 6 倍。

(2) 及时对架后空间用非膨胀性材料进行充填，可起到封闭围岩的作用，使围岩与矿井空气隔离，阻止围岩的风化和吸水软化，对于膨胀性软岩尤其重要。

(3) 如果对架后空间用流动性较好的材料加压充填，充填材料中的胶结浆液在压力作用下渗透到围岩浅部的裂隙中，可起到加固围岩的作用。另外，良好的架后充填可使巷道周边围岩平整，消除局部应力集中，减轻周边岩体破碎的剧烈程度。

(4) 支架提供的支撑力与围岩变形同步出现，可及时抑制围岩变形，改变支架被动承载状况。

(5) 如果架后充填材料具有一定的可缩性，围岩应力重新分布时所释放的变形能可部分地被充填层所吸收，能够减少支架所承受的变形与载荷。

3. 架后充填工艺

(1) 湿式充填

湿式充填适合于充填颗粒较小、水灰比较大的充填材料。充填材料预先在搅拌机内搅拌，然后由管路泵送挤出。在支架上锚设一层强度高、柔性好的钢筋网背板，在钢筋网背面再锚一层比较致密的隔离层。充填工作分段独立进行，每孔充满后及时封孔。

(2) 干式充填

干式充填适用于水灰比较低的充填材料。混合搅拌均匀的充填干料一般借风力经管道输送至充填地点，在管道出口与水混合后直接喷射入架后空间。干式充填多为紧跟掘进工作面随掘随充，故不需要设置充填隔断和布置充填管头，其他工艺过程与湿式充填基本相同。

七、巷道锚注支护

1. 锚注支护原理

锚杆支护与棚式支架支护的一个重要区别是，锚杆支护的锚固力在很大程度上取决于岩体的力学性能，巷道可锚性差是造成锚杆锚固力低和失效的重要原因。利用锚杆兼作注浆管，实现锚注一体化，是采动巷道支护的一个新途径。对于节理裂隙发育的岩体，注浆可改变围岩的松散结构，提高黏结力和内摩擦角，封闭裂隙，显著提高岩体强度。注浆加固为锚杆提供可靠的着力基础，使锚杆对松碎围岩的锚固作用得以发挥，进一步提高岩体强度。但注浆只能在围岩的一定深处进行，需要与锚喷支护共同维持巷道周边围岩的稳定。因此，采取锚杆与注浆相结合的方法，使锚杆和注浆的作用在各自适用的范围内得到充分发挥，可提高对软岩的支护效果。

2. 锚注式(外锚内注式)锚杆结构和施工工艺

外锚内注式锚杆(见图 6-64)由杆体、托板、压紧螺母等几部分组成。锚杆体为空心钢管，分为注浆段、锚固段和尾部螺纹段。锚固段周围是环形密封锚固卷，密封锚固卷可采用空心快硬水泥卷，其内径略大于杆体外径，外径略小于钻孔。密封锚固卷的长度按围岩的裂隙发育程度调节。一般情况下，回采巷道的注浆压力要小于 3 MPa。围岩吸浆量差别较大，应本着既有效控制和加固围岩，达到一定的扩散半径，又要节约注浆材料和注浆时间的原则，确定注浆量。锚注支护的效果主要通过巷道围岩锚注前后岩石物理力学性质进行判定。例如，徐州旗山煤矿东大巷锚注前后岩石物理力学性质变化情况见表 6-9，巷道锚注段两帮位移量仅为非锚注段的 22%～42%，顶板下沉量为非锚注段的 6%～26%。

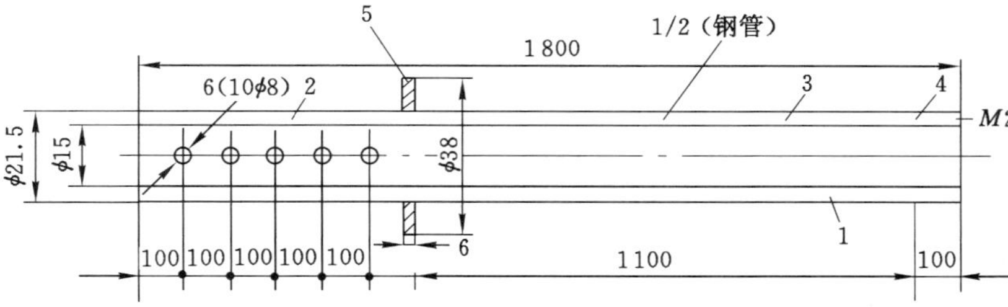

1—空心钢管；2—注浆段；3—锚固段；4—尾部螺纹段；5—挡环；6—射浆孔。

图 6-64　外锚内注式锚杆和参数

表 6-9　旗山煤矿东大巷锚注前后砂质泥岩物理力学性质参数

物理力学性质参数	未锚注段	锚注段	增长率/%
单轴抗压强度/MPa	29.8	69.7	134
抗拉强度/MPa	1.83	2.38	30
黏聚力/MPa	2.89	10.67	270
内摩擦角/(°)	26.9	36.8	37
弹性模量/MPa	2.35×10^4	3.41×10^4	45
泊松比	0.26	0.20	30

3. 锚注式（内锚外注式）锚杆结构和施工工艺

内锚外注式锚杆（见图 6-65）分为三个部分，每段由挡环隔开：锚固段可增大端头锚固力；注浆段留有注浆孔；封孔段采用橡胶圈（或软木塞或快速凝结剂）配合混凝土实现封孔。安装锚杆和注浆分两个工序进行。掘进巷道时按普通端头锚固，在锚杆尾部套上楔形环状软木塞或橡胶圈，再上托盘拧紧螺母，软木塞或橡胶圈与钻孔孔壁贴紧起封孔作用，最后喷射混凝土，增加封孔及支护效果。巷道围岩变形达到一定程度，在巷道周边形成松动破裂区时，实施注浆工艺，既能使巷道围岩得到充分卸压，又能达到最佳的注浆加固效果。

4. 中空注浆锚索结构和施工工艺

中空注浆锚索是采用螺旋肋预应力钢丝加工而成的内有注浆管的螺纹紧固锚索，浆液可通过中空管注进破碎岩层。整个锚索体系由钢绞线、注浆管、托盘、锁具等组成，实现了树脂锚固、锚索预紧和中空管注浆一体化。注浆锚索索体上端部采用搅拌树脂药卷端锚，下端采用锁具锁紧，安装时待树脂药卷凝固后，可施加预应力，立即承载，便可起到主动支

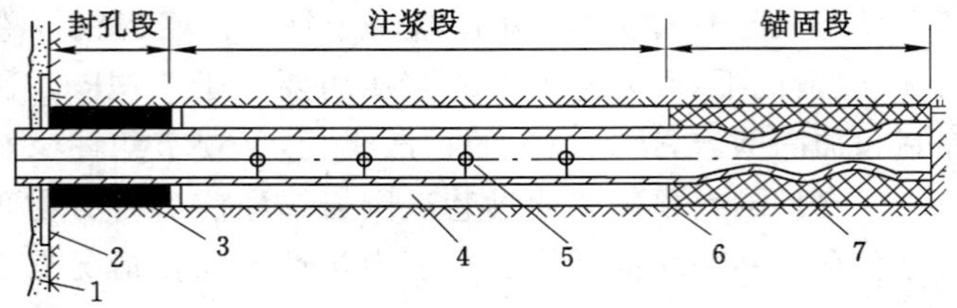

1—喷层;2—托盘;3—环状塞;4—杆体;5—出浆孔;6—挡环;7—锚固剂。

图 6-65 内锚外注式锚杆结构

护作用。锚索注浆后,使普通端锚变为全长锚固,使锚索与围岩形成一个整体,充分发挥了锚索的锚固作用,以形成可靠、有效的组合拱共同承载,提高了支护结构的整体性。中空注浆锚索端部带有出浆孔,出浆孔数量不等,孔口周围钢绞线缝隙较大,能够满足孔口出浆要求。多孔中空注浆锚索结构如图 6-66 所示。

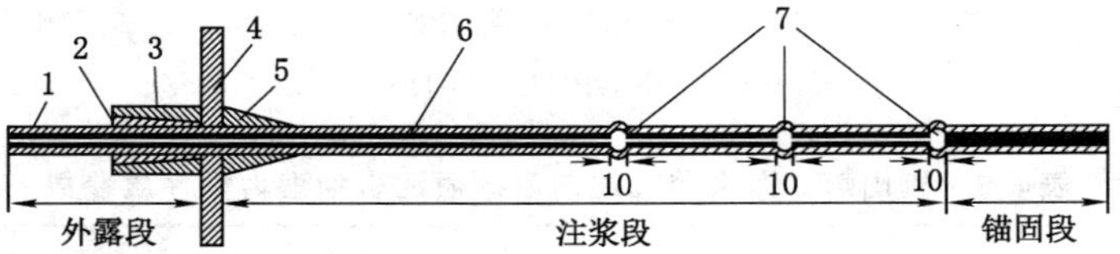

1—索体;2—夹片;3—锁具;4—托盘;5—止浆塞;6—注浆管;7—出浆孔。

图 6-66 多孔中空注浆锚索结构示意图

习 题

1. 简述采动巷道周围支承压力分布状态。
2. 岩柱的稳定性主要取决于哪些因素?如何确定?
3. 决定巷道位置的参数有哪些?各代表什么意义?
4. 区段巷道主要布置方式有哪几种?
5. 按照巷道与上部煤层回采空间的相对位置和开采时间关系,底板巷道的位置可归纳为几种情况?
6. 采动影响带的前影响区和后影响区内矿压显现的特点和机理有何不同?
7. 试述巷道控制原理与方法。
8. 试述巷道“支架-围岩”相互作用原理及其实际应用。
9. 简述锚杆的支护理论。
10. 简述锚杆支护设计的工程类比法和系统设计法。
11. 简述无煤柱护巷的方法。
12. 简述巷道卸压方法及原理。

第七章　煤矿冲击矿压现象与防治

第一节　概　　述

煤矿开采过程中，在高应力状态下积聚大量弹性能的煤或岩体，在一定条件下突然发生破坏、冒落或抛出，使弹性能量突然释放，并伴随声响、震动以及气浪等明显的动力效应，这种现象称为煤岩动力现象。由煤岩体积聚的弹性能突然释放导致的煤岩动力现象主要包括矿震和冲击矿压。

随着矿井开采深度的增加，冲击矿压问题愈发严重。冲击矿压与本书前述的矿压既密切相关，又有不同。冲击矿压的动力来源于煤岩体中积聚的能量，其本质属于煤岩动力灾害。冲击矿压是弹性能释放的一种突变形式，破碎的煤岩碎块以猛烈的动态形式将能量从围岩中快速释放出来。这种煤岩动力灾害因具有突发性、强烈震动性、巨大破坏性、复杂性和易诱发复合动力灾害等特征，导致其研究及防治具有相当大的难度，成为采矿和岩石力学领域研究的焦点和难点问题。

本章从煤岩体能量转化、冲击矿压发生机理、冲击矿压监测和防治等方面，对冲击矿压现象进行系统介绍。

第二节　采动岩体中的弹性变形能及转化

地下岩体处在复杂和强烈的自重应力和构造应力场中。地下赋存的煤层或岩层在应力作用下，体积和形状发生变化而产生变形，这种变形是外力做功的结果。岩体受外力作用产生弹性变形时，在岩体内部所储存的能量称为弹性应变能。在弹性范围内，外力缓慢作用时，若不考虑能量损耗，根据能量守恒原理，外力做的功将全部以应变能的形式储存在弹性体内。因此，处于强烈原岩应力作用下的岩体，可能储存有巨大的弹性能。

弹性体的变形是可逆的。采掘活动改变了原岩的应力状态，一旦解除在原岩体中作用的应力，岩体在恢复变形的过程中，将释放出全部的变形能而对外做功，伴生一系列的矿山压力现象。为了了解岩体中的弹性变形能对矿山压力及其显现的影响作用，下面对弹性能的性质做初步分析。

一、单向应力条件

单元体在单向应力状态下[见图 7-1(a)]，设单元体各边长分别为 dx、dy、dz。在 x 面上作用的力为 $\sigma_x dydz$（单元体的外力），沿 x 方

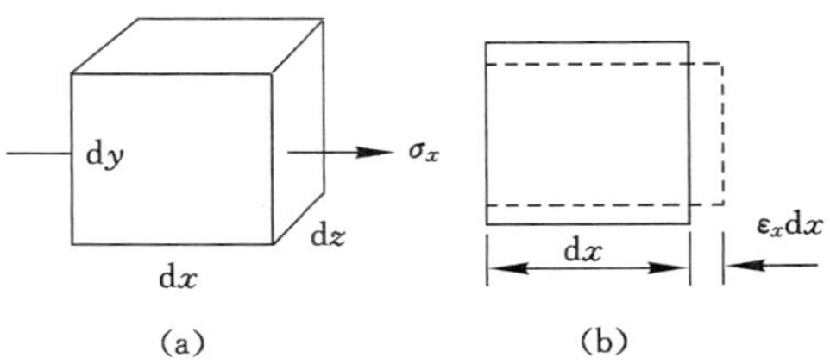

图 7-1　单元体在单向应力作用下的变形状态

向的伸长为 $\varepsilon_x \mathrm{d}x$[见图 7-1(b)]。当应力有一增量时,相应的变形增量为 $\mathrm{d}\varepsilon_x \mathrm{d}x$,在单元体上力所做的功为 $\sigma_x \mathrm{d}y\mathrm{d}z \cdot \mathrm{d}\varepsilon_x \mathrm{d}x$。应力由零逐渐增加至最终值,它在单元体上所做的功可用下式表示:

$$\mathrm{d}W = \int \sigma_x \mathrm{d}y\mathrm{d}z \cdot \mathrm{d}\varepsilon_x \mathrm{d}x = \int \sigma_x \mathrm{d}\varepsilon_x \cdot \mathrm{d}V \tag{7-1}$$

单元体的应变能 $\mathrm{d}U_\varepsilon$ 在数值上等于力所做的功:

$$\mathrm{d}U_\varepsilon = \mathrm{d}W = \int \sigma_x \mathrm{d}\varepsilon_x \cdot \mathrm{d}V \tag{7-2}$$

单位体积的应变能称为应变能密度,记作

$$u_\varepsilon = \frac{\mathrm{d}U_\varepsilon}{\mathrm{d}V} = \int \sigma_x \mathrm{d}\varepsilon_x \tag{7-3}$$

对于线弹性体,其应力与应变成正比,即 $\sigma_x = E\varepsilon_x$,则

$$u_\varepsilon = \int E\varepsilon_x \mathrm{d}\varepsilon_x = \frac{1}{2}E\varepsilon_x^2 = \frac{1}{2}\sigma_x\varepsilon_x \tag{7-4}$$

二、空间应力状态

在三向应力状态下,单元体的应变能在数值上仍然等于外力所做的功。为了便于分析问题,假设单元体各面上的应力按同一比例从零增加到最终值。在线弹性情况下,空间应力状态下的应变能密度表示为:

$$u_\varepsilon = \frac{1}{2}(\sigma_1\varepsilon_1 + \sigma_2\varepsilon_2 + \sigma_3\varepsilon_3) \tag{7-5}$$

将广义胡克定律应力应变关系式代入式(7-5)得

$$u_\varepsilon = \frac{1}{2E}[\sigma_1^2 + \sigma_2^2 + \sigma_3^2 - 2\mu(\sigma_1\sigma_2 + \sigma_2\sigma_3 + \sigma_3\sigma_1)] \tag{7-6}$$

一般情况下,在外力作用下岩体同时发生体积和形状变化,岩体内的弹性变形能分为由于体积改变形成的体积改变能和由于形状变化形成的畸变能。单位体积的体积改变能称为体积改变能密度 u_V,单位体积的畸变能称为畸变能密度 u_d。

设单元体的三对平面均为主平面,变形前,各棱边的长度均为 a[见图 7-2(a)],体积 $\mathrm{d}V = a^3$;变形后,单元体的体积为:

$$\mathrm{d}V_1 = (1+\varepsilon_1)a \cdot (1+\varepsilon_2)a \cdot (1+\varepsilon_3)a \tag{7-7}$$

展开上式,略去高阶微量,得

$$\mathrm{d}V_1 = (1+\varepsilon_1+\varepsilon_2+\varepsilon_3)a^3 \tag{7-8}$$

单位体积的体积变化率为:

$$\theta = \frac{\mathrm{d}V_1 - \mathrm{d}V}{\mathrm{d}V} = \varepsilon_1 + \varepsilon_2 + \varepsilon_3 \tag{7-9}$$

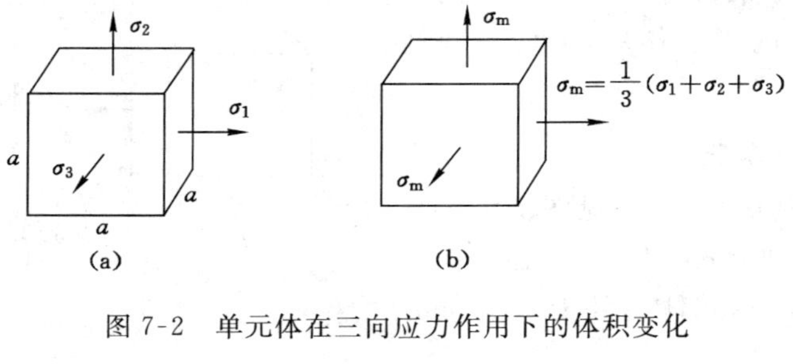

图 7-2 单元体在三向应力作用下的体积变化

式中，θ称为体应变。将广义胡克定律应力应变关系式代入式(7-9)得：

$$\theta = \frac{1-2\mu}{E}(\sigma_1 + \sigma_2 + \sigma_3) \tag{7-10}$$

式(7-10)表明体应变只与三个主应力之和有关。若用主应力的平均值$\sigma_m = \frac{1}{3}(\sigma_1 + \sigma_2 + \sigma_3)$分别代替原来单元体的三个主应力，则新单元体[见图 7-2(b)]只有体积变化，没有形状改变，并且体积改变等于原单元体的体积改变。新单元体的体积改变能密度应用式(7-6)得

$$u_V = \frac{3\times(1-2\mu)}{2E}\sigma_m^2 = \frac{1-2\mu}{6E}(\sigma_1 + \sigma_2 + \sigma_3)^2 \tag{7-11}$$

新单元体的畸变能密度u_d等于总的应变能密度u_ε与体积应变能密度u_V之差。

$$u_d = u_\varepsilon - u_V = \frac{1+\mu}{6E}[(\sigma_1 - \sigma_2)^2 + (\sigma_2 - \sigma_3)^2 + (\sigma_3 - \sigma_1)^2] \tag{7-12}$$

三、岩体中的弹性变形能

在自重应力场中，对于深度为H的开采条件，岩体所受到的应力为：

$$\sigma_1 = \gamma H$$

$$\sigma_2 = \sigma_3 = \frac{\mu}{1-\mu}\gamma H$$

单位体积岩体的体积改变能为：

$$U_V = \frac{(1-2\mu)(1+\mu)^2}{6E(1-\mu)^2}\gamma^2 H^2 \tag{7-13}$$

单位体积岩体的畸变能为：

$$U_d = \frac{(1+\mu)(1-2\mu)^2}{3E(1-\mu)^2}\gamma^2 H^2 \tag{7-14}$$

由以上两式可知，岩体中积聚的弹性能与应力状态有关，并随着开采深度的增加，与开采深度的平方成正比关系增长。这对于深部采矿会产生重要的影响。

以上计算的是岩体处于弹性状态下储存的弹性变形能。事实上，岩体受到外力作用时不仅产生弹性变形，同时还有塑性变形。有时认为岩体畸变能将被塑性变形所吸收并转化成其他形式的能量。因此，通常讲的岩体内积聚的弹性能指的是岩体体积改变能。

考虑构造应力影响，在原岩应力场中，对于深度为H的开采条件，一般情况下岩体所受到的应力为：

$$\sigma_2 = \gamma H$$

$$\sigma_1 + \sigma_3 = 2\lambda\sigma_2 = 2\lambda\gamma H$$

式中　λ——平均水平主应力与铅直应力的比值，即侧压系数。

单位体积岩体的体积改变能为：

$$U_V = \frac{(1-2\mu)(1+2\lambda)^2}{6E}\gamma^2 H^2 \tag{7-15}$$

采矿活动破坏原岩应力状态，使岩硐周围岩体内形成应力集中，高应力导致岩体内积聚的弹性能急剧增长，这种大量能量一旦突然释放，将产生一系列矿山动压现象。

四、采动岩体中弹性变形能转化

在采动应力作用下，采场围岩中形成弹性变形能量场，煤层上方的岩层结构在超过极

限强度以及力平衡状态被打破时，产生破断和运动并会释放矿震弹性波能量，如图 7-3 所示。弹性波在岩体中传播形成弹性波能量场，产生应力场(弹性变形能量场)与动态弹性波能量场的双场叠加效应(动静载叠加效应)，引起煤岩体产生应力增量，应力增量的大小随弹性波传播距离的增大而快速衰减，如图 7-4 所示。

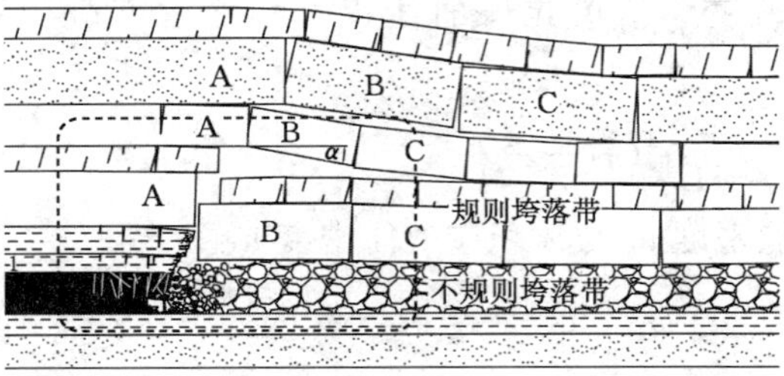

图 7-3 岩层破断及相对运动产生的矿震弹性波

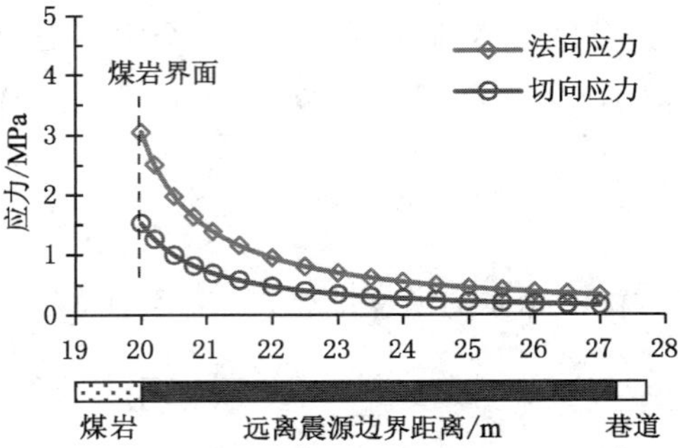

图 7-4 矿震弹性波能量随距离传播规律

从力的形式上来看，这种由震动弹性波产生的应力增量属于动载荷，也是诱发煤岩动力破坏的重要力源。应力场与矿震弹性波能量场双场叠加效应如图 7-5 所示。

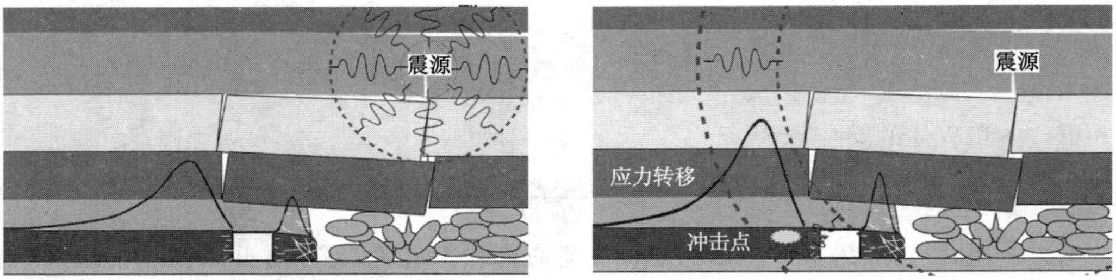

(a) 矿震弹性波　　(b) 动静载叠加效应

图 7-5 应力场与矿震弹性波能量场双场叠加效应

第三节 煤矿矿震与冲击矿压现象

一、矿震

矿震也称“矿山震动”“矿山地震”，它是煤岩体内部裂隙发育，弹性能突然释放并产生明显震动和声响的动力现象。强度较低的矿震发生时，采掘空间内产生煤尘和震动，一般情况下煤岩不向已采空间抛出；但部分强矿震能使人在地面和建筑物内感觉到震动，可导致煤体片帮或煤岩块塌落，甚至诱发一定范围内的煤体发生冲击矿压。

震动能量从 1×10^{2} J(很弱)到 1×10^{10} J(很强)，一般对应地震里氏震级 0～4.5 级，频率从 0 到几百赫兹。相对来说，采矿矿震是一种高能量的震动，而能量较弱一些的如声响、煤炮、小范围的变形卸压，则是声发射研究的范围。

按矿震发生地点，矿震分为发生在开采工作面附近的矿震和发生在地质不连续面的矿震。发生在开采工作面附近的矿震与采矿有关，其能量来源于自重，多发生在煤柱处，所以有时也称为压力型矿震。当开采引起的附加应力与构造应力相互作用时，如果引起断裂面的重新滑移，即为发生在地质不连续面的矿震，由于这种矿震与构造应力有关，有时也称构造型矿震。构造型矿震震级一般较大，如南非的克莱克斯多普金矿被一条大的正断层错断，其错断处曾发生过 5.2 级矿震。

按矿山类型分，矿震分为煤矿中的矿震、金属矿中的矿震和非金属矿中的矿震等。矿山类型不同，震源机制也不同，表现出的特征也不同。

按矿震成因分，矿震分为煤柱冲击型矿震、顶板冒落型矿震、顶板开裂型矿震和断层活动型矿震。在实际中，这几种矿震往往伴随发生，如当出现大面积悬顶并久悬不落时，可能会出现顶板冒落和顶板开裂，如果附近存在煤柱或断层，则很可能发生煤柱冲击和断层活动。

矿震主要发生在地质构造比较复杂、围岩应力较大、断裂活动比较显著的矿区。在我国，发生矿震并构成灾害的矿区有北京、新汶、抚顺、北票、大同、华亭、鹤岗、七台河、阜新、徐州等矿区。例如，在抚顺矿区，曾经每年矿震（地震台能记录到的矿震）次数达 3 000～4 500 次，最大震级为 3.3 级；北京矿区门头沟矿自 1947 年首次测到 3.8 级矿震以来，随着开采深度的不断增加，矿震频度和能量均显著增加，最大震级达 4.2 级；新汶矿区开采深度在 700～1 000 m 时，矿震现象已十分突出，曾监测到每年发生的矿震达 100 余次，地面震感强烈，影响范围可达 10 km 以上。

二、冲击矿压

冲击矿压是煤矿采掘过程中发生的一种煤岩动力现象，指巷道和采场周围煤岩体发生突然爆炸性破坏，积聚的大量弹性能量瞬时释放，动力将破碎的煤岩高速抛向采掘空间，同时发出强烈震动和声响，并产生大量煤尘。

冲击矿压因其具有突然、急剧、猛烈的破坏特征而会造成采掘空间及设备损坏、人员伤亡等。冲击矿压还会引发其他矿井灾害，尤其是瓦斯与煤尘爆炸、火灾、水灾，干扰通风系统，严重时造成地面震动和建筑物破坏等。图 7-6 所示为典型冲击矿压事故破坏图。因此，冲击矿压是煤矿重大灾害之一。

(a) 巷道冲击

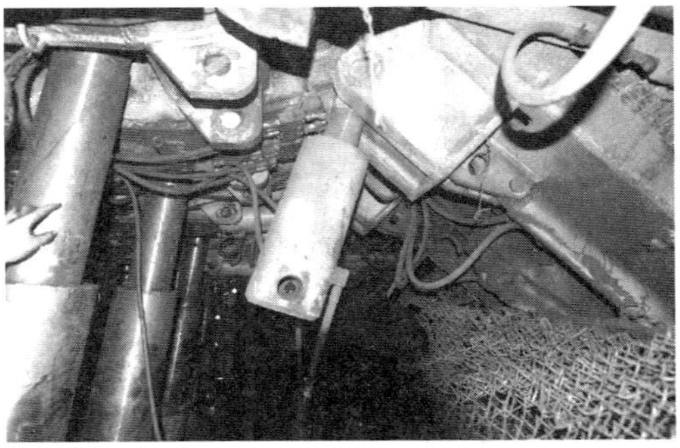

(b) 工作面冲击

图 7-6　冲击矿压事故破坏图

冲击矿压的一般特征包括：

(1) 突发性。冲击矿压发生前一般没有明显的宏观前兆，部分可能有矿震、声响等短时前兆，冲击过程突然且迅疾，持续时间几秒到几十秒，难以提前准确确定发生的时间、地点和强度。

(2) 强烈震动性。冲击矿压产生巨大的声响和强烈的震动，电机车等重型设备被移动，震动波及范围可达几千米甚至更远，地面有时有震感。

(3) 巨大破坏性。冲击矿压发生时，大量煤体突然破碎并从煤壁抛出，堵塞巷道，破坏支架，同时会产生强烈的冲击波，造成人员伤亡和巨大的财产损失。

(4) 复杂性。在自然地质条件上，采深从200 m到1 000 m，地质构造从简单到复杂，煤层从薄层到特厚层，倾角从水平到急倾斜，顶板包括砂岩、灰岩、油母页岩等，都发生过冲击矿压。在生产技术条件上，不论炮采、机采、综采、综放开采，或是全部垮落法、水力充填法等各种采煤工艺，不论是长壁、短壁、房柱式，还是分层开采、倒台阶开采等各种采煤方法，都出现过冲击矿压。

(5) 诱发复合动力灾害。冲击矿压还可能诱发其他矿井灾害，包括瓦斯突出、瓦斯与煤尘爆炸、火灾、水灾，造成地面震动和建筑物破坏等。

德国、南非、苏联、美国、波兰、日本和中国等世界上主要的采矿国家都发生过冲击矿压。目前，我国有100多对冲击矿压(危险)矿井，随着我国煤矿开采深度的增加以及开采条件越来越复杂，冲击矿压矿井数量、冲击矿压频度、冲击矿压次数越来越多，危害也越来越大。

根据国内外的分类方法，冲击矿压可分为由采矿活动引起的采矿型冲击矿压和由构造活动引起的构造型冲击矿压。而采矿型冲击矿压可分为压力型、冲击型和冲击压力型。压力型冲击矿压是由于巷道周围煤体中的压力由亚稳态增加至极限状态，其聚集的能量突然释放引起的；冲击型冲击矿压是由于煤层顶、底板厚岩层突然破断或位移引发的，它的发生有时与矿震有关；冲击压力型冲击矿压则介于上述两者之间，它是当煤层受较大压力时，在来自围岩内的矿震作用下发生的冲击矿压。构造型冲击矿压分为断层型和褶曲型。构造区域围岩应力异常，对冲击矿压的发生起到促进作用，其中，尤以断层型冲击矿压发生的实例较多，采动作用诱发断层活化，产生矿震并导致断层周边围岩应力异常，从而诱发冲击矿压。

对于煤岩冲击现象，世界各国以及不同行业对其称谓是不一样的，常见的英文名词有“rock burst”“coal bump”“coal burst”“pressure bump”“shock bump”等，中文名称有“冲击矿压”“冲击地压”“煤爆”“矿山冲击”等，本书采用“冲击矿压”这个术语。目前国内使用的“岩爆”一词，一般限指岩体的冲击，用该词表述煤体冲击的很少。

三、矿震与冲击矿压的关系

冲击矿压和矿震均属于矿山的动力现象，均可释放弹性能量，但又有区别。冲击矿压是矿山震动的一种特殊表现形式，伴随有破碎的煤岩体抛出，发生冲击矿压时一定会产生强烈震动。矿震是开采过程中较普遍存在的能量释放现象，矿震对冲击矿压有诱发作用，但并非每一次矿震都会引发冲击矿压。因此，矿震与冲击矿压的关系可以简单归纳为：冲击矿压是矿震集合的子集。多个冲击矿压实例表明，发生冲击矿压时，矿井周边地震台及微震监测系统往往可以监测到较强烈的地震信号，通过定位震源和实际冲击矿压显现地点对比，发生冲击矿压的地点可能是震动中心，也可能是在距震动中心有一定距离的地方。

统计表明，开采一定区域范围的煤体，震动能量级与出现的频率存在负相关关系。震动能量级越高，震动出现的频率就越低；震动能量级越低，震动出现的频率就越高。图 7-7 表示了波兰某矿震动出现的频率 n 与能量级 E 之间的关系。

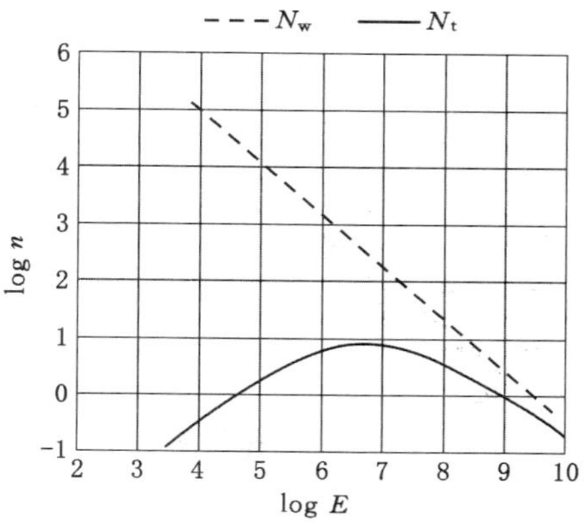

N_w—矿震频次；N_t—冲击频次。

图 7-7　震动频率与能量级关系

震动频率与能量级之间可用下式表示：

$$\log n = a\log E + b \tag{7-16}$$

式中　a，b——方程系数。

冲击矿压发生的可能性与震动能量大小有关，震动能量越大，诱发冲击矿压的可能性越大。从冲击矿压与矿震的关系来看，诱发冲击矿压的矿震最低能量一般为 1×10^4 J，在矿震能量为 1×10^6 J 时，诱发冲击矿压的实例数量最多，当矿震能量达到 1×10^{10} J 时(实际很少发生如此强烈的矿震)，几乎可以肯定会诱发冲击矿压。

四、矿震和冲击矿压对环境的影响

在采矿巷道工作面中发生矿震和冲击矿压，将会对井下巷道、井下工作人员和地面建筑物造成影响。

(1) 对井下巷道的影响。冲击矿压对井下巷道的影响主要是动力将煤岩抛向巷道，破坏巷道周围煤岩的结构及支护系统，使其失去功能。而一些小型矿震，则对巷道的破坏不大，只造成巷道壁局部破坏、剥落或巷道支架部分损坏。

(2) 对作业人员的影响。在发生冲击矿压区域如果有人员工作，则可能对其产生伤害，甚至造成死亡事故。

(3) 对地表建筑物的影响。强烈的矿震和冲击矿压不仅对井下巷道造成破坏，伤害作业人员，而且对地表及地表建筑物造成损坏，甚至造成地震那样的灾难性后果。比如国内一些矿区在开采过程中诱发矿震或冲击矿压时，地面及建筑物均有震感。

第四节　冲击矿压发生机理

一、冲击矿压理论概述

煤岩体的破坏分为稳定破坏(缓慢破坏)和失稳破坏(突变破坏)。常见的井下巷道围岩变形破坏、顶板垮落等矿压现象一般均是由煤岩体的稳定破坏引起的，当煤岩体产生大规模失稳破坏时冲击矿压现象才可能发生。

冲击矿压理论有多种，包括强度理论、刚度理论、能量理论、冲击倾向理论、三准则理论、变形系统失稳理论和突变理论等，以上理论各有其自身适用条件及局限性。目前，一般按照以下三个准则判断冲击矿压是否发生，即强度准则、能量准则和冲击倾向准则。

1. 强度准则

煤岩体破坏的原因和规律，实际上归结为强度问题，即材料受载后，超过其强度极限时，必然要发生破坏。但这仅是对材料破坏的一般规律的认识，它不能深入解释冲击矿压的真实机理。在强度理论指导下，有学者对围岩体内形成应力集中的程度及其强度性质等方面做了大量工作。从20世纪50年代起，这种理论开始着眼于对“矿体-围岩”力学系统的极限平衡条件的分析和推断，具有代表性的是夹持煤体理论。该理论认为，较坚硬的顶、底板可将煤体夹紧，煤体夹持阻碍了深部煤体自身或“煤体-围岩”交界处的卸载变形。这种阻抗作用意味着，由于平行于层面的侧向力（摩擦阻力和侧向阻力）阻碍了煤体沿层面的卸载移动，使煤体更加压实，能够承受更高的压力，积蓄较多的弹性能。从极限平衡和弹性能释放的意义上来看，夹持起了闭锁作用。据此，在煤体夹持带所产生的力学效应是：压力高并储存有相当高的弹性能，高压带和弹性能积聚区可位于煤壁附近，一旦高应力突然加大或系统阻力突然减小，煤岩体可产生突然破坏和运动，抛向已采空间，形成冲击矿压。

2. 能量准则

20世纪五六十年代有苏联学者和英国学者提出，矿体与围岩系统的力学平衡状态破坏后所释放的能量大于消耗能量时，就会发生冲击矿压。这一观点阐明了矿体与围岩的能量转换关系，煤岩体急剧破坏的原因等问题。由于在刚性压力机上获得了岩石试件的全应力应变曲线，揭示出非刚性压力机与试件系统的不稳定性导致试件在峰值强度附近发生突然破坏的现象，1972年有学者把它推广为发生冲击矿压的条件，认为矿山结构（矿体）的刚度大于矿山负荷系统（围岩）的刚度是发生冲击矿压的条件，这也称为刚度理论。实际上它也是考虑系统内所储存的能量和消耗于破坏和运动等能量的一种能量理论，即在围岩刚度大于煤体刚度的条件下会发生冲击矿压。

3. 冲击倾向准则

煤岩介质产生冲击破坏的能力称为冲击倾向。由此，可利用一些试验或实测指标对发生冲击矿压的可能程度进行估计或预测。对冲击倾向的量度称为冲击倾向度，其条件是煤岩介质实际的冲击倾向度大于规定的极限值。冲击倾向度的判别指标主要有：弹性变形指数、有效冲击能量指数、极限刚度比、破坏速度指数等。一些学者认为，这种方法也可称为冲击倾向理论。

将上述三种理论综合起来即形成冲击矿压的“三准则机理”，可用下列公式表示：

$$\begin{cases}\dfrac{\sigma(f_1,f_2,f_3,f_4,f_5)}{\sigma'}>1\\[2ex]\dfrac{\alpha\left(\dfrac{\mathrm{d}W_{\mathrm{E}}}{\mathrm{d}t}\right)+\beta\left(\dfrac{\mathrm{d}W_{\mathrm{S}}}{\mathrm{d}t}\right)}{\dfrac{\mathrm{d}W_{\mathrm{D}}}{\mathrm{d}t}}>1\\[2ex]\dfrac{K_{\mathrm{R}}}{K'_{\mathrm{R}}}>1\end{cases}\tag{7-17}$$

式中 f_1——采掘活动所造成的附加应力；

f_2——地质构造应力；

f_3——岩体自重应力；

f_4——岩体内部其他应力，如瓦斯压力、裂隙水压、温度压力等；

f_5——“煤体-围岩”交界处应力；

σ'——“煤体-围岩”系统的临界强度；

α——围岩系统能量释放有效系数；

W_E——围岩系统储存的变形能；

β——煤体能量释放有效系数；

W_S——煤体储存的变形能；

W_D——消耗于“煤体-围岩”交界处和煤体破坏阻力的能量；

K_R——煤岩的冲击倾向指数，是目前各种冲击倾向度判别指标的综合反映指数；

K'_R——煤岩的冲击倾向指数临界值。

强度准则是煤岩体的破坏准则，而能量准则和冲击倾向准则是煤岩体突然破坏准则，只有当三个准则同时满足时，才能发生冲击矿压。这三条准则也被看成是冲击矿压发生的充分必要条件。

冲击矿压的影响因素众多、发生机理复杂，还需要进一步研究。近年来有代表性的研究成果有煤岩动静载叠加诱冲原理等。

二、煤岩动静载叠加诱冲原理[17]

冲击矿压的发生要满足能量准则，即“煤体-围岩”系统在其力学平衡状态破坏时所释放的能量大于煤岩破坏所消耗的能量。根据能量准则有：

$$\frac{dU}{dt}=\frac{dU_R}{dt}+\frac{dU_C}{dt}+\frac{dU_S}{dt}>\frac{dU_b}{dt} \tag{7-18}$$

式中，U_R为围岩中储存的能量；U_C为煤体中储存的能量；U_S为矿震能量；U_b为冲击矿压发生时消耗的能量。煤岩体中储存的能量和矿震能量之和可用下式表示：

$$U=\frac{(\sigma_j+\sigma_d)^2}{2E} \tag{7-19}$$

式中，σ_j为煤岩体中的静载荷；σ_d为矿震形成的动载荷。而冲击矿压发生时消耗的最小能量可用下式表示：

$$U_{bmin}=\frac{\sigma_{bmin}^2}{2E} \tag{7-20}$$

式中，σ_{bmin}为发生冲击矿压时的最小应力。因此，冲击矿压的发生需要满足如下条件：

$$\sigma_j+\sigma_d\geqslant\sigma_{bmin} \tag{7-21}$$

采掘空间周围煤岩体中的静载荷与矿震形成的动载荷叠加，超过煤岩体破坏所需的最小载荷和最小能量时，就会发生冲击矿压灾害，这就是冲击矿压发生的“煤岩动静载叠加诱冲原理”。

1. 静载分析

一般情况下，采掘空间周围煤岩体中的静载荷σ_j由地压σ_D和支承压力σ_Z组成：

$$\sigma_j=\sigma_D+\sigma_Z \tag{7-22}$$

而地压则由自重应力和水平构造应力组成，即

$$\begin{cases}\sigma_{D1}=\gamma H\\ \sigma_{D2}=\lambda\gamma H\end{cases} \tag{7-23}$$

支承压力可表示为：

$$\sigma_Z=(k-1)\gamma H \tag{7-24}$$

因此，煤岩体中的铅直方向与水平方向静载荷可表示为：

$$\begin{cases}\sigma_{j1}=\sigma_{D1}+\sigma_Z=k\gamma H\\ \sigma_{j2}=\sigma_{D2}+\sigma_Z=(\lambda+k-1)\gamma H\end{cases} \tag{7-25}$$

式中，γ 为上覆岩层的重力密度；H 为上覆岩层的厚度；λ 为水平应力系数；k 为支承应力集中系数。

2. 动载分析

矿井开采中动载产生的来源主要有开采活动、煤岩体对开采活动的应力响应等，具体表现为采煤机割煤、移架、机械震动、爆破、顶底板破断、煤体失稳、瓦斯突出、煤炮、断层滑移等。

假设矿井煤岩体为三维弹性各向同性连续介质，则应力波在煤岩体中产生的动载荷可表示为[46]：

$$\begin{cases}\sigma_{dP} = \rho v_P (v_{pp})_P \\ \sigma_{dS} = \rho v_S (v_{pp})_S\end{cases} \tag{7-26}$$

式中，σ_{dP}，σ_{dS}分别为 P 波、S 波产生的动载；ρ 为煤岩介质密度；v_P，v_S 分别为 P 波、S 波传播的速度；$(v_{pp})_P$，$(v_{pp})_S$ 分别为质点由 P 波、S 波传播引起的峰值震动速度。

3. 动静载叠加破坏煤体机理

矿震动载传播至煤体后，将与静载叠加共同作用而诱发冲击矿压。矿震的动力扰动与静载荷叠加作用对煤岩体的冲击主要有两种方式。

(1) 巷道或采场围岩原岩应力本身较高，巷道开挖或工作面回采导致巷道或采场周边高应力集中，此时应力水平虽未超过煤岩体发生冲击的应力水平，但已接近其临界值。远处矿震产生的微小动应力增量便可使动静载组合应力场超过煤岩体发生冲击的临界应力水平，从而导致煤岩体冲击破坏。此时，矿震产生的动应力扰动在煤岩体破坏中主要起到一个诱发作用。

(2) 巷道或采场围岩原岩应力较低，但远处矿震震源释放的能量很大。震源传至煤岩体的瞬间动应力增量很大，巷道或采场周边静态应力与动态应力叠加超过煤岩体发生冲击的临界应力，导致煤岩体突然发生动态冲击破坏。此时，矿震的瞬间动态扰动在冲击破坏过程中起主导作用。

从能量角度考虑，传播至工作面的震动波能量以动态能 $E^{(d)}$ 的方式作用于“顶板-煤体-底板”系统，并与静态能 $E^{(j)}$ 进行标量形式的叠加。动态能 $E^{(d)}$ 的大小受矿震震源能量大小和能量辐射方式、震源至工作面传播距离、岩体介质吸收等因素综合影响。$E^{(d)}$ 和 $E^{(j)}$ 能量叠加后[即 $E=E^{(d)}+E^{(j)}$]，赋予煤岩系统聚集更多弹性能，更容易满足煤体冲击失稳的能量条件。

上覆岩层破断释放的震动能量越多，产生的瞬间动载荷强度越大。同时，与能量的标量叠加不同，岩层破断产生的动载荷 σ_d 与煤岩系统原有静载荷 σ_j 以矢量形式进行叠加，即 $\boldsymbol{\sigma}=\boldsymbol{\sigma}_j+\boldsymbol{\sigma}_d$。应力叠加使煤岩体应力发生振荡性变化，其加载作用使煤岩系统的应力进一步增大，卸载作用会使煤岩体的弹性能释放和内部产生惯性运动。若煤岩系统的原有静载荷较大，则较低的动载荷就可导致叠加后的应力峰值超过煤体发生冲击破坏的临界应力水平而发生破坏；反之，若煤岩系统的原有静载荷较小，则需较高动载荷才能诱发煤体冲击破坏。同时，叠加后的应力峰值越高，越易满足冲击失稳条件。

三、“顶板-煤体”组合系统的刚度对煤岩体破坏方式的影响

由顶板、煤体与底板构成的组合体力学结构中，三者的应力及能量变化互相影响，其不

同的力学性质决定系统不同的破坏方式。[47]将顶板、煤层和底板（假设底板为刚性）构成一个平衡系统，如图 7-8 所示。

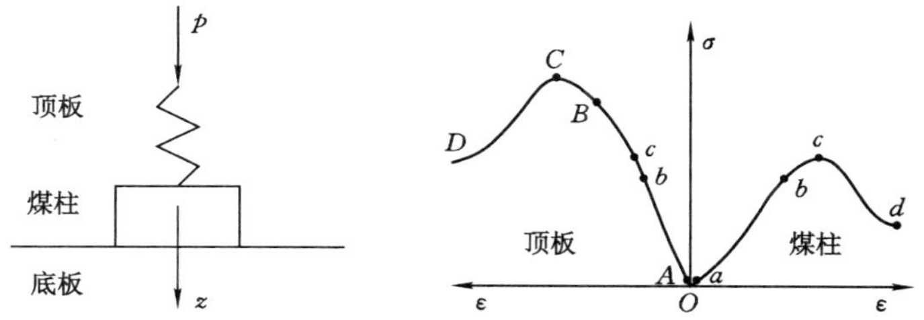

（a）系统结构模型　（b）“顶板-煤体”受载应力应变曲线

图 7-8　冲击矿压模型

假设底板不变形，煤柱与顶板一起作用。顶板的质量为 M_1，煤柱的质量为 M_2，煤柱中的力是位移和时间的函数，则上覆岩层作用在煤层顶板上的力 p_1 和煤柱中所受的力 p_2 分别为：

$$\begin{cases} p_1 = M_1 \dfrac{d^2 u_1}{dt^2} + k(u_1 - u_2) \\ p_2 = f(u_2, t) \end{cases} \tag{7-27}$$

式中　k——顶板岩层的刚度；

u_1——顶板的位移；

u_2——煤柱的位移。

当系统平衡时，即 $p_1 = p_2$，则

$$M_1 \frac{d^2 u_1}{dt^2} + k(u_1 - u_2) = f(u_2, t) \tag{7-28}$$

从冲击矿压发生的能量条件，若要系统平衡，则必须使顶板中变化的能量小于煤柱中变化的能量，即

$$\Delta A_1 \leqslant \Delta A_2 \tag{7-29}$$

下面分情况加以讨论。

(1) 顶板加速度为零，即$\dfrac{d^2 u_1}{dt^2} = 0$

假设顶板位移为零，而顶板向下产生弹性变形位移为 Δu_2，即煤柱的位移增加了 Δu_2，则 p_1、p_2 均发生了变化，其增量为：

$$\Delta p_1 = -k\Delta u_2 \tag{7-30}$$

$$\Delta p_2 = f'(u_2, t)\Delta u_2 = \frac{df(u_2, t)}{du_2}\Delta u_2 \tag{7-31}$$

则其能量的变化为：

$$\begin{aligned} \Delta A_1 &= \left(p_1 + \frac{1}{2}\Delta p_1\right)\Delta u_2 \\ \Delta A_2 &= \left(p_2 + \frac{1}{2}\Delta p_2\right)\Delta u_2 \end{aligned} \tag{7-32}$$

根据式(7-29)～式(7-31)可得“顶板-煤体”系统平衡方程式为：

$$k+f'(u_2,t)\geqslant 0 \tag{7-33}$$

可以看出式(7-33)存在着三种可能性：

① 煤柱处于弹性阶段(见图 7-9)，即

$$k+f'(u_2,t)>0 \tag{7-34}$$

且

$$\frac{\mathrm{d}f(u_2,t)}{\mathrm{d}u_2}=f'(u_2,t)>0,\quad k>0 \tag{7-35}$$

此时，煤柱和顶板均处于应力升高阶段，即处于积聚能量状态，说明系统是稳定的。

② 应力超过煤体极限强度，煤柱处于破坏阶段，但煤柱是逐步破坏的，强度是逐渐下降的，如图 7-10 所示。

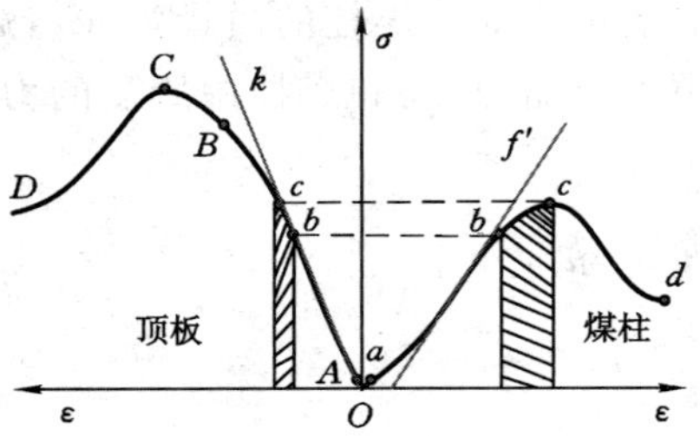

图 7-9 系统处于稳定状态

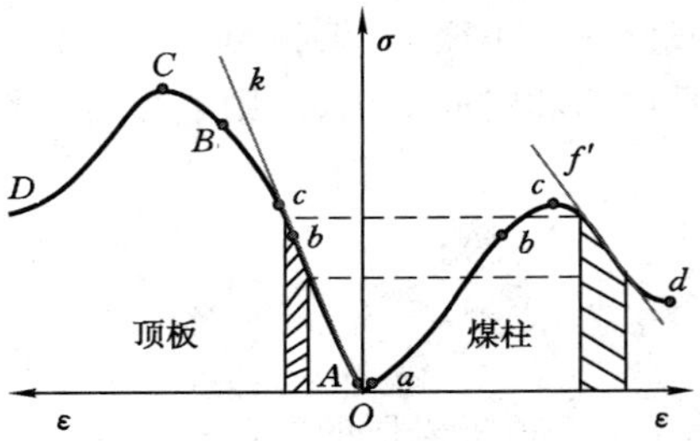

图 7-10 系统处于亚稳定状态

此时，虽然 $k+f'(u_2,t)>0$，但

$$\frac{\mathrm{d}f(u_2,t)}{\mathrm{d}u_2}<0,\quad k>0 \tag{7-36}$$

这时，煤柱破坏消耗的能量大于顶板释放的能量，说明煤柱破坏过程是静态的，也可以说系统结构是亚稳态的。

③ 煤柱处于破坏阶段，但煤柱是脆性破坏，强度发生突变，如图 7-11 所示。

此时 $k+f'(u_2,t)<0$，其中

$$\frac{\mathrm{d}f(u_2,t)}{\mathrm{d}u_2}<0,\quad k>0 \tag{7-37}$$

这时，顶板释放的能量大于煤柱破坏消耗的能量，伴随着剩余能量的突然释放，煤柱为动态破坏（发生冲击矿压）。释放能量的大小为：

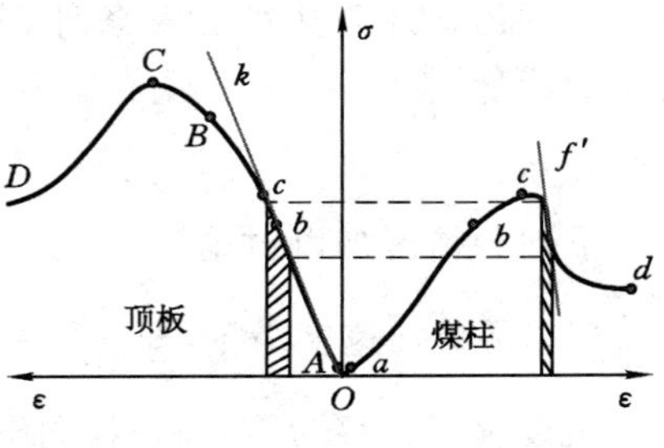

图 7-11 系统突然动态破坏
（顶板运动的加速度为零）

$$\Delta A=\Delta A_2-\Delta A_1=\frac{1}{2}\Delta u_2^2[f'(u_2,t)+k] \tag{7-38}$$

(2) 顶板加速运动，即$\frac{\mathrm{d}^2u_1}{\mathrm{d}t^2}\neq 0$

假设顶板位移为零，且有一加速度为$\frac{\mathrm{d}^2u_1}{\mathrm{d}t^2}$，而顶板向下产生弹性变形位移为 Δu_2，即煤

柱中的位移增加了 Δu_2，则 p_1、p_2 也发生了变化，顶板和煤层中的能量平衡被打破。

顶板和煤层中力的增量为：

$$\begin{aligned}\Delta p_1 &= -k\Delta u_2 + M_1 \frac{d^2 u_1}{dt^2} \\ \Delta p_2 &= f'(u_2, t)\Delta u_2\end{aligned} \tag{7-39}$$

则其能量的变化为：

$$\begin{aligned}\Delta A_1 &= \left(p_1 + \frac{1}{2}\Delta p_1\right)\Delta u_2 \\ \Delta A_2 &= \left(p_2 + \frac{1}{2}\Delta p_2\right)\Delta u_2\end{aligned} \tag{7-40}$$

此时，“顶板-煤体”系统的平衡方程为：

$$f'(u_2, t) + k - M_1 \frac{d^2 u_1}{dt^2} \frac{1}{\Delta u_2} \geqslant 0 \tag{7-41}$$

由于顶板有一加速运动，相当于顶板的刚度 k 减小了 $M_1 \frac{d^2 u_1}{dt^2}\frac{1}{\Delta u_2}$，变为：

$$k' = k - M_1 \frac{d^2 u_1}{dt^2} \frac{1}{\Delta u_2} \tag{7-42}$$

在这种情况下，与没有顶板运动加速度相比，此时顶板释放的能量更多（见图 7-12），使煤层更容易处于不稳定状态，即

$$f'(u_2, t) + k' < 0 \tag{7-43}$$

这时，更容易发生冲击矿压，系统破坏时释放的能量比式（7-38）要多$\frac{1}{2}M_1 \frac{d^2 u_1}{dt^2}\Delta u_2$。

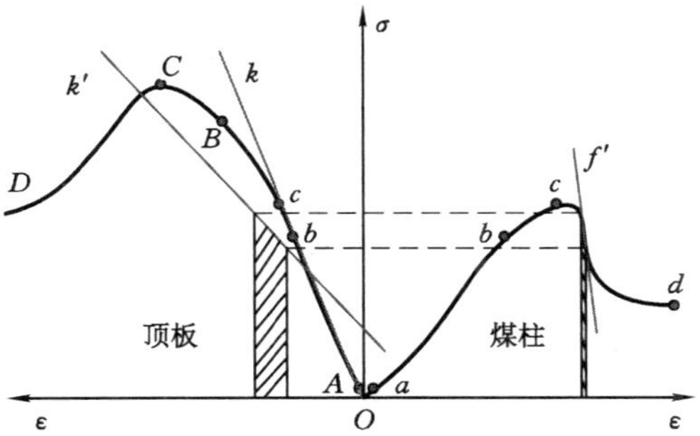

图 7-12　系统突然动态破坏（顶板运动的加速度不为零）

第五节　冲击矿压影响因素

一、冲击矿压影响因素分析

冲击矿压影响因素可以分为三类，即自然地质因素、开采技术因素和组织管理因素。

自然地质因素中，影响程度最大的是原岩应力和构造应力，它们主要由开采深度和地质构造决定，而煤层和顶板岩层的冲击倾向性也是影响冲击矿压的重要地质因素。

开采技术因素中，开采规划布局不合理、采掘扰动、煤柱应力集中、支护不合理及开采

速度过快等均可造成冲击矿压危险性增加。

组织管理因素中，主要是防冲投资不到位，缺乏有效的监测及防冲技术装备，没有专门的防冲队伍及完善的管理制度，防冲意识不强，片面重视生产和接续，存在侥幸心理等。

二、自然地质因素对冲击矿压的影响

1. 开采深度

随着开采深度的增加，煤层中的自重应力随之增加，煤岩体中聚积的弹性能也随之增加。若煤层中的形变能全部用于煤体的塑性变形，体变能全部用于破坏煤和使其运动，则

$$U_V = \frac{c}{6E}\gamma^2 H^2 \tag{7-44}$$

其中

$$c = \frac{(1-2\mu)(1+\mu)^2}{(1-\mu)^2}$$

设煤的单向抗压强度为 R_c，则破碎单位体积煤块所需能量 U_1 为：

$$U_1 = \frac{R_c^2}{2E} \tag{7-45}$$

假设巷道周边煤体处于双向受力状态，则所需能量比 U_1 要大，若用一系数 K_0（$K_0>1$）来表达，则破碎单位体积煤块的能量 U_2 为：

$$U_2 = K_0\frac{R_c^2}{2E} \tag{7-46}$$

若 $U_V \geqslant U_2$，就可能发生冲击矿压，这样就可求得发生冲击矿压的初始采深 H 为：

$$H \geqslant 1.73\frac{R_c}{\gamma}\sqrt{\frac{K_0}{c}} \tag{7-47}$$

统计分析表明，开采深度越大，冲击矿压发生的可能性也越大。开采深度与冲击矿压发生次数的关系如图 7-13 所示（波兰资料，横坐标为采深 H，纵坐标为冲击指数 W_t，即开采百万吨煤炭的冲击矿压次数）。考虑到安全界限，可以确定，当采深 $H \leqslant 350$ m 时，冲击矿压不会发生；当 $350<H\leqslant 500$ m 时，在一定程度上发生冲击矿压危险程度逐步增加；从 500 m 开始，随着采深的增加，发生冲击矿压的危险性急剧增长。从图中可知，当采深为 800 m 时，冲击指数 $W_t=0.57$，比采深为 500 m（$W_t=0.04$）增加了 14 倍；而从 $W_t=f(H)$ 的曲线趋势看，当采深非常大时（1 200～1 500 m），冲击指数的递增梯度将会减小，但其值会很高。

我国天池煤矿的情况与此类似，如图 7-14 所示，图中纵坐标为冲击矿压次数。

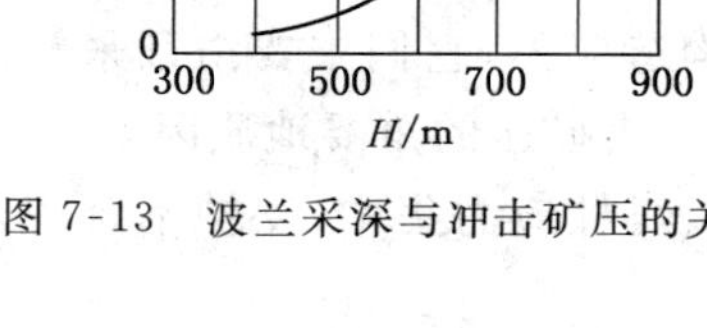

图 7-13 波兰采深与冲击矿压的关系

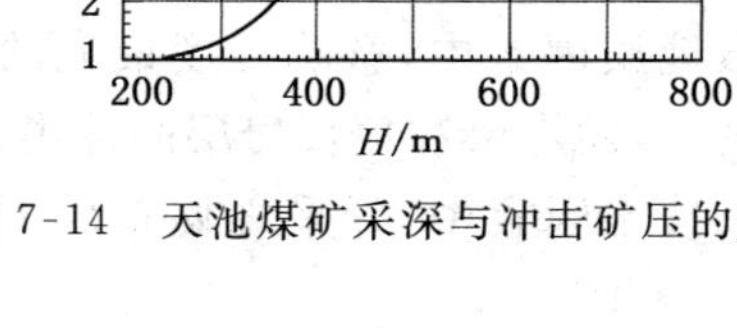

图 7-14 天池煤矿采深与冲击矿压的关系

由表 7-1 和图 7-14 可知，我国煤矿发生冲击矿压的最小采深为 200～540 m，平均为 380 m。采深为 700 m 时发生冲击矿压的次数大大高于 400 m 时的次数。

表 7-1 我国煤矿发生冲击矿压的最小采深

矿井	门头沟	天池	抚顺	城子	大台	陶庄	房山	唐山
最小采深/m	200	240	250	370	460	480	520	540

2. 煤的力学特征

煤矿生产实践与试验研究均表明：

(1) 在一定的围岩与压力条件下，任何煤层中的巷道或采场均有可能发生冲击矿压。

(2) 煤的强度越高，引发冲击矿压所要求的应力越小；反过来说，煤的强度越小，要引发冲击矿压就需要比硬煤高得多的应力。

(3) 煤的冲击倾向性是评价煤层冲击性的特征参数之一。

煤的冲击倾向性是指煤体具有的积聚变形能并产生冲击破坏的性质。根据《冲击矿压测定、监测与防治方法 第 2 部分：煤的冲击倾向性分类及指数的测定方法》(GB/T 25217.2—2010)[48]，煤的冲击倾向性包含 4 个测试指数。

① 动态破坏时间 DT：煤试件在单轴压缩状态下，从极限强度到完全破坏所经历的时间。计算方法如图 7-15 所示。

② 弹性能量指数 W_{ET}：煤试件在单轴压缩状态下，当受力达到某一值时(破坏前)卸载，其弹性变形能与塑性变形能(耗损变形能)之比。计算方法如图 7-16 所示，计算公式如下：

$$W_{ET} = \frac{\Phi_{SE}}{\Phi_{SP}} \tag{7-48}$$

$$\Phi_{SP} = \Phi_C - \Phi_{SE} \tag{7-49}$$

式中 Φ_{SE}——弹性应变能，其值为卸载曲线下的面积，见图 7-16 中画斜线部分；

Φ_{SP}——塑性应变能，其值为加载曲线和卸载曲线所包络的面积；

Φ_C——总应变能，其值为加载曲线下的面积。

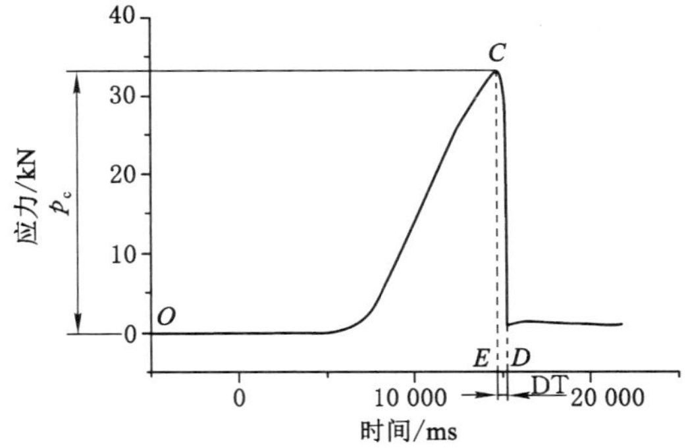

ED—破坏时间；CD—破坏过程；OC—加载过程。

图 7-15 动态破坏时间计算图

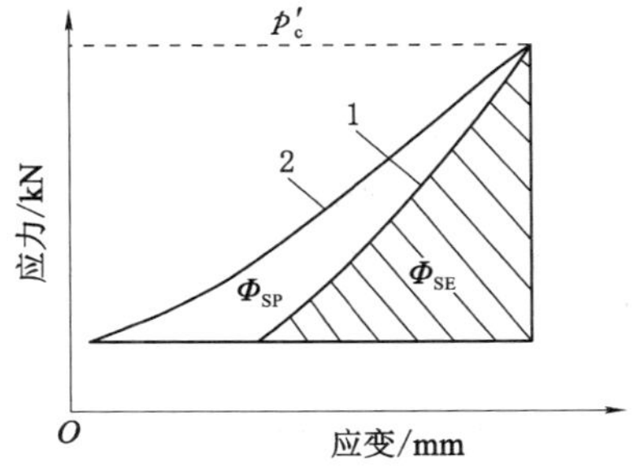

1—卸载曲线；2—加载曲线。

图 7-16 弹性能量指数计算示意图

③ 冲击能量指数 K_E：煤试件在单轴压缩状态下，在应力应变全过程曲线中，峰值前积蓄的变形能与峰值后耗损的变形能之比。

两类典型的应力应变全过程曲线,见图 7-17。以过峰值 C 点的垂线 CQ 为分界,峰值后曲线位于 CQ 右侧为Ⅰ类应力应变曲线,位于 CQ 左侧为Ⅱ类应力应变曲线。具有Ⅱ类曲线的煤试件属于强冲击倾向,不必计算冲击能量指数;具有Ⅰ类曲线的煤试件需计算冲击能量指数。

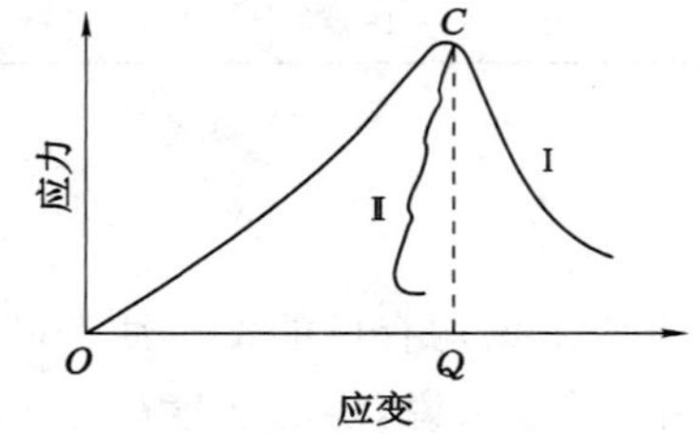

图 7-17 两类典型的应力应变全过程曲线

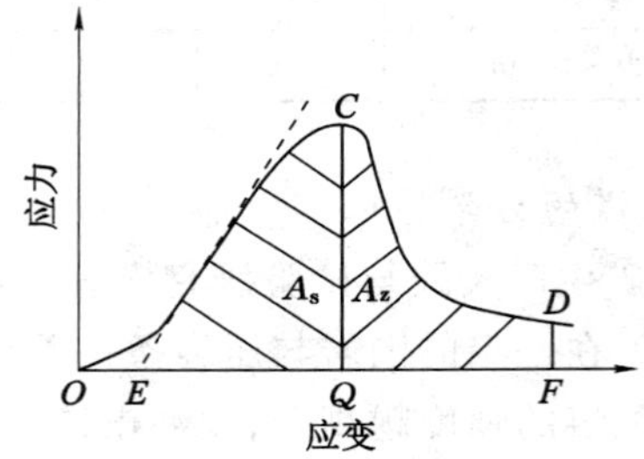

图 7-18 冲击能量指数计算示意图

冲击能量指数计算示意图见图 7-18,计算公式如下:

$$K_E = \frac{A_s}{A_z} \tag{7-50}$$

式中 A_s——峰值前积聚的变形能;

A_z——峰值后耗损的变形能。

A_s 的值等于 OC 曲线下的面积,A_z 的值等于 CD 曲线下的面积。

D 为残余强度的初始点,D 点的确定方法是:作 OC 曲线的切线交应变轴于 E,截取 $QF=QE$,过 F 点作应变轴的垂线与峰后曲线交点即 D 点。

④ 单轴抗压强度 R_c:在实验室条件下,煤的标准试件在单轴压缩状态下承受的破坏载荷与其承压面面积的比值。

煤的冲击倾向性的强弱,一般根据测定的 4 个指数进行综合衡量。煤的冲击倾向性按其指数值的大小分三类,见表 7-2。

表 7-2 煤的冲击倾向性分类

类别		Ⅰ类	Ⅱ类	Ⅲ类
冲击倾向		无	弱	强
指数	动态破坏时间/ms	DT>500	50<DT≤500	DT≤50
	弹性能量指数	$W_{ET}<2$	$2\leq W_{ET}<5$	$W_{ET}\geq 5$
	冲击能量指数	$K_E<1.5$	$1.5\leq K_E<5$	$K_E\geq 5$
	单轴抗压强度/MPa	$R_c<7$	$7\leq R_c<14$	$R_c\geq 14$

3. *顶板岩层的结构特点*

岩层积聚变形能并具有产生冲击破坏的性质称为岩层冲击倾向性。根据《冲击矿压测定、监测与防治方法 第 1 部分:顶板岩层冲击倾向性分类及指数的测定方法》(GB/T 25217.1—2010)[49],顶板岩层冲击倾向性分类按照弯曲能量指数的大小分为三类(见表 7-3),即强冲击倾向性、弱冲击倾向性和无冲击倾向性。顶板的弯曲能量指数是指在均布载荷作用下，单位宽度岩梁达到极限跨度时积蓄的变形能，单位为 kJ，用 U_{WQ} 表示。

表 7-3　顶板岩层冲击倾向性分类及指数

类别	Ⅰ类	Ⅱ类	Ⅲ类
冲击倾向	无	弱	强
弯曲能量指数/kJ	$U_{WQ} \leqslant 15$	$15 < U_{WQ} \leqslant 120$	$U_{WQ} > 120$

研究表明，顶板岩层结构，特别是煤层上方坚硬厚层砂岩顶板是影响冲击矿压发生的主要因素之一，主要原因是坚硬厚层砂岩顶板容易积聚大量的弹性能。在坚硬顶板破断过程中或滑移过程中，大量的弹性能突然释放，形成强烈震动，导致顶板煤层型（冲击压力型）冲击矿压或顶板型（冲击型）冲击矿压。

苏联阿维尔申教授认为，煤层内的弹性能可由体变弹性能 U_V、形变弹性能 U_t 和顶板弯曲弹性能 U_w 三部分组成，即

$$U = U_V + U_t + U_w \tag{7-51}$$

式中的 U_w 可参见图 7-19 进行计算，计算公式为：

$$U_w = \frac{1}{2}M\varphi \tag{7-52}$$

式中　M——煤壁上方顶板岩层的弯矩；

φ——顶板岩层弯曲下沉的转角。

(a) 初次垮落时　　(b) 周期垮落时

图 7-19　顶板弯曲弹性能的计算图

如图 7-19 所示，M 和 φ 分别有：

① 对图 7-19(a)情况

$$M = \frac{1}{12}qL^2 \tag{7-53}$$

$$\varphi = \frac{qL^3}{24EJ} \tag{7-54}$$

② 对图 7-19(b)情况

$$M = \frac{1}{2}qL^2 \tag{7-55}$$

$$\varphi = \frac{qL^3}{2EJ} \tag{7-56}$$

式中　q——顶板重量与上覆岩层附加载荷的单位长度折算载荷；

J——顶板的断面惯性矩；

L——顶板的悬伸长度。

由此，相应地可得：

① 对图 7-19(a)情况

$$U_w = \frac{q^2 L^5}{576EJ} \tag{7-57}$$

② 对图 7-19(b)情况

$$U_w = \frac{q^2 L^5}{8EJ} \tag{7-58}$$

由以上两式可以看出，U_w 与岩层悬伸长度的 5 次方成正比，即 L 值越大，积聚的能量也越多。一般情况下，厚度越大的坚硬岩层越不易冒落，形成的 L 值也就越大。例如，厚度为 7.64 m 的坚硬砂岩层，来压步距为 53 m，按上式计算的值，顶板弯曲弹性能占总能量的 90%以上。所以，厚度大的坚硬岩层顶板发生冲击矿压的可能性很大。大同和京西矿区都有十分坚硬的厚层砂岩顶板，采后形成大面积悬顶，是发生冲击矿压十分典型的条件。

4. 地质构造因素

地层的动力运动形成各种各样的地质构造，这样的构造如断层、褶皱等对煤矿冲击矿压的发生有较大的影响。

实践证明，冲击矿压经常发生在构造变化区，如断层、褶皱和相变区（煤层厚度、硬度、倾角和煤岩体的性状发生变化区域）等。例如，义马煤田距离 F16 断层的远近与冲击矿压危险性呈明显的负相关关系。在已发生的 107 次冲击矿压事件中，距离 F16 断层大于 1 000 m 的区域，仅发生冲击矿压事件 8 次；500～1 000 m 范围内，共发生冲击矿压事件 48 次；小于 500 m 的区域，开采面积虽然只有 3 km^2，却发生冲击矿压事件 51 次。

褶皱是岩层在水平应力挤压下形成的，这种褶皱大部分在沉积岩层中。一般情况下，对于巷道及采煤工作面来说，在褶皱的各个部位出现的危险性是不一样的，如图 7-20 所示。

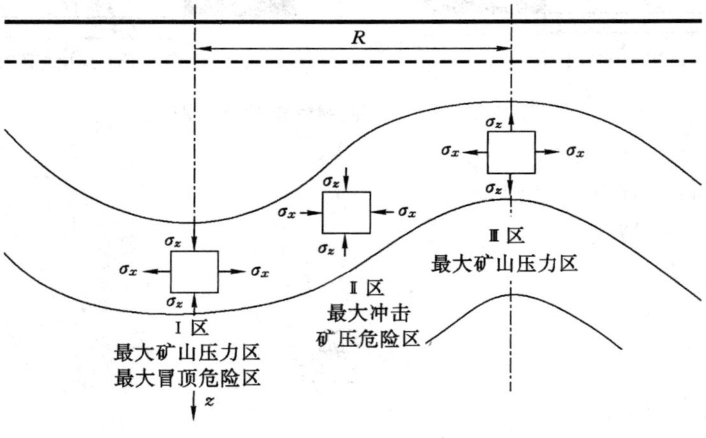

图 7-20　褶皱部分的受力状态及冲击危险性

三、开采技术因素对冲击矿压的影响

冲击矿压的影响因素除自然地质因素外，开采条件和生产技术也是很重要的影响因素。根据对我国煤岩冲击动力灾害较为严重的华亭、义马、鹤岗、七台河等矿区下属矿井及山东各煤岩冲击动力灾害矿井的统计结果，冲击矿压主要发生地点在巷道（回风平巷和运输平巷），即主要为巷道冲击显现，占 91%。而在有些情况下，冲击矿压同时发生在巷道和采煤工作面。

1. 开采设计和开采顺序的影响

当在几个煤层中同时布置几个采煤工作面时，采煤工作面的布置方式和开采顺序将强烈影响煤岩体内的应力分布。

冲击矿压经常出现在采煤工作面向采空区推进时，在距采空区 15～40 m 的应力集中区内掘进巷道，两个采煤工作面相向推进时，以及两个近距离煤层中的两个采煤工作面同时开采时。如千秋煤矿 21141 工作面下巷与正在回采的 21201 工作面沿倾向上相差两个区段，走向上相向推进，发生冲击矿压时沿走向只有 150 m 间距。

2. 上覆煤层工作面停采线和煤柱的影响

上覆煤层工作面的停采线和煤柱形成的应力集中对下部煤层造成了很大的威胁，使冲击矿压的危险性有很大的增加。如果定义 E/W(J/t)为观测范围内单位生产煤量所产生的震动能量，则上覆煤层的停采线对采煤工作面推进过程影响的 E/W 指标值如图 7-21 所示。图 7-22 介绍了工作面通过上覆煤层残采区时的 E/W 指标值的变化曲线。

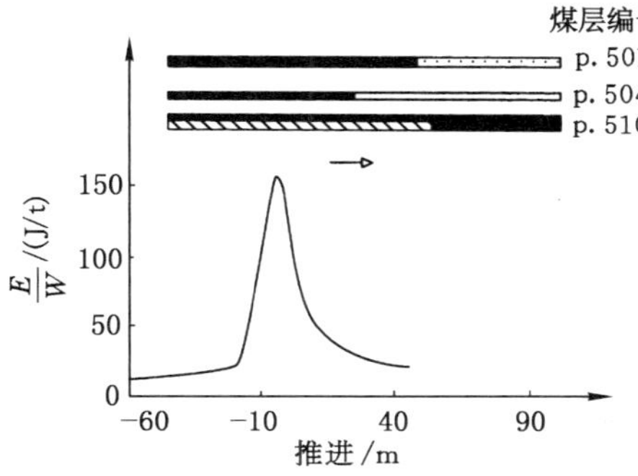

图 7-21　巷道过上覆煤层停采线时 E/W 分布图

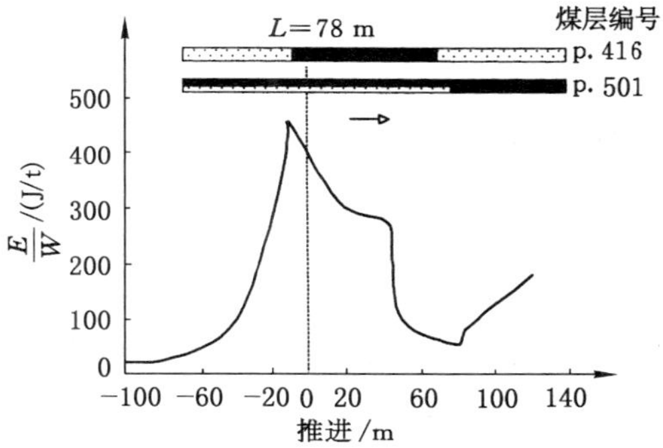

图 7-22　采煤工作面过上覆煤层残采区时 E/W 分布图

3. 采空区的影响

当工作面接近已有的采空区，其距离为 20～30 m 时，冲击矿压危险性随之增加。如果工作面旁边有上区段的采空区，该采空区也使冲击矿压的危险性增加，危险的最大位置在距煤柱 10 m 左右。当采煤工作面接近老巷约 15 m 左右时，冲击矿压的危险性最大。

4. 开采区域的影响

在煤层开采面积增加的情况下，岩体的震动能量也随之增加。研究表明，当开采面积为 3 万 m² 时，释放的单位面积的震动能量最大。图 7-23 表示了释放的总震动能 E_{stm} 与工作面开采面积之间的关系，该采面采高为 2.5 m。

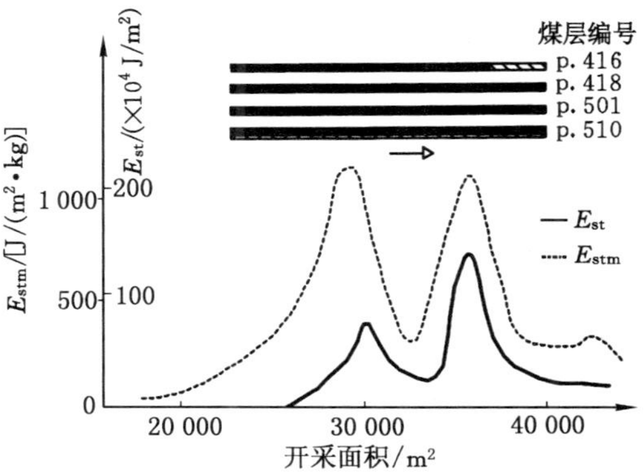

E_{stm}—开采单位面积、单位质量煤炭释放的震动总能量；

E_{st}—开采单位面积煤炭释放的震动总能量。

图 7-23　总能量与开采面积之间的关系图

第六节 冲击矿压危险评价及监测预警方法

冲击矿压危险评价及监测预警是冲击矿压防治工作的重要组成部分，冲击矿压危险评价及监测预警对及时采取区域性防范措施和局部防治措施、避免冲击危害十分重要。

冲击矿压危险评价及监测预警主要包括时间、地点和危险等级。冲击矿压的危险程度等级划分为4级，即无冲击危险、弱冲击危险、中等冲击危险和强冲击危险。冲击矿压危险评价及监测预警主要采用的方法包括：综合指数法、数值模拟分析法、钻屑法、微震法、弹性震动波CT探测法、声发射法、电磁辐射法、应力在线监测法等。

一、冲击矿压分级分区预测

由于发生冲击矿压的时间、地点、区域、震源等的复杂多样性，使得冲击矿压的预测工作极为困难，是亟待解决的世界性难题。为克服预测方法单一、适用范围有限、存在漏报、可靠性低等问题，目前普遍采用冲击矿压的分级分区预测方法，通过冲击矿压连续监测预警技术的发展，形成冲击矿压分级分区预测技术体系。[50]

在时间上，冲击矿压的预测分早期预测和即时预测。早期预测主要采用综合指数法，而即时预测则采用电磁辐射法、微震法和钻屑法等方法。

在空间上，冲击矿压的预测分区域预测、局部预测和点预测。区域预测主要采用综合指数法和微震法，局部预测采用电磁辐射法，点预测则采用钻屑法。

采用综合指数法、微震法、电磁辐射法和钻屑法相结合，在时间上从早期预测到即时预测，在空间上从区域预测到局部预测、点预测，逐级排除和确认冲击危险，实现分级分区预测，并对危险区域和地点进行强度弱化减冲治理，见图7-24。

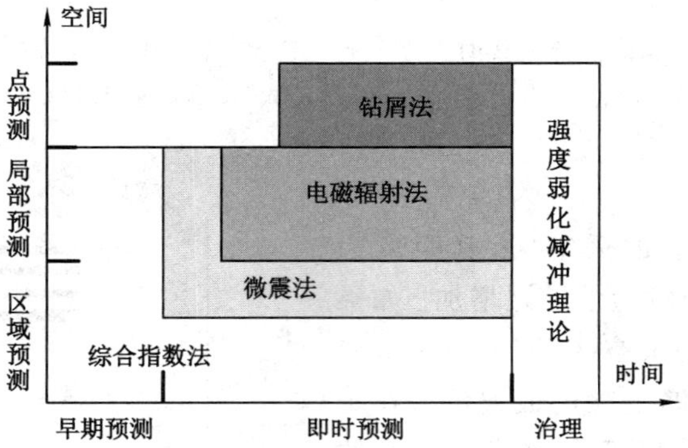

图7-24 冲击危险的分级分区时空预测

冲击矿压分级分区预测技术体系见图7-25。

二、冲击危险性预测

1. 综合指数法

综合指数法就是分析已发生的冲击矿压现象，得到相应的开采技术因素和自然地质因素对冲击矿压发生的影响程度，在此基础上，确定各种因素的影响权重，然后将其综合起来，建立冲击危险性评价和预测的方法。

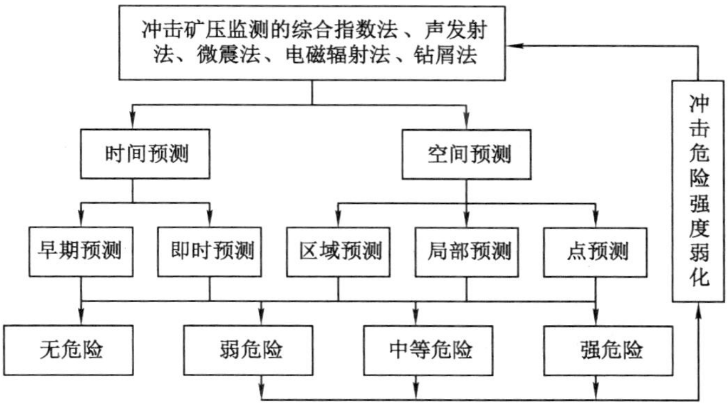

图 7-25　冲击矿压分级分区预测技术体系

某矿井、区域或采掘工作面的冲击危险状态等级评定综合指数用 W_t 表示，以此可以确定冲击危险程度。

$$W_t = \max\{W_{t1}, W_{t2}\} \tag{7-59}$$

冲击危险状态等级评定综合指数应取 W_{t1}、W_{t2} 两者中的大值，其中

$$W_{t1} = \frac{\sum_{i=1}^{n_1} W_i}{\sum_{i=1}^{n_1} W_{i\max}}, \quad W_{t2} = \frac{\sum_{i=1}^{n_2} W_i}{\sum_{i=1}^{n_2} W_{i\max}} \tag{7-60}$$

式中　W_{t1}，W_{t2}——自然地质因素、开采技术因素确定的冲击危险指数；

W_i——第 i 个自然地质因素、开采技术因素的评价指数；

$W_{i\max}$——第 i 个自然地质因素、开采技术因素的指数最大值；

n_1，n_2——自然地质因素、开采技术因素的数目。

将冲击危险水平划分为 4 个等级和状态，分别为 A 级（无冲击危险）、B 级（弱冲击危险）、C 级（中等冲击危险）和 D 级（强冲击危险），并根据不同的危险等级采取不同的防治对策。根据上述对冲击危险综合指数 W_t 的计算分析，可以看出其取值区间应为[0，1]。因此，以 0.25 为间隔，将 W_t 划分为 4 个数值段，并分别对应 4 个危险等级。表 7-4 为自然地质类因素影响的冲击危险指数评价表；表 7-5 为开采技术类因素影响的冲击危险指数评价表；表 7-6 为冲击危险综合指数、等级、状态及防治对策。

表 7-4　自然地质类因素影响的冲击危险指数评价表

序号	影响因素	因素说明	因素分类	危险指数
1	W_1	同一水平煤层冲击矿压发生历史次数 n	$n=0$	0
			$n=1$	1
			$n=2$	2
			$n\geqslant 3$	3

表 7-4(续)

序号	影响因素	因素说明	因素分类	危险指数
2	W_2	开采深度 h	$h \leqslant 400$ m	0
			400 m$<h\leqslant$600 m	1
			600 m$<h\leqslant$800 m	2
			$h>800$ m	3
3	W_3	上覆岩层裂隙带内坚硬厚层岩层距煤层的距离 d	$d>100$ m	0
			50 m$<d\leqslant$100 m	1
			20 m$<d\leqslant$50 m	2
			$d\leqslant 20$ m	3
4	W_4	煤层上方 100 m 范围顶板岩层厚度特征参数 L_{st}	$L_{st}\leqslant 50$ m	0
			50 m$<L_{st}\leqslant$70 m	1
			70 m$<L_{st}\leqslant$90 m	2
			$L_{st}>90$ m	3
5	W_5	开采区域内构造引起的应力增量与正常应力值之比 $\gamma=(\sigma_g-\sigma)/\sigma$	$\gamma\leqslant 10\%$	0
			$10\%<\gamma\leqslant 20\%$	1
			$20\%<\gamma\leqslant 30\%$	2
			$\gamma>30\%$	3
6	W_6	煤的单轴抗压强度 R_c	$R_c\leqslant 7$ MPa	0
			7 MPa$<R_c\leqslant$14 MPa	1
			14 MPa$<R_c\leqslant$20 MPa	2
			$R_c>20$ MPa	3
7	W_7	煤的弹性能量指数 W_{ET}	$W_{ET}<2$	0
			$2\leqslant W_{ET}<3.5$	1
			$3.5\leqslant W_{ET}<5$	2
			$W_{ET}\geqslant 5$	3

表 7-5 开采技术类因素影响的冲击危险指数评价表

序号	影响因素	因素说明	因素分类	危险指数
1	W_1	保护层的卸压程度	好	0
			中等	1
			一般	2
			很差	3
2	W_2	工作面距上保护层开采遗留的煤柱的水平距离 h_z	$h_z\geqslant 60$ m	0
			30 m$\leqslant h_z<$60 m	1
			0 m$\leqslant h_z<$30 m	2
			$h_z<0$ m(煤柱下方)	3

表 7-5(续)

序号	影响因素	因素说明	因素分类	危险指数
3	W_3	工作面与邻近采空区的关系	实体煤工作面	0
			一侧采空	1
			两侧采空	2
			三侧采空	3
4	W_4	工作面长度 L_m	$L_m \geqslant 300$ m	0
			150 m$\leqslant L_m <$300 m	1
			100 m$\leqslant L_m <$150 m	2
			$L_m <100$ m	3
5	W_5	区段煤柱宽度 d	$d \leqslant 3$ m 或 $d \geqslant 50$ m	0
			3 m$< d \leqslant$6 m	1
			6 m$< d \leqslant$10 m	2
			10 m$< d <$50 m	3
6	W_6	留底煤厚度 t_d	$t_d = 0$ m	0
			0 m$< t_d \leqslant$1 m	1
			1 m$< t_d \leqslant$2 m	2
			$t_d > 2$ m	3
7	W_7	向采空区掘进的巷道,停掘位置与采空区的距离 L_{jc}	$L_{jc} \geqslant 150$ m	0
			100 m$\leqslant L_{jc} <$150 m	1
			50 m$\leqslant L_{jc} <$100 m	2
			$L_{jc} <50$ m	3
8	W_8	向采空区推进的工作面,停采线与采空区的距离 L_{mc}	$L_{mc} \geqslant 300$ m	0
			200 m$\leqslant L_{mc} <$300 m	1
			100 m$\leqslant L_{mc} <$200 m	2
			$L_{mc} <100$ m	3
9	W_9	向落差大于 3 m 的断层推进的工作面或巷道,工作面或掘进迎头与断层的距离 L_d	$L_d \geqslant 100$ m	0
			50 m$\leqslant L_d <$100 m	1
			20 m$\leqslant L_d <$50 m	2
			$L_d <20$ m	3
10	W_{10}	向煤层倾角剧烈变化(>15°)的向斜或背斜推进的工作面或巷道,工作面或掘进迎头与其距离 L_z	$L_z \geqslant 50$ m	0
			20 m$\leqslant L_z <$50 m	1
			10 m$\leqslant L_z <$20 m	2
			$L_z <10$ m	3
11	W_{11}	向煤层侵蚀、合层或厚度变化部分推进的工作面或巷道,接近煤层变化部分的距离 L_b	$L_b \geqslant 50$ m	0
			20 m$\leqslant L_b <$50 m	1
			10 m$\leqslant L_b <$20 m	2
			$L_b <10$ m	3

表 7-6 冲击危险综合等级、状态、指数及防治对策

危险等级	危险状态	综合指数	冲击危险防治对策
A	无	$W_t \leqslant 0.25$	按无冲击危险采区管理,正常进行设计及生产作业
B	弱	$0.25 < W_t \leqslant 0.5$	考虑冲击矿压影响因素进行设计,还应满足: (1) 配备电磁辐射、钻屑量监测及煤体注水和大直径钻孔卸压设备; (2) 制订监测和治理方案,作业中进行冲击危险监测、防治和效果检验
C	中等	$0.5 < W_t \leqslant 0.75$	考虑冲击矿压影响因素进行设计,合理选择巷道及硐室布置方案、采煤工作面接替顺序;优化主要巷道及硐室的技术参数、支护方式和掘进速度;优化采煤工作面超前支护距离及方式等。还应满足: (1) 配备电磁辐射、钻屑量监测及煤体注水、大直径钻孔卸压和煤体爆破设备; (2) 作业前对采煤工作面支承压力影响区、掘进迎头及后方至少 50 m 范围巷帮采取预卸压措施; (3) 设置人员限制区域,确定避灾路线; (4) 制订监测和治理方案,作业中进行冲击危险监测、防治和效果检验
D	强	$W_t > 0.75$	考虑冲击矿压影响因素进行设计,合理选择巷道及硐室布置方案、采煤工作面接替顺序等;优化巷道及硐室技术参数、支护方式和掘进速度等;优化采煤工作面顶板支护、推进速度、超前支护距离及方式、采放煤高度等参数。还应满足: (1) 配备电磁辐射、钻屑量、微震监测及煤体注水、大直径钻孔卸压、煤体爆破和顶底板预裂设备; (2) 作业前对采煤工作面回采巷道、掘进迎头及巷帮实施全面预卸压,经检验冲击危险解除后方可进行作业; (3) 设置躲避硐室、人员限制区域,确定避灾路线; (4) 制订监测和治理方案,作业中加强对冲击危险的监测、防治和效果检验;监测冲击矿压对周边巷道、硐室等的扰动影响,并制订对应的治理措施。 如果在生产过程中,经充分监测及采取防治措施后,仍不能保证安全时,应停止生产或重新设计

举例:采用综合指数法对某采区进行冲击危险指数及等级评价。自然地质因素和开采技术因素影响的综合指数分别如表 7-7 和表 7-8 所列。该采区最终评定的综合指数 $W_t = \max\{W_{t1}, W_{t2}\} = 0.76$,冲击危险程度为 D 级(强冲击危险)。

表 7-7 某采区自然地质类因素影响的冲击危险指数评价表

序号	影响因素	因素说明	因素分类	危险指数	自然地质类因素实际条件	实际危险指数
1	W_1	同一水平煤层冲击矿压发生历史次数 n	$n=0$	0	未发生过冲击矿压	0
			$n=1$	1		
			$n=2$	2		
			$n \geqslant 3$	3		

表 7-7(续)

序号	影响因素	因素说明	因素分类	危险指数	自然地质类因素实际条件	实际危险指数
2	W_2	开采深度 h	$h \leqslant 400$ m	0	采深 900～1 000 m	3
			400 m$<h \leqslant$600 m	1		
			600 m$<h \leqslant$800 m	2		
			$h>$800 m	3		
3	W_3	上覆岩层裂隙带内坚硬厚层岩层距煤层的距离 d	$d>$100 m	0	基本顶中细砂岩距煤层距离小于 20 m	3
			50 m$<d \leqslant$100 m	1		
			20 m$<d \leqslant$50 m	2		
			$d \leqslant$20 m	3		
4	W_4	煤层上方 100 m 范围顶板岩层厚度特征参数 L_{st}	$L_{st} \leqslant$50 m	0	顶板岩层厚度特征值参数为 86 m	2
			50 m$<L_{st} \leqslant$70 m	1		
			70 m$<L_{st} \leqslant$90 m	2		
			$L_{st}>$90 m	3		
5	W_5	开采区域内构造引起的应力增量与正常应力值之比 $\gamma=(\sigma_g-\sigma)/\sigma$	$\gamma \leqslant 10\%$	0	受断层影响，构造应力水平较高	2
			$10\%<\gamma \leqslant 20\%$	1		
			$20\%<\gamma \leqslant 30\%$	2		
			$\gamma>30\%$	3		
6	W_6	煤的单轴抗压强度 R_c	$R_c \leqslant$7 MPa	0	单轴抗压强度为 22 MPa	3
			7 MPa$<R_c \leqslant$14 MPa	1		
			14 MPa$<R_c \leqslant$20 MPa	2		
			$R_c>$20 MPa	3		
7	W_7	煤的弹性能量指数 W_{ET}	$W_{ET}<2$	0	弹性能量指数大于 5	3
			$2 \leqslant W_{ET}<3.5$	1		
			$3.5 \leqslant W_{ET}<5$	2		
			$W_{ET} \geqslant 5$	3		
自然地质类因素影响的冲击危险指数 W_{t1}					$W_{t1}=16/21=0.76$	

表 7-8　某采区开采技术类因素影响的冲击危险指数评价表

序号	影响因素	因素说明	因素分类	危险指数	开采技术类因素实际条件	实际危险指数
1	W_1	保护层的卸压程度	好	0	没有开采解放层	—
			中等	1		
			一般	2		
			很差	3		

表 7-8(续)

序号	影响因素	因素说明	因素分类	危险指数	开采技术类因素实际条件	实际危险指数
2	W_2	工作面距上保护层开采遗留的煤柱的水平距离 h_z	$h_z \geqslant 60$ m	0	没有开采解放层	—
			30 m $\leqslant h_z < 60$ m	1		
			0 m $\leqslant h_z < 30$ m	2		
			$h_z < 0$ m(煤柱下方)	3		
3	W_3	工作面与邻近采空区的关系	实体煤工作面	0	会出现一侧采空的工作面	1
			一侧采空	1		
			两侧采空	2		
			三侧及以上采空	3		
4	W_4	工作面长度 L_m	$L_m \geqslant 300$ m	0	工作面长度 200～270 m	1
			150 m $\leqslant L_m < 300$ m	1		
			100 m $\leqslant L_m < 150$ m	2		
			$L_m < 100$ m	3		
5	W_5	区段煤柱宽度 d	$d \leqslant 3$ m 或 $d \geqslant 50$ m	0	宽度 5 m	1
			3 m $< d \leqslant 6$ m	1		
			6 m $< d \leqslant 10$ m	2		
			10 m $< d < 50$ m	3		
6	W_6	留底煤厚度 t_d	$t_d = 0$ m	0	不留底煤	—
			0 m $< t_d \leqslant 1$ m	1		
			1 m $< t_d \leqslant 2$ m	2		
			$t_d > 2$ m	3		
7	W_7	向采空区掘进的巷道，停掘位置与采空区的距离 L_{jc}	$L_{jc} \geqslant 150$ m	0	没有向采空区掘进的巷道	—
			100 m $\leqslant L_{jc} < 150$ m	1		
			50 m $\leqslant L_{jc} < 100$ m	2		
			$L_{jc} < 50$ m	3		
8	W_8	向采空区推进的工作面，停采线与采空区的距离 L_{mc}	$L_{mc} \geqslant 300$ m	0	没有向采空区推进的工作面	—
			200 m $\leqslant L_{mc} < 300$ m	1		
			100 m $\leqslant L_{mc} < 200$ m	2		
			$L_{mc} < 100$ m	3		
9	W_9	向落差大于 3 m 的断层推进的工作面或巷道，工作面或掘进迎头与断层的距离 L_d	$L_d \geqslant 100$ m	0	分布有 3 m 以上断层，巷道和工作面需过断层	3
			50 m $\leqslant L_d < 100$ m	1		
			20 m $\leqslant L_d < 50$ m	2		
			$L_d < 20$ m	3		

表 7-8(续)

序号	影响因素	因素说明	因素分类	危险指数	开采技术类因素实际条件	实际危险指数
10	W_{10}	向煤层倾角剧烈变化(>15°)的向斜或背斜推进的工作面或巷道，工作面或掘进迎头与之的距离 L_z	$L_z \geqslant 50$ m	0	巷道和工作面需过向斜构造区	3
			20 m $\leqslant L_z <$ 50 m	1		
			10 m $\leqslant L_z <$ 20 m	2		
			$L_z <$ 10 m	3		
11	W_{11}	向煤层侵蚀、合层或厚度变化部分推进的工作面或巷道，接近煤层变化部分的距离 L_b	$L_b \geqslant 50$ m	0	巷道和工作面需过煤层厚度变化区域	3
			20 m $\leqslant L_b <$ 50 m	1		
			10 m $\leqslant L_b <$ 20 m	2		
			$L_b <$ 10 m	3		
开采技术类因素影响的冲击危险指数 W_{t2}					$W_{t2}=12/18=0.67$	

2. 多因素叠加法

通过综合指数法确定某开采区域宏观整体具有某种等级的冲击危险后，可以提前制订和采取防治对策，在一定程度上降低冲击危险。由于开采区域范围通常很大，不同的地段具有的冲击危险程度也不一样，冲击矿压发生的地点很难确定，因此还必须在综合指数法的基础上，对大范围的开采区域进行详细的分区预测。根据不同分区所受到的一个或多个冲击危险因素的叠加影响，确定不同分区的冲击危险等级，可以提高冲击危险预测的针对性和准确率，使冲击矿压灾害的监测和治理做到有的放矢。

多因素叠加法是指综合分析综合指数法中对应的自然地质和开采技术影响因素及权重，考虑多因素相互叠加影响，评价不同地段冲击危险多因素叠加指数和冲击危险程度(弱、中等、强)，并对采掘工作面进行区域划分。

影响不同地段冲击危险的因素、因素说明、区域划分和危险状态如表 7-9 所列。

表 7-9　多因素叠加法分区分级预测表

序号	影响因素	因素说明	区域划分	危险状态
1	W_1	落差大于 3 m、小于 10 m 的断层区域	前后 20 m 范围	强
			前后 20～50 m 范围	中等
2	W_2	煤层倾角剧烈变化(大于 15°)的褶曲区域	前后 10 m 范围	中等
3	W_3	煤层侵蚀、合层或厚度变化区域	前后 10 m 范围	强
			前后 10～20 m 范围	中等
4	W_4	顶、底板岩性变化区域	前后 50 m 范围	强
			前后 50～100 m 范围	弱
5	W_5	上保护层开采遗留的煤柱下方区域	煤柱下方及距离煤柱水平距离 30 m 范围	强
			距离煤柱水平距离 30～60 m 范围	中等

表 7-9(续)

序号	影响因素	因素说明	区域划分	危险状态
6	W_6	落差大于 10 m 的断层或断层群区域	距离断层 30 m 范围	强
			距离断层 30～50 m 范围	中等
7	W_7	向采空区推进的工作面	接近采空区 50 m 范围内	强
			接近采空区 50～100 m 范围内	中等
			接近采空区 100～200 m 范围内	弱
8	W_8	“刀把”形等不规则工作面或多个工作面的开切眼及停采线不对齐等区域	拐角煤柱前后 20 m 范围	强
9	W_9	巷道交叉区域	“四角”交叉区域前后 20 m 范围	强
			“三角”交叉区域前后 20 m 范围	中等
10	W_{10}	沿空巷道煤柱	区段煤柱宽度大于 6 m、小于 10 m 时	弱
			区段煤柱宽度大于 10 m、小于 30 m 时	强
			区段煤柱宽度大于 30 m、小于 50 m 时	中等
11	W_{11}	工作面超前支承压力区	工作面煤壁超前 50 m 范围	强
			工作面煤壁超前 50～100 m 范围	中等
			工作面煤壁超前 100～150 m 范围	弱
12	W_{12}	基本顶初次来压	前后 20 m 范围	中等
13	W_{13}	工作面采空区“见方”区域	单工作面初次“见方”前后 50 m 范围	强
			多工作面初次“见方”前后 50 m 范围	强
			单工作面或多工作面周期“见方”前后 20 m 范围	中等
14	W_{14}	留底煤区域	底煤厚度大于 0、小于 1 m 时	弱
			底煤厚度大于 1 m、小于 2 m 时	中等
			底煤厚度大于 2 m 时	强
15	W_{15}	采掘扰动区域	采掘扰动影响的应力集中系数大于 1、小于 1.5	弱
			采掘扰动影响的应力集中系数大于 1.5、小于 1.75	中等
			采掘扰动影响的应力集中系数大于 1.75	强

当各地段的最终危险等级确定后，需要使用不同图例和颜色标定于采掘工程平面图上。对应不同地段的最终危险等级，可以采取的防治措施如下：对于强或中等冲击危险状态的地段，在工作面回采前采用预卸压等方式提前防治并加强防冲管理；对于弱冲击危险状态的地段，在工作面回采过程中根据监测结果采取有针对性的防治措施。具体卸压防治措施参见本章第七节。

举例：以通过综合指数法确定有 C 级冲击矿压危险的某工作面为例，采用多因素叠加法对其进行分区分级预测。

该工作面赋存条件为：采空区侧沿空运输平巷煤柱宽度为 6 m，且分布有一条落差大于 3 m、小于 10 m 的断层，轨道平巷具有煤层分叉段和顶、底板岩性变化段，其中顶、底板岩性变化段留有厚度为 1～2 m 的底煤，在整个工作面回采过程中将会经历顶板初次来压、单工作面初次“见方”来压、双工作面初次“见方”来压阶段。

(1) 对于运输平巷,沿空煤柱宽度为 6 m,因此将该巷道全部定为弱冲击危险区;对于该巷道内的落差大于 3 m、小于 10 m 断层前后 20 m 范围定为强冲击危险区,20～50 m 范围定为中等冲击危险区;并且该巷道将会经历工作面回采过程中顶板初次来压(中等冲击)、单工作面初次“见方”来压(强冲击)及双工作面初次“见方”来压(强冲击)的影响。通过对多个因素的叠加影响分析,可以看出,断层前后 20 m 范围的强冲击危险区与 6 m 宽煤柱的弱冲击危险区叠加,叠加结果为强冲击危险区;断层的 20～50 m 范围的中等冲击危险区与 6 m 宽煤柱的弱冲击危险区叠加,结果为中等冲击危险区。最终对运输平巷的分区分级预测结果为:3 个强冲击危险区,2 个中等冲击危险区,其余为弱冲击危险区。

(2) 对于轨道平巷,煤层分叉段前后 10 m 为强冲击危险区,前后 10～20 m 为中等冲击危险区;顶板岩性变化段前后 50 m 为强冲击危险区,前后 50～100 m 为弱冲击危险区;留底煤区域为中等冲击危险区;该巷道也将会经历工作面回采过程中顶板初次来压(中等冲击)、单工作面初次“见方”来压(强冲击)及双工作面初次“见方”来压(强冲击)的影响。通过对多个因素的叠加影响分析,可以看出,顶板岩性变化段前后 50 m 的强冲击危险区与留底煤区域的中等冲击危险区叠加,叠加结果为强冲击危险区;顶板岩性变化段前后 50～100 m 的弱冲击危险区与煤层分叉段的中等冲击危险区、双工作面初次“见方”来压的强冲击危险区相互叠加,叠加段结果分别为中等冲击和强冲击危险区。最终对轨道平巷的分区分级预测结果为:4 个强冲击危险区,3 个中等冲击危险区,2 个弱冲击危险区,其余为无冲击危险区。

通过对上述影响因素分析后,最终确定该工作面分区分级预测的结果如图 7-26 所示。根据分区分级预测结果,对于强冲击和中等冲击危险区,应在工作面回采前采用预卸压方式提前防治并加强防冲管理;对于弱冲击危险区,在回采过程中根据监测结果采取有针对性的防治措施。对于工作面超前支承压力区,由于其一直处于动态变化中,应随工作面回采分析其与其他因素的叠加影响,及时采取预卸压和防治措施。

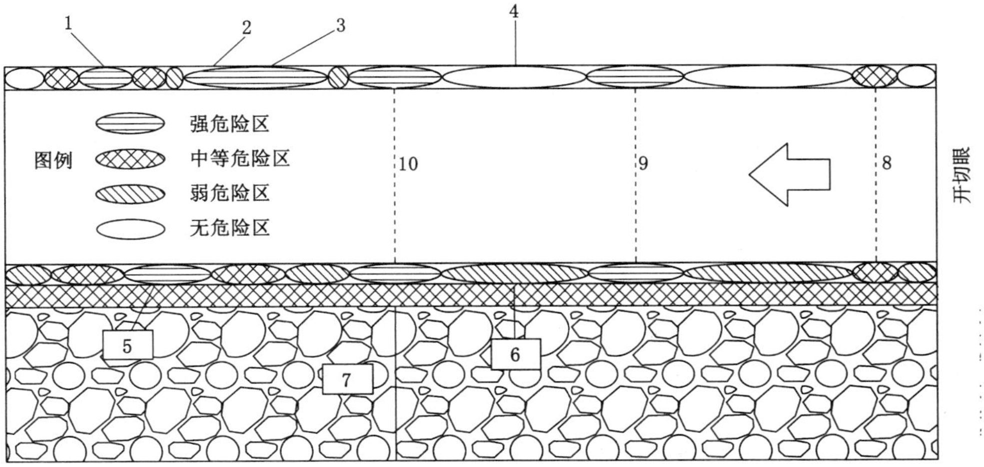

1—煤层分叉影响区;2—顶板岩性变化影响区;3—留底煤影响区;4—轨道巷;5—断层影响区;6—运输巷;7—采空区;8—基本顶初次来压;9—单工作面初次“见方”;10—双工作面初次“见方”。

图 7-26 采用多因素叠加法确定的某工作面冲击危险区域

三、冲击危险监测预警

1. 钻屑法

煤体支承压力带的特征是预测冲击矿压的重要依据，包括支承压力峰值大小及其距煤壁的远近等参数，它们一般可采用钻屑法探测。

钻屑法是通过在煤层中打直径 42～50 mm 的钻孔，根据排出的煤粉量及其变化规律和有关动力效应，鉴别冲击危险的一种方法。其理论基础是钻出煤粉量与煤体应力状态具有定量的关系，即在其他条件相同的煤体，当应力状态不同时，其钻孔的煤粉量也不同，钻屑量的变化曲线和支承压力分布曲线十分相似。当单位长度的排粉率增大或超过标定值时，表示应力集中程度增加和冲击危险性提高。

大量的井下试验证实了钻孔效应的存在。当钻孔进入煤壁一定距离处，钻孔周围煤体过渡到极限应力状态，并伴随出现钻孔动力效应。应力越大，过渡到极限应力状态的煤体越多，钻孔周围的破碎带不断扩大，排粉量不断增多。图 7-27 所示为抚顺龙凤矿和北京门头沟矿回采工作面的典型钻孔实测钻屑量。冲击矿压发生前的钻孔实测最大钻屑量分别为 4～8 kg/m 和 5～20 kg/m 以上，峰值位置(支承压力峰值点)距离煤壁分别为 3～6 m 和 4～9 m。而在冲击矿压发生后或无冲击矿压危险条件下施工的钻孔，其钻屑量明显降低，峰值点向煤体深处转移，钻进过程中无动力效应。

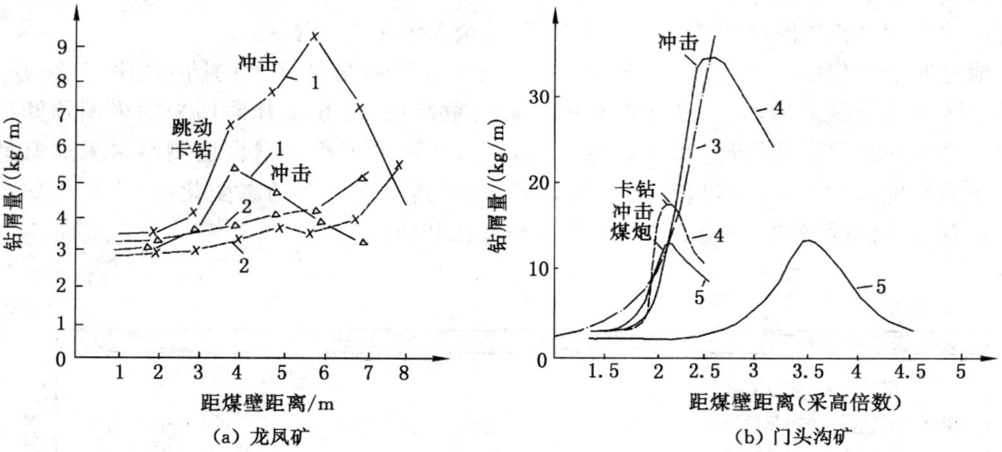

1—冲击前施工孔；2—冲击后施工孔；3—极限煤粉量；4—推测煤粉量；5—实测煤粉量。

图 7-27 实测典型钻屑量变化曲线

根据钻屑量预测冲击危险时，首先要确定钻屑量预警临界值。在未受采动影响的区域测量多个钻孔的正常煤粉量，将平均煤粉量乘以钻屑量指数即为钻屑量预警临界值，单位为 kg/m(质量单位)或 L/m(体积单位)。

不同赋存条件煤层的钻屑量指数如表 7-10 所列。

表 7-10 钻屑量指数

钻孔深度/煤层厚度	1.5 m	1.5～3 m	3 m
钻屑量指数	1.5	2～3	≥4

除煤粉量指标外，还应考虑动力效应。动力效应是反应冲击危险的一个直观指标，如钻杆卡死、跳动、出现震动或声响等现象。通过记录钻孔时所发生的动力效应，可更加准确地判断危险状态。

2. 微震法

微震法就是通过记录采矿震动的能量，确定和分析震动的方向，对震中定位来评价和预测矿山动力现象。

微震监测系统的主要功能是对全矿范围进行监测，是一种区域性监测系统。该系统实时记录微震活动，对震源进行二维或三维定位，计算所释放的能量和震级，分析冲击危险等级和区域，为及时采取措施提供依据。目前，国内已建成了矿震远程监测预警平台，实现了矿震和冲击矿压危险的远程监测及预警。

(1) 矿震参量的选择

① 矿震频次：一定条件下，一段时期(总分析天数)内，相同时间间距(一天或多天)内矿震发生次数的累加值。

② 矿震能量：一定条件下，一段时期(总分析天数)内，相同时间间距(一天或多天)内的矿震能量总和。

③ 震源集中程度指标值：描述震源集中程度变化的指标，认为震源分布越集中或存在线性关系时，发生强矿震的可能性就越大。如图 7-28 所示，某区域前期震源较为分散，后期震源逐渐向某一局部区域集中，之后该局部区域发生冲击破坏。

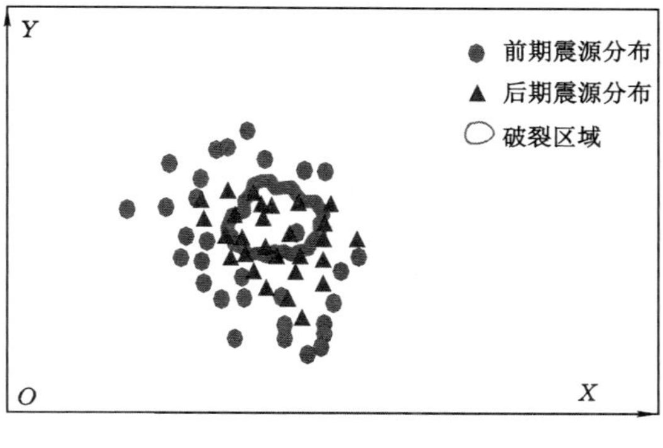

图 7-28　震源集中程度描述图

(2) 冲击危险界定及评价条件

① 掘进巷道：一般出现能量超过 1×10^4 J 的矿震，即为危险性矿震，说明该区域巷道在掘进过程中开始具有冲击危险。

② 采煤工作面：一般出现能量超过 1×10^5 J 的矿震，即为危险性矿震，说明工作面该区域在回采过程中开始具有冲击危险；

为了达到预测冲击危险的目的，应将微震能量、微震频次和震源分布相关指标与地质和开采技术因素联系起来综合分析。

(3) 微震趋势判别冲击危险

根据微震趋势判别冲击危险一般具有以下规律：

① 微震活动一直比较平静，持续保持在较低的能量水平，表明冲击危险性较低或无冲

击危险。

② 矿震次数和矿震能量迅速增加，预示冲击危险性升高。

③ 震动处于活跃期，持续出现大幅度上升—下降—上升的波动状态，且总体维持在较高水平时，表明具有冲击危险性，见图 7-29。

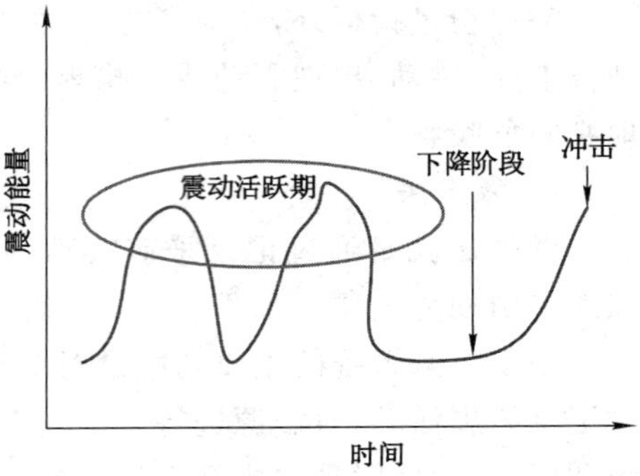

图 7-29 冲击危险前的矿震活动规律

门头沟矿对 1986—1990 年记录的 6 321 次微震进行分析，归纳出以下冲击矿压前兆的微震活动规律：① 微震活动的频度急剧增加；② 微震总能量急剧增加；③ 爆破后，微震活动恢复到爆破前微震活动水平所需时间增加。该矿大量的监测实践表明，根据微震活动的变化、震源方位和活动趋势可以评价冲击矿压危险程度。

首先，无冲击危险的微震活动趋势是：微震活动一直较平静，持续保持在较低的能量水平（小于 1×10^4 J），处于能量稳定释放状态。图 7-30 所示为门头沟矿 3231 工作面某日的微震能量分布图，可见一段时间内能量维持在 1×10^4 J 以下，分布比较均匀，未发生过大的震动和冲击。

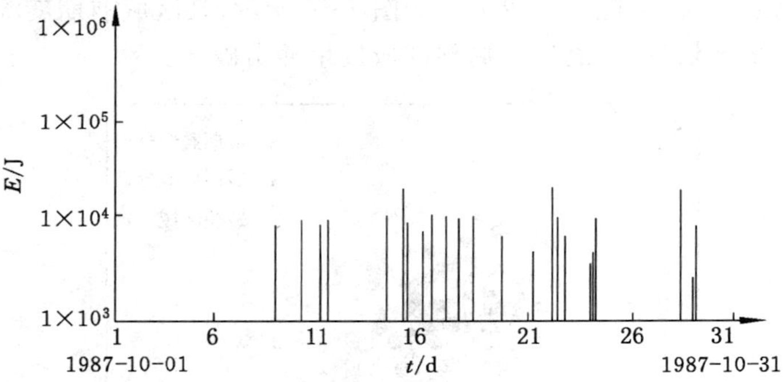

图 7-30 持续稳定的微震活动

其次，有冲击危险的微震活动趋势是：① 微震活动的频度和能级出现急剧增加，持续 2～3 d 后，会出现大的震动（见图 7-31）；② 微震活动保持一定水平（小于 1×10^4 J），突然出现平衡期，持续 2～3 d 后，会出现大的震动和冲击（见图 7-32）；③ 微震活动与采掘活动有密切关系。每当出现较大微震活动时，都应按时间序列分析与采掘的关系，逐次远离采掘线时危险较小，逐次向采掘线靠近时应加强防范，并配合声发射法和钻屑法监测，防止事故发生。

3. 弹性震动波 CT 探测法

(1) 弹性震动波 CT 技术原理

弹性震动波 CT 成像技术，就是地震层析成像技术，是一种采矿地球物理方法。其工作原理是：利用地震波射线对工作面的煤岩体进行成像，通过观测地震波走时和能量衰减参数，对工作面的煤岩体进行成像。地震波传播通过工作面煤岩体时，煤岩体上所受的应力越高，震动传播的速度就越快。通过震动波速的反演，可以确定工作面范围内的震动波速度场的分布规律，根据速度场的大小，可确定工作面范围内应力场的大小，从而划分出高应

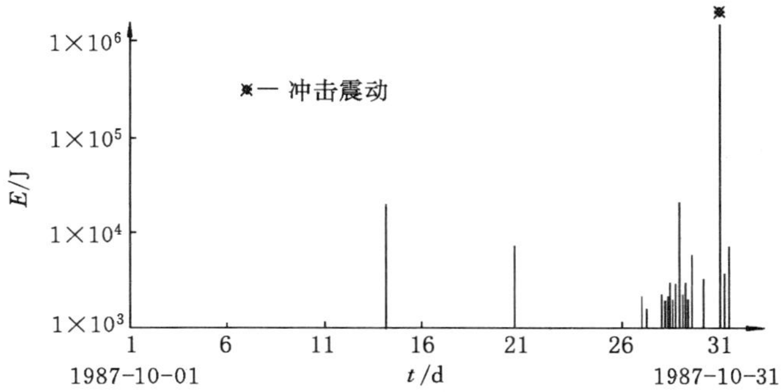

图 7-31　指数上升型的微震活动

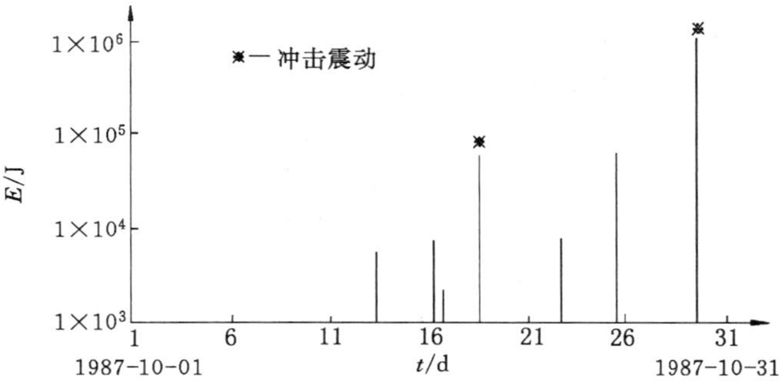

图 7-32　频繁-平静型的微震活动

力区和高冲击危险区域，为冲击灾害的监测和防治提供依据。

弹性震动波 CT 成像技术是在采煤工作面的一条巷道内设置一系列震源，在另一条巷道内设置一系列检波器。当震源震动后，巷道内的一系列检波器接收到震源发出的震动波。根据不同震源产生震动波信号的初始到达检波器时间数据，重构和反演煤层震动波速度场的分布规律。弹性震动波 CT 成像技术主要采用震动波的速度分布 $v(x,y)$ 或慢度分布 $S(x,y)=1/v(x,y)$ 来进行。假设第 i 个震动波的传播路径为 L_i，其传播时间为 T_i，则

$$T_i = \int_{L_i} \frac{\mathrm{d}s}{v(x,y)} = \int_{L_i} S(x,y)\mathrm{d}s \tag{7-61}$$

式(7-61)是一曲线积分，ds 是弧长微元；$v(x,y)$ 和 L_i 都是未知的，T_i 是已知的。这实际上是一个非线性问题。在速度场变化不大的情况下，可以近似地把路径看作直线，即 L_i 为直线，实际上地下介质地质情况是复杂的，射线路径也往往是曲线。现在把反演区域离散化，如图 7-33 所示。假如离散化后的单元个数为 N，每个单元的慢度为一对应常数，记为 $S_1, S_2, \cdots, S_N$。这样，第 i 个射线的传播时间表示为：

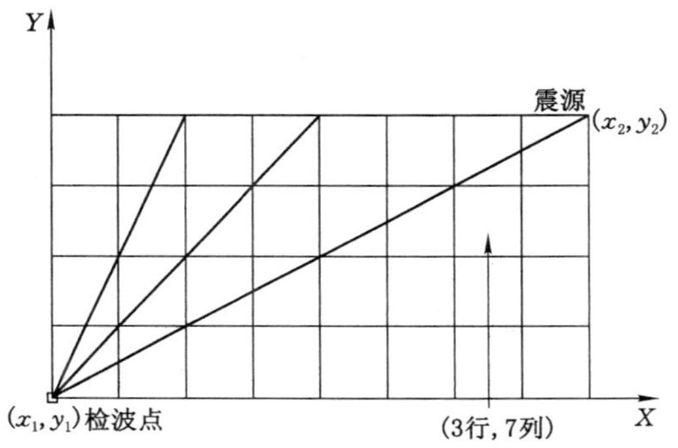

图 7-33　反演区域离散化示意图

$$T_i = \sum_{j=1}^{N} a_{ij} s_j \tag{7-62}$$

式中，a_{ij}是第 i 条射线穿过第 j 个网格的长度。当有大量射线（如 M 条射线）穿过反演区域时，根据式(7-62)就可以得到关于未知量 $S_j(j=1,2,\cdots,N)$的 M 个方程($i=1,2,\cdots,M$)，M 个方程组合成一线性方程组为：

$$\begin{cases} T_1 = a_{11}S_1 + a_{12}S_2 + a_{13}S_3 + \cdots + a_{1j}S_j \\ T_2 = a_{21}S_1 + a_{22}S_2 + a_{23}S_3 + \cdots + a_{2j}S_j \\ \quad \cdots\cdots \\ T_i = a_{i1}S_1 + a_{i2}S_2 + a_{i3}S_3 + \cdots + a_{ij}S_j \end{cases} \tag{7-63}$$

写成矩阵形式如下：

$$\boldsymbol{T} = \boldsymbol{AS} \tag{7-64}$$

其中，$\boldsymbol{A}=(a_{ij})_{M\times N}$为距离矩阵；$\boldsymbol{T}=(T_i)_{M\times 1}$为旅行时向量，即接收器得到的初至旅行时；$\boldsymbol{S}=(S_j)_{N\times 1}$为慢度列向量。通过求解式(7-64)就可以得到离散慢度分布，从而实现井间区域的速度场反演成像。值得注意的是，在地震层析成像过程中，矩阵 $\boldsymbol{A}$ 往往为大型无规则的稀疏矩阵（$\boldsymbol{A}$ 中每行都有 N 个元素，而射线只通过所有 N 个像元中一小部分），而且常是病态的，实际应用中要反复求解式(7-64)得到重建区域的速度场。

（2）弹性震动波 CT 探测法应用实例

某矿 16302C 工作面为 $3_下$ 煤层一孤岛工作面，位于十六采区中部，工作面长度 135.5 m，推进长度 742.4 m，平均采深达 670 m。该工作面设计停采线南距北区回风巷巷中 80 m，切眼中心线南距北区回风巷巷中 826 m。东部为 $163_下02$ 采空区，西部为 $163_下03$ 采空区。16302C 工作面切眼位置位于 16303 工作面采空区中部位置，设计长度为 140 m。工作面停采线与相邻两工作面停采线位置一致，见图 7-34 所示。

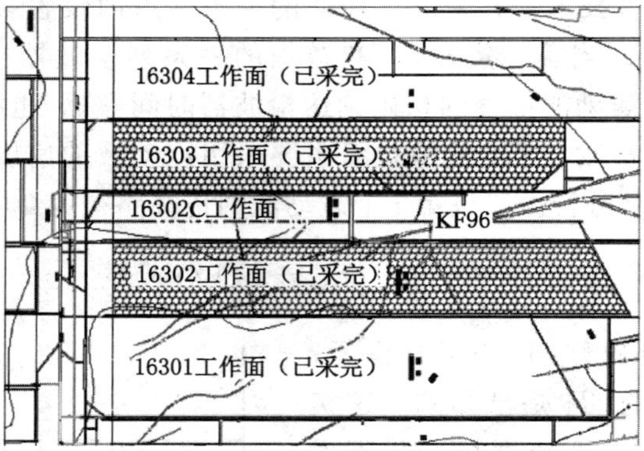

图 7-34　16302C 工作面示意图

根据弹性波波速反演结果及生产实际条件，确定三个冲击危险区域：停采线附近(C)、连通巷处(B)和开切眼附近(A)，如图 7-35 所示。

将 16302C 工作面回采后所监测到的微震数据与弹性震动波 CT 成像预警结果相对比，从而相互验证其探测或监测的准确性。图 7-36 显示的是 16302C 工作面内监测到的能量大于 1×10^3 J 的微震点分布图，对于震源点，震动主要位于工作面右半侧，即 A 和 B 区域内，

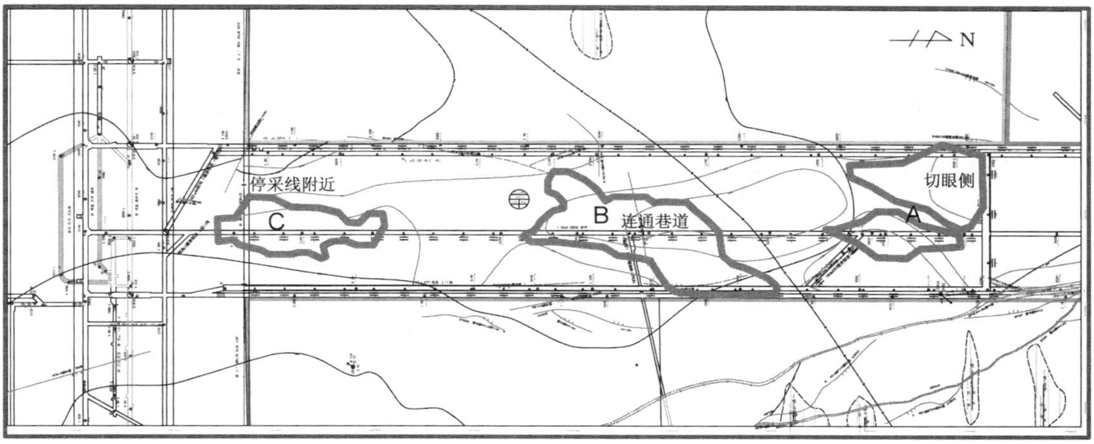

图 7-35　16302C 工作面冲击危险区域确定

这与区域内波速较高、波速异常比较明显具有很强的相关性，说明应力变化较大。能级越高的矿震点越易引发冲击矿压，同时高能级微震点的应力一般比较集中。从图 7-36 可以看出，能量 $E>1\times10^4$ J 的震动主要发生在工作面的 A 和 B 区域内，弹性震动波 CT 成像预警结果与微震监测结果一致性达 80%以上。

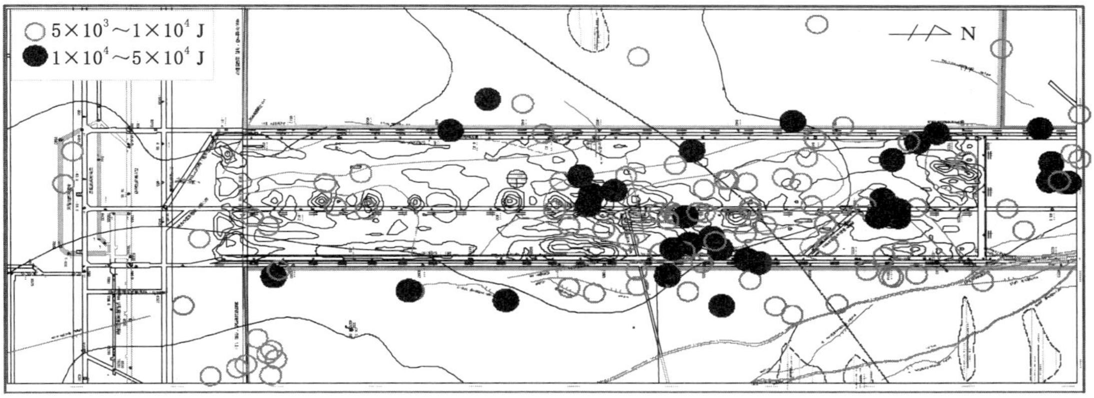

图 7-36　16302C 工作面微震点分布图

4. 震动波 CT 成像预警技术

(1) 震动波 CT 技术原理

震动波 CT 成像就是通过对监测到的矿震数据反演，获得研究区域内震动波波速的大小，从而反映出应力的分布情况。[51-52]

工作面开采后，在其前后方形成应力集中区和应力降低区，如图 7-37 所示。根据震动波波速与应力之间的关系，裂隙带区域对应一个低波速区，而应力集中区域则对应高波速区，在这两个区域之间是从高波速向低波速过渡的一个区域，即波速梯度变化较大的区域。强矿震不仅发生在高波速区域，也发生在波速梯度变化明显的区域，所以梯度变化较大的区域也是冲击危险的区域。

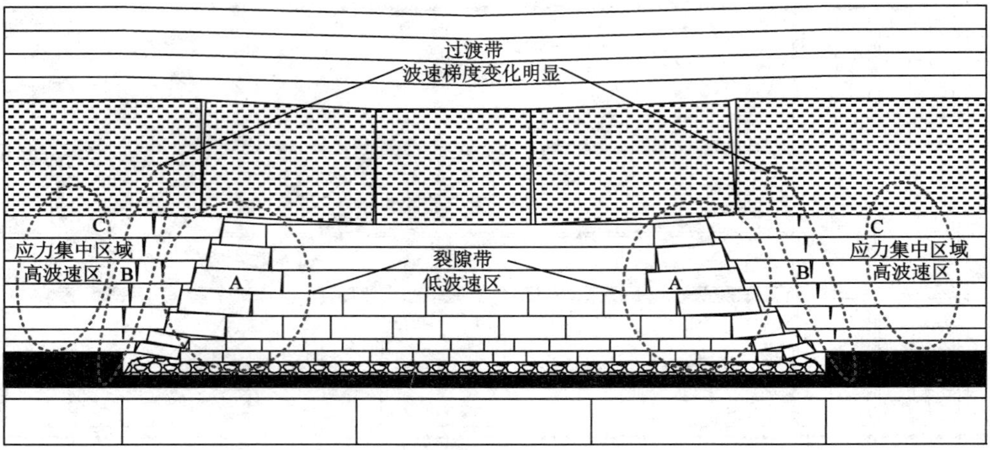

图 7-37 工作面开采后的上覆岩层结构及波速分布示意图

应力高且集中程度大的区域，相对其他区域将出现纵波波速的正异常，其异常值 A_n 由下式计算：

$$A_n = \frac{V_p - V_p^a}{V_p^a} \tag{7-65}$$

式中 V_p——反演区域一点的纵波波速值；

V_p^a——模型波速的平均值。

对于波速梯度变化，可采用波速梯度 VG 值，它描述了相邻节点间波速的变化程度。对波速梯度 VG 值的异常变化，可采用类似的异常值 A_n 计算公式进行描述，即

$$A_n = \frac{VG - VG^a}{VG^a} \tag{7-66}$$

式中，VG^a 为波速梯度 VG 值的平均值。由波速梯度 VG 异常计算得到的波速梯度变化异常值 A_n 对应的冲击危险性判别指标见表 7-11。

表 7-11 VG 异常变化与冲击危险之间的关系

冲击危险等级	异常对应的危险状态	VG 异常值 A_n/%
A	无	$A_n \leqslant 5$
B	弱	$5 < A_n \leqslant 15$
C	中等	$15 < A_n \leqslant 25$
D	强	$A_n > 25$

(2) 震动波 CT 成像预警技术应用实例

义马某矿 25110 工作面采深 1 000 m 左右(地面标高＋551～＋596 m，工作面煤层标高－390.0～－451.6 m)，为 25 采区东翼第一个综放工作面，平均采高 11 m，主采 2-1 煤层。2-1 煤层平均厚度 11.5 m，平均倾角 13°，煤层上方依次为 18 m 泥岩直接顶、1.5 m 厚 1-2 煤、4 m 泥岩和 190 m 巨厚砂岩基本顶，下方依次为 4 m 泥岩直接底和 26 m 砂岩基本底。井下四邻关系(见图 7-38)：东为 23 采区下山保护煤柱，南为 25 采区下部未采煤层，西为 25

采区下山保护煤柱，北为 25090 工作面(一分层已采)，且 25110 工作面上巷布置于 25090 工作面采空区下方煤层中。

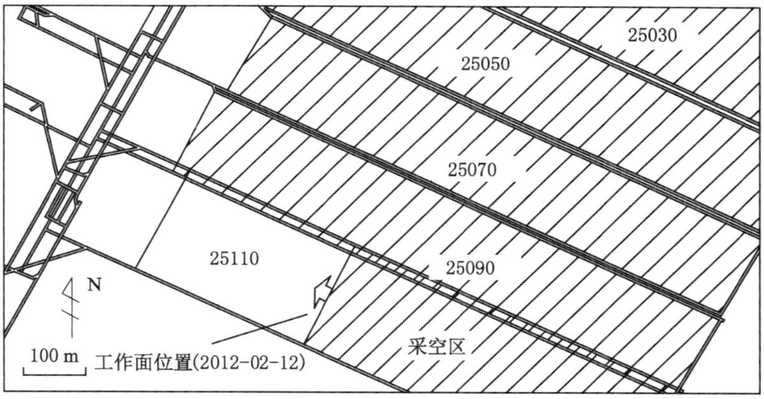

图 7-38　某矿 25110 工作面概况

选取 2012 年 5 月 8 日至 6 月 7 日的微震事件作为反演数据，如图 7-39 所示。期间监测到微震事件总数 201 个，其中满足条件的有效微震事件 101 个，形成射线 599 条。大能量震动激发探头个数较多，对于激发探头总数超过 10 的震动事件，进行震源定位时最多采用 10 个探头，当中所有的 P 波首次到时的标记均由人工进行，由此确定震源分布。

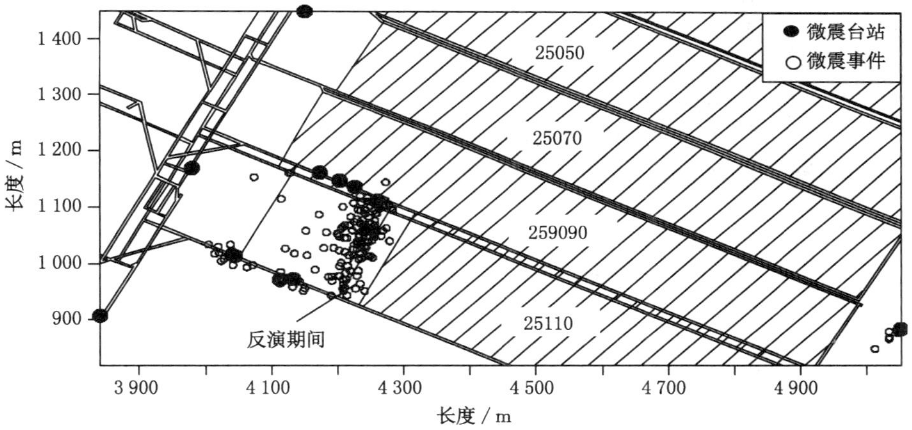

图 7-39　微震台站与微震事件分布图

对形成的射线进行波速统计，得出最小波速为 2.60 km/s，最大波速为 6.92 km/s，平均波速为 4.21 km/s。通过统计每个波速区间内的射线条数得出，P 波波速主要集中在 3.87 km/s 和 4.38 km/s 附近，射线数分别占总数的 52.6%和 17.7%(见图 7-40)。统计分析说明该反演区域 P 波波速变化较大，因此需建立层状模型进行计算，网格划分为 50 m×28 m×4 m，X、Y、Z 方向间距为 30 m×30 m×133 m，模型从上到下波速在 2.60～6.00 km/s 范围等梯度分布。

选取 25110 工作面煤层平均标高－400 m 水平切片的波速异常系数 A_n 等值线云图作为 25110 工作面的探测评价结果，如图 7-41 所示。根据波速正负异常变化与应力集中程度

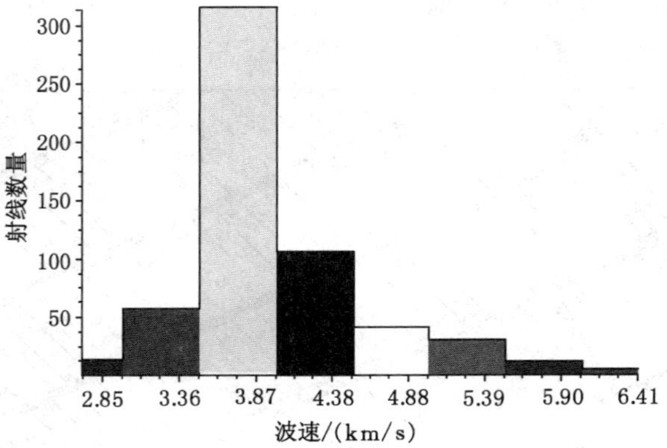

图 7-40 射线波速统计

及弱化程度之间的关系，划分出 2 个高应力集中区域 B_1 和 B_2 以及 3 个强弱化区域 R_1、R_2 和 R_3。另外，根据波速梯度变化与冲击危险之间的关系，划分出 5 个强冲击危险区域 G_1、G_2、G_3、G_4 和 G_5。

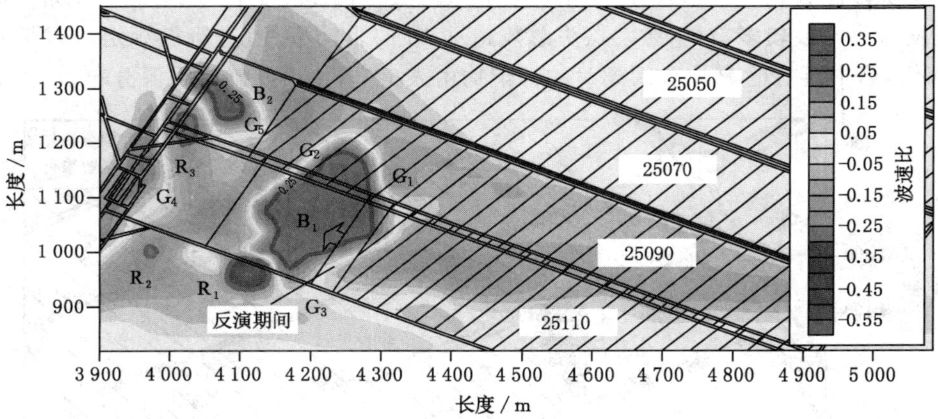

图 7-41 波速异常系数计算结果(−400 m 水平)

① B_1 区域。该区域的形成与工作面超前支承压力有关，为冲击矿压频发区域。该区域走向上分布范围为 100 m 左右，与现场实际的工作面超前支承压力影响范围基本一致。

② B_2 区域。该区域为 25090 工作面停采线遗留煤柱影响区。25090 工作面回采结束后，遗留煤柱侧形成悬顶，进而在煤柱内侧形成侧向支承压力。随着 25110 工作面向停采线靠近，25110 工作面超前支承压力将与该区域侧向支承压力叠加，此时该区域的冲击危险性将更高。

③ R_1、R_2 区域。该区域为现场卸压措施实施区域。

④ R_3 区域。该区域为影响因素未知区域。

为验证探测评价结果，绘制了 2012 年 6 月 8 日至 6 月 30 日之后监测的微震事件震源分布图，如图 7-42 所示。由图可知，大部分微震事件发生在 B_1 区域，在 B_2 区域发生了 1 次

1×10^5 J 的大能量微震事件，而在 R_1、R_2 区域仅发生了少量小能量微震事件，这与探测评价分析结果基本一致。

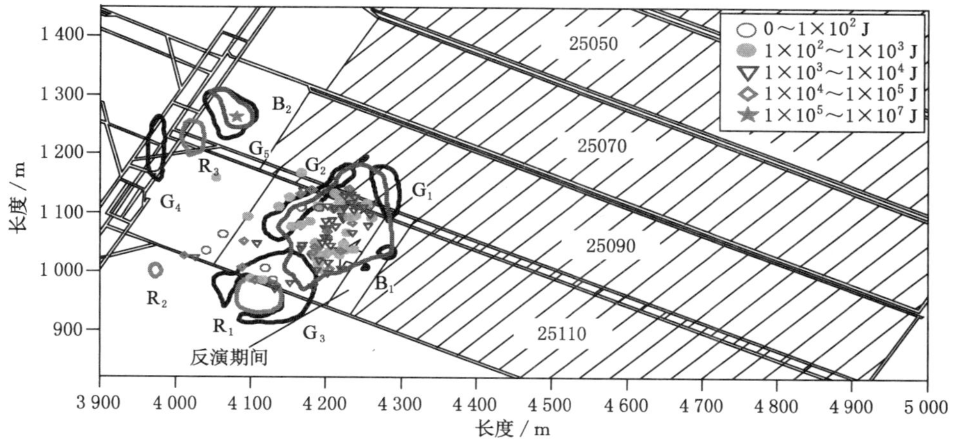

图 7-42 冲击危险区域及未来微震事件分布

5. *声发射法*

采矿产生的声发射（也称地音），主要振动频率从几十到几千赫兹，能量一般不超过 1×10^2 J，振动范围从几米到大约 200 m。

声发射是岩石裂隙微扩张过程中的一种弹性能释放现象。岩石中裂隙的进一步发展将导致岩石的最终断裂，由此引发高能量的震动或冲击矿压。对于冲击危险性的监测，主要是根据记录到的岩体声发射的参数与局部应力场的变化来进行。

声发射法就是以脉冲形式记录弱的、低能量的地音现象，用来监测和评价局部震动的危险状态及随时间的变化情况。它主要记录声发射频度（脉冲数量）、一定时间内脉冲能量的总和、采矿地质条件及采矿活动等。

声发射法主要有两种形式：一种是固定式的连续地音监测系统；另一种是便携式的流动地音监测系统。目前，应用较广的是连续地音监测系统。这种监测方式与微震监测类似，有固定的监测站，其监测方法通常是在监测区内布置地音探头，根据生产地质条件配设事件有效性检测条件和统计周期等工作参数，由监测装置自动采集地音信号，经微机实时处理和加工完成统计报表和图表，由工作人员结合采掘工程进度判断监测区域内的地音活动程度和危害程度。图 7-43 为声发射探头布置示意图。

实践证明，采掘工作面地音活动受采动应力控制，地音变化与煤体应力变化有相似的过程形态，且地音超前于变形和压力变化；地音活动是三阶段时间过程，即相对平静、急剧增加、显著减弱三个阶段。伴随地音活动的时间过程，地音活动逐渐向未采动附加应力高值区及脆性地质带集中，这些部位是潜在发生冲击矿压的震源位置。地音监测的关键是对危险地音信号的识别。当地音活动集中在采区某一部位，且地音事件的强度逐渐增加时，预示着冲击矿压危险。可见，地音监测系统正是利用地音的时间变化来判断应力状态和预测冲击矿压危险。图 7-44 为门头沟矿某刀柱工作面平均地音能量曲线。在地音活动经历了相对平静、急速增加、显著减弱阶段后，发生了 $M_L=2.6$ 级冲击矿压。

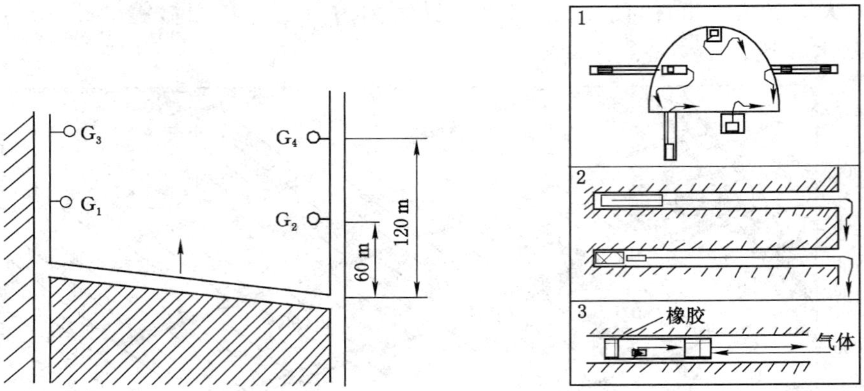

1—巷道中探头布置方式；2—钻孔中探头布置方式；3—钻孔气囊探头布置方式。

图 7-43 声发射探头布置示意图

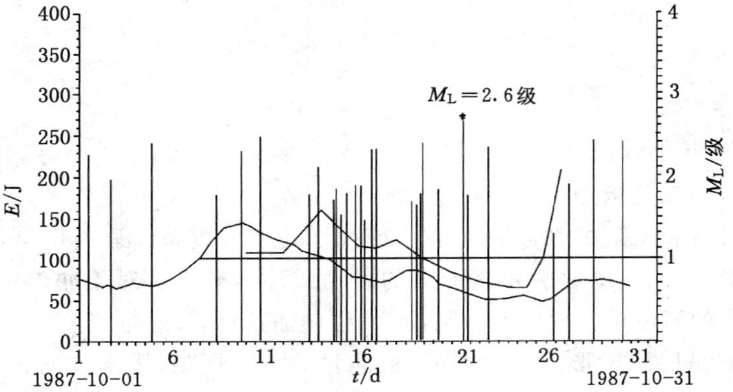

图 7-44 平均地音能量曲线

6. 电磁辐射法

煤岩电磁辐射是煤岩体受载变形破裂过程中向外辐射电磁能量的一种现象，是由应力作用下煤岩体中产生非均匀变速形变引起的。

电磁辐射可用来预测煤岩动力灾害，其主要参数是电磁辐射强度和脉冲数。电磁辐射强度主要反映了煤岩体的受载程度及变形破裂强度，脉冲数主要反映了煤岩体变形及微破裂的频次。

采用电磁辐射的临界值法和偏差法可对冲击矿压进行预测预报。

(1) 临界值法

临界值法是在没有冲击危险，压力比较小的地方观测一段时间内电磁辐射幅值最大值、幅值平均值和脉冲数数据，取其平均值的 k 倍(一般 $k=1.5$)作为临界值(观测结果见图 7-45 所示)。

(2) 偏差法

电磁辐射监测预报的偏差法就是分析电磁辐射的变化规律，分析当班的数据与平均值的差值，根据差值和前一班数据的大小，对冲击危险进行预测预报。实践表明，在冲击、强

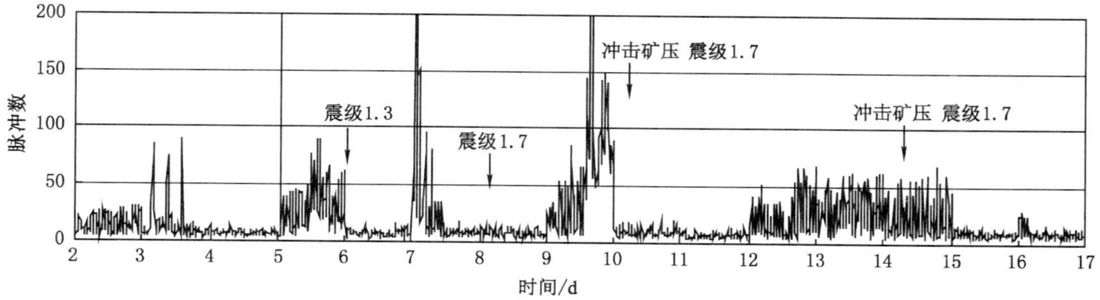

图 7-45　冲击矿压前后电磁辐射值的变化规律

震动发生前，电磁辐射的偏差值均发生较大的变化，如图 7-46 所示。

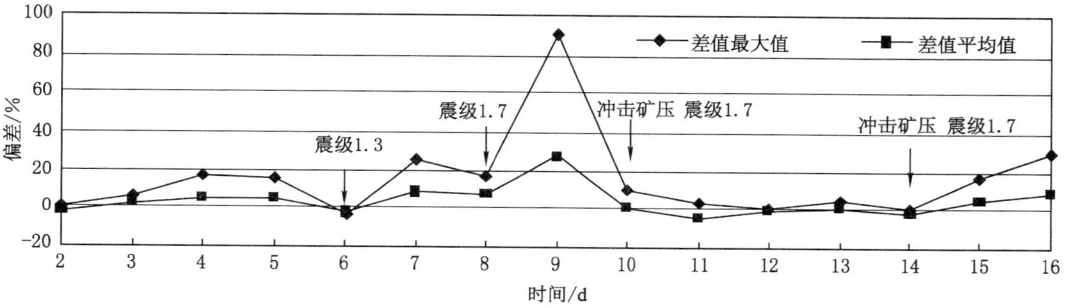

图 7-46　某工作面电磁辐射偏差变化图

采用电磁辐射法确定冲击危险的一般规律有：

① 煤岩体在发生冲击性破坏以前，电磁辐射强度一般在某个值以下，而在冲击破坏时，电磁辐射强度突然增加。

② 煤岩体的损伤速度与电磁辐射脉冲数、声发射事件数成正比，与瞬间释放的能量、变形速度成正比。

③ 冲击矿压发生前的一段时间，电磁辐射连续增长，直至达到或超过临界值；或先增长，然后下降，之后又呈增长趋势。

采用电磁辐射法监测时还应注意：① 电磁辐射信号是由于煤岩体裂隙的扩展而产生的，表征的是煤岩体的动态破坏过程，并不是严格地表征应力水平大小；② 由于煤岩体的记忆效应，在巷道硐室开挖一定时间后，自然产生的电磁辐射值信号丰富度将会下降，在对应同等应力条件下，监测的电磁辐射值将普遍偏低，此时临界值法预测效果不佳，应采用偏差法进行预测。

7. 煤体应力在线监测法

采动应力的时空演化过程对冲击矿压的发生有重要影响作用。煤体应力在线监测法即在监测区域巷帮内打钻孔并埋设压力传感器，实时测量煤体应力变化数据，绘制煤岩体内部应力变化曲线，预测、预报煤岩体内支承压力变化规律，对冲击危险进行监测预警，为制定冲击矿压防治措施提供依据。

8. 综合监测法

由于冲击矿压的随机性和突发性，以及影响因素的多样性，使得冲击矿压的监测工作变得极为困难复杂，单凭一种方法是不可靠的。因此，应该根据具体情况，在分析地质及开采条件的基础上，采用上述多种方法进行综合监测，以提高预测预报的准确性。

第七节　冲击矿压的防治

一、开采设计原则

实践表明，合理的开拓布置和开采方式对于避免应力集中和叠加，防止冲击矿压发生关系很大。大量实例证明，很多冲击矿压是由于开拓和开采设计不合理造成的。不正确的开拓和开采方式一经形成就难以改变，到煤层开采时，只能采取局部防治措施，而且耗费很大，效果有限。因此，合理的开拓布置和开采方式是防治冲击矿压的根本性措施，其主要原则如下。

(1) 开采煤层群时，开拓布置应有利于解放层开采。

首先应开采无冲击危险或冲击危险小的煤层作为解放层，且优先开采上解放层。

(2) 划分采区时，应保证合理的开采顺序，最大限度地避免形成煤柱等应力集中区。

煤柱承受的压力很高，特别是岛形或半岛形煤柱，要承受几个方面的叠加应力，最易产生冲击矿压。上层遗留的煤柱还会向下传递集中压力，导致下部煤层开采时也易发生冲击矿压。例如，统计表明，陶庄矿在回收煤柱时发生的冲击矿压占全矿冲击矿压发生次数的29.8%，唐山矿、城子矿约占一半；龙凤矿实际资料表明，两侧为采空区的工作面在回采过程中，冲击矿压发生次数显著增多。

(3) 采区或盘区的采煤工作面应朝一个方向推进，避免相向开采，以免应力叠加。

相向采煤时上山煤柱逐渐减小，支承压力逐渐增大，很容易引起冲击矿压，而且相向采煤还要被迫在高压力区中掘进，造成冲击矿压频繁发生。为了改变这种状况，提出实行单翼采区跨上山采煤的办法，并把单区段独立回采的开采程序改为多区段联合回采的开采程序，使采、掘工作在不同区段中交替进行，能实现沿采空区掘进，避免了在高应力区掘进和维护的弊端。

(4) 在地质构造等特殊部位，应采取能避免或减缓应力集中和叠加的开采程序。

在向斜和背斜构造区，应从轴部开始回采；在构造盆地应从盆底开始回采；在有断层和采空区的条件下，应采用从断层或采空区开始回采的开采程序。

(5) 有冲击危险煤层的开拓或准备巷道、永久硐室、主要上(下)山、主要溜煤巷和回风巷应布置在底板岩层或无冲击危险的煤层中，以利于维护和减小冲击危险。

回采巷道应尽可能避开支承压力峰值范围，采用宽巷掘进，少用或不用双巷或多巷同时平行掘进。对于水采区的回采枪眼，应躲开高应力集中区，选在采空区附近的压力降低区为好。例如，城子矿于1971年回收－250 m水平西护巷煤柱时按常规布置方法开采，造成严重的冲击矿压伤亡事故，被迫停采封闭。时隔近20年后再进行煤柱回收时，采用底板集中大巷、分区小石门进入煤层，以及避峰送巷、宽巷掘进等开采方式，仅历时11个月就安全回收该煤柱，取得了较好的经济效益和社会效益。

(6) 开采有冲击危险的煤层，应采用不留煤柱垮落法管理顶板，回采线尽量是直线且有规律地推进。

不同的采煤方法，矿山压力的大小及分布也不同。房柱式等柱式采煤法由于掘进的巷道多且在采空区遗留的煤柱多、顶板不能及时和充分地垮落，造成支承压力较高，在工作面前方掘进巷道势必受到叠加压力的影响，增加了危险性。采用长壁式开采方法，则有利于减缓冲击矿压的危害。

(7) 工作面支架采用具有整体性和防护能力的可缩性支架。

我国发生冲击矿压的煤层，其顶板大多既厚又硬，不易垮落。采用注水、爆破等方法，使顶板弱化或垮落，能减缓冲击矿压。根据抚顺、阜新等煤矿冲击矿压危害情况，伤亡事故主要由于冲击震动推倒或折断支架，造成片帮和冒顶伤人。因此，有冲击危险的工作面必须采取特殊的支护形式，增加支护强度，提高支架的整体性和稳定性。

二、冲击危险的防治措施

1. 钻孔卸压

采用煤体钻孔可以释放煤体中积聚的弹性能，消除区域应力升高现象。煤在弹性变形阶段存在扩容现象，在实施钻孔之后，钻孔周围的煤体应力发生变化，如图 7-47 所示。由图可知，从钻孔孔壁到钻孔周围岩体依次分为残余强度区、塑性软化区和弹性变形区。在巷道帮部水平布置一排钻孔时，可形成一条具有一定垂向宽度的横向卸压带，当一条卸压带不足以卸压时，可在垂向上布置多排钻孔，形成多条卸压带，以达到充分卸压的目的。

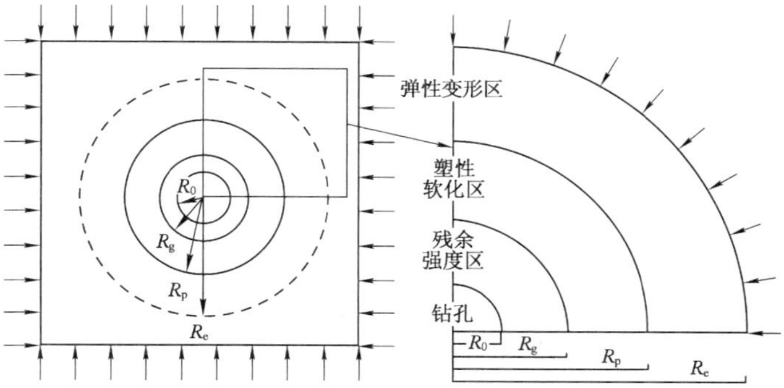

图 7-47　钻孔弹塑性力学模型

图 7-48 为煤层中实施钻孔卸压的效果图。图 7-49 为某矿工作面回采前及回采期间卸压钻孔布置图。

2. 煤体卸压爆破

煤体卸压爆破能最大限度地释放积聚在煤体中的弹性能，在采煤工作面附近及巷道两帮形成卸压破坏区，使压力升高区向煤体深部转移。确定孔距的原则为：煤体深孔爆破后所形成的破坏区（压碎区和破裂区）应相互贯通，以便使两者连接形成完全的卸压带。

根据爆破理论，最佳的爆破间距应使相邻两爆破孔的破碎区贯通，根据压碎区和破裂区的宽度就可确定孔距，如图 7-50 所示。

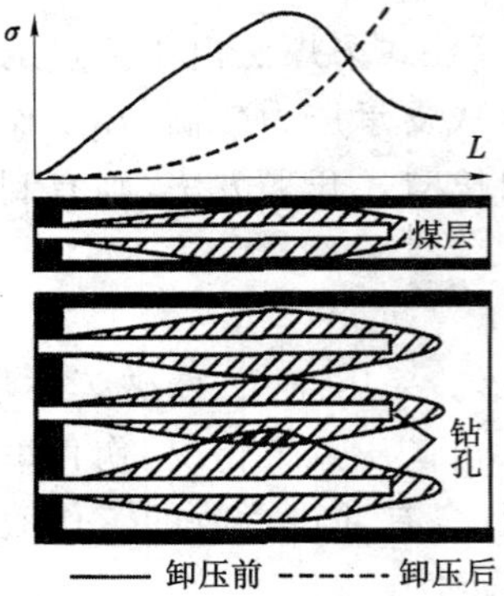

图 7-48 钻孔卸压效果图

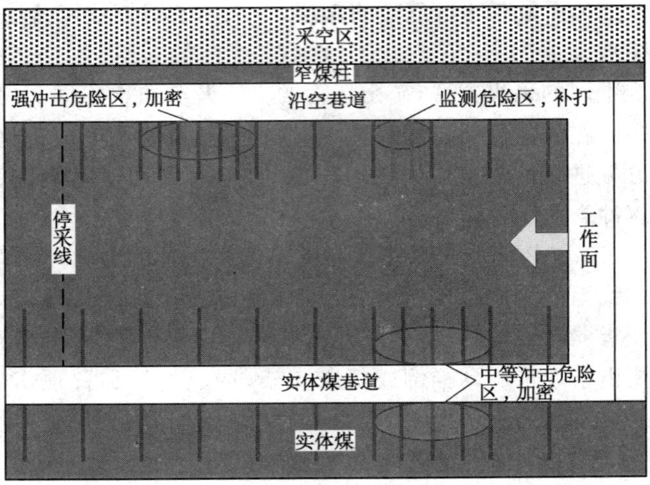

图 7-49 工作面回采前及回采期间钻孔布置图

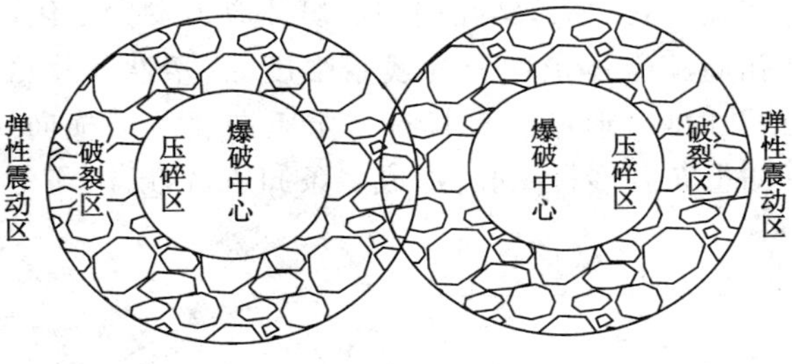

图 7-50 深孔爆破孔距确定图

3. 顶板爆破致裂

煤层顶板是影响冲击矿压发生的最重要因素之一，采场上覆顶板运动产生的应力是诱发冲击的主要力源。[53-55]顶板爆破致裂是在工作面或两巷中向顶板钻眼、装药，爆破后在顶板形成裂隙，当顶板弯曲下沉时，在裂隙处形成拉应力而使顶板断裂，降低其破断步距，释放聚集的能量，减少回采过程中由顶板自然断裂引起的强烈动载影响，从而降低冲击危险。

顶板爆破分为回采工作面(两巷)顶板爆破和掘进工作面顶板爆破。图 7-51 为回采工作面(两巷)顶板爆破致裂卸压示意图。图 7-52 为掘进工作面顶板爆破致裂卸压示意图。

4. 定向裂缝

(1) 定向水力裂缝法

定向水力裂缝法就是人为地在岩层中预先制造一个裂缝，在较短的时间内采用高压水将岩体沿预先制造的裂缝破裂。在高压水的作用下，岩体的破裂半径范围可达 15～25 m，有的甚至更大。

采用定向水力裂缝法可简单、有效、低成本地改变岩体的物理力学性质，所以这种方法可用于降低冲击矿压危险性，改变顶板岩体的物理力学性质，将坚硬厚层顶板分成几个分层或破坏其完整性。

定向水力裂缝法有两种：周向预裂缝法和轴向预裂缝法。研究表明，要使形成的周向

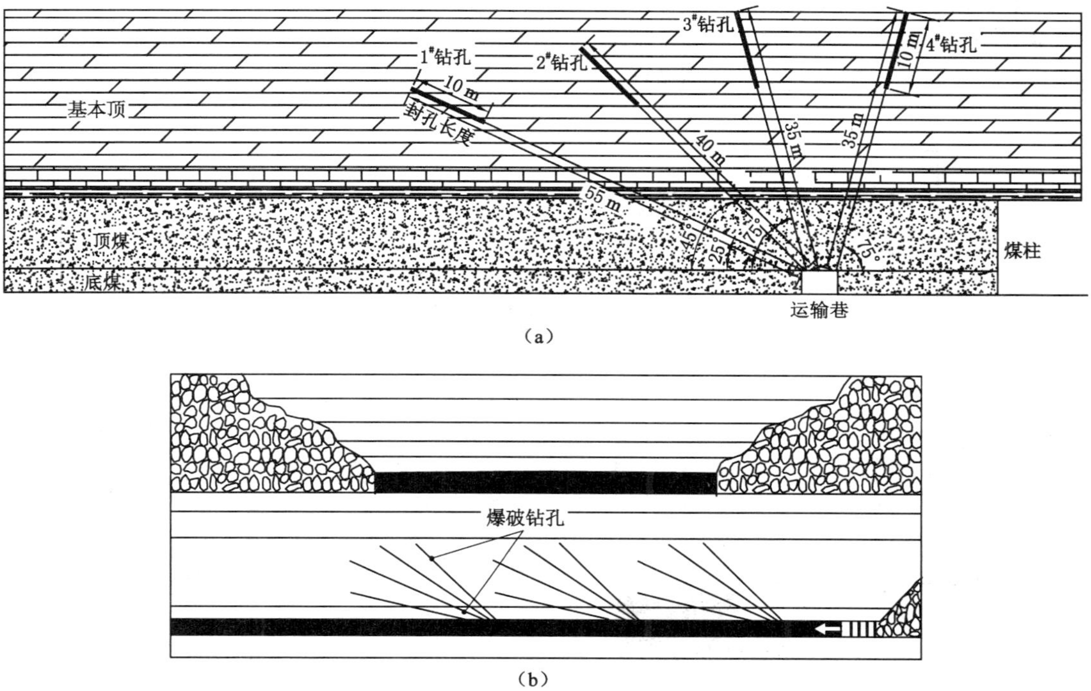

图 7-51　回采工作面(两巷)顶板爆破致裂卸压示意图

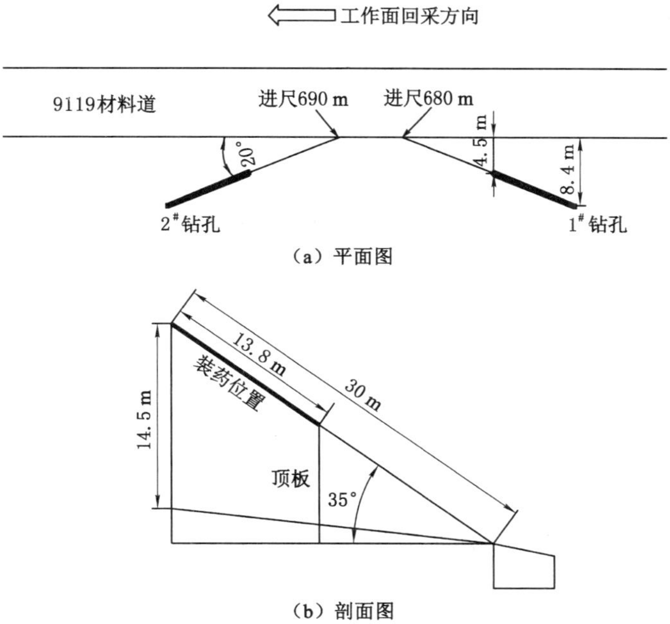

图 7-52　掘进工作面顶板爆破致裂卸压示意图

预裂缝达到较好的效果,周向预裂缝的直径至少应为钻孔直径的 2 倍以上,且裂缝端部要尖,周向预裂缝原理如图 7-53 所示。而轴向预裂缝法是沿钻孔轴向制造预裂缝,从而沿裂缝将岩体破断。水力致裂时高压泵的压力应在 30 MPa 以上,流量应在 60 L/min 以上。

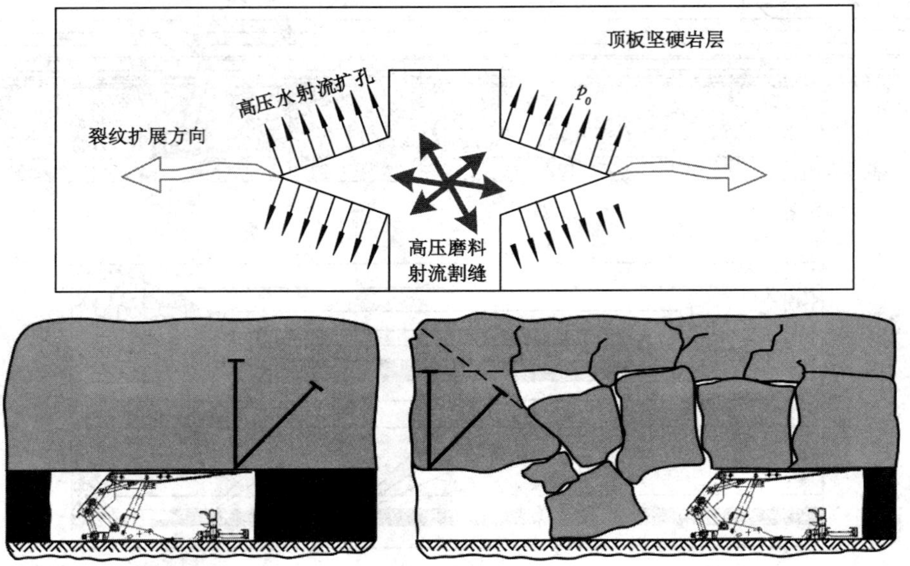

图 7-53 周向预裂缝原理示意图

图 7-54 为水力致裂过程的水压力变化情况,待致裂水压力下降至平衡状态后,岩层致裂完成。图 7-55 为水力致裂前后测得的煤体钻屑量变化情况,可见,采取致裂措施后,顶板完整性被破坏,顶板施加给煤体的压力降低,煤体钻屑量由之前的超临界值变为正常值。

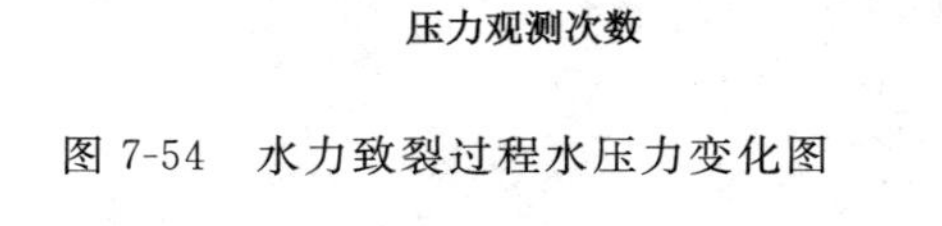

图 7-54 水力致裂过程水压力变化图

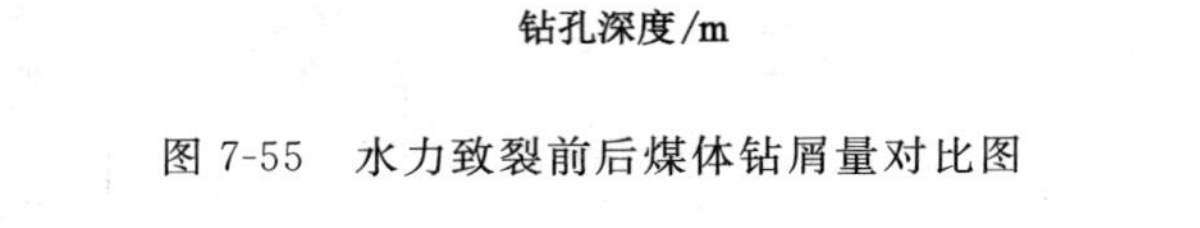

图 7-55 水力致裂前后煤体钻屑量对比图

(2) 定向爆破裂缝法

定向爆破裂缝法的原理与定向水力裂缝法相同,其预裂缝也有周向和轴向之分,不同之处只是将高压水换成了炸药。定向爆破制造的周向预裂缝可以在钻孔的底部,也可以在钻孔中形成几个预裂缝,如图 7-56 所示。

定向爆破裂缝法的钻孔长度、布置方式、制造预裂缝的数量和形式等均取决于井巷支护形式、要破坏岩体的力学性质以及破裂的目的,这需要根据具体的生产实际进行具体的设计和实施。

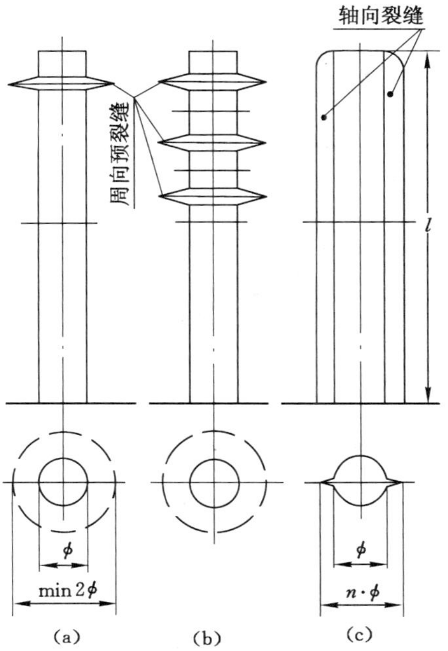

图 7-56　爆破钻孔结构示意图

5. 煤层注水

(1) 煤层注水原理

研究表明，岩石的单向抗压强度随着其含水量的增加而降低。岩石的单轴抗压强度与含水量的关系可表示如下：

$$R/R_c = aW_0^b + c \tag{7-67}$$

式中　R——岩石单轴抗压强度；

R_c——岩石极限单轴抗压强度；

W_0——强度最大时的含水量；

a,b,c——系数。

不同岩石的含水量与各系数关系如表 7-12 所列。

表 7-12　不同岩石的含水量与各系数关系

岩石种类	a	b	c	W_0
粗粒砂岩	290	−1.39	25.9	≥4
细中粒砂岩	537	−1.20	46.0	≥7
泥岩	985	−1.21	34.0	≥15
页岩	6 100	−2.27	23.9	≥28

同样，煤层的强度和冲击倾向指数 K_{et} 也随着其湿度的增加而降低，见图 7-57。在所有情况下煤的冲击倾向指数与其湿度增量 dΔW(含水率增量)的关系可用下式表示：

$$K_{et} = K_{et0}\,e^{d\Delta W} \tag{7-68}$$

式中 K_{et}——注水后煤层冲击倾向指数；

K_{et0}——自然状态下煤层冲击倾向指数；

ΔW——含水率。

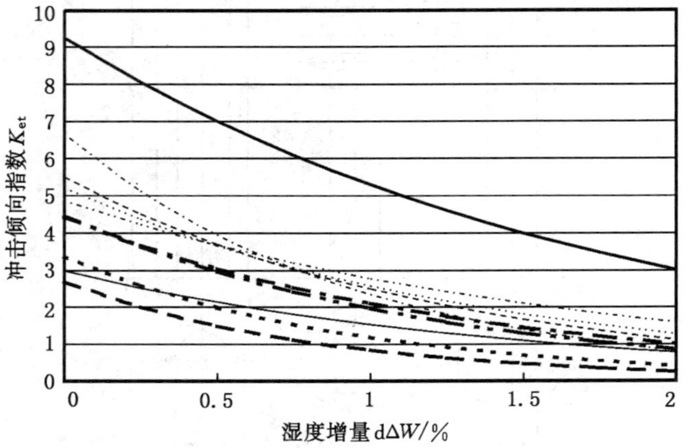

图 7-57 煤的冲击倾向指数与其湿度增量的关系

（图中不同曲线表示不同矿井、不同煤层）

煤层不同，注水后的冲击倾向指数也不同，同时含水率与注水时间并不成正比。另外，煤的湿度的增加可改变其切割指数，降低煤尘。

（2）注水方式

煤层注水有三种布置方式，即与采煤工作面煤壁垂直的短钻孔注水法、与采煤工作面煤壁平行的长钻孔注水法和联合注水法。

① 短钻孔注水法

短钻孔注水法主要看注水钻孔的数量。钻孔通常垂直煤壁，且在煤层中线附近。注水时，依次在每一个钻孔放入注水枪，水压通常为 20～25 MPa。比较有效的注水孔间距为 6～10 m，注水孔深不小于 10 m，注水孔的直径应与注水枪相适应，且放入注水枪后能自行注水，封孔封在破碎带以外。

该方法的优点是：容易钻孔注水；可在煤层的任意部分进行注水；可在难打长钻孔的薄煤层进行注水；可在其他不方便的条件下注水。其缺点是：注水工作须在机道进行，影响正常采煤；注水工作须在冲击最危险的区域进行；注水范围小。

② 长钻孔注水法

长钻孔注水法是通过平行工作面的钻孔，对煤体进行高压注水，钻孔长度应覆盖整个工作面范围。注水孔的间距应为 10～20 m，它取决于注水时的渗透半径。

采煤工作面区域内的注水应从两巷相对的两个钻孔进行，注水从靠工作面最近的钻孔开始，一直持续到整个工作面范围。注水枪应布置在破碎带以外，深度视具体情况而定。一般情况下，注水区应在工作面前 60 m 外。

长钻孔注水法的最大优点是：工作面前方区域内的注水是均匀的，注水工作在两巷进行，不影响采煤作业。但注水的超前时间不宜过早，因为随着时间的推移，注水效果就会减弱。实践证明，注水的有效时间为 3 个月。这种方法可最大限度地使用机械，且注水工作可在冲击危险区域外进行。其缺点是：某些情况下很难进行钻孔作业，特别是薄煤层更加困难。

③ 联合注水法

联合注水法是上述两种方法的综合，采煤工作面部分区域采用长钻孔注水，部分区域采用短钻孔注水。注水水压不小于 10 MPa，当水压降至 5 MPa 时，认为该钻孔水已注好。在有些情况下，注过水的煤壁会滴水。在采用长钻孔注水法或联合注水法的情况下，为了预防早期注过水的煤层干燥，用高压设备注水结束后，可将注水钻孔和消防龙头相连。

6. 充填开采

煤层开采后，在上覆关键层岩层运动过程中造成煤体应力集中并对煤体施加动压，易诱发冲击矿压。为了控制关键层岩层运动和减少能量释放，可采用充填开采方法。充填开采主要包括采空区充填和离层注浆充填。

采空区充填可有效控制覆岩运动强度及影响范围，相当于等效降低煤层采高和开采强度，进而降低煤体应力和冲击危险性。对巨厚关键层进行离层注浆充填[56]，可控制关键层大面积悬露形成的应力集中和突然破断，降低关键层运动对冲击危险的影响。

习　题

1. 简述采场围岩中的弹性变形能及其转化特征。
2. 简述矿震和冲击矿压的概念及关系。
3. 论述冲击矿压的动静载叠加原理。
4. 简述冲击危险监测预警的方法及技术原理。
5. 简述煤层和顶板岩层的冲击倾向鉴定指标及含义。
6. 试述冲击矿压的分级分区监测预警技术方法和流程。
7. 试述开采冲击矿压煤层应遵循的设计原则。
8. 试述冲击矿压的主要防治措施及技术原理。

第八章　岩层移动与地表沉陷控制

第一节　概　　述

煤层采出后，采空区周围原有的应力平衡状态被打破，导致应力重新分布，从而引起采空区附近及上覆岩层的移动、变形和破坏，这一现象和过程称为岩层移动。岩层移动向上发展至地面后还将引起地表的移动与变形，即地表沉陷。

由于岩层移动的影响，地层将出现变形、破断和冒落，不仅会对采场和井巷的设备、人员安全造成影响，还会在岩块与岩块之间、岩层与岩层之间产生各种水平或竖向裂隙，这些裂隙将成为地层中水与瓦斯等流体运移的通道，若放任其发展会造成突水灾害、瓦斯事故。岩层移动继续传播会引起地面的移动变形，最直接的影响是造成地面大范围塌陷，当存在农田、建（构）筑物时，若不对地表沉陷加以控制，还将造成耕地、房屋破坏等一系列环境与社会问题，给地方居民生活带来严重影响。

可见，岩层移动与地表沉陷虽然是采煤引起的一种客观现象，但是其具有一定的破坏性。因此，采矿工作者必须研究清楚岩层移动与地表沉陷的一般规律，在此基础上对其进行控制或利用，形成有效的控制技术与方法。前面各章内容主要涉及井下矿山压力显现规律及其控制，是岩层移动对下部开采空间的影响。本章主要涉及岩层移动对上部岩层和地表的影响，将介绍岩层移动与地表沉陷的一般规律及最新研究进展。第三章关于岩层破断与覆岩结构有关内容是本章内容的基础，尤其是岩层控制的关键层理论为岩层移动与地表沉陷规律研究提供了全新的思路和方法。

对于上覆岩层而言，由于岩层移动是由于煤层开采后的采空空间引起的，因此，距离煤层越近的岩层，其破坏程度越剧烈，反之越缓和，亦即煤层上方不同高度处覆岩的破坏程度存在差异，这种差异体现为覆岩移动破坏的分带性，也是岩层移动的最基本特征和规律。由于覆岩破坏程度的最主要表现是岩体的破断与裂隙发育程度，因此，对覆岩移动破坏进行分带时的一个重要问题是如何确定覆岩破断的临界高度，这也是岩层移动的另一个主要内容。此外，覆岩移动中竖向裂隙与离层裂隙的分布与发育特征，是水与瓦斯灾害防治的重要理论基础，也是岩层移动研究的重点所在。这些问题将在本章第二节详细阐述。

对地表沉陷研究的根本目的是对其进行控制。因此，首先需要掌握采煤后地表沉陷形成的过程与一般特征，并能用量化的方法对地表移动与变形进行描述，即建立其表征参数体系。在此基础上，为了实现地表沉陷的定量化防控，还需要建立沉陷预计方法，即在采煤之前根据已有的地质开采信息预测开采后地表不同位置的移动与变形量，为评估采煤对建（构）筑物的影响以及地表沉陷控制技术设计提供基础。本章第三节将对这些内容进行重点介绍。

除了覆岩和地表之外，采煤还将引起底板岩层的移动与破坏，并形成底板破断裂隙，它们同样会成为导水通道从而诱发突水。因此，采场底板破坏深度与底板突水防治也是岩层移动与控制的重要研究内容。这些内容将在本章第四节进行讲述。

根据以上岩层移动与地表沉陷的基本规律，形成了各种有效的控制技术，并在煤矿生产实践中发挥了重要作用。这些技术可以分为留设煤柱与构筑支撑体两类，具体包括留设保护煤柱、条带开采、全部充填开采、部分充填开采等技术措施。这些内容将在本章第五节予以介绍。

第二节　岩层移动基本规律

一、覆岩移动破坏的分带

采动覆岩移动破坏的分带总体上符合图 3-10 所示的“横三区”与“竖三带”特征，下面分别介绍竖向分带特征与横向分区特征。

1. 竖向分带特征

大量的观测表明，采用全部垮落法管理采空区时，根据覆岩移动破坏程度，自下向上可以将其划分为 3 个分带：垮落带、裂缝带和弯曲下沉带（或整体移动带），即所谓的“三带”[参见图 3-10(a)]。图 8-1 为不同覆岩条件下覆岩破坏高度的实测结果。

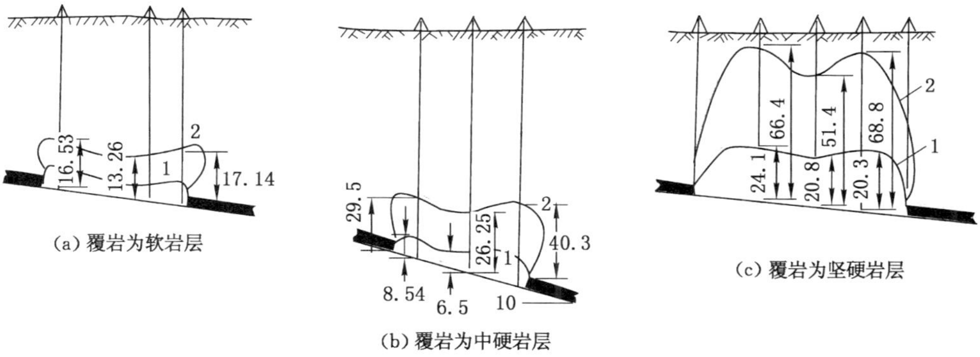

(a) 覆岩为软岩层　(b) 覆岩为中硬岩层　(c) 覆岩为坚硬岩层

1—垮落带；2—裂缝带。

图 8-1　实际测得的不同类型覆岩开采后的破坏情况（单位：m）

(1) 垮落带

破断后的岩块呈不规则垮落，排列也极不整齐，松散系数比较大，一般可达 1.3～1.5。但经重新压实后，碎胀系数可降到 1.03 左右。此区域与所开采的煤层相毗连，很多情况下是直接顶岩层冒落后形成的。

(2) 裂缝带

岩层破断后，岩块仍然排列整齐的区域即为裂缝带。裂缝带内覆岩存在竖向贯通裂隙，是导气与导水的主要通道。裂缝带位于垮落带之上，由于排列比较整齐，因此碎胀系数较小。垮落带与裂缝带合称“两带”，上覆岩层含水层位于“两带”范围内，将会导致岩体水通过岩体破断裂缝流入采空区和回采工作面。

“两带”高度与岩性、煤层采高有关，岩性越坚硬，“两带”高度越大。在覆岩存在典型关键层时,“两带”高度将受到该关键层的控制。准确地确定“两带”高度,对解决水体下采煤问题及下保护层开采瓦斯突出问题有特别重要的意义。

(3) 弯曲下沉带

自裂缝带顶界到地表的所有岩层称为弯曲下沉带。弯曲下沉带内岩层移动的显著特点是岩层移动过程的连续性和整体性,即裂缝带顶界以上至地表的岩层移动是成层地、整体性地发生的,在垂直剖面上,其上下各部分的下沉差值很小。尽管如此,由于弯曲下沉带内相邻岩层厚度、刚度的差异,导致其变形的不协调性,从而在层面处脱离形成水平裂隙,常称为离层区。同时,弯曲下沉带内的关键层并非不发生破断,而是没有产生贯通裂缝。

在煤层埋深相对较浅时,覆岩移动破坏有时仅有垮落带和裂缝带。如神东矿区浅埋煤层单一关键层条件下,岩层破断后裂缝会贯通至地表,覆岩没有弯曲下沉带。

2. 横向分区特征

岩层移动观测结果表明(参见第三章第二节),由于覆岩关键层破断后“砌体梁”结构的运动及煤壁的支撑作用,岩层移动横向可以分为:煤壁支撑影响区、离层区和重新压实区(参见图 3-10)。有学者给出了图 8-2 所示的整个采动覆岩与底板移动破坏的横向分区[57],即将采动覆岩移动横向分为:Ⅰ—充分采动区,即 COD 区;Ⅱ、Ⅱ′—最大弯曲区,即 OCM 区和 ODN 区;Ⅲ、Ⅲ′—顶板压缩区,即 CMKG 区和 DNLH 区。

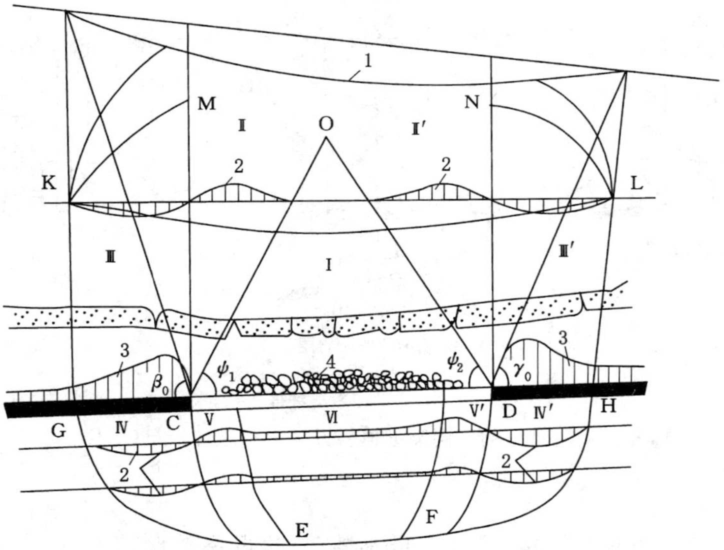

1—地表下沉曲线;2—支承压力分布曲线;3—沿层面法向岩石变形曲线;4—垮落带;
Ⅰ—充分采动区;Ⅱ,Ⅱ′—最大弯曲区;Ⅲ,Ⅲ′—顶板压缩区;
Ⅳ,Ⅳ′—底板压缩区;Ⅴ,Ⅴ′—底板不均匀隆起区;Ⅵ—底板均匀隆起区。

图 8-2 开采引起的采动岩层移动破坏横向分区

煤壁支撑影响区(或顶板压缩区)最外侧边界就是岩层移动边界线,通常认为岩层移动边界线形状为一向外扩的直线。图 8-3 所示的模拟研究结果表明[58],基岩移动边界位于煤层开采边界的外侧,且是向内凹的曲线。覆岩关键层的厚度、弹性模量增大时,岩层移动边界范围增大。

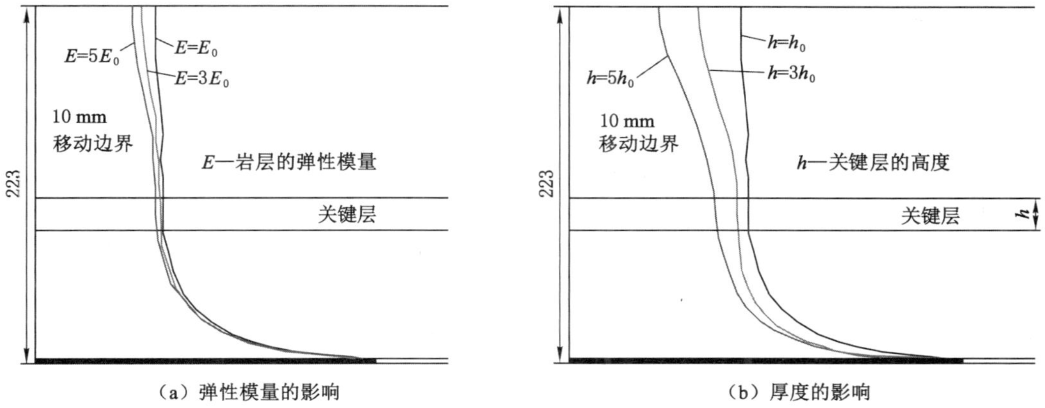

图 8-3　关键层对 10 mm 移动边界线的影响

二、覆岩移动中的导水裂隙分布特征

煤层开采引起覆岩移动与破断后，将在岩层中形成两类裂隙：一类为离层，是随岩层下沉在层与层之间出现的沿层面裂隙，它使煤层产生膨胀变形而使瓦斯卸压，并使卸压瓦斯沿离层裂隙流动，成为富集瓦斯、水的主要空间，也是控制开采沉陷时实施注浆充填的主要对象；另一类是竖向破断裂隙，是随岩层下沉破断形成的穿层裂隙，它沟通了上、下岩层间瓦斯、水的流动通道，通常称为导水裂隙。下面首先了解覆岩导水裂隙分布特征。

1. 覆岩导水裂隙的动态发育特征

关键层理论研究证明[5]，覆岩移动由下向上成组运动，岩层移动的动态过程受控于关键层的破断运动。因而，顶板岩层竖向破断裂隙沿顶板高度方向的动态发育受覆岩关键层控制。图 8-4 所示为根据物理模拟试验结果绘制的顶板导水裂隙发育高度随开采距离和关

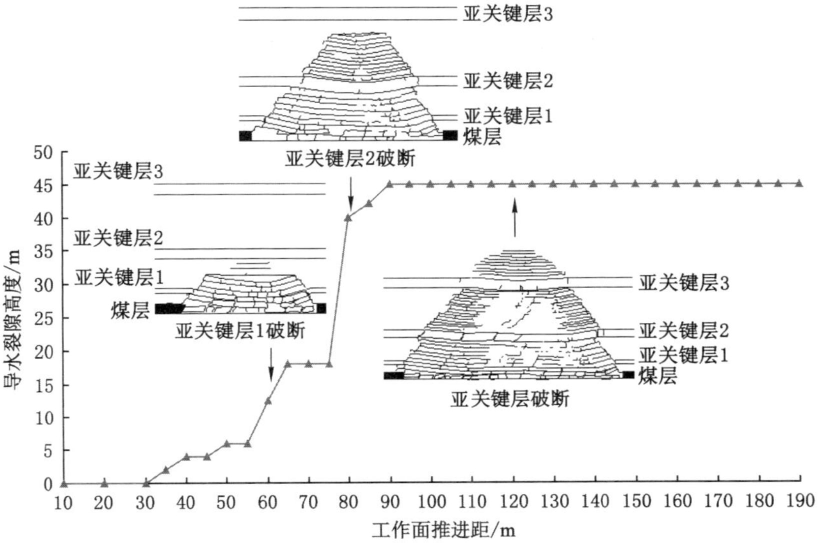

图 8-4　导水裂隙高度随关键层破断的动态发育过程

键层破断的变化曲线。由图可见，随工作面采宽增大，导水裂隙发育高度并非线性增大，而是存在缓滞和突变现象，这主要是受覆岩关键层破断的影响。当工作面推进至 60 m 时，亚关键层 1 发生初次破断，导水裂隙发育高度突变至亚关键层 2 底部，导水裂隙带高度达到 18 m。由于亚关键层 2 没有破断，导水裂隙发育高度受阻，尽管工作面采宽继续增大，而导水裂隙发育高度并没有增大，出现了导水裂隙发育的缓滞。当工作面采宽继续增大至 80 m 时，亚关键层 2 发生初次破断，导水裂隙发育高度急剧增大至亚关键层 3 底部，导水裂隙带高度达到 45 m。在实践中，要想控制导水裂隙发育到亚关键层 2 以上高度，只要控制亚关键层 2 不发生破断即可，这是采用条带开采（采宽小于 80 m）控制导水裂隙发育高度的机理所在。随着工作面继续推进，亚关键层 3 破断前，导水裂隙带高度保持不变，当工作面推进至 120 m 时，亚关键层 3 发生初次破断，但由于其破断裂缝没有贯通，导水裂隙带高度没有增加，仍保持在 45 m。当工作面推进至 135 m 时，主关键层发生破断，主关键层回转运动后将其下部的岩体进一步压实，位于采空区中部的原有导水裂隙多数出现闭合现象，导水裂隙带高度明显降低，仅在开切眼附近和工作面侧的导水裂隙带高度保持 45 m。

2. *覆岩导水裂隙的空间分布形态*

由于关键层结构块体咬合回转运动后裂缝闭合及上覆岩层的压实作用，在采空区中部覆岩导水裂隙带高度会有所降低，从而形成导水裂隙带高度在采空区两侧高、中间低的马鞍形，在平面上呈“O”形圈分布特征。

现场实测表明，煤层倾角不同，覆岩导水裂隙带的分布形态有很大差异。

(1) 倾角为 0°～35°煤层覆岩导水裂隙带的分布形态

水平及缓倾斜煤层覆岩导水裂隙带的最终形态类似于一个马鞍形，见图 8-5。其特点是：

① 采空区四周边界上方的破坏范围略高，其最高点位于开采边界以内或以外数米的范围内；

② 采空区中央的破坏范围低于四周边界的破坏范围，当采空区面积相当大，且煤层采厚大体相等时，采空区中央部分的破坏高度基本上是一致的；

③ 采空区四周边界垮落带、导水裂隙带的范围与水平面成一定的角度，且与岩层移动范围有密切的关系，垮落角、导水裂隙角均大于相应的岩层移动角。

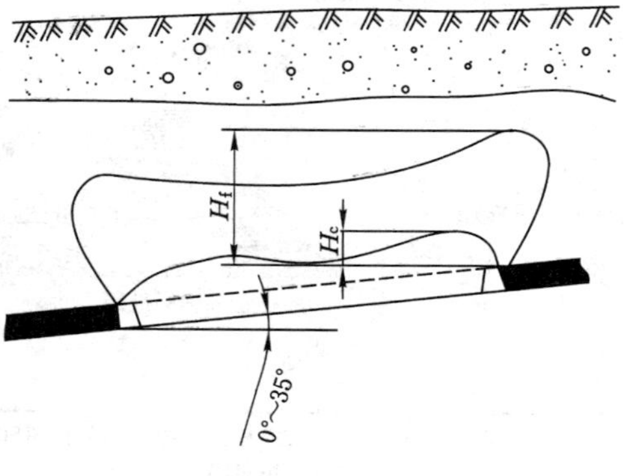

图 8-5　煤层倾角为 0°～35°覆岩导水裂隙带的分布形态

兴隆庄煤矿分层开采与综放开采“两带”高度的实测结果表明[59]，与分层开采相比，综放开采导水裂隙带的马鞍形分布形态更为明显，见图 8-6。

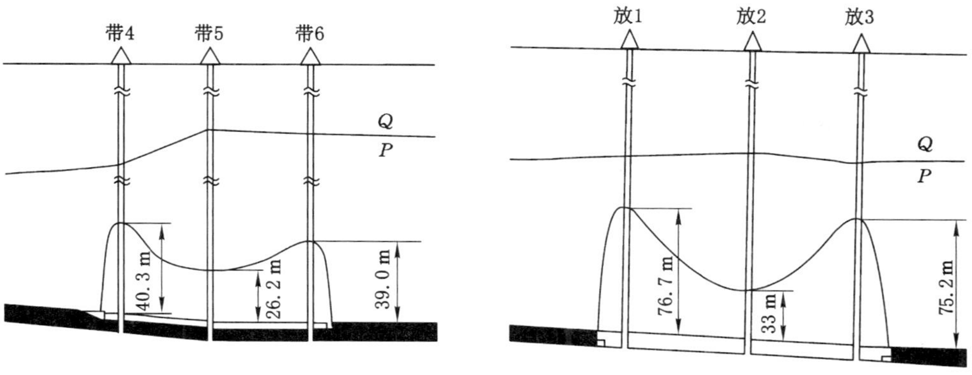

（a）兴隆庄煤矿2306工作面分层开采实测　　（b）兴隆庄煤矿5306工作面综放开采实测

图 8-6　分层开采与综放开采导水裂隙带分布形态的对比

(2) 倾角为 36°～54°煤层覆岩导水裂隙带的分布形态

当煤层倾角为 36°～54°，采用走向长壁式采煤方法时，冒落岩块下落到采空区底板后，向采空区下部滚动，于是采空区下部很快能被冒落岩块所填满；而采空区上部由于冒落岩块的流失，相当于增加了开采空间，所以其冒落高度大于下部。此时采空区倾斜剖面上垮落带、导水裂隙带范围的最终形态呈上大下小的抛物线拱形形态，见图 8-7。在走向方向上由于采空区尺寸较大，导水裂隙带范围仍然能成为马鞍形形态。

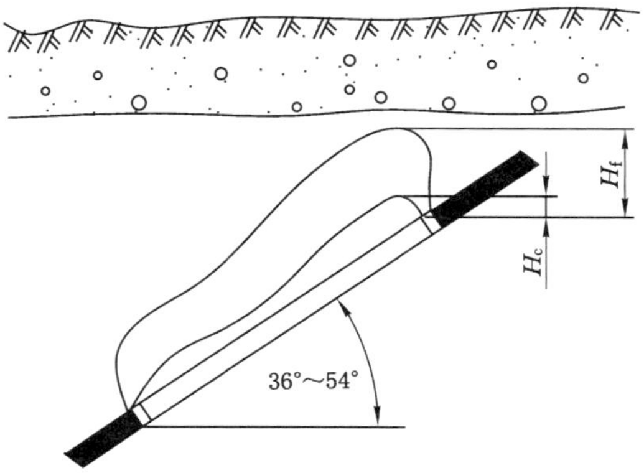

图 8-7　煤层倾角为 36°～54°覆岩导水裂隙带的分布形态

(3) 倾角为 55°～90°煤层覆岩导水裂隙带的分布形态

在开采急倾斜煤层(倾角为 55°～90°)时，不仅冒落岩块会发生向下滚动的现象，同时上部的整个冒落岩块堆在受到下部的采动影响后，也可能发生整体滑动，而且所采煤层本身还可能发生抽冒，使垮落带、导水裂隙带范围呈现各种不同的类似拱形形态，参见图 4-38。

3. 基于实测统计的传统导水裂隙带高度预计方法

顶板导水裂隙带高度预计是煤矿水体下采煤设计和保水采煤的基础和前提。目前，我国应用最为普遍的导水裂隙带高度预计方法为表 8-1 所列《建筑物、水体、铁路及主要井巷煤柱留设与压煤开采规程》(以下简称《规程》)中推荐的统计经验公式,它是在大量实测数据基础上统计得到的计算顶板导水裂隙带高度的经验公式,在一定程度上满足了我国煤矿水体下采煤设计的要求。

表 8-1 倾角 0°～54°薄及中厚煤层和厚煤层分层开采时导水裂隙带高度计算公式[60]

岩性	计算公式之一/m	计算公式之二/m
坚硬	$H_d=\dfrac{100\sum m}{1.2\sum m+2.0}\pm 8.9$	$H_d=30\sqrt{\sum m}+10$
中硬	$H_d=\dfrac{100\sum m}{1.6\sum m+3.6}\pm 5.6$	$H_d=20\sqrt{\sum m}+10$
软弱	$H_d=\dfrac{100\sum m}{3.1\sum m+5.0}\pm 4.0$	$H_d=10\sqrt{\sum m}+5$
极软弱	$H_d=\dfrac{100\sum m}{5.0\sum m+8.0}\pm 3.0$	—

注:$\sum m$ 表示累计采厚;公式应用范围:单层采厚 1.0～3.0 m,累计采厚不超过 15.0 m;±号项为中误差。

由于受当时生产技术条件的限制,统计样本的煤层分层开采高度一般小于 3.0 m,也就是说,当煤层分层采高大于 3.0 m 时,《规程》预计导水裂隙带高度的方法是不适用的。如许多煤矿放顶煤开采的导水裂隙带高度实测结果与《规程》预计方法的计算结果存在较大的差异。近年来的水体下采煤工程实践发现[12,34],在某些特定开采条件下,尽管按《规程》预计方法得到的导水裂隙带高度不会突水,但工作面却发生了顶板突水,导水裂隙带高度预计结果明显小于实际值,说明《规程》预计方法存在不适应的开采条件。造成上述误差的主要原因是,由于《规程》预计方法将顶板岩性统计均化为坚硬、中硬、软弱和极软弱,分别采用不同的经验公式进行预计,未能体现具体开采条件下特定的覆岩关键层结构与破断特征。此外,实际预计导水裂隙带高度时,对顶板岩性的类型很难划分,且《规程》预计方法中不同岩性预计公式得到的导水裂隙带高度差异较大,预计误差大。众所周知,煤层开采引起的顶板导水裂隙演化与采动岩层破断运动有关。采动岩层破断运动受关键层的控制,顶板导水裂隙演化必然受关键层结构的影响。因此,研究基于关键层理论的顶板导水裂隙带高度预计方法,可以充分体现具体开采条件下覆岩关键层结构特征,避免对顶板岩性进行统计均化的不足,减少预计误差。

4. 基于关键层位置的导水裂隙带高度预计方法

覆岩移动破坏的分带性表明,在一定的开采条件下,覆岩破断裂缝并非由下向上都是贯通的,而是存在一临界高度(即“两带”高度),超过此临界高度,岩层破断裂缝一般是不贯通的(即弯曲下沉带)。因此,研究采动覆岩破断裂缝贯通的临界高度,对采动覆岩移动破坏的分带及确定覆岩导水裂隙带发育高度具有重要意义。值得指出的是,通常情况下,弯曲下沉带岩层并非不破断,只不过是由于其超前下沉及下部岩层碎胀的支撑作用,破断后的回转量相对较小而不足以使破断裂缝贯通而已。

假设覆岩关键层破断裂缝贯通的临界高度为 H,即距离开采煤层高度为 H 的第 i 层关键层破断裂缝是贯通的,而其上覆第 $i+1$ 层关键层破断裂缝是不贯通的,建立关键层破断裂缝贯通的临界高度结构模型(见图 8-8)。

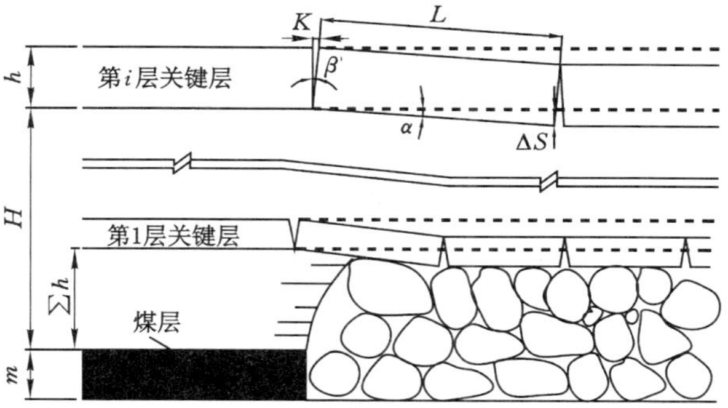

图 8-8　关键层破断裂缝贯通的临界高度结构模型

在图 8-8 中,根据第 i 层关键层破断块体回转的几何关系可知,$\alpha=\beta$,据此可得到:

$$\tan\alpha=\frac{\Delta S}{L}=\tan\beta=\frac{K}{h} \tag{8-1}$$

$$\Delta S=m-H(K_p-1) \tag{8-2}$$

将式(8-2)带入式(8-1)可得到:

$$H=\frac{m-\dfrac{L}{h}K}{K_p-1} \tag{8-3}$$

式中　H——关键层破断裂缝贯通的临界高度,m;

L——第 i 层关键层破断块体长度,m;

h——第 i 层关键层厚度,m;

K——第 i 层关键层破断裂缝贯通时的张开度,m;

α——第 i 层关键层破断块体回转角,(°);

β——第 i 层关键层破断裂缝张开角,(°);

ΔS——第 i 层关键层破断块体回转下沉量,m;

m——煤层采厚,m;

K_p——第 i 层关键层破断后下部岩层综合残余碎胀系数。

由式(8-3)可以计算得到具体开采条件下覆岩关键层破断裂缝贯通的临界高度 H。可见,关键层破断裂缝贯通的临界高度 H 与煤层采厚、顶板岩层综合残余碎胀特性、关键层破断块度等因素有关。煤层采厚 m 越大,临界高度 H 越大;关键层破断块度 h/L 越大,临界高度 H 越大;岩层综合残余碎胀系数 K_p越大,临界高度 H 越小。

对于岩石类材料,其破断裂缝张开度 K 一般只要达到毫米级别即可导水而形成导水裂隙。因此,式(8-3)中 KL/h 项的数值远小于煤层采厚 m,可以忽略不计,则式(8-3)可以简化为:

$$H=\frac{m}{K_p-1} \tag{8-4}$$

显然,K_p的取值对 H 计算结果影响较大。目前,尚缺乏准确地确定 K_p值的方法,但根据现场实测和实验室试验结果[61-65],砂岩、页岩的残余碎胀系数 K_p可以近似取 1.1～1.15,则式(8-4)可以进一步简化为:

$$H=(7\sim10)m \tag{8-5}$$

式(8-5)表明，可以粗略按7～10倍煤层采厚来确定关键层破断裂缝贯通的临界高度。

根据上述结论，可以建立基于关键层位置的导水裂隙带高度预计方法，其步骤如图8-9所示。

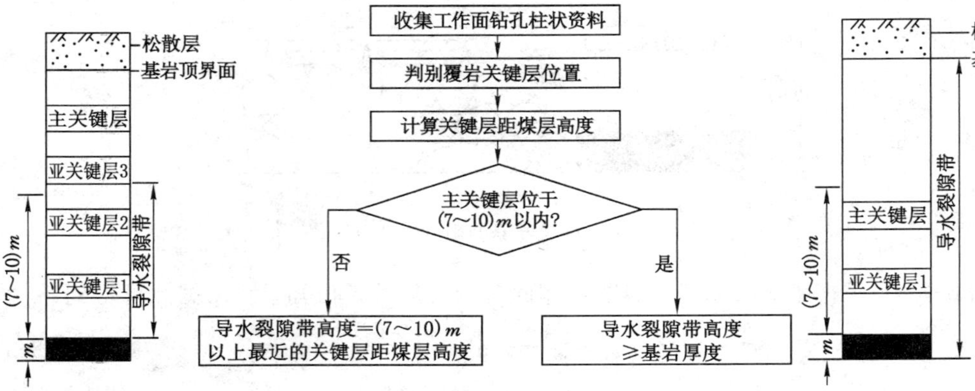

图8-9 基于关键层位置的导水裂隙带高度预计方法流程[64]

第一步，收集工作面钻孔柱状资料，这与《规程》预计方法需要收集的地质开采资料基本相同。

第二步，采用关键层判别软件进行具体钻孔柱状条件下覆岩关键层位置的判别。

第三步，计算关键层位置距开采煤层高度，并判别关键层破断裂缝是否贯通。如果关键层位置距开采煤层高度大于(7～10)m，则该层关键层破断裂缝是不贯通的；如果关键层位置距开采煤层高度小于(7～10)m，则该层关键层破断裂缝是贯通的，且它控制的上覆岩层破断裂缝也是贯通的。

第四步，确定导水裂隙带高度。当覆岩主关键层位于临界高度(7～10)m以内时，导水裂隙将发育至基岩顶部，导水裂隙带高度等于或大于基岩厚度；当覆岩主关键层位于临界高度(7～10)m以外时，导水裂隙将发育至临界高度(7～10)m上方最近的关键层底部，导水裂隙带高度等于该关键层距开采煤层的高度。

为了更好地理解预计方法的具体步骤，下面举例进行说明。图8-10所示为祁东煤矿多个工作面钻孔柱状，采用关键层判别软件对各个钻孔关键层位置判别结果及关键层距开采煤层高度计算结果都已标注在各个柱状图中。

对于图8-10(a)，煤层采高m=2.85 m，按10m计算得到的关键层破断裂缝贯通临界高度为28.5 m。主关键层位置距煤层高度为31.88 m>28.5 m，因此，顶板导水裂隙带高度H_d应按照距煤层高度大于28.5 m的第一层关键层的位置来计算，显然，该层关键层即主关键层，由此计算得到H_d=31.88 m。

对于图8-10(b)，煤层采高m=2.83 m，按10m计算得到的关键层破断裂缝贯通临界高度为28.3 m。主关键层位置距煤层高度为30.46 m>28.3 m，因此，顶板导水裂隙带高度H_d应按照距煤层高度大于28.3 m的第一层关键层的位置来计算，显然，该层关键层即主关键层，由此计算得到H_d=30.46 m。

对于图8-10(c)，煤层采高m=1.90 m，按10m计算得到的关键层破断裂缝贯通临界高度为 19.0 m。主关键层位置距煤层高度为 31.97 m>19.0 m，因此，顶板导水裂隙带高度 H_d 应按照距煤层高度大于 19.0 m 的第一层关键层的位置来计算，显然，该层关键层即为主关键层，由此计算得到 H_d=31.97 m。

对于图 8-10(d)，煤层采高 m=2.30 m，按 10m 计算得到的关键层破断裂隙贯通临界高度为 23.0 m。主关键层位置距煤层高度为 7.49 m<23.0 m，因此，顶板导水裂隙带高度 H_d 应按照基岩厚度来计算，由此计算得到 H_d=89.16 m。

56.33 m　31.88 m

层号	厚度/m	埋深/m	岩层岩性	关键层位置	硬岩层位置	岩层图例
16	342.60	342.60	松散层			
15	8.20	350.80	泥岩			
14	3.80	354.60	粉砂岩		硬岩层	
13	2.70	357.30	泥岩			
12	2.20	359.50	细砂岩			
11	4.30	363.80	泥岩			
10	3.25	367.05	细砂岩	主关键层	硬岩层	
9	2.30	369.35	泥岩			
8	0.50	369.85	6-1煤			
7	7.45	377.30	泥岩			
6	3.10	380.40	6-2煤			
5	0.55	380.95	泥岩			
4	1.60	382.55	细砂岩			
3	10.38	392.93	泥岩			
2	3.50	396.43	粉砂岩	亚关键层	硬岩层	
1	2.50	398.93	泥岩			
0	2.85	401.78	7_1煤			

(a) $7_1$30工作面D5钻孔柱状关键层位置判别

63.31 m　30.46 m　9.78 m

层号	厚度/m	埋深/m	岩层岩性	关键层位置	硬岩层位置	岩层图例
17	345.55	345.55	松散层			
16	6.00	351.55	泥岩			
15	0.45	352.00	煤层			
14	5.05	357.05	泥岩			
13	2.20	359.25	粉砂岩			
12	2.25	361.50	细砂			
11	3.95	365.45	岩泥岩			
10	1.95	367.40	6-1煤			
9	4.50	371.90	泥岩			
8	6.50	378.40	粉砂岩	主关键层	硬岩层	
7	2.90	381.30	6-2煤			
6	6.45	387.75	泥岩			
5	2.58	390.33	粉砂岩		硬岩层	
4	5.58	395.91	泥岩			
3	3.17	399.08	细砂岩	亚关键层	硬岩层	
2	5.78	404.86	泥岩			
1	4.00	408.86	泥岩			
0	2.83	411.69	煤层			

(b) $7_1$30工作面D6钻孔柱状关键层位置判别

图 8-10　基于关键层位置判别的导水裂隙带高度预计实例

67.52 m
31.97 m
8.84 m

层号	厚度/m	埋深/m	岩层岩性	关键层位置	硬岩层位置	岩层图例
23	353.50	353.50	松散层			
22	4.85	358.35	泥岩			
21	0.48	358.83	煤层			
20	0.53	359.36	泥岩			
19	2.11	361.47	粉砂岩			
18	2.11	363.58	细砂岩			
17	3.70	367.28	粉砂岩		硬岩层	
16	7.26	374.54	泥岩			
15	4.61	379.15	细砂岩		硬岩层	
14	5.62	384.77	泥岩			
13	4.28	389.05	粉砂岩	主关键层	硬岩层	
12	6.82	395.87	泥岩			
11	3.36	399.23	砂质泥岩			
10	2.84	402.07	泥岩			
9	3.56	405.63	粉砂岩			
8	2.88	408.51	泥岩			
7	3.67	412.18	中砂岩	亚关键层	硬岩层	
6	1.60	413.78	粉砂岩			
5	1.22	415.00	中砂岩			
4	1.88	416.88	粉砂岩			
3	1.77	418.65	泥岩			
2	1.87	420.52	粉砂岩	亚关键层	硬岩层	
1	0.50	421.02	泥岩			
0	1.90	422.92	6_1煤			

（c）$6_1$30工作面D8钻孔柱状关键层位置判别

89.16 m
7.49 m

层号	厚度/m	埋深/m	岩层岩性	关键层位置	硬岩层位置	岩层图例
18	379.60	379.60	松散层			
17	2.66	382.26	泥岩			
16	0.99	383.25	粉砂岩			
15	0.24	383.49	泥岩			
14	0.80	384.29	煤层			
13	14.87	399.16	泥岩			
12	4.81	403.97	细砂岩			
11	0.73	404.70	粉砂岩			
10	4.41	409.11	细砂岩			
9	1.74	410.85	泥岩			
8	17.82	428.67	细砂岩		硬岩层	
7	13.45	442.12	泥岩			
6	1.67	443.79	粉砂岩			
5	11.96	455.75	细砂岩		硬岩层	
4	5.52	461.27	粉砂岩	主关键层	硬岩层	
3	1.10	462.37	细砂岩			
2	1.19	463.56	粉砂岩			
1	5.20	468.76	泥岩			
0	2.30	471.06	7_1煤			

（d）$7_1$21工作面D9钻孔柱状关键层位置判别

图 8-10（续）

5. 新预计方法的适用范围与误差分析

关键层破断裂缝贯通的临界高度主要与煤层采高、顶板碎胀压实特性等因素有关，按(7～10)m 取值的误差与顶板综合残余碎胀系数取值有关。根据实测和试验结果，当煤层采高较小时，顶板综合残余碎胀系数相对较小；而当煤层采高较大时，顶板综合残余碎胀系数相对较大。因此，当煤层采高较小时，宜取较大倍数的采高；当煤层采高较大时，宜取较小倍数的采高。

由于按(7～10)m 选取的关键层破断裂缝贯通的临界高度值并不是直接用来计算顶板导水裂隙带高度的，只是用来判断具体关键层破断裂隙是否贯通。因此，多数情况下即使(7～10)m 取值存在误差，一般也不会影响导水裂隙带高度的预计结果。

6. 新预计方法可靠性的实测验证

基于关键层位置的顶板导水裂隙带高度预计方法的可靠性已得到多个煤矿的顶板导水裂隙带高度实测结果的验证[66]。表 8-2 为部分工作面顶板导水裂隙带高度按《规程》预计方法结果和按新预计方法结果与实测结果的对比。

由表 8-2 可见，按新预计方法得到的导水裂隙带高度较按《规程》预计方法得到的结果更接近实测结果。例如，对于 D5、D6、D8 钻孔而言，主关键层位置距煤层高度＞10m，按新预计方法得到的导水裂隙带高度与实测结果相差仅为－2.37～0.25 m，预计结果基本与实际相符；而按《规程》预计方法得到的导水裂隙带高度与实测结果存在较大误差，表 8-2 中公式(1)预计结果的下限与实测结果相差较小，但预计结果的上限与实测结果相差仍较大，最大达 11.89 m；公式(2)预计结果与实测结果相差达到 5.29～15.19 m。又如，对于 S21、S19、D1、D2、D9、D10 钻孔而言，主关键层位置距煤层高度＜10m，顶板导水裂隙带高度将发育至基岩顶界面以上，显然按《规程》预计方法得到的导水裂隙带高度已完全不符合实际，表 8-2 中公式(1)预计结果与实测结果相差达到 20.7～118.25 m，公式(2)预计结果与实测结果相差达到 17.4～102.05 m，预计结果明显偏小；而按新预计方法得到的导水裂隙带高度与基岩厚度相等，基本与实测结果相符，其中 D1、D2、D9、D10 钻孔的预计结果比实测结果偏大，是由于其基岩顶部存在相当厚度的泥岩遇水膨胀而弥合导水裂隙，导致后期实测导水裂隙带高度小于基岩厚度。

三、覆岩移动中的离层发育特征

基于关键层理论对覆岩移动中离层裂隙分布规律的研究结果表明[5,66]：

(1) 关键层运动对离层裂隙的产生、发展及时空分布起控制作用。覆岩离层主要出现在关键层下。

(2) 沿工作面推进方向，关键层下离层动态分布呈现两阶段发展规律：关键层初次破断前，随着工作面推进，离层量不断增大，最大离层位于采空区中部。关键层初次破断后，下部岩层在采空区中部趋于压实，而在采空区两侧仍各自保持一个离层区。工作面侧的离层区是随着工作面开采而不断前移的，其最大宽度和高度仅为关键层初次破断前的 1/3 左右(见图 8-11、图 8-12)。从平面看，在采空区四周存在图 8-13 所示的 1 个沿层面横向连通的离层发育区，称之为采动裂隙“O”形圈。关键层下的离层量可由“砌体梁”位移拟合方程来计算[5,66]。

(3) 沿顶板高度方向，随工作面推进离层呈跳跃式由下向上发展。首先，第Ⅰ亚关键层

表 8-2 不同导水裂隙带高度预计方法的判别结果对比[66]

工作面	钻孔号	煤层采高/m	主关键层距煤层高度/m	基岩厚度/m	按《规程》预计结果 H_{d1}/m		按关键层预计结果 H_{d2}/m	实测结果 H_d/m	H_d-H_{d1}/m		H_d-H_{d2}/m
					公式(1)	公式(2)			公式(1)	公式(2)	
补连塔矿 $3_1$401	S21	4.4	33.80	119.6	35.70～46.90	51.90	119.60	140.50	93.60～104.80	88.60	20.90
补连塔矿 $3_1$401	S19	4.4	33.80	122.5	35.70～46.90	51.90	122.50	153.95	107.05～118.25	102.05	31.45
祁东矿 $7_1$14	D1	3.0	3.48	78.0	30.10～41.30	44.60	78.00	62.00	20.70～31.90	17.40	−16.00
祁东矿 $7_1$14	D2	3.0	3.48	116.0	30.10～41.30	44.60	116.00	102.30	61.00～72.20	57.70	−13.70
祁东矿 $7_1$30	D5	2.85	31.88	58.33	29.30～40.50	43.70	31.88	29.51	−10.99～0.21	−14.19	−2.37
祁东矿 $7_1$30	D6	2.83	30.46	63.31	29.20～40.40	43.70	30.46	28.51	−11.89～−0.69	−15.19	−1.95
祁东矿 $6_1$30	D8	1.9	31.97	67.52	23.00～34.20	37.50	31.97	32.22	−1.98～9.22	−5.28	0.25
祁东矿 $7_1$21	D9	2.3	7.49	89.16	26.00～37.20	40.30	89.16	66.48	29.28～40.48	26.18	−22.68
祁东矿 $7_1$21	D10	2.3	3.45	80.85	26.00～37.20	40.30	80.85	66.81	29.61～40.81	26.51	−14.04
兴隆庄矿 2302	带 15	2.5	38.58	79.45	27.30～38.50	41.60	38.58	42.00	3.50～14.70	0.40	3.42
大佛寺矿 40106	D18	14.93	197.58	296.09	66.08～83.86	125.92	197.58	192.12	108.26～126.04	66.20	−5.46
李家壕矿 31108	D2	4.0	80.06	219.45	34.40～45.60	50.00	62.07	65.86	20.26～31.46	15.86	3.79
同忻矿 8105	物探	15.0	174.70	200.0	65.10～82.90	118.90	144.50	150.00	67.10～84.90	31.10	5.50
许厂矿 1302	1-2	5.1	3.77	53.07	32.20～43.40	55.20	53.07	51.30	7.90～19.10	−3.90	−1.77
大柳塔矿 52306	DS1	7.0	112.14	172.4	58.40～76.20	89.40	112.14	121.40	45.20～63.00	32.00	9.26

注:① 表中负号表示导水裂隙带高度预计结果大于实测结果。② 按《规程》预计结果大部分是采用中硬岩性的预计公式计算的,公式(1):$H_d=\frac{100\sum m}{1.6\sum m+3.6}\pm 5.6$,公式(2):$H_d=20\sqrt{\sum m}+10$;其中大佛寺矿 40106 工作面、大柳塔矿 52306 工作面采用坚硬岩性的预计公式,公式(1):$H_d=\frac{100\sum m}{1.2\sum m+2.0}\pm 8.9$,公式(2):$H_d=30\sqrt{\sum m}+10$。

图 8-11　关键层破断前后离层分布试验结果

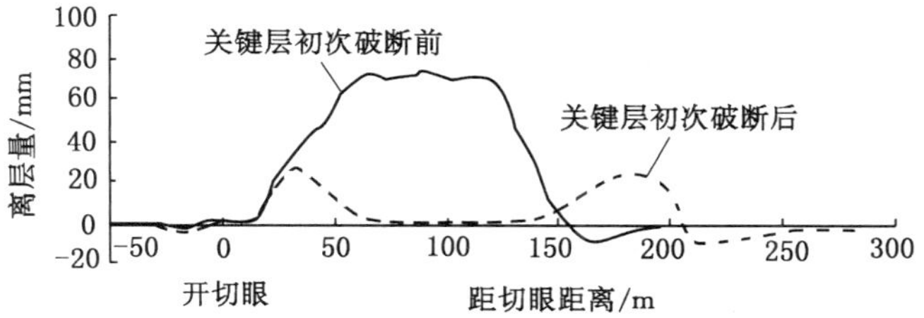

图 8-12　关键层破断前后离层分布

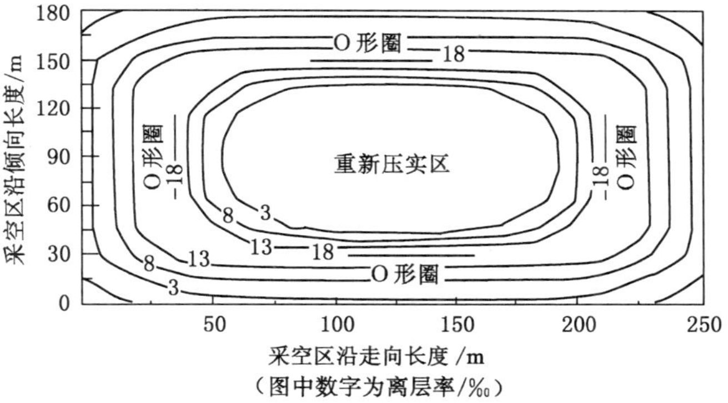

图 8-13　采动裂隙分布的"O"形圈

下出现离层，当它破断后其下离层呈"O"形圈分布；此时，上部第Ⅱ亚关键层下出现离层，当它破断后其下离层呈"O"形圈分布；如此发展直至主关键层。从"砌体梁"结构回转变平的块体数目与采高关系的分析可以证明[67]，煤层采高越大，"O"形圈宽度相对越大。

(4) 覆岩关键层下离层量大小，与煤层采高、垮落岩体的碎胀特性、关键层至开采煤层距离及关键层承载与变形特性等地质采矿因素有关。在第 i 层关键层破断前，其下方离层量的理论计算公式可表达为：

$$B_i = m - K_i H_i - W_i \tag{8-6}$$

式中，B_i 为关键层下离层量；m 为煤层采高；H_i 为第 i 层关键层距煤层高度；K_i 为第 i 层关键层以下所有岩层的综合碎胀系数；W_i 为第 i 层关键层的挠度。

理论研究与工程探测都发现[66]，由于采动覆岩卸荷碎胀累积效应，关键层下离层量通常远远小于预想值，一般小于采高的 10%。

四、采动覆岩卸荷膨胀累积效应及其对离层量影响

1. 概念

随着回采工作面的不断推进，在覆岩关键层结构的控制作用下，上覆岩层由下而上成组破断运动，由于未破断关键层阻断了上部载荷向下的传递，导致其下部煤岩层产生卸荷膨胀（包括岩层碎胀和弹性膨胀）。随着关键层破断由下向上发展，覆岩卸荷高度不断增大，产生卸荷膨胀的岩层总厚度不断增大；同时，下部卸荷煤岩受上部破断关键层载荷的压实作用不断累积，从而造成覆岩卸荷膨胀总量不断变化。这种覆岩卸荷膨胀总量随覆岩卸荷高度及其承受载荷不断累积而发生动态变化的现象称为采动覆岩卸荷膨胀累积效应。[66,68]

垮落带煤岩发生碎胀，破碎岩体被重新压缩后，产生不可恢复的压缩量，表现为明显的塑性变形特征，故将垮落带煤岩称为塑性膨胀区。裂缝带煤岩层发生弯曲、断裂，覆岩断裂块度较大且排列整齐，弯曲下沉带煤岩基本保持完整状态，裂缝带和弯曲下沉带煤岩在载荷作用下表现为弹性变形特征，因此将裂缝带及弯曲下沉带的卸荷煤岩称为弹性膨胀区。由于主关键层与其控制的岩层卸压程度较小，故将主关键层以上的弯曲下沉带称为微弱膨胀区。

2. 理论模型

为了建立数学模型，需要对采动上覆煤岩层进行必要的假设和简化，假设和简化为：① 塑性膨胀区内垮落煤岩遵循破碎岩体变形规律；② 弹性膨胀区内煤岩视为弹性体，遵循广义胡克定律；③ 破断煤岩载荷传递系数为1，即煤岩破断后，其载荷完全传递至采空区。

采动覆岩卸荷膨胀累积效应的一般力学模型为（见图 8-14）[68]：

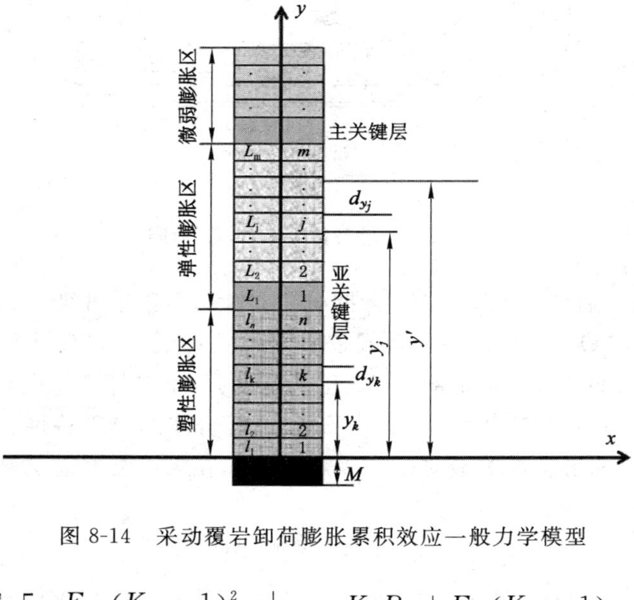

图 8-14 采动覆岩卸荷膨胀累积效应一般力学模型

$$f=\sum_{k=1}^{n}\left[-\frac{E_{l_k}(K_{l_k}-1)^2}{K_{l_k}\gamma_{l_k}}\ln\left|\frac{K_{l_k}R_k+E_{l_k}(K_{l_k}-1)}{K_{l_k}\gamma_{l_k}l_k+K_{l_k}R_k+E_{l_k}(K_{l_k}-1)}\right|\right]+\sum_{j=1}^{m}\frac{W_j-R_j}{\gamma_{l_j}}\ln\left|\frac{E_j-(1-2\mu_{l_j}^2)W_j}{E_j-(1-2\mu_{l_j}^2)W_{j-1}}\right| \tag{8-7}$$

式中，E_{l_k} 为塑性膨胀区第 k 层岩层初始切线模量，Pa；K_{l_k} 为塑性膨胀区第 k 层岩层初始碎胀系数；γ_{l_k} 为塑性膨胀区第 k 层岩层重力密度，N/m^3；R_k 为塑性膨胀区第 k 层煤岩上界面到 y 范围内的煤岩载荷，Pa；l_k 为塑性膨胀区第 k 层煤岩厚度，m；W_j 为弹性膨胀区第 j 层煤岩上界面到地表的全部煤岩载荷，Pa；R_j 为弹性膨胀区第 j 层煤岩上界面到 y 范围内的煤岩载荷，Pa；γ_{l_j} 为弹性膨胀区第 j 层岩层重力密度，N/m^3；E_j 为弹性膨胀区第 j 层岩层弹性模量，Pa；μ_{l_j} 为弹性膨胀区第 j 层岩层泊松比；W_{j-1} 为弹性膨胀区第 $j-1$ 层煤岩上界面到地表的全部煤岩载荷，Pa。

3. 模型验证

(1) 计算实例

下面以淮北海孜煤矿Ⅱ102 采区巨厚火成岩下采煤为例，利用所建立的采动覆岩卸荷膨胀累积效应理论模型计算巨厚火成岩下方岩层的卸荷膨胀量，并进一步计算得到火成岩下最大离层量。

根据淮北海孜煤矿 $21B_3$ 孔柱状图，利用关键层判别软件对该综放面覆岩关键层位置进行判别，判别结果见图 8-15。由判别结果可知上覆巨厚火成岩为覆岩主关键层，此外，覆岩中还存在 7 层亚关键层。

海孜煤矿Ⅱ102 采区煤层采高为 3.10 m，垮落带(塑性膨胀区)高度约为 11.43 m。由于上覆煤岩垮落受亚关键层 1 控制，则垮落带高度将发育至亚关键层 2 之下，所以在煤层采高为 3.10 m 情况下，塑性膨胀区最大高度为 12.33 m。由于该采区主关键层厚度达 136.10 m，可以认为主关键层以上覆岩不卸荷。因此，弹性膨胀区最大高度达到主关键层位置，其高度为 186.0 m。

岩性参数选择如表 8-3 所列。

表 8-3　岩性参数

岩性	强度/MPa	重力密度/(kN/m³)	弹性模量/GPa	初始碎胀系数	泊松比
煤	10	13.0	1.17	1.40	0.26
泥岩	12	24.0	1.20	1.22	0.28
铝质泥岩	12	24.0	1.18	1.25	0.23
粉砂岩	68	26.00	3.40	1.20	0.20
中砂岩	68	24.8	4.30	1.15	0.21
细砂岩	53	26.0	3.50	1.35	0.19
火成岩	93	26.0	3.30	1.25	0.19
粗砂岩	53	25.6	5.00	1.20	0.21

(2) 计算结果及分析

随着工作面的不断推进，塑性膨胀区高度很快达到最大值；与塑性膨胀区不同，弹性膨胀区发育高度随关键层破断而阶段性增大，直至发育到主关键层以下。因此，这里仅对卸荷高度发育至各关键层之下时的卸荷膨胀量进行计算。将表 8-3 中的岩性参数代入采动覆岩卸荷膨胀累积效应计算公式(8-7)进行计算，并对计算结果进行后处理。不同卸荷高度条件下的卸荷煤岩膨胀总量、塑性膨胀区膨胀量、弹性膨胀区膨胀量变化曲线如图 8-16 所示；

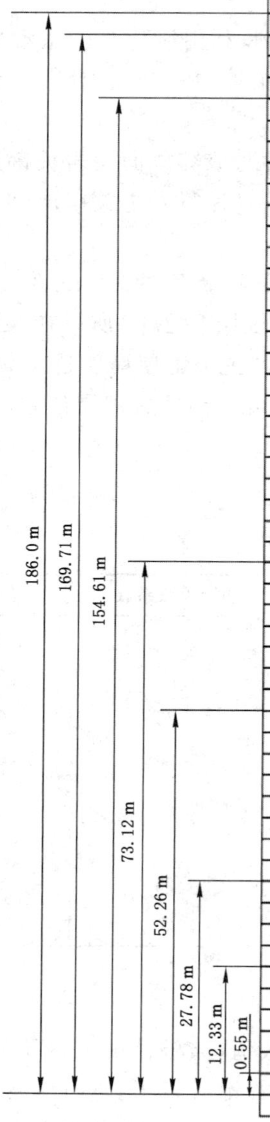

层序	厚度/m	埋深/m	岩性	关键层位置	柱状
67	243.00	243.00	表土层		
66	2.27	245.27	中砂岩		
65	6.01	251.28	泥质砂岩		
64	15.76	267.04	细砂岩		
63	1.77	268.81	粉砂岩		
62	9.16	277.97	泥岩		
61	4.28	282.25	粉砂岩		
60	6.06	288.31	细砂岩		
59	0.98	289.29	粉砂岩		
58	2.17	291.46	中砂岩		
57	2.95	294.41	泥岩		
56	2.76	297.17	泥岩		
55	19.80	316.97	岩浆岩		
54	5.22	322.19	泥岩		
53	136.10	458.29	岩浆岩	主关键层	
52	16.82	475.11	粉砂岩	亚关键层7	
51	2.91	478.02	细砂岩		
50	1.22	479.24	粉砂岩		
49	10.43	489.67	中砂岩	亚关键层6	
48	13.29	502.96	泥岩		
47	0.23	503.19	煤		
46	1.74	504.93	泥岩		
45	3.25	508.18	粉砂岩		
44	2.60	510.78	泥岩		
43	4.19	514.97	粉砂岩		
42	2.87	517.84	中砂岩		
41	0.67	518.51	细砂岩		
40	1.18	519.69	泥岩		
39	1.94	521.63	7煤		
38	18.05	539.68	泥岩		
37	1.58	541.26	细砂岩		
36	0.57	541.83	泥岩		
35	4.11	545.94	粉砂岩		
34	8.58	554.52	细砂岩		
33	0.92	555.44	8煤		
32	1.60	557.04	泥岩		
31	1.14	558.18	9煤		
30	3.38	561.56	泥岩		
29	1.74	563.30	细砂岩		
28	0.26	563.56	煤		
27	7.60	571.16	粉砂岩	亚关键层5	
26	1.84	573.00	细砂岩		
25	1.26	574.26	泥岩		
24	1.35	575.61	细砂岩		
23	2.12	577.73	粉砂岩		
22	3.20	580.93	泥岩		
21	3.44	584.37	铝质泥岩		
20	7.65	592.02	细砂岩	亚关键层4	
19	4.21	596.23	泥岩		
18	0.96	597.19	粉砂岩		
17	0.86	598.05	细砂岩		
16	2.10	600.15	粉砂岩		
15	1.72	601.87	泥岩		
14	1.90	603.77	粉砂岩		
13	1.24	605.01	细砂岩		
12	11.49	616.50	粉砂岩	亚关键层3	
11	5.92	622.42	粗砂岩		
10	3.16	625.58	粉砂岩		
9	1.93	627.51	粗砂岩		
8	4.44	631.95	粉砂岩	亚关键层2	
7	1.45	633.40	细砂岩		
6	2.22	635.62	粉砂岩		
5	1.84	637.46	细砂岩		
4	3.57	641.03	泥岩		
3	2.70	643.73	细砂岩	亚关键层1	
2	0.55	644.28	粉砂岩		
1	3.10	647.38	10煤		

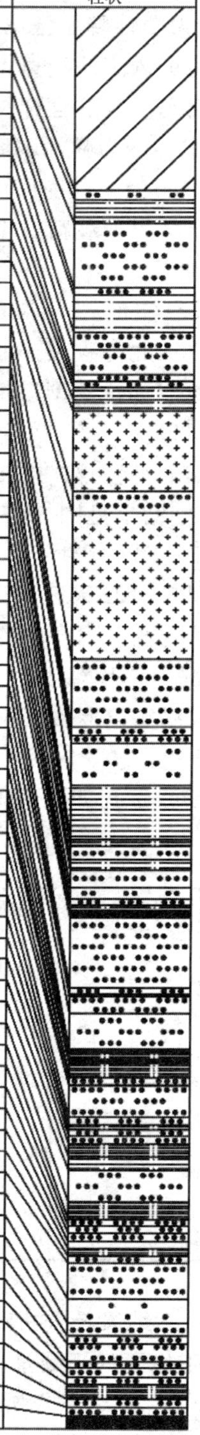

图 8-15 海孜矿覆岩关键层判别结果

另外，假设卸荷区上部关键层挠度为 0（实际并不为 0），根据煤层采高可得到关键层下离层量随覆岩卸荷高度的变化曲线见图 8-16。

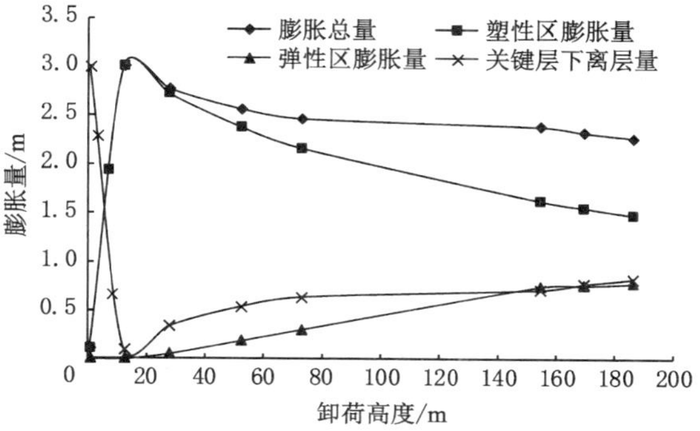

图 8-16　覆岩卸荷膨胀量随卸荷高度的变化规律

由图 8-16 可知：

① 随着上覆煤岩卸荷高度的不断增加，卸荷煤岩体膨胀总量并不持续增加，而是处于不断的累积变化之中。

② 塑性膨胀区煤岩膨胀量呈现出先增加后减少的变化规律，当卸荷高度发育至亚关键层 2 时，塑性膨胀区煤岩膨胀量达到最大为 3.03 m。此时由于亚关键层 2 未破断，使得上覆载荷向两侧传播并在两侧煤柱上形成应力集中，而冒落煤岩膨胀量与煤层采高相近，冒落煤岩基本充满采空空间。冒落煤岩为弹性卸荷区岩块的下沉提供了支撑，使得弹性卸荷区破断块度更大，结构也更加完整。

③ 随着开采范围的进一步增大，亚关键层 2 破断，卸荷高度越过亚关键层 2，其上部的弹性膨胀区煤岩开始卸荷膨胀，且弹性膨胀量随卸荷高度的增大而不断增加；另一方面，弹性膨胀区煤岩下沉使得塑性膨胀区煤岩所受载荷增大，造成塑性膨胀区煤岩膨胀量大幅减小；随着卸荷高度的增加，塑性膨胀区膨胀量的减小速度明显大于弹性膨胀区膨胀量的增加速度，这说明与弹性膨胀区相比，塑性膨胀区煤岩的膨胀量对载荷的变化更加敏感，这也是导致覆岩卸荷膨胀总量随卸荷高度增大而不断减小的主要原因。

④ 随着卸荷高度的增大，塑性膨胀区煤岩逐渐被压实，弹性膨胀区的膨胀量却在逐渐增加，当卸荷高度发育至 186.0 m（亚关键层 7）时，弹性膨胀区膨胀量为 0.81 m，塑性膨胀区膨胀量为 1.47 m。

⑤ 若不考虑关键层挠度，关键层下离层量随卸荷高度呈先减小后增大的变化趋势；在亚关键 2 未破断之前，随着工作面的推进，冒落高度不断上升，当冒落煤岩充满整个开采空间时，关键层下离层量几乎降低到 0；随着卸荷高度越过亚关键层 2，垮落带煤岩受上覆载荷影响，塑性膨胀区煤岩膨胀量急剧下降，导致各关键层下离层量有所上升。

（3）实测验证

海孜煤矿Ⅱ102 采区Ⅱ1022、Ⅱ1024 工作面开采后，实测地表最大下沉量为 0.457 m。此时的累计采宽已达 390 m，走向推进距约为 560 m，根据该区域的地表移动参数估算地面沉陷应为 2.0～2.5 m，远大于实测下沉值，说明火成岩在 10 煤开采影响下一直处于弯曲变形之中。由于地表下沉受主关键层控制，可以认为主关键层最大下沉量为 0.457 m。由于工作面煤层采高为 3.10 m,若不考虑主关键层以下煤岩的卸荷膨胀累积效应,主关键层下将产生 2.543 m 高的离层。然而,钻孔的电视观测结果表明,仅在埋深 466.13 m 处有 0.25 m 高的离层。由现场实测结果推断,海孜煤矿火成岩下卸荷膨胀总量为 2.293 m,与采动覆岩卸荷膨胀累积效应理论模型的理论计算值 2.271 m 相近。据此计算,预计离层量应为 0.272 m,与实测离层量符合。

事实上,不仅海孜煤矿巨厚火成岩下并未出现显著的离层,其他煤矿的实测结果也得到了类似结果,如唐山煤矿、钟家山煤矿、蒋庄煤矿,澳大利亚 West Cliff 煤矿以及乌克兰顿涅茨克煤田。上述案例所揭示的离层量介于 0.002～0.400 m 之间,平均值小于 0.150 m;离层量占采高的比值平均小于 8%。此外,覆岩离层注浆充填压力与充填量的监测结果表明[66],零压阶段(反映了自然离层的最大量)时注入浆液体积(离层区体积)占比为 2.5%～7.6%,换算后得出离层量与采高比值小于 4%～10%。因此,离层量受到了覆岩卸荷膨胀累积效应的影响,最大离层量远小于煤层开采厚度。

上述研究成果对指导覆岩离层注浆充填减沉与卸压瓦斯抽采具有重要意义。

第三节　地表沉陷基本规律

煤层开采所引起的移动变形波及地面时对地面造成的移动变形称为地表沉陷。地表移动破坏与煤层采深、采厚、覆岩产状和岩性、地表形态及采煤方法等因素密切相关。

一、地表移动盆地的形成与特征

地表移动盆地是在工作面推进过程中岩层移动由下向上传递到地表的最终反映。通常,当工作面至开切眼距离达到 $1/4\sim1/2H_0$(H_0为平均采深)时,地表受开采影响才开始下沉。习惯上把开采影响开始波及地表的开采空间宽度称为起动距。随着工作面向前推进,地表的影响范围不断扩大,下沉值不断增加,最终在地表形成一个比开采范围大的下沉盆地。

如图 8-17 所示,当工作面由开切眼推进到位置 1 时,地表形成最大下沉值为 W_1 的范围较小的移动盆地;随着工作面依次由位置 1 向 2、3、4、5 位置推进,开采至位置 1 所形成的移动盆地以内的地表继续下沉,该盆地以外尚未移动的地表点陆续进入地表下沉范围,从而使移动盆地范围逐渐扩大,形成一系列新的移动盆地和对应的最大下沉值 W_2、W_3、W_4、W_5。

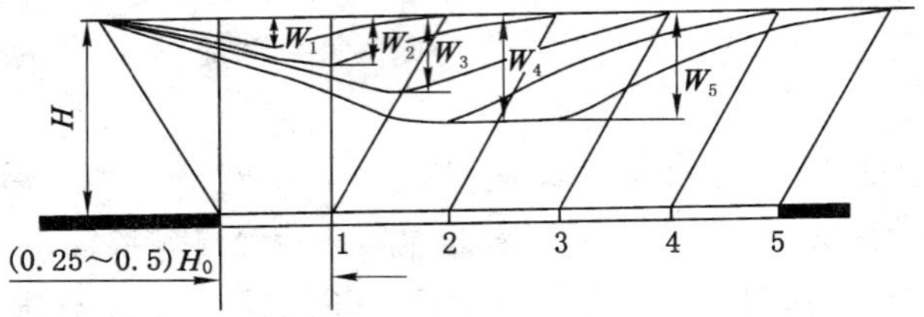

图 8-17　地表移动盆地形成过程

工作面推进过程中形成的地表移动盆地称为动态盆地。当工作面推进到停采边界后,虽然采煤工作结束了,但是地表移动并未立刻停止,而是还要延续一段时间,才逐渐稳定下来并趋于静止,形成一个最终地表移动盆地,又称为静态移动盆地。

为了反映地表沉陷达到最大下沉值与否时的开采状态和程度,这里定义了充分采动与非充分采动概念。当采空区尺寸(长度和宽度)相当大时,地表最大下沉值达到该地质条件下应有的最大值,此时的采动称为充分采动。此后采空区尺寸再继续扩大时,地表的影响范围相应扩大,但地表最大下沉值不再增加,地表移动盆地将出现平底"盘状"。因此,将刚达到充分采动状态的采空区尺寸称为临界开采尺寸。如果采空区尺寸小于临界开采尺寸,称为非充分采动,此时下沉盆地呈尖底"碗状"。随着开采尺寸增加,地表下沉值还将继续增大。

根据充分采动和非充分采动的概念可知,其对于建筑物下采煤的开采尺寸设计具有重要的指导意义。需要指出的是,尽管地表沉陷的发生是由采煤引起的,但其形成最终是由岩层移动造成的,而充分采动与非充分采动衡量的是开采状态(即开采尺寸大小),从结果来看,是由于开采宽度减小使得地表沉陷得到一定抑制,但内在实质是开采宽度较小时覆岩尤其是关键层移动变形较小,所引起的地表下沉就小。

在地表移动盆地外边缘区,地表经常出现裂缝。裂缝的深度和宽度受有无第四纪松散层及其厚度、性质和变形值大小的影响较大。若第四纪松散层为塑性大的黏性土,一般地表拉伸变形值超过 6～10 mm/m 时地表才出现裂缝;若为塑性小的砂质黏土或岩石,地表拉伸变形值只需 2～3 mm/m 即可产生裂缝。急倾斜煤层开采时,煤层露头处附近地表往往呈现出严重的非连续性破坏,形成漏斗状塌陷坑;缓倾斜或倾斜煤层开采浅部区域时,地表有时也会出现非连续性破坏,也可能出现塌陷坑。地表出现的裂缝、台阶或塌陷坑,对位于其上的建筑物、铁路和水体危害极大,因此,在"三下"采煤时应尽可能避免其出现。

二、地表移动与变形表征参数

岩层与地表移动会导致地表产生沿竖直方向和水平方向的位移,前者称为下沉,后者称为水平移动。由图 8-18 可见,地表相邻点的下沉量和水平移动量是不相等的,这表明点与点之间有相对的移动,从而引起地表变形。地表变形分为倾斜、曲率、水平变形(拉伸和压缩),它们分别由下沉和水平移动导出。

1. 下沉

下沉是主断面内地表移动向量的铅直分量,用 w 表示,单位为 mm。取最大下沉值处的地表点为坐标原点 O 点,w 坐标轴向下为正。把所取的主断面的方向作为 x 坐标轴,x 轴向右为正,单位为 m。在以下讨论的地表移动和变形的其他指标中,O 点和 x 坐标轴的设置相同。

2. 水平移动

水平移动是主断面内地表移动向量的水平分量,用 u 表示,单位为 mm。u 坐标轴向下为正。水平移动方向指向盆地中心,有 2 组方向不同的水平移动,为反映水平移动的方向不同,规定正值的水平移动与 x 轴的正方向一致,负值的水平移动与 x 轴的负方向一致,边界点和采空区中点的水平移动为零。

3. 倾斜变形

倾斜变形是指地表相邻两点在竖直方向的相对移动与两点间水平距离的比值,用 i 表示。它反映盆地沿某一方向的坡度。以图 8-18 中 3、4 点为例示于图 8-19 中,则 3、4 点之间倾斜变形为:

$$i_{3\text{-}4}=\frac{w_4-w_3}{l_{3-4}}=\frac{\Delta w}{l}\qquad (\text{mm/m}) \tag{8-8}$$

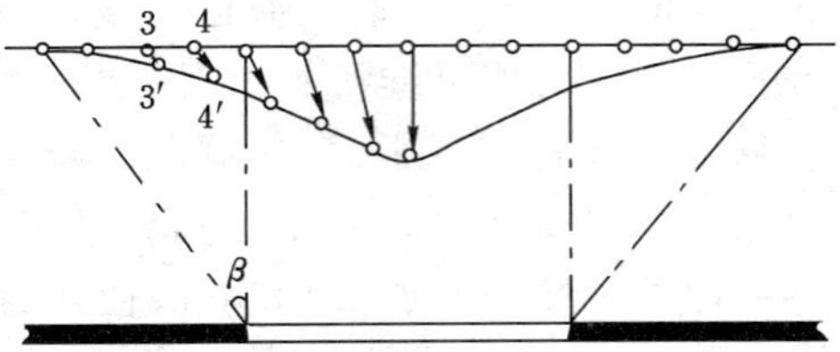

图 8-18 采动后岩层各点的移动

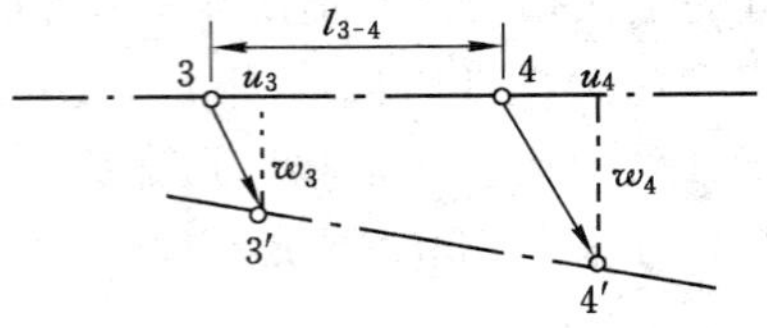

图 8-19 地表相邻两点的移动和变形

倾斜变形会使地表移动盆地内的建筑物歪斜，特别是对底面积小而高度很大的建筑物影响较严重。

4. 曲率变形

曲率变形是指相邻线段的倾斜差与两线段中点间的水平距离的比值，用 K 表示。它反映观测线断面上的弯曲程度。曲率有正、负之分，下沉曲线上凸为正，下凹为负。下沉曲线的凹凸分界点称为拐点。

$$K=\frac{\Delta i}{l} \quad (\mathrm{mm/m^2}) \tag{8-9}$$

曲率又常以曲率半径 ρ 表示：

$$\rho=\frac{1}{K}$$

曲率变形引起建筑物上附加应力增大，一般是随曲率半径减小，建筑物长度增大，建筑物产生的破坏也加大。

5. 水平变形

水平变形是指地表相邻两点的水平移动差值与两点间水平距离的比值，用 ε 表示。它反映相邻两点间单位长度的拉伸（正）或压缩（负）值。

$$\varepsilon_{3-4}=\frac{u_4-u_3}{l_{3-4}}=\frac{\Delta u}{l} \quad (\mathrm{mm/m}) \tag{8-10}$$

水平变形是引起建筑物破坏的重要因素。特别是砖木结构的建筑物，抗拉伸变形的能力很小，在受到拉伸变形影响后，往往先在建筑物的薄弱部位（如门窗上方）出现裂缝。

三、地表移动盆地描述的角量参数

1. 边界角

在充分或接近充分采动条件下，地表移动盆地主断面上的边界点和采空区边界点的连线与水平线在煤壁一侧的夹角，称为边界角。

地表移动盆地最外的边界在理论上是以地表移动和变形都为零的边界点所圈定的边界，通常由仪器观测确定，考虑到观测误差，一般取下沉量为 10 mm 的点作为边界点。地表移动盆地外边界如图 8-20 中的 $ACBD$。

边界角可划分为走向、下山和上山边界角，分别用 δ_0、β_0、γ_0 表示。

2. 移动角

在达到或接近充分采动时的移动盆地主断面上，地表最外的临界变形点和采空区边界点的连线与水平线在煤壁一侧的夹角，称为移动角。

地表移动盆地是一个比采空区面积大的开采影响范围，在该范围内，不是任何一个位

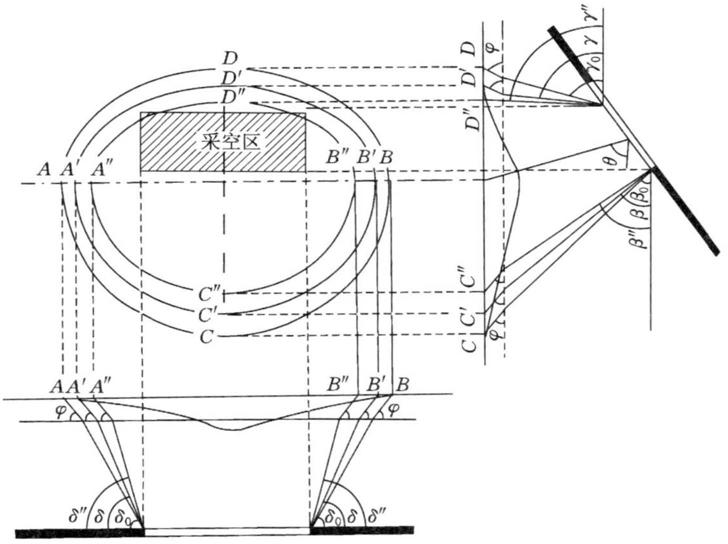

图 8-20　地表移动盆地边界角、移动角和裂缝角

置都对地面建筑物构成危害。危险的移动边界是根据盆地内的地表移动和变形对建筑有无危害而划分的边界，对地面建筑物有无危害的标准是以临界变形值来衡量的，该值是受保护的建筑物不需修理能保持正常使用所允许的地表最大变形值。目前，我国采用的一组临界变形值是[57]：倾斜变形 $i=3$ mm/m，水平变形 $\varepsilon=2$ mm/m，曲率变形 $K=0.2$ mm/m^2。这组临界变形值是针对一般砖混结构建筑物而设定的。在由临界变形值指标圈定的范围以外，是地表移动和变形对建筑物不产生明显损害的地带；在圈定的范围以内，是地表移动和变形对建筑物产生有害影响的地带，如图 8-20 中的 $A'C'B'D'$。

移动角可划分为走向、下山和上山移动角，分别用 δ、β、γ 表示。

3. 裂缝角

在达到或接近充分采动时，在地表移动盆地主断面上，地表最大的一条裂缝和采空区边界点的连线与水平线在煤壁一侧的夹角，称为裂缝角。地表移动盆地的裂缝边界根据盆地内最大的裂缝圈定，如图 8-20 中的 $A''C''B''D''$。

裂缝角可划分为走向、下山和上山裂缝角，分别用 δ''、β''、γ''表示。

4. 松散层移动角

松散层移动角以 φ 表示，它不受煤层倾角的影响，通常取 45°左右。当有第四纪、新近纪和古近纪未成岩的松散层时，应先将边界点沿松散层移动角 φ 的方向投影到基岩面上，再在基岩中进行上述角度的划定。

四、地表沉陷预计方法

对煤层开采引起的地表沉陷影响范围、地表移动和变形极值大小、地表任意点的移动和变形值进行预计是非常重要的。我国学者经过长期研究，总结出适合我国煤层地质开采条件的开采沉陷预计方法，主要包括典型曲线法、剖面函数法、概率积分法、数值模拟法等。也有学者开展了基于内部岩层移动的开采沉陷预计方法的研究和探索[69]，进一步研究形成了基于关键层理论的开采沉陷预计方法是研究发展方向。

典型曲线法是将矿区开采沉陷大量实测资料转化为移动盆地主断面内移动和变形分布规律的无因次曲线，据此对该矿区类似条件下的地表移动和变形作出预计。典型曲线法适用于矩形或近似矩形开采区域的地表移动和变形预计。如峰峰矿区曾总结出了该矿区的典型下沉曲线。

剖面函数法是以一定的函数表示下沉盆地主剖面，从而通过函数的运算对开采沉陷进行预计的方法。我国最常用的负指数函数法，是用负指数函数表示下沉盆地主剖面方程的方法。剖面函数法适用于矩形或近似矩形开采区域的地表移动和变形预计。

目前，概率积分法和数值模拟法是我国开采沉陷预计中应用较多的两种方法。

1. 概率积分法

概率积分法是我国学者刘宝琛、廖国华在波兰学者李特威尼申(Litwiniszyn)创立的岩层移动的随机介质理论基础上发展而来的。概率积分法认为[57]，任意开采条件下都可以将整个开采分解为无限多个微小单元的开采，整个开采对地表的影响等于所有开采单元的影响叠加之和。观测表明：在近水平煤层开采条件下，或沿煤层走向的主断面内，下沉盆地的下沉曲线基本呈正态分布，且与正态分布的概率密度分布基本一致。因此，整个开采引起的下沉盆地的剖面方程式可表示为概率密度函数的积分表达式。概率积分法适用于水平和倾斜煤层任意形状开采区域和任意点的地表移动和变形预计。

2. 数值模拟法

近几十年来，岩石力学数值分析方法得到了迅速发展，出现了有限元法、边界元法、离散元法等各种数值模拟技术，为采矿中的岩层移动与地表沉陷预计等提供了强有力的研究工具。适合煤矿层状矿体开采后开采沉陷研究的有离散单元法，如 UDEC 软件。

五、关键层对地表沉陷的影响

对岩层移动是如何由下向上逐步传递到地表这一问题的研究，一直为采矿工作者所重视。试验与实测证明[5,70]，岩层移动由下向上成组运动，岩层移动的动态过程受控于覆岩关键层的破断运动。当第一层亚关键层破断时，它所控制的上覆岩层组与之同步破断运动，如此向上发展直至覆岩主关键层，主关键层的破断导致上覆所有岩层同步破断和地表下沉。下面分别以相关试验研究、现场实测为例对其进行验证。

1. 试验研究

试验研究获得了关键层对覆岩移动控制的研究结果(见图 8-21)。曲线 1 为距煤层 30 m 的一层关键层距开切眼 90 m 处下沉量和下沉速度与工作面相对距离的关系曲线。曲线 2 为该关键层上方 82 m 处对应点下沉量和下沉速度与工作面相对距离的关系曲线。由图 8-21 可见，关键层与其上方 82 m 处岩层几乎同步运动，采过测点 105 m 之前，关键层与上覆 82 m 处岩层下沉速度都较小；采过测点 105 m 后，关键层破断急剧下沉，并导致其上覆 82 m 岩层同步下沉。

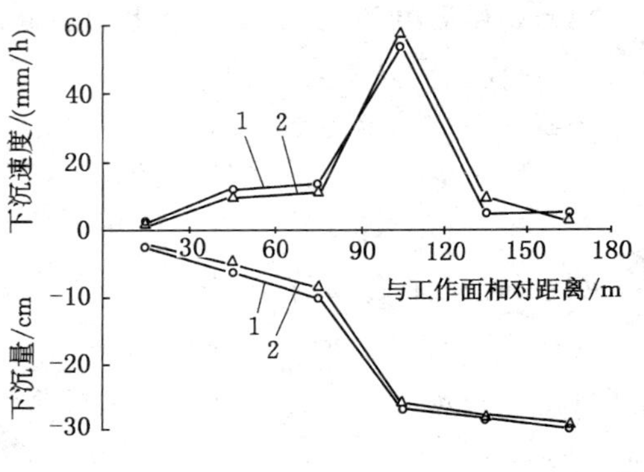

1—关键层；2—关键层上 82 m 处。

图 8-21 关键层对岩层移动控制作用的试验结果

2. 阳泉一矿内部岩层移动钻孔实测

阳泉矿区曾于 20 世纪 60 年代在阳泉一矿 70310 工作面开展了岩体内部移动与地表下沉的对比观测。[61] 70310 工作面采用走向长壁全部垮落法开采 3 号煤层，煤层倾角 3°～6°，采厚 2.2 m，工作面倾斜长 70 m，走向长 217 m。从 70310 工作面地面打了 6 个岩层移动观测钻孔，同时布置了走向地表下沉测线 C 及倾向地表下沉测线 D。各钻孔及测点布置见图 8-22。按关键层判别方法确定距 3 煤层顶板 78～103 m 邻近的 3 层硬岩层(累计厚度近 20 m)组成复合关键层，并成为覆岩主关键层。

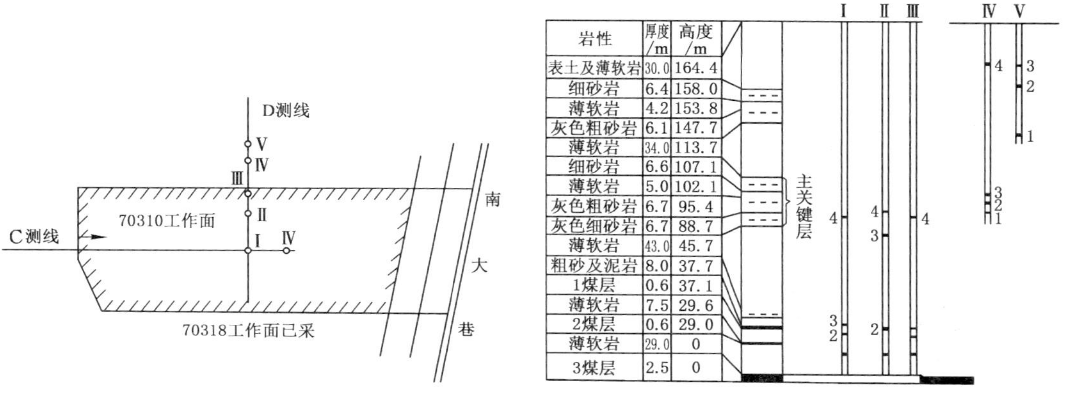

(a) 平面布置示意图　　　　(b) 沿倾向剖面图

图 8-22　阳泉一矿 70310 工作面岩层移动与地表下沉观测方案

以关键层理论对观测结果进行分析。钻孔Ⅰ中测点 4 的下沉过程代表了覆岩主关键层的下沉过程。钻孔Ⅰ对应的地表下沉测点为地表倾向 D 测线上的 10′测点。图 8-23 所示为上述两测点随工作面推进的下沉速度变化曲线。由图可见，覆岩主关键层在工作面采过钻孔Ⅰ31(1964 年 11 月 7 日)～47 m(1964 年 11 月 15 日)时下沉速度最快，其下沉速度达 21.6～23.3 mm/d，可以推断钻孔Ⅰ处主关键层在 1964 年 11 月 7 日发生破断。相应地表在工作面采过 27～49 m 时下沉速度最大达 6.0 mm/d。可见，地表最大下沉速度与关键层最大下沉速度同步。尽管 70310 工作面斜长较小，沿倾向未达充分采动，且地表下沉测量时间间隔较钻孔内部测量时间间隔要大，从而导致地表最大下沉速度与主关键层最大下沉速度相差较大，但二者同步运动的趋势是显著的。

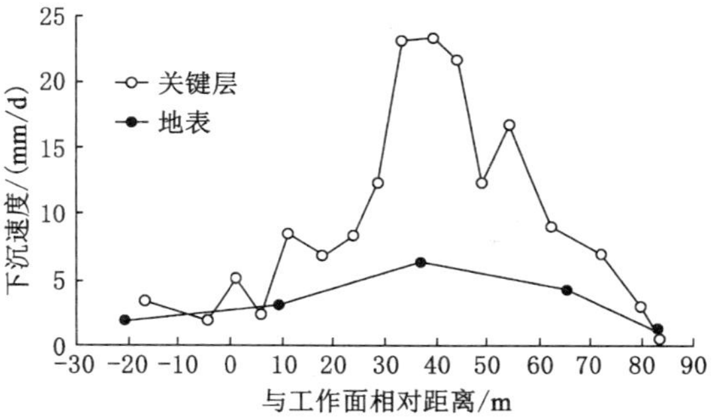

图 8-23　主关键层与对应地表下沉速度曲线

3. 补连塔煤矿内部岩层移动钻孔实测

补连塔煤矿 31401 工作面为四盘区 1^{-2} 煤首采面，工作面倾斜长 265.25 m，走向长 4 629 m，煤层实际采高 4.2 m，埋藏深度 180～260 m，基岩厚度 120～190 m。该工作面采用走向长壁综合机械化采煤，全部垮落法处理采空区顶板。

为了掌握浅埋煤层采动覆岩关键层运动规律及其对开采沉陷的影响规律[70]，于 31401

工作面中部布置了 S18 内部岩层移动钻孔，孔深 256 m(见图 8-24)。采用关键层判别软件对 S18 钻孔覆岩关键层位置判别结果表明：覆岩为多层关键层结构，共有 3 层关键层，与 1^{-2}煤间距 37.06 m、厚 47.01 m 的粉砂岩为主关键层。根据覆岩关键层位置判别结果，在主关键层中布置岩层移动测点Ⅰ(距地面 180 m 处，与 1^{-2}煤间距 71 m)，在主关键层上部基岩内布置岩层移动测点Ⅱ(距地面 130 m 处，与 1^{-2}煤间距 121 m)。同时，沿走向和倾向主断面布置地表移动观测线，孔口地面对应测点为 S6。

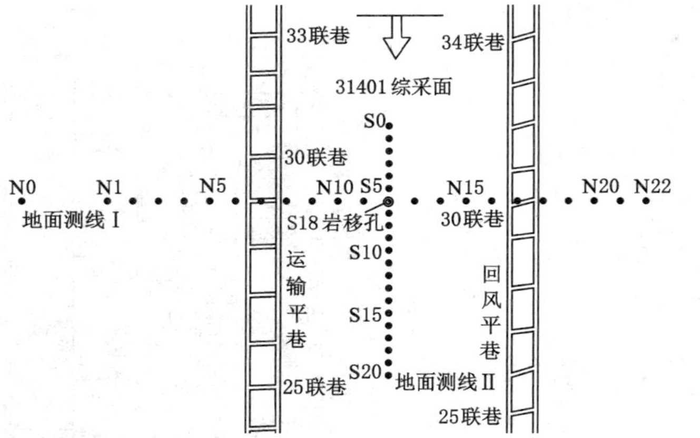

(a) 平面布置示意图

层号	厚度/m	埋深/m	柱状	岩性	关键层位置
1	5.50	5.50		风积沙	
2	20.32	25.82		砂砾岩	
3	46.83	72.65		中粒砂岩	
4	0.46	73.11		粗粒沙岩	
5	1.71	74.82		泥岩	
6	10.96	85.78		中粒砂岩	
7	3.47	89.25		粉砂岩	
8	3.43	92.68		砂砾岩	
9	3.86	96.54		细粒砂岩	
10	2.44	98.98		中粒砂岩	
11	23.00	121.98		砂砾岩	
12	2.05	124.03		砂质泥岩	
13	5.93	129.96		细粒砂岩	
14	2.31	132.27		中粒砂岩	
15	8.03	140.30		砂质泥岩	
16	1.29	141.59		中粒砂岩	
17	1.03	142.62		砂质泥岩	
18	1.76	144.38		粗粒砂岩	
19	2.82	147.20		砂质泥岩	
20	18.20	165.40		粉砂岩	
21	1.47	166.87		中粒砂岩	
22	47.01	213.88		粉砂岩	主关键层
23	10.79	224.67		粗粒砂岩	亚关键层
24	5.30	229.97		中粒砂岩	
25	4.82	234.79		粉砂岩	
26	5.18	239.97		细粒砂岩	
27	8.72	248.69		粉砂岩	亚关键层
28	2.25	250.94		细粒砂岩	
29	5.20	256.14		1^{-2}煤	

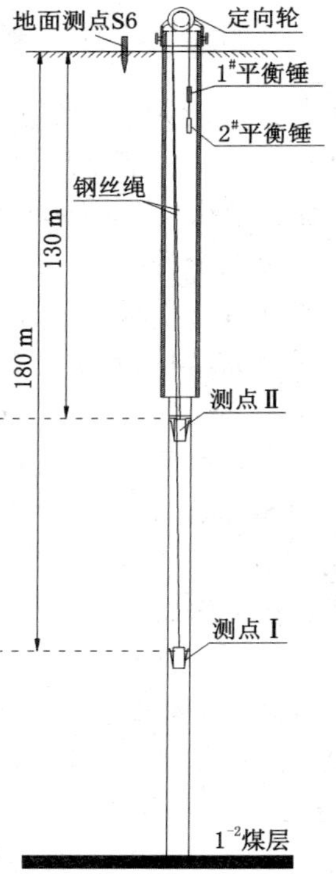

(b) 钻孔柱状与测点布置

图 8-24 补连塔煤矿 31401 工作面岩层移动与地表下沉观测方案

在 31401 工作面距 S18 钻孔尚有 100 m 时开始进行内部岩层移动观测，一直持续到工作面推过 S18 钻孔 290 m 时为止，历时 29 d，工作面平均日推进距为 13.5 m。图 8-25 所示为内部岩层移动孔内各测点与对应地表移动测点的下沉量和下沉速度曲线。由图可知，覆岩主关键层在工作面采过钻孔 19.65 m 时受到采动影响开始产生移动变形；当工作面采过钻孔 36.6 m 时，覆岩主关键层的下沉速度由 50 mm/d 增至 287 mm/d；当工作面采过钻孔 76.75 m 时，覆岩主关键层的下沉量由 1 103 mm 迅速增至 1 554 mm，下沉速度则由 380 mm/d 上升为 439 mm/d。在此过程中基岩段内测点Ⅱ的下沉量由 711 mm 增至 1 138 mm，下沉速度则由 303 mm/d 增大至 427 mm/d；测点Ⅱ的下沉过程与测点Ⅰ趋于同步。当工作面推过钻孔 76.75 m 时，孔口地面测点 S6 在 2 d 内的地面下沉量由 168 mm 增加至 580 mm，下沉速度则由 8 mm/d 增大至 323 mm/d，与覆岩主关键层在同一时段达到第一次下沉速度最大值。之后，测点Ⅰ、测点Ⅱ及地面的下沉速度又同时趋于最小值，当工作面采过钻孔 107 m 时，3 个测点的下沉速度又同时达到最大值；此后，3 个测点的下沉速度数值虽有差异，但对应的下沉速度曲线则出现完全一致的变化趋势。上述结果表明：覆岩主关键层完全控制了上覆基岩与地表的运动，主关键层破断前，主关键层与对应地表测点的下沉速度都较小；当主关键层破断时，主关键层与对应地表测点的下沉速度都明显增大，地表下沉速度随主关键层的周期破断呈跳跃性变化。应当注意的是，当地表沉陷的两次观测间隔时间较长时，可能会错过主关键层破断时的地表最大下沉速度，使得地表下沉速度变得更为均化。

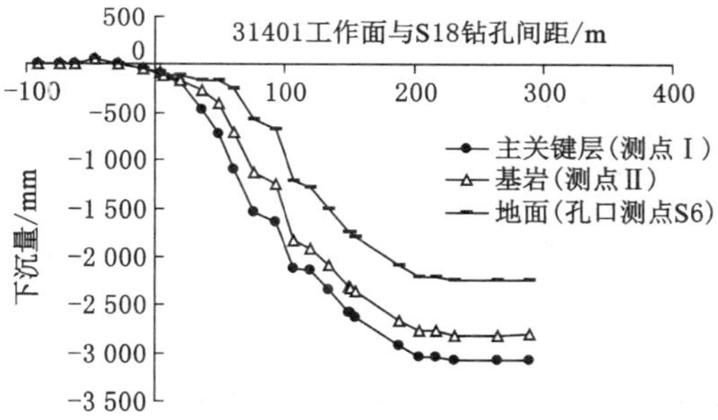

(a) 下沉量

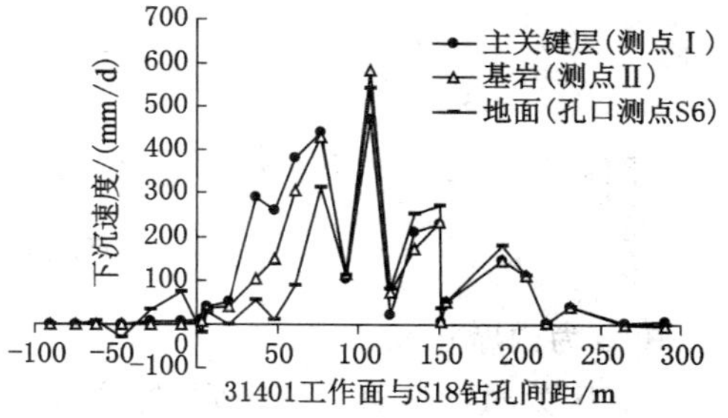

(b) 下沉速度

图 8-25　主关键层与对应地表下沉量和下沉速度曲线

关键层理论的进一步研究还表明[71]，覆岩关键层不仅对地表动态下沉过程起控制作用，还对地表移动曲线特性产生影响，地表下沉是关键层与表土层耦合作用的结果。一方面，关键层破断块度越大，对地表下沉曲线特征的影响越显著，相应地表下沉曲线的非正态分布特征越显著。另一方面，表土层起着消化关键层非均匀下沉的作用，表土层越薄，地表下沉的非均匀、非正态特征越显著，反之则不显著。当关键层破断块度较小或表土层厚度足够大时，关键层对地表下沉的影响很小。因此，对于浅埋、表土层较薄或覆岩中有典型的关键层（即其破断块度很大）的条件，地表下沉的预计必须考虑表土层与关键层的耦合关系，充分考虑关键层破断对地表下沉曲线特征的影响。而目前地表沉陷预计的概率积分方法是一种数学均化方法，没有充分考虑覆岩关键层的影响，因此，形成基于覆岩关键层结构的地表沉陷预计方法是地表沉陷预计研究有待解决的重要问题之一。

第四节　采场底板破坏规律与底板突水

一、采场底板破坏深度

煤层开采后不仅引起顶板岩层的移动和破坏，也将导致底板岩层在一定范围的移动和破坏。煤层开采后引起的底板破坏范围和开采范围及采空区周围的支承压力分布有关，底板的破坏可能导致地下水分布的变化，如我国华北地区许多煤层的底板为奥陶纪石灰岩，富含水性，煤层开采后底板的变形破坏可能引起突水等事故。事实上，采动底板突水事故是采动对底板破坏及底板承压水共同作用导致的。因此，底板突水的防治应重视研究采动底板破坏规律。

开采引起的底板破坏深度，一般可采用土力学中地基的计算方法。根据塑性理论，地基中的极限平衡区分为三个区，如图 8-26 所示。

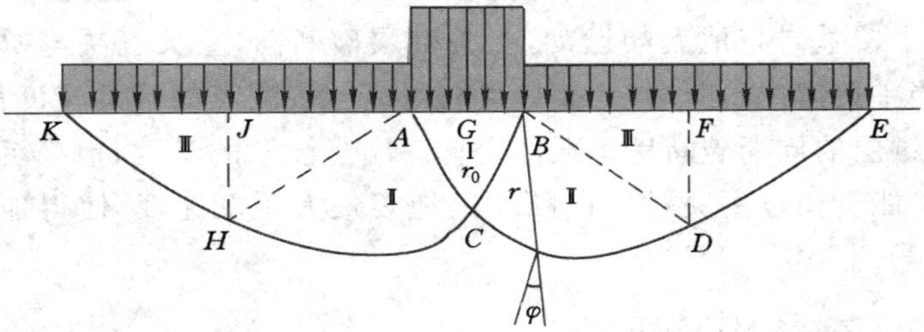

图 8-26　地基中的极限平衡区

图 8-26 中，Ⅰ区为主动应力区，其中：

$$\angle CAG=\angle CBG=45^\circ+\frac{\varphi}{2}$$

式中，φ 为内摩擦角。

Ⅱ区为过渡区，CD 和 CH 曲线为对数螺线，其原点为 A 和 B，则其方程为：

$$r=r_0 e^{\alpha\tan\varphi} \tag{8-11}$$

式中　r——以 A、B 为原点与 r_0 成 α 角处的螺旋半径；

r_0——AC 或 BC 的长度；

α——r 与 r_0 的夹角。

Ⅲ区为被动应力区，其中：

$$\angle FED=\angle JKH=45^\circ-\frac{\varphi}{2}$$

由于支承压力影响而形成的破坏深度，可以用图 8-27 表示。图中 D 表示破坏深度。

$$D=r\cos\theta=r_0 e^{\alpha\tan\varphi}\cos\theta$$

$$r_0=\frac{L}{2\cos\left(\frac{\pi}{4}+\frac{\varphi}{2}\right)}$$

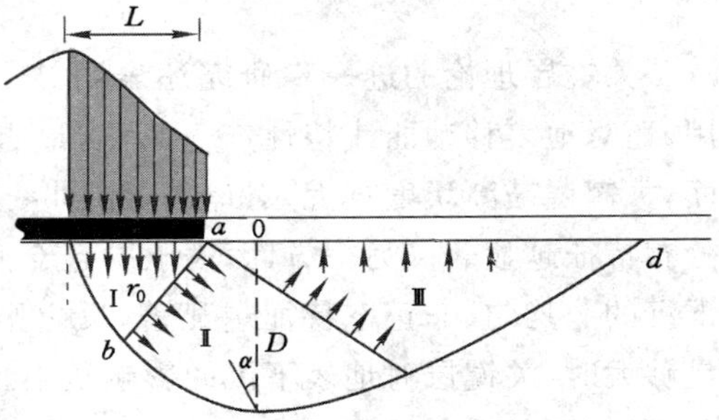

图 8-27　支承压力形成的底板破坏深度

$$\theta=\frac{\pi}{2}-\left[\frac{\pi}{2}-\alpha+\left(\frac{\pi}{4}-\frac{\varphi}{2}\right)\right]$$

$$\cos\theta=\cos\left(\alpha+\frac{\varphi}{2}-\frac{\pi}{4}\right)$$

所以

$$D=r_0 e^{\alpha\tan\varphi}\cos\left(\alpha+\frac{\varphi}{2}-\frac{\pi}{4}\right) \tag{8-12}$$

若取$\frac{dD}{d\alpha}=0$，即可求得最大破坏深度。

$$\frac{dD}{d\alpha}=r_0 e^{\alpha\tan\varphi}\cos\left(\alpha+\frac{\varphi}{2}-\frac{\pi}{4}\right)\tan\varphi-r_0 e^{\alpha\tan\varphi}\sin\left(\alpha+\frac{\varphi}{2}-\frac{\pi}{4}\right)=0$$

因 $\tan\varphi=\tan\left(\alpha+\frac{\varphi}{2}-\frac{\pi}{4}\right)$，则 $\alpha=\frac{\varphi}{2}+\frac{\pi}{4}$，因此

$$D_{max}=r_0 e^{\left(\frac{\varphi}{2}+\frac{\pi}{4}\right)\tan\varphi}\cos\theta$$

将 r_0代入上式，得最大破坏深度位置为

$$D_{max}=\frac{L\cos\theta}{2\cos\left(\frac{\varphi}{2}+\frac{\pi}{4}\right)}e^{\left(\frac{\varphi}{2}+\frac{\pi}{4}\right)\tan\varphi} \tag{8-13}$$

在大面积采空情况下，底板的坚硬岩层也可能引起弯曲或拉伸破坏，这种破坏常发生在采空区的四周。

二、基于关键层理论的采场底板破坏与突水分析

将底板采动破坏带以下及含水层以上承载能力最大的一层岩层称为底板关键层，类似于采场覆岩中的关键层，在底板隔水层中起关键控制作用，称为底板隔水关键层。[5,72]

在底板关键层上的载荷可分为正向载荷和负向载荷两种。正向载荷包括底板关键层的自重及关键层以上底板岩层和采空区垮落岩层的自重，起抑制变形破坏作用，或称抵抗水压作用。负向载荷为承压水的水压，对底板关键层起变形破坏作用。

图 8-28 为初次来压期间底板隔水关键层载荷特征。根据关键层的板结构特征和采空区卸载空间的边界条件，在没有断层构造条件下，底板岩体的关键层结构模型便简化为在均布载荷下四周固支的矩形薄板；在有断层构造条件下，则视断层性质关键层结构模型可简化为均布载荷下三边固支、一边自由或三边固支、一边简支的矩形薄板。对采场底板突水机理的研究就简化为底板关键层破断条件及破断后各岩块平衡关系的研究。

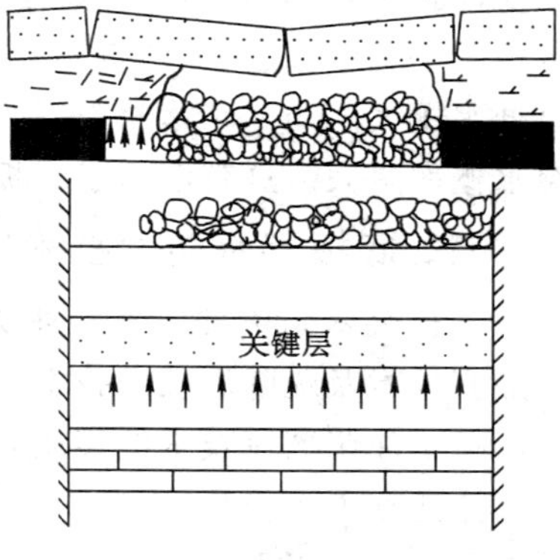

图 8-28　初次来压时底板隔水关键层载荷特征

当底板关键层达到破断跨距时，随着回采工作面的推进，只要工作面基本顶的极限破断步距大于底板关键层的破断跨距，底板关键层就要产生"O-X"形断裂，断裂后的一般状态如图 8-29(a)所示。将工作面底板分为图示上、中、下 3 个区，破断的岩块由于互相挤压形成水平力，从而使岩块间产生摩擦力。卸载空间底板的上、下两区是圆弧形破坏，岩块间的咬合是一个立体咬合关系，而中部则可能形成图 8-29(b)中 A-A 剖面所示的反三铰拱式平衡结构。因此，并不是关键层刚一达到断裂极

限发生断裂就产生突水，而是还取决于破断块体之间的相互咬合与平衡关系。

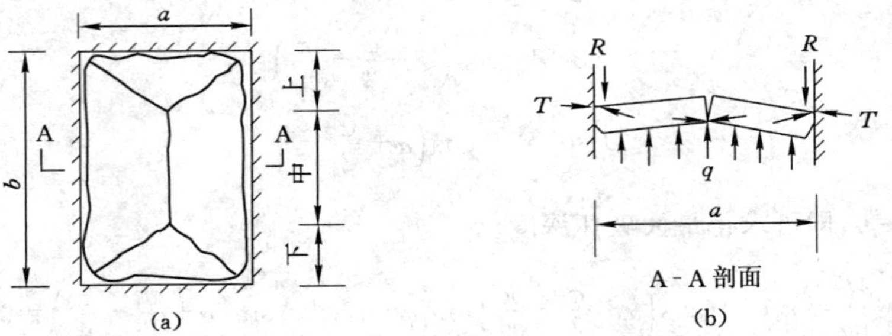

图 8-29 底板关键层破断后的一般状态

采用“砌体梁”结构的滑落失稳与回转失稳分析方法对底板关键层破断块体的稳定性进行分析，从而可以对底板突水危险性作出评价。

已往突水理论认为底板突水的前兆——底鼓是由于承压水先沿构造裂隙进入采空区底板浅部的离层裂隙，在水压、矿压甚至地应力的共同作用下，塑性较强的岩层产生底鼓，然后于适合的通道突破形成突水。而事实上，既然采空区浅部为采动导水裂隙带，且岩石材料多为塑性差的脆性材料，那么它不可能在采空区底板浅部形成离层区域使浅部岩层产生 0.2～0.6 m 这样大的底鼓(遇水膨胀岩层除外)。用关键层结构模型分析可知，在断层构造条件下，底鼓是断层两盘的关键层在水压作用下产生上挠而形成的。在没有断层构造条件下，底鼓是关键层在产生“O-X”形破坏后形成图 8-29(b)中 A-A 剖面所示的反三铰拱结构的缘故。

突水事例统计表明，采场底板突水呈现在工作面中部概率最小、上出口次之、下出口最大的特点。由底板关键层破断后的平衡条件分析可知，上、下两端是采场底板突水的最危险点。从关键层的“O-X”形破坏特点看，由于“O”形裂缝均是下表面张开，“X”形裂缝均是上表面张开，只有在“O”形裂缝与“X”形裂缝的交点才是突变点，所以从“O-X”形破坏角度也说明了工作面上、下两端是突水最危险点。又由于缓倾斜煤层中，下出口处水压比上出口处水压大 $b\sin\varphi$ 个水柱(φ 为煤层倾角，b 为开采宽度)，因此工作面下出口处比上出口处突水概率更大。这就解释了底板突水点的分布特点。

三、底板突水防治技术

底板突水防治的主要技术方法有帷幕注浆截流技术、减小采动底板破坏深度、底板注浆加固技术及疏降底板水技术。

帷幕注浆截流技术的实质是在井田或井田内某一区域外围集中径流带采用钻孔注浆的方法建立人工帷幕，截断矿井的补给水，然后在开采范围内进行疏水，将承压水的水位降低至开采水平以下。

减小采动底板破坏深度的方法主要包括缩小来压步距、改变采煤方法和开采参数。比如，通过人工挑顶、软化顶板和及时放顶等方法，缩小初次来压和周期来压步距，一方面降低超前支承压力峰值，另一方面尽快使垮落矸石作用在采空区底板上。采用充填采煤法可减小支承压力对煤层底板的破坏，能有效地防止底鼓和底板裂隙扩张；条带开采也可减轻支承压力对煤层底板的破坏程度。缩短工作面长度能够减小采动底板破坏深度，从而提高保护层厚度。

对于底板破碎带及薄层石灰岩含水层，可以采用底板注浆加固技术，即通过钻孔注浆堵塞石灰岩溶洞，加固破碎带和裂隙带，并封闭奥陶纪石灰岩的补给通道。

疏降底板水技术是设置各种疏水工程，如疏水井巷、疏水钻孔等，将岩溶水位人为地降低到开采水平以下，以确保安全开采。

第五节　岩层移动与地表沉陷控制技术

由开采引起的岩层移动与地表沉陷规律及其导致的采动损害可知，若不采取任何措施直接进行建筑物下压煤开采，势必造成地表塌陷、房屋损坏，甚至危及人员安全。当地下开采影响到地表，并且产生的变形有可能危及地表建(构)筑物正常使用时，最常用和最有效的方法就是在需要保护的建(构)筑物下方留设一部分实体煤不采或暂时不采。为保护地貌、工业场地、地面建(构)筑物、铁路、堤坝等而保留不采的实体煤称为建(构)筑物的保护煤柱。所留设保护煤柱的面积应使其周围煤炭开采时对保护对象不产生有危险性的移动和变形。该方法的最大缺点是煤炭资源损失大，使井下采掘布置复杂化，并有可能导致应力集中而带来安全威胁。

建(构)筑物下开采的目的是在保护地面建(构)筑物的前提下尽可能多地采出煤炭资源，而留设保护煤柱法与此不太相符。因此，需要研究、探索及采用相关技术措施以实现压煤开采。常用的措施主要包括两个方面，即井下开采技术措施和地面技术措施。其中，地面技术措施可在采前实施，也可在采后实施。下面对留煤柱方法和充填开采方法进行简单介绍，更为详细的内容将在后续课程“煤矿绿色开采技术”中介绍。

一、留煤柱控制岩层移动

1. 部分开采

部分开采包括条带开采和房柱式开采。条带开采法是沿煤层的走向或倾向，将开采区划分为若干个宽度相等或不相等的条带，开采一条，保留一条，利用留下的条带煤柱支撑顶板，以达到减小地表沉陷的目的。条带开采法按其条带长轴的方向可划分为走向条带开采和倾向条带开采(见图 8-30)。

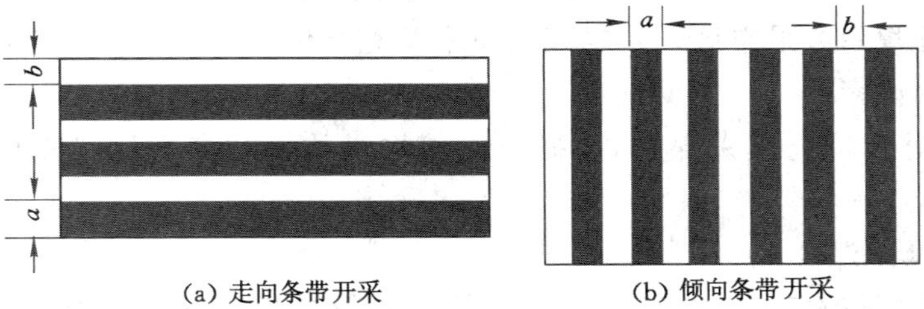

a—保留条带宽度；b—采出条带宽度。

图 8-30　条带开采的类型

条带开采成功的关键在于合理设计条带采宽 b 与留宽 a，确保覆岩关键层和留设煤柱的稳定性。

2. 留设保护煤柱

有时采用留设保护煤柱的方法避免开采后岩层移动影响地面重要建(构)筑物,使得井下开采后岩层移动影响边界达不到地面要保护的建(构)筑物。保护煤柱留设主要根据具体矿井条件下岩层移动角参数进行设计[12,57]。水体下采煤必须在煤层与水体之间留设一定高度的起隔水作用的煤层和岩层,通称为防水煤岩柱。留设防水煤岩柱的目的是不允许导水裂隙带波及水体。

二、全部充填开采

充填开采是指用废弃物填充开采导致的采空区、冒落区、离层区等采动空间,控制岩层移动和地表沉陷,从而实现绿色开采。煤矿充填开采方法可分为全部充填与部分充填。全部充填即采空区充填,是在煤层采出后顶板未冒落之前对所有采空区域进行充填,其充填范围与采出空间大体一致;部分充填则是相对全部充填而言的,其充填量和充填范围仅是采出空间的一部分。

最早应用的充填开采方法主要有水砂充填、风力充填等。在我国煤矿,采空区充填经历了较长的发展历史,但近十余年来的发展尤为迅速。20 世纪 60 年代,抚顺矿务局胜利煤矿首次采用水砂充填采煤法,成功地开采了矿务局车辆修理厂的保护煤柱;之后,新汶矿务局孙村、良庄、协庄等矿井也开展了水砂充填开采试验。早期,我国煤矿采用水砂充填开采的主要目的是在厚煤层分层开采时进行顶板管理,机械化程度与生产效率较低,充填材料泌水严重,充填系统复杂,充填开采成本高。由于上述原因,水砂充填在我国煤矿没有得到推广应用,于 20 世纪 90 年代初被淘汰。风力充填曾经是英国煤矿在建筑物下采煤采用的主要技术,在德国、苏联和波兰等国煤矿也使用过,我国曾进行过小规模试验。风力充填要求专门的压风机、充填机和输送管路,对充填材料的粒度、湿度等物理性质的要求高,一般用于缺乏水源和井下不宜增加水流的煤矿。由于这些缺点,风力充填在国内外已逐渐被淘汰。

随着煤矿绿色开采的提出,充填开采作为地表沉陷控制和"三下"压煤开采的重要手段,得到了较大发展,形成了以固体、膏体、高水材料等为代表的多种充填采煤技术。这些采空区充填技术的最显著区别在于所用的充填材料不同,因而造成充填工艺和装备有所不同,以及机械化水平和效率也有所差别,但本质上,这些技术均是在工作面推进过程中顶板垮落之前及时充填后方采空区。采空区充填率及充填体压实率是影响充填开采地表沉陷控制效果的关键因素。

下面分别对膏体充填采煤技术、矸石充填采煤技术和高水材料充填采煤技术加以概述。

1. 膏体充填采煤技术

膏体充填采煤技术就是把煤矿附近的煤矸石、粉煤灰、河砂、风积沙、工业炉渣、劣质土、城市固体垃圾等在地面加工制作成不需要脱水处理的膏状浆体,采用充填泵或重力加压,通过管道输送到井下,适时充填采空区的开采方法。

与金属矿山膏体充填相比,煤矿膏体充填开采具有如下特点:充填与采煤在同一个工作面,充填体构筑方法不同于金属矿山,煤矿需要发展专门膏体充填隔离支架;充填材料强度性能要求不同,煤矿要求充填数小时后充填体就能承载;煤矿膏体充填原料主要是煤矸石、坑口电厂低质粉煤灰等，材料品质差，质量波动大。

典型的膏体充填系统由三部分组成：配料制浆系统、泵送系统和工作面充填子系统。配料制浆系统把煤矸石、粉煤灰、工业炉渣、胶结料和水配制成膏体充填料浆；泵送系统采用充填泵把膏体充填料浆通过充填管路由地面输送到井下采煤工作面；工作面充填子系统将膏体材料充填到后方采空区。典型的膏体充填系统如图 8-31、图 8-32 所示。

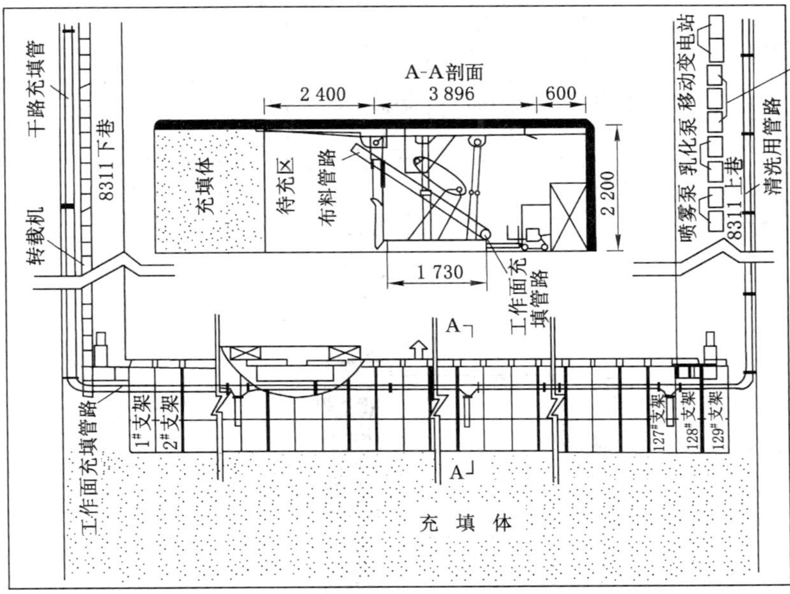

图 8-31 综采工作面膏体充填设备布置[73]

膏体充填具有料浆流动性好、密实度高、充填体强度高的优势，因而对岩层移动与地表沉陷的控制效果较好；但其充填系统初期投资及吨煤充填成本较高。

膏体充填技术在金属矿山已经有 30 多年的应用和发展历史，在煤矿应用最早的是德国，我国煤矿于 2004 年开始膏体充填采煤的试验研究。目前，该项技术已在峰峰、焦作、淄博等矿区开展试验和推广应用。

2. *矸石充填采煤技术*

矸石充填采煤法是利用风力、重力、机械等动力将充填材料煤矸石抛入或输入采空区的充填采煤方法。根据充填材料充填采空区的动力方式划分，矸石充填方法包括人工充填、自溜充填、风力充填和机械化充填。不同充填系统的充填材料一般由煤矸石、砂子、采石场碎石及粉煤灰等组成，但成分以煤矸石为主，一般不需要加入胶结料或其他添加剂。人工矸石充填因其生产能力小、效率低、劳动强度大，与回采工艺适应性较差，故很少采用。矸石自溜充填只能在急倾斜煤层中应用，淮南、北京、北票及中梁山等矿区曾应用过这种充填开采方法。机械化矸石充填又根据工作面采煤工艺不同分为普通机械化矸石充填和综合机械化矸石充填两种类型，前者主要应用于炮采、普采工作面，后者应用于综采工作面。

普通机械化矸石充填工艺的特点是多采用专门的机具（如抛矸机等）将矸石抛射向采空区进行充填。新汶矿业集团泉沟煤矿于 2006 年最早开始试验和使用这种充填采煤法。该方法利用井下矸石充填采空区，充填系统简单，装备投资少，多用于薄及中厚煤层

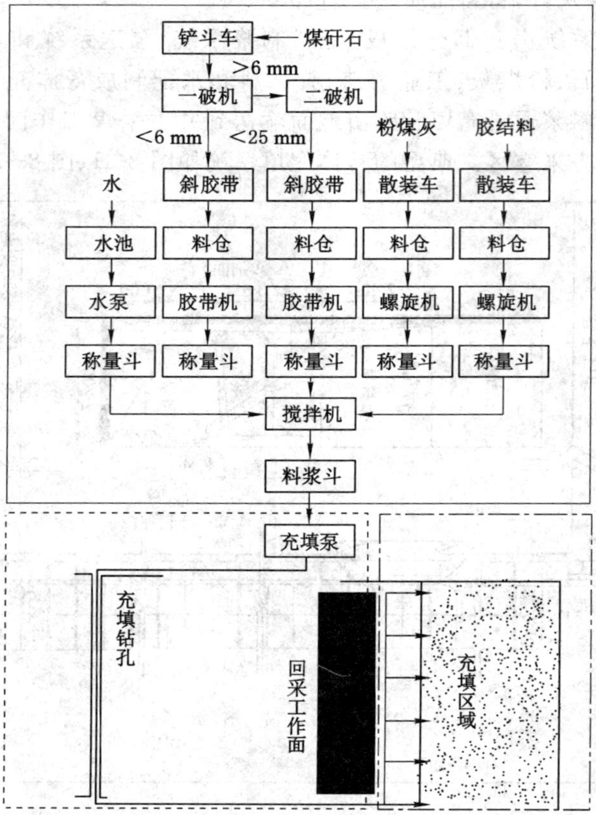

图 8-32　膏体充填系统图[74]

普采或炮采工作面回收井筒煤柱、工业场地煤柱，煤层有一定倾角有利于充填矸石密实。如图 8-33 所示。

综合机械化矸石充填采煤是指在综合机械化采煤工作面同时实现矸石充填作业。实现综合机械化充填采煤的技术难点是要解决实施充填的充填空间、充填通道和充填动力问题。该技术可实现在同一液压支架掩护下采煤与充填作业，且采煤与运煤系统布置与传统综采完全相同，如图 8-34 所示。为实现矸石从地面运至充填工作面的高效连续充填，需布置一个充填运输系统。该运输系统包括一个投料井、井下运输巷及若干转载系统等。

充填装备由后端带悬梁的自移式液压支架和充填刮板输送机组成。充填刮板输送机中部溜槽内设置溜矸孔，溜矸孔开在溜槽的中板上。在溜矸帮上增设带插板的插槽，以控制矸石的充填顺序和范围。刮板输送机上链运输矸石充填，下链推平矸石。充填时，每次打开 2 个溜矸孔，自下而上进行充填。采空区充填完毕后，随工作面采煤机割煤及支架推移进入下一个循环。为了减少充填矸石的压缩量以实现更好的减沉效果，支架后部增设了液压夯实装置。

综合机械化充填系统相对简单，机械化程度高；但矸石充填的密实度相对较低，对岩层移动与地表沉陷的控制效果不如膏体充填。目前综合机械化充填采煤技术已在新汶、淮北、皖北、平顶山等矿区开展试验和推广应用。

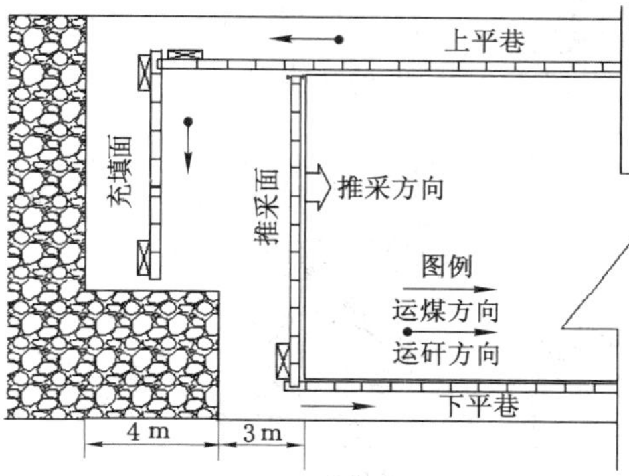

(a)

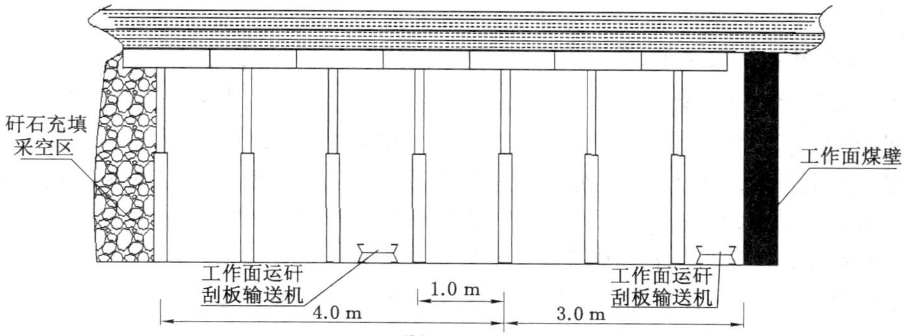

(b)

图 8-33　普通机械化矸石充填工作面布置[75]

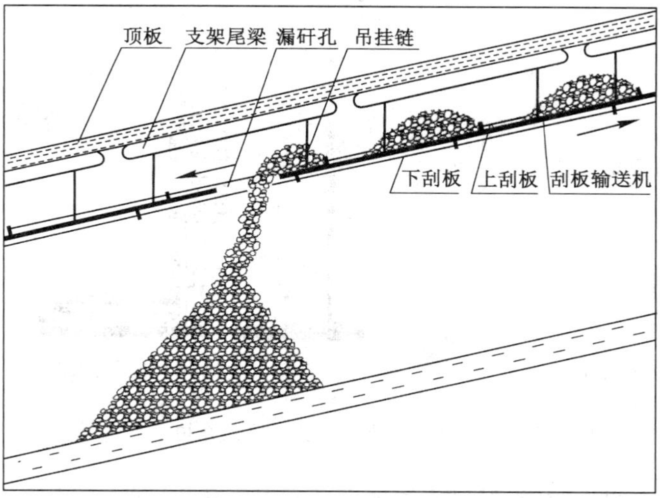

（a）充填过程

图 8-34　综合机械化矸石充填工作面布置[76-77]

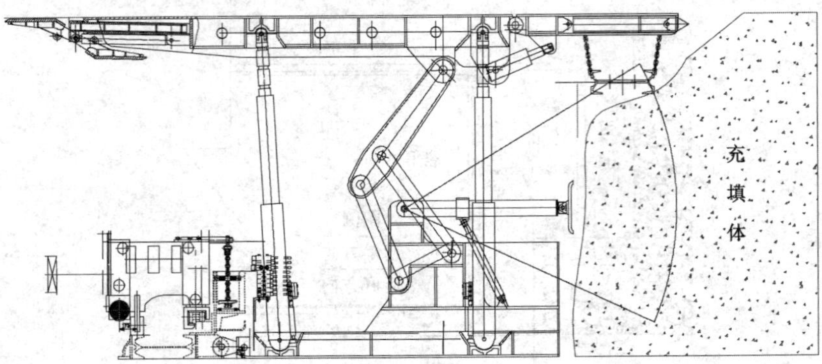

(b) 充填支架

图 8-34（续）

3. 高水材料充填采煤技术

高水速凝固结材料(简称高水材料)是一种由 A、B 两种材料构成的胶凝材料，主要包括高铝水泥、石灰、石膏、速凝剂、解凝剂、悬浮剂等组分。它具有固水能力强、单浆悬浮性和流动性强、凝固速度快、强度增长速度快等特点，可以将高比例的水迅速凝固成具有一定承载能力的固体。使用时，A、B 料以 1∶1 混合配制成浆液，体积含水率达 85%～97%，在 5～30 min 内凝固，最终形成坚固的高含水固体。

典型的高水材料充填采煤系统如图 8-35 所示。该系统可置于井下或者地面，使用时，A、B 浆液分别进行配制，配制的单浆液分别进入缓冲池；待 A、B 缓冲池分别储存一定量的单浆液后，通过专用管路同时将 A、B 浆液输送到工作面，然后进行混合，并随工作面推进将混合浆液注入采空区。

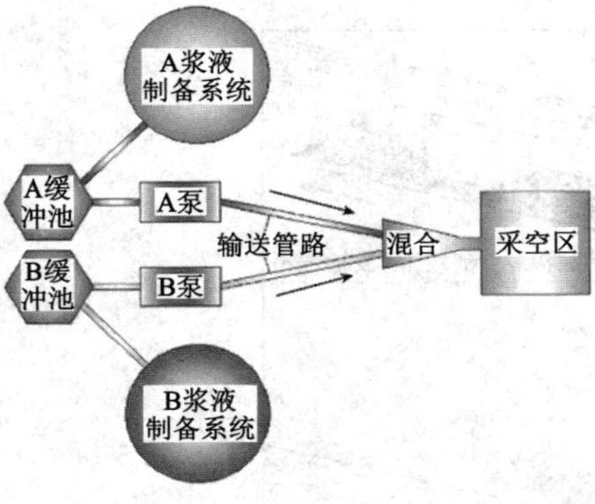

(a) 充填系统示意

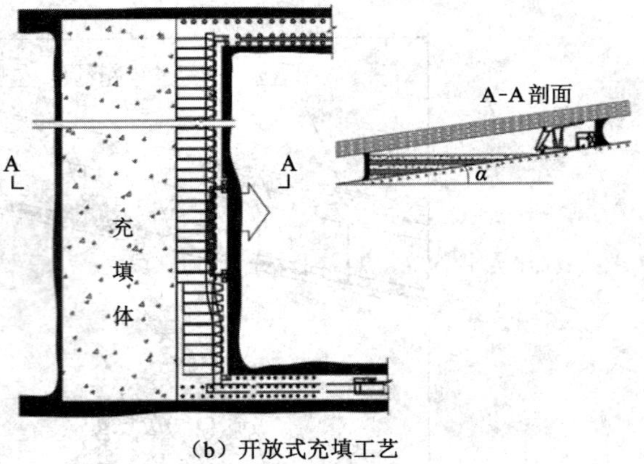

(b) 开放式充填工艺

图 8-35 高水材料充填系统及开放式充填工艺图[78]

与其他充填技术相比，高水材料充填采煤具有以下优点：该技术用水量高，所需固体材料少，一方面克服了煤矿固体充填材料缺乏的问题，另一方面简化了其他充填技术所需的庞大充填系统；由于所需固料少，对矿井辅助运输基本没有影响；充填系统简单且初期投资少，充填料浆流动性好，不易堵管，工作面不泌水。但该技术的最大缺点是高水材料抗风化及抗高温性能差，充填材料长期稳定性差。

目前，该项技术在陶一煤矿、田庄煤矿、邢东煤矿、城郊煤矿、王庄煤矿、埠村煤矿等矿井推广应用。

较之非煤矿山而言，在煤矿实施采空区充填面临诸多难点，这主要是煤矿自身特点所决定的，主要包括：① 采煤工作面多采用综合机械化开采，推进速度快、生产能力大，故所要求的充填能力也大；② 煤系地层为层状岩体，直接顶板多随采随垮，造成充填空间极难维护，使得充填与采煤几乎处于同一场所；③ 采出空间体积大，所需要的充填材料量大；④ 由于充填并非采煤的必须工序，因而实施充填时除新增充填系统和设备外，往往还需增加配套的专用支架。

上述特点决定了煤矿实施充填开采将面临如下技术难点：① 充填速度难以满足采煤能力要求。由于煤矿开采空间大而实际充填速度受限，往往制约工作面快速推进，导致充填采煤能力和效率低。② 充填与采煤相互干扰。实施充填必然要停止采煤，而若持续开采则不再具备充填空间，加剧了充填采煤工作面效率低的状况。③ 充填材料供应难以满足实际需求。由于煤矿所需的充填材料量大，而自身所产出的煤矸石和粉煤灰分别仅占原煤产量的 10%～20%和 20%～30%，使得煤矿实施充填面临充填材料不足的问题。④ 充填成本与新增效益均衡难度大。专用充填支架、充填系统和装备、充填材料导致吨煤成本增加约 30%左右(多数达吨煤 100 元左右)，尤其受充填原材料等影响极大；同时，因实施充填导致采煤效率降低进一步增加了吨煤成本。尽管目前国家已出台了鼓励充填采煤的相关政策，如对充填开采置换出的煤炭，资源税减征 50%，但与充填成本相比减征数额极其有限，因而实现充填成本与新增效益均衡的难度较大。上述多种因素限制了充填采煤的推广应用。

三、基于关键层控制的部分充填开采

部分充填开采是利用采煤后形成的采动空间(如采空区、冒落区、离层区)实施充填，“靠覆岩关键层结构-充填条带-隔离煤柱”联合承载体系控制地表沉陷。部分充填采煤法与全部充填采煤法的本质区别是：全部充填法完全靠采空区充填体支撑上覆岩层、控制开采沉陷，而部分充填法靠充填体(或隔离煤柱)与覆岩关键层结构联合控制开采沉陷。[79] 部分充填开采借鉴了条带开采沉陷控制机理，由充填形成的充填支撑条带代替条带开采的留设煤柱。部分充填的特点在于：充分利用了覆岩结构的自承载能力，增加了煤炭采出率，减少了充填量，从而降低了充填成本，提高了充填效率与效益。

根据煤层采出后采动空隙由下向上的传播与演化过程，部分充填位置可以为采空区、冒落区或离层区。从控制覆岩关键层稳定性出发，研发了 4 种部分充填开采技术模式(见图 8-36)：条带充填、墩柱同步充填、冒落区嗣后充填和覆岩隔离注浆充填。前面三者是基于控制覆岩第 1 层亚关键层的稳定性以减少地表沉陷，最后者则是基于控制“导高”以上覆岩关键层的稳定性以减少地表沉陷。

1. 条带充填

条带充填是在煤层采出后顶板冒落前，对采空区的一部分空间进行充填(如采用膏体胶结材料)，构筑相间的充填条带，靠充填条带支撑覆岩控制地表沉陷。[80] 如图 8-37 所示，条带充填开采技术有 2 种模式，第一种模式是长壁条带充填开采模式，工作面布置成长壁工作面开采，沿推进方向在采空区相间构筑充填条带，如图 8-37(a)所示；第二种模式是短壁

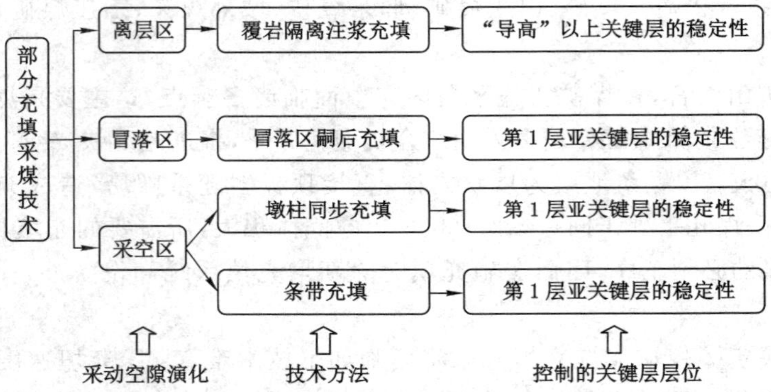

图 8-36 部分充填采煤技术框架

间隔条带充填开采模式，工作面布置成短壁条带开采，隔一个工作面充填一个工作面，各工作面的开采顺序如图 8-37(b)中数字所示。短壁间隔条带充填较长壁条带充填在实施工艺上要相对容易。

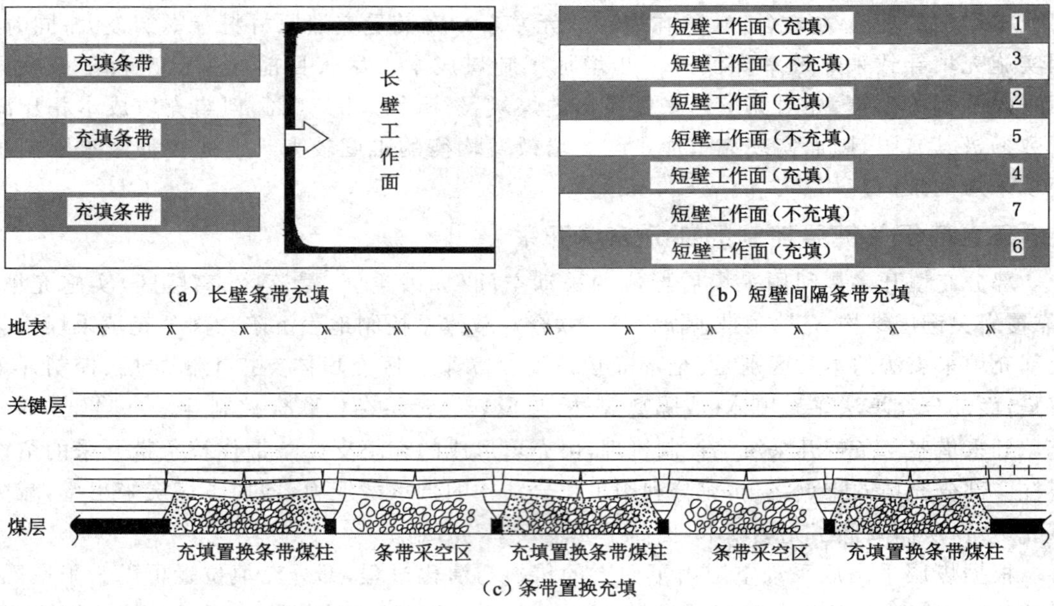

图 8-37 条带充填技术原理示意

条带充填也可以是对原条带开采采区遗留条带煤柱进行开采，在每个条带煤柱开采过程中采用膏体材料进行充填，在充填条带支撑下，达到全部开采的目的。条带充填只要保证未充填采空区的宽度小于覆岩关键层的初次破断跨距，且充填条带能保持长期稳定，就可有效控制地表沉陷。

2. 墩柱同步充填

墩柱同步充填是在长壁工作面每推进一定距离后，在后方采空区间隔设置一定形状的充填袋并灌注浆体膨胀复合材料，待充填体凝固后形成多个独立的墩柱（见图 8-38），从而共同支撑覆岩亚关键层，有效控制地表沉陷。[81]该技术是条带充填的一种简化形式，主要适用于采深较浅、直接顶稳定性好的近水平薄煤层。

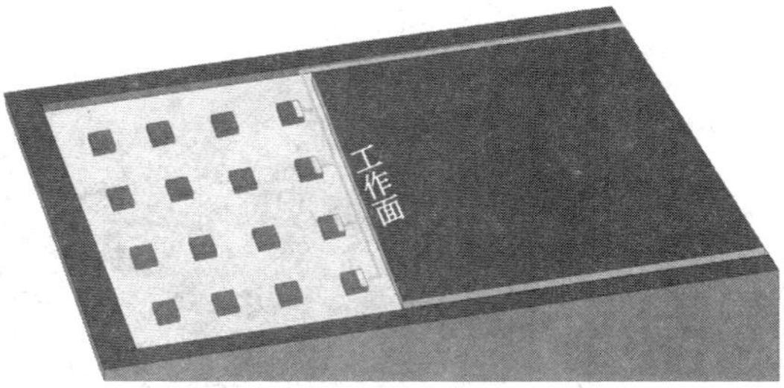

图 8-38　墩柱同步充填技术原理示意

3. 冒落区嗣后充填

冒落区嗣后充填是对原条带开采采区的已开采条带冒落区实施注浆充填（常采用高水膨胀复合材料），高水材料与采空区冒落矸石胶结以形成条带充填体，待其强度达到一定值后，回收原条带遗留煤柱（见图 8-39）。在条带煤柱回收过程中，根据需要实施间隔充填或不充填。该技术的优势在于实现了采充分离，避免了采充干扰问题。

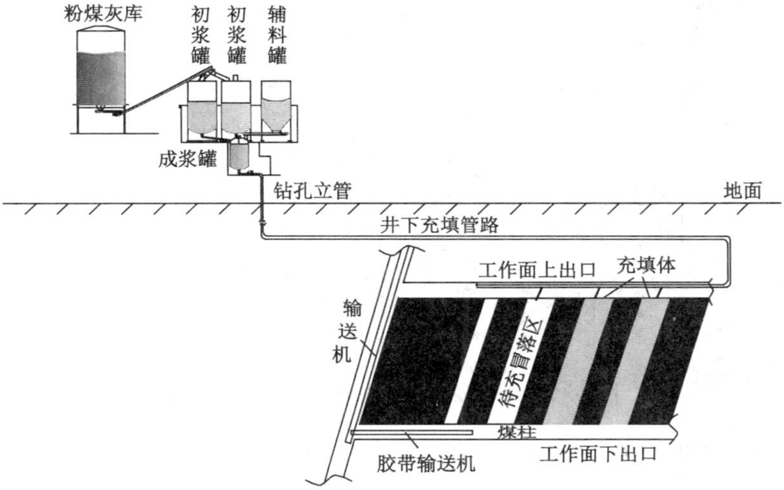

图 8-39　冒落区嗣后充填系统示意图

4. 覆岩隔离注浆充填

覆岩隔离注浆充填是对离层区注浆充填的创新与发展，通过设计合理的工作面采宽并留设一定宽度的隔离煤柱，充分利用上覆岩层结构的自承载能力，通过地面钻孔对采动覆岩高压注浆充填，在工作面中部形成一定宽度的压实支撑区，利用压实区与隔离煤柱联合控制覆岩关键层结构的稳定性，从而减小地表下沉、实现不迁村采煤（见图 8-40）。[79]覆岩隔离注浆充填技术原理在钻孔原位探测和相似模拟试验中均得到了验证。

覆岩隔离注浆充填一般采用粉煤灰浆液作为充填材料，典型的注浆充填系统如图 8-41 所示。其流程如下：电厂的粉煤灰经罐车运至地面注浆站，并利用气压送入两个粉煤灰储料仓中（一个为常用仓，另一个为备用仓）；粉煤灰经螺旋输送机输送至一级搅拌池与水进行初次搅拌，再送入二级搅拌池进行二次搅拌，以保证浆液均匀；最后通过注浆泵由输浆管路注入注浆钻孔。

目前，条带充填、墩柱同步充填、冒落区嗣后充填、覆岩隔离注浆充填等部分充填开采

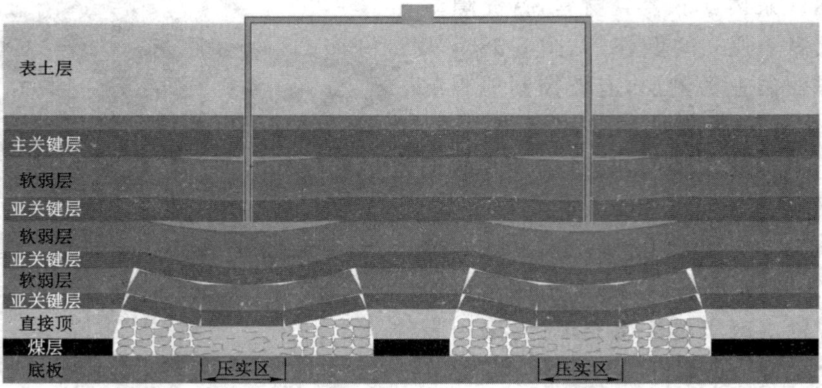

图 8-40 覆岩隔离注浆充填不迁村采煤技术原理示意

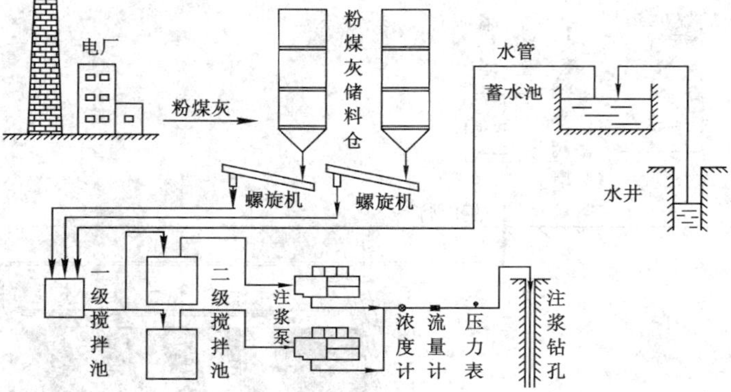

图 8-41 覆岩隔离注浆充填系统与工艺流程

技术在淄博矿区、淮北矿区、阳泉矿区、济宁矿区、峰峰矿区等不迁村采煤中得到了成功推广应用。

习 题

1. 简述岩层移动引起的采动损害。
2. 简述采动覆岩破坏的分带特性。
3. 简述岩层移动过程中的采动裂隙分布特征。
4. 简述底板破坏特征与底板突水机理。
5. 简述岩层移动与地表沉陷控制技术。
6. 简述关键层在岩层移动与开采沉陷中的控制作用。
7. 有一煤层倾角为 15°，岩层移动角为 $\delta=60°$，$\beta=70°$，$\gamma=65°$，$\varphi=45°$，表土层厚度为 100 m。假设地面有一村庄的边界位于煤层露头的正上方，试计算煤层开采时不影响村庄需留设多大的保护煤柱，并作图表示。

第九章　矿山压力与岩层控制的研究方法

第一节　矿山压力与岩层控制的实测方法

一、原岩应力及其测量

1. 概述

原岩应力是地层中存在的由地球各种动力运动及其他物理化学变化所形成的未受工程扰动的天然应力，也称为岩体初始应力、绝对应力。它是引起采矿、水利水电、土木建筑等各种地下或露天岩石开挖工程变形和破坏的根本作用力，是确定工程岩体力学属性、进行围岩稳定性分析、实现岩石工程开挖设计和决策科学化的必要前提条件。

原岩应力测量是取得原岩应力可靠资料的唯一方法。原岩应力测量就是确定拟开挖区域内岩体未受扰动的原始三维应力状态，通常用多点测量来完成。岩体中一点的三维应力状态可由坐标系（见图 9-1）中 σ_x、σ_y、σ_z、τ_{xy}、τ_{yz}、τ_{xz} 这 6 个独立分量表示，6 个分量可唯一确定该点的 3 个主应力的大小和方向，坐标系可根据实测需要和方便任意选择，一般以地球坐标系为测量坐标系。通常情况下，地应力 6 个分量是非零的，处于原始平衡状态，为了实测原岩应力，需要对岩体进行扰动，通过测量扰动引起的一些物理量（如应变、位移、水压或其他物理量）的变化，然后在对岩体力学行为作一定假设的前提下，分析得出原岩应力的大小和方向。

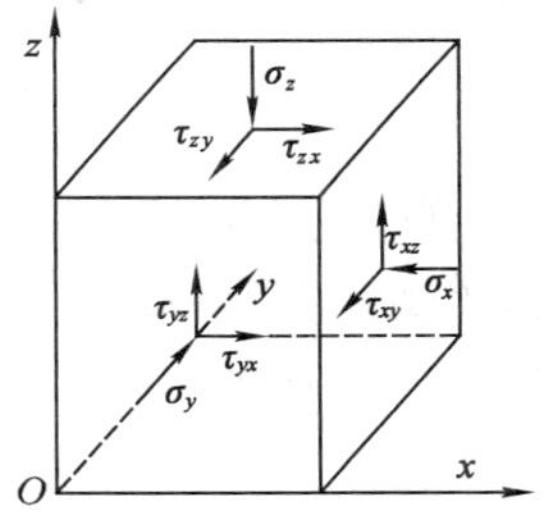

图 9-1　任意一点三维应力

2. 原岩应力测量方法

经过数十年的研究和开发，原岩应力测量原理与技术已经得到了长足发展。随着原岩应力测量技术的不断推广应用，各种测量方法和仪器也在不断发展与完善。国内外很多学者对原岩应力测量方法进行了分类，我国依据不同测量原理分为直接测量法和间接测量法两大类。[82]直接测量法是通过测量仪器直接测量和记录各种应力量，通过分析和计算应力量与原岩应力之间的关系确定原岩应力状态，包括扁千斤顶法、水压致裂法、刚性包体应力计法和声发射法；间接测量法是通过测量岩体中某些与应力有关的间接物理量的变化，如岩体变形与应变，岩体的密度、渗透性、电磁、电阻、弹性波传播速度的变化等，然后建立这些物理量变化与应力的关系，通过计算得到岩体的原岩应力。借助已知的公式计算岩体中原岩应力值的方法有应力解除法、应力恢复法、地球物理方法等。

按照测量方法测得的应力维数，可分为一维、二维和三维测量。如单个扁千斤顶法只能测出垂直其平面的一维应力，传统的单孔水压致裂法只能测出垂直钻孔轴线平面内的二维应力，而空心包体应力解除法可测出岩体的三维应力。目前，水压致裂法与应力解除法应用最为广泛。下面仅以水压致裂法为例进行简单介绍。

3. 水压致裂法测量原理

水压致裂法测量原岩应力是在岩体中钻垂直孔，利用一对可膨胀的橡胶封隔器在选定的测量深度封隔一小段钻孔，然后向封隔段中注入高压液体，压力持续增高直至孔壁及周围岩体产生破裂或原生裂隙张开，继续加压使其破裂或扩展。当裂隙扩展到一定的深度时，停止加压，保持压力恒定。在初始裂隙产生后泄压，使裂隙闭合，然后再重新加压，使裂隙重新展开，在整个过程中记录压力、流量随时间的变化，根据压力-时间曲线即可求出主应力的大小。测量原理见图 9-2。

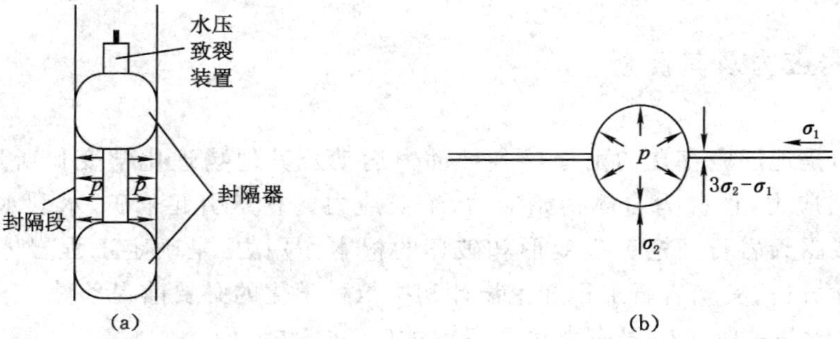

图 9-2 水压致裂法测量原理

从弹性力学理论可知，当一个位于无限体中的钻孔受到无穷远处二维应力场（σ_1，σ_2）作用时，距钻孔端部一定距离的部位处于平面应变状态，该部位钻孔切向应力 σ_t（θ 为周边一点与 σ_1 夹角）和径向应力 σ_r 为：

$$\sigma_t = \sigma_1 + \sigma_2 - (\sigma_1 - \sigma_2)\cos 2\theta \tag{9-1}$$

$$\sigma_r = 0 \tag{9-2}$$

由式(9-1)可知，θ 取 0°时，σ_t 取极小值，其值为：

$$\sigma_t = 3\sigma_2 - \sigma_1 \tag{9-3}$$

水压致裂法向孔中所注高压水，当水压超过 σ_t 极小值与岩石抗拉强度 R_t 之和后，在 θ ＝0°处（即 σ_1 所在方位）将发生孔壁开裂，记孔壁初始开裂时压力为 p_c，则有

$$p_c = 3\sigma_2 - \sigma_1 + R_t \tag{9-4}$$

继续向封隔段注入高压水直至裂隙发育深度达到 3 倍孔径时（此处接近原岩应力状态），停止加压，保持恒定压力 p_s。由图 9-2 可知，p_s 应与 σ_2 相平衡，即

$$p_s = \sigma_2 \tag{9-5}$$

由式(9-4)、式(9-5)可知，只需测出岩石抗拉强度 R_t，便可得到应力 σ_1、σ_2 方向和大小。

钻孔中有裂隙水时，记水压为 p_0（按封隔段处的静水压力计算），通常在初始裂隙产生后，将水压卸除，使裂隙闭合，然后重新向封隔段注入高压水，使裂隙重新打开，记重新开裂时压力为 p_r，则有

$$p_r = 3\sigma_2 - \sigma_1 - p_0 \tag{9-6}$$

由式(9-5)、式(9-6)求 σ_1、σ_2 时无须测量岩石抗拉强度 R_t。因此，采用水压致裂法测量原岩应力将不涉及岩石的物理力学性质，而完全由测量和记录的压力值来决定。

地面水压致裂法测量系统见图 9-3，测量方法如下：

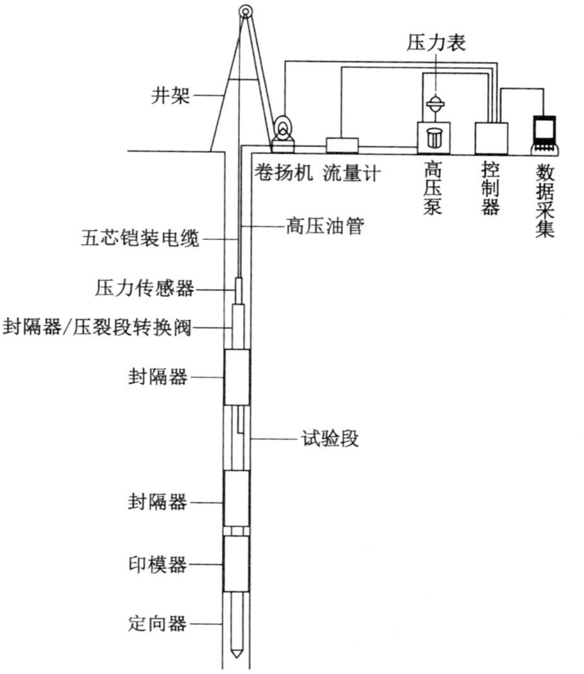

图 9-3　地面水压致裂法测量系统

(1) 钻孔至预测量应力的部位，选择岩芯完整的孔段用气体(液体)充压膨胀式封隔器封隔作为试验段，封隔器直径与钻孔直径一致，有 38 mm、51 mm、76 mm、91 mm、110 mm、130 mm 等几种。

(2) 向试验段注入高压水，不断增加水压，直至孔壁开裂，获取初始开裂压力 p_c；继续注入高压水使裂隙发育，直至裂隙深度达到 3 倍的孔径，关闭高水压系统，保持恒定压力 p_s；最后泄压，使裂隙闭合。

(3) 重新向试验段注入高压水，使裂隙重新打开并记下此时的压力 p_r 和随后的恒定压力 p_s。为保证测试数据的准确性，卸压、加压过程可重复 2～3 次。

(4) 将封隔器完全卸压，取出加压管等设备。

(5) 采用印模器测量裂隙的位置、方向和大小等。印模器装入钻孔前，应排出印模器内的空气，并加装定向系统，测试时将印模器连同加压管路送入水压致裂部位，然后加压使印模膨胀，以便钻孔上的所有节理、裂隙均印在印模器上。

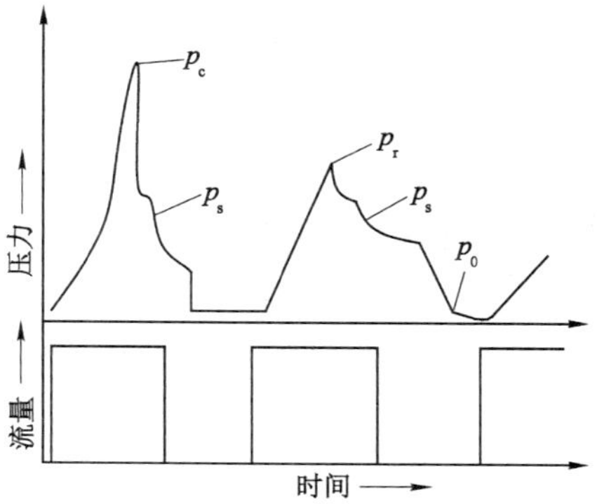

图 9-4　压力(流量)-时间曲线

在整个测试过程中，同时记录压力-时间曲线和流量-时间曲线(见图 9-4)。根据压力-时间曲线可确定 p_c、p_s、p_r，从流量-时间曲线可判断裂隙扩展的深度。

水压致裂法的前提是假定一个主应力方向沿着

钻孔轴线方向，测量结果只能确定垂直于钻孔平面的最大和最小主应力的大小和方向。从原理上讲，该方法是二维应力测量方法。它认为初始开裂发生在钻孔壁切向应力最小的部位，这是基于岩石为连续、均质和各向同性的弹性假设，因而水压致裂法较为适用于完整的脆性岩石中。

水压致裂法的突出优点是能测量深部应力，已见报道的最大测深达 5 000 m，这是其他测量方法做不到的，因此这种方法可用来测量深部地壳构造应力场。

二、长壁工作面矿压现场实测

（一）概述

我国规范的长壁工作面矿压观测，始于 20 世纪 60 年代初。一批从苏联学成回国的学者，在我国组织和推广了长壁工作面矿压“三量”观测方法，科学地总结了长壁开采的经验。而随着综合机械化采煤的发展，大规模发展了综采、综放工作面矿压观测。

国内外观测经验表明，观测工作面矿压显现的指标有两类：一类是控顶区围岩变形量和支架承载变形特征；另一类是控顶区围岩破坏特征。前者有顶底板移近量、支架载荷量和支柱（活柱）下缩量，一般称为“三量”。后者有煤壁处切顶台阶数目与高度、煤壁片帮深度、端面顶板破碎度等，是对围岩破坏的统计观测，一般称为“统计观测”。

“三量”观测方法是在第二次世界大战后，苏联和东西欧的一些采煤国家广泛发展和应用的观测方法。20 世纪 60 年代初，我国在借鉴苏联“三量”观测方法的基础上，由矿压情报中心站及煤炭科学研究院制定了统一的观测规范，在我国全面推广应用。直至今天，该观测规范仍是我国长壁工作面矿压观测研究的主要方法。

“统计观测”是德国学者雅可毕在 20 世纪 60 年代创立的，并在欧洲共同体采煤国家得到广泛应用。1975 年，中国矿业大学的学者在我国阳泉矿务局一矿综采工作面矿压观测中首次应用，并迅速在我国推广。

本节讲述的是矿山压力现场实测，重点为常规矿压观测。常规矿压观测对于任何一个矿井的正常生产都是非常需要的。要保障矿井实现安全高效生产，就要认识采煤工作面特有的矿山压力显现规律。20 世纪 80 年代，在原煤炭部生产司主持下，全国开展矿山压力及支护质量监测工作，使矿压观测更加深入、普及，与生产实践结合更密切，促进了顶板管理科学化、矿压监测制度化，从而使煤矿生产步入安全生产新阶段。

（二）长壁工作面“三量”观测

1. “三量”及其测试方法

（1）顶底板移近量

顶底板移近量是指煤炭采出后，同一测点随开采在控顶区范围顶底板的移近值。如图 9-5(a)所示，对单体支柱工作面，是在开挖后即设置测站，量测顶底板距离 s_0，随工作面推进直到测站至最后一排支柱处，量测顶底板的距离 s_m，顶底板移近量 $s=s_0-s_m$。对于综采工作面，顶底板移近量是指到液压支架尾端的顶底板移近值。

我国曾经应用最广泛的顶底板移近量量测方法，是选定位置后在顶板和底板对应位置楔入木楔，用专用测杆量测[见图 9-5(b)]。近年已有多种量测仪表可供选用。

顶底板移近速度是指单位时间内顶底板移近量，它是反映围岩活动剧烈程度的一项重要指标，对于研究影响矿压显现的相关因素有重要作用。

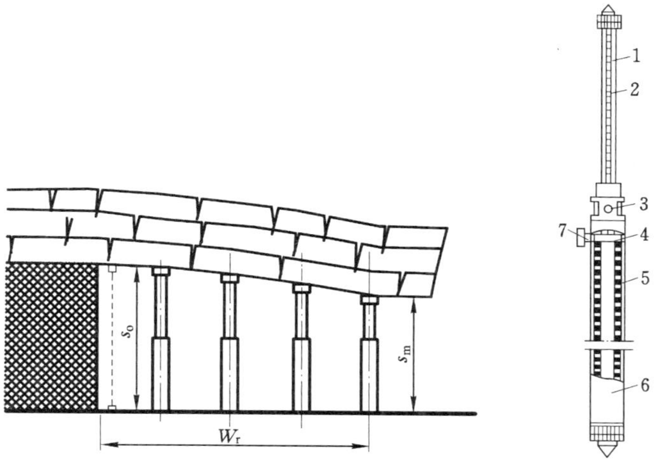

(a) 量测方法　　(b) ADL－2.5测杆

1—活柱；2—标尺；3—读数口；4—卡环；5—弹簧；6—套管；7—固定螺钉。

图 9-5　顶底板移近量

(2) 支架载荷量

支架载荷量是指实测的支架所承受的载荷，包括实测的初撑力和支架阻力。液压支架早期一般采用圆图压力自记仪(见图 9-6)，可实现 24 h 连续自动记录支柱内压力，后来逐渐发展为矿压在线监测系统，可实现对整个工作面所有支架载荷的实时在线监测与反馈；单体液压支柱除可采用圆图压力自记仪观测外，也可采用各类测压仪表(见图 9-7)，由观测人员按照规定的时间读表或自动记录。

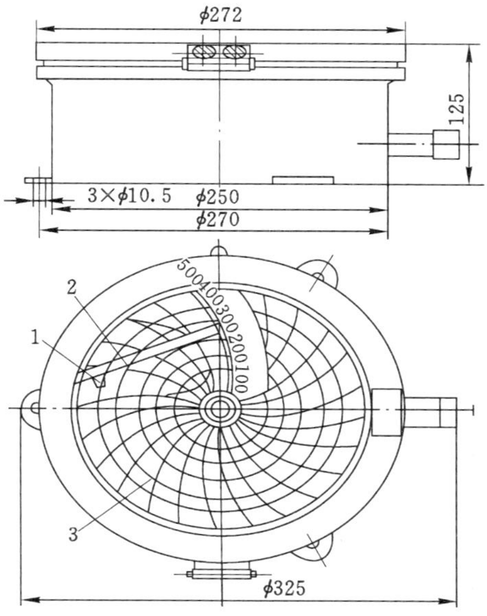

1—调零螺钉；2—滚花螺母；3—圆盘形记录纸。

图 9-6　圆图压力自记仪

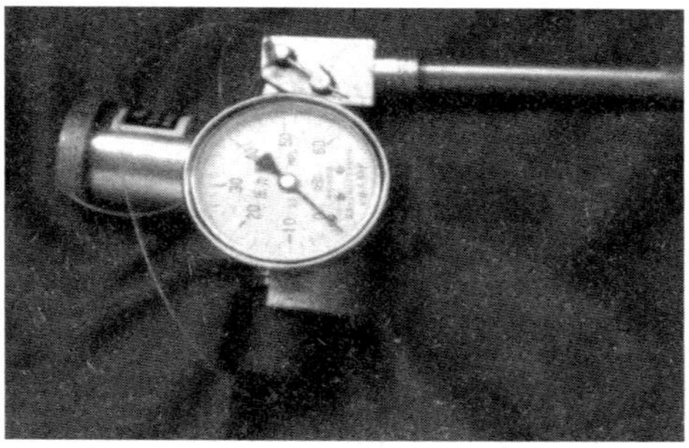

图 9-7　ZY-40/60 型增压式单体支柱测压仪

(3) 活柱下缩量

活柱下缩量是指支架架设后在控顶区范围内活柱下缩的值。按照支架的工作特性曲线,一定的下缩量对应于一定的载荷。在井下实际支护过程中,支架还会压入顶板、插入底板,与活柱下缩量一起都是顶底板移近量的组成部分。

活柱下缩量是反映矿压显现的一个重要参照指标,特别是它与顶底板移近量的比值,是反映支护质量的一个重要指标。一般先在支柱的活柱上刻上标记,每次用钢尺量测其与底柱上端的间距,间距的变化量即是活柱下缩量。在支柱上也可安置自记仪自动记录活柱下缩量。

2. 工作面测站布置

工作面测站布置普遍采用沿工作面长度方向设上、中、下 3 个测站。一般中部测站应选在工作面的正中,上、下测站分别距回风平巷、运输平巷 10～15 m。每个测站内设 3 条测线,布置于相邻的 3 架支架上。

如果观测有特殊要求,可增加辅助测站。当工作面过断层时,为了研究断层附近矿压显现的变化,可在断层附近增设测站。一般每个测站仍需 3 条测线,以取得统计规律。

3. 观测方法

规范性的矿压观测的目的是认识和总结工作面开采矿压显现规律以及支护结构的适应性,称为常规矿压观测。一般按照规定的作业循环,在每一班固定的时间系统观测一次。

对于有专项要求的,则应按照实测研究的具体任务,安排观测工作。如果需要研究不同工序对工作面矿压显现的影响,就需要列出专项观测计划,在生产班跟班观测和记录每一项工序进行时各测站矿压显现的各项测值,从而进行具体分析。

(三) 工作面控顶区围岩破坏状态观测

1. 端面顶板破碎度

端面顶板破碎度是指在工作面前方无支护空间悬露顶板中,发生冒落的部分占整个悬露顶板的比例。

如图 9-8 所示,端面距就是图中液压支架最前方的第一接顶点到工作面煤壁与顶板的接触点,即该支架工作面前方无支护空间悬露顶板的宽度。

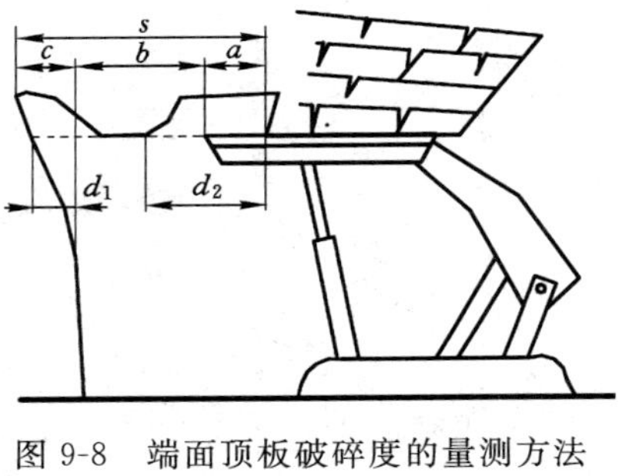

图 9-8 端面顶板破碎度的量测方法

按照德国埃森采矿研究中心原来的方法,是在工作面每隔 10 m 选取 1 m 宽度,量取端面距,并在此范围内量测冒落高度在 10 cm 以上的空穴面积,计算其占 1 m 宽端面面积的百分比。如图 9-9(a)所示,空穴面积模 $\Delta=d_1f_1+d_2f_2$,将工作面所有测点的值平均,即工作面端面顶板破碎度,又叫冒落洞穴率。

我国在实践中将上述方法简化为:每隔 10 m 确定一条测线,在测线上量取端面距,并量测这条测线上冒落高度在 5 cm 以上的空穴所占的长度,即得出该测线上的顶板破碎度。将工作面所有测线的值平均,即工作面端面顶板破碎度 $d=d_1+d_2$,如图 9-9(b)所示。据我国 20 世纪 80 年代初进行采场顶板分类研究的观测实践反映,量测测线上冒落空穴所占的长度,比量测冒落空穴的面积要容易掌握,统计结果也相近。

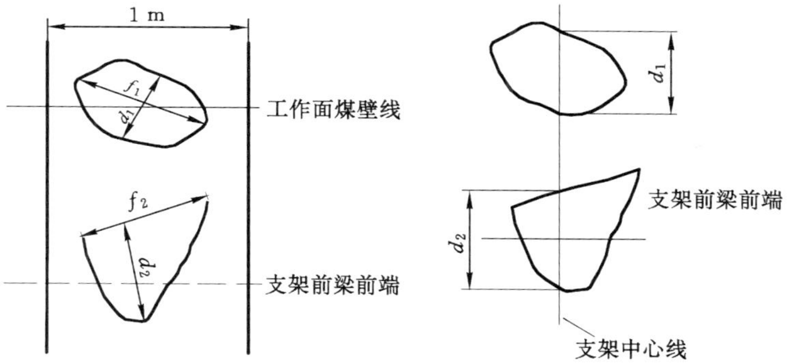

(a) 埃森采矿研究中心的方法　　(b) 我国现行的方法

图 9-9　端面顶板破碎度量测方法

2. 台阶数目和高度

台阶是指在工作面前方无支护空间由于顶板切落形成的顶板错落(见图 9-10),顶板错落的垂直距离称为台阶高度。

观察台阶是矿山压力现场观测需要重视的一项内容,特别是在单体支柱工作面。

3. 片帮深度

片帮是指在矿山压力作用下煤从煤壁处片落的现象。片帮深度是从原煤壁线到片帮最深处的水平距离(见图 9-11)。

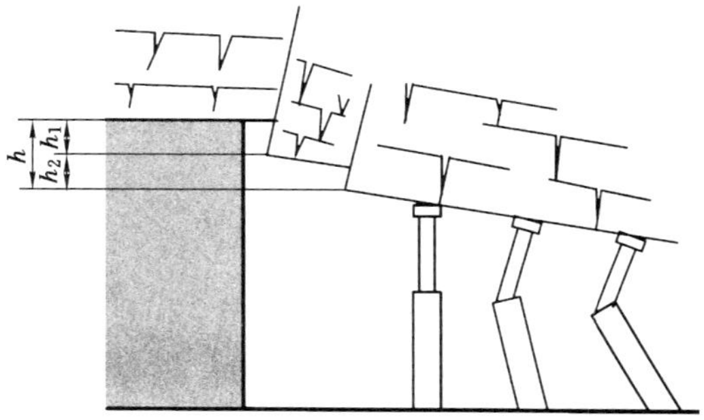

图 9-10　台阶数目和高度

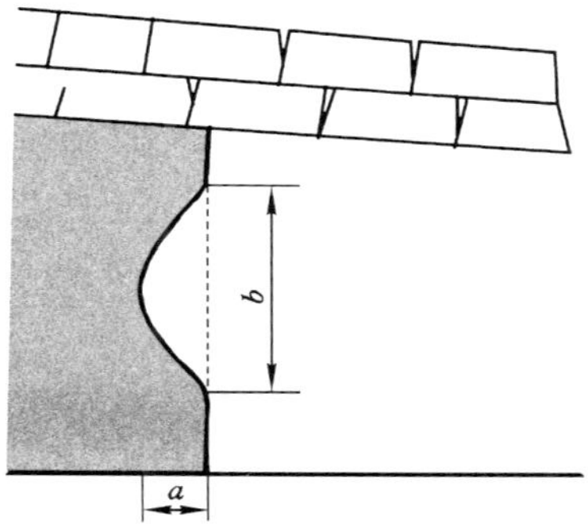

图 9-11　煤壁片帮

围岩破坏状态观测是一种统计观测方法,样本越多,统计结果的可信度也越高。一般情况下,沿工作面每 5～10 m 布置一条测线。

在我国,工作面控顶区围岩破坏状态观测是工作面矿压观测中的一部分内容,因而,它的观测方法和组织与工作面矿压观测一样。

有些矿井把工作面控顶区围岩破坏状态观测作为一单项观测研究内容,为了对比研究来压期间与非来压期间对工作面控顶区围岩破坏状态观测的不同影响,需要专门列出观测计划,在相应的时间进行专项统计观测。

(四) 回采巷道矿压观测

国内外在矿山巷道地压观测中最常用、也是最普遍应用的是巷道围岩移近量观测,其中应用最广泛、也是最基本的移近量观测方法是“十”字形观测法[见图 9-12(a)],即观测巷道开挖后顶底板移近量和两帮移近量随时间的变化和发展。当巷道断面较大,需要分析研究变形的复杂受力过程时,也可采用周边多测点变形观测方法[见图 9-12(b)]。目前还发展出红外激光摄影全断面连续监测方法等。

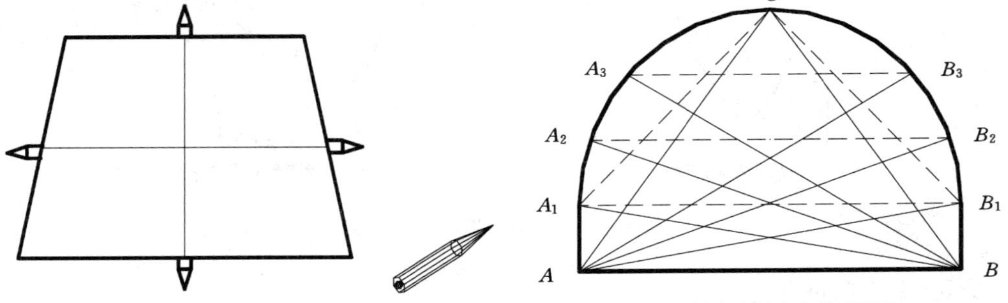

(a)“十”字形观测法　　(b)周边多测点变形观测法

图 9-12　巷道围岩移近量观测方法

当巷道比较稳定时,测点采用打长木楔,木楔底部中心打一铁钉作为测量基点。当巷道变形严重或有较厚充填物时,为了确定绝对移动的范围和数值,往往需要在超出巷道影响范围的长钻孔安设测量锚杆。移近量除用测杆量测外,国内外已有多种量测仪器供选用,例如通过安装激光红外测距仪实现巷道围岩移近量的自动采集与存储。

回采巷道处于工作面一侧,在其服务期间的相当一段时间,要受工作面采动的影响,其受力有明显的不对称性,因而其变形发展过程也有明显的不对称性。因此,除采用常规的“十”字形观测法外,为了研究巷道变形及其控制特点,往往采用图 9-13 所示的测点布置方法。

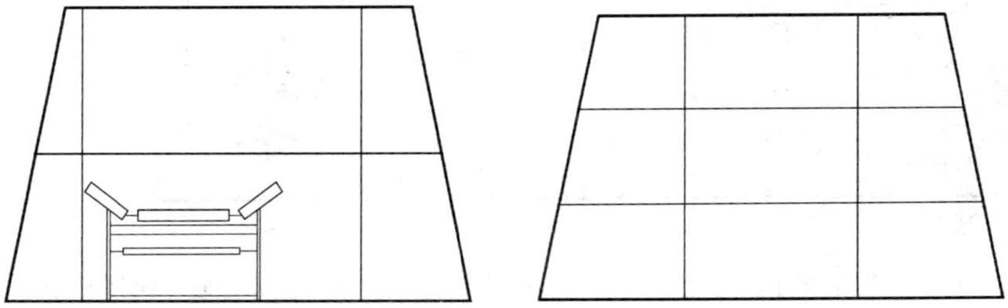

(a)“卄”字形观测法　　(b)“井”字形观测法

图 9-13　回采巷道应用的其他一些观测方法

在受采煤工作面采动影响期间,还要缩短观测点的间隔,以便分析回采巷道受采动影响的力学发展过程。

三、采动应力测量与监测

1. 概述

煤岩体在未受到采掘扰动前处于原岩应力状态。当在煤岩体中开掘巷道、硐室等地下工程及采煤工作面回采时,煤岩体的原始平衡状态被破坏,采掘空间周围煤岩体的应力将发生重新分布,在围岩中出现应力集中现象。这种由采掘活动引起的应力称为采动应力

(或次生应力)。已有的研究成果表明,采动应力可达到原岩应力的 2～5 倍。如果采动应力超过煤岩体强度,围岩就会发生破坏,甚至会引起采掘空间的失稳、垮落。因此,在了解原岩应力状态的基础上,对采动应力进行测量与监测,研究采动应力分布特征与规律,对煤矿开采与支护具有重要意义。

采掘引起的采动应力场分布特征与演化规律是煤矿开采与岩层控制的核心研究内容,很多学者在这个方面做了大量的工作,取得了一系列研究成果。采动应力一般分为巷道开挖引起的应力、采煤工作面开采引起的应力及巷道开挖与工作面开采叠加引起的应力。回采巷道一般要经受工作面采动影响,而在工作面采动影响范围内掘进巷道,巷道会受到开挖与工作面采动双重影响。

巷道开挖前,围岩处于原岩应力状态;巷道开挖后,围岩应力重新分布,铅直应力在两帮上产生集中现象,而水平应力在顶板和底板产生集中现象。水平应力的增加对顶板岩层变形和破坏起主要作用,而铅直应力的增加主要控制两帮的变形和破坏。但是,与采煤工作面相比,巷道断面较小,开挖引起的应力重新分布范围小,采动应力值也较小。

采场与巷道相比,采动应力集中程度更大,影响范围更广。特别是采煤工作面后方,采空区顶板岩层从下向上一般会出现垮落带、裂缝带和弯曲下沉带,这“三带”的发展过程对采动应力影响很大。沿采煤工作面推进方向,在工作面前方会产生比原始铅直应力高很多的支承压力,出现应力升高区;在采空区出现应力降低区;随着远离采煤工作面,冒落的岩石逐步被压实,应力趋于稳定。在回采空间两侧煤体和煤柱上的应力,也会根据与工作面距离和时间的不同而发生很大的变化,在一些区域出现很高的支承压力。在铅直应力变化的同时,采场周围水平应力也发生变化,煤层开采与顶板冒落导致煤层与顶板层位的水平应力降低,而底板则出现较高的水平应力。

采煤工作面长度和采高的加大,对采场周围应力分布与采动应力影响范围有明显的影响。一般情况下,随着采煤工作面长度和采高的增加,采动应力影响范围会不断增大。

2. 采动应力测量与监测方法

采动应力测量是在受巷道开挖扰动或采煤工作面采动影响的煤岩体中进行测量。前面介绍的多种原岩应力测量方法,在条件适宜的情况下均可用于采动应力测量。采动应力监测是在煤岩体受采动影响期间,监测应力的变化。与原岩应力测量相比,采动应力监测有如下特点:① 原岩应力测量一般在很短的时间内就可以完成,而采动应力监测需要在一段时间内进行。应力监测时间越长,对监测仪器的稳定性要求越高,仪器应能在潮湿、有灰尘、温度变化大等恶劣环境条件下长期使用,且要求对应力变化敏感,数据漂移小。② 在采动应力监测期间,特别是对于流变性比较强的软弱煤岩体,煤岩体性质可能发生明显改变,从而影响应力监测结果。③ 对采空区压力进行监测时,需要保证信号传输电缆在监测期间不被垮落岩块破坏中断。④ 对于不能直接监测应力,而通过监测位移、应变反算应力的方法,在应力-应变关系中,应充分考虑煤岩体的流变性、非线性及温度效应等,但这样会使应力计算公式太复杂而影响监测方法的实用性与精度。

目前,采动应力监测方法有多种[82-86],如表 9-1 所列。有些方法既可以用于原岩应力测量,也可以用于采动应力监测。只要岩石变形是线弹性的,用于计算原岩应力的公式同样适用于应力增量的计算。有些仪器是专门为监测应力变化设计的,且很多仪器只能监测一个方向的应力变化。

表 9-1 采动应力监测方法

监测方法分类	具体测量仪器名称	监测方法分类	具体测量仪器名称
变形计法	USBM 变形计 CSIRO Yoke 变形计	刚性包体法	刚性空心包体应力计 压磁应力计 光弹应力计 振弦应力计 球形包体应力计
应变计法	CSIO 三轴应变计 ANZI 三轴应变计 门塞式孔底应变计		
空心包体法	CSIRO 空心包体应变计	扁千斤顶与液压钻孔应力计法	扁千斤顶 液压钻孔应力计
采空区应力法	采空区液压枕应力计		

四、岩层内部变形与位移测量

1. 概述

煤岩体中一般存在多种结构面，控制着煤岩体的力学性质及其变形与破坏特征，而在很多情况下，结构面对煤岩体力学性质的控制作用远大于煤岩材料本身。因此，了解煤岩体中节理、层理、裂隙等结构面的分布及其力学特性，对研究围岩的稳定性和煤岩体工程设计、施工和安全等有重要作用。

煤矿井下巷道、硐室和工作面采掘活动，破坏了煤岩体的原始平衡状态，采掘空间周围煤岩体的应力将重新分布，围岩内部应力状态的变化和调整会带来煤岩体变形与位移，甚至导致煤岩体的失稳破坏，进而影响到地下工程结构安全。因此，巷道在掘进和受采动影响的整个服务期间需要实时测量与监测围岩内部变形变化，其测量结果可以为工程质量检测、信息反馈、设计方案完善提供重要的参考。

2. 岩层的变形与位移测量方法

(1) 对煤岩体结构观察和测试的方法有很多。在煤岩体被揭露的地方，其结构暴露出来，可以通过肉眼直接进行观察和描述，并采用相关仪器对结构面几何参数进行详细测量。对于没有被工程揭露的煤岩体，可以通过钻孔了解煤岩体结构。目前，煤岩体测试的钻孔方法主要有岩芯采取法、钻孔裂缝压印法和钻孔孔壁观察法，见图 9-14。

(2) 目前获取围岩内部位移的方法是在需要进行测量的断面上安装多点位移计，测量围岩内部位移。深基点钻孔多点位移计、顶板离层仪是测量围岩内部位移量的专用仪器。同时，也可以通过在钻孔内部安装成像装置，采用直观或照相的方式来探测巷道及采煤工作面顶板离层、破裂和破坏情况，主要设备有：岩层钻孔成像仪、光导纤维钻孔窥视仪、数字全景钻孔摄像系统（见图 9-15）等。

深基点钻孔多点位移计主要用来监测巷道周围不同深度围岩向巷道方向的移动情况。测站一般布设在巷道垂直向上的顶板或两帮的钻孔中，钻孔直径为 28～32 mm，钻孔深度为 7 m 左右。首先由安装圆管将带有连接钢丝绳的固定装置推送至指定深度，再抽出圆管，依次将其余的孔内固定装置推送至预定的位置（每个钻孔布置 3～5 个测点，分别为 7 m、5 m、3 m、1 m 等）；将孔口测读装置固定在孔口，分别拉紧每个测点的钢丝绳，并将其与测尺固定，安装后先读出每个测点的初始读数，以后每次读得的数值与初始读数之差，即为岩层内部测点的位移值。深基点钻孔多点位移计见图 9-16。

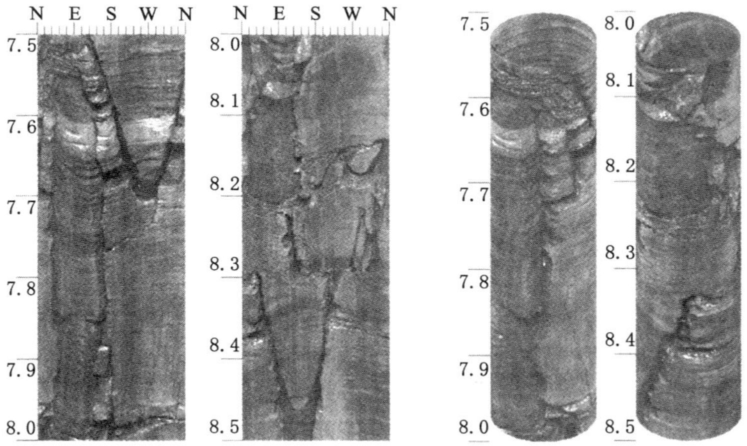

（a）平面展开图　　（b）柱状图

图 9-14　巷道顶板岩层结构图像

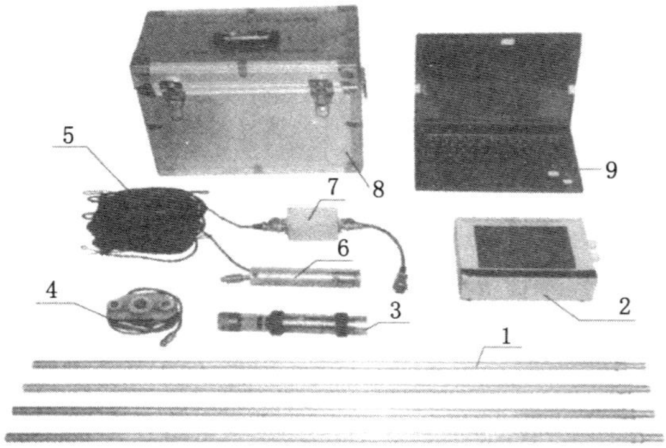

1—连接杆；2—主机；3—光学探头；4—深度计数器；5—导线；
6—连接部件；7—光学编码器；8—仪器箱；9—笔记本电脑。

图 9-15　数字全景钻孔摄像系统

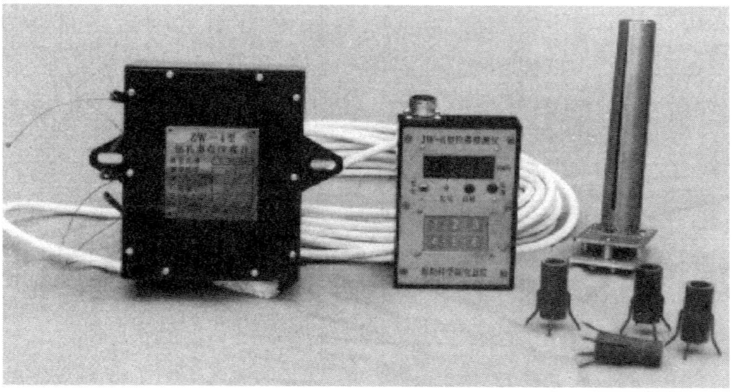

图 9-16　ZW-4/6 型钻孔多点位移计

为了掌握工作面开采后整个上覆岩层的内部运动规律，可以通过布置地面钻孔，在钻孔内部布置多个测点进行位移监测。钻孔深度最大可从地表至直接顶，通常将测点布置在钻孔内部的硬岩层(关键层)上，可以根据钻孔柱状进行关键层判别以得到不同关键层位置。钻孔内部多个测点在不同深度位置固定后，通过钢丝绳与地面孔口计数编码器连接，这样钻孔内部岩层运动后所监测的位移变化量可以实时存储或远程传输。地面钻孔内部多点位移布置如图 9-17 所示。

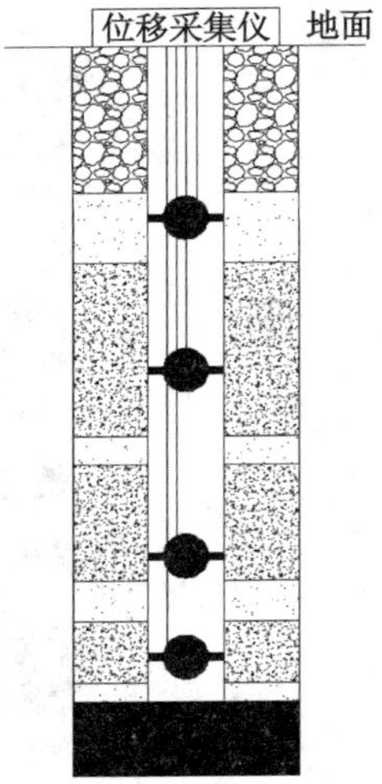

图 9-17 地面钻孔内部多点位移布置图

五、地表沉陷现场观测方法[57,87-88]

(一) 概述

现场观测是研究采动地表移动变形破坏规律最常用的方法之一，能够获取地表移动变形的第一手资料。通过对现场观测资料的整理与分析，不仅可以找出各种影响地表移动变形的因素、分析地表移动变形规律，还可以确定对应采矿地质条件下的概率积分参数和地表下沉盆地移动角值，对采动地表沉陷预计评价、建(构)筑物下安全开采和保护煤柱留设均具有重要的意义。

(二) 现场地表移动观测站的设计

地表移动观测站是在开采影响范围内的地表及建(构)筑物上，按一定要求建立的一系列观测点。观测站一般可设计成网状观测站和剖面线观测站(见图 9-18)。现场观测站的设计形式主要取决于设站的目的，由于网状观测站测点多、观测工作量大，现场一般采用剖面线观测站，同时考虑到煤层的倾角，一般观测站由两条观测线组成，一条沿走向布置，一条沿倾向布置。在充分采动的条件下，移动盆地的平底部分即可设置观测线。在非充分采动的条件下，观测线需设在移动盆地的主断面上。

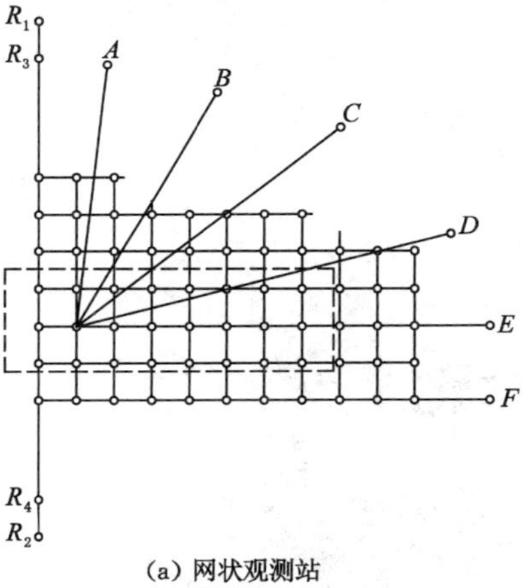

(a) 网状观测站

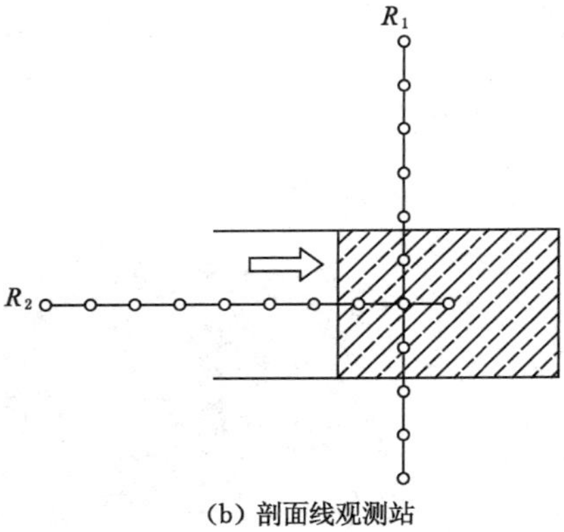

(b) 剖面线观测站

图 9-18 观测站设计图

1. 地表移动观测站的设计方法

(1) 确定走向观测线的位置及长度

如图 9-19 所示，观测线要有足够的长度，且沿走向布置的观测线位于开采区沿倾斜的最大下沉点位置，以使得观测线能够控制半盆地，控制线的长度为 L_{PQ} 加上 2～3 个测点的间距，即

$$L_{PQ} \geqslant 2(H_0 - h)\cot(\delta - \Delta\delta) + 2h\cot\varphi + D_2 \tag{9-7}$$

式中 H_0——采煤工作面的平均开采深度，m；

D_2——两条相互平行的观测线的间距，一般取 50 m；

h——松散层厚度，m；

δ——走向移动角，(°)；

$\Delta\delta$——走向移动角的修正值，(°)；

φ——松散层移动角，(°)。

走向观测线位于采空区中心向下山方向偏移 d_0 的位置，即

$$d_0 = H_0\cot\theta \tag{9-8}$$

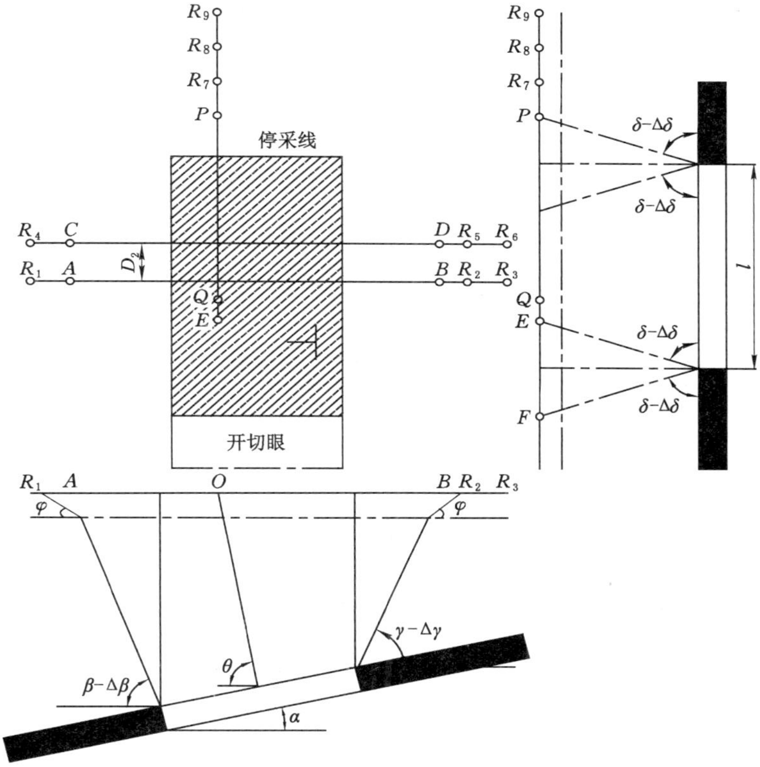

图 9-19 观测线位置确定方法

(2) 确定倾斜观测线的位置及长度

倾斜观测线应能够控制沿倾斜的全盆地，其长度 L_{AB} 为：

$$L_{AB} = 2h\cot\varphi + (H_1 - h)\cot(\beta - \Delta\beta) + (H_2 - h)\cot(\gamma - \Delta\gamma) + L\cos\alpha \tag{9-9}$$

式中 L——工作面倾斜长度，m；

γ——上山移动角,(°);

β——下山移动角,(°);

$\Delta\gamma$——上山移动角的修正值,(°);

$\Delta\beta$——下山移动角的修正值,(°);

H_1,H_2——采区下山边界和上山边界的开采深度,m;

α——煤层倾角,(°)。

倾斜观测线距工作面开切眼距离 D_1、距工作面停采线的距离 D_3必须满足:

$$D_1,D_3 \geqslant (H_0 - h)\cot(\delta - \Delta\delta) + h\cot\varphi \tag{9-10}$$

观测站设计所使用的移动角修正值要求:$\Delta\gamma$、$\Delta\delta$ 一般取 20°;$\Delta\beta$ 和急倾斜煤层底板移动角的修正值 $\Delta\lambda$ 可按表 9-2 选取;松散层不加修正值。加入移动角修正的目的是使观测线长度超过盆地边界一定距离。

表 9-2 移动角修正值

煤层倾角 α/(°)	$\Delta\beta$/(°)	$\Delta\lambda$/(°)	煤层倾角 α/(°)	$\Delta\beta$/(°)	$\Delta\lambda$/(°)
0	20		50	11	
10	17		60	9	10
20	15		70	7	10
30	13		80 以上	6	10
40	12				

① 测点间距。根据煤层开采深度可确定测点间距,可按照表 9-3 选取。

表 9-3 开采深度与测点间距

开采深度/m	测点间距/m	开采深度/m	测点间距/m
≤50	5	>200~300	20
>50~100	10	>300~400	25
>100~200	15	>400	30

② 观测站的设置。在工作面未开采之前或开采未波及设站地表时,就应将设计好的观测站标定到实地上。其方法是:从矿区控制点 K_1,根据图 9-20 中量取的 θ_1 和 L 值,先标出观测线上控制点 R_4,再根据 θ_2 标出倾斜观测线 R_4R_1 的方向。在两观测线交点 O 处,标出与倾斜观测线垂直的走向观测线方向 R_5R_6。然后从 O 点开始,根据设计的各测点间距,在两条观测线上标出各测点的平面位置,并对各测点进行编号。

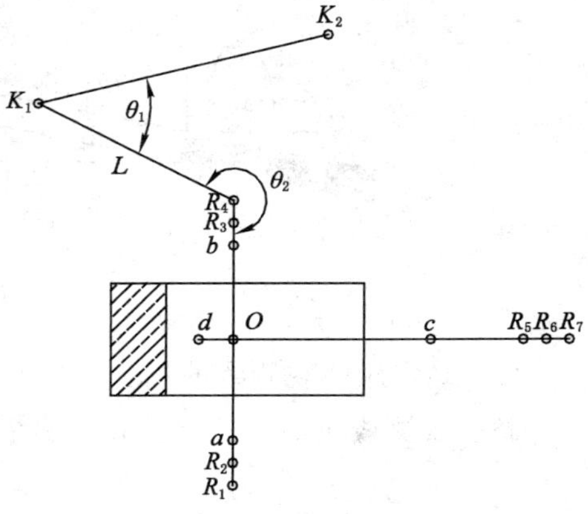

图 9-20 观测站的标定

2. 地表移动观测站的观测工作

(1) 地表移动观测的主要设备

地表移动观测经常使用的测量设备有经纬仪、水准仪、全站仪，随着科技的发展越来越多地使用 GPS 等设备快速地进行大范围地表移动观测。其中：经纬仪主要分为光学经纬仪和电子经纬仪，是用于测量水平角和竖直角的仪器；水准仪常用的有激光水准仪和电子水准仪，主要用于测定地表两点间高差；全站仪是通过测量斜距、竖直角和水平角等，进行平距、高差、高程及坐标等的测量，具有自动化程度高、功能多、精度好的特点，目前矿区地表移动观测常采用全站仪；GPS 定位技术实现了用同一种仪器在同一时刻直接测出点的空间移动轨迹，它采用快速静态测量模式，观测方法简单、快速、精度高，目前有矿区采用该技术进行地表移动观测。

(2) 地表移动观测的主要工作

地表移动观测的主要工作包括：观测站的连接测量，全面观测，日常观测，单独进行的水准测量，地表破坏的测定和编录等。

① 连接测量。在观测点埋设好 10～15 d、点位固结后，测站地区未被采动影响之前应完成连接测量工作。连接测量需独立进行 2 次观测。

② 全面观测。为了准确地确定工作测点在地表移动开始前的空间位置，在连接测量后、地表移动开始之前，应独立进行 2 次全面观测，时间间隔不超过 5 d。

③ 日常观测。指在首次和末次全面观测之间适当增加的水准测量工作。在地表移动过程中，要进行日常观测工作，即重复进行水准测量。重复水准测量的时间间隔视地表的下沉速度而定，一般是每隔 30 d 左右观测一次。

六、煤岩体破坏地球物理监测方法

(一) 概述

国内外研究表明，煤岩体破坏失稳时常会伴随声、光、电异常等现象的发生，同时会引起声发射、微震和电磁辐射等信号产生，根据这些信号的变化特征可在一定程度上预测煤岩体破坏失稳特征，并对煤岩体破坏及其动力灾害做出完整的描述和动态监测。与传统指标预测法相比，声发射、微震和电磁辐射等方法以其非接触、连续性、数据量大、监测范围广、不影响生产等优点，逐渐发展成为深部煤岩体破坏监测的主流方法。

(二) 监测方法及其原理

1. 微震监测法

矿震是开采过程中，煤岩体积聚的弹性能和变形能突然释放所产生的震动。当矿震能量足够大时会引起煤体抛出、顶板下沉、底鼓等巷道破坏现象，从而形成剧烈的矿压显现或冲击矿压。微震监测系统的主要功能是实时记录矿震活动，进行震源定位和矿震能量计算，推断出开采区域内煤岩破裂的活动范围、稳定性及其发展趋势，为评价全矿范围内的冲击矿压危险提供依据。其原理借助于以一定阵列布置的检波型传感器接收的直达 P 波起始点的时间差，在给定波速条件下进行三维定位和能量计算，从而确定煤岩体破裂发生的时间、空间及量级(见图 9-21)。根据各时期矿震的监测结果，给出工作面及巷道各区域矿震活动的强弱程度，以便及时采取应对措施。微震监测技术最早始于 20 世纪初的地震监测，起初主要用于金矿开采的地震监测。随着计算机的快速发展，电子技术和信号处理使得微震监测设备的研发迅猛发展，促进了微震监测的大规模实际应用。

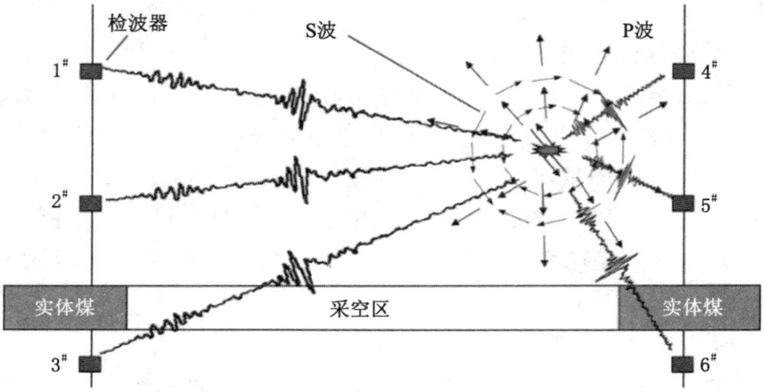

图 9-21 微震监测定位原理示意图

微震监测系统结构如图 9-22 所示。该系统可实现对矿井包括冲击矿压在内的矿震信号进行远距离、实时、动态、自动监测，显示冲击矿压等矿震信号的完全波形，并可准确计算出能量大于 100 J 的震动及冲击矿压发生的时间、能量和空间三维坐标，确定每次震动的震动类型，判断冲击矿压发生力源，以便对矿井冲击矿压危险程度进行评价。

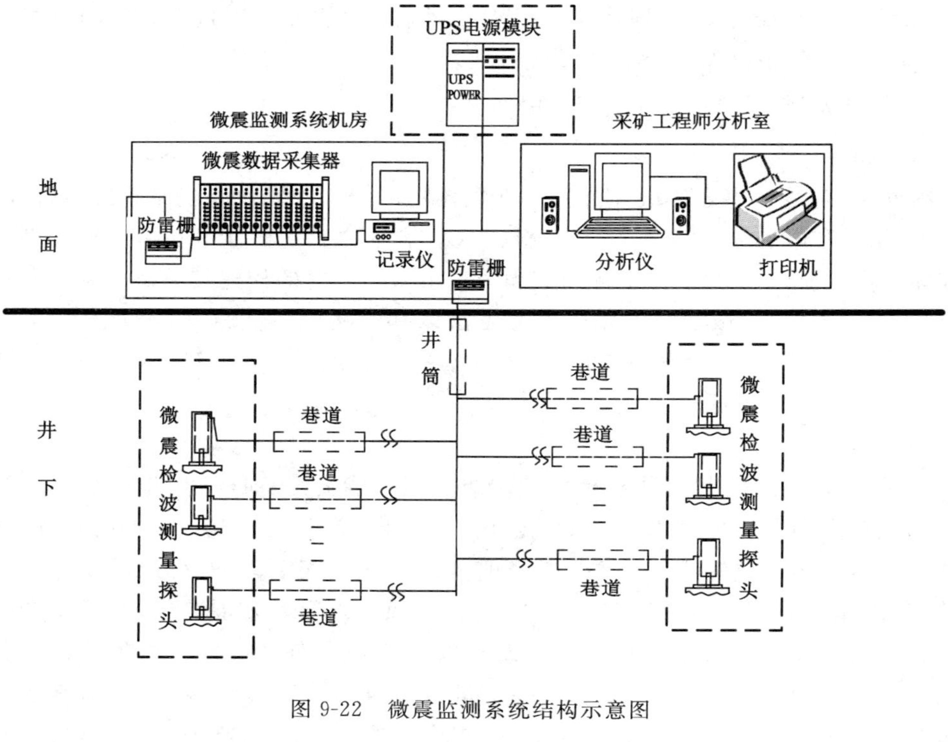

图 9-22 微震监测系统结构示意图

2. 电磁辐射法

对岩石破裂电磁辐射的观测和研究是从地震工作者发现地震前电磁异常后开始的。苏联和中国是在这个方面开展研究较早的国家，日本和美国等国家也陆续开展了这方面的研究工作。在近 30 年内，岩石破裂电磁辐射效应无论是在理论研究还是在应用方面，都取得了飞速发展。

从 20 世纪 90 年代开始，中国矿业大学对载荷作用下煤岩体的电磁辐射特性及规律进行了较为深入的定性和定量研究。研究表明，煤岩电磁辐射是煤岩体受载变形破裂过程中向外辐射电磁能量的一种现象，与煤岩体的变形破裂过程密切相关。

掘进或回采空间形成后，工作面煤体失去应力平衡，处于不稳定状态，煤壁中的煤体必然要发生变形或破裂，并向新的应力平衡状态过渡，这种过程会引起电磁辐射。由松弛区到应力集中区，应力越来越高，电磁辐射信号也越来越强。在应力集中区，应力达到最大值，煤体的变形破裂过程也较强烈，电磁辐射信号最强。进入原岩应力区，电磁辐射强度有所下降，且趋于平衡。

电磁辐射主要参数是电磁辐射强度和脉冲数。电磁辐射强度主要反映了煤岩体的受载程度和变形破裂强度，脉冲数主要反映了煤岩体变形和微破裂的频次。电磁辐射与煤的应力状态有关，应力高时电磁辐射信号就强，电磁辐射频率就高，而应力越高，则冲击危险越大。因此，电磁辐射强度和脉冲数综合反映了煤体前方应力集中程度，可以用电磁辐射法进行冲击矿压预测预报。此外，电磁辐射还可用于检测煤岩动力灾害防治措施的效果，评价边坡稳定性等。

3. 地质雷达法

地质雷达法是一种用于确定地下介质分布的广频(1 MHz～1 GHz)电磁技术。地质雷达由一体化主机、发射部分、接收部分和配套软件等组成。它通过发射天线以 60°～90°的波束角向地下发射高频电磁脉冲波(主频为数十兆赫至数百兆赫乃至数千兆赫)，电磁脉冲波在传播途中遇到电性分界面时由于界面两侧介电常数的差异而产生反射，反射的电磁波被设置在某一固定位置的接收天线接收，同时将接收到的信号经过转换处理为电信号传到主机，再经滤波、增益恢复等一系列处理后形成雷达探测图像。如图 9-23 所示。

电磁脉冲波在介质传播过程中，其路径、电磁波强度和波形特征将随所通过介质的介电常数及几何形态的变化而变化。根据反射所形成的电磁波图像剖面的旅行时间(亦称双程时间)、振幅和频率及同相轴(同一连续界面的反射信号)形态，可以推断介质的形状、大小及埋藏深度等特征参数，当发射和接收天线沿介质表面逐点同步移动时，就能得到其内部介质剖面的波形图像，如图 9-24 所示。

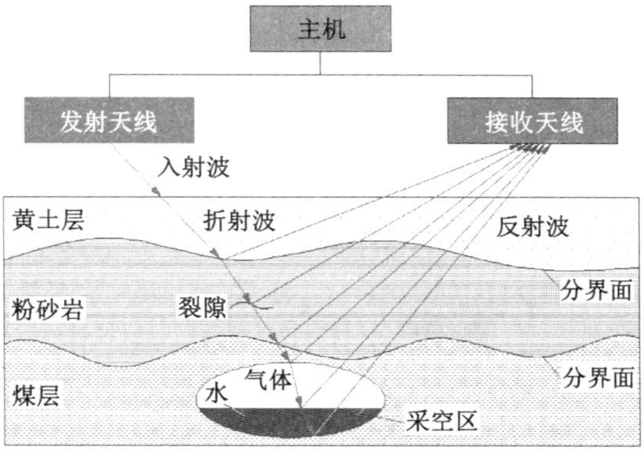

图 9-23 地质雷达法监测原理图

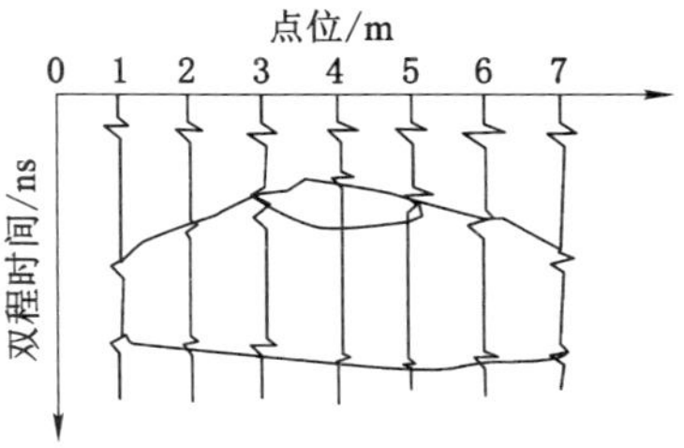

图 9-24 地质雷达所采集的雷达波形图

不同的介质具有不同的物理特性，也具有不同的介电常数。雷达发射的电磁脉冲波在经过介质界面时因介质的介电常数不同而方向发生改变，即反射的电磁波被接收天线所接收。因此，电磁波振幅的强弱变化主要取决于介质两侧的介电常数的差异，即反射系数的大小与介电常数的差异有关。反射系数与介电常数之间的关系如下：

$$R_i = \frac{\sqrt{\varepsilon_1} - \sqrt{\varepsilon_2}}{\sqrt{\varepsilon_1} + \sqrt{\varepsilon_2}} \tag{9-11}$$

式中 R_i——反射系数；

$\varepsilon_1, \varepsilon_2$——反射界面两侧介质的相对介电常数。

地质雷达所发射的高频短脉冲电磁波在介质传播中遇到采空区等目标体时，因目标体与周围岩体存在电性差异而产生反射波，并且反射波被接收形成雷达探测图像。通过对图像剖面的同相轴追踪就可以测定出目标体反射波的旅行时间 T，同时可根据电磁波在介质中的传播速度推算出目标体所在的埋藏深度。

$$h = v\frac{T}{2} = \frac{cT}{2\sqrt{\varepsilon_r}} \tag{9-12}$$

式中 v——电磁波在煤岩体中的传播速度，m/ns；

c——电磁波在空气中的传播速度，取 0.3 m/ns；

ε_r——煤岩体的相对介电常数；

h——地层底界面深度，m；

T——电磁波传播双程时间，ns。

地质雷达可对发射、接收电磁波的频率进行控制，具有信噪比高、干扰低的特点。其发射的电磁波波段常为 10^7 以上数量级，在地层介质中雷达波波长一般为 0.1～2.0 m，所以地质雷达在探测浅部地层介质时，具有比地震波更高的分辨率，而且具有经济、高效、非破坏性等优点。

第二节 矿山压力与岩层控制的数值模拟方法

一、概述

半个世纪以来，岩石力学数值方法得到了长足的发展，从早期的有限差分法(Finite Difference Method，FDM)、有限元法(Finite Element Method，FEM)、边界元法(Boundary Element Method，BEM)到近几十年出现的连续体的快速拉格朗日分析法(Fast Lagrangian Analysis of Continua，FLAC)、离散元法(Discrete Element Method，DEM)、关键块理论(Key Block Theory)、数值流形方法(Numerical Manifold Method，NMM)、非连续变形分析(Discontinuous Deformation Analysis，DDA)、无单元法(Element-free Method)等方法。[89]这些方法或适用于连续介质，如有限元法、边界元法、快速拉格朗日分析法，或适用于非连续介质，如离散元法、数值流形方法、非连续变形分析等。数值模拟方法使复杂岩石力学与工程问题的设计发生了很大的变化，它不仅可以解决连续体问题，也可以处理岩体的非均质、不连续性和岩石的各种复杂的非线性状态问题，以及固-液、固-气、固-热等两相或多相耦合的复杂岩土工程问题。同时，随着高性能计算技术的高速发展，使得运用数值模拟方法解决大型复杂矿山工程问题成为可能。正如一些岩土工程领域学者所述，数值计算在解决岩土工程问题中发挥着越来越重要的作用——室内试验与实际工程间的桥梁作用，对模型试验的补充、替代作用，对现场原型试验的补充、替代作用。

矿山压力是由于工作面开挖在采场、巷道围岩及支护结构物上形成的力。研究矿山压力就必须了解和分析相应开采阶段的围岩应力。煤矿矿山压力与岩层控制研究方法主要有三个方面，即现场观测研究、实验室试验研究和理论计算研究。但是面对复杂的矿山岩体及开采工程，研究方法的发展都存在着一定的缺陷。现场观测是直接在工程现场进行的，直接接触实际，但是现场实际是通过文字、数字、图像表述的，这就必须通过观测实施信息的搜集和处理，这个过程一般又是通过观测仪器仪表进行的，受到观测仪器仪表本身性能的限制。因而数值模拟方法的发展引起采矿界的重视，并逐步引入作为研究矿山压力的方法，在矿山压力研究中发挥重要作用。而且随着计算机的发展和在矿山普遍应用，以及相应计算软件的推广和普及，数值模拟方法必将在矿山工程实践中发挥其应有的作用。

从"岩石力学"和"矿山岩体力学"形成一门科学起，为了说明巷道开挖引起的应力重新分布，都是从圆孔应力分析解析解讲起的，而矩形巷道的解析解则要通过保角映射。但矿山巷道大多不是典型的圆形和矩形，以最简单的、也是普遍应用的梯形巷道为例，从有限差分法数值模拟（见图 9-25）可以看出，它已无法用解析解来计算和说明。采场开采更是在复杂层状岩体中逐步开采破坏的一个复杂的力学过程，绝大多数情形下找不到一个可求解析解的力学模型。数值模拟方法是在计算机日新月异发展的背景下不断发展的力学计算方法，且已被证明在解决复杂岩体力学问题中是一种十分有效的手段。

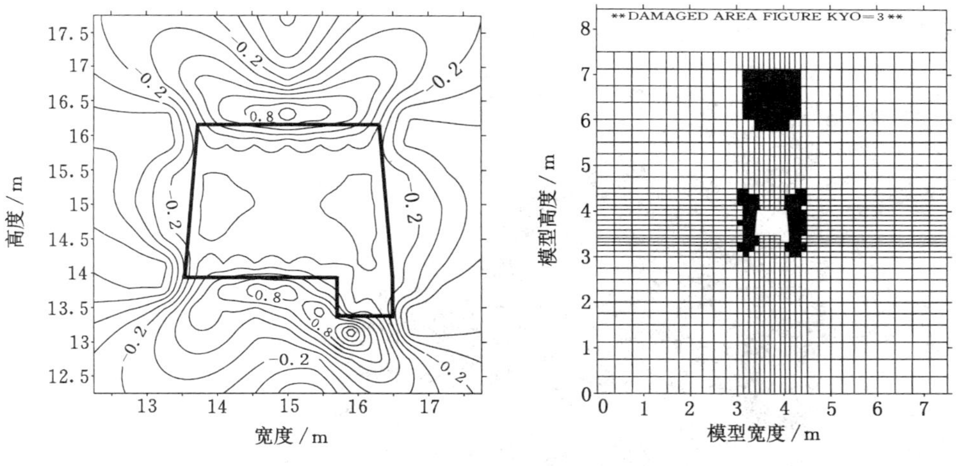

图 9-25　梯形巷道断面最大主应力和塑性破坏数值模拟结果

数值模拟方法在矿山巷道和地下硐室的稳定性分析和支护设计等方面已得到广泛应用，并日臻成熟。关于这一方面的情况，此处不再介绍。

在采场矿压与岩层移动方面，由于长壁开采在较大范围的层状岩体中不断推进，工作面控顶区不断前移，后方采空区顶板不断冒落，范围也在不断扩大，而裂隙带下位岩层冒落后还会形成"砌体梁"结构，该结构也会随工作面推进经历"平衡-失稳-平衡"的反复运动过程，这就为数值模拟方法在采场矿压的应用带来一系列新的课题。如不断开挖过程中岩体破坏区域的发展以及开采全过程的模拟；又如冒落岩层的移动已不属于力学上一般意义的“大位移”等。因而数值模拟方法在采场矿压研究中的应用，特别是在长壁开采矿压研究中的应用仍处于初级阶段。从另一角度讲，正是由于采场岩体破坏运动的复杂性和特殊性，采矿界对数值模拟方法应用的不断探索，才会推动岩石力学数值方法的进一步发展。

早期，采场的数值模拟主要是指通过计算机模拟方法再现已知的某一开采阶段工作面围岩应力场、位移场等的变化规律。但随着近年来矿山数值计算技术的不断发展和完善，煤矿开采数值模拟可以实现对一些由于经费、时间、围岩环境等因素的制约而难以实施实验室再现的未知采场矿压与岩层运动现象的探索，如顶板的破断运移、煤矿冲击地压、瓦斯突出、煤柱的长期稳定性、深部开采及其地温地压等问题。

二、主要数值模拟方法的应用举例

1. *有限差分法*

有限差分法比较古老，在计算机出现以前就有。它的基本思想是将待解决问题的基本方程和边界条件（一般为微分方程）近似地用差分代数方程来表示，即由有一定规则的空间离散点处的场变量（应力、位移）的代数表达式代替，从而把求解微分方程的问题转化为求解代数方程的问题。有限差分法通常采用“显式”时间步进方法解算代数方程，原理简单，可以处理一些相当复杂的问题。当前，基于有限差分法原理的 FLAC3D(Fast Lagrangian Analysis of Continua 3D)程序在煤炭开采领域应用很广。

图 9-26 是为研究大倾角煤层群长壁开采建立的 FLAC3D 数值模型图，原型为甘肃华亭东峡煤矿大倾角煤层。东峡煤矿地质构造简单，煤层赋存稳定，煤层平均倾角为 38°，其中主采煤层 $6\text{-}1_{下}$ 煤平均厚度为 6.68 m，$6\text{-}2_{上}$ 煤为 3.0 m，$6\text{-}2_{中}$ 煤为 10 m，三层煤的煤层间

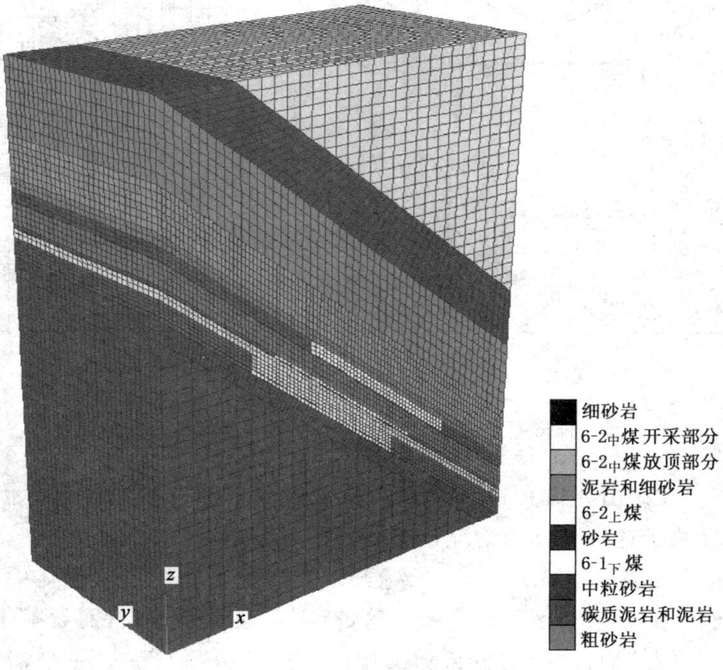

图 9-26 大倾角煤层群长壁开采三维数值模型图

距分别为 12 m 和 4 m，属于大倾角坚硬煤层群，工作面长 110 m。整个模型由 112 500 个单元组成，包括 120 528 个节点。计算采用的煤岩体力学参数见表 9-4，采用莫尔-库仑本构模型以及大应变变形模式。

表 9-4　煤岩体力学参数

岩性	密度 /(kg/m³)	剪切模量 /MPa	体积模量 /MPa	黏聚力 /MPa	内摩擦角 /(°)	抗拉强度 /MPa
粗砂岩	2 170	3 269	7 083	2.00	42	3.30
碳质泥岩	2 290	3 282	3 732	1.30	34	1.20
中粒砂岩	2 583	4 651	9 523	4.50	43	4.63
砂岩	2 583	2 700	6 700	1.70	38	1.50
煤	1 360	530	651	1.87	36	1.03
泥岩	1 750	1 016	1 543	6.91	40	3.19
细砂岩	2 540	4 230	9 167	4.00	42	3.90

图 9-27 和图 9-28 分别为采场沿倾斜剖面的位移场和垂直应力场。可以看出，大倾角煤层群走向长壁开采时，采场围岩倾斜方向上的力学特征具有非对称性，岩层空间的破坏运移特征具有时序性和不均衡性，围岩变形破坏范围远大于单一煤层开采。对采场围岩所产生的扰动影响比单层大倾角煤层开采更大，不同煤层间具有相互影响和双重扰动作用，导致围岩力学变化特征复杂。

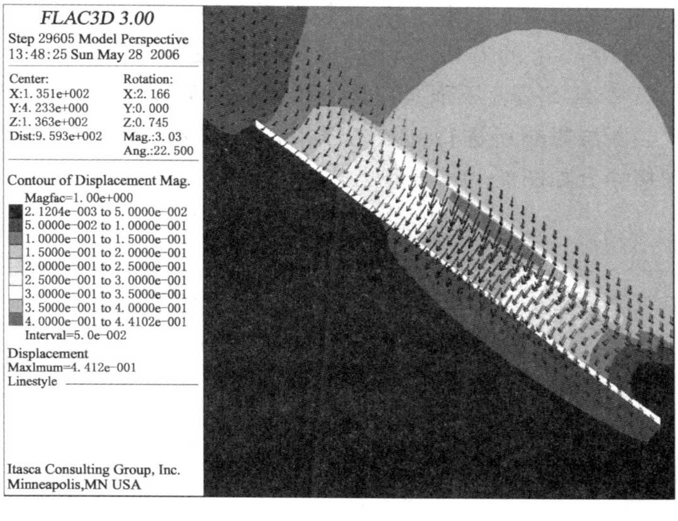

图 9-27　开采 $6\text{-}2_{上}$ 煤采场倾斜剖面位移场

2. 有限元法

有限元法的基本思想最早出现于 20 世纪 40 年代初期，但直到 1960 年美国的克拉夫才在一篇论文中首次使用“有限元法”这个名词。20 世纪 60 年代末，有限元法在理论上基本成熟，出现了不少软件，一些软件进入了商业化应用。

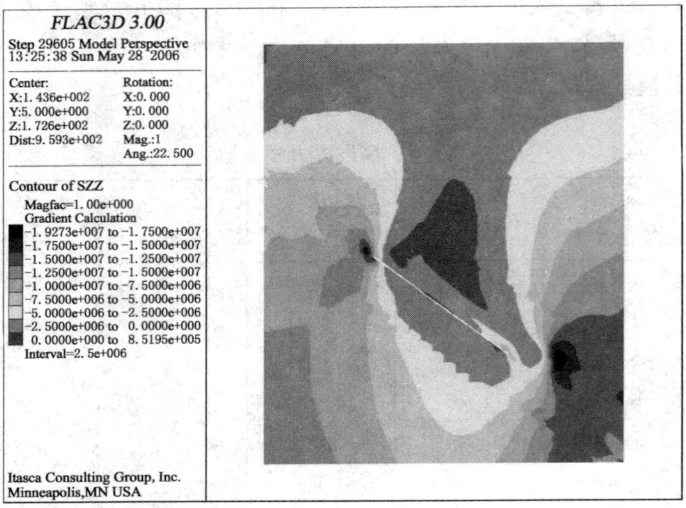

图 9-28 开采 6-2$_{上}$ 煤采场倾斜剖面垂直应力场

有限元法的实质是把一个实际的结构物(如某种开采装备)或力学模型(如根据研究原型建立的采场某一时刻的连续体整体力学模型),用一种多个彼此相联系的单元体所组成的近似等价物理模型来代替。通过结构物或物理模型的力学基本原理以及单元体的物理特性,建立起表征力和位移的方程组。解方程组求其基本未知物理量,由此得出各单元的应力、应变以及其他辅助量值。概括地说,有限元法解题的一般步骤是:结构的离散化,选择位移模式,建立平衡方程,求解节点位移,计算单元中的应变和应力。

在矿山压力研究中应用的有限元计算软件主要是国内外岩土工程应用软件,如ANSYS、ADINA、ABAQUS 等。下面是应用 NCAP-2 有限元程序,结合西部某矿埋藏较浅的煤层长壁开采受到断层影响所进行的数值模拟。地层结构的主要力学参数见表 9-5,计算模型的有限元网格划分如图 9-29 所示。

表 9-5 地层主要力学参数

岩层	厚度 /m	泊松比	黏结力 /MPa	内摩擦角 /(°)	残余黏结力 /MPa	残余内摩擦角 /(°)	视密度 /(kN/m³)	单轴抗拉强度 /MPa
表土层	10	0.290	0.25	30	0.2	29	1 920	0
覆岩	85	0.226	1.70	30	1.6	29	2 890	1.65
直接顶	5	0.220	1.00	27	1.0	25	2 700	0.65
厚煤层	10	0.210	1.40	32	1.3	30	1 400	0.77
直接底	5	0.220	1.00	28	1.0	27	2 600	0.65
底板	45	0.184	1.45	35	1.4	34	2 450	1.20

断层参数为:法向刚度 1 000 N/m^3,切向刚度 25 N/m^3,初始黏聚力 1.40 MPa,断面粗糙度 10,最大闭合度 0.004 MPa,残余摩擦角 30°,断层倾角 65°,抗拉强度 10 MPa。

计算对比了无断层和有断层时采煤工作面均推进 50 m 的应力和塑性区的分布,见

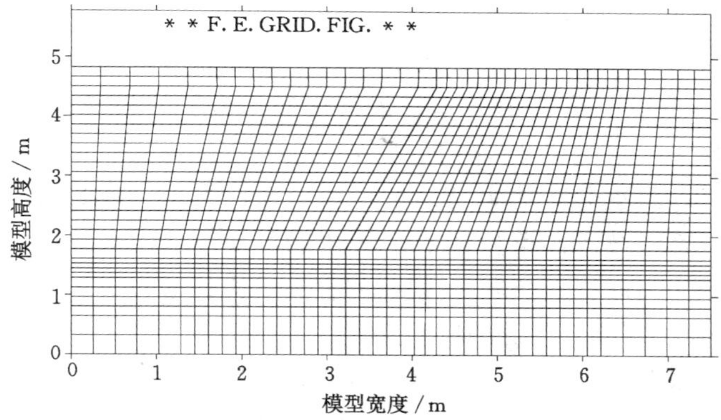

图 9-29　计算模型的有限元网格划分

图 9-30 和图 9-31。可以看出，由于断层的影响，采场围岩最大主应力分布特征与无断层时明显不同，采场围岩塑性破坏范围也急剧增大，所以在断层影响下长壁开采岩层稳定性控制难度增大。

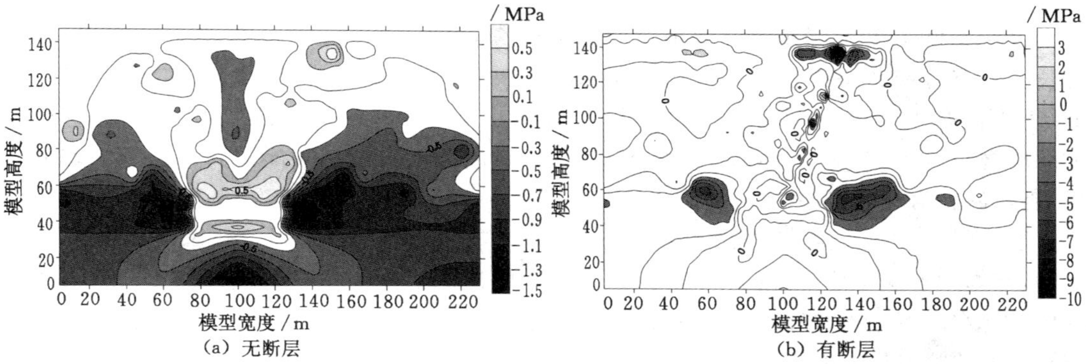

图 9-30　最大主应力分布图

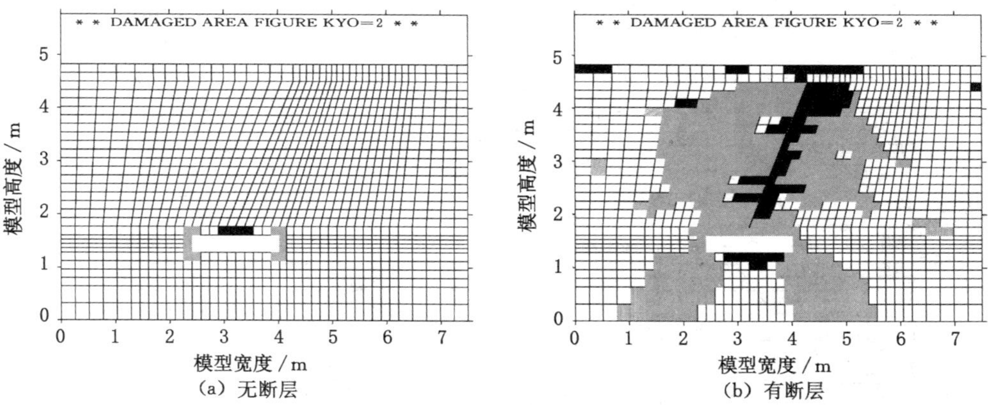

图 9-31　塑性区分布图

3. 离散元法

离散元法是康德尔(Cundall)1971 年以刚性离散单元为基本单元，根据牛顿第二定律，提出的一种动态分析方法，是一种非连续介质数值模拟方法。随后又将其发展为变形离散单元(简单变形离散单元和充分变形离散单元)，使其既能模拟块体受力后的运动，又能模拟块体受力后的变形。离散元法的基本思想可用经典力学的超静定结构的分析方法来说明，任何一个块体作为一个脱离体来分析，总会受到相邻单元力和力矩的作用，正是在其合力和合力矩的作用下，产生脱离体本身的变形和运动。当单元体足够多时，传统的算法就很难实现，只有在计算机技术高度发达的今天才能实现。从离散化的角度出发，岩体本质上是节理介质，可作为离散体来处理，且块体间存在着力的联系，因而离散元法在矿山岩体力学和矿山压力研究中得到较广泛的应用。

与有限元法、有限差分法一样，离散元法也需将模型的区域划分成单元，但这些单元是相对独立的块体，在以后的运动中，一个单元可与相邻单元接触，也可以分离，因而它不需要满足变形协调方程。除了边界条件以外，它必须满足表征介质应力与应变之间关系的物理方程和相对于每一个块体的平衡方程。离散元法也有较为广泛应用的软件，如 UDEC (Universal Distinct Element Code)和 3DEC(3D Distinct Element Code)。只要根据所研究的对象建立准确的力学模型，确定正确的边界条件，就可通过计算机运算得到相应的数值模拟结果。

采用 UDEC 程序模拟分析放顶煤开采顶板垮落及对上覆含水层的影响规律。以陕西彬长大佛寺煤矿首采工作面为分析对象，建立数值计算模型，整个模型长 1 000 m，高 300 m，煤层厚度为 14 m，直接顶块体尺寸为 1 m×2 m 和 2 m×2 m。煤层上距宜君、洛河组裂隙承压含水岩组 100～185 m，距 4 煤顶板 70～90 m 的上覆岩层为厚度和强度较大的以砂岩、粗粒砂岩为主的岩层。

通过图 9-32 可以看出，工作面推进至 30 m 左右时，直接顶初次垮落；工作面推进至 54 m 时，基本顶初次垮落，垮落高度为 42 m 左右；工作面推进至 200 m 左右时，覆岩垮落高度延伸至含水层下方粗粒砂岩区域；随着工作面继续推进，导水裂隙带延伸至洛河组砂岩，顶板水可能威胁工作面安全开采。

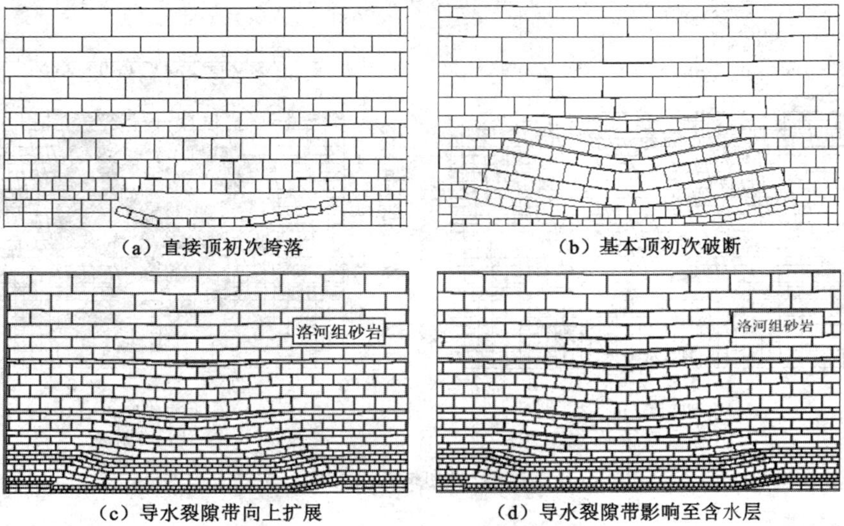

(a) 直接顶初次垮落　(b) 基本顶初次破断

(c) 导水裂隙带向上扩展　(d) 导水裂隙带影响至含水层

图 9-32　不同推进度下顶板垮落情况

近年来，数值模拟方法及相应计算软件日臻成熟，在矿山压力与岩层控制领域得到越来越广泛的应用。然而，基于不同原理的数值模拟方法各有优缺点，应充分发挥各方法的优点分析工程问题，才能取得较好的研究效果。其次，仅单一地采用数值模拟方法深入研究岩层控制问题仍存在一定困难，必须综合多种研究方法（现场观测、理论计算、实验室试验等），寻求多种手段的最佳结合点来解决复杂矿压问题。最后，岩石（体）的物理力学参数和边界条件选择在数值计算过程中至关重要，错误或不准确参数条件下的数值计算结果是不具有任何意义的。

第三节　矿山压力与岩层控制的相似材料物理模拟试验方法

相似材料物理模拟试验是以相似理论为依据，利用事物或现象间存在的相似和类似等特征，采用与原物理力学性质相似的材料，按一定的几何相似常数缩制成试验模型进行相应目的研究的一种试验方法。矿山压力与岩层控制的相似材料物理模拟是苏联在 20 世纪 50 年代初研究和应用的试验方法，库兹涅佐夫提出的采场矿压"铰接岩块"假说，就是通过相似材料模拟试验作出的。历经半个世纪，这一试验方法一直是采矿工程试验研究的主要方法之一。这种方法是在缩制试验模型上开挖各类工程，如矿山巷道和硐室、长壁采场，通过对工程过程（如长壁采场的工作面推进过程）的模拟，试验观察和研究工程围岩体的变形、移动、破坏和作用于支护结构上的力等规律和现象，适用于难以用理论分析的方法获取结果的研究领域，目前在矿山、岩土、水利等诸多领域拥有较广阔的应用空间。

相似材料物理模拟试验方法按照模型的力学结构分类，可分为平面模型和立体模型。平面模型是试验研究原型的某一个剖面，又分为平面应力模型和平面应变模型，对于矿山巷道和长壁采场，其实质是平面应变。立体模型是试验研究工程原型的某一个区域，克服了平面模型边界条件的弱化，可以较为准确地反映原型的力学特征。

1．相似理论

相似材料物理模拟试验必须遵循科学试验研究的相似理论。按照目前的发展水平，应采用以下几方面相似基本原则。

（1）模型必须首先保证几何的相似性

模型的几何尺寸与被模拟的原型几何尺寸成一定不变的比例关系，即所采用模型的比例一般称为模型的线比 $\alpha_L=\frac{L_M}{L_Y}=$常数，$L_M$ 为模型几何尺寸，L_Y 为原型几何尺寸。例如，采用 $\alpha_L=\frac{L_M}{L_Y}=1/50$ 的模型，模型上模拟煤层厚度的尺寸为 5 cm，则原型煤层厚度为 2.5 m。

（2）模型应满足力学的相似性

该原则一般包括：模型运动学的相似性，模型动力学的相似性，模型流变学的相似性。但是目前要实现流变学的相似性还很困难。

当模型和原型各测点的相对位移相互之间仍维持着对应的几何关系时，模型的运动学条件就能成立。

达到动力学相似条件的标准是：在模型中和在原型中施加于相对应部分岩体的力的比例关系与质量和加速度的乘积的比例关系相同。可用下面公式表达：

$$F_M/F_Y = (M_M \cdot a_M)/(M_Y \cdot a_Y) \tag{9-13}$$

式中 F_M, F_Y——模型、原型中施加于相对应部分岩体的力；

M_M, M_Y——模型、原型中相对应部分岩体的质量；

a_M, a_Y——模型中在力 F_M 和原型中在力 F_Y 作用下所形成的加速度。

(3) 采矿工程的相似材料物理模拟试验还需要满足系统的初始状态相似

该原则一般包括：① 两个系统的初始状态相似，如岩体的结构特征，层理、节理、断层、洞穴的分布状况，水文地质情况等；② 两个系统的初始边界条件相似，如是平面应力问题还是平面应变问题。

2. 相似材料的选取

矿山工程相似材料物理模拟试验过程中，选用的相似材料主要包括骨料、胶结材料和添加剂。骨料有河沙、石英砂、黏土、铁粉、重晶石粉等；胶结材料有石膏、石蜡、水泥、石灰、大白粉等，国外也有采用树脂材料；添加剂主要是为满足模型工艺需要而加入的速凝剂、缓凝剂、增强剂、凡士林等。此外，为模拟沉积岩的层状结构，模型铺设时每层均匀铺撒云母作为分层材料。

对相似材料应有以下基本要求：

① 主要力学性质与模拟原型的岩层或结构相似。如模拟长壁开采顶板破断运动规律时，相似材料的单向抗压强度和单向抗拉强度的参数应与矿山原型材料相似。

② 试验过程中材料力学性质稳定，基本不受外界环境的影响。如温度、湿度、实验室内运输材料等作业引起的一般震动。

③ 材料配比的改变与力学性质的调整有一定规律性的变化，能适应试验的要求。

④ 制作方便，凝固时间短，并能在尽量短的时间内达到预定的性质。

⑤ 无毒无污染，成本较低，货源稳定充足。

⑥ 原料质量稳定且容易测量。

3. 相似材料配比的计算

相似材料配比计算方式分为体积比和重量比，一般情况选取重量比，其中，骨料占 K 份，胶结材料占 1 份，可表示为：

$$\frac{\text{骨料}}{\text{胶结材料}} = \frac{K}{1} \tag{9-14}$$

相似材料物理模拟试验所采用的相似材料配比号为三位数字，第一位数字为骨料在材料中所占的比例，第二位和第三位数字分别为胶结材料中石膏和大白粉所占的比例。如某一岩层的相似材料配比号为 746，就表示材料中骨料(砂)占 70%，胶结材料占 30%；而在胶结材料中石膏占 40%，大白粉占 60%。

根据模拟原型岩石性质，常用配比号为：

① 泥岩类。配比号为 928、937、946、955 或 828、837、846、855，模拟材料强度依次增强；

② 砾岩类。配比号为 828、837、846、855 或 728、737、746、755，模拟材料强度依次增强；

③ 砂岩类。配比号为 628、637、646、655，模拟材料强度依次增强。

相似材料物理模拟模型性能影响规律如下：

① 骨胶比 K 值越大，模型的强度越小，反之越大；

② 相似材料重力密度越大，抗压强度越大；

③ 一般情况下，水与相似材料的重量比为$\frac{1}{7}\sim\frac{1}{11}$；

④ 胶结材料中，石膏与大白粉的比值越大，模拟材料强度越大。

配比选好后应进行相似材料的力学性能试验，一般包括单向抗压强度、单向抗拉强度、弹性模量试验等。

4. 模型铺设

因为模型架高度有限，模拟埋深足够大的深度煤层开采时，不能完全靠相似材料自重，需要外力载荷，采用杠杆加压、配重铁块或千斤顶加压装置。

根据试验目的，在每层等距划分节理裂隙，并考虑划分节理裂隙密度、分层厚度、压实程度、河沙粗细、加水量、边界条件等。

图 9-33 所示是模拟试验的总体设计构图。模型的最下部铺设一排称重传感器，其上铺设试验岩层，自下而上分别为 2 m 砂质页岩直接底，3.4 m 煤层，8 m 砂岩、砂质页岩互层直接顶，6 m 砂岩基本顶，4 m 砂质页岩，3 m 砂砾岩，20 m 砂岩、砂质页岩互层，5 m 砂岩，2 m 页岩，6 m 砂质页岩。煤层埋深 254 m，模型上铺设相当于 200 m 厚岩层和覆盖层重量的配重铁块。

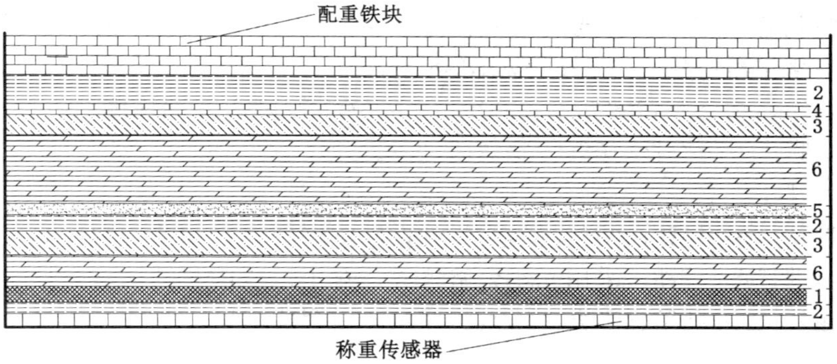

1—煤层；2—砂质页岩；3—砂岩；4—页岩；5—砂砾岩；6—砂岩、砂质页岩互层。

图 9-33 模拟试验的总体设计构图

相似模型铺设工艺表如表 9-6 所列。

表 9-6 相似模型铺设工艺表(1∶100)

铺设顺序（自下而上）	原型岩性及厚度 /m	模拟层厚 /cm	铺设层数	每层厚度 /cm	模拟层配比号	模拟层裂隙间距 /cm	备注
1	2 m 砂质页岩	2	1	2.0	828	2	
2	3.4 m 煤层	3	2	1.5	928	2	
3	8 m 砂岩、砂质页岩互层	8	2	4.0	828	2	
4	6 m 砂岩	6	2	3.0	846	2	
5	4 m 砂质页岩	4	2	2.0	828	2	
6	3 m 砂砾岩	3	2	1.5	855	2	
7	20 m 砂岩、砂质页岩互层	20	10	2.0	846	2	
8	5 m 砂岩	5	1	5.0	928	2	
9	2 m 页岩	2	1	2.0	928	2	
10	6 m 砂质页岩	6	3	2.0	928	2	

5. 相似材料物理模拟试验的主要过程

矿山工程相似材料物理模拟试验的基本过程主要包括以下环节：

① 根据研究或课题的基本要求提出试验设计。试验设计应包括：试验的目的与任务；选择模拟试验方法，即模型架的类型和尺寸；选择各类试验岩层的材料配比；确定模型铺设工艺；确定试验测试内容，选择试验测试仪器仪表；设计模拟试验过程。

② 相似材料模型的铺设和装置。

③ 试验前准备。提出试验的具体实施方案，确定试验人员的分工，安装和配置全部试验测试仪表。

④ 相似材料物理模拟试验。模拟试验过程应严格按照试验设计和试验前的实施方案进行，模型的开挖要严格按照时空要求。定期测定试验数据，对试验过程认真记录，并做相关素描。

⑤ 试验测试原始材料的整理和分析。

⑥ 编写试验研究报告。

6. 相似材料物理模拟试验测量方法

相似材料物理模拟试验主要测量内容有位移、应力、应变、裂隙的开裂与滑移、岩层垮落距离等。测量仪器有徕卡 TS02Power-2 型光学全站仪、百分表、AE 声发射测试仪、YS(B)钻孔窥视仪、压力计算机数据采集系统、RSM-SY5 围岩松动圈检测仪、电动无侧限压力仪、压力盒、薄膜压力传感器、光纤传感器、刻度尺、卷尺等。

(1) 位移测量

位移测量一般采用悬臂式测位仪，用于测量硐室周围位移和节理裂隙之间的相对滑移及张开度。当进行点测量时，采用光学全站仪等。对于地表的移动测量，可以采用百分表、千分表等。此外，也可利用摄影方法测量位移及岩层垮落过程。

(2) 应力测量

应力测量分为直接法和间接法。直接测量法采用的仪器有压力盒、薄膜压力传感器、扁千斤顶等。间接测量法则是通过其他物理量的转换间接测量压力和应力。

(3) 应变测量

应变测量直接在模型中进行。模型表面应用刻度值直接进行测量。近年来，由于光纤测量技术的发展，可以采用光纤传感器进行应变测量。对于模型内部破坏，采用地质雷达、钻孔窥视仪及声发射测试仪进行检测。

相似材料物理模拟试验充分利用事物与现象间存在的相似特征研究事物运动发展规律，能够直观、可靠地弥补理论分析和现场实测等研究手段所不能完成的研究领域，成为一种十分有效的定性化或定量化的研究方法。近年来，随着物理试验模型装置的改进、相似材料性能的改善以及测量和监测技术的不断发展，相似材料物理模拟试验不仅在平面模型方面取得丰硕的成果，而且在三维模拟试验方面取得了长足进步。

习　题

1. 简要介绍矿山原岩应力测试的主要原理和测试方法。

2. 怎么布置长壁工作面矿压“三量”的观测测点？应用什么仪器和工具？如何在现场

观测？

3. 采动应力测量包括哪些内容？如何在现场观测？

4. 简要介绍综采工作面地表沉陷现场观测测站布置及测量方法。

5. 简单介绍在矿山压力研究中应用的几种数值模拟方法。

6. 相似材料物理模拟试验的实质是什么？

参考文献

[1] 钱鸣高,刘听成.矿山压力及其控制:修订本[M].北京:煤炭工业出版社,1991.
[2] 钱鸣高,石平五,许家林.矿山压力与岩层控制[M].2版.徐州:中国矿业大学出版社,2010.
[3] 陈炎光,钱鸣高.中国煤矿采场围岩控制[M].徐州:中国矿业大学出版社,1994.
[4] 钱鸣高.岩层控制与煤炭科学开采文集[M].徐州:中国矿业大学出版社,2011.
[5] 钱鸣高,缪协兴,许家林,等.岩层控制的关键层理论[M].徐州:中国矿业大学出版社,2000.
[6] 钱鸣高,李鸿昌.采场上覆岩层活动规律及其对矿山压力的影响[J].煤炭学报,1982(6):1-12.
[7] 钱鸣高,何富连,王作棠.再论采场矿山压力理论[J].中国矿业大学学报,1994,23(3):1-9.
[8] 钱鸣高,许家林,王家臣.再论煤炭的科学开采[J].煤炭学报,2018,43(1):1-13.
[9] 钱鸣高,许家林.煤炭开采与岩层运动[J].煤炭学报,2019,44(4):973-984.
[10] 陈炎光,陆士良.中国煤矿巷道围岩控制[M].徐州:中国矿业大学出版社,1994.
[11] 侯朝炯团队.巷道围岩控制[M].徐州:中国矿业大学出版社,2013.
[12] 许家林.煤矿绿色开采[M].徐州:中国矿业大学出版社,2011.
[13] 王家臣.厚煤层开采理论与技术[M].北京:冶金工业出版社,2009.
[14] 伍永平,员东风,解盘石,等.大倾角煤层长壁综采理论与技术[M].北京:科学技术出版社,2016.
[15] 黄庆享.浅埋煤层长壁开采顶板结构及岩层控制研究[M].徐州:中国矿业大学出版社,2000.
[16] 张农.巷道滞后注浆围岩控制理论与实践[M].徐州:中国矿业大学出版社,2004.
[17] 窦林名,赵从国,杨思光,等.煤矿开采冲击矿压灾害防治[M].徐州:中国矿业大学出版社,2006.
[18] 许家林,钱鸣高.覆岩关键层位置的判别方法[J].中国矿业大学学报,2000,29(5):463-467.
[19] 郭杰凯.覆岩主关键层对超前支承压力的影响规律研究[D].徐州:中国矿业大学,2015.
[20] 轩大洋,许家林,冯建超,等.巨厚火成岩下采动应力演化规律与致灾机理[J].煤炭学报,2011,36(8):1252-1257.
[21] 许家林,鞠金峰.特大采高综采面关键层结构形态及其对矿压显现的影响[J].岩石力学与工程学报,2011,30(8):1547-1556.
[22] JU J F,XU J L. Structural characteristics of key strata and strata behaviour of a fully

mechanized longwall face with 7.0 m height chocks[J]. International journal of rock mechanics and mining sciences,2013,58(2):46-54.

[23] 鞠金峰,许家林,朱卫兵.浅埋特大采高综采工作面关键层“悬臂梁”结构运动对端面漏冒的影响[J].煤炭学报,2014,39(7):1197-1204.

[24] 王晓振,许家林,朱卫兵,等.浅埋综采面高速推进对周期来压特征的影响[J].中国矿业大学学报,2012,41(3):349-354.

[25] 王路军,朱卫兵,许家林,等.浅埋深极近距离煤层工作面矿压显现规律研究[J].煤炭科学技术,2013,41(3):47-50.

[26] 许家林,朱卫兵,王晓振,等.浅埋煤层覆岩关键层结构分类[J].煤炭学报,2009,34(7):865-870.

[27] 许家林,朱卫兵,鞠金峰.浅埋煤层开采压架类型[J].煤炭学报,2014,39(8):1625-1634.

[28] 朱卫兵,许家林,鞠金峰.浅埋煤层开采压架机理及防治[M].北京:科学出版社,2017.

[29] 石平五,侯忠杰.神府浅埋煤层顶板破断运动规律[J].西安矿业学院学报,1996,16(3):204-207.

[30] 侯忠杰.浅埋煤层关键层研究[J].煤炭学报,1999,24(4):359-363.

[31] 黄庆享,钱鸣高,石平五.浅埋煤层采场老顶周期来压的结构分析[J].煤炭学报,1999,24(6):581-585.

[32] 许家林,朱卫兵,王晓振,等.沟谷地形对浅埋煤层开采矿压显现的影响机理[J].煤炭学报,2012,37(2):179-185.

[33] 鞠金峰,许家林,朱卫兵,等.神东矿区近距离煤层出一侧采空煤柱压架机理[J].岩石力学与工程学报,2013,32(7):1321-1330.

[34] 许家林,王晓振,朱卫兵.松散承压含水层下采煤压架突水机理与防治[M].徐州:中国矿业大学出版社,2012.

[35] 吴绍倩,石平五.急斜煤层矿压显现规律的研究[J].西安矿业学院学报,1990(2):1-9.

[36] 石平五,高召宁.急倾斜特厚煤层开采围岩与覆盖层破坏规律研究[J].煤炭学报,2003, 28(1):13-16.

[37] 伍永平,贠东风,张淼丰,等.大倾角煤层综采基本问题研究[J].煤炭学,2000,25(5):465-468.

[38] 周邦远,陈显坤,聂春辉,等.华蓥山矿区急倾斜煤层综采技术试验[J].煤炭科学技术,2008,36(7):10-12.

[39] 高召宁,石平五.急倾斜水平分段放顶煤开采岩移规律[J].西安科技学院学报,2001,21(4):316-318.

[40] 鞠文君,李前,魏东,等.急倾斜特厚煤层水平分层开采矿压特征[J].煤炭学报,2006,31(5):558-561.

[41] 来兴平,伍永平,曹建涛,等.急倾斜特厚煤层综放安全开采关键技术力学与工程基础[M].西安:陕西科学技术出版社,2013.

[42] 马念杰,侯朝炯.采准巷道矿压理论及应用[M].北京:煤炭工业出版社,1995.

[43] 康红普,王金华,等.煤巷锚杆支护理论与成套技术[M].北京:煤炭工业出版社,2007.

[44] 冯光明.超高水充填材料及其充填开采技术研究与应用[D].徐州:中国矿业大学,2009.
[45] 何满朝,陈上元,郭志飚,等.切顶卸压沿空留巷围岩结构控制及其工程应用[J].中国矿业大学学报,2017,46(5):959-969.
[46] 曹安业.采动煤岩冲击破裂的震动效应及其应用研究[D].徐州:中国矿业大学,2009.
[47] 牟宗龙,王浩,彭蓬,等.岩-煤-岩组合体破坏特征及冲击倾向性试验研究[J].采矿与安全工程学报,2013,30(6):841-847.
[48] 中华人民共和国国家质量监督检验检疫总局,中国国家标准化管理委员会.冲击地压测定、监测与防治方法 第2部分:煤的冲击倾向性分类及指数的测定方法:GB/T 25217.2—2010[S].北京:中国标准出版社,2011.
[49] 中华人民共和国国家质量监督检验检疫总局,中国国家标准化管理委员会.冲击地压测定、监测与防治方法 第1部分:顶板岩层冲击倾向性分类及指数的测定方法:GB/T 25217.1—2010[S].北京:中国标准出版社,2011.
[50] DOU L M,MU Z L,LI Z L,et al. Research progress of monitoring,forecasting,and prevention of rockburst in underground coal mining in China[J]. International journal of coal science & technology,2014,1(3):278-288.
[51] 巩思园.矿震震动波波速层析成像原理及其预测煤矿冲击危险应用实践[D].徐州:中国矿业大学,2010.
[52] CAI W,DOU L M,CAO A Y,et al. Application of seismic velocity tomography in underground coal mines:a case study of Yima mining area,Henan,China[J]. Journal of applied geophysics,2014,109:140-149.
[53] 贺虎.煤矿覆岩“OX-F-T”空间结构演化与诱冲机制研究[D].徐州:中国矿业大学,2012.
[54] 姜福兴,刘懿,张益超,等.采场覆岩的“载荷三带”结构模型及其在防冲领域的应用[J].岩石力学与工程学报,2016,35(12):2398-2408.
[55] 蒋金泉,王普,武泉林,等.高位硬厚岩层弹性基础边界下破断规律的演化特征[J].中国矿业大学学报,2016,45(3):490-499.
[56] XUAN D Y,XU J L,ZHU W B. Dynamic disaster control under a massive igneous sill by grouting from surface boreholes[J]. International journal of rock mechanics and mining sciences,2014,71:176-187.
[57] 何国清,杨伦,凌赓娣,等.矿山开采沉陷学[M].徐州:中国矿业大学出版社,1991.
[58] HE C C,XU J L,WANG F,et al. Movement boundary shape of overburden strata and its influencing factors[J]. Energies,2018,11(4):742.
[59] 金太,席京德,蒋金泉,等.缓倾斜厚煤层开采矿山压力与岩层控制[M].徐州:中国矿业大学出版社,2000.
[60] 国家煤炭工业局.建筑物、水体、铁路及主要井巷煤柱留设与压煤开采规程[M].北京:煤炭工业出版社,2000.
[61] 阳泉矿务局.回采工作面上部岩层活动的观测与研究[G]//中国煤炭学会《矿压文集》选编组.矿压文集.北京:煤炭工业出版社,1978:79-90.

[62] 邓喀中,周鸣,谭志祥,等.采动岩体破裂规律的试验研究[J].中国矿业大学学报,1998,27(3):43-46.
[63] 许家林,王晓振,刘文涛,等.覆岩主关键层位置对导水裂隙带高度的影响[J].岩石力学与工程学报,2009,28(2):380-385.
[64] 许家林,朱卫兵,王晓振.基于关键层位置的导水裂隙带高度预计方法[J].煤炭学报,2012,37(5):1239-1243.
[65] 王露.关键层破断裂缝贯通的临界高度研究[D].徐州:中国矿业大学,2012.
[66] 许家林.岩层采动裂隙演化规律与应用[M].徐州:中国矿业大学出版社,2016.
[67] 彭小亚,许家林,吴仁伦,等.工作面采高对O形圈分布规律的影响研究[J].煤炭科学技术,2012,40(1):8-11.
[68] 许家林,秦伟,轩大洋,等.采动覆岩卸荷膨胀累积效应[J].煤炭学报,2020,45(1):35-43.
[69] 何昌春.基于关键层结构的地表沉陷预计方法研究[D].徐州:中国矿业大学,2018.
[70] 朱卫兵,许家林,施喜书,等.覆岩主关键层运动对地表沉陷影响的钻孔原位测试研究[J].岩石力学与工程学报,2009,28(2):403-409.
[71] 许家林,钱鸣高.关键层运动对覆岩及地表移动影响的研究[J].煤炭学报,2000,25(2):122-126.
[72] 黎良杰.采场底板突水机理研究[D].徐州:中国矿业大学,1995.
[73] 赵连友,刘阳军,马军.太平煤矿充填支架综采工作面设备配套与工艺[J].煤矿开采,2008,13(4):43-46.
[74] 周华强,侯朝炯,孙希奎,等.固体废物膏体充填不迁村采煤[J].中国矿业大学学报,2004,33(2):154-158.
[75] 张广海.高档普采矸石充填工作面设备及工艺研究[J].煤炭技术,2008,27(12):58-60.
[76] 张吉雄.矸石直接充填综采岩层移动控制及其应用研究[D].徐州:中国矿业大学,2008.
[77] 缪协兴,张吉雄,郭广礼.综合机械化固体充填采煤方法与技术研究[J].煤炭学报,2010,35(1):1-6.
[78] 冯光明,孙春东,王成真,等.超高水材料采空区充填方法研究[J].煤炭学报,2010,35(12):1963-1968.
[79] 许家林,轩大洋,朱卫兵,等.部分充填采煤技术的研究与实践[J].煤炭学报,2015,40(6):1303-1312.
[80] 许家林,尤琪,朱卫兵,等.条带充填控制煤矿开采沉陷的理论研究[J].煤炭学报,2007,32(2):119-122.
[81] ZHU W B, XU J M, XU J L, et al. Pier-column backfill mining technology for controlling surface subsidence[J]. International journal of rock mechanics and mining sciences,2017,96:58-65.
[82] 蔡美峰.地应力测量原理和技术[M].北京:科学出版社,2000.
[83] 陆士良.无煤柱护巷的矿压显现[M].北京:煤炭工业出版社,1982.

[84] 史元伟,郭藩强,康立军,等. 矿井多煤层开采围岩应力分析与设计优化[M]. 北京:煤炭工业出版社,1995.

[85] AMADEI B,STEPHANSSON O. Introduction[M]//Amadei B,Stephansson O. Rock stress and its measurement. Dordrecht:Springer Netherlands,1997:1-21.

[86] 康红普. 煤岩体地质力学原位测试及在围岩控制中的应用[M]. 北京:科学出版社,2013.

[87] 余学义,张恩强. 开采损害学[M]. 2 版. 北京:煤炭工业出版社,2010.

[88] 煤炭工业部生产司. 煤矿测量手册[M]. 北京:煤炭工业出版社,1983.

[89] 周维垣,杨强. 岩石力学数值计算方法[M]. 北京:中国电力出版社,2005.